Grundriß der praktischen Regelungstechnik

von
Dr.-Ing. Erwin Samal †
und
Prof. Dr.-Ing. Wilhelm Becker

19., überarbeitete und aktualisierte Auflage

Mit 320 Abbildungen und 32 Tabellen

R. Oldenbourg Verlag München Wien 1996

Die Deutsche Bibliothek - CIP-Einheitsaufnahme

Samal, Erwin:
Grundriss der praktischen Regelungstechnik : mit 32 Tabellen / von Erwin Samal und Wilhelm Becker. - 19., überarb. und aktualisierte Aufl. - München ; Wien : Oldenbourg, 1996
ISBN 3-486-23635-0
NE: Becker, Wilhelm:

Gesamtherstellung: R. Oldenbourg Graphische Betriebe GmbH, München

ISBN 3-486-23635-0

Inhaltsverzeichnis

3. Stetige Regler (P- und I-Regler)

4. Stetige Regler (PI-, PD- und PID-Regler)

5. Regelkreise mit stetigen Reglern

6. Unstetige Regler ohne Rückführung

7. Regelkreise mit unstetigen Reglern ohne Rückführung

8. Regelkreise mit unstetigen Reglern mit Rückführung (quasistetiges Verhalten)

Vorwort zur 18. Auflage

Nach wie vor ist der „Samal“ das Buch, zu dem man greift, wenn man zum ersten Mal mit dem Gebiet der Regelungstechnik in Berührung kommt. Vor 30 Jahren entstand die erste Version dieses Buches als Manuskript zu einem Lehrgang, den Herr Dr. Samal damals in Zusammenarbeit mit dem VDI/VDE durchführte. Der Lehrgang war für Praktiker gedacht, die sich mit den Alltagsproblemen der Regelungstechnik herumschlugen, einem damals noch recht jungen Gebiet, das nur die wenigsten aus ihrer Ausbildung kannten.

Diesem Konzept, die Problematik der Regelungstechnik ohne großen theoretischen Aufwand darzustellen, sie verständlich zu machen und anzugeben, wie man praktische Probleme angeht, und das in einer Weise, daß man durchaus versteht, was passiert, obwohl man vielleicht nicht alles theoretisch begründen und mathematisch berechnen kann, diesem Konzept war Herr Dr. Samal über 13 Auflagen dieses Werkes treu geblieben.

Bei der Überarbeitung stellt sich immer wieder die Frage, ob denn die Beispiele aus der damaligen Zeit, heute im Zeitalter der Automatisierung, der Computer und Mikroprozessoren noch aktuell seien. Nun aktuell sind sie sicher nicht. Viele der hier angegebenen Geräte wird man eher in einem technischen Museum finden als in einer Industrieanlage. Und doch sind die Beispiele aus der Praxis heraus didaktisch so geschickt ausgewählt, daß auch für jemanden der mit der speziellen Technologie nicht vertraut ist, die ganze Problematik klar wird und die Lösungsansätze offenkundig werden. Es dürfte sehr schwer fallen, aus der heutigen Zeit heraus bessere Demonstrationsbeispiele zu finden.

Gegenüber den von Herrn Samal noch selbst herausgegebenen Auflagen wurde der Tatsache, daß die Regelstrecken im allg. keine Linearität im Großen haben, etwas mehr Rechnung getragen. Das Problem der Wirkungsumkehr im Regelkreis wurde verallgemeinert, die Bezeichnungen etwas stärker dem allgemeinen Sprachgebrauch angepaßt, obwohl es kaum möglich ist, hier einen idealen Kompromiß zu finden.

Dabei wurde versucht, den Charakter des Buches möglichst wenig zu ändern. Denn daß die Konzeption dieses Buches Herrn Dr. Samal hervorragend gelungen war, zeigen die 17 Auflagen der vergangenen 30 Jahre und die vielen Leser, die das Wissen, das sie aus dem „Samal" haben, in die tägliche Praxis umsetzen.

In dieser 18. Auflage wurde der Teil II ‚Digitale Regelungstechnik' vollständig neu konzipiert. Der Entwicklung der letzten Jahre Rechnung tragend, sollte jemand, der den ‚Samal' sorgfältig durcharbeitet, in der Lage sein, auch einfache digitale Regelsysteme zu verstehen und u.U. selbst aufzubauen. Es dürfte außer Zweifel stehen, daß dies – mit dem Anspruch auf ‚Regelungstechnik ohne Mathematik' in diesem Buch – nur die einfachsten Verfahren beinhalten kann.

So wird ausführlich erläutert, wie man die im Teil I beschriebenen stetigen Regler, vom P-Regler bis zum PID-Regler, digital nachbilden kann. Dies erfolgt im allgemeinen mit Mikroprozessoren. Die eingefügten Kapitel über deren Aufbau und Wirkungsweise können natürlich nicht die weitere intensive Beschäftigung mit der diesbezüglichen Spezialliteratur ersetzen. Es besteht jedoch die Hoffnung, hiermit einen ersten Einstieg gegeben zu haben, auf dem aufbauend das benötigte Wissen einfach zu erwerben ist.

Die Vor- und Nachteile digitaler Regelungen werden diskutiert. Es werden Beispiele für die Umsetzung analoger in digitale Signale und umgekehrt gebracht. Besonderes Gewicht wird darauf gelegt, die Probleme zu erkennen, die sich durch den Abtastprozeß ergeben.

Die durch das mathematische Niveau erzwungene Beschränkung der digitalen Regelverfahren auf die Nachbildung stetiger Regler sollte man jedoch nicht zu gering einschätzen. So werden auch heute noch mehr als 90% aller digitalen Regelungen mit diesen ‚Algorithmen' (Regelprogrammen) stetiger Regler betrieben. Bei den hier betrachteten linearen einfachen Regelkreisen bringen andere Methoden nur in Sonderfällen mehr als geringfügige Verbesserungen gegenüber den behandelten Verfahren.

Die Bilder und Tabellen sind in jedem Kapitel von 1 beginnend numeriert, wobei die Kapitelnummer nachgestellt ist. So bedeutet z.B. ‚Bild 7-15', daß es sich um das 7. Bild in Kapitel 15 handelt. Im gleichen Kapitel wird das Bild einfach als ‚Bild 7' angesprochen, die Kapitelnummer also weggelassen. Wird auf Bilder oder Tabellen in einem anderen Kapitel verwiesen, so wird in jedem Falle die Kapitelnummer beigefügt, also ‚Bild 7-15'.

Besonders bedanken möchte ich mich bei Herrn Dipl.-Ing. Friedhelm Ostermann für die Hilfe bei der Erstellung der Abbildungen und bei Herrn Manfred John vom Oldenbourg-Verlag für die freundliche Atmosphäre und die Geduld, die er mir gegenüber zeigte.

Soest, im Winter 1992 W. Becker

Vorwort zur 19. Auflage

Nachdem auch die überarbeitete 18. Auflage des „Samal" wieder in kurzer Zeit vergriffen war, wurde die 19. Auflage im wesentlichen auf Fehler hin durchgesehen. Die im Februar 1994 erschienene Neufassung der für die Regelungstechnik grundlegenden Norm DIN 19226 machte keine größeren Änderungen erforderlich – an den entsprechenden Stellen wurde jedoch auf diese hingewiesen.

Ich hoffe, daß sich auch weiterhin möglichst viele Leser mit dem „Samal" die elementaren Kenntnisse zur Regelungstechnik erarbeiten – bleiben doch diese Grundlagen trotz Fuzzy-Regelungen, Regelungen im Zustandsraum oder mit neuronalen Netzen die Basis für das regelungstechnische Verständnis.

W. Becker

Teil I. Grundlagen der Regelungstechnik

1. Grundbegriffe

1.1 Einleitung

Aufgabe der Regelung ist es, bestimmte Größen wie z. B. Temperatur, Drehzahl, Druck usw. auf vorgeschriebene Werte zu bringen und auf diesen entgegen allen Störeinwirkungen zu halten. Diese so einfach aussehende Aufgabe beinhaltet aber in sich eine erstaunliche Fülle von Problemen, wie man sie auf den ersten Blick gar nicht vermuten würde.

Der praktisch tätige Regelungstechniker, der etwas gründlicher in die Regelungstechnik eindringen möchte, gewinnt beim Durchblättern regeltechnischer Zeitschriften und Bücher leicht die Meinung, daß ein tieferes Eindringen in die Regelungstechnik ohne umfangreiche mathematische Kenntnisse ausgeschlossen ist. Der Praktiker schlägt dann, nachdem er über mehrere Differentialgleichungen, die komplexe Rechnungsweise, die Laplace-Transformation oder über das Hurwitz- und Nyquist-Kriterium gestolpert ist, meist resigniert die beschaffte Literatur wieder zu.

Dieser Eindruck ist aber falsch. Die Erfahrung zeigt immer wieder, daß es bei hinreichender Bemühung um die Form der Darstellung gelingt, auch Zusammenhänge, die scheinbar nur auf Grund umfangreicher mathematischer Kenntnisse zu begreifen sind, verständlich zu machen. Wir können ja auch Auto fahren, elektrische Geräte benutzen und kleinere Störungen an diesen Einrichtungen selbst beheben, ohne dazu ihre genaue, mathematisch gefaßte Theorie zu beherrschen. Zum Verlegen einer einfachen elektrischen Leitung ist auch nicht die Kenntnis der elektrischen Leitungstheorie erforderlich.

Worauf es bei der Lösung von Regelungsaufgaben eigentlich ankommt, ist nicht die Kenntnis vieler Formeln und Rechenverfahren, sondern das Erfassen der *wirkungsmäßigen Zusammenhänge* im Regelkreis. Daneben muß man sich – wie bei jeder Technik – eine Reihe von Zahlenwerten aneignen. Den Leser an diese Dinge heranzuführen, soll Aufgabe dieses Buches sein.

Die Grundgesetze der Regelungstechnik gelten in gleicher Weise für alle Regelkreise, ganz unabhängig davon, wie verschieden sie im einzelnen auch apparativ aufgebaut sein mögen. Um das besonders zu betonen, sind die im Buch gebrachten Beispiele bewußt den verschiedensten Gebieten der Technik entnommen. Einige besonders anschauliche Beispiele durchziehen dagegen wie ein roter Faden das ganze Buch. Alle beschriebenen Geräte sind schematisch gezeichnet, da eine solche Darstellung das Wesentliche am besten erkennen läßt. Eine große Zahl von Zeichnungen – die Sprache des Ingenieurs – mit ausführlichen Erklärungen soll das Eindringen in den Stoff erleichtern.

Der gebrachte Stoff ist ausschließlich nach seiner Bedeutung für die Praxis ausgewählt. Rein theoretische Betrachtungen, so interessant sie auch sein mögen, die keinen unmittelbaren Bezug auf die praktische Anwendung haben, sind weggelassen worden.

Im Text sind jeweils neue, erstmalig gebrachte Begriffe und wichtige Wörter, auf die es besonders ankommt, kursiv gedruckt. Am Schluß jedes Abschnittes befindet sich außerdem eine Zusammenstellung der in diesem Abschnitt neu gebrachten Begriffe mit einer Erklärung dazu. Diese Zusammenstellung ist auch als kurze Wiederholung gedacht.

Die zahlreichen gebrachten Bilder sind nicht laufend, sondern abschnittsweise durchnumeriert und mit einem den Abschnitt kennzeichnenden Zusatz versehen.

1.2 Benennungen und Begriffe

Auf dem Gebiet der Regelungstechnik stehen heute Dank der Normung feste Begriffe und Benennungen zur Verfügung. Diese wurden 1968 in dem bekannten Normblatt DIN 19226 (Regelungstechnik und Steuerungstechnik, Begriffe und Benennungen) niedergelegt. Die dort festgelegten Bezeichnungen haben sich in Deutschland allgemein durchgesetzt und haben dem in der älteren Literatur herrschenden Bezeichnungswirrwarr ein Ende bereitet. Insbesondere die moderneren mathematischen Beschreibungen regelungstechnischer Systeme machten Erweiterungen der Begriffe notwendig, die im Normblatt DIN 19229 (Übertragungsverhalten dynamischer Systeme, Begriffe, Oktober 1975) festgelegt wurden. Die internationale Harmonisierung der Bezeichnungssysteme führte dann zum Normblatt DIN 19221 (Formelzeichen der Regelungs- und Steuerungstechnik, Februar 1981). Dieses Normblatt läßt die meisten der in den vorausgegangenen Normblättern festgelegten Bezeichnungen – soweit sie nicht den Hauptzeichen entsprechen – als nationale Ausweichzeichen zu, so daß wir uns in diesem Buch weitgehend an die in DIN 19226 niedergelegten Bezeichnungen und Begriffe halten werden. Nur wenn man sich mit internationaler Literatur auf dem Gebiet der Regelungstechnik beschäftigt, ist es erforderlich, sich mit zusätzlichen Bezeichnungsmöglichkeiten der DIN 19221 vertraut zu machen.

Nach mehr als 25 Jahren ist im Februar 1994 nach vielen heftig diskutierten Vorentwürfen eine stark erweiterte Fassung des Normblattes DIN 19226 nunmehr in 6 Teilen erschienen (Teil 6 liegt jedoch z.Z. erst als Entwurf vor). Gegenüber seinem Vorgänger ist dieses Normblatt wesentlich unübersichtlicher, enthält jedoch auch viele der in den anderen Blättern definierten Begriffe und Zusammenhänge, so daß man sich in der Regelungstechnik in Zukunft in den meisten Fällen nur noch auf dieses eine Normblatt beziehen muß. Änderungen, die die Darstellungen in diesem Buch betreffen, sind – soweit überhaupt vorhanden – nur unwesentlich und zum größten Teil berücksichtigt.

1.3 Aufgabe der Regelung

Nach DIN 19226 ist das *Regeln* – die *Regelung* – ein Vorgang, bei dem eine Größe, die zu regelnde Größe (z.B. eine Temperatur, eine Drehzahl, eine Spannung), fortlaufend erfaßt und mit einer anderen vorgegebenen Größe gleicher Art (der Führungsgröße, s. Abschn. 1.6) verglichen wird. Abhängig vom Ergebnis dieses Vergleichs wird durch den Regelvorgang eine Angleichung der zu regelnden Größe an den Wert der vorgegebenen Größe vorgenommen.

Die zu regelnde Größe wird als *Regelgröße* x bezeichnet. Regelgrößen sind also Temperaturen, Drehzahlen, elektrische Spannungen usw. Das Wort Regelgröße wird hier als Gattungsbegriff für verschiedene Arten von zu regelnden physikalischen Größen verwendet.

Neben den genannten Regelgrößen kommt in der Technik eine Fülle weiterer Regelgrößenarten vor. Tabelle 1 gibt eine Übersicht.

Tabelle 1

Die wichtigsten Regelgrößenarten in den verschiedenen Gebieten der Technik:

Mechanische Technik (Maschinenbau)	Einheit:
Kraft	N (Newton)[1]
Materialspannung, Druck	N/m^2, bar[1]
Drehmoment	Nm
Geschwindigkeit	m/s
Drehzahl (besser Drehfrequenz)	1/min, 1/s
Beschleunigung	m/s^2
Hub, Stand, Lage	m, Grad
Elektrotechnik	
Spannung	V
Strom	A
Wirk- und Blindleistung	W, Var
Phasenwinkel	Grad
Frequenz	Hz
Verstärkung	Zahl
Verfahrenstechnik, Chemie	
Temperatur	K (°C)
Druck	N/m^2, bar
Menge	l, m^3 bzw. kg, t
Durchfluß, Massenstrom	l/h, m^3/h bzw. kg/h, t/h
Gemisch- oder Durchflußverhältnis	%
Niveau	m
Ionenkonzentration	pH
elektrische Leitfähigkeit von Flüssigkeiten	µS/cm
Lichtdurchlässigkeit	%
Gaszusammensetzung	Volum.-%
absolute und relative Feuchte	g/m^3 bzw. %
Heizwert	kJ/kg, kJ/m^3 [2]
Beleuchtungstechnik	
Beleuchtungsstärke	lx

[1]) Zur Umrechnung gilt: 1 N = 0,102 kp bzw. 1 kp = 9,81 N und 1 bar = 10^5 N/m^2 = 1,02 kp/cm^2.

[2]) J = Joule (sprich Tschule). Zum Umrechnen in die überholte Kalorie (cal) gilt: 1 J = 1 Ws = 0,239 cal.

Tabelle 1 *(Fortsetzung)*

Fahrzeugtechnik

Geschwindigkeit	m/s, km/h
Beschleunigung	m/s^2
Kurs	Grad
Höhe	m
Seitenlage	Grad

Die Regelgröße wird im allgemeinen von einer Vielzahl von Größen beeinflußt. Ändern sich diese Größen, so ändert sich auch die Regelgröße. Betrachtet man zum Beispiel in einem gasbeheizten Ofen die Temperatur, so wird diese Temperatur u.a. vom Gasstrom, vom Gasdruck, dem Heizwert des Gases, der Umgebungstemperatur und insbesondere auch vom schwankenden Wärmebedarf des Ofens beeinflußt. Auf die meisten dieser Größen hat der Betreiber der Anlage keinen oder nur eingeschränkten Einfluß. Die Änderungen dieser Größen (der *Störgrößen z*) sind Störungen, die die Temperatur verändern, ohne daß dies beabsichtigt war. Um dem Einfluß dieser Störgrößen entgegenzuwirken, wählt man eine leicht zu ändernde Einflußgröße (z.B. den Gasstrom), die man dann so verstellt, daß trotz der Störungen die Temperatur konstant bleibt. Diese Größe bezeichnet man als *Stellgröße y*.

Betrachtet man die Drehzahl eines Elektromotors, so findet man als Einflußgrößen die Ankerspannung des Motors, den Erregerstrom und insbesondere den unterschiedlichen Drehmomentenbedarf der vom Motor angetriebenen Arbeitsmaschine. Man kann dann beispielsweise den Erregerstrom als Stellgröße wählen und diesen stets so verändern, daß damit die störenden Einflüsse von Ankerspannungsschwankungen und Drehmomentschwankungen ausgeglichen werden.

In einem anderen Anwendungsfall kann es u.U. sinnvoll sein, die Ankerspannung des Motors als Stellgröße zu wählen. Dann zählt der Erregerstrom des Motors zu den Störgrößen.

Eine Regelung benötigen wir aber offenbar nur dann, wenn die Regelgröße nicht von selbst auf dem gewünschten Wert konstant bleibt, sondern infolge der Änderungen der Störgrößen das Bestreben hat „davonzulaufen".
Störgrößen, die während des Betriebes ihren Wert konstant halten, stellen keine Störungen im eigentlichen Sinne dar und brauchen von uns weiter nicht berücksichtigt zu werden.

Bei jeder Regelaufgabe müssen wir uns zuerst mit dem „Dreigestirn"

Regelgröße – Stellgröße – Störgrößen

auseinandersetzen.

Ganz gleich, welche Regelaufgabe zu lösen ist, immer müssen wir zuerst fragen:

Was soll geregelt werden, was ist die *Regelgröße* ?

Welche Größen beeinflussen die Regelgröße?

Welche dieser Einflußgrößen ist die geeignetste *Stellgröße* ?

Welche Einflußgrößen verbleiben dann als *Störgrößen* und wie wirken sie sich aus?

Was als Regelgröße anzusehen ist, dürfte meist ziemlich klar sein. Die geeignetste Stellgröße liegt dagegen nicht immer so klar auf der Hand. Die Störgrößen müssen oft geradezu aufgespürt werden!

1.4 Die Regelstrecke

Der Teil der geregelten Anlage, in dem die Regelgröße konstant zu halten ist und an dem die Stellgröße und die Störgrößen angreifen, wird als *Regelstrecke* bezeichnet.
Bei dem Beispiel eines temperaturgeregelten, gasbeheizten Ofens ist also der Ofen die Regelstrecke. Beim drehzahlgeregelten Motor stellt dieser zusammen mit der Arbeitsmaschine die Regelstrecke dar.
Bei regelungstechnischen Überlegungen ist es zweckmäßig, die Regelstrecke durch ein Kästchen, einen „Block", anzudeuten und an diesem Block, wie

in Bild 1 gezeichnet, die Stellgröße und die Störgrößen symbolisch angreifen zu lassen, wobei die Regelgröße das Ausgangssignal des Blockes darstellt.

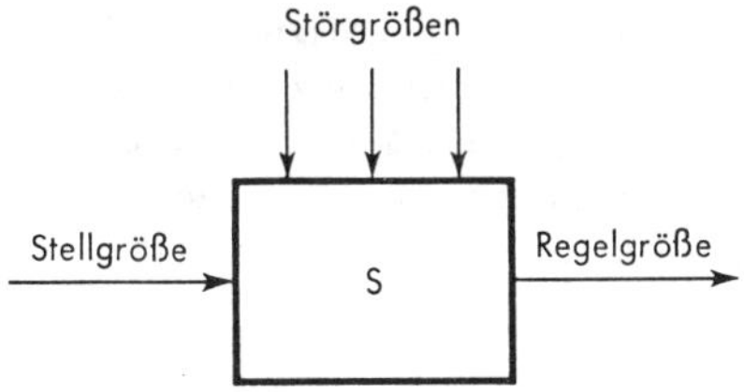

Bild 1-1
Blockdarstellung der Regelstrecke mit der Regelgröße, der Stellgröße und den Störgrößen. S Regelstrecke.

Diese Darstellung hat den Vorteil, gedanklich von dem apparativen Aufbau der jeweilig betrachteten Regelstrecke loszukommen. Nur das für die Regelungstechnik Wichtige wird hingezeichnet.

Nun einige Beispiele von Regelstrecken:

Beispiel 1: Temperatur-Regelstrecke (Bild 2)

Die Temperatur in einem gasbeheizten Ofen soll konstant gehalten werden. Bild 2 zeigt eingerahmt die Regelstrecke. Regelgröße ist die Temperatur [^{0}C], Stellgröße, wie schon gesagt, der Gasstrom [m^3/h], Störgrößen sind der sich ändernde Gasdruck [mbar], der schwankende Heizwert des Gases [kJ/m^3] und besonders der unterschiedliche Wärmebedarf des Ofens [kJ/h].

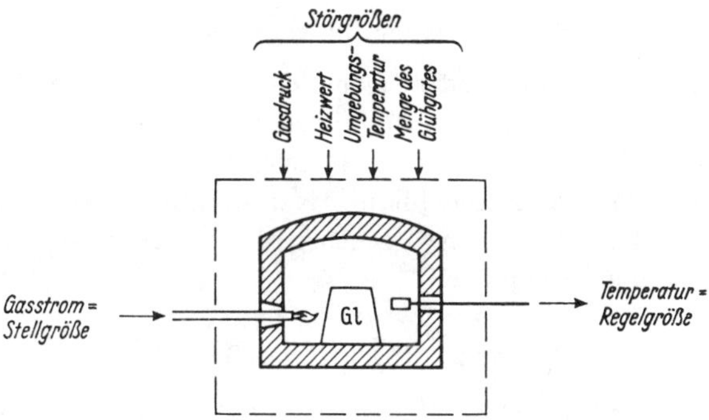

Bild 2-1
Gasbeheizter Ofen als Temperatur-Regelstrecke. Gl Glühgut.

Beispiel 2: Drehzahl-Regelstrecke (Bild 3)

Die Drehzahl einer Turbine oder Dampfmaschine ist konstant zu halten. Regelgröße ist hier die Drehzahl [1/min], Stellgröße der Dampfstrom [t/h]. Als Störgrößen sind anzusehen: Der Dampfdruck [bar], die Dampftemperatur [^{0}C] und besonders das schwankende Drehmoment [Nm] des angetriebenen Generators, wie auch der Gegendruck bei einer Turbine.

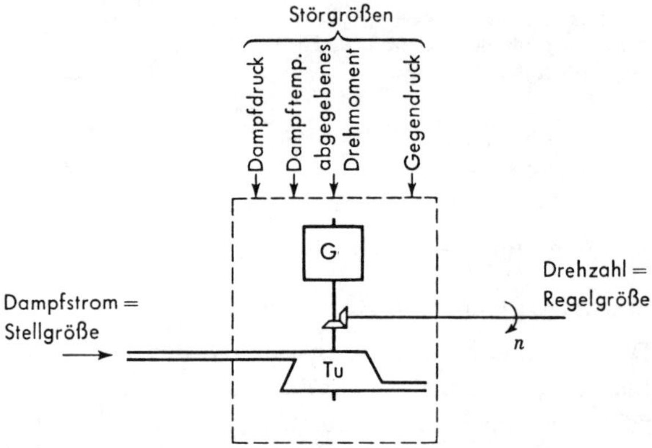

Bild 3-1
Dampfturbine als Drehzahl-Regelstrecke. Tu Turbine, G Generator.

Beispiel 3: Flüssigkeitsstand-Regelstrecke (Niveau-Regelstrecke, Bild 4)

Der Flüssigkeitsstand in einem Behälter oder Becken (Bild 4) soll unabhängig von der schwankenden Entnahme durch den Zufluß auf einer bestimmten Höhe gehalten werden. Regelgröße ist hier der Flüssigkeitsstand [m], Stellgröße der Zufluß [m^3/h], Hauptstörgröße ist der schwankende Abfluß [m^3/h], der von außen vorgegeben ist und über die Regelstrecke den Flüssigkeitsstand beeinflußt.

Beispiel 4: Spannungs-Regelstrecke (Bild 5)

Die Spannung eines Gleichstromgenerators soll konstant gehalten werden. Regelgröße ist hier die Spannung U [V]. Als Stellgröße dient die Größe des

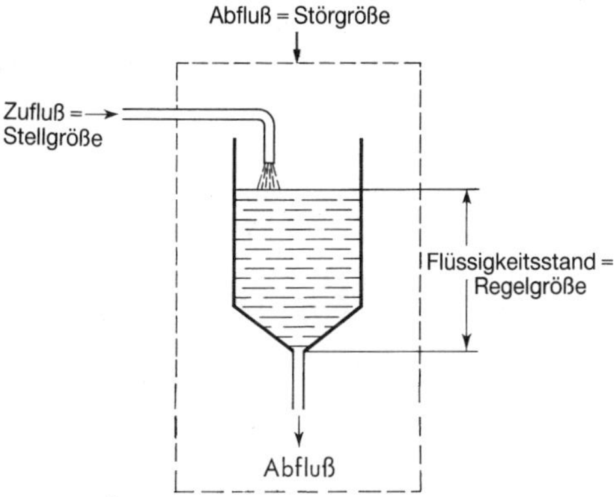

Bild 4-1
Behälter als Flüssigkeitsstand-Regelstrecke.

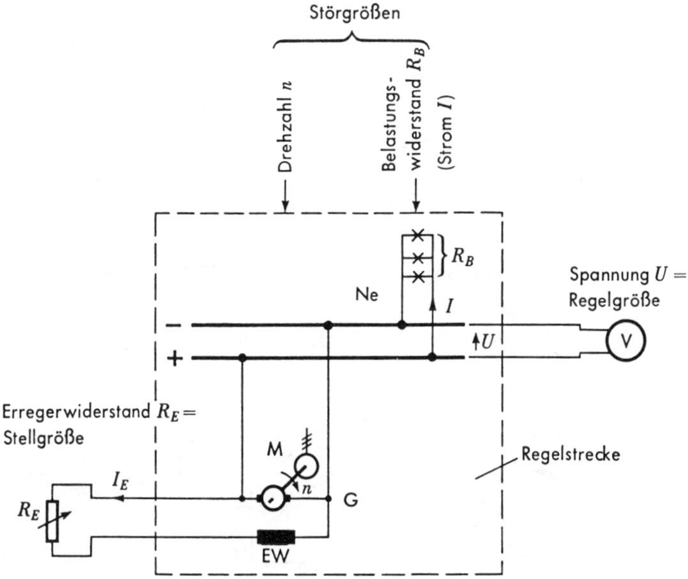

Bild 5-1
Gleichstromgenerator mit angeschlossenem Netz als Spannungs-Regelstrecke. G Gleichstromgenerator, M Antriebsmotor, Ne Netz, EW Erregerwicklung, R_E Erregerwiderstand.

Erregerwiderstandes R_E bzw. der dadurch beeinflußte Erregerstrom I_E [A]. Hauptstörgrößen sind der schwankende Belastungswiderstand R_B des Netzes, bzw. damit verbunden der unterschiedliche Strom I [A] des Generators, und die schwankende Antriebsdrehzahl n [1/min].

In den vier Beispielen waren Regelstrecken: Ein Glühofen, eine Dampfturbine, ein Behälter, ein Gleichstromgenerator. Diese Regelstrecken stellen aber nur einen kleinen Ausschnitt aus der fast unübersehbaren Zahl praktisch vorkommender Regelstrecken dar.

1.5 Das Stellglied und der Stellantrieb

Um die Regelgröße beeinflussen zu können, müssen wir, wie wir eben gesehen haben, die Stellgröße verändern können. Dazu wird meist ein besonderes Organ benutzt, das als *Stellglied* bezeichnet wird. Das Stellglied hat dabei die Aufgabe, einen Massen- oder Energiestrom zu dosieren. Die Massenströme haben entweder gasförmige, flüssige oder feste Beschaffenheit. Beispiele für Massenströme sind: Erdgas, Dampf, Heizöl, Wasser, Kohle usw.

Bei den Energieströmen handelt es sich meist um elektrische, seltener um mechanische Energie.

Stellglieder werden wir durch die in Bild 6 gezeichneten Sinnbilder darstellen.

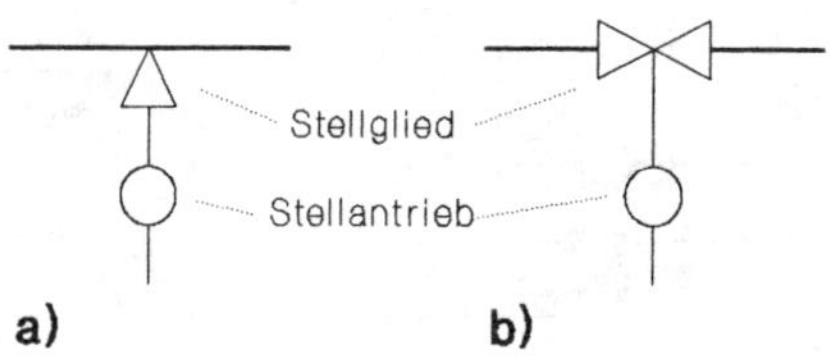

Bild 6-1
Zeichen für das Stellgerät mit Stellglied und Stellantrieb nach DIN 19227 und DIN 19228. a) allgemein, b) Ventil

Tabelle 2 Stellglieder für Massen- und Energieströme

Art des Massen- bzw. Energiestromes	Stellglied	Schematisch
	a) Massenströme	
Flüssigkeiten	Dosierpumpe	
	Ventil	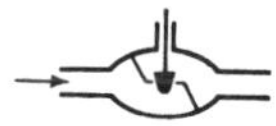
Gas Dampf Flüssigkeiten	Klappe	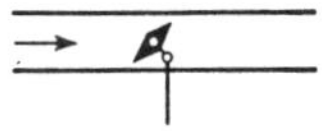
	Schieber	
	Abzugschieber	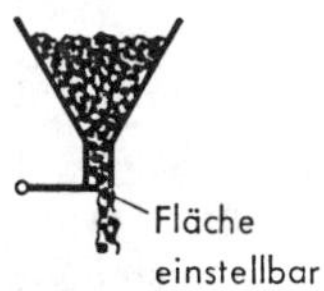
Schüttgüter	Förderband und Zuteiler mit einstellbaren Getrieben	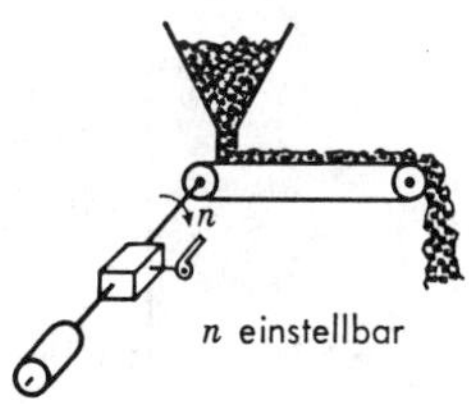

Tabelle 2 Stellglieder *(Fortsetzung)*

Art des Massen- bzw. Energiestromes	Stellglied	Schematisch
Schüttgüter	Vibratorrinne	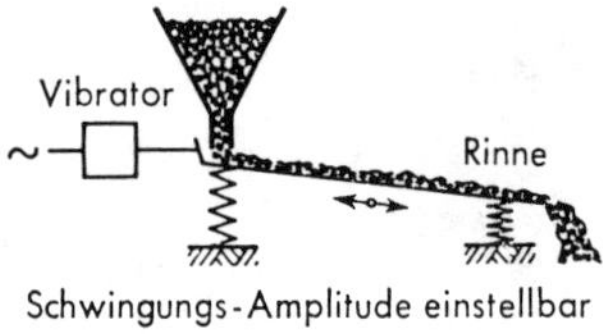
	b) Energieströme	
Elektrische Energie	Kontakt	
	Kippschalter (Mikroschalter)	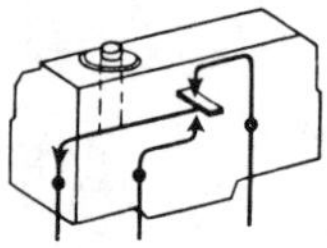
unstetig	Schaltschütz, Relais	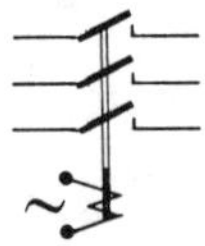
	Thyristor (gesteuerte Diode)	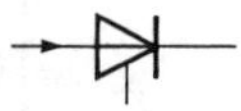
	Triac (Zweirichtungs-Thyristortriode)	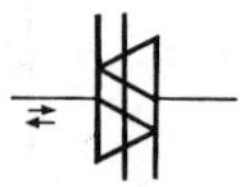

Tabelle 2 Stellglieder *(Fortsetzung)*

Art des Massen- bzw. Energiestromes		Stellglied	Schematisch
Elektrische Energie			
	stetig	Stellwiderstand	
		Stelltransformator	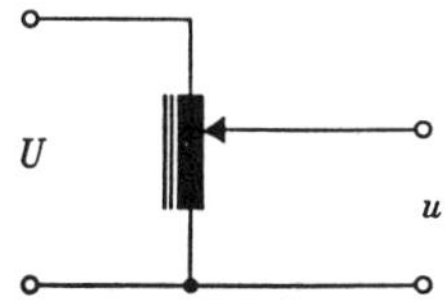
		PNP-Transistor als Stromsteuerer	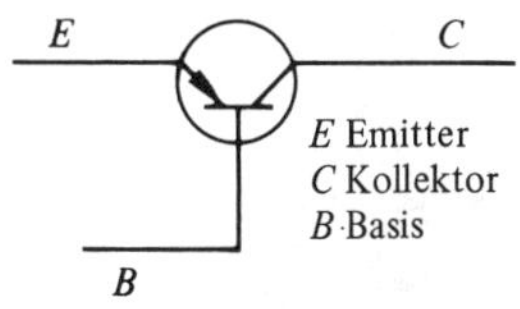

Bei der Temperaturregelung von Beispiel 1 wird man zweckmäßig als Stellglied eine Klappe verwenden. Bei der Drehzahlregelung von Bild 3 und der Flüssigkeitsstandregelung von Bild 4 wird zweckmäßig ein Ventil als Stellglied verwendet. Bei der Spannungsregelung von Bild 5 ist das Stellglied ein einstellbarer Widerstand. Tabelle 2 gibt eine Übersicht der am häufigsten verwendeten Stellglieder für Gase, Dämpfe, Flüssigkeiten, Schüttgüter und für elektrische Energie.

Das Stellglied wird oft durch einen besonderen *Stellantrieb* betätigt. Ein Stellantrieb ist dann erforderlich, wenn der Regler nicht in der Lage ist,

Tabelle 3 Stellantriebe, Stellmotore

Hilfsenergie	Antriebsart	Schematisch
Druckluft	Membranantrieb federbelastet	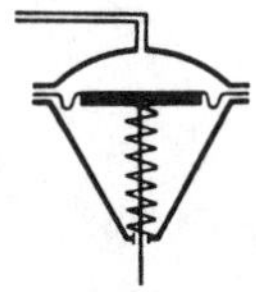
	Membranantrieb doppelseitig beaufschlagt	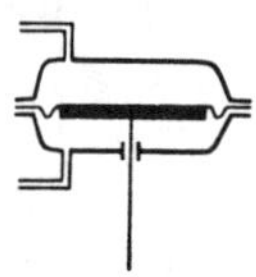
	Rollmembran-Antrieb	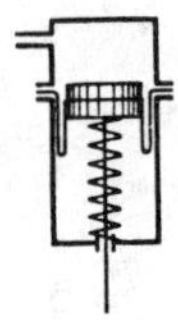
	Hubkolben federbelastet (Stellzylinder)	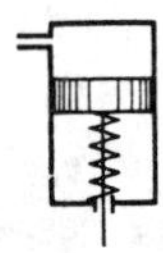
	doppelseitig beaufschlagt	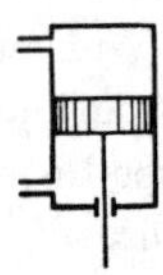

Tabelle 3 Stellantriebe *(Fortsetzung)*

Hilfsenergie	Antriebsart	Schematisch
Drucköl	Hubkolben	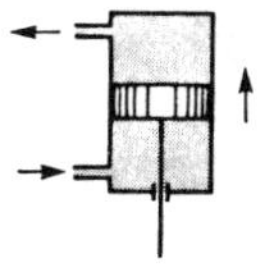
	Drehkolben	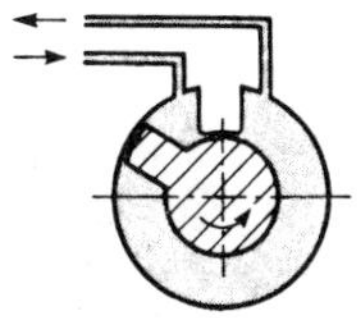
Elektr. Energie	Thermischer Antrieb (Rollmembran)	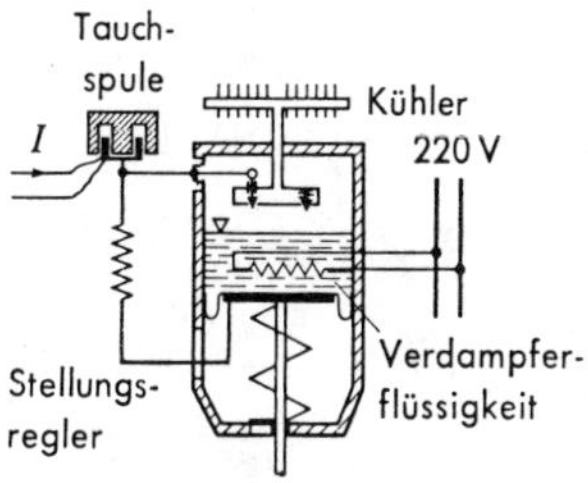
	Elektromagnet	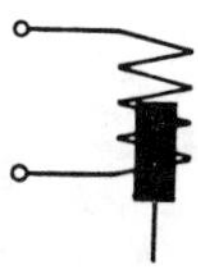
	Drehstrom-Stellmotor	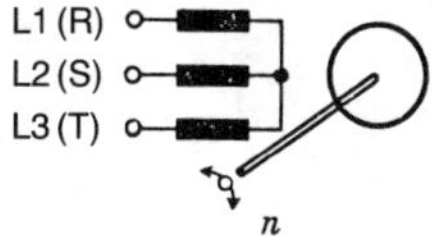

Tabelle 3 Stellantriebe *(Fortsetzung)*

Hilfsenergie	Antriebsart	Schematisch
Elektr. Energie	Einphasen-Wechsel-strom-Stellmotor	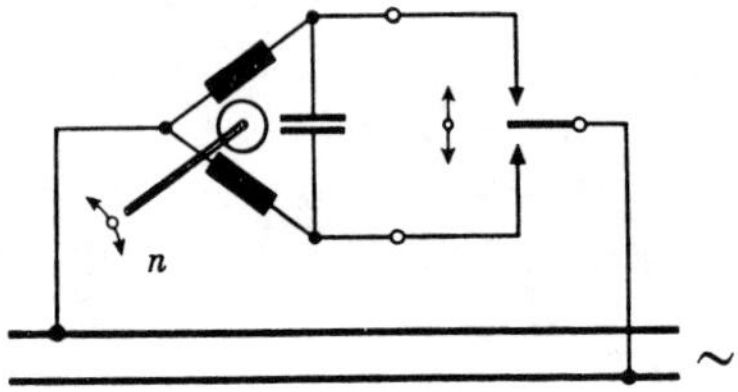
	Gleichstrommotor	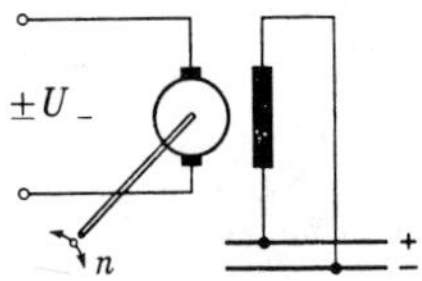
	Zweiphasen-Induktions-Stellmotor	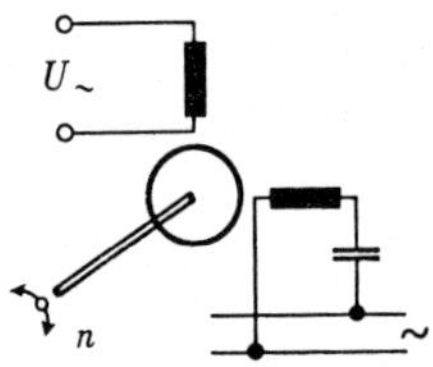
	Gleichstrom-Scheibenläufer-motor (sehr kleines Trägheitsmoment)	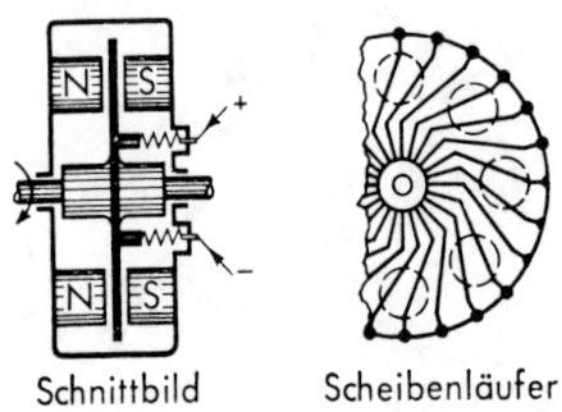

das Stellglied unmittelbar zu betätigen, weil er entweder zu wenig Stellenergie abgeben kann oder weil die vom Regler gelieferte Energieform nicht für das Verändern der Stellgröße geeignet ist. In solchen Fällen steuert der Regler zweckmäßiger einen mit mechanischer, pneumatischer, hydraulischer oder elektrischer Energie gespeisten Stellantrieb. Tabelle 3 zeigt die wichtigsten Stellantriebe. Stellglied und Stellantrieb bilden zusammen das *Stellgerät.*

Die in der Tabelle 3 angeführten *Stellantriebe* oder *Stellmotore* sind erforderlich, wenn das Stellglied mechanisch verstellt wird und wenn der Regler, wie in den meisten Fällen, nicht selbst die erforderlichen Stellkräfte oder Stellmomente aufbringen kann.

Stellmotore werden auch als *Servomotore* bezeichnet. Ein Servomotor ist ein Motor, der sich im allgemeinen in Ruhe befindet und in diesem Ruhezustand ein Drehmoment ausüben kann. Er führt jedoch während des Stellvorganges um seinen Ruhezustand mehr oder weniger große Ausschläge aus.

1.6 Hand-Regelung

Die anschließend beschriebene *Handregelung* hat die Aufgabe, die Regelgröße auf einem vorgegebenen Wert konstant zu halten (Festwertregelung). Um die Regelgröße konstant halten zu können, müssen wir laufend feststellen, wie groß die Regelgröße in jedem Augenblick ist, d. h. wir müssen die Regelgröße *messen.* An den Ausgang der Regelstrecke müssen wir also ein *Meßgerät* anschließen, das die Regelgröße anzeigt. Wenn wir zu der schematischen Darstellung der Regelstrecke von Bild 1 jetzt noch das Stellglied und ein Meßgerät hinzufügen, so erhalten wir Bild 7.

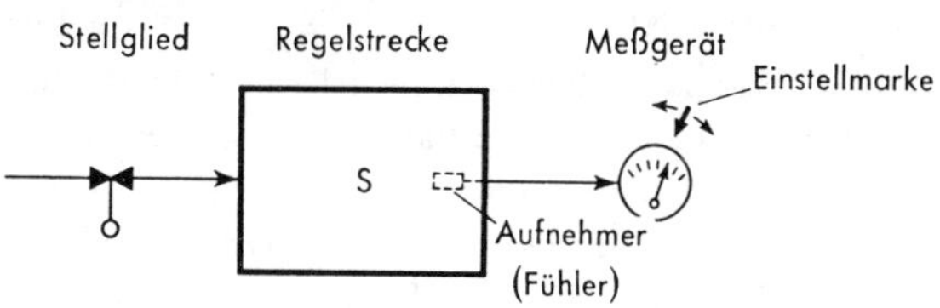

Bild 7-1
Regelstrecke mit Stellglied am Eingang und Meßgerät für die Regelgröße am Ausgang.

Zum Meßgerät gehört vielfach noch ein *Aufnehmer* (*Fühler*), der die Regelgröße erfaßt und in einer geeigneten Form an das Meßgerät weitergibt. Wenn wir nun *von Hand* die Regelgröße konstant halten wollen, wie müssen wir dann vorgehen? Wir werden den Zeiger des Meßgerätes beobachten und sehen, ob der Wert der zu regelnden Größe mit dem geforderten Wert übereinstimmt. Zweckmäßig wird der vorgegebene Wert, auf den die Größe konstant zu halten ist, am Meßgerät durch eine Einstellmarke gekennzeichnet (Bild 7). Um ein konkretes Bild zu haben, wollen wir uns vorstellen, bei der Regelstrecke handle es sich um den schon in Bild 2 gezeigten gasbeheizten Glühofen. Die Regelgröße ist hier die Temperatur, Stellgröße der Gasstrom, Stellglied ein von Hand einstellbares Ventil.
Ist der am Meßgerät angezeigte Wert der Regelgröße, hier der Temperatur, höher als der durch die Einstellmarke vorgegebene Wert der Temperatur, so muß das Gasventil mehr geschlossen werden. Umgekehrt muß dann, wenn der Wert der Regelgröße (Temperatur) unter dem vorgegebenen Wert liegt, das Ventil mehr geöffnet werden.

Wird ein Bedienungsmann zwischen Meßgerät und Stellglied eingeschaltet (Bild 8), so spielt sich bei einer solchen *Handregelung* folgendes ab: Das menschliche Auge meldet dem Gehirn den am Meßgerät angezeigten Wert der Regelgröße und den durch die Einstellmarke vorgegebenen Wert, den Sollwert der Regelgröße. Im Gehirn werden die beiden gemeldeten Werte miteinander verglichen. Zeigt der Zeiger genau auf die Einstellmarke, hat also die Regelgröße den verlangten Wert, so erfolgt kein Eingriff durch den Bedienungsmann. Wenn der Wert der Regelgröße größer ist als der gewünschte Wert, so wird der Hand ein Befehl gegeben, das Ventil etwas zu schließen. Wenn der Wert der Regelgröße dagegen kleiner ist als der gewünschte Wert, so wird der Befehl gegeben, das Ventil etwas zu öffnen.

Das Gehirn leistet aber noch mehr! Es berücksichtigt auch die Größe des Unterschiedes zwischen vorhandenem und gewünschtem Wert der Regelgröße. Dieser Unterschied wird in der Regelungstechnik mit *Regeldifferenz* bezeichnet. Je größer also die *Regeldifferenz* ist, einen um so stärkeren Eingriff wird das Gehirn über die Hand veranlassen.

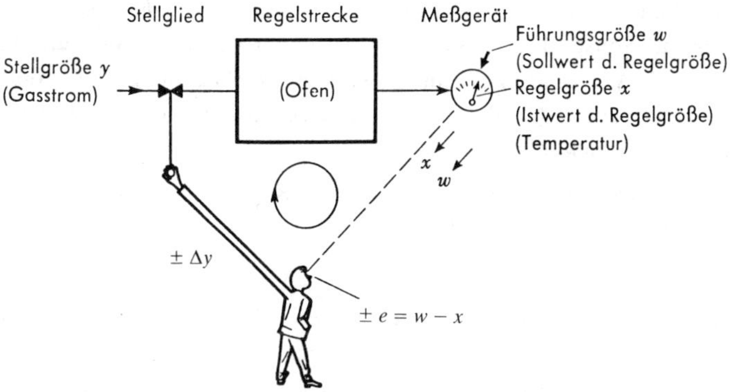

Bild 8-1
Gasbeheizter Glühofen mit Hand-Regelung.

Den eben beschriebenen Regelvorgang können wir mit Hilfe der Mathematik wesentlich präziser beschreiben. Dazu ist es zuerst erforderlich, die Werte, die die Regelgröße, die Stellgröße und die Störgröße aufweisen, in mathematischer Form darzustellen.

In der Regelungstechnik bezeichnet man nach DIN 19226 die Grundgrößen mit folgenden Buchstaben:

Regelgröße mit x, die
Stellgröße mit y und die
Störgröße mit z.

Nach dem Normblatt DIN 1313 haben Buchstaben (z. B. x, y, z) in Formeln die Bedeutung von physikalischen Größen. Dabei wird eine solche Größe durch ein Produkt aus Zahlenwert × Einheit ausgedrückt.

Beispiele:

Regelgröße (Temperatur)	$x = 850\,^0\text{C}$,
Stellgröße (Gasstrom)	$y = 150\ \text{m}^3/\text{h}$,
Störgröße (Heizwertänderung)	$z = 2000\ \text{kJ}/\text{m}^3$.

Dabei wird üblicherweise der Multiplikationspunkt nicht ausgeschrieben. Unter den Buchstaben x, y, z versteckt sich also ein Produkt aus Zahlenwert (850, 150, 2000) mal der Einheit (^{0}C, m^3/h, kJ/m^3). Das Produkt wird

nur dann wirklich ausgeschrieben, wenn man *zahlenmäßige Angaben* wünscht. Sonst ist es *wesentlich kürzer*, mit den oben angeführten Buchstaben als Abkürzung zu rechnen, wie wir anschließend sehen werden.
Die vorgegebene Größe, auf die die Regelgröße durch den Regelvorgang gebracht werden soll, wird als

Führungsgröße w oder *Sollwert* der Regelgröße x_s, die
Regeldifferenz mit e (x_d)[1])

bezeichnet.

Unter Verwenden dieser Bezeichnungen läßt sich der vorher beschriebene Regelvorgang folgendermaßen in knapper Form beschreiben:

Gemeldet wird durch das Meßgerät	x und w.
Gebildet wird durch den Bedienungsmann die Regeldifferenz	$e = w - x$
Veranlaßt wird je nach Vorzeichen der Regeldifferenz eine Änderung der Stellgröße	$\pm \Delta y$.

Das dem y vorgesetzte mathematische Zeichen Δ (Delta) bedeutet, daß es sich um eine Änderung von y handelt.

Das Gesagte soll noch einmal an einem Zahlenbeispiel verdeutlicht werden. Gegeben sei:

Regelstrecke	Gasbeheizter Glühofen nach Bild 2 (Temperaturregelstrecke)
Regelgröße, als Temperatur abgelesen	$x = 875°C$
Führungsgröße am Meßgerät durch Marke eingestellt	$w = 850\,°C$

[1]) In der alten Norm DIN 19226 von 1968 gab es neben der Regeldifferenz $e = w - x$, die dort noch mit x_d bezeichnet wurde, auch den Begriff der Regelabweichung $x_w = x - w$. In der überarbeiteten Fassung der DIN 19226 von 1994 kommt nur noch der Begriff Regeldifferenz e vor. Die Regeldifferenz hat das umgekehrte Vorzeichen wie die Regelabweichung, es gilt $e = x_d = - x_w$. Der Buchstabe e ist die Abkürzung für das englische Wort error = Fehler.

Regeldifferenz	$e = w - x = 850°C - 875°C =$ $= -25°C$
Stellgrößenänderung z.B.	$\Delta y = -3$ mm Ventilhub.

Den augenblicklichen Wert der Regelgröße bezeichnet man auch mit *Istwert der Regelgröße* x_i, den Wert der Führungsgröße auch mit *Sollwert der Regelgröße* x_s. Die Bezeichnung *Sollwert* oder *Sollwert der Regelgröße* benutzt man insbesondere dann an Stelle der Bezeichnung *Führungsgröße*, wenn es sich um eine Festwertregelung handelt, d.h. wenn die Führungsgröße einen fest eingestellten Wert besitzt, der nicht oder nur selten geändert wird.

In der folgenden Aufstellung sind die Symbole und Bezeichnungen noch einmal in übersichtlicher Form zusammengestellt:

Regelgröße	x
(Istwert der Regelgröße	x_i)
Führungsgröße	w
(Sollwert der Regelgröße	x_s)
Regeldifferenz	$e = w - x$
(früher Regelabweichung	$x_w = x - w = -e$)
Stellgröße	y
Störgröße	z

An unserem Beispiel können wir noch etwas für die Regelungstechnik sehr Wesentliches erkennen, nämlich das Vorhandensein eines geschlossenen Wirkungskreises. Eine Abweichung der Regelgröße von ihrem Sollwert hat eine Änderung der Stellgröße zur Folge. Diese Stellgrößenänderung wirkt wieder auf die Regelgröße ein, so daß auch die Stellgröße wiederum verändert werden muß. Ursachen und Wirkungen durchlaufen also ständig diesen *Regelkreis*, so daß das Verhalten der einzelnen Größen nicht einfach zu übersehen ist, denn jeder Eingriff wirkt im Regelkreis auf sich selbst zurück.

Bemerkenswert ist dabei – und das ist ganz wesentlich –, daß die Stellgröße immer so zu verändern ist, daß die Regeldifferenz abgebaut wird. Ist die

Temperatur z.B. zu niedrig, d.h. die Regeldifferenz ist positiv, so muß die Stellgröße y, der Gasstrom, erhöht werden. Ist der Sollwert überschritten, so muß y verkleinert werden. Würde die Temperatur nicht über den Gasstrom als Stellgröße sondern durch ein Kühlgebläse geregelt, so müßte natürlich bei einer zu hohen Temperatur der kühlende Luftstrom erhöht werden. Innerhalb des Regelkreises muß also stets eine *Wirkungsumkehr* stattfinden. Mathematisch drückt sich das durch ein negatives Vorzeichen aus.

1.7 Selbsttätige Regelung

1.7.1 *Der Regler*

Ziel der Regelungstechnik wie jeder Automatisierungsmaßnahme ist es, den Menschen aus dem Arbeitsablauf herauszulösen und ihn nur noch mit Überwachungs- und Wartungsfunktionen zu betrauen.
Wir müssen also den im Regelkreis eingeschalteten Menschen durch ein selbsttätig, d. h. ohne menschliche Mitwirkung arbeitendes Gerät, einen *Regler*, ersetzen.
Ist der Regler gut ausgewählt und der Regelaufgabe richtig angepaßt, so macht er es meist besser als der Mensch, denn er reagiert im allgemeinen schneller und insbesondere unermüdlicher. Wer einmal bei der Inbetriebsetzung einer Regelanlage mit rasch veränderlichen Regelgrößen längere Zeit gezwungen war, die Anlage von Hand zu fahren, weiß, wie sehr er aufpassen muß, um die Regelgröße einigermaßen konstant zu halten. Oft genügen schon einige Sekunden Unaufmerksamkeit, und die Regelgröße läuft davon.
Aus unserem von Hand geregelten Kreis können wir sofort ablesen, welche Teile ein Regler besitzen muß: Es ist da zuerst die *Meßeinrichtung* zur Bestimmung der Regelgröße. Weiter muß eine Einrichtung vorhanden sein, um den gewünschten Wert der Führungsgröße vorgeben zu können. Diese Einrichtung wird als *Sollwerteinsteller* bezeichnet. Da der Regler nur eingreifen soll, wenn eine Regeldifferenz vorhanden ist, muß auch noch eine Einrichtung zur Bildung der Differenz zwischen Regelgröße und Führungsgröße, der *Vergleicher,* vorhanden sein, durch den oft auch eine erforderliche *Wirkungsumkehr* mit vorgenommen wird.

Die wichtigsten Teile eines Reglers sind also

Meßeinrichtung – Sollwerteinsteller – Vergleicher – sowie die *Einrichtung zur Bildung der Stellgröße y*.

Es ist nützlich, beim Betrachten eines neuen Reglers zuerst diese Teile aufzusuchen. Bei vielen Reglerbauarten sind diese Teile auf den ersten Blick nicht leicht zu erkennen.
Ähnlich wie die Regelstrecke können wir auch den Regler selbst durch ein Kästchen, einen *Block* darstellen (Bild 9).

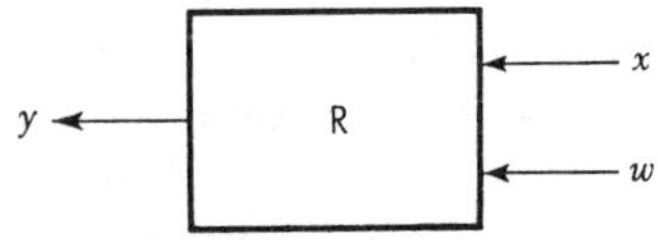

Bild 9-1
Blockdarstellung eines Reglers mit der Regelgröße x und Führungsgröße w am Eingang und der Stellgröße y am Ausgang.

Zeichnen wir in das Kästchen die Meßeinrichtung M, den Sollwerteinsteller SE und den Vergleicher VG ein, so erhalten wir eine verfeinerte Blockdarstellung eines Reglers (Bild 10).

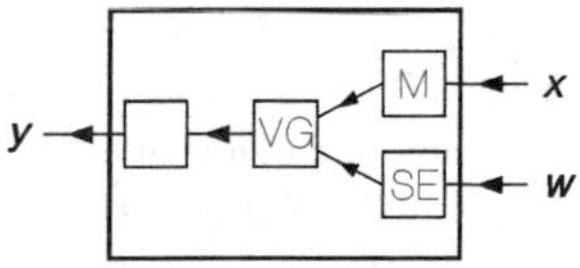

Bild 10-1
Verfeinerte Blockdarstellung des Reglers. M Meßeinrichtung, SE Sollwerteinsteller, VG Vergleicher.

1.7.2 *Die Meßeinrichtung*

Die wichtigste Aufgabe eines Reglers ist nach dem vorher Gesagten der Vergleich von Regelgröße und Führungsgröße.
Um den Vergleich exakt durchführen zu können, muß – neben einer genau einstellbaren Führungsgröße – der genaue augenblickliche Wert der Regelgröße bekannt sein. Der *Messung* der Regelgröße durch die *Meßeinrichtung* kommt daher im Regelkreis eine entscheidende Bedeutung zu. Niemand hat je eine Größe geregelt, die er vorher nicht gemessen hat! Ein Regelkreis kann auch nie genauer arbeiten als die Messung der Regelgröße erfolgt.

Die gesamte Meßeinrichtung besteht bei der überwiegenden Zahl der Reglerkonstruktionen aus zwei Teilen: dem meist in die Regelstrecke eingebauten *Aufnehmer für die Regelgröße*, der bei unmittelbarem Kontakt mit dem Meßmedium auch *Fühler* genannt wird, und dem im Regler eingebauten Teil der Meßeinrichtung.
Der im Regler eingebaute Teil der Meßeinrichtung hat dabei die Aufgabe, das vom Aufnehmer in einer bestimmten physikalischen Form gelieferte *Regelsignal* in eine für den Vergleicher verarbeitbare Form umzuformen. Der Vergleicher kann – durch seine Konstruktion bedingt – die Regelgröße nur in einer ganz bestimmten physikalischen Form (z. B. als Weg, Kraft, Druck, elektrische Spannung) verarbeiten.
Nur bei solchen Reglerkonstruktionen, bei welchen die Regelgröße oder das Regelsignal unmittelbar vom Vergleicher des Reglers verarbeitet werden kann, entfällt der Teil der Meßeinrichtung im Regler (z.B. Bild 30-4). Oft ist auch dieser Teil der Meßeinrichtung nicht im Regler selbst, sondern in einem getrennten, vorgeschalteten Gerät untergebracht, dem sogenannten *Meßumformer*.

Dieser formt das vom Aufnehmer gelieferte *Regelsignal* in das für den Reglereingang geeignete pneumatische oder elektrische Einheitssignal um.
An den Meßumformer wird dann ein sog. *Einheitsregler* angeschlossen.
Bei einigen Reglerbauarten bilden Regelstrecke, Meßeinrichtung, Vergleicher und das Stellglied eine bauliche Einheit, wie z.B. die später in Bild 7-3 gezeigte Regelung.
Das Erfassen der Regelgröße durch die Meßeinrichtung muß ausreichend schnell erfolgen, da zeitliche Verzögerungen – wie wir später sehen werden – die Regelgüte verschlechtern.
Zum Messen der verschiedenen Regelgrößen hat die *Meßtechnik* eine fast unübersehbare Zahl von Meßverfahren und Meßeinrichtungen geschaffen. Tabelle 4 zeigt einige besonders häufig verwendete Meßeinrichtungen und Aufnehmer für Regelgrößen.
Für Regelzwecke interessieren vorzugsweise solche Meßverfahren, bei welchen die Regelgröße oder das Regelsignal leicht über eine gewisse Entfernung übertragen werden kann. Das ist wünschenswert, weil heute oft die

Tabelle 4

Tabelle 4: Aufnehmer (Meßeinrichtungen) für Regelgrößen

Kraft Drehmoment	**1** 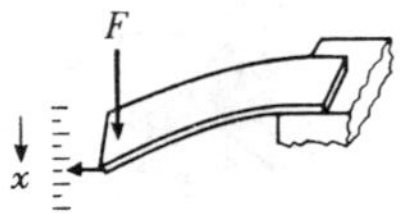 Bandfeder-A.	**2** 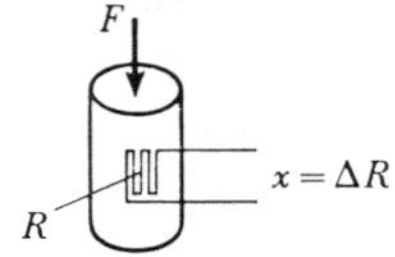 Dehnungsmeßstreifen-A.	**3** 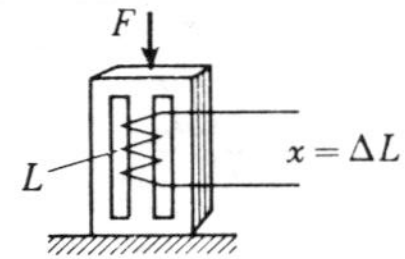 Magnetoelastischer A.	**4** 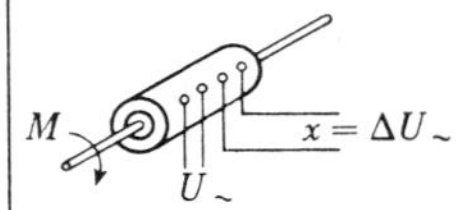 Induktiver Drehmomenten-A.
Drehzahl	**5** 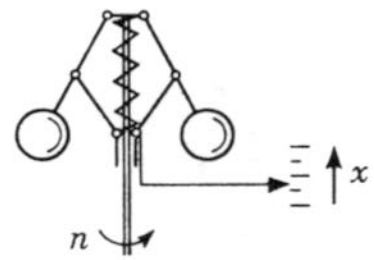 Fliehkraftpendel-A.	**6** 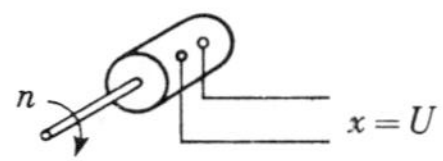 Elektrischer Generator	**7** 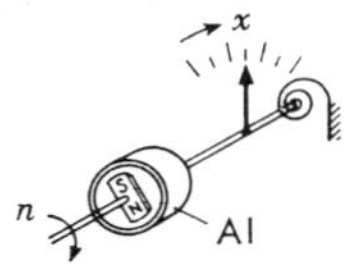 Wirbelstrom-A.	**8** 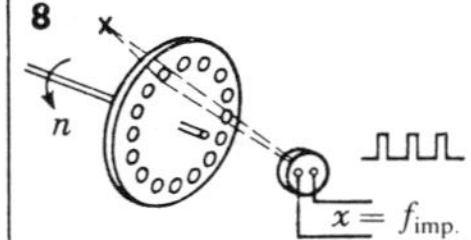 Lichtschranken-A.
Lage, Hub Dicke	**9** 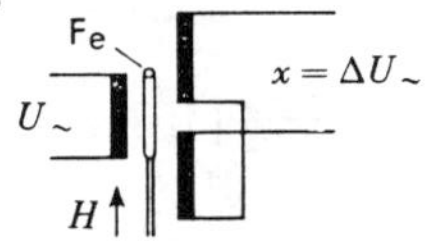 Induktiver A.	**10** 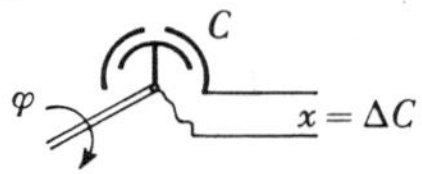 Kapazitiver A.	**11**  Codierscheiben-A.	**12** 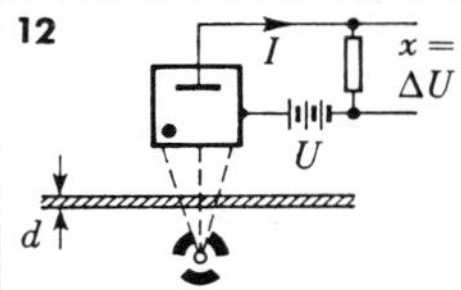 Dicken-A. (rad. Isotop.)
Temperatur	**13** 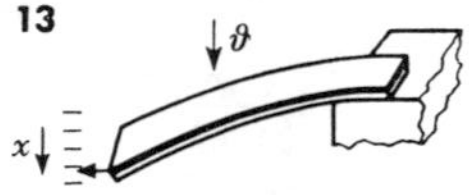 Bimetallstreifen-A.	**14** 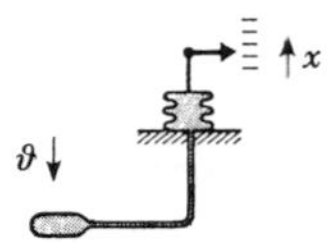 Flüssigkeitsthermometer	**15**  Thermoelement-A.	**16** 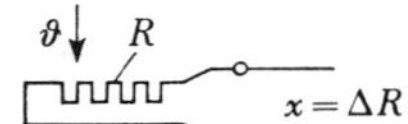 Widerstandsthermometer-A.

Tabelle 4 *(Fortsetzung)*

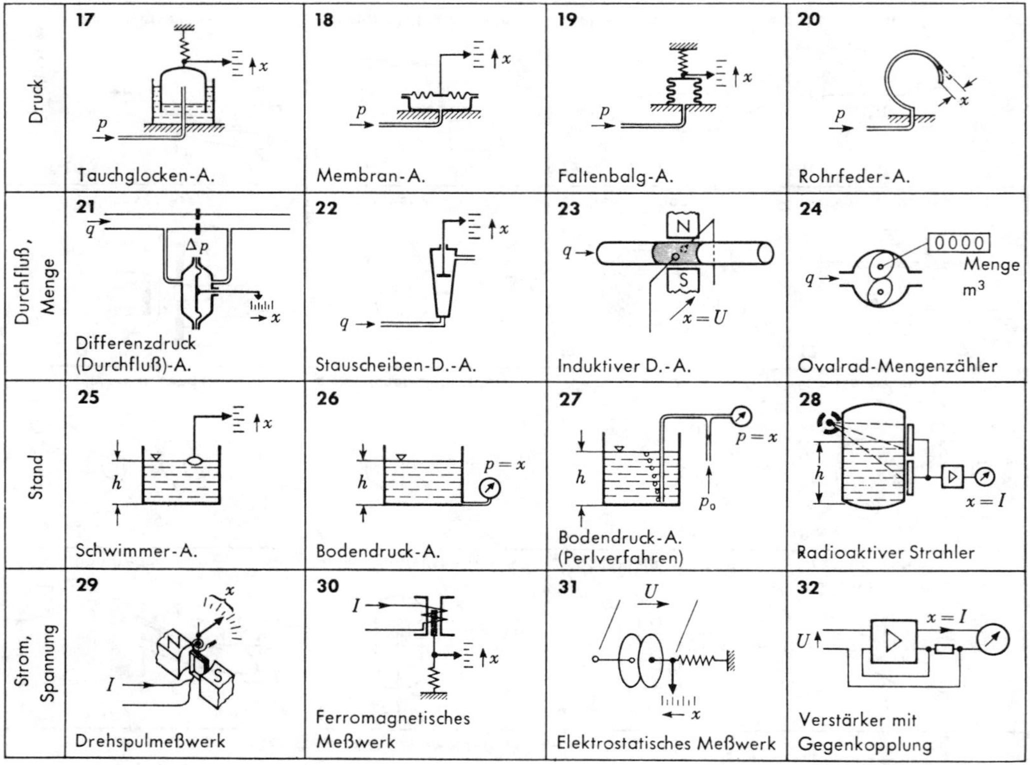

Regler getrennt von der Regelstrecke in räumlich entfernten zentralen Warten eingebaut werden oder um die Regler an Orten mit günstigeren Umweltbedingungen montieren zu können. Diese Forderungen sind heute praktisch nur bei Verwenden eines pneumatischen oder eines elektrischen Regelsignals verwirklichbar.

Bei den auf den anschließenden Seiten gezeigten Regelkreisen (Bild 13 bis 16) werden zum meßtechnischen Erfassen der Regelgröße folgende Meßeinrichtungen verwendet:

Tabelle 5 Aufnehmer (Meßeinrichtungen) für Regelgrößen.

Bild	Regelgröße	Meßeinrichtung
13	Temperatur	Quecksilber-Ausdehnungsthermometer
14	Drehzahl	Fliehkraftpendel
15	Stand	Schwimmer
16	Spannung	elektromagnetisches Meßwerk

Die Erfahrung zeigt, daß die Ursachen für eine unbefriedigende Regelgüte vielfach in einem zu ungenauen oder zu langsamen Erfassen der Regelgröße liegen. Der erfahrene Regelungstechniker weiß, daß „gutes Regeln" mit „gutem Messen" beginnt.

1.8 Der Regelkreis

Nachdem wir uns über die wichtigsten Teile eines Regelkreises klargeworden sind, können wir auch den Regelkreis in Blockdarstellung aufzeichnen (Bild 11). Diese Darstellungsweise bezeichnet man auch als Signalflußplan.

Fügen wir noch Stellglied und Aufnehmer (Fühler) hinzu und zeichnen den Innenaufbau des Reglers ein, so erhalten wir die Darstellung von Bild 12, eine Mischung zwischen Signalflußplan (Bild 11) und Gerätebild, wie es beispielsweise in Bild 13 dargestellt ist. In bestimmten Situationen kann eine solche Mischung durchaus nützlich sein. Die Gesamtheit aller für die Rege-

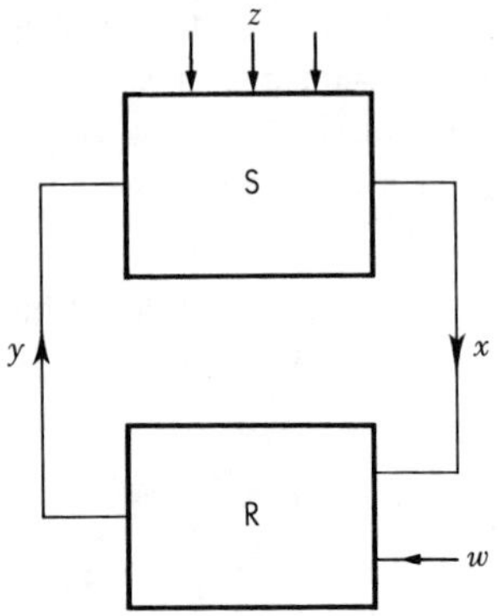

Bild 11-1
Signalflußplan des Regelkreises.
S Regelstrecke, R Regler.

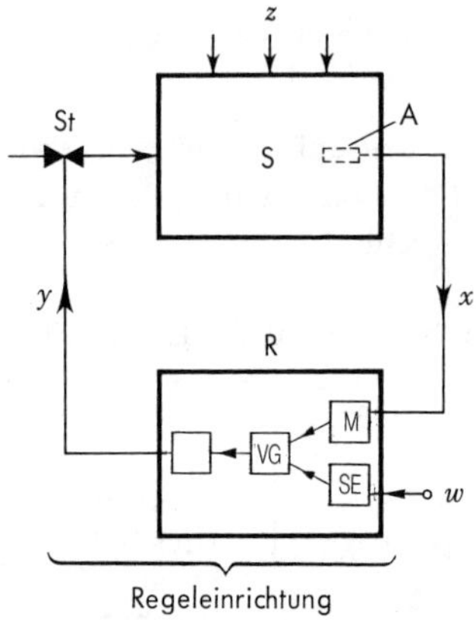

Bild 12-1
Blockdarstellung des Regelkreises mit Geräteteilen. S Regelstrecke, R Regler, A Aufnehmer, M Meßeinrichtung, SE Sollwerteinsteller, VG Vergleicher, St Stellglied.

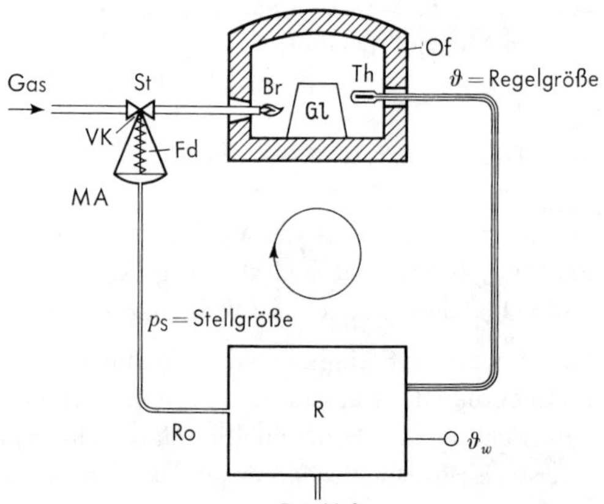

Bild 13-1
Temperaturregelung eines gasbeheizten Ofens.
Of Ofen, Gl Glühgut, Th Thermometer, Ro Rohrleitung, Br Brenner, St Stellgerät, VK Ventilkörper, MA Membran-Antrieb, Fd Feder, R Regler, ϑ Temperatur (Regelgröße), ϑ_w Führungsgröße, p_S Stelldruck als Stellgröße,

lung notwendigen Einrichtungen – also Meßaufnehmer oder Fühler, Regler und Stellglied – bezeichnet man auch als *Regeleinrichtung*.

Regelstrecke, Regler und Regelkreis sind, wie wir kennengelernt haben, durch folgende Begriffe gekennzeichnet:

Regelstrecke	*Regler*	*Regelkreis*
Regelgröße	Regeleinrichtung	Istwert der Regelgröße
Stellgröße	Meßeinrichtung	Sollwert der Regelgröße
Störgröße	Führungsgröße	Regeldifferenz
Aufnehmer (Fühler)	Sollwerteinsteller	Wirkungsumkehr
Stellglied	Vergleicher	Stellgerät
	Stellantrieb	

Für denjenigen, der sich erstmalig gründlicher mit der Regelungstechnik beschäftigt, sind das 16 neue Worte, die mit ganz bestimmten Begriffsinhalten gefüllt und sorgfältig auseinandergehalten werden müssen. Erfahrungsgemäß braucht man eine gewisse Zeit und ein wiederholtes sorgfältiges Einprägen der Begriffsinhalte, bevor diese fest sitzen. Ihre hieb- und stichfeste Beherrschung ist aber eine unbedingte Voraussetzung für jedes Arbeiten auf regelungstechnischem Gebiet.

Nun einige Beispiele von Regelkreisen:

Beispiel 1: Temperaturregelung eines gasbeheizten Ofens (Bild 13)

Die Regelstrecke, in der die Temperatur als Regelgröße konstant gehalten werden soll, ist der Ofen Of mit Glühgut Gl, das auf die vorgeschriebene Temperatur gebracht und auf dieser gehalten werden soll. Zum Erfassen dieser Temperatur ϑ ist als Fühler ein Quecksilber-Ausdehnungsthermometer Th, das über eine Kapillarleitung mit dem Regler verbunden ist, vorgesehen. Wie der Regler im Inneren genauer aufgebaut ist, soll uns hier noch nicht interessieren; wir kommen darauf im Abschnitt 3 und 4 ausführlich zu sprechen.

Der Knopf am Regler dient zum Einstellen der Führungstemperatur ϑ_W. Die Dosierung der Gaszufuhr zum Ofen erfolgt mit einem Membranventil als Stellgerät. Dieses Membranventil besteht aus dem eigentlichen Ventilkörper VK als Stellglied und einem Membranantrieb MA als Stellmotor. Die Membrane, die mit Druckluft über die Rohrleitung Ro vom Regler beaufschlagt wird, verstellt gegen die Wirkung der Rückstellfeder Fd den Ventilkegel. Als Stellgröße y können wir sowohl den Gasstrom in der Rohrleitung als auch den vom Regler gelieferten Stelldruck p_S ansehen.

Beispiel 2: Drehzahlregelung einer Dampfturbine (Bild 14)

Regelstrecke ist die Turbine Tu mit Generator G und dem angeschlossenen Leitungsnetz. Die Drehzahl n als Regelgröße wird mit Hilfe des Drehzahlgebers DG erfaßt, der die Drehzahl in einen Druck umformt.

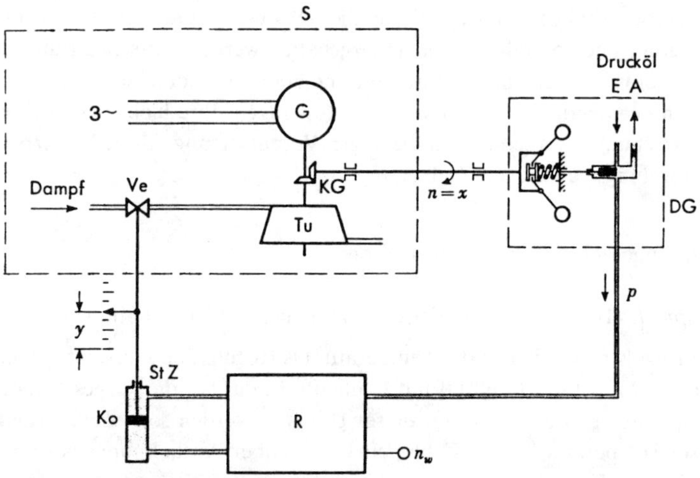

Bild 14-1
Drehzahlregelung einer Dampfturbine. Tu Turbine, G Generator, KG Kegelradgetriebe, DG Drehzahlgeber, Ve Ventil, StZ Stellzylinder, Ko Kolben, n Drehzahl (Regelgröße), n_w Führungs-Drehzahl, y Hub des Stellkolbens als Stellgröße.

Dieser Geber liefert einen der Drehzahl proportionalen Öldruck p an den Regler, an dem die Führungs-Drehzahl n_W eingestellt wird. Die Dosierung der Dampfzufuhr zur Turbine erfolgt wieder mit Hilfe eines Ventils Ve als Stellglied. Als Stellantrieb dient hier ein Stellzylinder StZ. Der Kolben Ko des Stellzylinders wird vom Regler aus beiderseitig mit Drucköl beaufschlagt und in die jeweilig benötigte Stellung gefahren. Als Stellgröße wird zweckmäßig der Hub y des Stellkolbens angesehen.

Beispiel 3: Wasserstandsregelung in einem offenen Behälter (Bild 15-1)

Regelstrecke ist der Behälter Be, in dem der Wasserstand h als Regelgröße konstant gehalten werden soll. Zur Messung des Wasserstandes dient der Schwimmer Sch.

Beispiel 4: Spannungsregelung eines Gleichstromgenerators (Bild 16-1)

Regelstrecke ist hier der Gleichstromgenerator G mit Motor M und dem angeschlossenen Netz Ne. Regelgröße ist die vom Generator abgegebene Spannung U.

Zur Erfassung der Spannung und gleichzeitig als Stellantrieb dient die Magnetspule MSp zusammen mit dem Eisenkern Fe und der Feder Fd. Bei steigender Spannung U wird der Eisenkern mehr in die Spule hineingezogen und ein größerer Teil des Widerstandes R_E in den Stromkreis der Erregerwicklung EW geschaltet. Dadurch sinkt die Spannung des Generators wieder ab. Durch Verstellen des Befestigungspunktes der Feder Fd kann die Führungsspannung U_W eingestellt werden. Als Stellgröße ist der Hub y des Schleifers Schl am Widerstand R_E anzusehen.

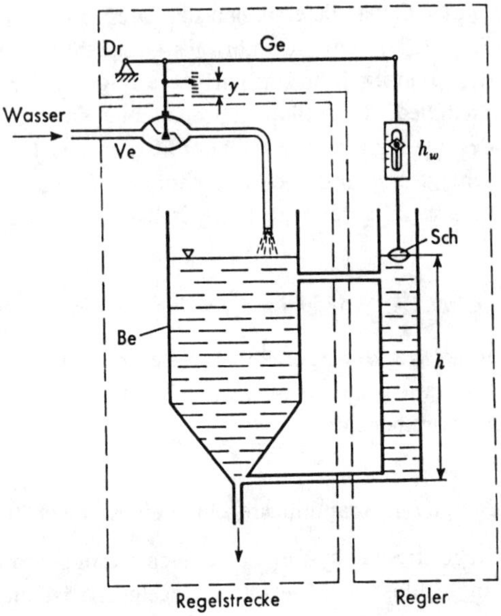

Bild 15-1
Wasserstandsregelung in einem offenen Behälter. Be Behälter, Sch Schwimmer, Ve Ventil, Ge Gestänge, Dr Drehpunkt, h Wasserstand (Regelgröße), h_W Sollwerteinsteller, y Ventilhub (Stellgröße).

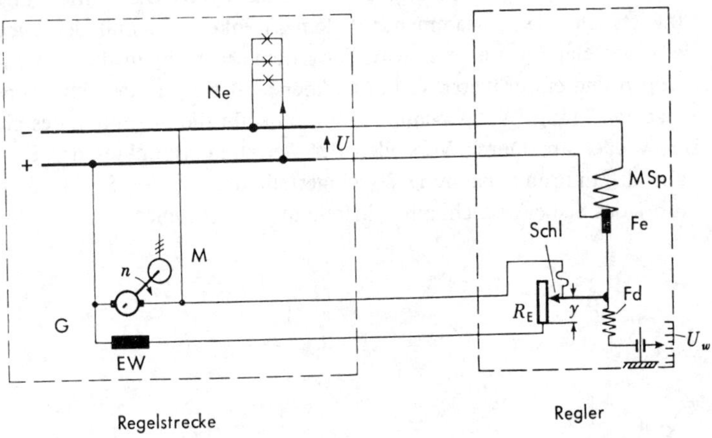

Bild 16-1
Spannungsregelung eines Gleichstromgenerators. M Motor, G Gleichstromgenerator, Ne Netz, MSp Magnetspule, Fe Eisenkern, Fd Feder, Schl Schleifer, R_E Widerstand, EW Erregerwicklung, U Spannung (Regelgröße), U_w Sollwerteinsteller, Hub y des Schleifers als Stellgröße, n Drehzahl.

1.9 Das Verhalten der Regelgröße bei Störung und Führung

1.9.1 *Das Störverhalten*

Wir haben gesehen, daß es die Aufgabe des Reglers ist, die Regelgröße ständig gleich der eingestellten Führungsgröße zu machen. Die immer vorhandenen Störgrößenänderungen – wir wollen sie im folgenden abgekürzt mit *Störungen* bezeichnen – sind die Ursache dafür, daß wir überhaupt einen Regler brauchen. Wenn keine Störgrößenänderungen vorhanden sind, also alle Störgrößen konstante Werte aufweisen, ist ein Regler überflüssig.
Erst das Vorhandensein veränderlicher Störgrößen macht das Regeln erforderlich.
Ändert sich eine Störgröße, so wird davon die Regelgröße beeinflußt. Es tritt eine vorübergehende Regeldifferenz auf, die der Regler im Laufe der Zeit mehr oder weniger schnell und vollkommen beseitigt. Für den Betreiber der Regelanlage ist es daher von ausschlaggebender Bedeutung, das Verhalten der Regelgröße bei einer Störung – das *Störverhalten* – zu kennen.

Die Änderungen der Störgrößen haben einen sehr verschiedenartigen zeitlichen Verlauf. Manche Störungen treten ganz allmählich auf, andere mehr oder weniger plötzlich. Daneben gibt es auch periodisch sich wiederholende Störgrößenänderungen. Um zu leicht übersehbaren Verhältnissen zu kommen und einen betrieblich ungünstigen Fall zu berücksichtigen, ist es am verbreitetsten, den Einfluß einer *sprungweisen* Störgrößenänderung zu untersuchen. Der sich ergebende zeitliche Verlauf der Regelgröße wird als *Stör-Sprungantwort* oder als Störverhalten bezeichnet. Bild 17a zeigt den zeitlichen Verlauf der Regelgröße, wenn eine solche sprungweise Störung als Testfunktion verwendet wird.

Wird die Sprungantwort auf die Größe des Störgrößensprunges Δz bezogen, d.h. statt der Regelgröße x der Wert $x/\Delta z$ aufgetragen, so ergibt sich die *Störübergangsfunktion*. Sie ergibt eine von der Größe des jeweiligen Sprunges z unabhängige Darstellung des zeitlichen Verhaltens des Regelkreises. Wir werden in diesem Buch jedoch nur mit den anschaulichen Sprungantworten arbeiten.

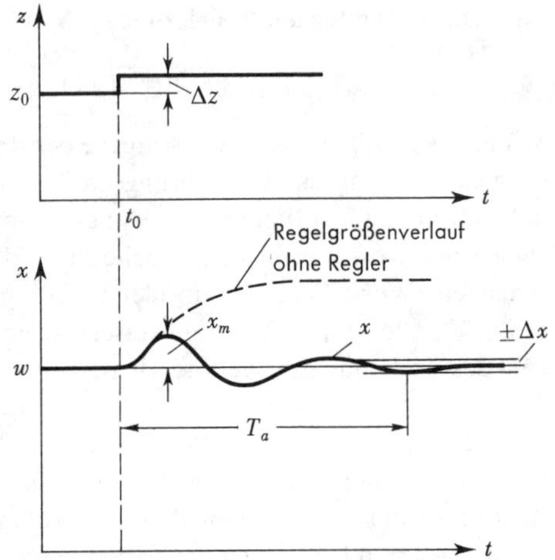

Bild 17a-1
Stör-Sprungantwort, d.h. der Verlauf der Regelgröße bei einer sprungweisen Änderung einer Störgröße um Δz. x_m Überschwingweite, T_a Ausregelzeit, $\pm\ \Delta x$ vereinbarte Toleranzgrenzen.

Anfangs hatte die Störgröße den konstanten Wert z_0 (Bild 17a). Dann wächst sie zur Zeit t_0 sprungweise um den Betrag Δz an. Die Regelgröße war zuerst gleich der Führungsgröße w. Nach der Störung weicht die Regelgröße eine Zeitlang von der Führungsgröße ab, bis sie wieder durch die Wirkung des Reglers auf den Wert w zurückgebracht wird. Der Verlauf der Regelgröße, also der gewellte Kurvenzug, ist die Stör-Sprungantwort.
Um die Sprungantwort ohne Zuhilfenahme eines großen mathematischen Aufwandes in ihrer Eigenschaft angenähert zu beschreiben, haben sich zwei Maße eingebürgert. Es sind das:

die *Überschwingweite* und die *Ausregelzeit.*

Die Überschwingweite ist die größte Abweichung der Regelgröße nach einer Störung. Sie wird mit x_m bezeichnet.
Die Ausregelzeit T_a ist die Zeit, die vergeht, bis nach einer Störung die Regelabweichung innerhalb vereinbarter Toleranzgrenzen $\pm\ \Delta x$ verläuft.
Um das Verhalten des Regelkreises bei einer Störung zu charakterisieren, müssen wir also – neben der Größe der Störgrößenänderung – die Überschwingweite und die Ausregelzeit angeben.

Beispiel: Drehzahlregelung

Regelgröße ist die Drehzahl n. Der verlangte Wert der Führungsgröße ist n_W = 1500 1/min, Hauptstörgröße ist das abgegebene Drehmoment M_d. Bei einer plötzlichen Entlastung der Antriebsmaschine, d. h. einer Störgrößenänderung von M_d = 300 Nm auf M_d = 0 Nm, tritt durch das Entlasten ein vorübergehendes Ansteigen der Drehzahl auf 1560 1/min auf. Nach 0,7 s ist aber die alte Drehzahl von 1500 1/min innerhalb der Meßgenauigkeit von ± 1% wieder erreicht.

Die Überschwingweite ist dann

$$x_m = 1560\ 1/\text{min} - 1500\ 1/\text{min} = 60\ 1/\text{min}$$

oder in Prozent der Solldrehzahl

$$\frac{60\ 1/\text{min}}{1500\ 1/\text{min}} \cdot 100\% = 4\%$$

Die Ausregelzeit beträgt 0,7 s bei 1% Toleranz.

Je nach dem geregelten Prozeß kommt es mehr auf eine kleine Überschwingweite, auf eine kurze Ausregelzeit oder auf beides an. Viele chemische Prozesse sind z.B. gegen eine Überschreitung der Temperatur empfindlich. Wird diese Temperatur auch nur kurze Zeit überschritten, so wird das Material dauernd verändert und damit verdorben. Hier und auch bei elektrischen Regelungen kommt es darauf an, die Überschwingweite x_m klein zu halten, gegebenenfalls auch auf Kosten der Ausregelzeit.

Bei anderen Regelungen ist es dagegen wichtig, daß Überschwingweite und Ausregelzeit klein bleiben, da die Auswirkung der Störung vom Produkt Regelabweichung × Ausregelzeit beeinflußt wird. Das ist beispielsweise bei der Durchflußregelung und bei der Kursregelung von Fahrzeugen der Fall. Bei Walzwerk- und Papiermaschinenantrieben wie überhaupt bei allen Antriebsregelungen wird dagegen meist gefordert, daß Störungen in kürzester Zeit ausgeregelt werden, um die nachgeschalteten Arbeitsgänge nicht in Mitleidenschaft zu ziehen, hier ist eine kurze Ausregelzeit wichtiger als eine kleine Überschwingweite. Je nach dem Problem liegt also der Schwerpunkt mehr bei kleiner Überschwingweite, kurzer Ausregelzeit oder bei einem kleinen Produkt aus Überschwingweite und Ausregelzeit.

1.9.2 *Führungsverhalten*

Wie später im Abschnitt 11 noch ausführlicher gezeigt wird, besteht die Aufgabe eines Reglers nicht immer darin, die Regelgröße auf dem einmalig eingestellten Wert der Führungsgröße (der nur gelegentlich und dann nur langsam verstellt wird) zu halten. Bei vielen praktisch wichtigen Regelaufgaben soll dagegen die Regelgröße der mehr oder weniger rasch verstellten Führungsgröße möglichst schnell und gut folgen. Das ist beispielsweise bei Drehzahlregelungen der Fall, bei welchen bei Führungs-Drehzahländerungen die neue Drehzahl möglichst schnell und ohne große Drehzahlpendelungen erreicht werden soll. Der neue Wert der Drehzahl soll ohne großes Überschwingen innerhalb kürzester Zeit erreicht werden; d. h. der Regler soll ein gutes *Führungsverhalten* aufweisen. Bild 17b verdeutlicht das Ge-

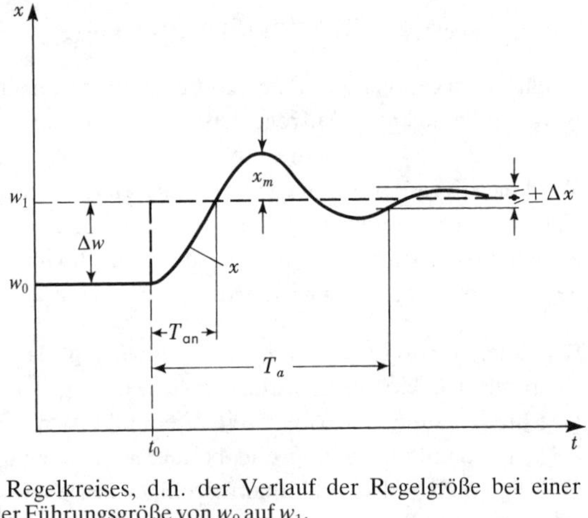

Bild 17b-1
Führungsverhalten eines Regelkreises, d.h. der Verlauf der Regelgröße bei einer sprungweisen Änderung der Führungsgröße von w_0 auf w_1.
x_m Überschwingweite, T_{an} Anregelzeit, T_a Ausregelzeit, $\pm\,\Delta x$ vereinbarte Toleranzgrenzen.

sagte bei einer sprungweisen Änderung der Führungsgröße um Δw. Auch hier ist die Regelgüte um so höher, je kleiner die Überschwingweite x_{m} und je kürzer die Ausregelzeit T_{a} ist.
Eine weitere wichtige Größe ist die Anregelzeit T_{an}, die vergeht, bis die Regelgröße zum ersten Mal den neuen Sollwert erreicht.

Neben einem möglichst günstigen Führungsverhalten ist natürlich bei vielen Regelaufgaben zusätzlich noch ein gutes Störverhalten wichtig, denn der Regler soll die Regelgröße unabhängig von allen Störungen auf dem vorgegebenen Wert halten. Bei vielen Regelaufgaben tritt die Wichtigkeit des Störverhaltens gegenüber einem guten Führungsverhalten zurück.

1.10 Andere Verfahren zum Konstanthalten von Größen

Das Regeln, d. h. Messen der Regelgröße, Vergleichen mit einer Führungsgröße und das daraus abgeleitete Beeinflussen der Stellgröße, ist nicht das einzige Verfahren, um eine Größe konstant zu halten. Es gibt noch eine ganze Reihe anderer Methoden, von welchen nur einige Beispiele erwähnt werden sollen. Sie stellen oft die preiswerteste Lösung der gestellten Aufgabe dar.

1.10.1 *Konstanthalten durch Ausnutzung physikalischer Effekte*

Es gibt eine ganze Reihe physikalischer Größen, die innerhalb eines weiten Bereiches selbst bei starken Änderungen der Einflußgrößen einen konstanten Wert behalten.

Beispiel 1: Haltepunkte

Allgemein bekannt ist, daß ein schmelzender Körper einen sogenannten ***Haltepunkt*** aufweist. Trotz gleichmäßiger Wärmezufuhr bleibt während des Schmelzens, z.B. von Eis (Bild 18), die Temperatur der Schmelze auf 0°C konstant (Schmelztemperatur). Diese Tatsache wird bei vielen physikalischen Messungen mit Erfolg ausgenutzt. Ohne jeden Regler wird die Temperatur damit sehr genau konstant gehalten.

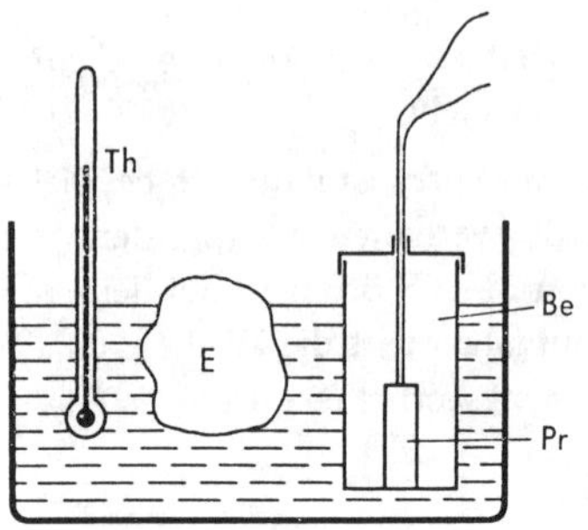

Bild 18-1
Ausnutzung des Haltepunktes beim Schmelzen fester Körper (z. B. Eis) zum Konstanthalten einer Temperatur. Th Thermometer, Pr Prüfling, E Eis, Be Behälter.

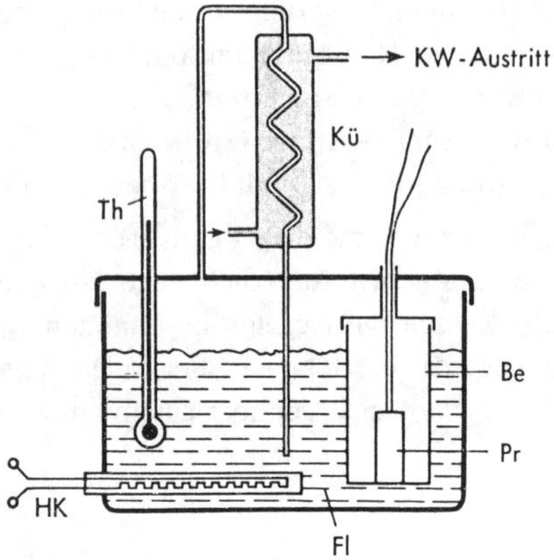

Bild 19-1
Flüssigkeitsthermostat nach dem Siedeprinzip. Be Behälter, Fl Flüssigkeit (meist Wasser oder Öl), HK Heizkörper, Th Thermometer, Kü Kühler für verdampfte Flüssigkeit, KW Kühlwasser, Pr Prüfling.

Einen zweiten Haltepunkt gibt es beim Sieden. Eine unter konstantem Druck siedende Flüssigkeit weist eine konstante Temperatur auf, die durch geeignete Wahl der Flüssigkeit in weiten Grenzen variiert werden kann. Mit siedendem Wasser ist es in einfacher Weise möglich, eine Temperatur von 100 °C genau konstant zu halten, was technisch in den Flüssigkeitsthermostaten (Bild 19) ausgenutzt wird.

Beispiel 2: Zenerdiode in der Elektronik

Legt man an eine Zenerdiode[1]) (ein Kristallplättchen aus Silizium mit einer entsprechend auflegierten Elektrode) in Sperrichtung eine Gleichspannung, so fließt erst bei Überschreiten einer bestimmten Durchbruchspannung (bei welcher die Elektronen durch elektrostatische Kräfte aus ihrem Atomverband herausgerissen werden) ein Strom. Der vorher sehr hohe innere

---

1) Benannt nach dem Erfinder Zener. Mit der Zahl Zehn hat der Name nichts zu tun!

Widerstand bricht dadurch bis auf einen kleinen Wert zusammen; die Spannung an der Zenerdiode wird in weiten Grenzen unabhängig vom sie durchfließenden Strom. Eine Zenerdiode weist die in Bild 20 wiedergegebene Strom-Spannungs-Kennlinie auf.

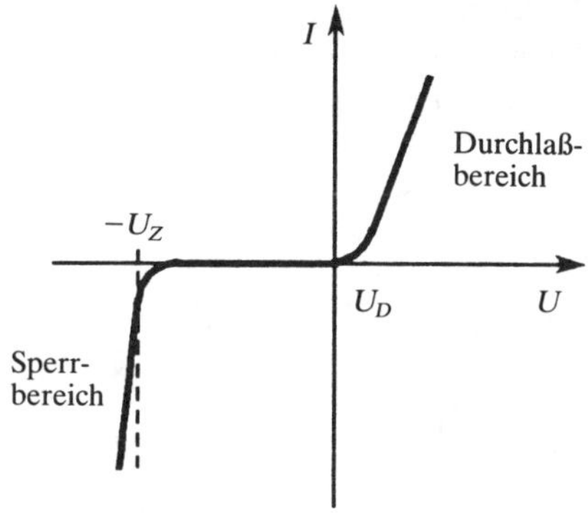

Bild 20-1
Strom-Spannungs-Kennlinie einer Zenerdiode. U_Z Durchbruchspannung

Wird, wie es Bild 21 zeigt, zur Zenerdiode ein Verbraucher mit dem Widerstand R_a parallel geschaltet, so wird dieser Verbraucher mit einer weitgehend konstanten Spannung gespeist, selbst wenn sich die Speisespannung und der Widerstand des Verbrauchers in weiten Grenzen ändern. Die überschüssige Spannung fällt am Vorwiderstand R ab.

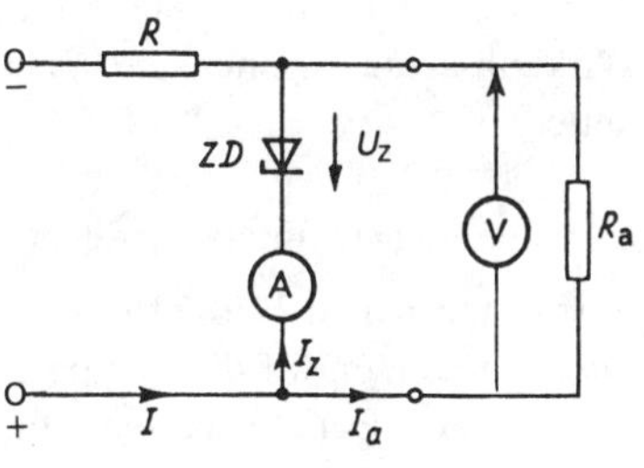

Bild 21-1
Zenerdiode mit konstanter, vom durchfließenden Strom I_Z weitgehend unabhängiger Zenerspannung U_Z, benutzt zum Konstanthalten einer Gleichspannung. *ZD* Zenerdiode, *R* Vorwiderstand, V Spannungsmesser, A Strommesser, R_a Widerstand des Verbrauchers.

1.10.2 *Konstanthalten einer Größe durch konstruktive Maßnahmen*

Auch durch konstruktive Maßnahmen kann man oft auf überraschend einfache Weise Größen konstant halten. Es ist z. B. möglich, den Flüssigkeitsspiegel in einem Behälter oder Becken durch einen *Überlauf* (Wehr) zu stabilisieren (Bild 22).

Durch breite Ausbildung des Überlaufs kann selbst bei einem in weiten Grenzen schwankenden Zulauf ein nur kleiner Aufstau erreicht werden (Schwimmbecken!).

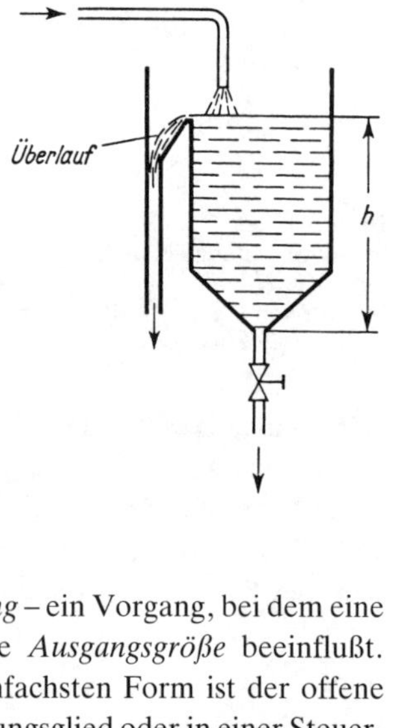

Bild 22-1
Konstanthalten eines Flüssigkeitsstandes durch Überlauf.

1.10.3 *Steuerungen*

Nach DIN 19226 ist das *Steuern – die Steuerung* – ein Vorgang, bei dem eine *Eingangsgröße* in gesetzmäßiger Weise eine *Ausgangsgröße* beeinflußt. Kennzeichnend für das Steuern in seiner einfachsten Form ist der offene Wirkungsablauf in einem einzelnen Übertragungsglied oder in einer Steuerkette.

a) Steuerung auf unterschiedliche Sollwerte

Betrachten wir in Bild 23 unseren schon früher gebrachten gasbeheizten Ofen, so können wir die Temperatur im Ofen mit Hilfe des Gasventils GV auch *steuern*. Bei konstantem Heizwert und Druck des Gases läßt sich für

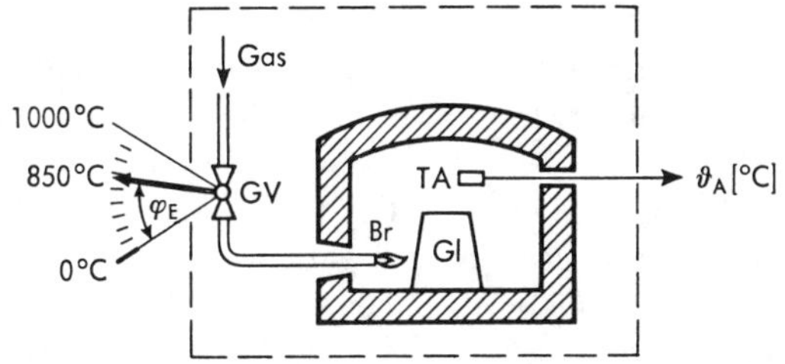

Bild 23-1
Gasbeheizter Glühofen als Beispiel einer Temperatur-Steuerung von Hand. Drehwinkel φ_E des Ventils GV als Eingangsgröße, die Temperatur ϑ_A im Ofen als Ausgangsgröße der Steuerung (siehe im Gegensatz dazu auch Bild 13). Br Brenner, TA Temperaturaufnehmer.

jede Ventilstellung durch Versuch feststellen, welche Temperatur sich im Ofen einstellt. An dem Ventil können wir dann eine Temperaturskala anbringen, an der wir künftig die gewünschte Ofentemperatur einstellen können. Es handelt sich jetzt nicht mehr um eine Temperatur-Regelung, sondern um eine *Temperatur-Steuerung* mit der Ventilstellung als Eingangsgröße und der Temperatur als Ausgangsgröße. Da das Einstellen der Eingangsgröße von Hand erfolgt, handelt es sich um eine Handsteuerung.

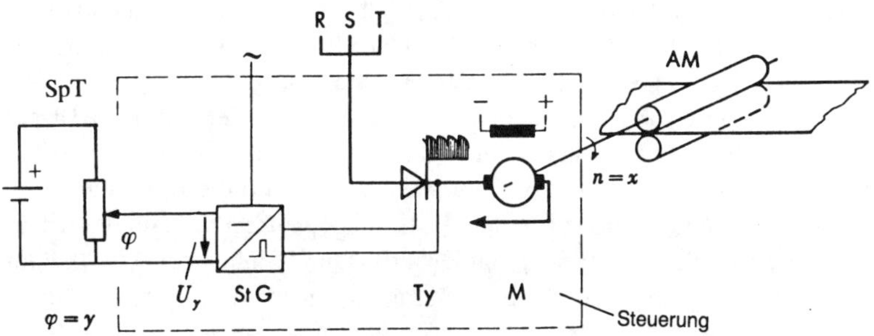

Bild 24-1
Drehzahlsteuerung von Hand mit Hilfe anschnittgesteuerter Thyristoren.
Eingangsgröße $\varphi = y$, Ausgangsgröße $n = x$, SpT Spannungsteiler, StG Steuergerät, Ty Thyristoren, M Gleichstrommotor, AM Arbeitsmaschine.

Bild 24 zeigt als weiteres Beispiel eine Drehzahlsteuerung von Hand. Der fremderregte Gleichstrommotor M treibt die Arbeitsmaschine AM (Walzgerüst) mit der Drehzahl n an. Der Motor wird über die Thyristoren Ty – von welchen der Übersichtlichkeit wegen nur einer gezeichnet ist – aus dem Drehstromnetz versorgt. Die Thyristoren werden aus dem Steuergerät StG anschnittgesteuert, um den Mittelwert des dem Motor zugeführten Gleichstromes verändern zu können. An dem Eingang des Steuergerätes liegt eine einstellbare Gleichspannung. Diese wird dem Spannungsteiler SpT entnommen, der aus einem Konstantspannungsgerät gespeist wird. Das Steuergerät liefert ausgangsseitig Steuerimpulse (Zündspannungsimpulse) mit konstanter Spannungshöhe, deren Phasenlage gegenüber der Netzwechselspannung von der Höhe der eingangsseitigen Gleichspannung abhängt. Auf diese Weise wird durch den unterschiedlichen Einsatz der den Thyristoren zugeführten Steuerimpulse der dem Motor zugeführte mittlere Gleichstrom verändert. Eingangsgröße der Steuerung ist die vom Verstellwinkel φ abhängige Teilerspannung U_y, Ausgangsgröße ist die Drehzahl n des Motors.
Die „Crux“ solcher Steuerungen sind aber die Störgrößen!

b) Konstanthalten durch Steuern

Das Verstellen der Eingangsgröße muß nicht unbedingt von Hand erfolgen (Handsteuerung), sondern es kann auch selbsttätig in Abhängigkeit von einer anderen Größe vorgenommen werden (selbsttätige Steuerung). Bild 25 zeigt ein Beispiel einer solchen selbsttätigen Steuerung.
Es besteht hier die Aufgabe, dem Flüssigkeitsstrom q_1, der von außen vorgegeben ist, einen proportionalen Flüssigkeitsstrom q_2 zuzuordnen, um ein bestimmtes Mischungsverhältnis zu erzielen. Es soll also die Beziehung q_2 = Konstante $\cdot\, q_1$ unabhängig von der Größe von q_1 aufrecht erhalten werden. Dazu wird der Produktstrom q_1 mit Hilfe des Durchflußmessers DuM erfaßt und als Eingangsgröße auf das Steuergerät St gegeben. Dieses bewirkt dann über das Stellglied Ve, daß der Flüssigkeitsstrom q_2 dem Strom q_1 selbsttätig nachgefahren wird. Es handelt sich hierbei aber nicht um eine Regelung, da die Verstellung des Flüssigkeitsstromes q_2 nicht auf den Eingang des Steuergliedes zurückwirkt. Es ist also kein geschlossener Kreis vorhanden.

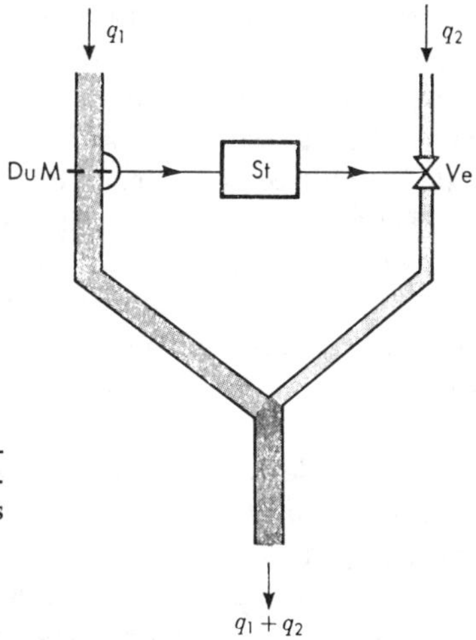

Bild 25-1
Mischungssteuerung als Beispiel einer selbsttätigen Steuereinrichtung. DuM Durchflußmesser, St Steuergerät, Ve Drosselventil als Stellglied, q_1, q_2 Zuflüsse.

Sehen wir von allem apparativen Beiwerk ab, so können wir eine Steuerung, die aus einem Glied besteht, wie z.B. unser temperaturgesteuerter Ofen oder unsere Mischungssteuerung, durch den in Bild 26 gezeichneten *Steuerblock* darstellen.

c) Steuerkette

Bei der Drehzahlsteuerung von Bild 24 sind mehrere *Steuerglieder,* nämlich Spannungsteiler SpT, Steuergerät StG mit Thyristoren Ty und Gleichstrom-

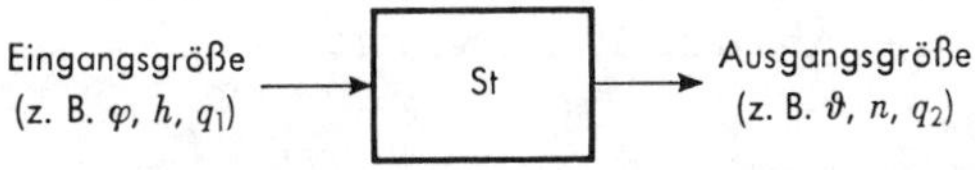

Bild 26-1
Steuerung in Blockdarstellung. St Steuerblock.

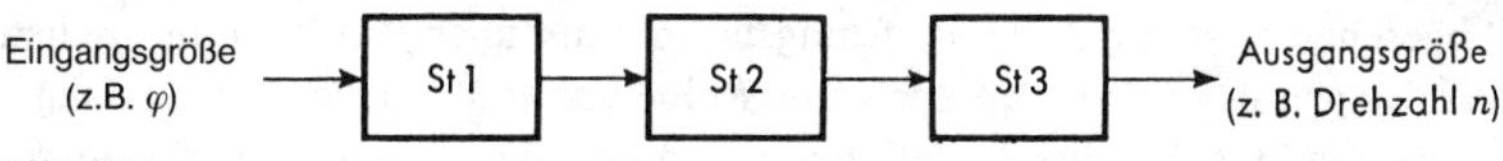

Bild 27-1
Steuerkette. St 1, St 2, St 3 Steuerblöcke.

motor GM hintereinander geschaltet und bilden eine *Steuerkette*. Bild 27 zeigt diese Steuerkette in Blockdarstellung.

Die Aufgabe, eine Ausgangsgröße auf einem verlangten Wert konstant zu halten, können wir also auch mit Hilfe einer Steuerung lösen. Eine Steuerung hat aber gegenüber einer Regelung zwei wesentliche Nachteile. Selbst bei einem festen Wert der Eingangsgröße ändert sich die Ausgangsgröße in unerwünschter Weise infolge von Veränderungen der Übertragungseigenschaften der Steuerglieder und wenn Störgrößenänderungen auftreten.

Dagegen ist eine Regelung unempfindlich gegen Änderungen der Eigenschaften der zwischengeschalteten Glieder und beseitigt den Einfluß *aller* Störgrößen.

Bei der in Bild 23 gezeigten Steuerung würde sich beispielsweise die Ofentemperatur mit dem Heizwert des Gases, mit dem Gasdruck, der Umgebungstemperatur usw. ändern.

Die in Bild 24 gezeigte Drehzahlsteuerung ist empfindlich gegen Belastungsschwankungen der Antriebsmaschine. Bei stärkerer Belastung sinkt die Drehzahl ab und bleibt auf diesem niedrigeren Wert stehen. Die eingestellte Drehzahl ändert sich außerdem mit der Temperatur der Wicklungen der Maschine, mit der Größe der Erregerspannung des Motors usw.

Diese Nachteile haben dazu geführt, daß Steuerungen zum Zweck des Konstanthaltens einer Größe immer mehr durch eine Regelung ergänzt werden. Im Abschnitt 11 wird hierauf noch ausführlich eingegangen und gezeigt, in welch wirkungsvoller Weise eine Steuerung durch Einbau einer Regelung verbessert werden kann.

In neuerer Zeit hat sich auch die Verbesserung des Regelkreises durch eine überlagerte Steuerung (Störgrößenaufschaltung) immer mehr durchgesetzt, wie in Abschnitt 10 gezeigt wird.

1.11 Anwendungsschwerpunkte der Regelungstechnik

Abgesehen davon, daß die Regelungstechnik auf allen Gebieten im raschen Vordringen ist, haben sich doch eine Reihe von industriellen Anwendungsschwerpunkten herausgebildet. Bedingt durch die verschiedenartig zu regelnden Anlagen, Maschinen oder Geräte, die unterschiedlichen Regelgrößen, die sehr verschieden großen zur Verfügung stehenden Meßleistungen und insbesondere aber durch die unterschiedlichen Anforderungen an die Ausregelgeschwindigkeit und die jeweils gültigen Sonderbedingungen sind diese Anwendungsgebiete überraschend stark gegeneinander abgegrenzt.

Es lassen sich etwa folgende Hauptanwendungsgebiete unterscheiden:

1. *Verfahrensregelung*

   Regelung von Temperatur, Durchfluß, Druck, Niveau, pH-Wert usw. in chemischen Fabriken, Anlagen zur Erdölaufbereitung, Kraftwerken, Nahrungsmittelfabriken usw.

1a. *Haustechnik,* hauptsächlich Regelung von Temperatur und Feuchte (Klimaregelung). Zur Ausregelung stehen meist Zeiten in der Größenordnung von Minuten zur Verfügung.

2. *Antriebsregelung*

   Regelung der Drehzahl, seltener auch des Drehmomentes, von Kraftmaschinen, Anlagen zum Walzen von Stahl, Blech, Kunststoffen, Papiererzeugungsanlagen, Textilmaschinen usw. Zur Ausregelung von Störungen stehen meist nur Zeiten von einigen zehntel Sekunden bis zu einigen Sekunden zur Verfügung. Die Regler sind in der Regel für den jeweiligen Anwendungsfall besonders zugeschnitten.

3. *Regelung elektrischer Größen*

   wie Spannung, Strom, Wirk- und Blindleistung, Frequenz, Verstärkung, in Geräten, an Stromerzeugern, in Netzen usw. Für die Ausregelung von Störungen stehen meist Zeiten von einigen zehntel Sekunden zur Verfügung.

4. *Lageregelung*

   Regelung der räumlichen Lage von Werkzeugen, Werkstücken (Werkzeugmaschinensteuerung), Antennen sowie in der militärischen Technik für Geschützplattformen von Schiffen, Geschützläufen, Scheinwerfern usw. Das Einlaufen in eine vorgegebene Lage muß meist sehr genau und schnell erfolgen.

5. *Kursregelung*

Regelung des Kurses und räumlicher Lagen von Schiffen, Flugzeugen und Raumflugkörpern. Bei Flugzeugen und Raumflugkörpern wird von der Regeleinrichtung neben schnellem Arbeiten eine extrem hohe Betriebssicherheit und ein kleines Gewicht verlangt.

1.12 Aufgabe des Regelungstechnikers

Nachdem wir uns die Grundbegriffe der Regelungstechnik angeeignet haben und auch etwas über das Verhalten der Regelgröße bei Störung und Führung wissen, können wir uns nun fragen: Was ist eigentlich die Aufgabe des Regelungstechnikers in der Praxis?

Bei Beantwortung dieser Frage sollen diejenigen Ingenieure ausgenommen werden, die sich berufsmäßig mit der Entwicklung von Regelgeräten und komplizierten Regelschaltungen beschäftigen, da sie als Spezialisten auf diesem Gebiet natürlich wesentlich tiefergehende Kenntnisse besitzen müssen.

Die Aufgabe des Regelungstechnikers besteht meist darin, einen Prozeß von Hand- auf eine selbsttätige Regelung umzustellen, eine unbefriedigende Regelung zu verbessern und bei der Neuplanung von Arbeitsprozessen deren regelungstechnische Bearbeitung zu übernehmen.

Bei *Neuplanungen* sind dazu meist folgende Schritte erforderlich:

1. *Festlegung der Regelgröße*, die konstant (oder in Abhängigkeit von anderen Größen) zu halten ist.
   Bei der überwiegenden Zahl der Regelaufgaben ist die Regelgröße fest vorgegeben. Es gibt jedoch auch Fälle, wo zuerst in Verbindung mit den Verfahrens-Ingenieuren geklärt werden muß, welche Zustandsgrößen in der Regelstrecke zweckmäßig geregelt werden, um z. B. beste Qualität, höchste Ausbeute, größtmögliche Betriebssicherheit usw. zu erhalten.

2. Prüfen, ob die Regelung der vorgesehenen Größe tatsächlich *nennenswerte Vorteile* erwarten läßt und den Aufwand für die Beschaffung und den Unterhalt der Regeleinrichtung lohnt.

Oft wird die erzielbare Verbesserung durch Regelung dieser Größe nur so gering sein, daß sich der Aufwand nicht lohnt. Bei Pionieranlagen wird man vorsichtshalber lieber eine Größe mehr als eine zu wenig regeln.

3. Festlegung des zweckmäßigen *Meßortes* an der Regelstrecke für das Anbringen des Aufnehmers oder die Abnahme der Regelgröße (z.B. bei einer Temperaturregelung).
   Die Wahl des richtigen Meßortes ist wichtig, weil dieser nicht nur die Meßgenauigkeit, sondern auch das Zeitverhalten der Regelstrecke u. U. stark beeinflußt.
4. Feststellen, welche *Störgrößen* vorhanden sind und in welchem Bereich sie sich ändern.
5. Festlegung der *Stellgröße*, durch die sich die Regelgröße am besten beeinflussen läßt.
   Vielfach bestehen mehrere Möglichkeiten in der Wahl der Stellgröße, wie wir später an einigen Beispielen zeigen werden. Es ist dann die zweckmäßigste Größe als Stellgröße auszuwählen.
6. *Auslegung des Stellgliedes* so vornehmen, daß auch bei extremen Betriebsbedingungen, d. h. den größten vorkommenden Störgrößenänderungen, die Stellgröße zur Aufrechterhaltung der Regelgröße ausreicht. Das ist erfahrungsgemäß ein besonders wichtiger Punkt.
7. Festlegung, welche *Überschwingweite und Ausregelzeit* – die zusammen die Regelgüte bestimmen – bei einer festgelegten Störung mit Rücksicht auf die Regelstrecke oder die Qualität des Produktes noch etwa zulässig sind. Zu hohe Forderungen kosten Geld!
   Nach diesen Vorarbeiten kommt die oft schwierige
8. *Wahl der richtigen Regelgeräte*, d. h. der Geräte, die bei den vorliegenden Verhältnissen mit dem geringsten wirtschaftlichen Aufwand die verlangte Regelgüte ergeben.
   Bei der heute fast schon unübersehbar gewordenen Fülle der von der Industrie angebotenen Regelgeräte ist das keineswegs eine einfache Aufgabe.

9. *Montage der Regelgeräte.* Diese muß unter Berücksichtigung der vom Hersteller der Geräte gegebenen Richtlinien erfolgen, wobei insbesondere bei pneumatischen und hydraulischen Geräten auf richtige Leitungsführung zu achten ist.

10. *Inbetriebsetzung.* Diese hat ebenfalls nach den vom Hersteller gegebenen Richtlinien für die einzelnen Geräte zu erfolgen. Wenn möglich, ist jedes Gerät vorher für sich auf richtige Funktion zu prüfen. Anschließend sind einzelne Baugruppen und erst dann die ganze Anlage einzuschalten. Der Regelkreis ist zuerst „von Hand" zu fahren, um die richtige Arbeitsweise des Stellgliedes, der Handverstellung und der Meßeinrichtung zu überprüfen. Daran anschließend ist erst auf selbsttätige Regelung umzuschalten.
    Komplizierter aufgebaute Regler müssen bei der Inbetriebsetzung auf *optimale Werte* eingestellt werden, worauf im Abschnitt 5 noch ausführlich eingegangen wird.

In schwierigen Fällen werden noch zusätzliche Maßnahmen, wie z. B. Störgrößen- oder Hilfsregelgrößen-Aufschaltung, Kaskaden-Regelung usw. (siehe Abschnitt 10) erforderlich sein, um die gewünschte Regelgüte zu erreichen.
In der weit überwiegenden Zahl der Fälle kommt man bei diesen regeltechnischen Arbeiten ohne einen großen Rechenaufwand aus. Meist genügen schon Überschlagsformeln und die Kenntnis einiger Erfahrungswerte.

1.13 Die mathematische Theorie der Regelung

Es gibt aber auch viele Fälle, wo ein solches einfaches Vorgehen nicht zum Ziele führt.

Die Gründe liegen dann meist im folgenden:

1. Für die zu bearbeitende Regelaufgabe liegen weder Erfahrungen vor noch können an einer Musteranlage Versuche durchgeführt werden.

2. Die Regelaufgabe ist so kompliziert, daß sie mit einfachen Mitteln oder durch Probieren nicht gelöst werden kann (Mehrfachregelungen, z. B. die Dreikomponentenregelung von Flugzeugen).
3. Es werden sehr hohe Anforderungen an die Regelgüte und die Schnelligkeit der Regelung gestellt (Gleichlauf-Drehzahlregelung an Papiermaschinen, Druckereimaschinen, Walzwerken).
4. Aus wirtschaftlichen und vielfach auch aus Sicherheitsgründen ist wegen der Größe und Gefährlichkeit der geregelten Objekte ein Probieren nicht möglich, sondern es muß eine möglichst genaue Vorausberechnung erfolgen (Leistungsregelung von Kernreaktoren, die Drehzahlregelung großer Dampf- und Wasserkraft-Turbinen).

In den angeführten Fällen ist eine weitgehende theoretische Durchdringung des Regelproblems und zahlenmäßige Vorausberechnung erforderlich. Die mathematische Theorie der Regelung ist ja nichts anderes als eine *komprimierte Beschreibung* der Vorgänge im Regelkreis. Mit Hilfe der Theorie lassen sich noch Vorgänge übersehen, wozu noch so viel Praxis, Versuche oder „gesunder Menschenverstand“ nicht ausreichen. Die Führung, Stabilisierung und das Treffen von Raumflugkörpern ist ja auch nicht mehr empirisch beherrschbar. Auch noch so schwierige und aufwendige Rechenverfahren sind hier am Platz, wenn sie nur eine sicherere Vorausberechnung gestatten. Wirtschaftliche Überlegungen spielen hier meist eine geringe Rolle.

Im Gegensatz dazu muß bei der industriellen Anwendung der Aufwand zur Vorausberechnung in einem sinnvollen wirtschaftlichen Verhältnis zum Wert des zu regelnden Objektes stehen. Für einen einfachen Temperaturregelkreis, der einige hundert Mark kostet und nur einmal aufgebaut wird, ist es nicht tragbar, mehrtägige Berechnungen anzustellen.

Die Anwendung rechnerischer Verfahren wird vielfach dadurch erschwert – das gilt besonders für die Verfahrensindustrie –, daß über die regelungstechnischen Eigenschaften der zu regelnden Anlage meist nur unzureichende Angaben gemacht werden können. Die versuchsmäßige Beschaffung der

erforderlichen Kennwerte ist aber in der Regel außerordentlich aufwendig und dadurch kompliziert, daß die Regelstrecken ein nichtlineares Verhalten haben.
Die Erfahrung zeigt weiter, daß eine einmalige Kenntnisnahme der zur Verfügung stehenden mathematischen Verfahren nicht genügt. Vielmehr ist eine laufende Beschäftigung mit diesen erforderlich, wenn ein Ergebnis ausreichend schnell und mit genügender Sicherheit zur Verfügung gestellt werden soll.
Kompliziertere regelungstechnische Berechnungen sind Aufgaben für den Spezialisten. Es liegen hier etwa die gleichen Verhältnisse wie im Maschinenbau oder in der Elektrotechnik vor. Verbrennungsmotoren und Elektromotoren werden von einer großen Zahl von Menschen heute schon fast gedankenlos benutzt. Was bei der Beschaffung, der Anwendung, dem Betrieb und der Reparatur dieser Maschinen berücksichtigt werden muß, ist heute fast Allgemeingut geworden. Dagegen ist die genaue Berechnung und Konstruktion dieser Maschinen die Aufgabe von *Spezialisten*.

Der erste Abschnitt des Buches sollte uns mit den wichtigsten regelungstechnischen Grundbegriffen bekannt machen und uns einen Überblick über die Regelungstechnik und über die Aufgaben des Regelungstechnikers geben. In den folgenden Abschnitten werden wir uns mit den Eigenschaften der Regelstrecken, mit den Reglern und als Krönung des Ganzen mit der Zusammenarbeit von Regelstrecke und Regler befassen.
Eine einführende Darstellung der Regelungstechnik verlangt, daß die Verhältnisse im Regelkreis mit gewissen Vereinfachungen und Beschränkungen beschrieben werden. Wir werden in diesem Sinne bis zum Abschnitt 11 nur Regelkreise mit fest eingestellter Führungsgröße (Festwert-Regelung) betrachten und außerdem den idealisierten Grenzfall von sprungweise auftretenden Störungen voraussetzen. Weiterhin werden wir vorerst annehmen, daß sämtliche Übertragungsglieder des Regelkreises *linear* sind. Im Arbeitsbereich dieser Glieder entspricht dann einer Verdoppelung des Eingangsgrößenverlaufs auch eine Verdoppelung des Ausgangsgrößenverlaufs bzw. einer Halbierung des Eingangsgrößenverlaufs auch eine Halbierung des Ausgangsgrößenverlaufs.

Schließlich soll bei unseren Betrachtungen vorausgesetzt werden, daß die Übertragung der Größen durch die einzelnen Glieder des Regelkreises nur in einer Richtung – d.h. ohne *Rückwirkung* der Ausgangsgröße auf die Eingangsgröße – erfolgt. Diese Voraussetzung wird von den üblicherweise verwendeten Regelkreisgliedern wenigstens näherungsweise erfüllt.

Bevor wir jedoch zum nächsten Abschnitt übergehen, wollen wir uns noch in gedrängter Form eine Übersicht der gebrachten Grundbegriffe verschaffen. Sie ist gleichzeitig als konzentrierte Wiederholung gedacht.

1.14 Regelungstechnische Begriffe zu Abschnitt 1

Begriff	Zeichen oder Symbol	Erklärung
Das Regeln, die Regelung	–	Verfahren, bei dem die zu regelnde Größe (Regelgröße) fortlaufend erfaßt und mit einer anderen vorgegebenen Größe (Führungsgröße) verglichen wird, mit dem Ziel, die Regelgröße dauernd gleich der Führungsgröße zu machen
Selbsttätige Regelung	–	Regelung, bei welcher der Mensch nicht mehr mit im Regelkreis eingeschaltet ist
Regler (allg.)	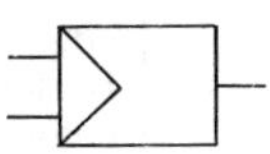	Gerät, das den Menschen im Regelkreis ersetzt. Auf Grund der festgestellten Regelabweichung beeinflußt er die Stellgröße so, daß die Regelgröße gleich der Führungsgröße gehalten wird

Begriff	Zeichen oder Symbol	Erklärung
Regeleinrichtung	–	Gesamtheit von Regler, Stellgerät und Aufnehmer für die Regelgröße
Meßeinrichtung	–	Dient i.a. zur Erfassung der Regelgröße und besteht aus Fühler und Meßverstärker bzw. Meßumformer.
Aufnehmer (Fühler)		Gerät zur Umformung der Regelgröße in eine für die Meßeinrichtung geeignete physikalische Größe
Sollwerteinsteller		Teil des Reglers, an dem die Führungsgröße eingestellt wird
Vergleicher	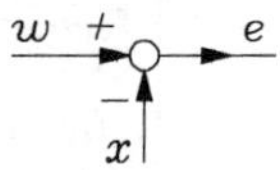	Teil des Reglers, der die Regeldifferenz bildet
Stellglied	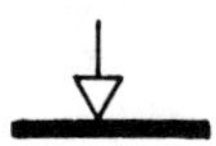	Einrichtung zum Dosieren von Massen- oder Energieströmen
Stellantrieb		Gerät, das zur Betätigung des Stellgliedes dient
Stellgerät	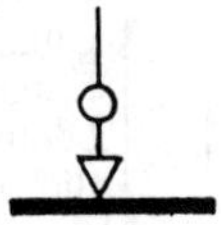	Teil des Regelkreises, der zum Beeinflussen der Stellgröße dient. Besteht sehr oft aus der Vereinigung von Stellglied und Stellantrieb

Begriff	Zeichen oder Symbol	Erklärung
Regelgröße (Istwert der Regelgröße)	x x_i	Größe, die durch das Regeln dauernd gleich der Führungsgröße gemacht werden soll
Stellgröße	y	Größe, durch welche die Regelgröße in erwünschter Weise beeinflußt werden kann
Störgröße	z	Größe, deren Änderung die Regelgröße in unerwünschter Weise beeinflußt
Regelstrecke	–	Teil des Regelkreises, in dem die Regelgröße geregelt werden soll
Handregelung	–	Regelung, bei welcher der Mensch mit im Regelkreis eingeschaltet ist
Führungsgröße (Sollwert der Regelgröße)	w x_S	Vorgegebener Wert, auf dem die Regelgröße durch die Regelung gehalten werden soll
Regelabweichung jetzt ersetzt durch Regeldifferenz	$x_W = x - w$ $e = x_d = w - x$	Unterschied zwischen Regelgröße und Führungsgröße Unterschied zwischen Führungs- und Regelgröße $e = -x_W$
Regelkreis	–	Verbindung des Ausganges der Regelstrecke mit dem Eingang des Reglers und des Reglerausganges mit dem Regelstreckeneingang, so daß ein in sich geschlossener Kreis entsteht
Wirkungsumkehr	–	Steigt die Regelgröße, so muß der Regler über die Stellgröße so auf die Regelgröße einwirken, daß diese fällt.

Begriff	Zeichen oder Symbol	Erklärung
Stör-Sprungantwort	–	Zeitlicher Verlauf der Regelgröße bei einer sprungweisen Änderung einer Störgröße
Störverhalten	–	Zeitlicher Verlauf der Regelgröße bei einer Störgrößenänderung
Überschwingweite	x_m	Größte Regelabweichung bei einer sprungweisen Störgrößenänderung
Ausregelzeit	T_a	Zeit, bis die Wirkung einer sprungweise auftretenden Störgrößenänderung durch die Wirkung des Reglers innerhalb vorgegebener Toleranzgrenzen ausgeregelt ist
Anregelzeit	T_{an}	Zeit bis zum erstmaligen Erreichen der Führungsgröße
Regelgüte	–	Wird z.B. bestimmt durch Überschwingweite x_m und Ausregelzeit T_a. Je kleiner diese Werte, um so höher die Güte der Regelung.
Führungsverhalten	–	Zeitlicher Verlauf der Regelgröße bei einer Führungsgrößenänderung
Steuerung	–	Vorgang, bei welchem eine Eingangsgröße in gesetzmäßiger Weise eine Ausgangsgröße beeinflußt

2. Die Regelstrecke

Die Regelstrecke ist der Anlagenteil, in dem die Regelgröße auf den verlangten Wert gebracht und gehalten werden soll und an dem die Stellgröße und die Störgrößen angreifen. Beispiele von Regelstrecken waren: ein Glühofen, eine Turbine, ein Behälter, ein elektrischer Generator usw. Bild 1-1 zeigte uns die Regelstrecke in Blockdarstellung, losgelöst von ihrem jeweiligen konstruktiven Aufbau.
Die Regelstrecke, mit der wir uns im folgenden ausführlich beschäftigen wollen, ist sozusagen der Patient, der durch einen Regler kuriert werden soll. Um das gut zu können, müssen wir – ebenso wie der Arzt – genau über unseren Patienten Bescheid wissen.
Man muß also wissen, wie die Regelstrecke reagiert, wenn sich die Einflußgrößen ändern. Zum einen ist zu untersuchen, auf welchen neuen Wert sich bei solchen Änderungen die Regelgröße einstellt, wenn man den Beharrungszustand abwartet. Andererseits ist aber der zeitliche Verlauf des Überganges auf den neuen Beharrungswert von gleicher Wichtigkeit.

2.1 Das Verhalten von Regelstrecken im Beharrungszustand

Werden die Störgrößen und die Stellgröße einer Regelstrecke auf konstanten Werten gehalten, so stellt sich bei den meisten Regelstrecken nach einiger Zeit ein konstanter Ausgangswert ein. Solche Strecken bezeichnet man als *Regelstrecken mit Ausgleich.* Werden die Eingangswerte geändert, so wird bei diesen Regelstrecken ein neuer stationärer Wert nach einem Einschwingvorgang nach kürzerer oder längerer Zeit erreicht. Die Zusammenhänge der Ausgangsgröße mit den Eingangsgrößen im Beharrungszustand kann man in Diagrammen, den sogen. Kennlinienfelder darstellen.

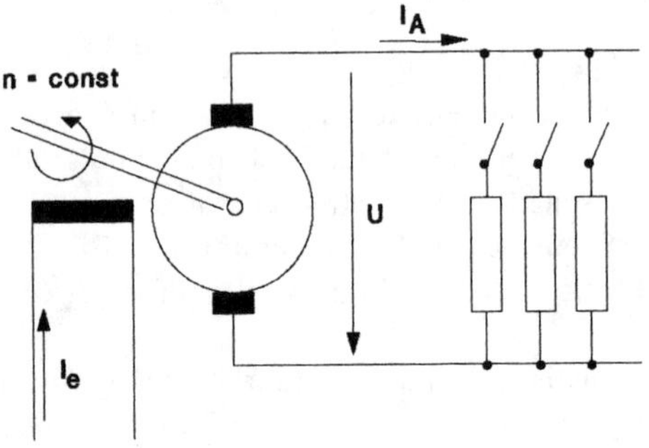

Bild 1-2
Konstant angetriebener Gleichstromgenerator. U Ausgangsspannung, I_e Erregerstrom, I_A Belastungsstrom.

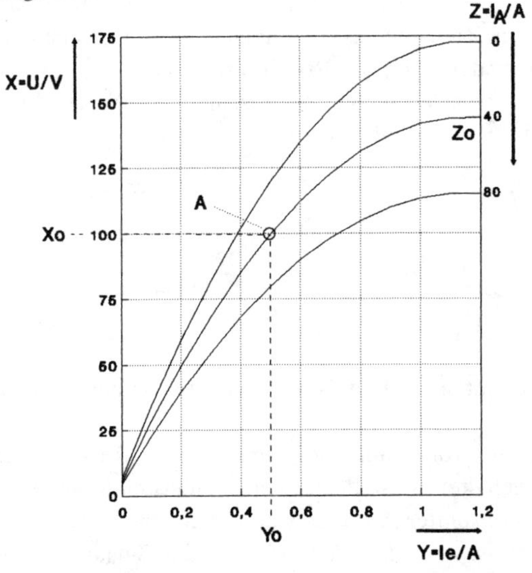

Bild 2-2
Kennlinienfeld des Gleichstromgenerators (U in Abhängigkeit von I_e und I_A) von Bild 1-2. $U = X$ Ausgangsspannung (Regelgröße), $I_e = Y$ Erregerstrom (Stellgröße), $I_A = Z$ Belastungsstrom (Störgröße). A Arbeitspunkt, X_o, Y_o, Z_o Werte der Größen im Arbeitspunkt.

2.1.1. *Das Kennlinienfeld der Regelstrecke*

Man betrachte den in Bild 1 dargestellten Gleichstromgenerator, der von einer Turbine oder einem anderen Motor mit konstanter Drehzahl angetrieben wird. In diesem Falle ist die Ausgangsspannung U vom Erregerstrom I_e abhängig. Je größer der Erregerstrom ist, um so größer wird die Ausgangsspannung, die andererseits natürlich auch durch die Belastung beeinflußt wird. Je größer der Belastungsstrom, desto geringer wird sie.
Um die Ausgangsspannung, die Regelgröße X, trotz der auftretenden Änderungen des Laststromes, der Störgröße Z, konstantzuhalten, wird man den Erregerstrom, die Stellgröße Y, stets so ändern, daß den Störungen entgegengewirkt wird.
Zu jeder Wertekombination von Erregerstrom und Belastungsstrom gibt es einen bestimmten Wert der Ausgangsspannung. Werden diese Werte geändert, so wird sich der neue Wert der Ausgangsspannung mehr oder weniger schnell einstellen. Nach einem Einschwingvorgang ist der neue stationäre Wert erreicht.
Diese Werte, die sich im Beharrungszustand d.h. nach dem Einschwingvorgang ergeben, bezeichnet man auch als statische oder stationäre Werte. Sie werden üblicherweise durch Kennlinienfelder dargestellt.
Bild 2 zeigt ein solches Kennlinienfeld für den Gleichstromgenerator aus Bild 1. Die oberste Kurve stellt das Leerlaufverhalten dar, also die Werte, die sich ergeben, wenn der Belastungsstrom I_A Null ist. Ist auch der Erregerstrom Null, so entsteht durch die Remanenz bereits eine kleine Spannung von etwa 8 Volt. Mit wachsendem Erregerstrom steigt auch die Ausgangsspannung, bei $I_e = 0{,}38$ A erhält man $U_A = 100$ Volt. Bis zu diesen Werten steigt die Ausgangsspannung etwa gleichmäßig mit dem Erregerstrom an. Bei weiterer Erhöhung des Erregerstromes kann wegen der magnetischen Sättigung des Eisens die Ausgangsspannung aber nicht mehr im gleichen Maße wachsen. Sie erreicht vielmehr einen maximalen Wert von etwa 170 Volt. Eine Erhöhung des Erregerstromes über 1 A hinaus ist also zwecklos.
Wird der Generator durch Einschalten der Belastungswiderstände belastet, so sinkt wegen der inneren Widerstände die Spannung ab. Die Verhältnisse bei einem Laststrom I_A von 40 A zeigt die mittlere Kurve. Mit einem Erre-

gerstrom von 0,38 A, mit dem man im Leerlauf 100 V Ausgangsspannung erhielt, ergeben sich nun nur noch etwa 85 V und um wieder 100 V zu erhalten, muß man den Erregerstrom auf 0,5 A erhöhen. Bei voller Belastung der Maschine mit 80 A muß der Erregerstrom sogar auf über 0,7 A erhöht werden, um die Ausgangsspannung auf den gewünschten 100 Volt zu halten, wie man an der unteren Kurve erkennt.
Für andere Belastungswerte zwischen 0 und 80 A (z.B. 20 oder 60 A) kann man die entsprechenden Kurven leicht interpolieren.
Üblicherweise betreibt man eine solche Anlage in einem bestimmten Arbeitspunkt. Bei diesem Beispiel sei die normale Ausgangsspannung 100 Volt bei einer mittleren Belastung von 40 A, so daß der Erregerstrom auf 0,5 A eingestellt werden muß. Dieser Arbeitspunkt ist in Bild 2 mit A bezeichnet. Die zugehörigen Werte kennzeichnen wir mit dem Index o. Der Arbeitspunkt ist also durch die Größen X_o, Y_o und Z_o bestimmt.

2.1.2. *Die Abweichung vom Arbeitspunkt*

Bleibt bei fest eingestelltem Erregerstrom die Belastung konstant, so wird sich auch die Ausgangsspannung nicht verändern. In einem solchen Falle ist natürlich auch keine Regelung erforderlich. Im allgemeinen wird die Belastung des Generators jedoch ständig wechseln, so daß Abweichungen der Regelgröße vom Arbeitpunkt stattfinden, die eine entsprechende Änderung des Erregerstromes erforderlich machen, will man nicht zu große Abweichungen zulassen. Alle Größen werden sich im Falle einer Regelung mehr oder weniger in der Nähe des Arbeitspunktes bewegen, und gerade diese Abweichungen vom Arbeitspunkt interessieren uns hauptsächlich. Die absoluten Werte der Größen sind nur von untergeordneter Bedeutung.
Die Fragen, die sich uns stellen, sind immer wieder: Um wieviel hat sich die Größe, die wir als Störgröße betrachten, von ihrem stationären Wert entfernt? Welche Abweichung der Regelgröße von ihrem Sollwert ist dadurch entstanden? Um wieviel müssen wir die Stellgröße gegenüber ihrem Wert im Arbeitspunkt ändern, um den Einfluß der Störgrößenänderungen zu kompensieren?

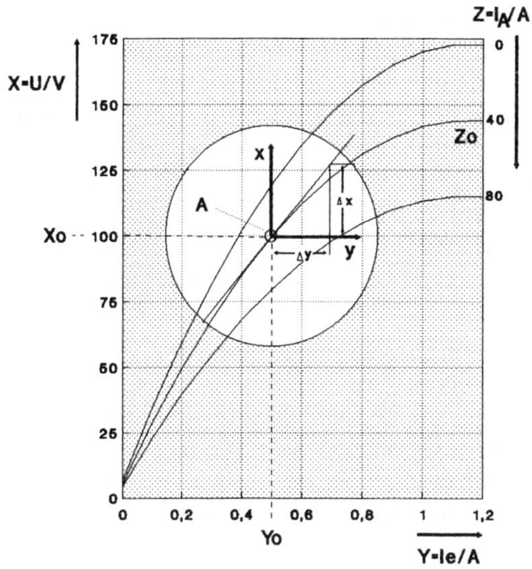

Bild 3-2
Kennlinienfeld von Bild 2-2 mit zusätzlichem Achsenkreuz für die Abweichungsgrößen im Arbeitspunkt x, y, z. Δx und Δy dienen der Bestimmung der Tangentensteigung, die dem Übertragungsbeiwert K_S entspricht.

Stets wird nur nach den Änderungen, den Abweichungen gefragt. Aus diesem Grunde ist es sinnvoll die regelungstechnischen Größen als Abweichungsgrößen vom Arbeitspunkt zu definieren, ebenso, wie wir unsere Umgebungstemperatur auf den Frostpunkt beziehen (0°C = 273 K) und lieber von 20°C als von 293 K sprechen (der absolute Nullpunkt liegt bei 0 Kelvin oder −273°C). Bezeichnen wir die absoluten Werte der Größen mit Großbuchstaben, die Abweichungen mit Kleinbuchstaben, so ergibt sich für die Verhältnisse von Bild 3

$$x = X - X_0 \text{ (mit } X_0 = 100\text{ V)}$$
$$y = Y - Y_0 \text{ (mit } Y_0 = 0{,}5\text{ A)}$$
$$z = Z - Z_0 \text{ (mit } Z_0 = 40\text{ A)}$$

Dieses neue Achsenkreuz für unsere Abweichungsgrößen x,y und z, das seinen Nullpunkt im Arbeitspunkt hat, ist in das Kennlinienfeld Bild 3 eingetragen. Die Abweichungsgrößen können sowohl positive als auch negative Werte annehmen. Beträgt die Ausgangsspannung X = 90 Volt, so ist die Spannung um 10 Volt kleiner als der Wert im Arbeitspunkt X_0 = 100 Volt, d.h. x = −10 V; wird der Generator entlastet Z = 0 A, so ist der Laststrom um 40 A kleiner als der Wert im Arbeitspunkt, d.h. z = −40 A.
Handelt es sich bei der Strecke um eine lineare Regelstrecke, so spielt die Lage des Arbeitspunktes keine Rolle, und man kann ihn ohne Probleme in den Nullpunkt verlegen. In diesem Falle ist zwischen den absoluten Werten und den Abweichungsgrößen kein Unterschied. Eine solche lineare Regelstrecke zeigt sich daran, daß die Kennlinien alle Geraden sind, die parallel verlaufen oder wenigstens näherungsweise als solche betrachtet werden können. Häufig wird dies unterstellt, um erst einmal das Problem prinzipiell diskutieren zu können. Erst bei einer genaueren Analyse werden dann die gekrümmten Kennlinien in Betracht gezogen.
Durch die Definition der Abweichungsgrößen unterstellen wir nicht mehr, daß das gesamte Kennlinienfeld näherungsweise aus parallelen Geraden bestände, sondern nur noch die Umgebung des Arbeitspunktes.

2.1.3. *Die Übertragungsbeiwerte der Regelstrecke*

Das Arbeiten mit dem Kennlinienfeld ist mitunter recht mühsam und für kompliziertere Verhältnisse oft nicht durchführbar. Man versucht deshalb das Kennlinienfeld in der Nähe des Arbeitspunktes durch wenige Faktoren zu ersetzen.
Wie ausführlich in Abschnitt 5 gezeigt wird, ist für das Verhalten des geschlossenen Regelkreises sehr wesentlich, wie stark eine Änderung der Stellgröße die Regelgröße beeinflußt. Meist kann die Kennlinie in der Umgebung des Arbeitspunktes durch ihre Tangente ersetzt werden (s. Bild 3). Dann läßt sich die Abhängigkeit der Regelgrößenänderung von der Stellgröße bei konstanter Störgröße durch die Beziehung

$$x = K_S \cdot y$$

ausdrücken. Erhöht man im Arbeitspunkt Yo um einen kleinen Wert Δy, so wird sich die Regelgröße um Δx ändern. So verursacht z.B. eine Änderung von Yo um 0,2 A oder 200 mA eine Änderung der Ausgangsspannung um 28 V (s. Bild 3) oder um $\Delta x/\Delta y = 28\ \text{V}/200\ \text{mA} = 0{,}14\ \text{V/mA}$. Jedes Milliampere Erregerstromerhöhung wird in der Nähe des Arbeitspunktes die Ausgangsspannung um 0,14 V oder 140 mV erhöhen. Dies ist nun gerade der Übertragungsbeiwert $K_S = \Delta x/\Delta y$. Multipliziert man nämlich diesen Wert mit der tatsächlichen Änderung des Erregerstromes, so erhält man die dadurch verursachte Änderung der Regelgröße.

Hält man die Stellgröße konstant auf Yo, so kann man dem Kennlinienfeld entnehmen, daß eine Erhöhung des Laststromes Zo um 40 A auf 80 A einen Spannungsabfall von 20 V zur Folge hat, bzw. $\Delta x/\Delta z = -20\ \text{V}/40\ \text{A} = -0{,}5\ \text{V/A}$. Das Minuszeichen drückt aus, daß eine Erhöhung des Laststromes eine Erniedrigung der Ausgangsspannung zur Folge hat. Jede Erhöhung des Laststromes um 1 A wird also in der Nähe des Arbeitpunktes die Ausgangsspannung um 0,5 V reduzieren. Mit diesem Faktor $K_{SZ} = \Delta x/\Delta z$ kann also die Änderung der Regelgröße bei einer Störgrößenänderung bestimmt werden.

$$x = K_{SZ} \cdot z$$

Treten sowohl Änderungen der Stellgröße als auch der Störgröße auf, so kann man bei kleinen Änderungen um den Arbeitspunkt diese Auswirkungen einfach addieren und man erhält dann die einfache Beziehung

$$x = K_S \cdot y + K_{SZ} \cdot z$$

oder für den hier diskutierten Fall

$$x = 0{,}14\ \text{V/mA} \cdot y - 0{,}5\ \text{V/A} \cdot z$$

Man sieht leicht ein, daß diese Werte nur für diesen speziellen Arbeitspunkt gelten. Führt man die Ermittlung der Übertragungsbeiwerte K_S und K_{SZ} z.B. für eine Ausgangsspannung von 50 V durch, so wird man andere Werte erhalten.

Die Faktoren K_S und K_{SZ} bezeichnet man als Übertragungsfaktoren, Übertragungsbeiwerte oder auch Proportionalbeiwerte. Früher nannte man sie z.T. Verstärkungsfaktoren, aber da sie durchaus Werte kleiner als 1 annehmen können und i. allg. dimensionsbehaftet sind, führte das zu Mißverständnissen.

2.1.4. *Der Stellbereich*

Für den Praktiker ist es sehr wichtig zu wissen, in welchem Bereich die Stellgröße geändert werden kann. In den meisten Fällen beginnt dieser Bereich bei Null ($Y_{min} = 0$: Erregerstrom = 0, Ventil ganz zu usw.) und geht bis zu seinem Maximalwert (Y_{max}: Verstärker voll ausgesteuert, Ventil ganz auf usw). Es kommt jedoch auch vor, daß das Regelventil parallel zu einem anderen Ventil geschaltet ist, mit dem die Grundlast eingestellt werden kann. Genauso kann bei einem Generator die Grunderregung über eine Wicklung erzeugt werden, während eine zweite Erregerwicklung von dem vom Regler kommenden, veränderlichen Erregerstrom durchflossen wird. In diesen Fällen entspricht der Grundbereich dem kleinsten einstellbaren Wert der Stellgröße Y_{min}.
Man bezeichnet den Bereich der Stellgröße, der vom Regler verändert werden kann als *Stellbereich* Y_h:

$$Y_h = Y_{max} - Y_{min}.$$

Zu dem größten Wert der Stellgröße Y_{max} gehört bei den obigen Beispielen auch der Größte einstellbare Wert der Regelgröße, und zu Y_{min} gehört der kleinste einstellbare Wert. Den einstellbaren Bereich der Regelgröße bezeichnet man als *Regelbereich* X_h:

$$X_h = X_{max} - X_{min}.$$

Handelt es sich bei der Regelstrecke um eine lineare Regelstrecke, sind also die Verhältnisse über den gesamten Stell- und Regelbereich konstant, so gilt

$$X_{max} - X_{min} = K_S \cdot (Y_{max} - Y_{min}) \text{ oder}$$
$$X_h = K_S \cdot Y_h.$$

Es kann natürlich auch vorkommen, daß zum größten Wert der Stellgröße der kleinste einstellbare Wert der Regelgröße gehört. Wird die Temperatur in einem Kühlhaus geregelt, dann gehört zu der vollen Leistung des Kühlaggregates die niedrigste Temperatur und umgekehrt. Diese Wirkungsumkehr in der Regelstrecke muß natürlich entsprechend berücksichtigt werden.

2.1.5. *Regelstrecken ohne Beharrungszustand*

Nicht bei allen Regelstrecken findet die Ausgangsgröße nach einer Veränderung der Eingangsgröße wieder einen neuen Beharrungszustand. Man nennt eine solche Strecke *Regelstrecke ohne Ausgleich*. Als Beispiel ist in Bild 4 ein

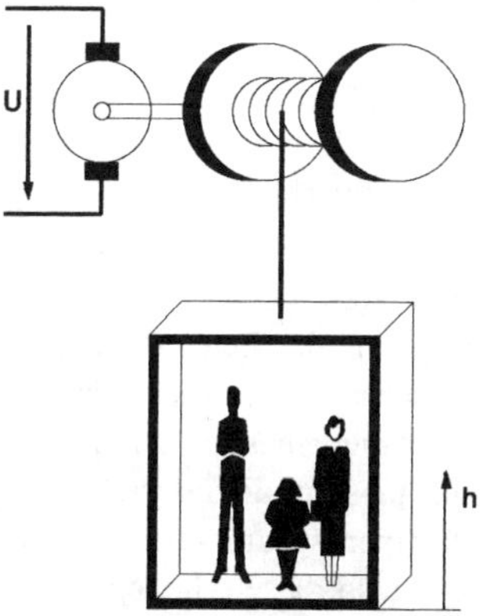

Bild 4-2
Fahrstuhl als Beispiel einer Regelstrecke ohne Ausgleich. U Ankerspannung des antreibenden Gleichstrommotors, h zurückgelegter Fahrweg.

Fahrstuhl gezeigt. Wird die Eingangsspannung U erhöht, so stellt sich nicht ein neuer stationärer Wert für die Höhe h ein. Vielmehr wird sich der Fahrstuhl immer weiter bewegen, bis – je nach Fahrtrichtung – der obere oder untere Endschalter erreicht ist. Die Eingangsspannung U bestimmt nun nicht mehr die Höhe h, sondern die Geschwindigkeit mit der sich der Fahrstuhl bewegt. Insofern ist auch nur eine Kennlinie, die den Zusammenhang zwischen der Spannung U und der Geschwindigkeit des Fahrstuhles angibt, sinnvoll. Eine Kennlinie für den Zusammenhang zwischen der Motorspannung und der Höhe des Fahrstuhles existiert nicht.

2.2 Stell- und Stör-Sprungantworten der Regelstrecke

Für das Verhalten der Regelstrecke im Regelkreis ist neben dem stationären Verhalten das *Zeitverhalten* der Regelstrecke maßgebend. Darunter versteht man den zeitlichen Verlauf der Regelgröße bei Änderungen der Stellgröße und der Störgrößen. Wie man dieses Zeitverhalten zweckmäßig bestimmt, wird anschließend genauer beschrieben.
Nicht der Ablauf des Betriebsgeschehens im Innern der Regelstrecke ist entscheidend. Für den Regelungstechniker ist es also erst in zweiter Linie wichtig zu wissen, ob die Regelstrecke ein Ofen zum Glühen von Stahl, eine dampfgespeiste Maschine zur Abgabe mechanischer Energie oder ein elektrisches Netz ist. Die Kenntnis über die Art der Regelstrecke ist dagegen für die Wahl eines geeigneten Meßverfahrens für die Regelgröße, eines zweckmäßigen Stellgliedes und einer für die gegebene Regelstrecke erprobten Reglerbauart erforderlich.
Zur Aufnahme und Darstellung des Zeitverhaltens gibt es viele Methoden. Die mit Abstand anschaulichste Methode ist das Arbeiten mit *Sprungantworten*, von denen wir im vorhergehenden schon eine kennengelernt hatten. Dort handelte es sich allerdings um die Darstellung des Verlaufs der Regelgröße im Regelkreis bei einer sprungweisen Änderung einer Störgröße. Diese *Sprungantwort* zeigte also das Verhalten *des ganzen Kreises* bei einer Störung.
Dagegen dreht es sich jetzt darum, das Zeitverhalten der *Regelstrecke allein* zu kennzeichnen, worauf ausdrücklich hingewiesen werden soll. Dazu untersucht man den Verlauf der Regelgröße bei einer sprungweisen Veränderung der *Stellgröße* bzw. einer *Störgröße.*
Verändern wir zur Zeit t_0 die Stellgröße sprungweise, so erhalten wir die *Stell-Sprungantwort* der Regelstrecke[1]). Eine solche Stell-Sprungantwort hat oft den in Bild 5 gezeigten Verlauf. Rechts oben ist der zeitliche Verlauf der Stellgröße y, unten der Verlauf der Regelgröße x aufgezeichnet. Wird die

[1]) Auch hier erhält man durch Division mit der Stellgrößenänderung Δy die Stell-Übergangsfunktion und damit eine von der zufälligen Sprunghöhe unabhängige Darstellung.

Stellgröße sprungweise um den Betrag Δy verändert, so ändert sich die Regelgröße erst nur langsam, dann schneller, bis nach längerer Zeit die Änderung Δx bestehen bleibt.

Um eine konkrete Vorstellung zu haben, können wir bei der Regelstrecke von Bild 5a uns unter y z.B. einen Gasstrom (m^3/h) und unter x eine Temperatur (°C) vorstellen. Bei einer sprungweisen Änderung des Gasstromes ändert sich dann die Temperatur, wie im Bild 5c gezeigt.

Im Unterschied zu der früher besprochenen Stör-Sprungantwort des ganzen Regelkreises wird hier nicht die Störgröße, sondern die Stellgröße y sprungweise um das Stück Δy geändert. Praktisch geschieht das z.B. so, daß man die Regelanlage auf Handregelung schaltet und mit dem Handsteuergerät dann möglichst sprungweise die Stellgröße um das Stück Δy verstellt.

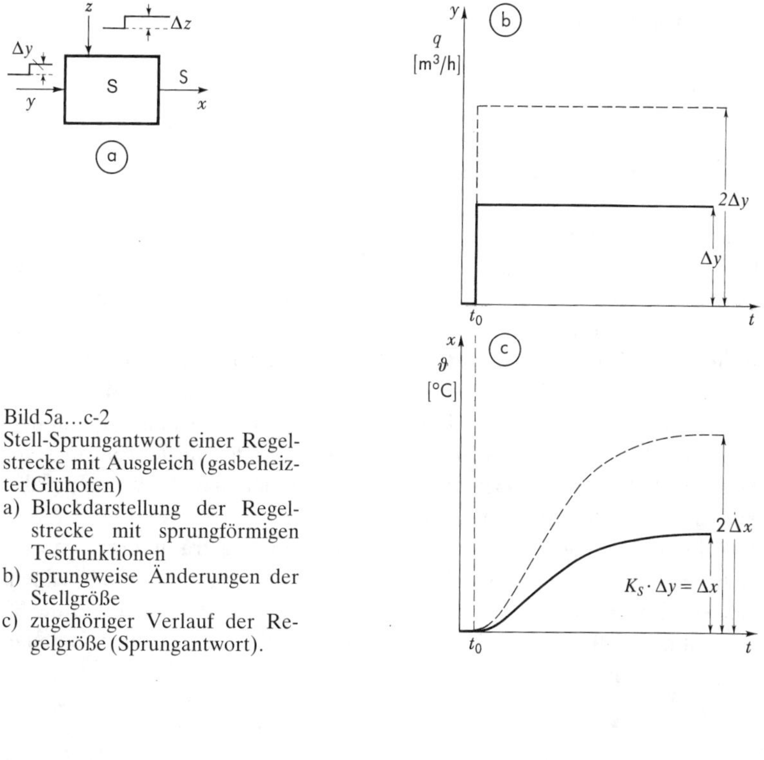

Bild 5a…c-2
Stell-Sprungantwort einer Regelstrecke mit Ausgleich (gasbeheizter Glühofen)

a) Blockdarstellung der Regelstrecke mit sprungförmigen Testfunktionen
b) sprungweise Änderungen der Stellgröße
c) zugehöriger Verlauf der Regelgröße (Sprungantwort).

Ähnliche Kurven erhalten wir, wenn wir für jede der maßgebenden Störgrößen durch deren sprungweises Verändern einer Störgröße um Δz die *Störgrößen-Sprungantworten* aufnehmen.
Stell- und Stör-Sprungantworten kennzeichnen zusammen das regelungstechnische Verhalten der Regelstrecke. Kennen wir ihren zeitlichen Verlauf, so wissen wir über unseren Patienten schon sehr genau Bescheid.
Die Zahl der praktisch vorkommenden Sprungantworten ist außerordentlich groß. Wir müssen versuchen, sie nach bestimmten Merkmalen zu ordnen. Erst das Ordnen einer großen Zahl verschiedenartiger Erscheinungen nach zweckmäßigen Gesichtspunkten ermöglicht es uns, sie als Ganzes zu übersehen und im Gedächtnis zu behalten. Gemäß ihrem Verlauf nach langer Zeit können wir die Sprungantworten bzw. die Regelstrecken, wie oben bereits geschehen, in zwei Hauptklassen einteilen, und zwar in Regelstrecken *mit Ausgleich* und in Regelstrecken *ohne Ausgleich.*

2.3 Regelstrecken mit Ausgleich

Bei einer *Regelstrecke mit Ausgleich* strebt die Regelgröße nach einer gegebenen Stellgrößenänderung oder Störung einem bestimmten neuen Endwert zu. Wir erhalten als Sprungantwort etwa einen Verlauf, wie wir ihn eben in Bild 5c gesehen hatten.
Einer der wichtigsten Kennwerte der Strecke mit Ausgleich ist der Übertragungsbeiwert oder Proportionalbeiwert der Strecke. In Abschnitt 2.1.3. wurde dieser Faktor aus dem Kennlinienfeld ermittelt. Er gibt an, um wieviel sich die Regelgröße bei einer gegebenen Veränderung der Eingangsgröße nach Ablauf des Übergangsvorganges geändert hat. Er bestimmt also auch den Endwert der Sprungantwort (s. Bild 5).
Unser Glühofen, der in einer Halle mit der Raumtemperatur von 0°C aufgestellt sei, erzeugt beispielsweise bei einer Gaszufuhr von 300 m^3/h in seinem Inneren eine Temperatur von 850°C. Vergrößern wir die Gaszufuhr um 30 m^3/h, d.h. um 10%, so zeigt der Versuch, daß die Temperatur dem neuen

Wert 935°C zustrebt. Die Temperaturänderung beträgt dann 935°C −850°C = 85°C.
Bei einer idealen Regelstrecke mit Ausgleich besteht zwischen Stellgröße (und auch den Störgrößen) und der Regelgröße ein proportionaler Zusammenhang. Der Proportionalitätsfaktor, der diesen Zusammenhang ausdrückt, wird *Proportionalbeiwert für die Stellgröße* genannt. Es gilt dann:

$$\Delta x = K_S \cdot \Delta y$$

mit K_S als Übertragungsbeiwert für die Stellgröße. Wie Bild 5 zeigt, wird bei Verdopplung der Stellgröße von Δy auf $2 \cdot \Delta y$ auch der Endwert der Regelgröße von Δx in $2 \cdot \Delta x$, d.h. auf das Doppelte erhöht.

In gleicher Weise gilt für jede Störgröße

$$\Delta x = K_{SZ} \cdot \Delta z$$

mit K_{SZ} als *Porportionalbeiwert für die Störgröße z.*

Zahlenbeispiel 1:

An unserem gasbeheizten *Glühofen* wurde festgestellt, daß bei einer Erhöhung des Gasstromes um $\Delta y = 30\ m^3/h$ die Temperatur um 935°C − 850°C = 85°C steigt.
Der Übertragungsbeiwert der Regelstrecke ist dann:

$$K_S = \frac{\Delta x}{\Delta y} = \frac{85°C}{30\ m^3/h} = \frac{2{,}8°C}{m^3/h}$$

Eine Mehrzufuhr von 1 m^3/h bringt also eine Temperaturerhöhung von 2,8°C.
Die Gleichung der Regelstrecke lautet, wenn sie auf die Änderungen Δx und Δy angewendet wird,

$$\Delta x = \frac{2{,}8°C}{m^3/h} \cdot \Delta y$$

Zahlenbeispiel 2:

Bei einem *Gebläse* bringt eine Drehzahlsteigerung um 50 1/min eine Steigerung des Ausgangsdruckes um 11,5 mbar.

Der Übertragungsbeiwert der Regelstrecke ist also

$$K_S = \frac{11{,}5\,\text{mbar}}{50\,1/\text{min}} = \frac{0{,}23\,\text{mbar}}{1/\text{min}}\,.$$

Eine Änderung der Drehzahl um 1 1/min ändert also den Gebläsedruck um 0,23 mbar.

Zahlenbeispiel 3:

Bei einem Gleichstromgenerator bewirke eine Steigerung der Erregerspannung um 10 V eine Erhöhung der Klemmenspannung des Generators um 57 V.
Der Übertragungsbeiwert ist dann

$$K_S = \frac{57\,\text{V}}{10\,\text{V}} = 5{,}7\,.$$

In diesem Fall, wo Eingangs- und Ausgangsgröße physikalisch gleich sind, ist der Übertragungsbeiwert eine *unbenannte Zahl.*

Bei der überwiegenden Zahl der praktisch vorkommenden Regelstrecken handelt es sich um solche mit Ausgleich. Diese können wir bezüglich ihres zeitlichen Verhaltens einteilen in

2.3.1 verzögerungsarme Regelstrecken (P-Glied),
.2 Regelstrecken mit einer Verzögerung (PT_1-Glied),
.3 Regelstrecken mit zwei Verzögerungen (PT_2-Glied),
.4 Regelstrecken mit schwingendem Verhalten
.5 Regelstrecken nur mit Totzeit (T_t-Glied)
.6 Regelstrecken mit vielen Verzögerungen (PT_n-Glied).

Regelstrecken nach 2.3.2 werden auch als Regelstrecken 1. Ordnung, solche nach 2.3.3 mit 2. Ordnung und solche nach 2.3.6 mit *n*-ter Ordnung bezeichnet.
Dabei ist die Ordnung der Regelstrecke gleich der Ordnung der sie beschreibenden Differentialgleichung, die jedoch hier nicht benutzt wird.

2.3.1 *Verzögerungsarme Regelstrecken*

Bei diesen folgt die Regelgröße der Stellgröße praktisch unverzögert. Die Sprungantwort einer solchen Regelstrecke hat dann die in Bild 6a gezeigte Form.
Tragen wir nur die *Änderung y* der Stellgröße und die Änderung *x* der Regelgröße auf, so erhalten wir Bild 6b.

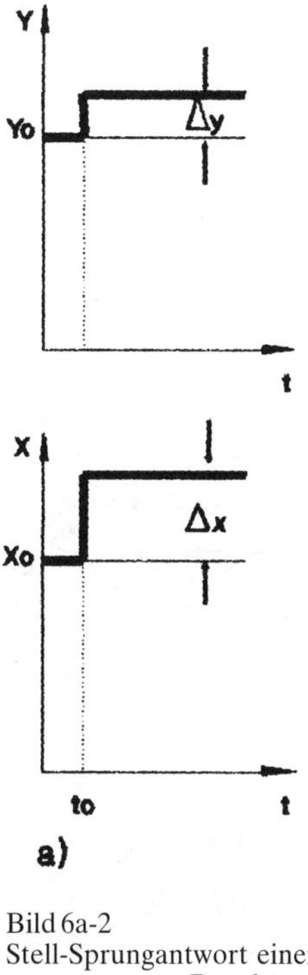

Bild 6a-2
Stell-Sprungantwort einer verzögerungsarmen Regelstrecke, Δy sprungweise Änderung der Stellgröße.

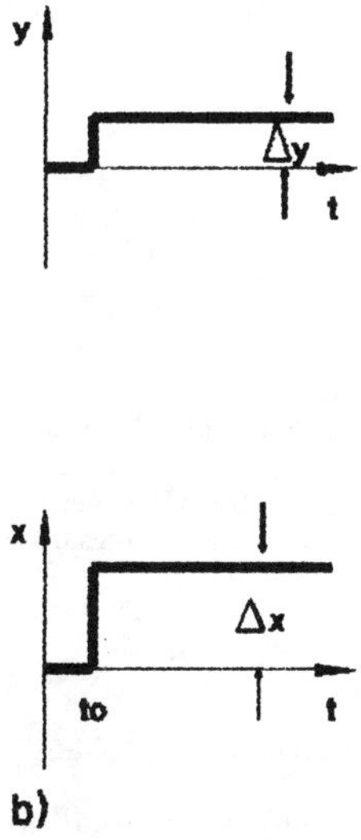

Bild 6b-2
Wie 6a-2, jedoch nur die Abweichungen *x* und *y* vom Arbeitspunkt der Stell- und Regelgröße aufgetragen.

Eingangs- und Ausgangsgröße sind durch die Gleichung

$$\Delta x = K_S \cdot \Delta y$$

miteinander verknüpft. Eine solche Regelstrecke wird auch als *P-Regelstrecke* bezeichnet.

Beispiel 4: Förderband (Bild 7)

Regelgröße: Je Stunde gefördertes Produkt = q [t/h].

Stellgröße: Drehzahl n (1/min) des Transportbandes, am Getriebe einstellbar.
Sofort nach Verändern der Drehzahl n wird mehr Produkt q vom Band abgeworfen.
Dasselbe Förderband, jedoch mit einer anderen Stellgröße, werden wir im Abschnitt 2.3.5 als Regelstrecke mit reiner Totzeit kennenlernen.

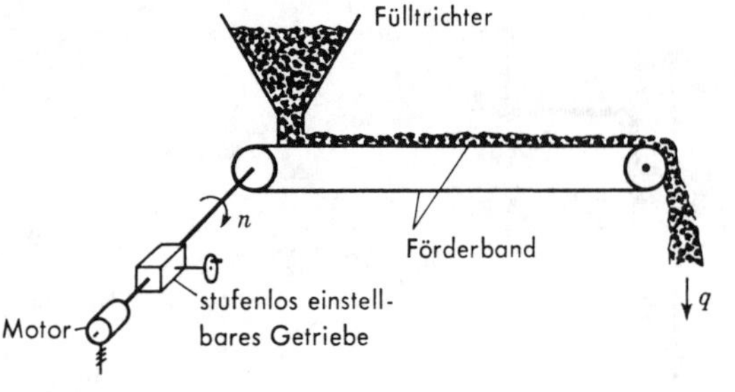

Bild 7-2
Förderband, über stufenloses Getriebe angetrieben, als Beispiel für eine verzögerungsarme Regelstrecke.

Beispiel 5: Flüssigkeitsströmung in einer Rohrleitung (Bild 8)

Druck und Durchfluß hinter dem Schieber folgen praktisch unverzögert der Schieberstellung.

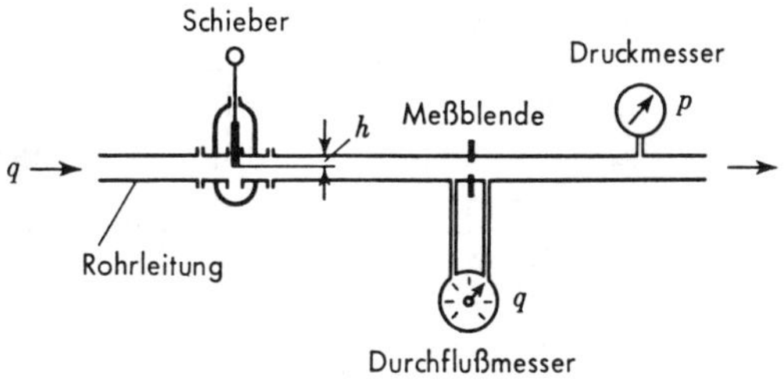

Bild 8-2
Flüssigkeitsströmung in einer Rohrleitung. Regelgröße: Druck p oder Durchfluß q. Stellgröße: Schieberstellung h.

Beispiel 6: Transistor (Bild 9)

Der Kollektorstrom I_C eines Transistors in Emitterschaltung folgt dem Basisstrom I_B praktisch unverzögert. Erst bei sehr hohen Frequenzen machen sich zeitliche Verzögerungen im Transistor bemerkbar. Die Kollektorstromänderung ΔI_C ist der Basisstromänderung ΔI_B proportional.

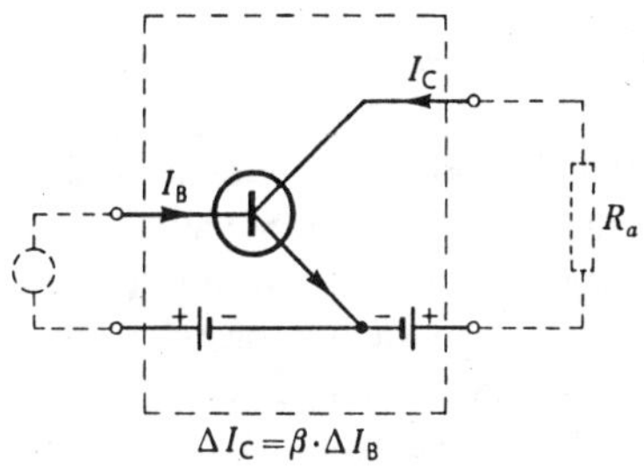

Bild 9-2
Transistor. Regelgröße: Kollektorstrom I_C. Stellgröße: Basisstrom I_B, R_a äußerer Widerstand, β Stromverstärkungsfaktor.

Beispiel 7: Thyristor (Bild 10)

Die vom Thyristor Ty gelieferte mittlere Gleichspannung U_m wird über das Steuergerät StG von der am Spannungsteiler SpT abgegriffenen Gleichspannung U_y anschnittgesteuert. Eingangsgröße dieser Regelstrecke ist der Verstellwinkel φ des Spannungsteilers, Ausgangsgröße ist die mittlere Gleichspannung U_m. Diese Spannung folgt der Winkelverstellung am Spannungsteiler praktisch unverzögert.

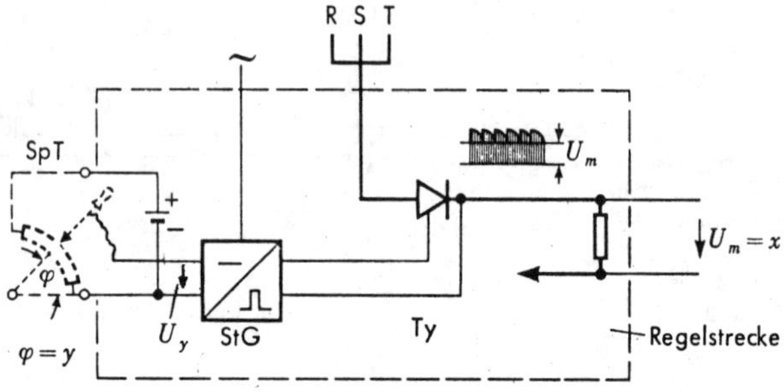

Bild 10-2
Anschnittgesteuerte Thyristorschaltung. Stellgröße: φ Verstellwinkel, Regelgröße: U_m mittlere Gleichspannung, SpT Spannungsteiler, StG Steuergerät, Ty Thyristor.

2.3.2 *Regelstrecken mit einer Verzögerung (1. Ordnung)*

Bei einer *Regelstrecke mit einer Verzögerung* ändert sich die Regelgröße bei einer sprungweisen Stellgrößenänderung sofort mit einer bestimmten Anfangsgeschwindigkeit. Mit der Zeit wird die Änderungsgeschwindigkeit jedoch immer kleiner, bis schließlich nach längerer Zeit ein Endwert erreicht wird. Bild 11 zeigt eine solche Sprungantwort, wenn zum Zeitpunkt t_0 die Stellgröße vom Wert Y_0 aus um Δy vergrößert wird. Die Regelgröße strebt vom Wert X_0 ausgehend dem Grenzwert $X_0 + \Delta x$ zu.
Wird die Stellgröße um $-\Delta y$ verändert, so strebt die Regelgröße, wie es ebenfalls Bild 11 zeigt, dem Grenzwert $X_0 - \Delta x$ zu. Tragen wir nur die Änderungen y und x auf, so erhalten wir Bild 12. Wir werden in den folgenden Bildern vielfach nur die Änderungen x und y betrachten, da sie das Wesentliche besser erkennen lassen.
Das Stück Δx, d.h. der Endwert der Sprungantwort, ist der Stellgrößenänderung proportional. Es ist $\Delta x = K_S \cdot \Delta y$. Den Anfangsverlauf der Sprungantwort bestimmt die *Zeitkonstante* T_S. Sie ist gleich dem Stück, das die Tan-

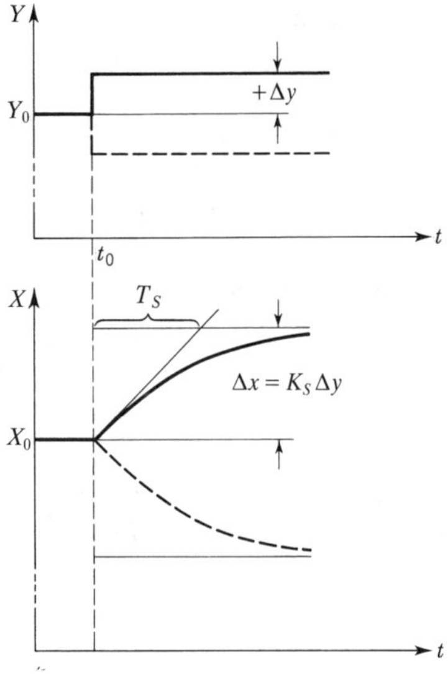

Bild 11-2
Sprungantwort einer Regelstrecke mit einer Verzögerung, gekennzeichnet durch Übertragungsbeiwert K_S und Zeitkonstante T_S.

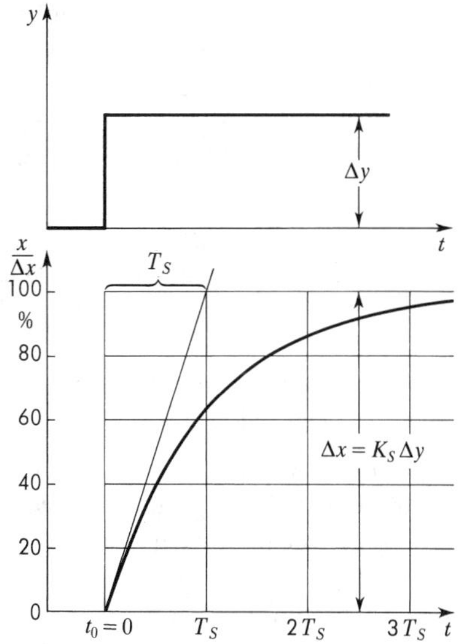

Bild 12-2
Wie Bild 11-2, jedoch nur die Änderungen der Stell- und Regelgröße vergrößert und in % vom Endwert aufgetragen.

gente im Startpunkt auf der durch den Endwert gelegten Parallelen zur Zeitachse abschneidet (Bild 12)[1]).

[1]) Das Verhalten einer Regelstrecke mit der Zeitkonstanten T_S wird durch die Differentialgleichung 1. Ordnung

$$T_S \dot{x} + x = K_S \cdot y$$

beschrieben.
Für den Sprung $y = \Delta y$ hat die Gleichung die Lösung

$$x = K_S (1 - e^{-t/T_S}) \Delta y,$$

wo e = 2,718 die Basis der natürlichen Logarithmen ist. Für große Werte von t/T_S geht der Klammerausdruck gegen 1, so daß für den Endwert gilt $\Delta x = K_S \Delta y$, wie schon angegeben.

Die praktisch vorkommenden Zeitkonstanten liegen zwischen einigen Millisekunden (ms) und einigen Stunden (h), also in einem sehr weiten Zeitbereich (siehe Abschnitt 2.5).

Wie aus Bild 12 hervorgeht, ist nach Ablauf der Zeit $t = T_S$ 63% des Endwertes, nach $t = 2\,T_S$ 87%, nach $t = 3\,T_S$ 95% erreicht. Erst nach $t = 5\,T_S$ wird der Endwert bis auf 99% erreicht. Theoretisch wird der Endwert erst nach unendlich langer Zeit erreicht.

Regelstrecken mit einer Verzögerung (1. Ordnung) kommen sehr häufig vor. Im folgenden einige Beispiele:

Beispiel 8: Hochlaufen einer Wasserturbine, die einen elektrischen Generator antreibt (Bild 13a...c).

Sobald der Wasserstrahl auf die Schaufeln trifft, wird ein konstantes Antriebsmoment M_A erzeugt, das die drehbaren Massen beschleunigt. Die Drehzahl n beginnt nach Bild 13b anzuwachsen, bis nach einiger Zeit die Enddrehzahl n_∞ erreicht ist, bei welcher das Antriebsmoment der Turbine gleich dem vom Generator benötigten Drehmoment ist.

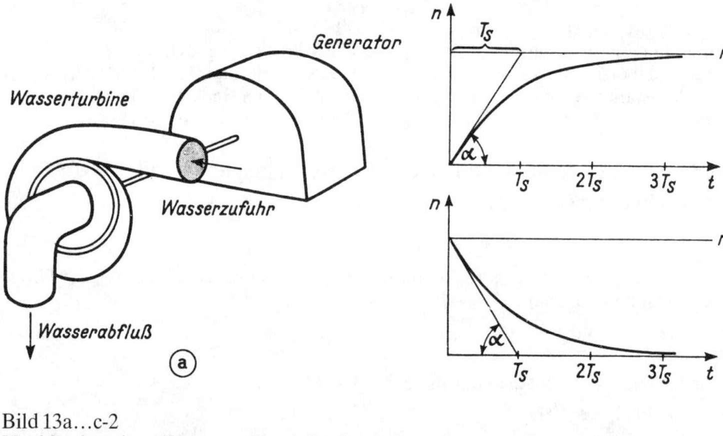

Bild 13a...c-2
Hochlaufen einer Wasserturbine, die einen Generator antreibt. a) Turbine mit Generator, b) Sprungantwort der Drehzahl n beim Hochlaufen, c) Sprungantwort der Drehzahl n beim Auslaufen.

Aus der Mechanik ist bekannt, daß bei der drehenden Bewegung (in Analogie zu dem Satz Kraft = Masse × Beschleunigung) gilt:

Drehmoment = Trägheitsmoment × Winkelbeschleunigung.

Es ist also

$$\text{Winkelbeschleunigung} = \frac{\text{Drehmoment}}{\text{Trägheitsmoment}} = \frac{M_A}{J},$$

wo J das Trägheitsmoment von Turbine und Generator ist. (Ist das Schwungmoment $m \cdot D^2$ gegeben, so gilt $J = 1/4 \cdot mD^2$.)
Beim Hochlaufen der Maschine wird anfänglich das gesamte Antriebsmoment M_A zur Massenbeschleunigung aufgewendet. Die Winkelbeschleunigung ist proportional der Änderungsgeschwindigkeit der Winkelgeschwindigkeit $\omega = 2\pi n$. In Bild 13b drückt sich das als Steigung der Anfangstangente aus.
Diese Steigung ist nach Bild 13b gleich n_∞/T_S, wo n_∞ die Enddrehzahl ist. Mit 2π multipliziert ist die Steigung gleich der Winkelbeschleunigung. Es gilt also

$$\frac{M_A}{J} = \frac{2\pi n_\infty}{T_s} \quad \text{und daraus} \quad T_s = \frac{J}{K},$$

wo $K = M_A/2\pi n_\infty$ ist.

Zahlenbeispiel:

Für Turbine und Generator sind folgende Werte gegeben:

$$n_\infty = 3000\ 1/\text{min} = 50\,\frac{1}{s},$$

$$M_A = 2700\ \text{Nm}^{1)}, \quad mD^2 = 900\ \text{kg}\,\text{m}^2.$$

Dann ist

$$J = \frac{1}{4} \cdot mD^2 = \frac{900\ \text{kg}\,\text{m}^2}{4} = 225\ \text{kg}\,\text{m}^2.$$

---

1) 1 N = 0,102 kp.

Die Konstante K errechnet sich mit

$$K=\frac{M_A}{2\pi\cdot n_\infty}=\frac{2700\,\text{Nm}}{2\pi\cdot 50\cdot 1/\text{s}}=8{,}6\,\text{Nm s}$$

und schließlich

$$T_s=\frac{J}{K}=\frac{225\,\text{kg m}^2}{8{,}6\,\text{Nm s}}=26{,}2\,\text{s}\,.$$

Beispiel 9: Aufheizen und Abkühlen eines Warmwasserbehälters (Bild 14a-c)

Nach Öffnen des Dampfeinlaßventiles steigt die Wassertemperatur nach der rechts wiedergegebenen Sprungantwort an.

Der Temperaturanstieg dauert solange, bis die je Sekunde durch den Dampf zugeführte Wärmemenge gleich der je Sekunde von der Behälteroberfläche abgegebenen Wärmemenge ist[2]).

Die durch den Dampf je Sekunde zugeführte Wärmemenge, der Wärmestrom, sei Φ. Im Gleichgewichtszustand ist

$$\Phi=A\cdot\alpha\cdot(\vartheta_\infty-\vartheta_0)\,,$$

wo $\vartheta_\infty-\vartheta_0$ der Temperaturunterschied zwischen Behälterendtemperatur ϑ_∞ und der Umgebungstemperatur ϑ_0, A die Behälteroberfläche und α die sogenannte Wärmeübergangszahl (J/m^2 ^{0}C s) ist.

Daraus errechnet sich die Übertemperatur mit

$$\vartheta_\infty-\vartheta_0=\frac{\Phi}{A\cdot\alpha}\,.$$

Unmittelbar nach Öffnen des Dampfeinlaßventiles hat die Behälteroberfläche noch die Umgebungstemperatur ϑ_0; es wird dann noch keine Wärme nach außen abgegeben. Die gesamte zugeführte Wärmemenge Φ wird zur Aufheizung des Wassers verwendet. Die anfängliche Temperaturänderungs-

---

[2]) Der Heizdampf wird unmittelbar in das Wasser eingeleitet. Das geringe vom Dampf erzeugte Kondenswasser ändert die Verhältnisse nur unwesentlich.

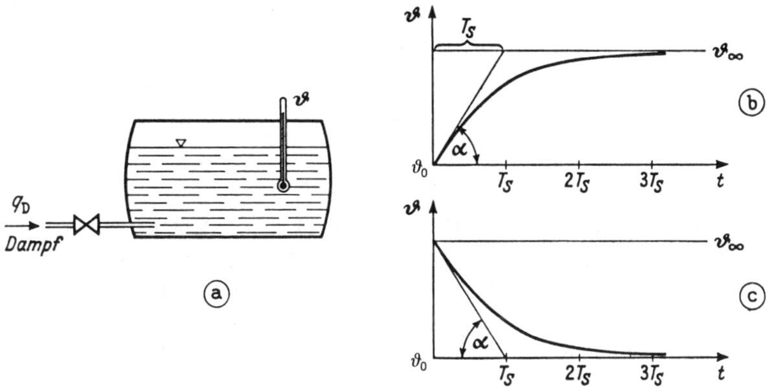

Bild 14a…c-2
Aufheizung und Abkühlung eines Warmwasserbehälters als Beispiel einer Regelstrecke mit einer Verzögerung. a) Behälter mit Thermometer, b) Sprungantwort der Wassertemperatur ϑ beim Aufheizen, c) Sprungantwort der Wassertemperatur ϑ beim Abkühlen, q_D Dampfdurchfluß, ϑ Wassertemperatur, ϑ_∞ Endtemperatur.

geschwindigkeit (^{0}C/s) ist dann offenbar proportional dem Quotienten von je Sekunde zugeführter Wärmemenge Φ, zu der Wärmemenge, die für 1^0 Temperatursteigerung des Wasserinhaltes erforderlich ist. Letztere Wärmemenge ist proportional $V \cdot c$, wo V das Behältervolumen, c die spezifische Wärmekapazität des Wassers ist. Daraus folgt für die Temperaturänderungsgeschwindigkeit

$$\text{Temp.-Änderungsgeschw.} = \frac{\Phi}{V \cdot c}.$$

Andererseits läßt sich aus Bild 14b für die anfängliche Änderungsgeschwindigkeit der Wassertemperatur ablesen:

$$\text{Temp.-Änderungsgeschw.} = \frac{\vartheta_\infty - \vartheta_0}{T_s}.$$

Durch Gleichsetzen beider Ausdrücke und Einsetzen des oben für $\vartheta_\infty - \vartheta_0$ gefundenen Ausdruckes ergibt sich für die Zeitkonstante

$$T_s = \frac{V \cdot c}{A \cdot \alpha}.$$

Wird die Dampfzufuhr gesperrt, so beginnt die Wassertemperatur nach der in Bild 14c wiedergegebenen Kurve bis auf die Ausgangstemperatur ϑ_0 abzusinken. Die anfängliche Temperaturabnahmegeschwindigkeit ist wieder gleich dem Verhältnis von je s abgegebener Wärmemenge $A \cdot \alpha (\vartheta_\infty - \vartheta_0)$ und der Wärmemenge $V \cdot c$, die bei 1° Temperaturabsenkung frei wird. Damit wird

$$\text{Abkühlungsgeschw.} = \frac{A \cdot \alpha \cdot (\vartheta_\infty - \vartheta_0)}{V \cdot c} = \frac{\vartheta_\infty - \vartheta_0}{\frac{V \cdot c}{A \cdot \alpha}} = \frac{\vartheta_\infty - \vartheta_0}{T_s},$$

d. h. die Zeitkonstante für die Abkühlung ist gleich der für die Aufheizung.

Zahlenbeispiel:

Wasserbehälter mit

$$V = 0{,}8\,\text{m}^3, \quad A = 7{,}8\,\text{m}^2.$$

Für Wasser gilt

$$c = 4{,}19 \cdot 10^6\,\text{J/m}^3\,{}^0\text{C}^{1)}.$$

Für die Wärmeübergangszahl kann man für Temperaturen unter 100^0 als Erfahrungswert einsetzen

$$\alpha = 15\,\text{J/m}^2\,{}^0\text{C}\,\text{s}.$$

[1]) 1 J = 0,238 cal oder 1 cal = 4,19 J

Daraus errechnet sich

$$T_s = \frac{Vc}{A\alpha} = \frac{0{,}8\,\text{m}^3 \cdot 4{,}19 \cdot 10^6\,\text{J/m}^3\,{}^0\text{C}}{7{,}8\,\text{m}^2 \cdot 15\,\text{J/m}^2\,{}^0\text{C s}} = 28\,500\,\text{s} \approx 8\,\text{h}\,.$$

Die Endtemperatur wird also erst nach 3 · 8 h = 24 Stunden zu 95% erreicht.

Beispiel 10: Ladung und Entladung eines Kondensators über einen Widerstand (Bild 15a...c).

Nach Stellen des Schalters auf „Laden" (obere Schalterstellung) steigt die Spannung U_A am Kondensator C nur allmählich an (Bild 15b), um erst nach einiger Zeit gleich der Speisespannung U_E zu werden. Der Grund für diesen nur allmählichen Anstieg der Spannung am Kondensator (Speicher) ist der Spannungsabfall $i \cdot$ R, den der Ladestrom i am Widerstand R (Drossel) hervorruft.

Die anfängliche Anstiegsgeschwindigkeit der Kondensatorspannung U_A (siehe Bild 15b) ist offenbar proportional der Speisespannung U_E und umgekehrt proportional dem Widerstand R und der Kapazität C. Daraus folgt

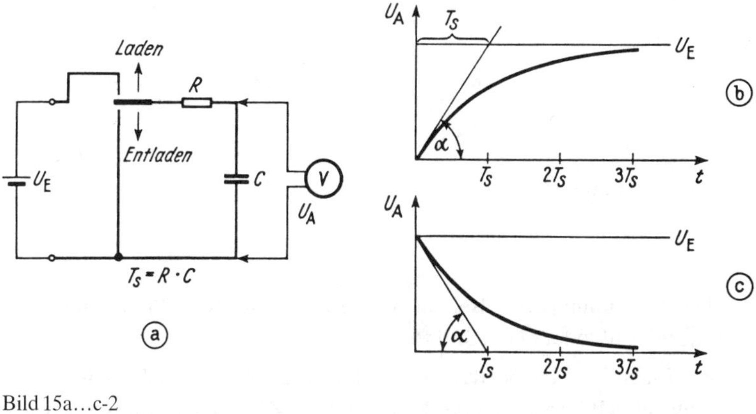

Bild 15a...c-2
Aufladen und Entladen eines Kondensators C über einen Widerstand R. a) Schaltung, b) Sprungantwort der Kondensatorspannung U_A beim Laden, c) Sprungantwort der Kondensatorspannung beim Entladen, V Spannungsmesser.

$$\text{Spannungs-Änderungsgeschwindigkeit} = \frac{U_E}{R \cdot C}$$

Andererseits läßt sich aus Bild 15b ablesen für die

$$\text{Spannungs-Änderungsgeschwindigkeit} = \frac{U_E}{T_S}$$

woraus sich durch Gleichsetzen beider Ausdrücke für die Zeitkonstante ergibt:

$$T_S = R \cdot C.$$

Wird nach vollendeter Aufladung der Schalter auf „Entladen" gestellt (untere Schalterstellung), so wird der Kondensator C über den Widerstand R entladen. Die Spannung U_A sinkt nach der im Bild 15c wiedergegebenen Sprungantwort bis auf Null ab. Die anfängliche Abnahmegeschwindigkeit der Spannung ist proportional der Ladespannung U_E und umgekehrt proportional dem Widerstand R und der Kapazität C. Für die Entladung ergibt sich also dieselbe Zeitkonstante wie für die Ladung.

Zahlenbeispiel:

Kondensator

$$C = 50\,\mu\text{F} = 50 \cdot 10^{-6}\,\text{F}.$$

Widerstand $R = 100$ kOhm $= 1 \cdot 10^5$ Ohm.

Die Zeitkonstante ist dann

$$T_S = R \cdot C = 1 \cdot 10^5\,\text{Ohm} \cdot 50 \cdot 10^{-6}\,\text{F} = 5{,}0\,\text{s}.$$

Beispiel 11: Füllung eines Behälters über ein Drosselventil oder eine enge Leitung mit Luft oder Gas. (Bild 16a, b).

Nach Öffnen des Ventils (Drossel) steigt der Druck p_A im Behälter (Speicher) nur allmählich an, um erst nach einiger Zeit gleich dem Speisedruck p_E zu werden. Der Grund für diesen allmählichen Druckanstieg ist der Druckabfall am Ventil. Die Druckanstiegsgeschwindigkeit ist am Anfang

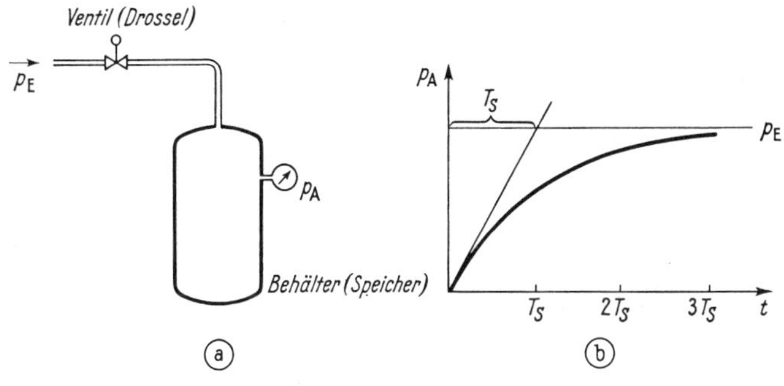

Bild 16a, b-2
Behälter, der über eine Drosselstelle mit Luft gefüllt wird, als angenäherte Regelstrecke mit einer Verzögerung. a) Behälter, b) Sprungantwort des Druckes p_A.

am größten, weil der volle Eingangsdruck p_E für die Auffüllung zur Verfügung steht. Sobald im Behälter der Druck p_A herrscht, steht als treibende Druckdifferenz nur noch $p_E - p_A$ zur Verfügung, wodurch sich der Druckanstieg immer mehr verlangsamt (Bild 16b). Der Druckanstieg erfolgt hier nur angenähert nach einer Sprungantwort, wie sie Bild 12 zeigte. Die Zeitkonstante ist nicht nur vom Drosselquerschnitt und Behältervolumen abhängig, sondern auch noch vom Speisedruck p_E.

Die Subtangente der Sprungantwort

Diese in den Bildern 11 bis 16 gezeigten Sprungantworten (Kurven) haben die bemerkenswerte Eigenschaft, daß die *Subtangente* in jedem Punkt der Kurve konstant und gleich ist dem von uns mit Zeitkonstante T_S bezeichneten Abschnitt. Die Subtangente wird dadurch erhalten (Bild 17a), daß man bei fallender Regelgröße an einem beliebigen Punkt der Kurve die Tangente anlegt. Die Tangente schneidet dann auf der Zeitachse immer ein und dasselbe Stück, die Subtangente T_S, ab.
Analog gilt für steigende Regelgröße, daß die Subtangente auf der durch den Endwert der Kurve gezogenen Parallelen zur Zeitachse ebenfalls gleiche Stücke abschneidet (Bild 17b).

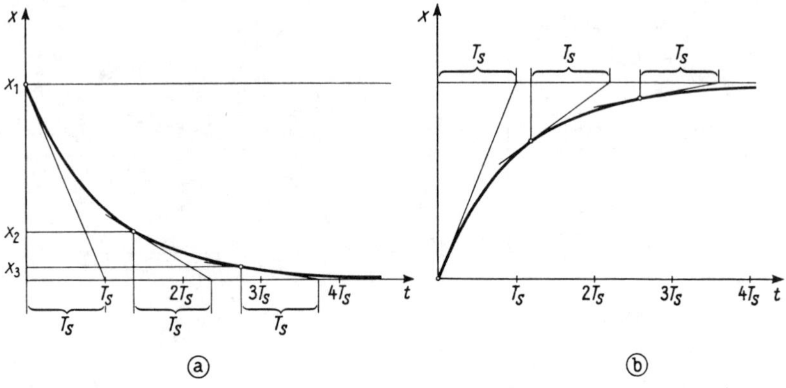

Bild 17a, b-2
Konstruktion der Subtangente. a) bei fallender Regelgröße, b) bei steigender Regelgröße.

Wir werden diese Eigenschaft der Sprungantwort beim Besprechen der Zusammenarbeit eines Zweipunktreglers mit einer solchen Regelstrecke benötigen.

Diese Eigenschaft der Sprungantwort ist die Folge daraus, daß die Steigung in jedem Punkt der Kurve dem jeweiligen Wert der Regelgröße proportional ist. Aus Bild 17a ergibt sich für die Steigung S

$$S_1 = \frac{x_1}{T_S}, \quad S_2 = \frac{x_2}{T_S} \quad \text{usw.},$$

d.h. die Steigung ist dem jeweiligen Wert x_1, x_2 usw. der Regelgröße proportional[1]).

[1]) Für die Sprungantwort von Bild 17a gilt die Gleichung $x = x_1 \, e^{-t/T_S}$. Ihre Steilheit ist $S = dx/dt = x_1 \cdot (-1/T_S) \cdot e^{-t/T_S} = -x/T_S$, woraus aus den Dreiecken folgt, daß die Subtangente immer T_S ist.

2.3.3 *Regelstrecken mit zwei Verzögerungen (2. Ordnung)*

Eine *Regelstrecke mit zwei Verzögerungen* ist durch Angabe des Übertragungsbeiwertes K_S und durch zwei Zeitkonstanten T_1, T_2 gekennzeichnet. Im Unterschied zur Regelstrecke mit einer Verzögerung verläuft hier die Sprungantwort (Bild 18) am Startpunkt mit einer waagerechten Tangente und besitzt einen Wendepunkt[1]).

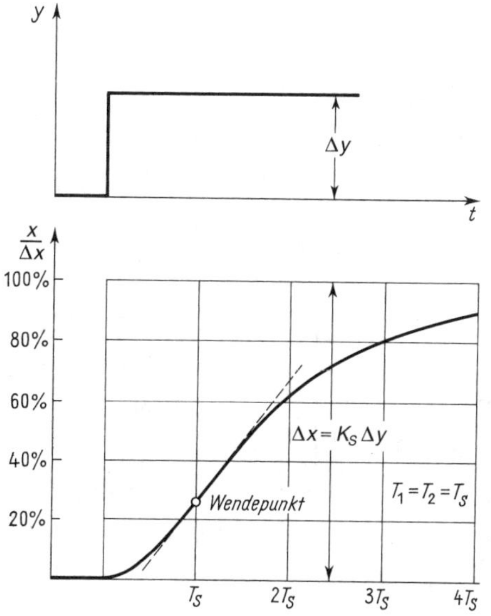

Bild 18-2
Sprungantwort mit zwei Verzögerungen mit waagerechter Tangente im Startpunkt und mit Wendepunkt, gekennzeichnet durch Übertragungsbeiwert K_S und zwei Zeitkonstanten $T_1 = T_2 = T_S$ (Regelgröße x in % vom Endwert aufgetragen).

[1]) Ihr Verhalten wird mathematisch durch die Differentialgleichung 2. Ordnung beschrieben

$$T_1 T_2 \ddot{x} + (T_1 + T_2)\dot{x} + x = K_S y,$$

wo T_1, T_2 die beiden ungleichen Zeitkonstanten sind. Für den Sprung Δy hat die Gleichung die Lösung

$$x = K_S \left[1 - \frac{T_1}{T_1 - T_2} e^{-t/T_1} + \frac{T_2}{T_1 - T_2} e^{-t/T_2}\right] \Delta y \quad \text{für } T_1 \neq T_2$$

Der Kurvenverlauf kann nicht aus T_1 und T_2 in elementarer Weise gezeichnet werden.
Sprungantworten nach Bild 18 entstehen sehr oft durch eine Hintereinanderschaltung zweier *Speicherglieder,* wie es die folgenden Beispiele 12, 13 und 14 zeigen:

Beispiel 12: Temperaturanstieg in einem beheizten Warmwasserbehälter. Thermometer in einer Schutzhülse untergebracht (Bild 19a, b).
Ohne Schutzhülse erfolgte, wie wir im Beispiel 9 gesehen haben, der Temperaturanstieg am Thermometer nach einer Sprungantwort mit einer Verzögerung. Durch das Anbringen der Schutzhülse wird ein *Speicherglied* hinzugefügt, denn die Hülse hat sowohl einen Wärmewiderstand als auch eine Wärmekapazität. Es sind also zwei Verzögerungen in Reihe geschaltet.

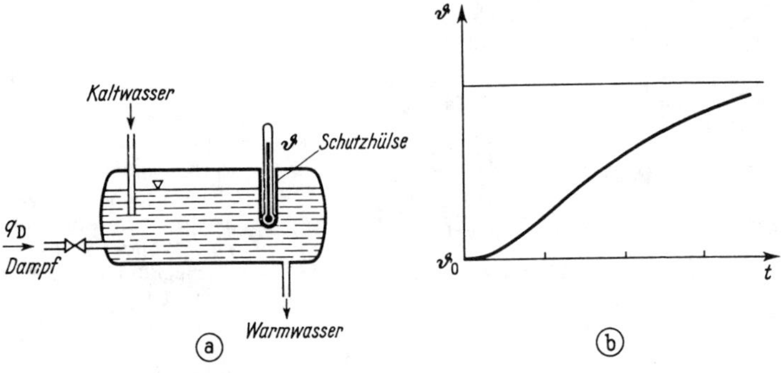

Bild 19a, b-2
Aufheizung eines Warmwasserbehälters, wie im Bild 14, jedoch Thermometer in Schutzhülse untergebracht. a) Behälter, b) Sprungantwort.

Beispiel 13: Aufladen zweier hintereinander geschalteter *RC*-Glieder R_1, C_1, und R_2, C_2 (Bild 20a, b).

Beispiel 14: Füllung zweier hintereinander liegender Behälter über Drosselstellen mit Luft oder Gas (Bild 21a, b).

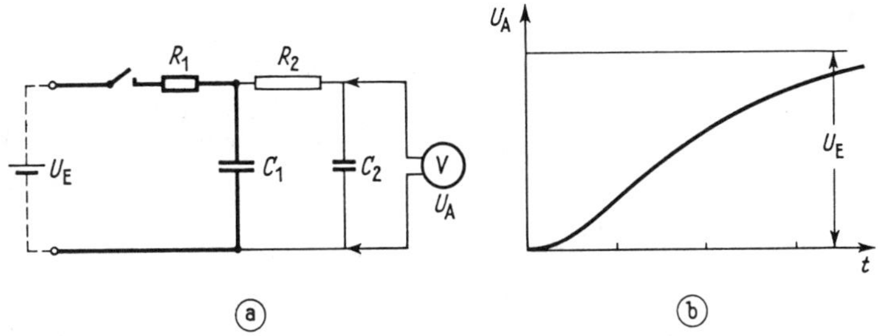

Bild 20a, b-2
Aufladen zweier hintereinander geschalteter *RC*-Glieder. a) Schaltung, b) Sprungantwort der Ausgangsspannung U_A, U_E Eingangsspannung.

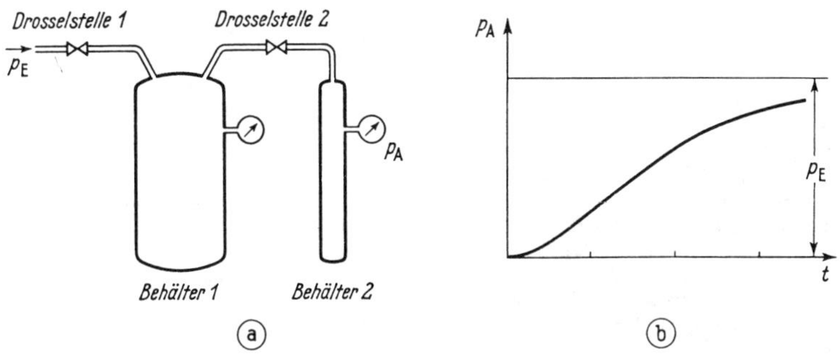

Bild 21a, b-2
Reihenschaltung zweier Behälter mit Drosselstellen in den Zuleitungen. a) Schaltung, b) Sprungantwort des Ausgangsdruckes p_A, wobei p_E der Eingangsdruck ist.

2.3.4 *Regelstrecken mit schwingendem Verhalten*

Regelstrecken, die durch Reihenschaltung zweier Verzögerungsglieder entstanden sind, haben immer den in Bild 18 wiedergegebenen kriechenden (aperiodischen) Verlauf. Dagegen weisen Sprungantworten von Regelstrekken, die Federn und Massen bzw. Kapazitäten und Induktivitäten enthalten, bei kleiner Dämpfung einen schwingenden (periodischen) Verlauf auf.

Beispiel 15:

Bild 22 zeigt als Beispiel einer solchen schwingungsfähigen Regelstrecke das Meßwerk des in Bild 16-1 gezeigten Spannungsreglers. Bei diesem wird ein Eisenkern Fe entgegen der Kraft einer Feder Fd in eine stromdurchflossene Spule Sp hineingezogen. Stellgröße ist hier der Spulenstrom I, Regelgröße der Hub H des Eisenkernes. Wird der Spulenstrom I sprungweise um i geändert, so ändert sich der Hub um das Stück h. Der Übergang in die neue Lage H_0+h erfolgt jedoch meist in schwingender Form. Die Regelgröße überschreitet und unterschreitet dabei zeitweise den Endwert, wie es Bild 23 zeigt.

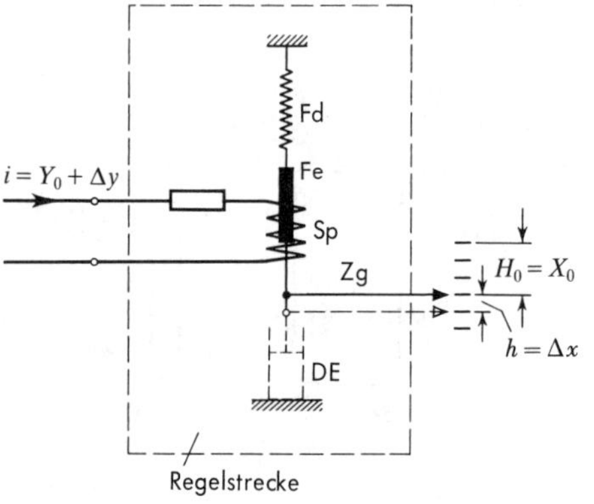

Bild 22-2
Spannungsmeßwerk, als Beispiel einer Regelstrecke mit schwingendem Verhalten. Fe Eisenkern, Fd Feder, Sp Spule, Zg Zeiger, DE Dämpfungseinrichtung, I Spulenstrom als Stellgröße, H Hub des Eisenkerns als Regelgröße.

Wird an dem Eisenkern (Bild 22) die Dämpfungseinrichtung DE angebracht, wie sie als Kolbendämpfung eingezeichnet ist, so können bei genügend starker Dämpfung die Schwingungen vollständig unterdrückt werden. Wir erhalten dann wieder einen kriechenden Verlauf der Sprungantwort ähnlich Bild 18, bei der kein Überschwingen der Regelgröße stattfindet.

Der Grund für das schwingende Verhalten von Regelstrecken liegt in einem periodischen Energieaustausch zwischen zwei physikalischen Energiespeichern. Bei dem Speicher von Bild 22 ist die mechanische Energie zeitweise vollständig in der gespannten Feder gespeichert, wenn die Feder ihre größte Auslenkung hat. Zu einem späteren Zeitpunkt, bei dem der

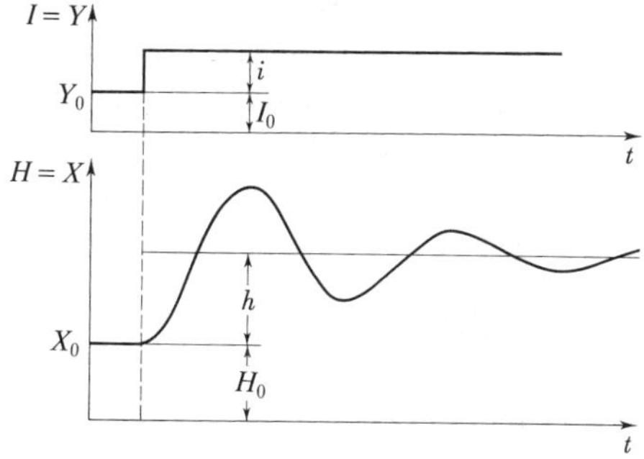

Bild 23-2
Sprungantwort der Regelstrecke von Bild 22-2 mit schwingendem Verhalten. I Spulenstrom, H Hub des Eisenkerns.

Eisenkern seine größte Geschwindigkeit aufweist, ist die ganze Energie in Form von Bewegungsenergie im Eisenkern gespeichert. Die Federkraft muß nicht immer mechanischer, sondern kann auch elektrischer oder magnetischer Art sein. So tritt beispielsweise bei einem umlaufenden Generator oder Motor durch das von außen aufgedrückte Drehfeld eine elastische Fesselung des Läufers an das Drehfeld ein.

Beispiel 16:

Sprungantworten mit schwingendem Verlauf erhalten wir auch bei einem aus Kapazität, Induktivität und ohmschem Widerstand aufgebauten Schwingkreis (Bild 24). An Stelle der Masse wirkt hier die Induktivität L, an

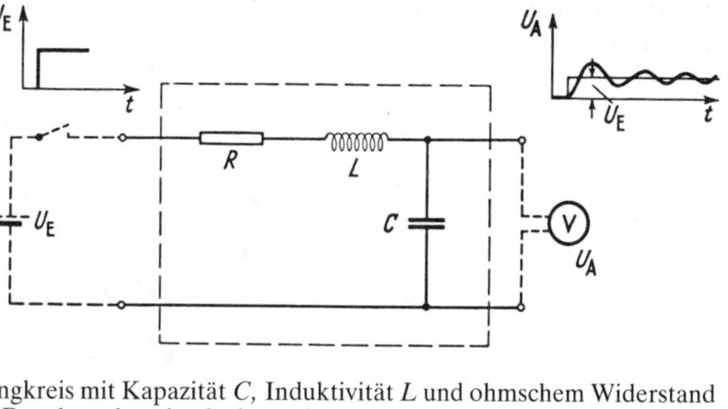

Bild 24-2
Elektrischer Schwingkreis mit Kapazität C, Induktivität L und ohmschem Widerstand R als Beispiel einer Regelstrecke mit schwingendem Verhalten. U_E Eingangsspannung, U_A Ausgangsspannung.

Stelle der Feder die Kapazität C. Die Rolle der Dämpfung übernimmt hier der ohmsche Widerstand R. Der Energieaustausch findet zwischen dem Kondensator und der Induktivität statt. Zu einem bestimmten Zeitpunkt befindet sich die ganze Energie in Form einer elektrischen Ladung auf dem Kondensator. Zu einem anderen Zeitpunkt ist die ganze Energie in dem Magnetfeld der Induktivität gespeichert. Durch den immer vorhandenen ohmschen Widerstand R der Induktivität sind Schwingungen mehr oder weniger stark gedämpft.

2.3.5 *Regelstrecken nur mit Totzeit*

Bei Regelstrecken nur mit Totzeit tritt, wie Bild 25 zeigt, nach einer sprunghaften Änderung der Stellgröße um Δy eine ebenfalls sprunghafte Änderung der Regelgröße um $\Delta x = K_S \cdot \Delta y$ ein, jedoch um die *Totzeit* T_t verzögert. Die Totzeit ist also die Zeit, die vergeht, bis sich nach einer Änderung der Stellgröße eine Änderung der Regelgröße bemerkbar macht.

Die Totzeit wird fast immer durch die endliche Fortpflanzungsgeschwindigkeit des Stellsignals in der Regelstrecke hervorgerufen. Sie wird deshalb manchmal auch mit *Laufzeit* bezeichnet. Die Bilder 26 und 27 zeigen typische Beispiele von Regelstrecken mit Totzeit.

Die praktisch vorkommenden Totzeiten liegen zwischen Millisekunden und einigen Minuten (Tabelle 1).

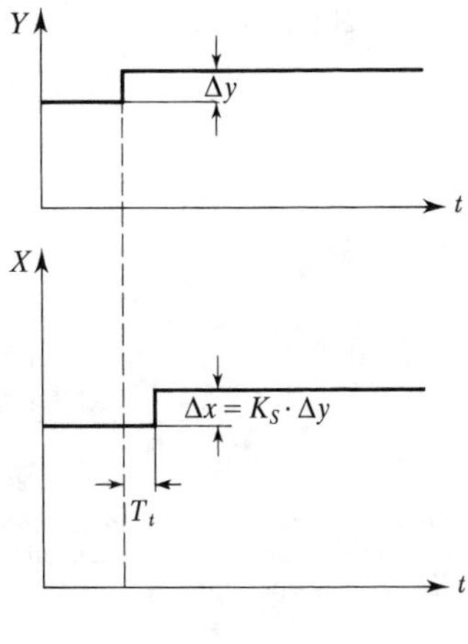

Bild 25-2
Sprungantwort einer Regelstrecke nur mit Totzeit, T_t Totzeit.

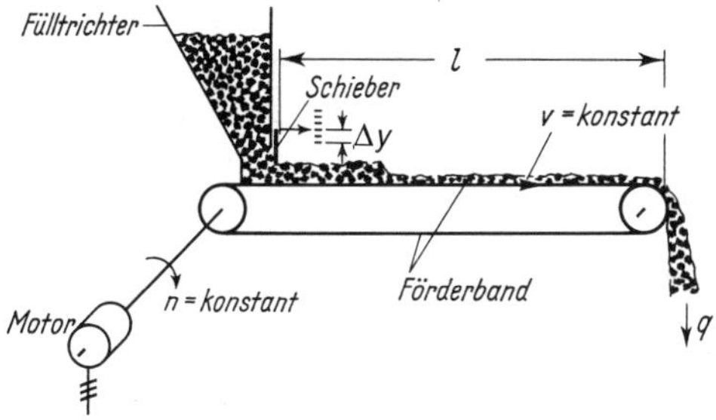

Bild 26-2
Förderband, an dem die Schütthöhe um Δy verstellt wird, als Beispiel einer Regelstrecke nur mit Totzeit. q abgeworfene Menge je Zeiteinheit (Regelgröße), v Bandgeschwindigkeit, l Bandlänge.

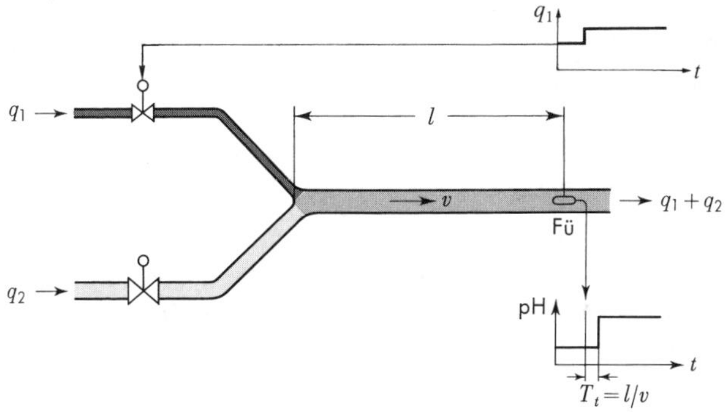

Bild 27-2
Mischung zweier Flüssigkeitsströme als Beispiel einer Regelstrecke vorwiegend mit Totzeit. q_1, q_2 Flüssigkeitsströme, l Mischstrecke, Fü Fühler z.B. für pH-Wert oder Temperatur als Regelgröße.

Beispiel 17: Förderband

In Bild 26 ist wieder wie in Bild 3 ein Förderband dargestellt. Zur Zeit $t = 0$ wird der Schieber am Fülltrichter sprungweise um das Stück Δy hochgezogen, wodurch sich die Schütthöhe vergrößert. Die vergrößerte Schütthöhe macht sich jedoch am Ausgang des Förderbandes (Regelstrecke) erst nach der Totzeit $T_t = l/v$ bemerkbar, wobei l die Entfernung vom Schieber bis zur Abwurfstelle des Bandes, v die Bandgeschwindigkeit ist. Nach Ablauf dieser Zeit nimmt die abgeworfene Menge q je Zeiteinheit sprunghaft zu. Vom Schieber (als Stellglied) aus gesehen, ist also das Förderband eine Regelstrecke mit Totzeit, während es von der Drehzahl (Bild 7) aus eine verzögerungsarme Regelstrecke ist!

Beispiel 18: Rohrleitung

In Bild 27 ist ein Mischvorgang in einer Rohrleitung dargestellt. Im Abstand l nach erfolgter Durchmischung soll der pH-Wert[1]) des Gemisches gemessen werden. Es vergeht wieder die Totzeit $T_t=l/v$, bis sich eine Mischungsänderung am Fühler bemerkbar macht. Die Totzeit ist hier von der Geschwindigkeit der Flüssigkeitsströmung im Rohr abhängig, sie nimmt also mit abnehmender Geschwindigkeit zu. Aus Gründen der guten Durchmischung darf eine gewisse Minimallänge l nicht unterschritten werden.

2.3.6 *Regelstrecken mit vielen Verzögerungen (Regelstrecken höherer Ordnung)*

Die Sprungantwort einer *Regelstrecke mit vielen Verzögerungen* mit kriechendem (aperiodischem) Verlauf hat meist den in Bild 28 gezeigten grundsätzlichen Verlauf. Im Nullpunkt beginnt sie mit einer waagerechten Tangente. Über einen *Wendepunkt* strebt sie dem durch den Übertragungsbeiwert K_S der Regelstrecke gegebenen Endwert $\Delta x = K_S \cdot \Delta y$ zu. Legen wir durch den Wendepunkt der Kurve die Tangente, so schneidet sie auf der Zeitachse eine Zeit ab, die ähnlich wie die im vorigen Abschnitt behandelte Totzeit wirkt. Sie wird mit *Verzugszeit* T_u bezeichnet. Die Tangente schneidet außerdem auf der Parallelen zur Zeitachse durch den Endwert der Regelgröße die *Ausgleichszeit* T_g ab.

Bei vielen Verzögerungen wird der Anfangsverlauf immer flacher und die Verzugszeit nimmt immer mehr den Charakter einer echten Totzeit an.

[1]) Maß für Ionenkonzentration in einer wäßrigen Flüssigkeit.

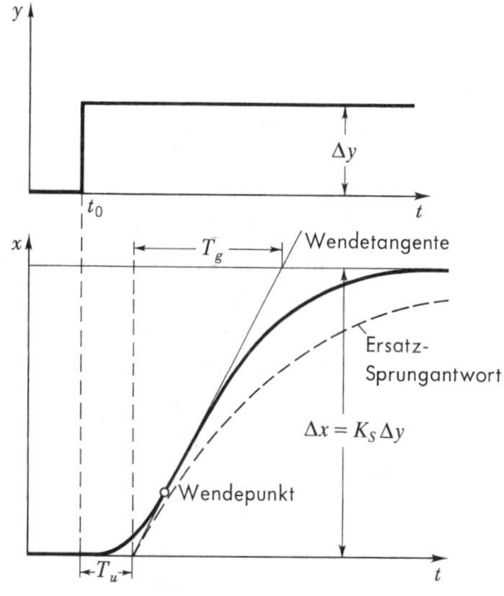

Bild 28-2
Sprungantwort einer Regelstrecke mit vielen Verzögerungen. T_u Verzugszeit, T_g Ausgleichszeit.

Bei sehr vielen Verzögerungen ist schließlich ein Unterschied zwischen Verzugszeit und echter Totzeit nicht mehr festzustellen, obwohl die echte Totzeit durch eine Laufzeit hervorgerufen wird, während die Verzugszeit die Folge vieler in Reihe liegender Verzögerungsglieder ist. Bei räumlich ausgedehnten Speichergliedern, wie sie z. B. bei einem Glühofen mit Ausmauerung vorkommen, zeigt sich die Sprungantwort, die in Bild 29 wiedergegeben ist. Die Verzugszeit ist hier von einer wirklichen Totzeit kaum mehr zu unterscheiden.

Regelstrecken mit vielen Verzögerungen lassen sich – je größer die Zahl der Verzögerungen ist, um so besser – durch eine *Ersatz-Sprungantwort* beschreiben, wie sie in Bild 28 wiedergegeben ist. Die Ersatz-Sprungantwort besteht am Anfang aus einem waagerechten Stück gleich der Verzugszeit T_u und aus einer Sprungantwort mit einer Verzögerung mit der Zeitkonstanten gleich der *Ausgleichszeit* T_g.

Die Ersatz-Sprungantwort hat an der Stelle, wo die Verzugszeit in die Sprungantwort eines Verzögerungsgliedes übergeht, einen scharfen Knick.

Wirkliche Sprungantworten besitzen dagegen an dieser Stelle eine mehr oder weniger ausgeprägte Verrundung. Diese ist für das regeltechnische Verhalten der Regelstrecke von wesentlicher Bedeutung. Daher werden nur Regelstrecken mit sehr vielen Verzögerungen, die eine ausgeprägte Totzeit besitzen, durch eine solche Ersatz-Sprungantwort treffend dargestellt. Bei Regelstrecken mit nur wenigen Verzögerungen gibt dagegen die Ersatz-Sprungantwort das Verhalten der Regelstrecke etwas zu ungünstig wieder.

Die Ersatz-Sprungantwort, gekennzeichnet durch Verzugszeit T_u, Ausgleichszeit T_g und Übertragungsbeiwert K_S, gestattet, in sehr einfacher Weise das Verhalten einer Regelstrecke zu beschreiben. Das ist auch der Grund, warum man diese eingeführt hat. Verzugszeit und Ausgleichszeit ermöglichen es darüber hinaus, die Zusammenarbeit von Regelstrecke und Regler auch zahlenmäßig abzuschätzen, wie wir in Abschnitt 5 und 7 sehen werden. Zur ungefähren Abschätzung der Schwierigkeit einer Regelung ist das Verhältnis

$$\frac{\text{Verzugszeit}}{\text{Ausgleichszeit}} = \frac{T_u}{T_g}$$

gut brauchbar.

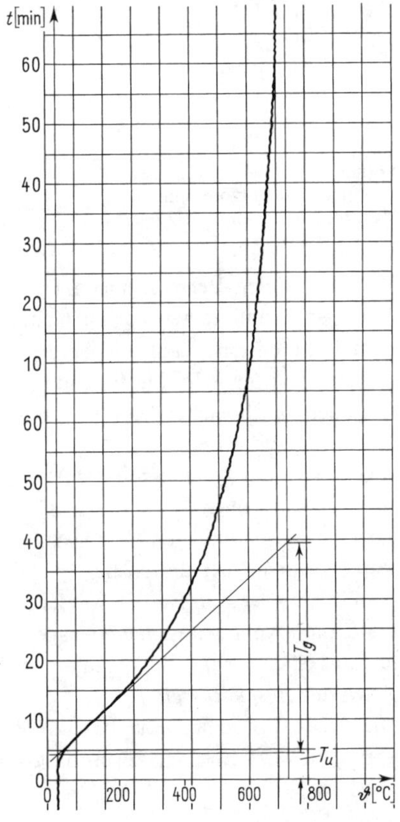

Bild 29-2
Sprungantwort einer Temperatur-Regelstrecke mit räumlich ausgedehnten Speichergliedern. (Ausgemauerter Ofen.) T_u Verzugszeit, T_g Ausgleichszeit, ϑ Temperatur.

Eine Regelstrecke mit vielen Verzögerungen ist um so schwieriger zu regeln, d. h. bei einer gegebenen Störung wird die Überschwingweite um so größer, je größer die Verzugszeit im Verhältnis zur Ausgleichzeit wird. Erfahrungsgemäß sind Regelstrecken mit

$$\frac{T_u}{T_g} \text{ kleiner als } \frac{1}{10} \quad \text{gut regelbar,}$$

$$\frac{T_u}{T_g} \text{ um } \frac{1}{6} \quad \text{noch regelbar,}$$

$$\frac{T_u}{T_g} \text{ größer als } \frac{1}{3} \quad \text{schwer regelbar.}$$

Zahlenbeispiel 19:

An einem elektrisch beheizten Ofen wurde durch Versuch die Sprungantwort nach Bild 29 bestimmt. Aus der eingezeichneten Tangente läßt sich eine Verzugszeit von 4 min und eine Ausgleichszeit von 35 min ablesen. Dann ist

$$\frac{T_u}{T_g} = \frac{4\,\text{min}}{35\,\text{min}} = \frac{1}{9},$$

d.h., diese Temperatur-Regelstrecke ist noch gut regelbar, was auch mit der Erfahrung übereinstimmt.

Zahlenbeispiel 20:

Bei einer Warmwasser-Zentralheizungsanlage treten zwischen dem Einschaltzeitpunkt des Brenners (Stellgröße) und dem Temperaturanstieg (Regelgröße) an einem im Wohnraum montierten Raumtemperatur-Aufnehmer (Thermostat) erhebliche zeitliche Verzögerungen auf. Sie sind bedingt durch den Zündverzug des Brenners, die Transportzeit des Wassers von Kessel bis Heizkörper sowie durch die Zeitkonstanten von Kessel,

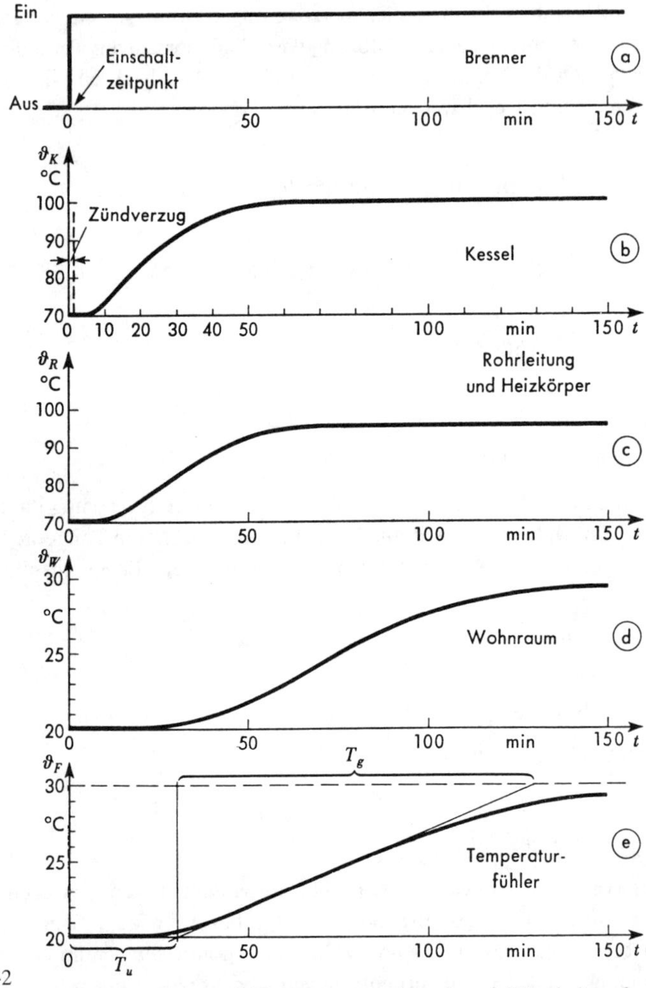

Bild 30a…e-2
Warmwasser-Zentralheizungsanlage als Temperaturregelstrecke. a) Einschalten des Brenners (Stellgröße), b) Temperaturanstieg des Kesselwassers, c) Temperaturanstieg am Heizkörper, d) Anstieg der Raumtemperatur und e) Temperaturanstieg im Fühler des Temperaturaufnehmers.

Rohrleitung, Heizkörper, Wohnraum und Temperaturaufnehmer. Bild 30a...e zeigt die an der häuslichen Heizungsanlage an verschiedenen Stellen gemessenen Temperaturverläufe nach Einschalten des Brenners.
Bestimmt man aus der Sprungantwort am Fühler (Bild 30e) nach der vorher angegebenen Methode die insgesamt wirksamen zeitlichen Verzögerungen, so ergibt sich für $T_u = 30$ min und $T_g = 100$ min. Damit wird

$$\frac{T_u}{T_g} = \frac{30\,\text{min}}{100\,\text{min}} = \frac{1}{3{,}3}\,.$$

Es handelt sich also um eine nicht besonders gut regelbare Regelstrecke. Wie wir später sehen werden, ergibt eine solche Regelstrecke bei Verwenden eines einfachen Zweipunktreglers nur eine unbefriedigende Regelgüte, durch Hinzufügen einer Rückführung jedoch ein ausreichend gutes Verhalten.

Zahlenbeispiel 21:

Zum Konstanthalten der Dampftemperatur am Austritt eines Dampferzeugers wird vielfach zwischen Vor- und Nachüberhitzer (Bild 31a) in einen dazwischenliegenden Einspritzkühler Wasser eingespritzt. Regelstrecke ist hier der Einspritzkühler mit dem Nachüberhitzer und dem Temperaturfüh-

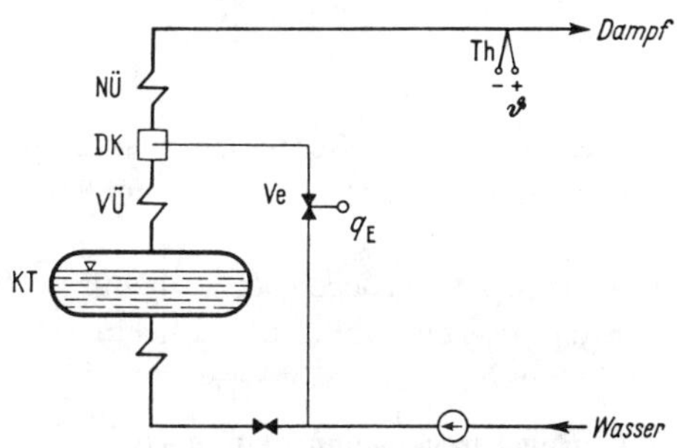

Bild 31a-2
Trommelkessel als Temperaturregelstrecke, KT Kesseltrommel, VÜ Vorüberhitzer, NÜ Nachüberhitzer, DK Einspritz-Dampfkühler, Th Thermoelement, Ve Stellventil für Einspritzwasser, ϑ Dampf-Austrittstemperatur, q_E Einspritz-Wasserstrom.

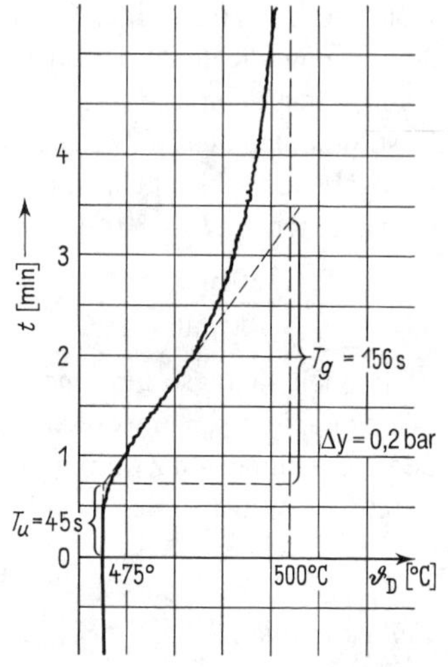

Bild 31b-2
Temperatur-Sprungantwort des Einspritzkühlers von Bild 31a-2.

ler. Bild 31b zeigt die vom Verfasser aufgenommene Sprungantwort einer solchen Regelstrecke bei einem sprungweisen Verstellen des Einspritzwasserstromes q_E.

Aus Bild 31b ist abzulesen $T_u = 45$ s, $T_g = 156$ s. Es ist dann

$$\frac{T_u}{T_g} = \frac{45\,\text{s}}{156\,\text{s}} = \frac{1}{3{,}5};$$

die Regelstrecke ist also, wie auch die Erfahrung bestätigt hat, schwer zu regeln. Es müssen zusätzliche Mittel zur Erhöhung der Regelgüte angewendet werden.

Der Verzugszeiten liegen bei den heutigen Überhitzern zwischen 0,5 und 2,5 min, die Ausgleichszeiten bei 1...4 min.

2.4 Regelstrecken ohne Ausgleich

Bei den selteneren Regelstrecken *ohne Ausgleich* wächst die Regelgröße nach einer Störung stetig weiter an, ohne – wie bei der Regelstrecke mit Ausgleich – einem festen Endwert zuzustreben. Wir erhalten also im einfachsten Fall eine Sprungantwort mit dem in Bild 32a, b wiedergegebenen Verlauf:

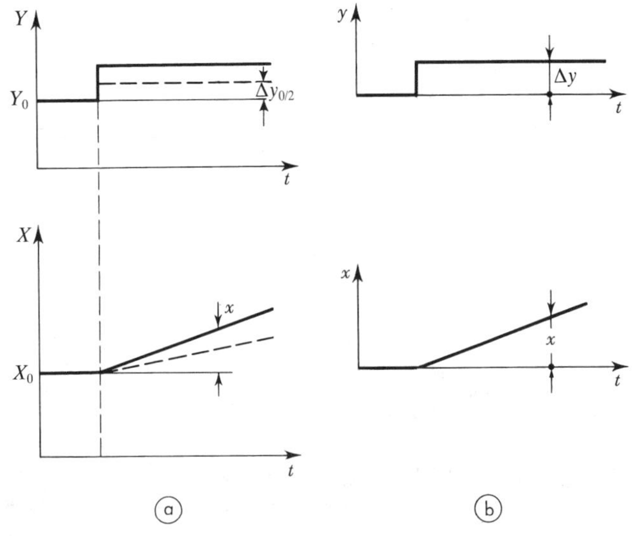

Bild 32a, b-2
Sprungantwort einer Regelstrecke ohne Ausgleich bei einer sprungweisen Änderung der Stellgröße um Δy. a) Regelgröße X und Stellgröße Y aufgetragen, b) nur die Abweichungsgrößen y bzw. x aufgetragen.

Beispiel 22:

Das bekannteste Beispiel einer solchen Regelstrecke ohne Ausgleich ist ein Behälter mit Flüssigkeit (Bild 33a, b). Oben fließt der Flüssigkeitsstrom Q_E zu, unten wird der Flüssigkeitsstrom Q_A abgezogen. Ist der Zulauf gleich dem Ablauf, also $Q_E = Q_A$, so bleibt der Flüssigkeitsstand H im Behälter konstant. Überwiegt dagegen der Zulauf, so steigt der Wasserstand, überwiegt der Ablauf, so fällt der Wasserstand. Die Geschwindigkeit, mit der der Wasserstand steigt oder fällt, ist dabei der Differenz $Q_E - Q_A$ proportional.

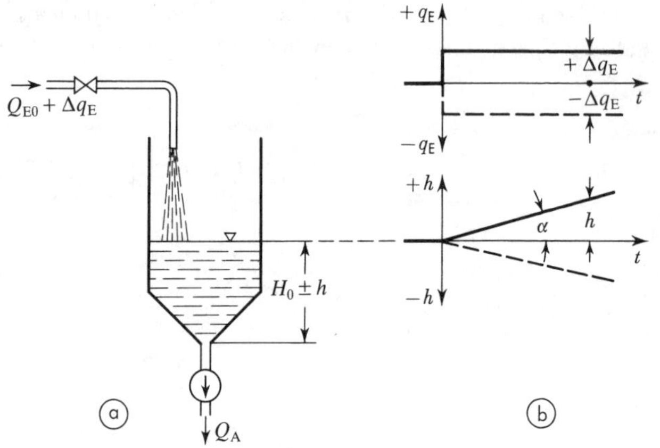

Bild 33a, b-2
Flüssigkeitsstand in einem Behälter als Beispiel einer Regelstrecke ohne Ausgleich. a) Behälter, b) Sprungantwort des Wasserstandes. H Flüssigkeitsstand, h Änderung des Flüssigkeitsstandes, Q_E Zufluß, Q_A Abfluß als Störgröße.

Das Steigen oder Fallen des Wasserstandes erfolgt so lange, bis der Behälter entweder überläuft oder leer ist. Eine Selbststabilisierung ist hier nicht vorhanden. Nach einer Störung, z.B. Verändern des Abflusses Q_A, stellt sich kein neuer Gleichgewichtszustand wie bei einer Regelstrecke mit Ausgleich ein. Regelstrecken ohne Ausgleich sind aus diesem Grund (weil ihnen eine Selbststabilisierung fehlt) im allgemeinen schwieriger zu regeln als Regelstrecken mit Ausgleich.

Beispiel 23:

Bild 34a, b zeigt einen Gleichstrom-Nebenschluß-Motor. Die Erregerwicklung EW und der Spannungsteiler SpT liegen an einer konstanten Gleichspannung. Der Anker A wird über den Spannungsteiler mit einer nach Größe und Vorzeichen einstellbaren Ankerspannung U_A gespeist. Der Anker treibt über die Gewindespindel GSp die Wandermutter WM an. Bei konstanter Ankerspannung wächst der Weg x der Wandermutter proportional mit der Zeit an, wie es Bild 34b erkennen läßt.

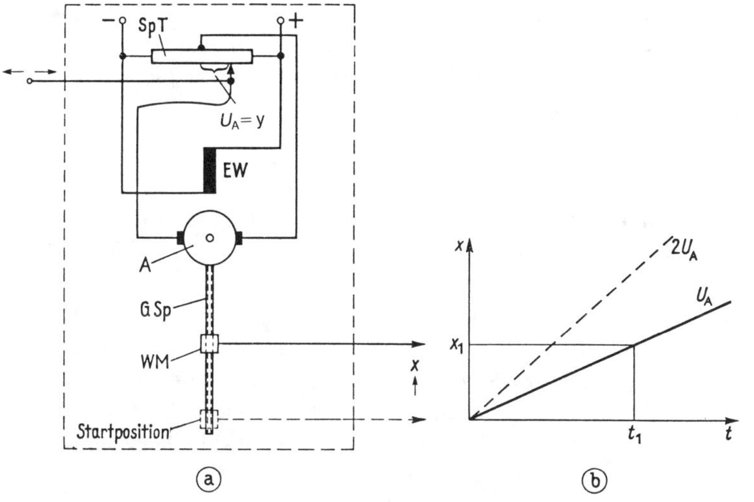

Bild 34a, b-2
a) Gleichstrom-Nebenschluß-Motor, der Spindel mit Wandermutter antreibt, als Beispiel einer Regelstrecke ohne Ausgleich. A Anker, EW Erregerwicklung, SpT Spannungsteiler, GSp Gewindespindel, WM Wandermutter, U_A Ankerspannung, b) Sprungantwort.

Bei einer Regelstrecke ohne Ausgleich wächst bei einer sprunghaften Änderung der Stellgröße um Δy die Regelgröße x proportional mit der Zeit an. Wird die Änderung der Stellgröße verdoppelt (z.B. die Ankerspannung U_A von Bild 30a), so ist der nach einer bestimmten Zeit t zurückgelegte Weg doppelt so groß. Es gilt also für den Zusammenhang Stellgröße Δy, Regelgröße x und Zeit t die allgemeine Beziehung

$$x = K_{IS} \cdot \Delta y \cdot t \quad \text{(gültig für } \Delta y = \text{konstant)},$$

wo K_{IS} der *Übertragungsbeiwert der Regelstrecke ohne Ausgleich ist.* Die Regelgröße wächst also nicht nur proportional mit der Stellgröße Δy, wie bei einer Regelstrecke mit Ausgleich, sondern auch proportional mit der Zeit t[1]). Betrachten wir nicht den Weg, sondern die Geschwindigkeit der Regelgrößenänderung, also das Verhältnis von Weg zur Zeit, so gilt für die Änderungsgeschwindigkeit v_x der Regelgröße

$$v_x = \frac{x}{t} = K_{IS} \cdot \Delta y.$$

Das bedeutet, daß die Geschwindigkeit bei konstantem Wert von Δy ebenfalls konstant und proportional Δy ist.

Der Übertragungsbeiwert K_{IS} ist, ebenso wie der Proportionalbeiwert K_S bei Strecken mit Ausgleich, eine von den Konstruktionsdaten der Regelstrecke abhängige dimensionsbehaftete Konstante. Nach DIN 19226 wird dieser Faktor K_{IS} als *Integrierbeiwert*, eine solche Strecke ohne Ausgleich als *integrale Regelstrecke* oder abgekürzt als *I-Regelstrecke* bezeichnet, wobei diese Bezeichnung daher rührt, daß die mathematische Beschreibung mit Hilfe eines „Integrals“ erfolgt (s. Fußnote).

Beispiel 24: Regelstrecke von Bild 34a, b-2

Durch Versuch wurde bestimmt, daß bei einer Ankerspannung $\Delta y = 60$ V die Wandermutter in der Zeit $t = 30$ s einen Weg von $x = 36$ mm zurücklegt. Dann ist

$$K_{IS} = \frac{x}{\Delta y \cdot t} = \frac{36\,\text{mm}}{60\,\text{V} \cdot 30\,\text{s}} = 0{,}02\,\text{mm/V s}.$$

Die Mutter legt also je Volt Ankerspannung und je Sekunde einen Weg von 0,02 mm zurück. Die Stellgeschwindigkeit bei dem Versuch war

$$v_x = \frac{x}{t} = \frac{36\,\text{mm}}{30\,\text{s}} = 1{,}2\,\text{mm/s}.$$

---

[1]) Ist y nicht wie angenommen eine feste, konstante Größe Δy, sondern mit der Zeit veränderlich, so gilt die allgemeine Gleichung der Regelstrecke ohne Ausgleich

$$x = K_{IS} \int_0^t y \,\mathrm{d}t.$$

Für $y = \Delta y$ geht die Gleichung über in

$$x = K_{IS} \int_0^t \Delta y \,\mathrm{d}t = K_{IS}\, \Delta y \int_0^t \mathrm{d}t = K_{IS}\, \Delta y\, t,$$

d.h. in die oben angeführte Gleichung für den Sonderfall $y = \Delta y$.

Hat eine Regelstrecke mit einer Verzögerung eine große Zeitkonstante, wie sie bei Temperaturregelstrecken häufig sind, so verhält sie sich im Anfangsbereich der Sprungantwort mit guter Näherung wie eine Regelstrecke ohne Ausgleich. Man wird sie daher besser durch den Übertragungsbeiwert K_{IS} kennzeichnen als durch ihre nur schwer meßbare Zeitkonstante T_S. Aus diesem Grunde ist in Tabelle 1 in Abschnitt 2.5 auch der Übertragungsbeiwert $K_{IS} \cdot Y_h$ von Temperaturregelstrecken in °C/s zusätzlich zur Verzugszeit und Ausgleichszeit angegeben ($K_{IS} \cdot Y_h$ ist der Wert der anfänglichen Temperaturänderung je Zeiteinheit, wenn der volle Bereich Y_h der Stellgröße ausgenutzt wird). Auch die Sprungantworten von Dampf- und Wasserturbinen ähneln in ihrem Anfangsverlauf weitgehend denen von Regelstrecken ohne Ausgleich. Bei diesen Maschinen sind im allgemeinen die mit der Drehzahl anwachsenden Bremsmomente anfangs gegenüber den Beschleunigungsmomenten vernachlässigbar.

Die regeltechnisch an sich schon ungünstigen Eigenschaften einer Regelstrecke ohne Ausgleich werden durch das Hinzutreten einer *Verzugs-* oder *Totzeit* noch weiter verschlechtert. Die folgenden Bilder 35a-c zeigen solche Sprungantworten.

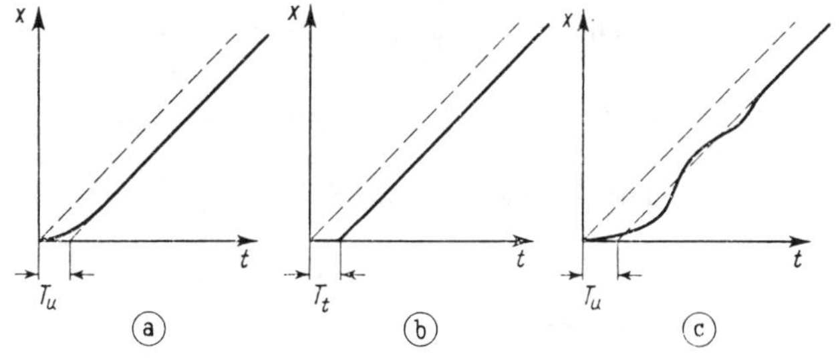

Bild 35a…c-2
Sprungantworten von Regelstrecken ohne Ausgleich mit a) Verzugszeit T_u, b) Totzeit T_t, c) mit schwingendem Verhalten.

Eine regeltechnisch ungünstige Regelstrecke ist ein Schiff als Kursregelstrecke. Wird das Ruder eines Schiffes gegen die Schiffsachse um den Winkel Δy sprungweise verstellt (Bild 36-a), so wird durch das Ruder auf das

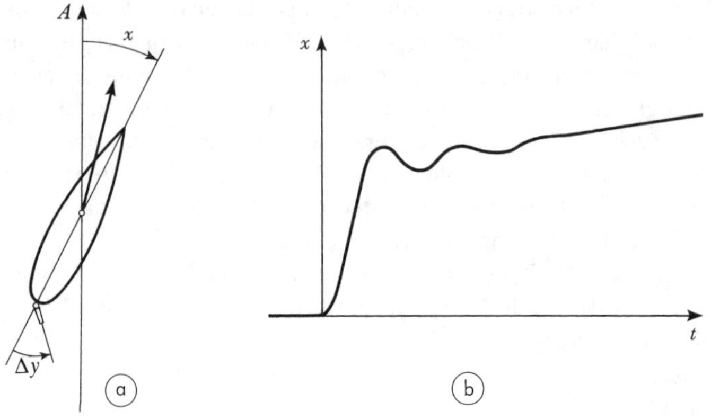

Bild 36a, b-2
Sprungantwort eines Schiffes als Kursregelstrecke. a) Δy Ruderwinkelverstellung, x Kurswinkel, A Feste Bezugsachse des Schiffes, b) Sprungantwort.

Schiff ein dem Ruderausschlag Δy proportionales Drehmoment ausgeübt. Diesem Rudermoment wirken entgegen: Das vom strömenden Wasser bewirkte Rückstellmoment, das Trägheitsmoment des Schiffes und das der Geschwindigkeit proportionale, dämpfende Reibungsmoment. Durch das Zusammenwirken dieser Momente nimmt der Kurswinkel x (gemessen gegen eine feste, z.B. durch einen Kreiselkompaß gegebene Bezugsachse) den in Bild 36-b wiedergegebenen zeitlichen Verlauf.

2.5 Kennwerte von Regelstrecken

Die folgende Tabelle 1 bringt einige Angaben über die Totzeit T_t bzw. Verzugszeit T_u, die Zeitkonstante T_S bzw. Ausgleichszeit T_g und den Übertragungsbeiwert $K_{IS} \cdot Y_h$, die als Mittelwerte zu betrachten sind. Wie bereits vorne angegeben, ist $K_{IS} \cdot Y_h$ der Wert der anfänglichen Temperaturänderung je Zeiteinheit, wenn die Stellgröße um den vollen Bereich Y_h geändert wird. Die Angabe von Werten für die Übertragungsbeiwerte K_{IS} und K_S, die

Tabelle 1 Kennwerte von Regelstrecken

Regelgröße	Art der Regelstrecke	T_t bzw. T_u	T_s bzw. T_g	$K_{IS} \cdot Y_h$
Temperatur	Kleiner, elektr. beheizter Ofen	0,5 bis 1 min	5 bis 15 min	1 °C/s
	Großer, elektr. beheizter Glühofen	1 bis 5 min	10 bis 60 min	0,3 °C/s
	Großer, gasbeheizter Glühofen	0,2 bis 5 min	3 bis 60 min	
	Destillationskolonne	1 bis 7 min	40 bis 60 min	0,1 bis 0,5 °C/s
	Autoklav (2,5 m^3)	0,5 bis 0,7 min	10 bis 20 min	
	Hochdruckautoklav (1000 °C, 40 bar)	12 bis 15 min	200–230 min	
	Dampfüberhitzer	30 s b. 2,5 min	1 bis 4 min	2 °C/s,
	Raumheizung	1 bis 5 min	10 bis 60 min	1 °C/min
Durchfluß	Rohrleitung (Gas) (Flüssigkeit)	0 bis 5 s 0	0,2 bis 10 s 0	–
Druck	Gasrohrleitung	0	0,1 s	–
	Trommelkessel mit Gas- oder Ölfeuerung	0	150 s	–
	Trommelkessel mit Schlägermühlen	1 bis 2 min	2 bis 5 min	–
Behälterstand (Niveau)	Trommelkessel	0,6 bis 1 min	–	0,1 bis 0,3 cm/s
Drehzahl	Kleiner elektrischer Antrieb	0	0,2 bis 10 s	–
	Großer elektrischer Antrieb	0	5 bis 40 s	–
	Dampfturbine	0	–	50 1/min:s
Elektr. Spannung	Kleine Generatoren	0	1 bis 5 s	–
	Große Generatoren	0	5 bis 10 s	–

für den konkreten Anwendungsfall so wichtig sind, ist in dieser allgemeinen Form nicht sinnvoll. Betrachtet man z. B. noch einmal den gasbeheizten Ofen in Bild 13-1, so kann sowohl der Stelldruck p_S, aber auch der Weg des Ventils oder der Gasstrom als Stellgröße betrachtet werden. Für den gleichen Ofen ergäben sich dann z.B. Werte für K_S von 900° /bar, 25° /mm oder 120°/ m³/h, je nach Wahl der Stellgröße. Im praktischen Anwendungsfall ist natürlich die Stellgröße festzulegen und anschließend der genaue Zahlenwert an Hand des Kennlinienfeldes oder einer Sprungantwort zu ermitteln. Die Angaben von Tabelle 1 sollen nur zur groben Orientierung dienen.

2.6 Aufnahme der Sprungantwort

Die Sprungantwort ist der Steckbrief der Regelstrecke! Erst nach ihrer Kenntnis wissen wir vom regelungstechnischen Standpunkt aus genauer über die Regelstrecke Bescheid. Sie gibt dem Regelungstechniker schon durch bloßes Ansehen – nachdem er sich einmal mit den verschiedenen Typen von Sprungantworten vertraut gemacht hat – gleich ein Gefühl für die Schwierigkeit der Regelstrecke.

Die Projektierung einer umfangreichen Regelanlage ohne wenigstens ungefähre Kenntnis der zu erwartenden Sprungantworten ist ein Glücksspiel. Es kann gutgehen, oft müssen aber nachträglich noch große Änderungen vorgenommen werden.

Liegen keine Erfahrungen über ähnliche Regelstrecken vor, so muß die Sprungantwort aufgenommen werden. Man stellt dazu das Stellglied von Hand so ein, daß die Regelgröße etwa den normalen Betriebswert annimmt.

Dann ändert man zur Aufnahme der Stell-Sprungantwort die Stellgröße sprungweise um z.B. 10% des Stellbereichs und beobachtet den Verlauf der Regelgröße vom Zeitpunkt der Verstellung an (Bild 37).

Neben dem Übertragungsbeiwert K_S sind auch die Größen T_t bzw. T_u und T_S bzw. T_g vom Betriebspunkt abhängig. Sie sind also keineswegs für den ganzen Stellbereich als Konstanten anzusehen und müssen daher für den jeweiligen Betriebspunkt bestimmt werden. Wenn die Regelgröße keine

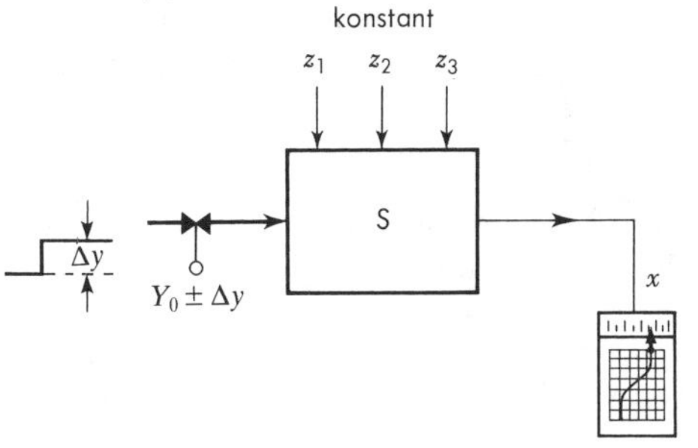

Bild 37-2
Aufnahme der Stell-Sprungantwort der Regelstrecke S.

größeren Änderungen als etwa ± 15% macht, kann in guter Näherung mit Mittelwerten dieser Größen gerechnet werden.

Bei langsamen Regelstrecken genügt das Ablesen und Aufschreiben der gemessenen Werte in Intervallen von einigen Sekunden oder Minuten. Bei schnelleren Regelstrecken kommt man nicht ohne ein *Schreibgerät*, bei sehr schnellen Regelstrecken nicht ohne einen *Oszillographen* aus.

Das sprungweise Verstellen der Stellgröße ist oft nicht einfach zu realisieren. Die Verstellzeit muß aber kurz gegenüber der Totzeit bzw. den Zeitkonstanten der Regelstrecke sein, sonst bekommt man nur eine verschliffene Sprungantwort.

Bei der Aufnahme der Stör-Sprungantwort kann man grundsätzlich ebenso verfahren. In vielen Fällen lassen sich aber die Störgrößen nur schwer von außen beeinflussen, besonders nicht sprungweise. Wir müssen uns dann mit einigen Versuchen über den statischen Einfluß der Störgrößen begnügen.

Bei der Aufnahme der Sprungantwort kommt es besonders auf das genaue Erfassen des Anfangsbereiches an, der die Totzeit T_t oder die Verzugszeit T_u enthält. Dieser ist aber oft nur recht undeutlich zu erkennen und auszuwerten, besonders dann, wenn die aufgenommene Kurve nur klein geschrieben werden kann und wenn „Unruhe" in der Regelstrecke vorhanden ist, d.h. dauernde kleine Schwankungen der Regelgröße. So muß die Eingangsgrößenänderung groß genug sein, um eine brauchbare Auswertung zu gewährleisten, andererseits aber so klein, daß wirklich die Werte bei dem jeweiligen

Betriebspunkt ermittelt werden. In Band 2 dieser Buchserie wird auf die versuchsmäßige Aufnahme von Sprungantworten wie auch auf die Identifizierung (Klassifizierung) versuchsmäßig aufgenommener Sprungantworten ausführlich eingegangen.

Die Aufnahme der Sprungantworten ist das einfachste und auch anschaulichste Verfahren, um die Regelstrecke kennenzulernen. Es wird daher bevorzugt angewendet.
Ein Verfahren, das ein besseres Auflösungsvermögen besitzt, insbesondere für den Anfangsbereich, aber in der Anwendung und Auswertung ganz wesentlich aufwendiger ist, ist die *Frequenzgang-Analyse*. Bei dieser wird an den Eingang der Regelstrecke eine kleine sinusförmig sich ändernde Stellgröße gegeben und die ebenfalls sinusförmige Regelgröße am Ausgang aufgeschrieben.

2.7 Atlas von Sprungantworten idealer Regelstrecken

Der Verlauf der Sprungantwort ist maßgebend für das Zeitverhalten der Regelstrecken und damit auch für die mit einer gewählten Reglerbauart im günstigsten Fall erzielbare Regelgüte. Aus einer früheren Veröffentlichung des Verfassers (Band 2 dieser Buchserie) in der 95 Sprungantworten enthalten sind, wurden in den folgenden Bildern 34 bis 41 einige der wichtigsten Sprungantworten ausgewählt und wiedergegeben.
Um den wiedergegebenen Sprungantworten Allgemeingültigkeit zu geben, sind auf der waagerechten und auch auf der senkrechten Achse *bezogene* Größen aufgetragen.
Für die waagerechte Achse ist entweder die auf die Zeitkonstante T bezogene Zeit t/T bzw. die auf die ungedämpfte Schwingungsdauer T_0 bezogene Zeit t/T_0 aufgetragen. Auf der senkrechten Achse ist bei Regelstrecken mit Ausgleich die bezogene Größe $x/K_S\,\Delta y$, d.h. die auf den Endwert $K_S\,\Delta y$ bezogene Regelgröße aufgetragen. Bei der Regelstrecke ohne Ausgleich ist die Regelgröße x auf den Wert $K_{IS}\,\Delta y\,T$ bezogen.

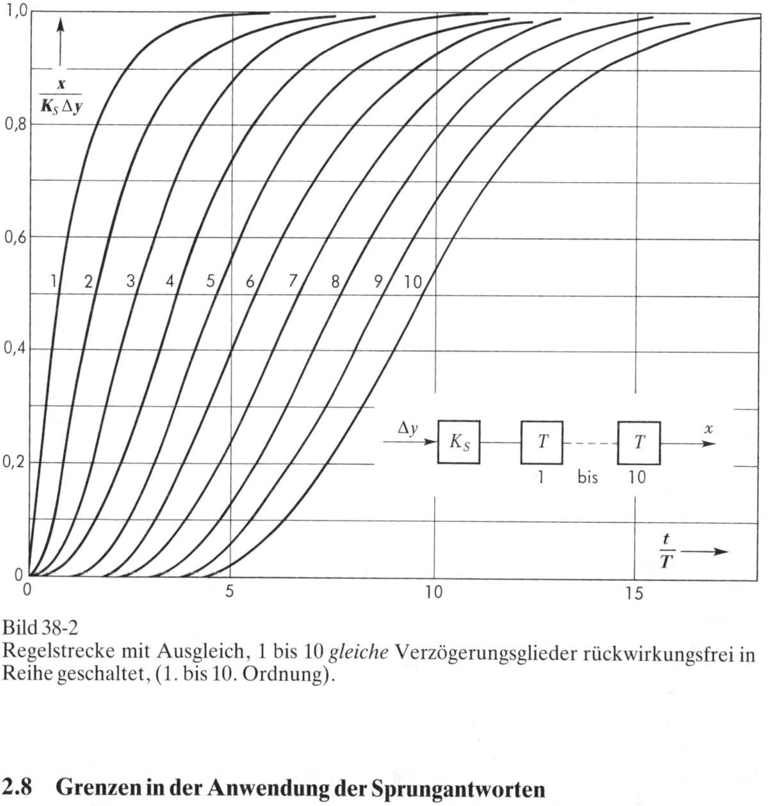

Bild 38-2
Regelstrecke mit Ausgleich, 1 bis 10 *gleiche* Verzögerungsglieder rückwirkungsfrei in Reihe geschaltet, (1. bis 10. Ordnung).

2.8 Grenzen in der Anwendung der Sprungantworten

Ist die Sprungantwort der gesamten Regelstrecke bekannt, so kann durch die im Abschnitt 5 gemachten Angaben, die angeführten Formeln und durch die gebrachten Sprungantworten einfacher Regelkreise die zu erwartende Regelgüte abgeschätzt werden.

Schwierig wird die Angelegenheit, wenn, wie das besonders bei Folgeregelkreisen der Fall ist, viele Glieder mit unterschiedlichen Verzögerungen in Reihe liegen. Die sich so ergebende Summen-Sprungantwort läßt sich

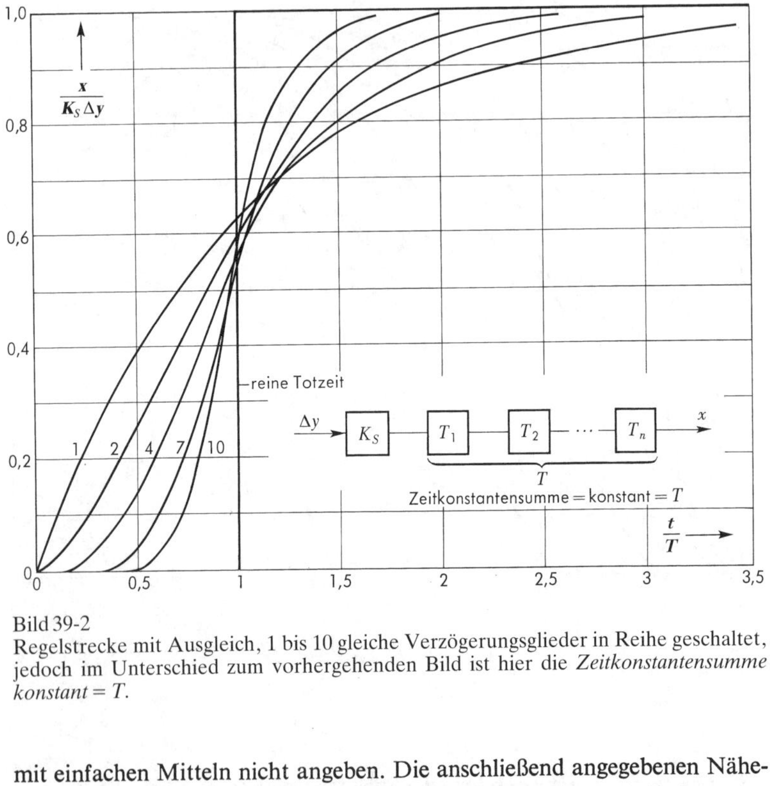

Bild 39-2
Regelstrecke mit Ausgleich, 1 bis 10 gleiche Verzögerungsglieder in Reihe geschaltet, jedoch im Unterschied zum vorhergehenden Bild ist hier die *Zeitkonstantensumme konstant* = T.

mit einfachen Mitteln nicht angeben. Die anschließend angegebenen Näherungsformeln lassen nur eine *rohe Abschätzung* des Gesamtverhaltens zu. Oft ist aber eine genauere Vorausberechnung der Verhältnisse erforderlich, als es mit solchen Formeln möglich ist. Das ist z. B. bei der Inbetriebsetzung großer Anlagen notwendig, damit nicht unliebsame Überraschungen wie zu große Überschwingweiten oder gar Selbsterregung auftreten.

Betrachtet man das Verhalten der Regelstrecke nicht bei einer sprungweisen Änderung der Stellgröße, sondern bei einer *sinusförmig* sich ändernden Eingangsgröße, so lassen sich die Eigenschaften eines Regelkreises mit vielen

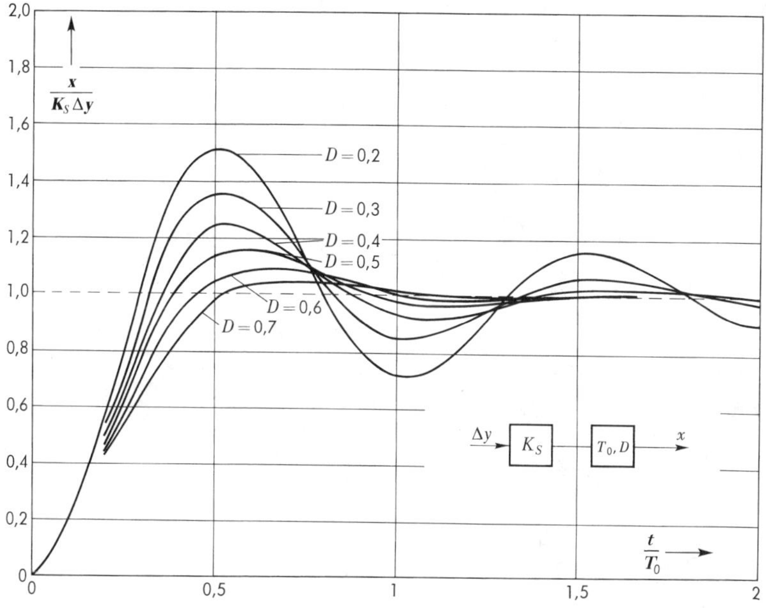

Bild 40-2
Regelstrecke mit Ausgleich, schwingendes Verhalten (2. Ordnung), T_0 ungedämpfte Schwingungsdauer, D Dämpfungsgrad (0···1).

hintereinander geschalteten Gliedern ungleich leichter übersehen. Diese Betrachtungsweise führt auf das *Ortskurven-* oder *Frequenzkennlinienverfahren,* das in Theorie und Praxis mit großem Erfolg angewendet wird.
Es muß allerdings gesagt werden, daß dieses an sich leistungsfähigere Verfahren unanschaulicher und dem regeltechnischen Praktiker schwerer nahezubringen ist als das Arbeiten mit den Sprungantworten, so daß wir diese Verfahren in diesem einführenden Werk nicht benutzen.

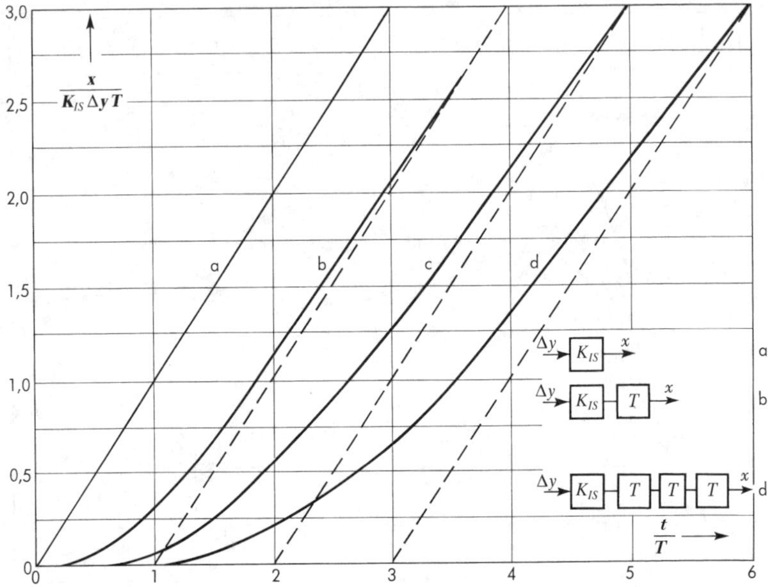

Bild 41-2
Regelstrecke ohne Ausgleich (I-Regelstrecke), 0 bis 3 gleiche Zeitkonstanten T.

2.9 Regelstrecken mit mehreren in Reihe geschalteten, verzögerungsbehafteten Gliedern

Im Projektierungszustand vieler Regelanlagen liegen oft noch keine näheren Angaben über den voraussichtlichen Verlauf der Sprungantwort der gesamten Regelstrecke vor. Dagegen lassen sich vielfach an Hand von Erfahrungswerten oder Angaben der Gerätehersteller die vorhandenen Zeitkonstanten bzw. die Ausgleichszeiten und Verzugszeiten der einzelnen in Reihe geschalteten Glieder angeben. Es fragt sich nun, wie aus den Kennwerten der in Reihe geschalteten Glieder die Sprungantwort der gesamten Regelstrecke errechnet werden kann.

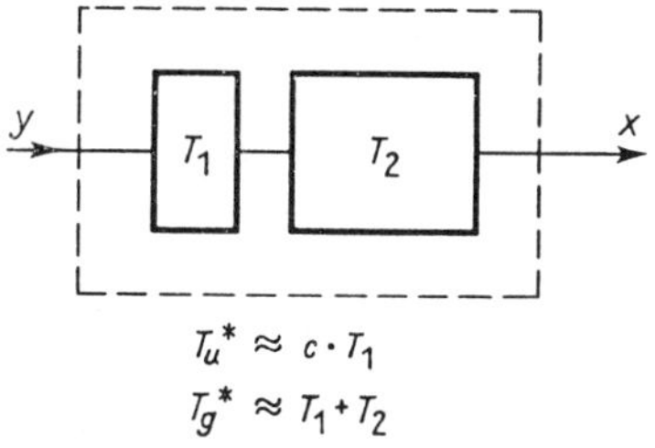

Bild 42-2
Zwei in Reihe geschaltete Glieder mit je einer Verzögerung.

Für eine *grobe Abschätzung* der wirksamen Zeitverzögerungen haben sich folgende Richtlinien als brauchbar erwiesen.

a) Zwei in Reihe geschaltete Gleider mit den Zeitkonstanten T_1 und T_2, wobei $T_1 < T_2$ ist (Bild 42):

Die Ersatz-Verzugszeit errechnet sich mit $T_u^* \approx T_1 \cdot c$, worin c eine Bild 43 zu entnehmende, vom Verhältnis T_1/T_2 abhängige Konstante ist.
Die Ersatz-Ausgleichszeit T_g^* ist angenähert gleich der Summe aus den beiden Zeitkonstanten, also $T_g^* \approx T_1 + T_2$.

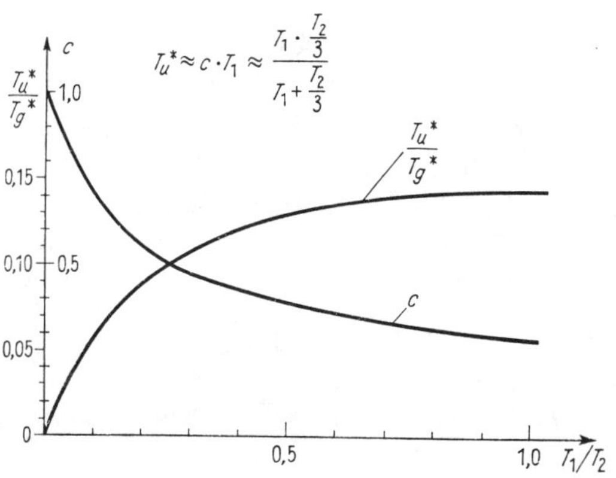

Bild 43-2
Kennlinie zum Bestimmen der Ersatz-Verzugszeit T_u^* und des Verhältnisses T_u^*/T_g^* zweier in Reihe geschalteter Glieder mit je einer Verzögerung mit den Zeitkonstanten T_1 und T_2, wenn $T_1 < T_2$ ist.

Zahlenbeispiel 25:

In einem Regelkreis sind zwei Glieder mit einer Verzögerung mit folgenden Zeitkonstanten in Reihe geschaltet:

$$T_1 = 3\,\text{min}, \quad T_2 = 15\,\text{min}.$$

Dann ist $T_1/T_2 = 3/15 = 0{,}2$. Aus Bild 43 ist für diesen Wert zu entnehmen $c = 0{,}53$. Das ergibt

$$T_u{}^* = c \cdot T_1 = 0{,}53 \cdot 3\,\text{min} \approx 1{,}6\,\text{min}.$$

Die Ersatz-Ausgleichszeit ist angenähert $T_g{}^* \approx T_1 + T_2 = 3\,\text{min} + 15\,\text{min} = 18\,\text{min}$.
Bild 43 ist zu entnehmen, daß $T_u{}^*/T_g{}^* = 0{,}088$ ist bzw. 1 : 11,4. Es handelt sich also um eine verhältnismäßig gut zu regelnde Regelstrecke.
Aus Bild 43 geht weiterhin hervor, daß die Konstante c in dem Grenzfall, wo T_1 sehr viel kleiner als T_2 ist, den Wert 0,85 annimmt. Die kleine Zeitkonstante bestimmt dann also den Anfangsverlauf der Sprungantwort und geht mit dem Faktor 0,85 ein, während die große Zeitkonstante T_2 fast allein den Endverlauf bestimmt.

Die Erfahrung zeigt, daß sich die ungünstigsten Verhältnisse ergeben, wenn die beiden in Reihe geschalteten Glieder gleiche Zeitkonstanten aufweisen. Das läßt sich ebenfalls aus Bild 43 erkennen:

Für $T_1 = T_2$ wird $c = 0{,}28$ und damit $T_u{}^* = 0{,}28 \cdot T_1$, das bedeutet aber nichts anderes, als daß die Ersatz-Verzugszeit etwa 1/4 der jetzt verhältnismäßig großen Zeitkonstante T_1 beträgt, während sie in dem Fall, wo T_1 viel kleiner ist als T_2, nur das 0,85fache der kleinen Zeitkonstante T_1 ausmacht.

b) Mehrere kleine und eine große Zeitkonstante im Regelkreis (Bild 44)

Die Ersatz-Verzugszeit ist angenähert gleich der Summe aus den kleinen Zeitkonstanten, während die wirksame Ausgleichszeit etwa gleich der großen Zeitkonstante ist.

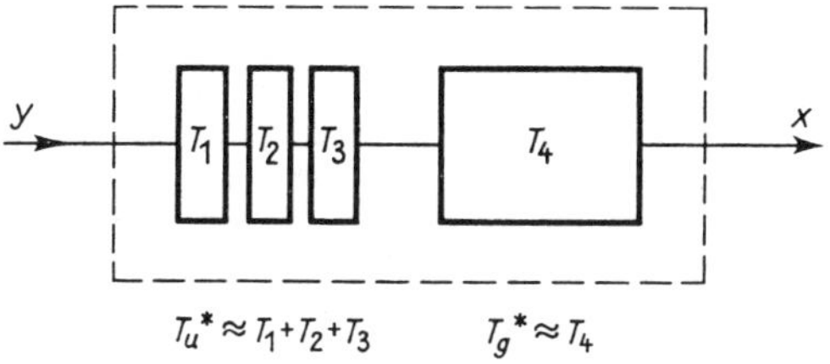

Bild 44-2
Reihenschaltung aus mehreren Gliedern mit kleiner Zeitkonstante und eines solchen mit großer Zeitkonstante.

Zahlenbeispiel 26:

Ein Trockner für Textilbahnen mit umlaufenden Walzen habe als Temperatur-Regelstrecke eine Sprungantwort mit einer Verzögerung mit einer Zeitkonstante von 5 min, die Zeitkonstante des verwendeten Temperaturfühlers betrage 22 s, die Zeitkonstante des als Stellglied verwendeten Membranventils 8 s. Gefragt ist, ob voraussichtlich noch ein einfacher P-Regler für die Temperaturregelung verwendet werden kann.
Die Ersatz-Verzugszeit berechnet sich angenähert zu $T_u^* = 22\text{ s} + 8\text{ s} = 30\text{ s} = 0{,}5\text{ min}$.
Die Ersatz-Ausgleichszeit ist gleich $T_g^* = T_s = 5\text{ min}$. Weiter beträgt hier $T_u^*/T_g^* = 0{,}5\text{ min}/5\text{ min} = 1:10$. Das Verhältnis Ersatz-Verzugszeit zu Ersatz-Zeitkonstante ist also ganz günstig, so daß es sich um eine verhältnismäßig gut zu regelnde Strecke handelt, für welche ein P-Regler noch verwendbar ist.

c) Mehrere kleine und zwei große Zeitkonstanten im Regelkreis (Bild 45)

Es ist zuerst die Ersatz-Verzugszeit nach Bild 43 aus den beiden großen Zeitkonstanten zu bestimmen. Die insgesamt wirksame Ersatz-Verzugszeit ist dann angenähert gleich der Summe aus den kleineren Zeitkonstanten und der Ersatz-Verzugszeit. Die Ersatz-Ausgleichszeit ist angenähert gleich der Summe der beiden großen Zeitkonstanten.

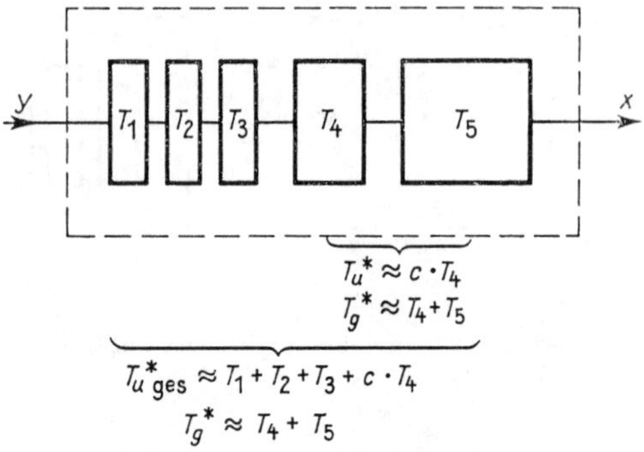

Bild 45-2
Reihenschaltung aus mehreren Gliedern mit kleiner Zeitkonstante und zwei Gliedern mit großer Zeitkonstante.

Zahlenbeispiel 27:

Besitzt auch der im vorhergehenden Beispiel zum Beheizen vorgesehene elektrische Heizkörper eine Zeitkonstante (von z. B. 3 min), so ändern sich die Verhältnisse wie folgt:

Die Ersatz-Verzugszeit aus den beiden großen Zeitkonstanten von 3 min und 5 min berechnet sich über

$$T_1/T_2 = 3\,\text{min}/5\,\text{min} = 0{,}6$$

mit

$$T_u^* = c \cdot T_1 = 0{,}36 \cdot 3\,\text{min} = 1{,}08\,\text{min}\,,$$

wenn der zu $T_1/T_2 = 0{,}6$ gehörige Wert von c mit 0,36 aus Bild 46 entnommen wird.
Die gesamte Ersatz-Verzugszeit ist dann:

$$T_{u\,\text{ges}}^* = 0{,}5\,\text{min} + 1{,}08\,\text{min} = 1{,}58\,\text{min}\,.$$

Die Ersatz-Ausgleichszeit ist angenähert

$$3\,\text{min} + 5\,\text{min} = 8\,\text{min}\,.$$

Das Verhältnis von Ersatz-Verzugszeit zu Ersatz-Ausgleichszeit beträgt

$$T_u^*/T_g^* = \frac{1,58}{8} \approx 1:5 .$$

Das Verhalten der Regelstrecke ist durch die Verzögerung des Heizkörpers also wesentlich ungünstiger geworden.

Wie zu Anfang bereits angedeutet, erlauben die hier aufgestellten Regeln nur eine *rohe Abschätzung* der etwa zu erwartenden Verhältnisse.

2.10 Formelzeichen und regelungstechnische Begriffe zu Abschnitt 2

Formelzeichen-Systematik

Absolute Größen	Großbuchstaben	X, Y, Z, W
Werte im Arbeitspunkt	Großbuchstaben mit Index $_o$	X_o, Y_o, Z_o, W_o
Bereiche von Variablen	Großbuchstaben mit Index $_{h, P}$	X_h, Y_h, Z_h, W_h, X_P
Abweichungsgrößen vom Arbeitspunkt[1])	Kleinbuchstaben	x, y, z, w, e
konstante Abweichungen	Kleinbuchstaben mit Δ	$\Delta x, \Delta y, \Delta z, \Delta w$
Übertragungsbeiwerte	Großbuchstaben	K_S, K_{IS}, K_P, K_R
Zeitkonstanten	Großbuchstaben	$T, T_S, T_1, T_2, T_u, T_g$
laufende Zeit	Kleinbuchstabe	t

[1]) bei linearen Systemen oder Arbeitspunkt im Nullpunkt auch an Stelle der Großbuchstaben

Regelungstechnische Begriffe zu Abschnitt 2

Begriff	Symbol oder Zeichen	Erklärung
Stell-Sprungantwort der Regelstrecke oder Stellverhalten der Regelstrecke	–	Zeitlicher Verlauf der Regelgröße bei einer sprungweisen Änderung der Stellgröße
Stör-Sprungantwort der Regelstrecke oder Störverhalten der Regelstrecke	–	Zeitlicher Verlauf der Regelgröße bei einer sprungweisen Änderung einer Störgröße
Regelstrecke mit Ausgleich	–	Regelstrecke, bei welcher die Regelgröße nach einer Änderung der Stellgröße oder einer Störgröße einem neuen, endlichen Wert zustrebt
Regelstrecke ohne Ausgleich	–	Regelstrecke, bei welcher nach einer Änderung der Stellgröße oder einer Störgröße die Regelgröße dauernd wächst bzw. fällt, d.h. keinem neuen endlichen Wert zustrebt
Stellbereich	Y_h	Größter einstellbarer Bereich der Stellgröße (volle Öffnung des Stellgliedes)
Übertragungsbeiwert einer linearen Regelstrecke mit Ausgleich, nichtlineare Regelstrecke	$K_s = x/y$ $K_s = \dfrac{\Delta x}{\Delta y}$	Proportionalitätsfaktor zwischen Stellgröße und Regelgröße Änderung Δx der Regelgröße geteilt durch die zugehörige Änderung Δy der Stellgröße

Begriff	Symbol oder Zeichen	Erklärung
Übertragungsbeiwert einer Regelstrecke ohne Ausgleich	K_{IS}	Konstante in der Gleichung $x = K_{IS}\ \Delta y\ t$ einer I-Regelstrecke (Integrierbeiwert)
Verzögerungsarme Regelstrecke	–	Regelstrecke, bei der die Regelgröße einer Änderung der Stellgröße praktisch unverzögert folgt
Zeitkonstante	T_S	Bei einer Regelstrecke mit einer Verzögerung der Abschnitt, den die Tangente im Nullpunkt der Sprungantwort auf der Parallelen zur Zeitachse, gezogen durch den Endwert, abschneidet
Regelstrecke mit Ausgleich mit einer Verzögerung (1. Ordnung)	–	Regelstrecke, deren Sprungantwort durch Angabe des Übertragungsbeiwertes K_S und der Zeitkonstante T_S bestimmt ist
Regelstrecke mit Ausgleich mit zwei Verzögerungen (2. Ordnung)	–	Regelstrecke, deren Sprungantwort durch Angabe des Übertragungsbeiwertes K_S und zweier Zeitkonstanten T_{S1}, T_{S2} bestimmt ist
Regelstrecken mit Ausgleich mit vielen Verzögerungen (höherer Ordnung)	–	Regelstrecken, deren Sprungantwort durch Angabe des Übertragungsbeiwertes K_S und mehrerer Zeitkonstanten bestimmt ist

Begriff	Symbol oder Zeichen	Erklärung
Totzeit	T_t	Zeit, die vergeht, bis nach einer sprungweisen Veränderung der Stellgröße eine Änderung der Regelgröße eintritt
Verzugszeit	T_u	Bei einer Sprungantwort der Abschnitt, den die Tangente im Wendepunkt der Sprungantwort auf der Zeitachse abschneidet
Ausgleichszeit	T_g	Bei einer Sprungantwort der Abschnitt, den die Tangente im Wendepunkt der Sprungantwort auf der durch den Endwert gelegten Parallelen zur Zeitachse abschneidet
Speicherglied	–	Reihenschaltung eines drosselnden und eines speichernden mechanischen oder elektrischen Organs
Kennlinie der Regelstrecke	–	Zusammenhang zwischen Stellgröße und Regelgröße nach Ablauf der Übergangszeit
Arbeitspunkt	–	Punkt auf der Kennlinie, in dessen Umgebung betriebsmäßig gearbeitet wird
Kennlinienfeld	–	Kennlinien der Regelstrecke für mehrere Werte der Störgrößen gezeichnet

3. Stetige Regler (P- und I-Regler)

3.1 Einteilung der Regler

Nachdem wir uns im vorhergehenden mit der Regelstrecke befaßt haben, wollen wir uns jetzt dem zweiten wichtigen Teil des Regelkreises, dem *Regler,* zuwenden. Die Regelstrecke hatten wir als Patient bezeichnet, der durch den Regler kuriert werden soll. Um aber die Regelstrecke erfolgreich kurieren zu können, müssen wir vorher alle uns zur Verfügung stehenden Arzneien, d.h. Regler und deren Eigenschaften, genau kennenlernen. Dabei soll die Frage, welche Arznei, d.h. welcher Regler für eine bestimmte Regelstrecke am geeignetsten ist, vorläufig noch offenbleiben. Sie wird erst in den Abschnitten 5 und 7 beantwortet werden.

Als Regler hatten wir den Teil des Regelkreises bezeichnet, der den Vergleich zwischen Regelgröße und Führungsgröße durchführt und in Abhängigkeit von der festgestellten Regelabweichung die Stellgröße beeinflußt. Jeder Regler muß also neben der Einrichtung zur Bildung der Stellgröße mindestens einen Sollwerteinsteller und einen Vergleicher besitzen (Bild 1a). In den meisten Reglern ist außerdem noch eine Meßeinrichtung vorhanden (Bild 1b). Bei vielen Reglern ist die Einrichtung zur Bildung der Stellgröße als ein mit Hilfsenergie gespeister Verstärker ausgebildet (Bild 1c). Erst diese Version erlaubt den universellen Einsatz der Regler.

Der Vergleicher kann nur die Differenz von physikalisch gleichartigen Größen bilden, also beispielsweise die Differenz von Längen, von Spannungen, von Kräften usw. Sind die vom Sollwerteinsteller und vom Regelgrößenaufnehmer dem Vergleicher zugeführten Größen dagegen nicht gleichartig, so ist eine Meßeinrichtung erforderlich. Besteht der Temperaturaufnehmer z.B. aus einem Thermoelement, das die Temperatur in Form einer kleinen Gleichspannung abbildet, so muß diese Spannung mit Hilfe eines Meßwerkes in einen Zeigerausschlag, also in eine Strecke umgeformt werden, wenn die Führungsgröße in Form einer Strecke vorgegeben werden soll.

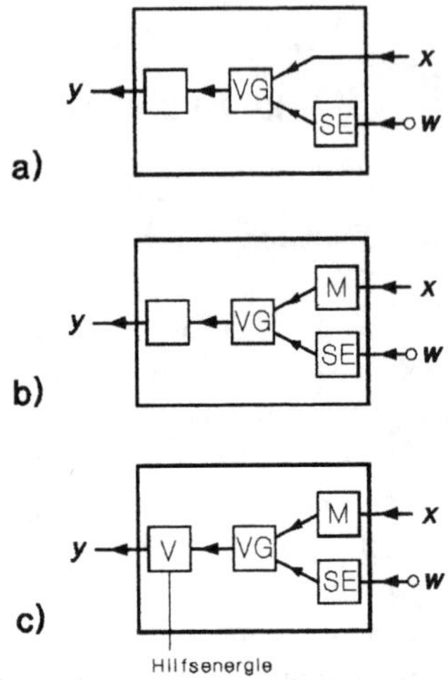

Bild 1a…c-3
Blockdarstellung eines Reglers a) mit Sollwerteinsteller SE und Vergleicher VG (Mindestbestandteile eines Reglers), b) wie a), jedoch mit zusätzlicher Meßeinrichtung M (Meßeinrichtung erforderlich, wenn Vergleicher die angelegte Regelgröße nicht unmittelbar verarbeiten kann), c) wie b), jedoch mit zusätzlichem Verstärker V mit Hilfsenergie (Verstärker erforderlich, wenn vom Vergleicher gelieferte Energie zum Verändern der Stellgröße nicht ausreicht).

Beim Betrachten der Regler haben wir ein ähnlich vielfältiges Bild vor uns wie bei den Regelstrecken. Es gibt eine fast unübersehbare Zahl von Reglerkonstruktionen, und letztere scheinen oft wenig Gemeinsames aufzuweisen. Dennoch lassen sie sich leicht in verhältnismäßig wenige Gruppen einordnen.

Sollwerteinsteller und Vergleicher müssen bei jedem Regler vorhanden sein. Es gibt aber sehr viele Möglichkeiten zur Weitergabe der vom Vergleicher gebildeten Regelabweichung an das Stellglied.

Bei einer wichtigen Gruppe von Reglern wird die Stellgröße von der Regeldifferenz *stetig* beeinflußt. Solche Regler werden als *stetige Regler* bezeichnet. Im einfachsten Fall besteht ein proportionaler Zusammenhang zwischen Regelabweichung und Stellgröße. Bei einer anderen ebenfalls wichtigen Gruppe von Reglern, den *unstetigen Reglern,* besteht dagegen ein unstetiger Zusammenhang zwischen Regelabweichung und Stellgröße.

Wir können die Regler aber auch nach dem Gesichtspunkt einteilen, ob sie mit oder ohne *Hilfsenergie* arbeiten. Bei vielen Reglerkonstruktionen reicht, wie später gezeigt werden soll, die vom Vergleicher abnehmbare

Energie aus, um das Stellgerät unmittelbar zu betätigen. Solche Regler werden als *Regler ohne Hilfsenergie*[1]) bezeichnet. Reicht dagegen die Energie zur unmittelbaren Betätigung nicht aus, sondern nur zur Steuerung einer Hilfsenergie, so spricht man von *Reglern mit Hilfsenergie*[2]). Zwischen Vergleicher und Stellglied ist dann, wie es Bild 1c zeigt, ein *Verstärker* geschaltet, der oft gleichzeitig noch einen Übergang auf eine andere Energieform bewirkt.
Wir können also folgendes Übersichtsschema für die Einteilung der Regler aufstellen:

REGLER

- stetige Regler
  - ohne Hilfsenergie
  - mit Hilfsenergie
- unstetige Regler
  - ohne Hilfsenergie
  - mit Hilfsenergie

Ein weiteres Unterscheidungsmerkmal, auf das wir noch später zu sprechen kommen werden, ist, ob der Regler das vom Vergleicher oder Verstärker kommende Signal mit oder ohne zeitabhängige Beeinflussung weitergibt.

3.1.1 *Hilfsenergie*

Wenn die vom Vergleicher gelieferte Energie nicht ausreicht, um das Stellgerät unmittelbar zu betätigen, so ist das Zwischenschalten eines mit Hilfsenergie gespeisten Leistungsverstärkers erforderlich. Darauf wurde schon oben hingewiesen. Ein solcher Verstärker oder ein mit Hilfsenergie gespeister Umformer ist auch dann erforderlich, wenn die vom Vergleicher gelieferte physikalische Ausgangsgröße eine andere ist als die am Eingang des Stellgerätes benötigte Energieart.
Verwendet wird vorzugsweise hydraulische, pneumatische und elektrische Hilfsenergie. Jede dieser Hilfsenergiearten hat ihre besonderen Vor- und Nachteile.

---

[1]) Früher als direkte oder unmittelbare Regler bezeichnet.
[2]) Früher als indirekte oder mittelbare Regler bezeichnet.

In größeren industriellen Anlagen kann die Entfernung zwischen den örtlich montierten Regelgrößenaufnehmern, den Stellgeräten und den in der Warte montierten Reglern mehrere hundert Meter betragen. Zum sicheren Überbrücken solcher Entfernungen haben sich praktisch nur elektrische und pneumatische Signale bewährt. Stetige elektrische Signale werden vorzugsweise in Form eines eingeprägten Gleichstromes (0...20 mA und 4...20 mA nach DIN 19230) und in Form von Druckluft (0,2...1,0 bar, DIN 19231) verwendet.
Daneben werden für das Betätigen von Relais, Schützen, Magnetventilen und von Stellmotoren kleine Gleich- und Wechselspannungen wie auch die Netzwechselspannung herangezogen. Tabelle 1 gibt eine Zusammenstellung der vorzugsweise verwendeten Hilfsenergiearten und Signale.

Tabelle 1 Vorzugsweise verwendete Hilfsenergiearten und die angewendeten Bereiche der Meß- und Stellsignale.

Art der Hilfsenergie	Speisung	Meßsignal	Stellsignal	Bemerkungen
pneumatisch	1,4 bar	0,2···1,0 bar (DIN 19231)		Für Sonderfälle auch höhere Drücke. Maximal etwa 200 m überbrückbar
hydraulisch (Öl)	6···100 ···600 bar	keine Übertragung von Meß- und Stellsignalen		Öldruck wird am Stellort erzeugt
elektrisch Gleichstrom	6···50 V_ ± 15 V_	0···20 mA_ 4···20 mA_ (DIN 19230) ± 10 V_		Für stetige Regler
Wechselstrom	24 V~ 220 V~ 3 × 220/380 V~	– – –	24 V~ 220 V~ 3 × 220/380 V~	Für unstetige Regler, Schütze, Magnetventile, Stellantriebe und Stellmotore

Pneumatische Hilfsenergie wird besonders in der Chemie und in der Erdölverarbeitung im großen Umfang verwendet. Das ist darin begründet, daß sich mit Druckluft einfach aufgebaute Meßumformer, Regler und besonders Stellantriebe (Membranventile) bauen lassen, und daß diese Geräte eine natürliche Explosionssicherheit aufweisen. Nachteilig ist bei größeren Übertragungsentfernungen (mehr als 200 m), daß durch das erforderliche Aufladen der Leitungen mit Luft Verzögerungen der übertragenen Signale hervorgerufen werden, welche die Regelgüte erheblich verschlechtern können. Druckluft ist außerdem eine teure Hilfsenergie.

Hydraulische Hilfsenergie wird in Regelanlagen heute nur noch auf der Stellseite zum Erzeugen großer Stellkräfte oder Drehmomente für das Betätigen schwergängiger Stellglieder verwendet, aber auch dort, wo es auf eine kurze Stellzeit ankommt. Mit hydraulischen Stellantrieben (Stellzylindern) lassen sich erforderlichenfalls Stellzeiten von 0,1 s und darunter erzielen, weil zum Auffüllen der Volumina ein nichtkompressibles Medium zur Verfügung steht. Die hydraulische Hilfsenergie, fast ausschließlich Drucköl, wird nach Möglichkeit direkt am Stellort erzeugt, um die Nachteile hydraulischer Leitungen, Ölverschmutzung durch „Lecken", zu vermeiden.

Elektrische Hilfsenergie wird, weil sie nicht besonders erzeugt werden muß, sondern überall zur Verfügung steht, und weil elektrische Signale unverzögert übertragen werden, in zunehmendem Maße verwendet. Zur stetigen Signalübertragung werden vorwiegend kleine Gleichströme angewendet, während für unstetige Regler meist Wechselspannungen verwendet werden. Ein Nachteil der elektrischen Hilfsenergie ist, daß zum Erzeugen der meist benötigten großen Stellkräfte auf kleinem Weg ein Untersetzungsgetriebe mit Untersetzungen von 1000:1 bis 10000:1 zwischen Elektromotor und Abtriebswelle geschaltet werden muß. Ein eventuell erforderlicher Explosionsschutz ist außerdem nur mit einem ins Gewicht fallenden Mehraufwand zu erreichen.

3.1.2 *Allgemeines zu den verschiedenen Reglerbauarten*

In diesem Kapitel werden zuerst die in ihrer Wirkungsweise einfachen P- und I-Regler beschrieben. Daran anschließend werden die in ihrer Wir-

kungsweise komplizierteren PI-, PD- und PID-Regler behandelt. Der PID-Regler erlaubt dabei die beste Anpassung an die Regelstrecke und ergibt daher im allgemeinen auch die höchste Regelgüte.
In den Abschnitte 6 bis 9, die den unstetigen Reglern gewidmet sind, wird die Wirkungsweise der unstetigen Regler und ihr Zusammenarbeiten mit den verschiedenen Regelstrecken beschrieben. Dort wird auch gezeigt, daß durch Hinzufügen geeigneter Rückführungen zu unstetigen Reglern diese weitgehend die Eigenschaften von stetigen Reglern annehmen.
Bei den stetigen Reglern wird die Stellgröße von der Regelabweichung stetig beeinflußt. Es ist jeder Wert der Stellgröße im Stellbereich Y_h, einstellbar. Dadurch ist es grundsätzlich möglich, der Stellgröße genau den Wert zu geben, der zur Aufrechterhaltung des gewünschten Wertes der Regelgröße benötigt wird. Periodische Schwankungen der Regelgröße wie bei den später beschriebenen unstetigen Reglern lassen sich so vermeiden.

3.2 Der P-Regler (Proportionaler Regler)

3.2.1 *Der klassische Drehzahlregler als Beispiel eines stetigen Reglers*

Die Wirkungsweise eines einfachen stetigen Reglers wollen wir am Beispiel des bekannten klassischen Drehzahlreglers von *J. Watt* studieren. Regelgröße ist hier die Drehzahl n der Maschine. Dieser Regler besitzt als Drehzahl-Meßwerk M, wie es Bild 2a zeigt, ein Fliehkraftpendel FP. Dieses steuert über das Gestänge Gs das Dampfeinlaßventil Ve als Stellglied. Stellgröße ist der Hub h dieses Ventils. Die Dampfmaschine oder Turbine DM mit der angeschlossenen Arbeitsmaschine AM ist die Regelstrecke. Der schwankende Drehmomentbedarf dieser Maschine ist als Hauptstörgröße z anzusehen.
Beim Anfahren ist das Ventil ganz geöffnet. Durch den einströmenden Dampf steigt die Drehzahl der Maschine allmählich an. Bei einer ganz bestimmten Drehzahl wird das Fliehkraftpendel gegen die Wirkung seiner

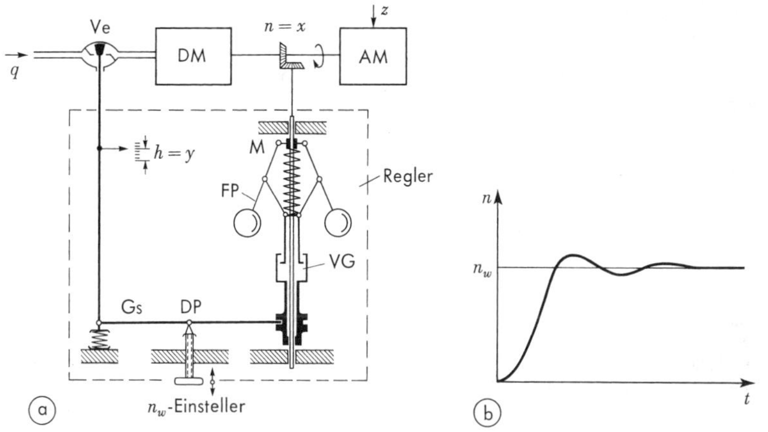

Bild 2a, b-3
Drehzahlregler nach *J. Watt* als Beispiel eines einfachen stetigen P-Reglers. *n* Drehzahl als Regelgröße, *h* Ventilhub als Stellgröße, a) Regelkreis: FP Fliehkraftpendel, Gs Gestänge, Ve Dampfeinlaßventil, DP Drehpunkt, DM Dampfmaschine, AM Arbeitsmaschine, M Meßwerk, VG Vergleicher (Regelkreis im Anfahrzustand gezeichnet), b) Drehzahlverlauf nach Öffnen des Ventils.

Schraubenfeder so weit angehoben, daß die untere, verstellbare Muffe des Vergleichers VG ebenfalls mit angehoben wird. Dadurch wird über das Gestänge GS das Einlaßventil etwas geschlossen. Es stellt sich schließlich ein Gleichgewichtszustand ein, d. h. eine konstante Drehzahl, bei welcher die vom Dampfstrom zugeführte Energie gerade ausreicht, den Bedarf der Arbeitsmaschine AM und die Verluste in der Dampfmaschine zu decken.
Steigt der Drehmomentbedarf der Arbeitsmaschine (Störung), so sinkt die Drehzahl. Dadurch wird vom Fliehkraftpendel über das Gestänge das Einlaßventil etwas geöffnet. Es strömt mehr Dampf zu, und die Drehzahl der Maschine steigt wieder an. Wird die Maschine dagegen entlastet, so steigt die Drehzahl, das Ventil wird durch das Fliehkraftpendel etwas geschlossen, wodurch die Drehzahl wieder fällt. Es besteht dabei eine feste *Stellungszuordnung* zwischen der Drehzahl *n* und dem Hub *h* des Ventilkegels. Bild 2b zeigt den Drehzahlverlauf nach Öffnen der Dampfzufuhr.

Den Zusammenhang zwischen Drehzahl n als Regelgröße und Hub h des Ventils als Stellgröße wollen wir zeichnerisch etwas idealisiert darstellen (Bild 3). Auf der waagerechten Achse tragen wir die Drehzahl n, auf der senkrechten Achse den Hub h des Ventils auf.

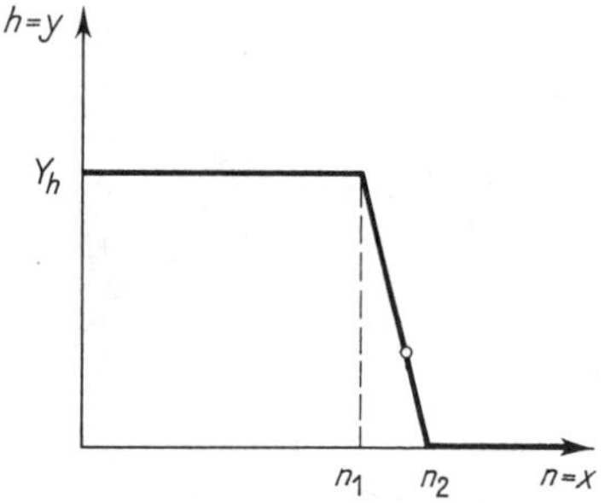

Bild 3-3
Drehzahl/Hubkennlinie des in Bild 2a gezeigten Reglers.
(Bei den meisten Reglern sind die bei n_1 und n_2 liegenden Ecken mehr oder weniger stark verrundet.)

Bis zur Drehzahl n_1 ist das Ventil ganz geöffnet, da erst von dieser Drehzahl an die Verbindung zwischen Fliehkraftpendel und Ventilkegel hergestellt wird, wie es aus Bild 2a hervorgeht. Bis zu dieser Drehzahl n_1 ist $h = Y_h$, d. h. gleich dem Stellbereich. Bei der etwas höheren Drehzahl n_2 ist das Ventil ganz geschlossen, d. h. $h=0$. Das Ventil bleibt infolge eines Anschlages auch bei höherer Drehzahl geschlossen. Im Drehzahlbereich $n_1 \dots n_2$ ist der Hub h verhältnisgleich zur Abweichung der Ist-Drehzahl n von der Drehzahl n_2, bei der das Ventil geschlossen ist. Nach dem Normblatt DIN 19226 wird ein solcher Regler mit einer proportionalen Zuordnung zwischen Regelabweichung und Stellgrößenänderung als *proportional wirkender* Regler oder abgekürzt als P-*Regler* bezeichnet.

Wir können die Kennlinie unseres Drehzahlreglers auch so darstellen, daß wir auf der waagerechten Achse den Hub h des Ventils, auf der senkrechten Achse dagegen die Drehzahl n auftragen. Diese Darstellung (Bild 4) benötigen wir später in Abschnitt 5.4, wenn wir den Regler mit der Regelstrecke zusammenschalten wollen. Wir müssen darauf achten, daß dies die Kennlinie des Reglers ist, d.h. wie ändert sich die Ventilstellung, wenn sich die Drehzahl ändert. Bei dieser Kennlinie ist also die Drehzahländerung die Ursache und die Ventilstellung die Wirkung. Die Kennlinie wird nur durch die

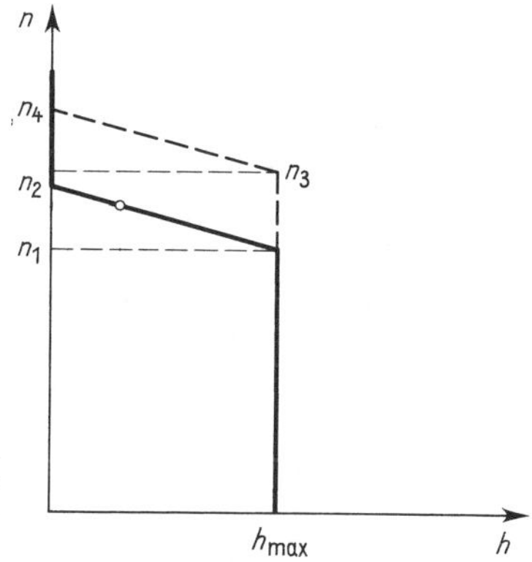

Bild 4-3
Kennlinie des Drehzahlreglers von Bild 2a, jedoch in der im Maschinenbau üblichen Darstellungsweise mit der Drehzahl auf der senkrechten Achse.

Konstruktion des Reglers beeinflußt. In das gleiche Achsenkreuz kann auch das Kennlinienfeld der Regelstrecke eingetragen werden. Dann sind aber die Ventilstellung und die Belastung der Maschine die Ursache und die Drehzahländerung ist die Wirkung.
In Bild 4 ist noch gestrichelt die Drehzahl-Hub-Kennlinie für eine zweite Einstellung n_3, n_4 der Führungsgröße eingezeichnet.
Um an dem Regler von Bild 2a die Führungsgröße n_W zu verändern, wird – da die Drehzahl mit Hilfe des Pendels in eine Länge umgeformt wurde – die Lage des Drehpunktes DP des Gestänges Gs verändert. Dadurch wird die Drehzahl n_1 geändert, bei der das Meßwerk einzugreifen beginnt.
Die Energie zum Betätigen des Ventils wird über das Meßwerk aus der Maschinenenergie entnommen.

3.2.2 *Der Proportionalbereich* (P-Bereich)

Um den ganzen Stellbereich Y_h zu durchfahren, wird bei dem Drehzahlregler die Regelabweichung $n_2 - n_1$ benötigt (Bild 3). Der Betrag dieser Regelabweichung wird mit *Proportionalbereich* oder abgekürzt mit P-*Bereich* bezeichnet. Das genormte Zeichen hierfür ist X_P.
Ist beispielsweise unser Drehzahlregler so ausgelegt, daß bei der Drehzahl $n_2 = 170$ 1/min das Ventil ganz zu, bei der Drehzahl $n_1 = 150$ 1/min ganz offen

ist, so beträgt der P-Bereich $X_P = n_2 - n_1 = 170$ 1/min − 150 1/min = 20 1/min. Das bedeutet, daß durch eine Drehzahlabsenkung von 20 1/min der ganze Stellbereich Y_h des Ventils von z.B. 0 bis 40 mm durchfahren wird.

Besonders anschaulich ist der P-Bereich an einem Regler zu sehen, der eine geeichte Skale, einen Istwertanzeiger und einen Sollwerteinsteller besitzt. Wir wollen z. B. annehmen, daß unser Drehzahlregler, wie es Bild 5 zeigt, mit einer Skale von 0 bis 200 1/min ausgerüstet ist.

Der Sollwerteinsteller weise auf $n_W = 160$ 1/min. Bei einer Einstellung des Regelgrößenzeigers auf $n_1 = 150$ 1/min ist das Ventil ganz geöffnet, es ist $h = Y_h = 40$ mm. Bei Einstellung auf $n_2 = 170$ 1/min ist das Ventil ganz geschlossen, d.h. $h = 0$ mm. Bei dazwischenliegenden Drehzahlen nimmt der Ventilkegel eine Zwischenlage ein. Das zwischen den Drehzahlen 150 1/min und 170 1/min liegende Stück der Skale ist der Proportionalbereich $X_P = 20$ 1/min.

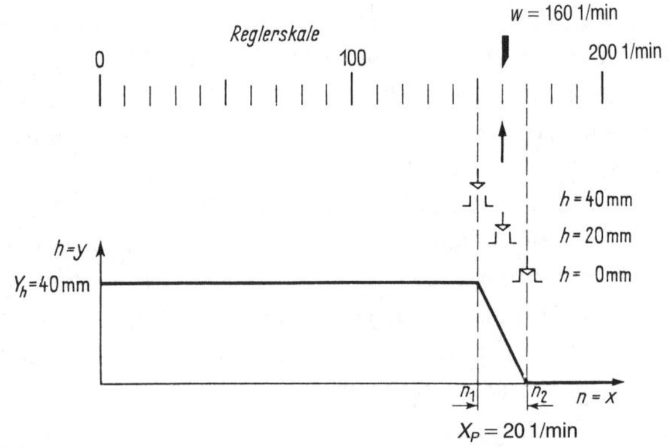

Bild 5-3
Darstellung des Proportionalbereiches an einem Regler mit geeichter Skale, Istwertanzeiger und Sollwerteinsteller.
Der proportionale Zusammenhang zwischen Stellgröße y und Regelgröße x ist beim P-Regler also nur innerhalb des P-Bereiches vorhanden!

Stellen wir uns statt des Drehzahlreglers einen *Temperaturregler* vor, der einen gasbeheizten Ofen auf einer konstanten Temperatur halten soll und der eine Skale von 0 bis 1000°C besitzt. Ein Versuch am Regler zeigt bei-

spielsweise, daß bei Stellung des Istwertzeigers auf 850^0C die Gaszufuhr ganz unterbrochen ist, während bei einer Anzeige von 800^0C das Gasventil ganz geöffnet ist. Der Proportionalbereich beträgt dann $850^0C - 800^0C = 50^0C$.

Der P-Bereich ist im allgemeinen eine benannte Zahl und wird in Einheiten der Regelgröße gemessen. Er kann aber auch in Prozenten des Skalenumfanges (Meßbereiches der Meßeinrichtung) oder (seltener) des Sollwertes der Regelgröße angegeben werden. Letzteres ist bei Maschinen gebräuchlich, die mit einer festen Drehzahl laufen, z. B. Dampfturbinen und Asynchronmotoren.

Bei unserem Drehzahlregler mit X_P = 20 1/min und einem Skalenumfang von 200 1/min würde dann der P-Bereich

$$X_{P\%} = \frac{20\ 1/\text{min}}{200\ 1/\text{min}} \cdot 100\% = 10\%\ \text{v. U.}\quad \text{(vom Skalenumfang)}$$

betragen bzw. bei unserem Temperaturregler

$$\frac{50\ ^0\text{C}}{1000\ ^0\text{C}} \cdot 100\,\% = 5\,\%\ \text{v. U.}$$

Bei einer im Inselbetrieb arbeitenden Turbine mit Generator wurde beispielsweise bei Leerlauf eine Drehzahl von n = 3000 1/min, bei Vollast von n = 2880 1/min gemessen. Die Solldrehzahl sei wie üblich für ein 50 Hz-Netz n = 3000 1/min. Dann ist

$$\Delta n = 2880\ 1/\text{min} - 3000\ 1/\text{min} = -120\ 1/\text{min}$$

und

$$X_{P\%} = \frac{120\ 1/\text{min}}{3000\ 1/\text{min}} \cdot 100\% = 4\%\ \text{v. S.}\quad \text{(vom Sollwert).}$$

Bei Angaben des Proportionalbereiches in % ist immer hinzuzufügen, auf welche Größe sich die Prozentangabe bezieht!

Unser letztes Beispiel zeigte, wie man in der Praxis relativ leicht an einigermaßen brauchbare Abschätzungen kommen kann. Die Werte stimmen natürlich nicht genau, denn auch bei Leerlauf der Maschine wird bereits eine

geringe Öffnung des Ventils vorhanden sein. Bei manchen Anlagen, bei denen man auch bei Vollast Wert auf besonders gutes Regelverhalten legt, wird auch dort das Ventil nicht ganz geöffnet sein. Man besitzt noch eine sogen. „dynamische Regelreserve". Will man den Proportionalbereich exakt bestimmen, so muß man folgendermaßen vorgehen: Da der Proportionalbereich eine Eigenschaft des Reglers und nicht des gesamten Regelkreises ist, muß man den Regelkreis auftrennen, z.B. auf Hand schalten. Mit der Handverstellung kann man dann die gewünschten Werte der Regelgröße einstellen, bei denen der Regler das Stellglied voll öffnen oder voll schließen *würde*. Hierzu muß man die Ausgangsgröße des Reglers beobachten. Darf in einer Anlage aus innerbetrieblichen Gründen die Regelgröße nicht verändert werden, so kann man häufig bei aufgetrenntem Kreis durch Verstellen des *Sollwertes* den Bereich der Regelabweichung bestimmen, der zum Durchfahren des gesamten Stellhubes erforderlich ist.
Wie wir gesehen haben, ist der Proportionalbereich eines P-Reglers eine recht anschauliche Größe. Er läßt sich durch einen einfachen Versuch am Regler meist recht schnell bestimmen.
Bevor wir weiter auf die Eigenschaften des P-Reglers eingehen, wollen wir zuerst noch eine Reihe praktisch viel verwendeter P-Regler ohne Hilfsenergie und einen Regler mit Hilfsenergie betrachten, um uns mit dem Prinzip des P-Reglers gut vertraut zu machen.

3.2.3 *Beispiele von* P-*Reglern ohne und mit Hilfsenergie*

Regler ohne Hilfsenergie haben meist einen fest eingestellten Proportionalbereich und sind häufig ein integraler Bestandteil der gesamten Anlage, wie die folgenden Beispiele zeigen werden. Regler mit Hilfsenergie haben dagegen in den meisten Fällen einen einstellbaren Proportionalbereich, um den Regler besser an die Regelstrecke anpassen zu können.

Beispiel 1: Temperaturregler ohne Hilfsenergie

Für Temperaturregelanlagen, bei welchen es auf keine große Temperaturkonstanz ankommt, wie z. B. bei der Warmwasserbereitung, sind stetig arbeitende Temperaturregler mit festem Proportionalbereich wegen ihrer

Billigkeit viel in Gebrauch. Bei diesen wird die Stellung eines Ventilkegels durch die temperaturabhängige Dehnung einer Flüssigkeit beeinflußt. Bild 6 zeigt den Aufbau eines solchen Reglers (Flüssigkeitsthermostat) zusammen mit dem Warmwassererzeuger. Dieser besteht aus einem Behälter Be mit der Heizschlange HS, die von Dampf durchströmt wird.

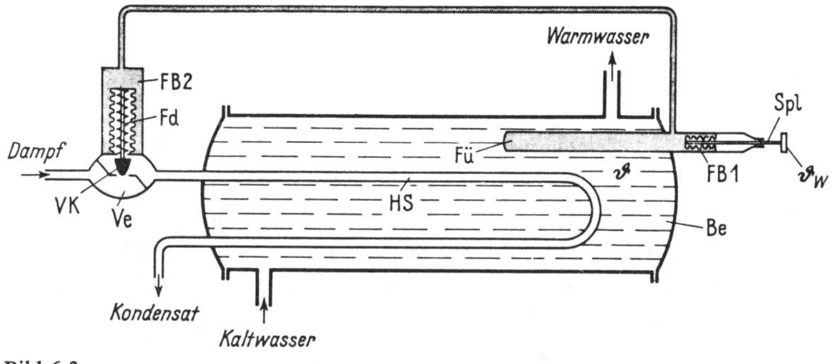

Bild 6-3
Temperaturregler als stetiger P-Regler ohne Hilfsenergie, an einem Warmwasserbereiter angebaut. Be Behälter, HS Heizschlange, Fü Temperaturfühler, FB 1, FB 2 Metallfaltenbälge, Ve Ventil, VK Ventilkegel, Spl Spindel, Fd Feder, ϑ_W Sollwerteinsteller, ϑ Wassertemperatur als Regelgröße.

Der Temperaturfühler Fü ist mit einer Flüssigkeit gefüllt und taucht in den Behälter. Steigt die Temperatur ϑ des Wassers, so dehnt sich die Flüssigkeit im Fühler aus. Dadurch wird der Metallfaltenbalg FB 2 am Ventil Ve gegen die Wirkung einer Feder Fd zusammengedrückt, wodurch sich der Ventilkegel VK nach unten bewegt und der freie Ventilquerschnitt sich im Sinne einer Erniedrigung der Temperatur verringert (Wirkungsumkehr!). Umgekehrt wird bei einem Temperaturabfall der freie Ventilquerschnitt vergrößert, wodurch mehr Heizdampf in die Rohrschlange einströmen kann. Als Sollwerteinsteller ist ein Metallfaltenbalg FB 1 im Fühler Fü eingebaut. Mit Hilfe der Spindel Spl kann der Balg gedehnt und dadurch die Ausgangslage des Ventilkegels VK geändert werden. Der Proportionalbereich des Reglers ist durch die Konstruktion fest gegeben. Der Proportionalbereich (in ^{0}C) ist gegeben durch das Produkt Faltenbalgquerschnitt mal Ventilgesamthub, geteilt durch die Volumenvergrößerung der Fühlerflüssigkeit je ^{0}C. Die Energie zum Betätigen des Ventils wird hier aus der Dampfenergie entnommen.

Beispiel 2: Druckregler (Reduzierventil)

Ein Druckregler, der in sehr großen Stückzahlen verwendet wird, ist das sogenannte „*Reduzierventil*". Es hat die Aufgabe, Gase oder Druckluft von hohem Druck auf einen niedrigeren Druck zu entspannen und gleichzeitig den Ausgangsdruck unabhängig vom entnommenen Gasstrom konstant zu halten. An allen Stahlflaschen für die Entnahme von Kohlendioxyd (CO_2), Wasserstoff (H_2), Sauerstoff (O_2), Azetylen (C_2H_2) usw. sind derartige Druckregler zu finden. Bild 7 zeigt den grundsätzlichen Aufbau eines solchen Reglers. Der Ausgangsdruck p_A wird unabhängig von dem Eingangsdruck p_E und der Entnahme q_A angenähert konstant gehalten.
Im drucklosen Zustand schiebt die Feder Fd den an der Membrane Me befestigten Ventilteller Te nach unten, wodurch das Einlaßventil Ve voll geöffnet wird. Sobald der Eingangsdruck p_E angelegt wird, strömt Gas durch das Ventil an der Membran vorbei zu dem rechts angeordneten Gasverbraucher. Der Ausgangsdruck p_A stellt sich dabei so ein, daß die von der gespannten Feder Fd auf den Ventilteller ausgeübte Kraft gleich ist der Kraft, die der Ausgangsdruck p_A auf den Ventilteller ausübt. Das Ventil

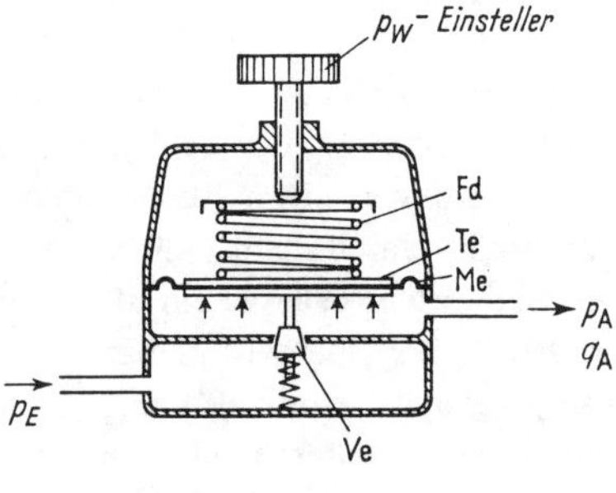

Bild 7-3
Druckregler (Reduzierventil), wie er an allen Stahlflaschen für Kohlendioxyd (CO_2), Wasserstoff (H_2), Azetylen (C_2H_2) usw. angebracht ist. Me Membran, Fd Feder, Te Teller, Ve Einlaßventil, p_E Eingangsdruck, p_A Ausgangsdruck, q_A Entnahme.

wird dabei so weit geschlossen, daß der überschüssige Druck $p_E - p_A$ am Ventil abfällt. Wird die Gasabnahme vergrößert, so sinkt der Druck p_A etwas ab. Die Feder öffnet dann das Ventil etwas weiter, und zwar so weit, bis wieder Kraftgleichgewicht zwischen Feder und der vom Druck auf den Membranteller ausgeübten Kraft vorhanden ist. Wird die Gasabnahme verkleinert, so schließt das Ventil etwas.

Die Membrane Me mit Membranteller Te und Feder Fd bildet das Meßwerk des Druckreglers. Durch Spannen der Feder kann die Führungsgröße p_W verändert werden. Die Membrane wirkt zusätzlich als Vergleicher und Stellantrieb. Stellglied ist das Einlaßventil Ve. Der Proportionalbereich ist fest gegeben durch den Druckabfall von p_A, der erforderlich ist, um das Einlaßventil voll zu öffnen.

Die Kennlinie des gesamten Reduzierventils, d.h. der Ausgangsdruck (Regelgröße) in Abhängigkeit von der Gasentnahme q_A (Störgröße), hat in der Regel den in Bild 8 wiedergegebenen Verlauf. Aus einem solchen Diagramm alleine kann man nur grobe Abschätzungen über den Regler gewinnen. Dies ist aber wichtig, da die internen Größen einer Messung oft nicht zugänglich sind. Bei kleinen Entnahmemengen fällt der Ausgangsdruck relativ langsam und gleichmäßig ab. Dies ist der Bereich in dem der Regler sinnvoll arbeiten kann. Der gekrümmte Verlauf am Ende der Kennlinie rührt von den immer mehr ins Gewicht fallenden sonstigen Strömungswider-

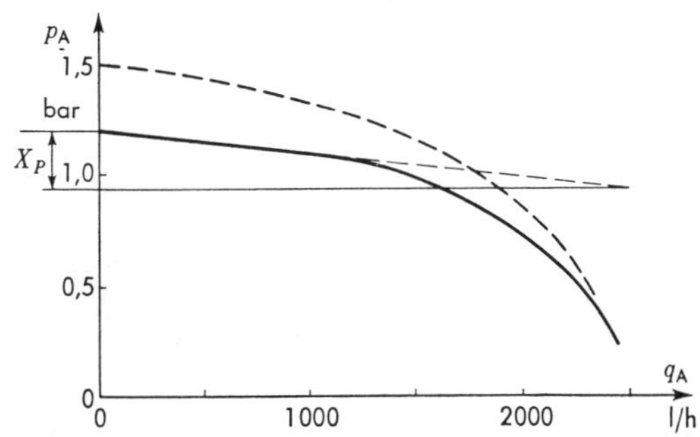

Bild 8-3
Kennlinie des in Bild 7 gezeigten Druckreglers (Reduzierventil) für zwei verschiedene Einstellungen von p_W. p_A Ausgangsdruck, q_A Entnahme.

ständen im Reduzierventil her. Die Regelung ist hier schlecht, und schließlich bei voll geöffnetem Ventil findet keine Regelung mehr statt.
Hier liegt auch der Fall vor, daß der Druckregler mit der Regelstrecke weitgehend eine Einheit bildet und eine Grenze zwischen Regler und Regelstrecke kaum gezogen werden kann. Die Energie zum Betätigen des Ventilkegels wird aus der Druckenergie entnommen.

Beispiel 3: Wasserstandsregler

Einen Wasserstandsregler, wie er früher in jedem Haushalt vorhanden war, zeigt Bild 9. Der Wasserstand *H* wird durch den Schwimmer Schw gemessen. Über ein Gestänge Gs wird durch die Schwimmerbewegung das Ventil Ve bei steigendem Wasserstand geschlossen, bei fallendem Wasserstand geöffnet. Bei konstanter Entnahme (auch der Entnahme Null) stellt sich ein bestimmter Wasserstand ein. Der Sollwert des Wasserstandes kann durch Verlängern oder Verkürzen der Schwimmerstange Stg durch den Sollwerteinsteller SE geändert werden. Der Proportionalbereich – d.h. der Schwimmerhub, der erforderlich ist, um das Ventil von „ganz auf" auf „ganz zu" zu bringen – ist durch das Übersetzungsverhältnis des Gestänges fest gegeben. Bild

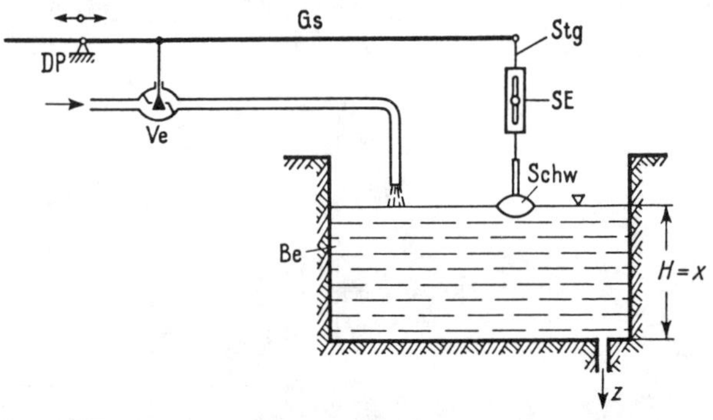

Bild 9-3
Wasserstandsregler ohne Hilfsenergie mit Schwimmer-Meßwerk. Be Behälter, Schw Schwimmer, Gs Gestänge, Ve Ventil, Stg Schwimmerstange, DP Drehpunkt, SE Sollwerteinsteller, H Wasserstand (Regelgröße).

10 zeigt den Zusammenhang zwischen Wasserstand H und Ventilstellung h. Der Proportionalbereich beträgt hier z.B. $X_P = 3$ cm. Durch Verschieben des Drehpunktes DP (Bild 9) kann der Proportionalbereich verändert werden.

Die Energie zum Betätigen des Ventils wird über den Schwimmer aus der Energie des zufließenden Wassers entnommen.

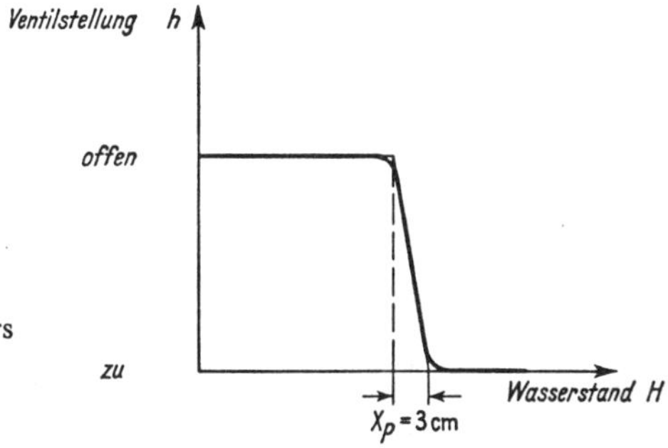

Bild 10-3
Kennlinie des Wasserstandsreglers von Bild 9.

Beispiel 4: Feuchteregler mit pneumatischer Hilfsenergie

Zum Klimatisieren von Wohn- oder Fabrikationsräumen ist oft das Einhalten einer bestimmten relativen Luftfeuchte (rel. M%) erforderlich. Bild 11a, b zeigt eine Feuchte-Regelanlage, die mit einem pneumatisch arbeitenden, vereinfacht dargestellten P-Regler ausgerüstet ist.

Zum Messen der Luftfeuchte wird die feuchteabhängige Dehnung des Haarstranges HSt ausgenutzt. Die Luftfeuchte in dem klimatisierten Raum Ra kann durch Versprühen von mehr oder weniger Wasser mit Hilfe des Sprühkopfes SpK beeinflußt werden. Die feuchteabhängige Längenänderung des Haarstranges wird dazu benutzt, den Abstand zwischen der Prallplatte Pp und der Düse Dü zu ändern. Die Düse wird über die Festdrossel FD mit Druckluft von etwa konstantem Druck (p_v) gespeist. Wird die Düse durch die Prallplatte ganz verschlossen, so steigt der Stelldruck p_S bis auf p_v an. Wird dagegen die Entfernung Düse/Prallplatte groß gemacht, so sinkt der Stelldruck p_S fast bis auf Null ab. Die im Bild 11b gezeichnete Kennlinie läßt

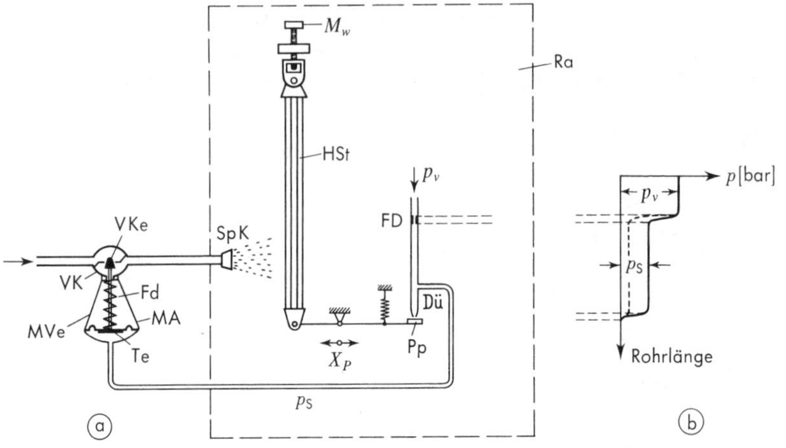

Bild 11a, b-3
P-Regler zum Konstanthalten der relativen Luftfeuchte, mit pneumatischer Hilfsenergie arbeitend. a) Regelkreis, b) Stelldruck p_s in der Rohrleitung. HSt Haarstrang, Ra klimatisierter Raum, SpK Sprühkopf, Pp Prallplatte, Dü Düse, FD Festdrossel, MVe Membranventil, VK Ventilkörper, VKe Ventilkegel, MA Membranantrieb, Fd Feder, Te Membranteller, p_v Speisedruck, p_s Stelldruck. (Regler vereinfacht, ohne innere Rückführung gezeichnet.)

die Druckverhältnisse an Festdrossel, Düse und Prallplatte für zwei verschieden große Abstände von Düse und Prallplatte erkennen.

Beträgt der Speisedruck p_v wie üblich 1,4 bar, so läßt sich mit geringer Kraft durch eine Abstandsänderung von einigen Zehntelmillimetern zwischen Düse und Prallplatte der Stelldruck im (genormten) Stellbereich von 0,2 bis 1,0 bar verändern. Diese Druckänderung wirkt auf das Membranventil MVe, das aus dem Ventilkörper VK, dem Ventilkegel VKe und dem Membranantrieb MA besteht. Dieser Antrieb besitzt eine Gummimembrane von einigen Millimetern Stärke, auf die der Stelldruck von 0,2 bis 1,0 bar über den Membranteller Te einwirkt. Die vom Stelldruck auf die Membrane ausgeübte Kraft (die z.B. bei einem Stelldruck von 1 bar und einer Membranfläche von etwa 300 cm^2 schon den beträchtlichen Wert von 3000 N aufweist) wird dazu benutzt, gegen die Wirkung der Feder Fd den Ventilkegel VKe zu

verstellen und damit das Ventil mehr oder weniger zu schließen. Die Feder bewirkt das Öffnen des Ventils bei fallendem Stelldruck.
Steigt in dem klimatisierten Raum die Luftfeuchte an, so dehnt sich der Haarstrang. Der Abstand Düse/Prallplatte wird dadurch verringert. Der Stelldruck steigt an, dadurch wird das Membranventil etwas geschlossen und damit weniger Wasser im Raum versprüht. Bei fallender Luftfeuchte wird dagegen durch das Ventil mehr Wasser im Raum versprüht, und die Feuchte steigt wieder an.
Die Führungsgröße M_W läßt sich durch Verschieben des Haarstranges mittels der oben angebrachten Schraube einstellen. Der P-Bereich ist durch Ändern des Hebel-Übersetzungsverhältnisses zwischen Haarstrang und Prallplatte veränderbar. Die zum Betätigen des Ventils benötigte Energie wird als pneumatische Energie der Druckluft entnommen.

3.2.4 *Kennlinie des* P-*Reglers*

Die Kennlinie des Reglers zeigt den Zusammenhang zwischen Regelgröße und Stellgröße im Beharrungszustand. Da der ideale P-Regler unverzögert arbeitet, ist hier ein zeitlicher Einschwingvorgang nicht vorhanden. Die Änderungen der Stellgröße folgen den Änderungen der Regelgröße unverzögert. In Bild 5 hatten wir schon für unseren Drehzahlregler eine Drehzahl/Hub-Kennlinie gezeichnet. Bild 12 zeigt die allgemein gültige *Kennlinie des* P-*Reglers*. Unterhalb des Wertes x_{un} hat die Stellgröße ihren Größtwert Y_h, oberhalb von x_{ob} hat sie den Wert Null. Zwischen x_{un} und x_{ob} nimmt die Stellgröße proportional mit der Regeldifferenz $x_{ob} - x$ ab, wenn wir die Führungsgröße w gleich x_{ob} setzen.
Der Vergleich der idealen Kennlinie eines P-Reglers von Bild 12 mit gemessenen Kennlinien zeigt eine Reihe von Abweichungen vom idealen Verhalten. Häufig ist nur ein Teil der Kennlinie einigermaßen geradlinig. Der Übergang in die waagerechten Äste ist nicht eckig, sondern verrundet, wie z.B. in Bild 10 angedeutet.
Zur Anpassung des Reglers an die Regelstrecke werden sehr viele P-Regler nicht mit einem festen, sondern mit einem einstellbaren Proportionalbereich ausgeführt. Zeichnen wir die Kennlinie des Reglers für verschiedene Pro-

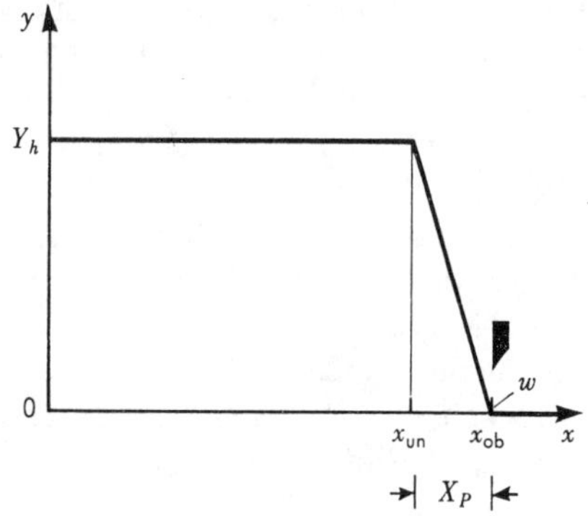

Bild 12-3
Ideale Kennlinie des P-Reglers. x_{un} unterer Wert der Regelgröße, wo der Proportionalbereich X_P beginnt, x_{ob} oberer Wert der Regelgröße, wo der Proportionalbereich endet.

portionalbereiche, so ergibt sich je nach Konstruktion des Reglers eine der in Bild 13a-c gezeigten Kennlinien bezüglich der Lage des Sollwertzeiger.

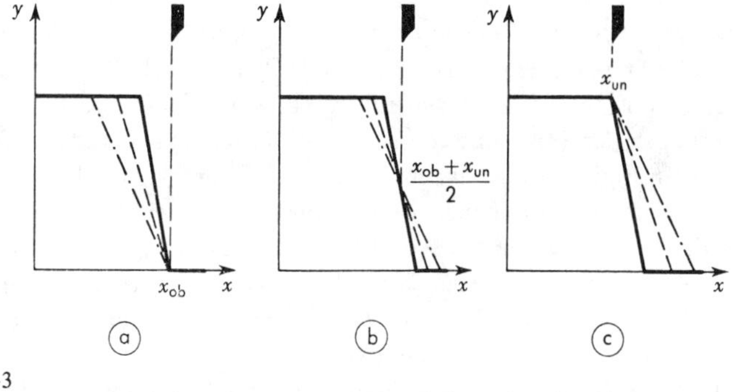

Bild 13a…c-3
Kennlinien von P-Reglern, bei welchen sich die Kennlinien beim Verstellen des Proportionalbereiches um verschiedene Punkte drehen. a) oberer Drehpunkt, b) mittlerer Drehpunkt, c) unterer Drehpunkt.

3.2.5 *Gleichung des* P-*Reglers*

Bei einem P-Regler besteht, wie wir gesehen haben und wie ja auch sein Name ausdrückt, ein proportionaler Zusammenhang zwischen Regelgrößenänderung x und Stellgrößenänderung y. Dieser proportionale Zusammenhang

ist aber, wie die vorangegangenen Beispiele gezeigt haben, nicht über den ganzen Regelbereich des Reglers, sondern nur innerhalb des Proportionalbereiches X_P vorhanden.
Um die Vielfalt der möglichen Reglerkennlinien, wie sie z.B. in Bild 13 gezeigt sind, einfach beschreiben zu können, behandeln wir dieses Problem in zwei Schritten.
Als erstes legen wir die Lage der Reglerkennlinie fest. Entscheidend für den Regler ist die Differenz zwischen Führungsgröße W und Regelgröße X, die Regeldifferenz $e = W - X$. Als Arbeitspunkt des Reglers bezeichnen wir den Punkt, bei dem die Regeldifferenz $e = 0$ ist, also $X = W$. Den zu diesem Arbeitspunkt gehörigen Wert der Ausgangsgröße des Reglers, der Stellgröße Y, bezeichnen wir mit Y_o.
So liegt beispielsweise der Arbeitspunkt des Reglers in Bild 13a bei $X = W = x_{ob}$ und $Y_o = 0$, in Bild 13b bei $X = W = (x_{ob} + x_{un})/2$ und $Y_o = Y_h/2$ und in Bild 13c bei $X = W = x_{un}$ und $Y = Y_h$.
Zweitens bestimmen wir das Verhalten des Reglers innerhalb des proportionalen Bereiches. Jede Änderung der Regeldifferenz e verursacht beim P-Regler eine zu dieser Regeldifferenz proportionale Veränderung der Ausgangsgröße des Reglers, eine Veränderung der Stellgröße y (s. Bild 14). Den *Proportionalbeiwert des Reglers* bezeichnen wir mit K_P. Es gilt

$$\boxed{y = K_P \cdot e}$$

Der Übertragungsbeiwert K_P entspricht der Steigung der Reglerkennlinie, die sich aus „Änderung der Ausgangsgröße y geteilt durch Änderung der Eingangsgröße e“ ergibt. Durchläuft die Regeldifferenz $e = W - X$ oder, bei konstantem W, die Regelgröße X den gesamten Proportionalbereich X_P, so durchläuft die Stellgröße gerade den gesamten Stellbereich Y_h. Daraus ergibt sich

$$\boxed{K_P = \frac{Y_h}{X_P}}$$

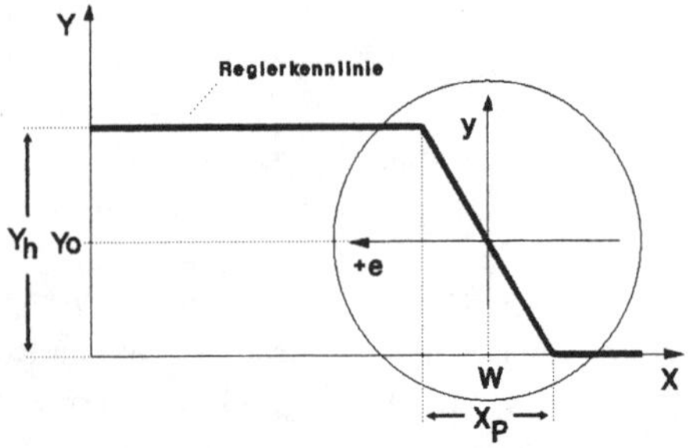

Bild 14-3
Kennlinie des P-Reglers wie in Bild 13b (Y in Abhängigkeit von X). Zusätzliches Achsenkreuz der Abweichungsgrößen (y in Abhängigkeit von der Regeldifferenz e).

Zu beachten ist hierbei die Wirkungsrichtung. Wegen der Definition der Regeldifferenz $e = W - X$ ergeben Werte von X, die kleiner sind als W, eine positive Regeldifferenz und Werte von X, die größer sind als W, eine negative Regeldifferenz (s. das Achsenkreuz $y = f(e)$ in Bild 14). Die Kennlinie in Bild 14 ergibt also einen positiven Wert für K_P.
Für einen bestimmten Anwendungsfall ist das Vorzeichen von K_P (positiv oder negativ) und damit die Steigung der Reglerkennlinie stets so zu wählen, daß Regeldifferenzen abgebaut werden. Ist der Übertragungsbeiwert der Regelstrecke K_S positiv, so ist der Übertragungsbeiwert des Reglers K_P ebenfalls positiv (und umgekehrt), die notwendige Wirkungsumkehr erfolgt bei der Bildung der Regeldifferenz e aus der Regelgröße X und Führungsgröße W.
Normalerweise interessieren nur die hier diskutierten Abweichungsgrößen w, x, e, y. Man kann jedoch mit den Angaben für den Arbeitspunkt die Reglergleichung für die absoluten Größen aufstellen. Es gilt dann statt $y = K_P \cdot e$

$$Y = y + Y_o = K_P \cdot e + Y_o = K_P \cdot (W - X) + Y_o$$

Wie aus der Gleichung für K_P zu ersehen ist, ist K_P umgekehrt proportional (invers) zum Proportionalbereich X_P. Es gehört also zu einem kleinen X_P ein großes K_P, bzw. zu einem großen X_P ein kleiner K_P-Wert.

Die *Eingriffstärke* des Reglers im Regelkreis ist aber K_P proportional, nicht dem dazu inversen X_P-Wert. Handelt es sich bei den Reglern um sogenannte Einheitsregler, die am Eingang und Ausgang mit den gleichen genormten Signalen (z.B. 0,2-1,0 bar oder 0-20 mA) arbeiten, so wird der Proportionalbeiwert des Reglers K_P zu einem reinen dimensionslosen Zahlenwert.
Da man mitunter innerhalb eines Regelkreises auch bei anderen Übertragungsglieder durch einen Index $_P$ kennzeichnen will, daß sie proportionale Übertragungseigenschaften haben, muß man dann, um Verwechslungen zu vermeiden, eine zusätzliche Kennung für den Regler anbringen. In diesen Fällen bezeichnet man den proportionalen Übertragungsbeiwert des Reglers mit K_{PR}. Ist andererseits völlig klar, daß es sich um ein proportionales Übertragungsverhalten handelt, aber man muß sicherstellen, daß keine Verwechslungen mit dem proportionalen Übertragungsbeiwert der Regelstrekke K_S oder auch K_{PS} auftritt, so kann man den proportionalen Übertragsbeiwert des Reglers auch einfach mit K_R bezeichnen.

Zahlenbeispiel:

Bei dem in Abschnitt 3.2.2 beschriebenen Drehzahlregler war der Proportionalbereich $X_P = 20\ 1/\text{min}$, der Stellbereich $Y_h = 40\ \text{mm}$.

Der Proportionalbeiwert des Reglers ist dann

$$K_P = \frac{Y_h}{X_P} = \frac{40\ \text{mm}}{20\ 1/\text{min}} = \frac{2\ \text{mm}}{1/\text{min}}\ .$$

Das bedeutet, daß der Hub des Ventils sich bei einer Drehzahländerung um eine Umdrehung pro Minute um 2 mm ändert. Die Gleichung des Drehzahlreglers ist

$$y = 2\ \frac{\text{mm}}{1/\text{min}} \cdot e.$$

3.2.6 *Die bleibende Regeldifferenz*

In Bild 15 ist noch einmal die Kennlinie des eingangs beschriebenen Drehzahlreglers wiedergegeben, nur sind hier zusätzlich auf der Kennlinie dieses P-Reglers mehrere Betriebspunkte B_1, B_2 und B_3 eingezeichnet. Der Zeiger

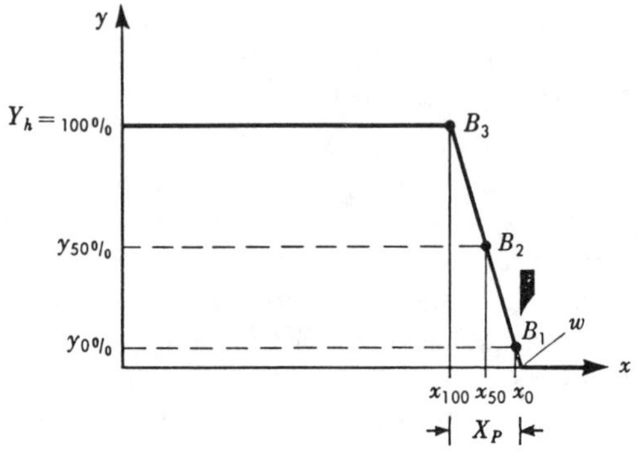

Bild 15-3
Kennlinie eines P-Reglers mit den Arbeitspunkten B_1, B_2 und B_3 und den bleibenden Regeldifferenzen $w - x_0$, $w - x_{50}$ und $w - x_{100}$, $X_P = w - x_{100}$. y in % von Y_h aufgetragen.

für die Führungsgröße ist hier (z.B. durch den Hersteller) auf den oberen Knickpunkt der Reglerkennlinie eingestellt.

Gibt die von der Dampfmaschine angetriebene Arbeitsmaschine (Generator) keine Leistung ab, so nimmt die Maschine nur einen kleinen Leerlauf-Dampfstrom auf. Dazu ist nur der kleine Ventilhub $y_{0\%}$ des Einlaßventils erforderlich. Die angezeigte Drehzahl weicht dann nur wenig von der Führungsgröße w ab (Betriebspunkt B_1). Muß die Turbine die halbe Nennleistung abgeben, so muß das Einlaßventil etwa halb geöffnet, d.h. auf die Stellgröße $y_{50\%} = Y_h/2$ eingestellt werden. Die Drehzahl wird dann den durch den Betriebspunkt B_2 bestimmten Wert annehmen. Die Regelgröße Drehzahl weicht dann um etwa $X_P/2$ von der Führungsgröße w ab. Ist beispielsweise wie bei dem gebrachten Drehzahlregler $X_P = 20$ 1/min, so beträgt die Abweichung 10 1/min. Dies gilt natürlich nur dann, wenn die Turbine und das Stellventil keine allzu großen Nichtlinearitäten besitzen. In diesen Fällen sind an Hand des Kennlinienfeldes mit Hilfe des in Abschnitt 5.4.1 behandelten Verfahrens die genauen Abweichungen zu bestimmen.

Bei Vollast schließlich ist das Einlaßventil ganz geöffnet, die Stellgröße nimmt ihren Größtwert $y_{100\%} = Y_h$ an (Betriebspunkt B_3). Die Abweichung der Drehzahl von der Führungsgröße w wird hier gleich dem Proportionalbereich $X_P = 20$ l/min.

Im Arbeitsbereich der Maschine, d.h. beim Hub der Stellgröße von 0 ... Y_h, nimmt der Arbeitspunkt B die eingezeichneten Lagen B_1, B_2 und B_3 an. Die Regelgrößenänderung, hier Drehzahländerung, nimmt dabei Werte von 0 ... X_P an. Diese an sich unerwünschte Abweichung der Regelgröße von der Führungsgröße wird *bleibende Regeldifferenz* genannt und mit Δx_{PA} (P-Abweichung) bezeichnet.
Die bleibende Regeldifferenz ist zwangsweise mit der Arbeitsweise des P-Reglers verbunden. Infolge seiner durch die Reglerkennlinie gegebenen starren Zuordnung zwischen Regeldifferenz und Stellgröße (durch das Gestänge des Reglers) kann er gar nicht anders arbeiten. Bei Änderungen der Störgröße treten also immer bleibende Regeldifferenzen auf. Der P-Regler kann daher seine Aufgabe, die Regelgröße konstant zu halten, nur unvollkommen erfüllen. Eine veränderliche, bleibende Regeldifferenz muß bei ihm inkauf genommen werden.
Da die bleibende Regeldifferenz höchstens gleich X_P werden kann, liegt die Frage nahe, warum man dann nicht den Proportionalbereich X_P des Reglers so klein wie möglich macht. Versuch und Theorie zeigen aber, daß bei Verkleinern des P-Bereiches – was gleichbedeutend ist mit einer Vergrößerung des Proportionalbeiwertes K_P – bei Unterschreiten eines Grenzwertes der Regelkreis zu selbsterregten Schwingungen angefacht, d.h. instabil wird. Durch beliebiges Verkleinern des P-Bereiches können also die bleibenden Regelabweichungen nicht beseitigt werden. Wie später gezeigt wird, gibt es jedoch andere Reglertypen, die ohne bleibende Regelabweichung arbeiten. Die praktisch verwendeten Proportionalbereiche liegen zwischen 1...30% vom Skalenumfang.

3.2.7 *Sprungantwort des* P-*Reglers*

Die Sprungantwort des P-Reglers – die zeitliche Änderung der Stellgröße bei einer sprungweisen Änderung der Regelgröße – hat den gleichen Verlauf wie die Regelgrößenänderung selbst, bis auf den konstanten Faktor K_P, da der ideale P-Regler *unverzögert* arbeitet (Bild 16a, b).
Da $e = W - X$ ist, muß die Regeldifferenz gegenüber den Änderungen der Regelgröße das Vorzeichen ändern ($\Delta e = -\Delta x$).

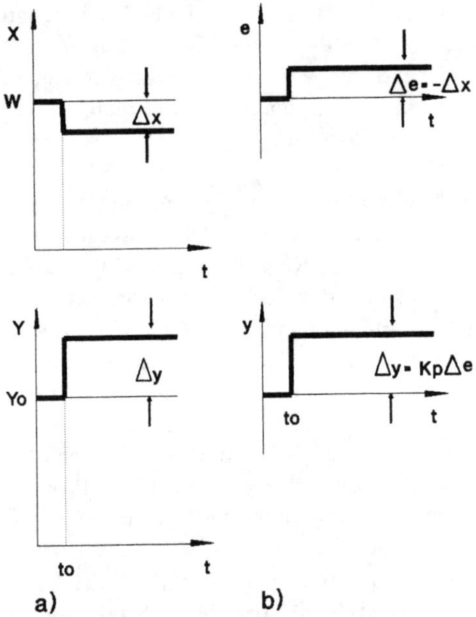

Bild 16a, b-3
Sprungantwort eines idealen P-Reglers. a) X und Y aufgetragen, b) die Abweichungsgrößen $e = W - X$ und y aufgetragen.

Die Sprungantwort eines wirklichen P-Reglers weist keine so scharfen Ecken auf, wie sie Bild 16 zeigt. Bei mechanischen Reglern verhindern die zu beschleunigenden Massen eine sprungweise Geschwindigkeitsänderung. Bei elektrischen Reglern sind wegen der immer vorhandenen, wenn auch oft sehr kleinen Induktivitäten und Kapazitäten plötzliche Strom- bzw. Spannungsänderungen nicht möglich. Die Sprungantwort eines solchen Reglers gleicht daher einer Regelstrecke mit Ausgleich mit kleinen zeitlichen Verzögerungen.

3.3 Der I-Regler (Integraler Regler)

Die unerwünschte bleibende Regeldifferenz des P-Reglers rührt von dem starren Zusammenhang zwischen Regeldifferenz und Stellgröße her. Lösen wir diese starre Zuordnung, indem wir nicht die Stellgröße, sondern die Geschwindigkeit, mit der sich die Stellgröße verändert – die *Stellgeschwindigkeit* – von der Regeldifferenz abhängig machen, so kommen wir zu dem *integral wirkenden Regler* oder abgekürzt I-*Regler*. Bei dem I-Regler ist also die *Stellgeschwindigkeit* der Regeldifferenz proportional.

3.3.1 *Regler mit Steuerkolben als Beispiel eines* I-*Reglers mit Hilfsenergie*

Die grundsätzliche Arbeitsweise eines I-Reglers soll am Beispiel eines I-*Reglers mit Steuerkolben* erklärt werden. Der Regler hat die Aufgabe, den Druck p in einem Luftkanal konstant zu halten (Bild 17). Der Vergleicher des Reglers besteht aus einem mit Drucköl (hydraulische Hilfsenergie) gespeisten Steuerzylinder SZ mit Steuerkolben StK, welcher sich im Zylinder bewegt. Am Steuerzylinder befinden sich die fünf eingezeichneten Rohranschlüsse. Über den rechten Anschluß wird der Steuerzylinder mit Drucköl gespeist. Die beiden linken Rohranschlüsse sind mit der Ober- und Unterseite des Stellzylinders StZ verbunden. Der Stellkolben Ko verstellt über ein Gestänge die Klappe Kl.

In der gezeichneten Mittelstellung des Steuerkolbens StK wirkt auf die Ober- und Unterseite des Stellkolbens Ko der gleiche Druck. Der Stellkolben bleibt dadurch in Ruhe, die Klappe wird nicht verstellt.

Das aus einer Membran bestehende Druckmeßwerk DM greift am Steuerkolben an, der als Vergleicher arbeitet. Der vom Druck p auf die Membran ausgeübten Kraft wird durch die vorgespannte Feder Fd das Gleichgewicht gehalten, wenn der vorhandene Druck p gleich dem eingestellten Druck p_W ist. Der Steuerkolben ist dann in der Mittellage und damit der Stellkolben nach dem oben Gesagten in Ruhe. Tritt dagegen eine Regelabweichung auf, so wird der Steuerkolben aus seiner Mittellage heraus nach oben oder unten verschoben. Dadurch sinkt auf der einen Seite des Stellkolbens Ko der Druck ab, weil ein gewisser Abflußquerschnitt freigegeben wird. Auf der

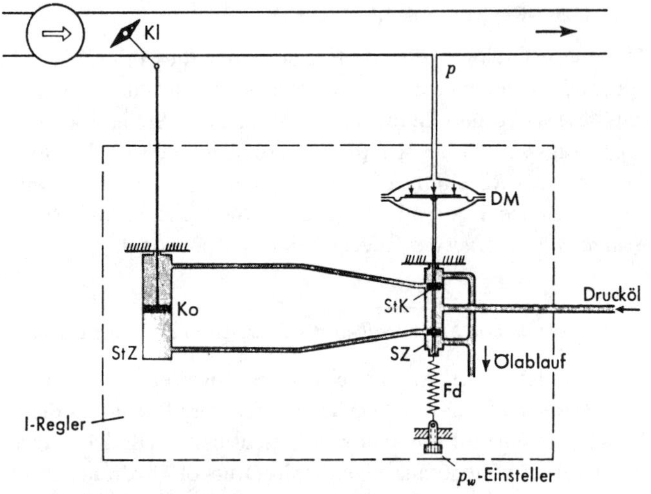

Bild 17-3
Druckregler mit Steuerkolben als Beispiel eines I-Reglers mit Hilfsenergie. StK Steuerkolben, SZ Steuerzylinder, StZ Stellzylinder, Ko Kolben, Kl Klappe, DM Druckmeßwerk, p Druck, p_W Führungsgröße.

anderen Stellkolbenseite dagegen steigt der Druck an, weil ein größerer Öffnungsquerschnitt zur Druckölseite freigegeben wird. Der Stellkolben setzt sich dadurch in Bewegung mit einer Geschwindigkeit, die durch die Größe der freigegebenen Querschnitte bestimmt ist.

Tragen wir die sich dabei einstellende *Stellgeschwindigkeit* v_y des Kolbens in Abhängigkeit von der Regeldifferenz e auf, so erhalten wir den in Bild 18 dargestellten Zusammenhang. Ein solcher Regler zeigt also in der Nähe der Führungsgröße w eine weitgehend proportionale Abhängigkeit der Stellgeschwindigkeit v_y von der Regeldifferenz e, d.h. ein I-Verhalten. Der Steuerkolben legt beim Durchlaufen der Kennlinie nach beiden Seiten einen Weg von nur wenigen zehntel Millimetern zurück.

Der Kolben verstellt bei einer auftretenden Regeldifferenz die Klappe so lange, bis der Steuerkolben wieder seine Mittellage erreicht hat und die Re-

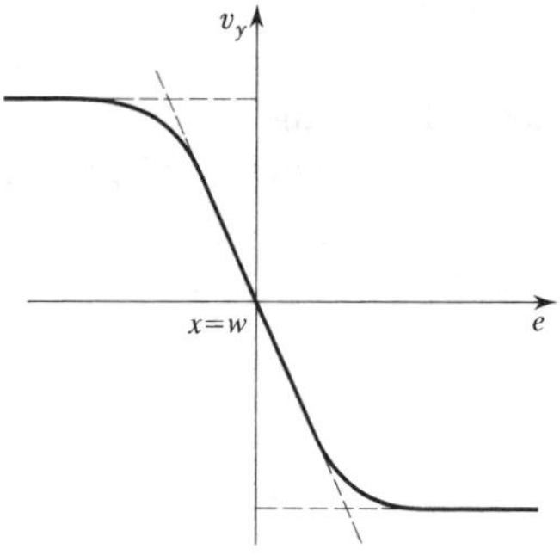

Bild 18-3
Stellgeschwindigkeit v_y in Abhängigkeit von der Regeldifferenz e beim Steuerkolbenregler von Bild 17.

geldifferenz verschwunden ist. In dieser neuen Stellung bleibt der Kolben stehen. Im Unterschied zum P-Regler kommt der Kolben erst dann zur Ruhe, wenn die Regeldifferenz durch den Eingriff des Reglers wieder zu Null geworden ist. Der Kolben kann ja jede beliebige Lage einnehmen und in dieser verbleiben, da eine starre Kopplung zwischen der Regeldifferenz und der Stellgröße nicht mehr vorhanden ist. Der I-Regler ist also im Unterschied zum P-Regler in der Lage, bei Störgrößenänderungen die Regelgröße genau gleich der Führungsgröße zu halten und ohne bleibende Regeldifferenz zu arbeiten.

3.3.2 *Weitere Beispiele von* I-*Reglern*

Beispiel 1: Spannungsregler (Bild 19)

Der Spannungsregler hat die Aufgabe, an den Klemmen des Verbrauchers trotz schwankender Belastung und Spannungsänderungen des speisenden Netzes eine konstante Spannung aufrecht zu erhalten. Als Stellglied ist ein Stelltransformator StT vorgesehen, dessen Schleifer Schl 1 vom Regler so verstellt wird, daß die abgegriffene Spannung U_A konstant bleibt. Der Schleifer wird über die Spindel Spl und Schnecke Schn von einem fremderregten Gleichstrommotor M angetrieben. Zur Messung der Spannung dient eine Zylinderspule Sp, in die ein an der Feder Fd aufgehängter Eisenkern Fe in Abhängigkeit von der Spannung mehr oder weniger tief hineingezogen wird. Dabei greift ein zweiter Schleifer Schl 2 an einem mit konstanter Spannung gespeisten Spannungsteiler SpT eine Spannung ab, die nach Größe und Polarität der Regelabweichung proportional ist. Ist die Spannung am Verbraucher gleich der Führungsgröße, so greift der Schleifer am Spannungsteiler die Spannung Null ab, und der Motor steht. Sinkt dagegen die Ausgangsspannung U_A ab, so greift der Schleifer Schl 2 eine der

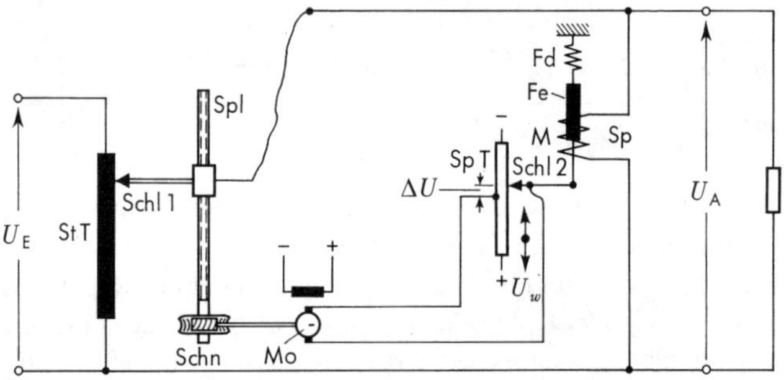

Bild 19-3
Spannungsregler mit I-Verhalten. StT Stelltransformator, Schl 1, Schl 2 Schleifer, Spl Gewindespindel, Schn Schnecke, Mo Motor, SpT Spannungsteiler, M Meßwerk, Sp Spule, Fe Eisenkern, Fd Feder, U_E Eingangsspannung, U_A Ausgangsspannung. U_w – Einstellung durch Verschieben von SpT.

Regelabweichung proportionale Spannung (ΔU) am Teiler ab, die dem Motor zugeführt wird. Die Drehzahl des Motors, d.h. die Geschwindigkeit der Spannungsänderung am Stelltransformator ist, da es sich um einen fremdgespeisten Gleichstrom-Nebenschlußmotor handelt, nach Größe und Richtung der Regelabweichung proportional. Der Motor dreht sich so lange, bis die Regelabweichung ganz auf Null abgebaut ist, d.h. die Ausgangsspannung wieder die Führungsgröße erreicht hat.

Beispiel 2: Druckregelung mit induktivem Geber und Zweiphasen-Induktions-Stellmotor (Bild 20)

Der Druck p_E soll auf den kleineren Druck p durch Drosseln in der Rohrleitung Ro mittels des Ventils Ve herabgesetzt und auf dem eingestellten

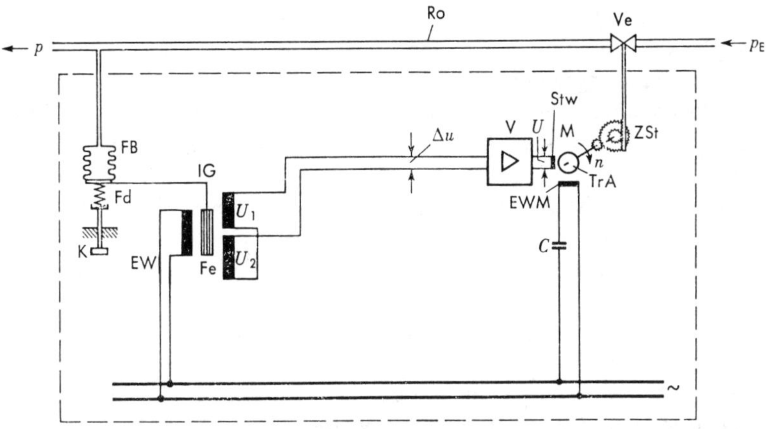

Bild 20-3
Integral wirkender Druckregler. a) Schaltung: p_E Eingangsdruck, p Ausgangsdruck, K Einstellung der Führungsgröße p_w, FB Metallfaltenbalg, Fd Feder, IG induktiver Geber, Fe Eisenkern, EW Erregerwicklung, V Verstärker, M Stellmotor, StW Steuerwicklung, EWM Motorerregerwicklung, C Kondensator, TrA Trommelanker, ZSt Zahnstange, Ve Ventil, Ro Rohrleitung, U_1, U_2 induzierte Spannungen, $\Delta u = U_1 - U_2$ Differenzspannung, U verstärkte Spannung, n Drehzahl.

Druck p_W konstant gehalten werden. Zur Messung des Druckes dient der Metallfaltenbalg FB, der gegen die Feder Fd arbeitet. Die bei Druckänderungen auftretenden Längenänderungen des Balges verschieben den Eisenkern Fe des induktiven Gebers IG. Die Erregerwicklung EW des Gebers wird mit einer Wechselspannung von 50 Hz gespeist.

Wenn der Druck p in der Rohrleitung gleich dem an K eingestellten Druck p_W ist, also die Regeldifferenz $e = p_W - p = \Delta p = 0$ beträgt, steht der Eisenkern Fe in der gezeichneten Mittelstellung des induktiven Gebers. Die in den beiden Sekundärwicklungen induzierten Spannungen U_1 und U_2 sind dann gleich groß. Da die Wicklungen gegeneinander geschaltet sind, ist dann die Differenzspannung $\Delta u = U_1 - U_2 = 0$.

Fällt der Druck p, so wächst die Spannung U_1, während die Spannung U_2 fällt. Das Analoge gilt umgekehrt für steigenden Druck. Innerhalb eines ge-

wissen Bereiches ist die Differenzspannung Δu der Regeldifferenz $e = \Delta p$ proportional. Beim Nulldurchgang der Regeldifferenz ändert die Spannung Δu ihre Phasenlage um 180° (und damit der Stellmotor seine Drehrichtung). Die Spannung Δu wird im Verstärker V auf die Spannung U verstärkt. Diese speist die Steuerwicklung StW des Zweiphasen-Induktionsmotors M. Die räumlich um 90° versetzte Erregerwicklung EWM liegt über dem Kondensator C an der gleichen Wechselspannung wie der induktive Geber.
Der Kondensator sorgt für ein um 90° gegen das Steuerfeld phasenverschobenes magnetisches Erregerfeld. Die beiden um 90° verschobenen Wechselfelder wirken auf den Trommelanker TrA und erzeugen in ihm ein Drehmoment. Der Motor hat die Eigenschaft, daß der Anker je nach der Phasenlage des Steuerfeldes, d.h. je nachdem, ob die Regeldifferenz positiv oder negativ ist, sich nach rechts oder links dreht. Dabei ist seine Drehzahl n etwa der Steuerspannung U proportional. Der Motor verstellt dann über die Zahnstange ZSt und ein Ritzel den Kegel des Ventils Ve und ändert damit den Druckabfall am Ventil. Der Motor kommt erst zur Ruhe, wenn die Regeldifferenz wieder zu Null geworden ist.

3.3.3 *Kennlinie des I-Reglers*

Tragen wir für einen *idealen* I-Regler die Stellgeschwindigkeit v_y in Abhängigkeit von der Regelgröße x auf, so erhalten wir als *Kennlinie des* I-*Reglers* Bild 21a. Wird nur die Regeldifferenz e aufgetragen, so erhalten wir eine Kennlinie nach Bild 21b. Hierbei ist zu beachten, daß sich positive Werte von e ($e = w - x$) ergeben, wenn x kleiner als w ist, und wenn die Regelgröße x größer als der Sollwert ist, so ergeben sich negative Werte der Regeldifferenz e.
Bei der Regeldifferenz Null ($x = w$) ist die Stellgeschwindigkeit Null. Von diesem Punkt aus wächst die Stellgeschwindigkeit nach Größe und Richtung proportional mit der Regeldifferenz. Ob zu einer positiven Regeldifferenz $e = w - x$, d.h. w ist größer als x, sinnvollerweise eine positive oder negative Stellgeschwindigkeit (Rechtslauf oder Linkslauf des Motors) gehört, hängt davon ab, welche Drehrichtung des Motors im Regelkreis die Regeldifferenz abbaut. In diesem Beispiel ist unterstellt, daß bei einem zu kleinen Wert

von x, einer positiven Regeldifferenz, eine positive Drehrichtung des Motors dazu führt, daß die Regelgröße x anwächst und damit die Regeldifferenz wirksam reduziert wird. Der proportionale Zusammenhang zwischen Stellgeschwindigkeit und Regeldifferenz besteht aber nur in dem begrenzten Bereich X_h. Bei Regeldifferenzen, die darüber hinausgehen, bleibt die Stellgeschwindigkeit konstant. Bild 21a, b zeigt die idealisierten Kennlinien des I-Reglers. Die tatsächlich gemessenen Kennlinien haben dagegen meist den in Bild 18 wiedergegebenen Verlauf. Ein proportionaler Zusammenhang zwischen Regeldifferenz und Stellgeschwindigkeit ist nur innerhalb eines gewissen Bereiches vorhanden. Der Übergang in die konstante Stellgeschwindigkeit bei größeren Regeldifferenzen ist auch nicht eckig, sondern mehr oder weniger stark verrundet.

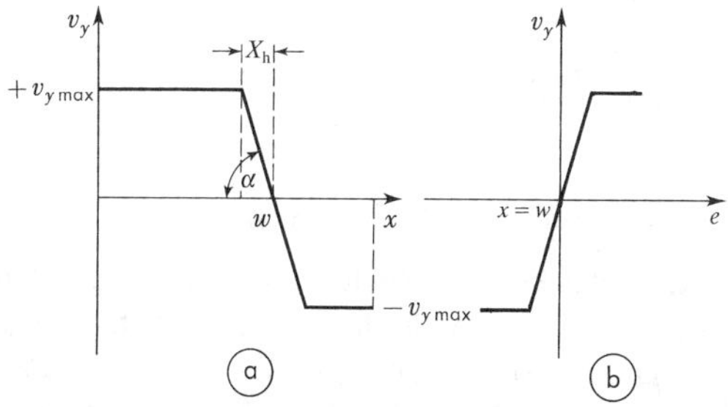

Bild 21a, b-3
Kennlinie eines idealen I-Reglers. a) Stellgeschwindigkeit v_y in Abhängigkeit von der Regelgröße x aufgetragen. b) Stellgeschwindigkeit v_y in Abhängigkeit von der Regeldifferenz e aufgetragen.

Bei der in Bild 21a, b wiedergegebenen Kennlinie des idealen I-Reglers ist auf der senkrechten Achse die *Stellgeschwindigkeit* aufgetragen. Im Unterschied dazu hatten wir bei der Kennlinie des P-Reglers auf der senkrechten Achse die *Stellgröße* eingezeichnet. Wir können aber auch beim I-Regler diese Darstellung wählen und auf der senkrechten Achse die Stellgröße auftragen (Bild 22).

Die Kurve sagt aus, daß sich nur stationäre Werte der Stellgröße *zwischen* 0 und Y_h einstellen können, wenn $x = w$ ist. Sonst wird im stationären Zustand

die Stellgröße an den oberen oder unteren Anschlag ($Y = 0$ oder Y_h) gehen. Da diese Kurve jedoch nichts über den für den I-Regler charakteristischen Zusammenhang zwischen Stellgeschwindigkeit und Regeldifferenz aussagt, wird die Darstellung von Bild 22 nur selten verwendet. Wir werden sie aber bei der Besprechung der Zusammenarbeit von I-Regler und Regelstrecke benutzen.
Dieselbe Kennlinie gilt auch für die anschließend behandelten PI- und PID-Regler.

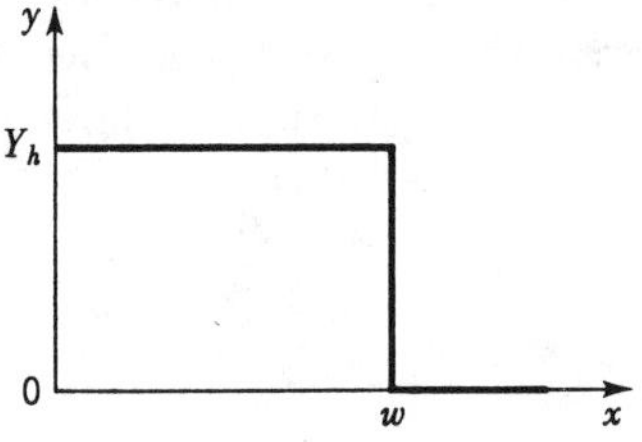

Bild 22-3
Kennlinie des I-Reglers (gültig auch für PI- und PID-Regler).

3.3.4 *Sprungantwort des* I-*Reglers*

Die Kennlinie des I-Reglers (Bild 21b) zeigte den Zusammenhang zwischen Regeldifferenz und Stellgeschwindigkeit. Sie sagt aber über den zeitlichen Verlauf der Stellgröße nichts aus. Die *Sprungantwort des* I-*Reglers* zeigt dagegen den zeitlichen Verlauf der Stellgröße bei einer sprungweisen Änderung der Regeldifferenz. Da die Stellgeschwindigkeit beim I-Regler je nach Regeldifferenz einen bestimmten Wert aufweist, ändert sich die Stellgröße proportional mit der Zeit, denn es gilt allgemein:

$$\text{Weg} = \text{Geschwindigkeit} \cdot \text{Zeit}$$

oder mit unseren Bezeichnungen

$$y = v_y \cdot t.$$

Bei einer sprungweisen Änderung der Regeldifferenz um Δe erhalten wir daher die in Bild 23a, b wiedergegebenen Sprungantworten des I-Reglers für verschieden große positive oder negative Regeldifferenzen. Das Bild 23a zeigt den Verlauf der Stellgröße, das Bild 23b den Verlauf der Stellgrößen-

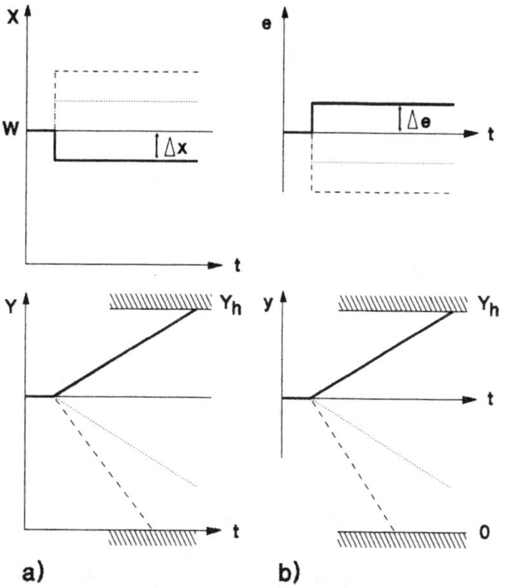

Bild 23a, b-3
Sprungantwort des I-Reglers. Zeitlicher Verlauf der Stellgröße bei einer sprungweise auftretenden Regelgrößenänderung Δx. a) auf senkrechter Achse Regelgröße X und Stellgröße Y aufgetragen, b) auf der Achse nur Änderungen e und y aufgetragen.

änderung. Die Steilheit der Geraden ist proportional der Stellgeschwindigkeit v_y. Der Wert der Stellgröße ist nach oben begrenzt durch den Stellbereich Y_h, nach unten durch den Wert Null.

Beim idealen I-Regler folgt die Stellgeschwindigkeit der Regelgröße unverzögert. Ein wirklicher I-Regler benötigt aber bei einer sprungweise auftretenden Regeldifferenz zum Aufbau der neuen Geschwindigkeit eine gewisse Zeit, da die zu beschleunigenden Massen nur allmähliche Geschwindigkeitsänderungen zulassen. In der Sprungantwort drückt sich das durch eine mehr oder weniger starke Verrundung der Kurve im Fußpunkt aus.

3.3.5 *Gleichung des* I-*Reglers*

Die gebrachten Beispiele von I-Reglern zeigten, daß bei diesen die Stellgeschwindigkeit v_y der Regeldifferenz e proportional ist. Je größer die Regelgrößenänderung, um so größer die Stellgeschwindigkeit. Für eine feste, konstante Regeldifferenz Δe gilt also

$$v_y = K_{IR} \cdot \Delta e,$$

wo K_{IR} der Übertragungsbeiwert des I-Reglers ist. Der Index I deutet dabei auf integrales Verhalten hin. Für den Stellweg galt $y = v_y \cdot t$ oder $v_y = y/t$. Dieser Wert in die Gleichung für v_y eingesetzt und nach y aufgelöst, so ergibt sich als Gleichung des I-Reglers

$$\boxed{y = K_{IR} \cdot \Delta e \cdot t} \quad .$$

Die Änderung der Stellgröße ist also nicht nur der Regelgrößenänderung proportional (wie beim P-Regler), sondern auch der Zeit[1]).
In Abschnitt 5 (Regelkreise mit stetigen Reglern) werden wir zeigen, daß für das Verhalten des I-Reglers im Regelkreis die Größe der Konstanten K_{IR} ausschlaggebend ist. Die Konstante ist gleich der Steigung der Kennlinie von Bild 23a, b, geteilt durch Δe. Zum Anpassen des I-Reglers an die Regelstrecke ist es dann erforderlich, den Wert von K_{IR} auf den günstigsten Wert einzustellen, wie wir später sehen werden.
Um den Übertragungsbeiwert K_{IR} durch am Regler meßbare Größen auszudrücken, geht man meist folgendermaßen vor. Die sprungweise Regeldifferenzänderungen Δe, die auch durch eine sprungweise Verstellung des Soll-

---

[1]) Bei der Ableitung der obigen Gleichung des I-Reglers wurde die Regeldifferenz $e = \Delta e$ als feste zeitunabhängige Größe vorausgesetzt. Trifft das nicht zu, so gilt die allgemeine Gleichung des I-Reglers

$$y = K_{IR} \int_0^t e \, dt.$$

Nach dieser Gleichung wird dieser Reglertyp als *integraler Regler,* abgekürzt I-Regler, bezeichnet.
Wird in diese Gleichung $e = \Delta e$ als konstanter Wert eingesetzt, so gilt

$$y = K_{IR} \int_0^t \Delta e \, dt = K_{IR} \cdot \Delta e \cdot t,$$

wie oben abgeleitet.

wertes erreicht werden kann (s. Bild 24-3), wird so groß gewählt, daß die Stellgeschwindigkeit v_y der Regelabweichung noch proportional ist (Bild 18). Dann wird die Zeit t_1 gestoppt, die für die Änderung Δy_1 der Stellgröße erforderlich ist. Dann berechnet sich

$$K_{IR} = \frac{\Delta y_1}{\Delta e \cdot \Delta t_1} .$$

Zu beachten ist, daß bei der Aufnahme der Sprungantwort des Reglers der Regelkreis nicht geschlossen ist, da sonst wegen der Stellgrößenänderung die Regeldifferenz nicht konstant bleibt.

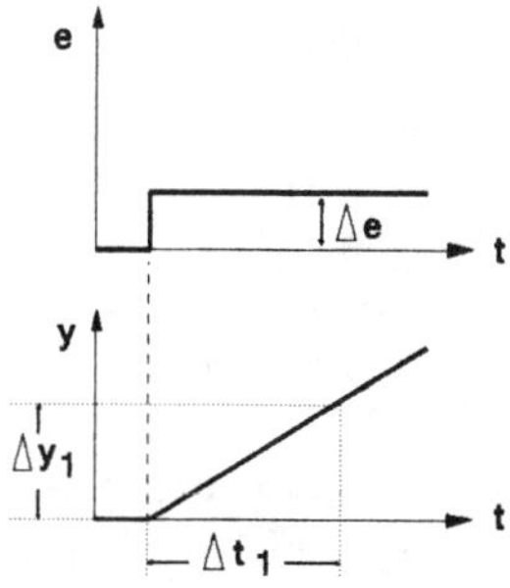

Bild 24-3
Sprungantwort eines I-Reglers. Ermittlung des Integrierbeiwertes K_{IR} aus der in der Zeit Δt_1 erfolgten Änderung der Stellgröße Δy_1.

Zahlenbeispiel 1:

Für den Druckregler von Bild 17 seien folgende Werte gewählt, bzw. gemessen worden:

Regeldifferenz	Δe	$= 0{,}5$ bar,
Verstellung	Δy_1	$= 20$ mm,
Zeit	Δt_1	$= 30$ s.

Dann ist:

$$K_{IR} = \frac{\Delta y_1}{\Delta e \cdot \Delta t_1} = \frac{20\,\text{mm}}{0{,}5\,\text{bar} \cdot 30\,\text{s}} = 1{,}33\,\frac{\text{mm/s}}{\text{bar}}$$

und die Gleichung für die Sprungantwort des I-Reglers:

$$y = 1{,}33\left[\frac{\text{mm/s}}{\text{bar}}\right] \cdot \Delta e\,[\text{bar}] \cdot t\,[\text{s}].$$

3.3.6 *Gegenüberstellung von* P- *und* I-*Regler*

Wie ausführlich dargelegt worden ist, hat der ideale I-Regler gegenüber dem P-Regler den großen Vorteil, daß er die durch Störgrößenänderungen hervorgerufenen Regeldifferenzen völlig abbaut und zu seinem Arbeiten keine bleibende Regeldifferenz benötigt.
Warum verwendet man dann überhaupt P-Regler, die doch bei Störgrößenänderungen nicht in der Lage sind, die Regelgröße genau konstant zu halten?
Bei der Besprechung des Zusammenarbeitens von Regler und Regelstrecke werden wir in Abschnitt 5 sehen, daß auch der I-Regler seine Schattenseiten hat! Er arbeitet zusammen mit Regelstrecken ohne Ausgleich nicht stabil, ist also z.B. zum Regeln eines Flüssigkeitsstandes ungeeignet. Bei Regelstrecken, die eine große Zeitkonstante aufweisen, beseitigt ein I-Regler die Regelabweichungen meist viel zu langsam. Für Temperatur-Regelstrecken mit ihren meist großen Zeitkonstanten ist der I-Regler daher wenig geeignet. Außerdem sind I-Regler in ihrem Aufbau häufig komplizierter und deshalb teurer als P-Regler, da sie überwiegend mit Hilfsenergie arbeiten. Ohne Hilfsenergie arbeitende P-Regler haben dagegen gerade wegen ihres einfachen Aufbaues und ihres schnellen Arbeitens eine weite Verbreitung gefunden.
Die Tabelle im Abschnitt 4.2.4 bringt eine Gegenüberstellung der Eigenschaften und Kenngrößen des P- und I-Reglers wie auch die Eigenschaften des anschließend behandelten PI- und PID-Reglers.

3.4 Regelungstechnische Begriffe zu Abschnitt 3

Begriff	Zeichen oder Symbol	Erklärung
	P-Regler	
Proportional wirkender Regler, abgekürzt P-Regler		Regler, bei welchem ein proportionaler Zusammenhang zwischen Regeldifferenz und Stellgrößenänderungen besteht
Stellungszuordnung	–	Zu jedem Wert der Regeldifferenz gibt es einen fest zugeordneten Wert der Stellgröße
Proportionalbereich, abgekürzt P-Bereich	X_P	Bereich der Regelgröße, innerhalb dessen ein proportionaler Zusammenhang zwischen Regeldifferenz und Stellgrößenänderung bestcht. Beim Durchlaufen des P-Bereiches X_P durchläuft die Stellgröße den Stellbereich Y_h
Proportionalbeiwert des P-Reglers	$K_P = \frac{Y_h}{X_P}$	Das Verhältnis von Stellgrößenänderung zur Regelgrößenänderung
Kennlinie des P-Reglers	–	Zusammenhang zwischen der Regelgröße oder Regelabweichung und der Stellgröße
Gleichung des P-Reglers	$y = \frac{Y_h}{X_P} \cdot e$	Änderung y der Stellgröße ist der Regeldifferenz e proportional
Bleibende Regeldifferenz, abgekürzt P-Abweichung	Δx_{PA}	Abweichung der Regelgröße von der Führungsgröße bei Störgrößenänderungen

Begriff	Zeichen oder Symbol	Erklärung
	I-Regler	
Stellgeschwindigkeit	v_y	Geschwindigkeit, mit der sich die Stellgröße bei einer bestimmten Regeldifferenz ändert
Integral wirkender Regler, abgekürzt I-Regler	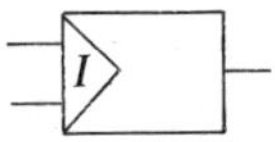	Regler, bei welchem die Stellgeschwindigkeit der Regeldifferenz nach Größe und Richtung proportional ist
Stellgeschwindigkeitszuordnung	–	Zu jedem Wert der Regeldifferenz gibt es einen fest zugeordneten Wert der Stellgeschwindigkeit
Stellzeit	T_y	Zeit, die benötigt wird, um bei der größten Stellgeschwindigkeit $v_{y\max}$ den Stellbereich Y_h zu durchlaufen
Kennlinie des I-Reglers	–	Zusammenhang zwischen der Regelgröße oder Regeldifferenz und der Stellgeschwindigkeit
Sprungantwort des I-Reglers	–	Verlauf der Stellgröße in Abhängigkeit von der Zeit bei einer sprungweisen Änderung der Regelgröße
Gleichung der Sprungantwort des I-Reglers	$y = K_{IR} \cdot \Delta e \cdot t$	Änderung y der Stellgröße ist der sprungweisen Regeldifferenz Δe *und* der Zeit t proportional

4. Stetige Regler (PI-, PD- und PID-Regler)

Es liegt nahe, die Vorteile des P- und des I-Reglers miteinander zu verbinden. Man kommt auf diese Weise zu dem PI-*Regler*. Für schwierigere Regelaufgaben ist der PI-Regler der heute am meisten verwendete Reglertyp.

4.1 Der PI-Regler

4.1.1 *Sprungantwort des* PI-*Reglers*

Beim PI-Regler setzt sich die Änderung der Stellgröße bei einer sprungweisen Änderung der Regelgröße aus zwei Teilen zusammen. Der erste Teil ist wie beim P-Regler der Regeldifferenz proportional. Der zweite Teil ist wie beim I-Regler der Regeldifferenz und der Zeit proportional.

Die Sprungantwort eines PI-Reglers erhalten wir einfach durch Überlagern der Sprungantworten (Verstellungen) eines P- und eines I-Reglers, wie es Bild 1 a–d zeigt.

Verlängern wir die schräg ansteigende Gerade der PI-Verstellung bis zu ihrem Schnittpunkt S mit der Zeitachse, so schneidet sie dort ein Zeitstück ab, das mit *Nachstellzeit*, Zeichen T_n, bezeichnet wird. Wie aus Bild 1 d deutlich hervorgeht, ist die Nachstellzeit unabhängig von der Regelabweichung, da bei einem Vergrößern von Δe die P-Verstellung und die Steilheit der I-Verstellung ($\tan \alpha$) im gleichen Maße zunehmen. Die Geraden der I-Verstellung schneiden sich daher bei verschiedenen Regeldifferenzen Δe alle in demselben Punkt S.

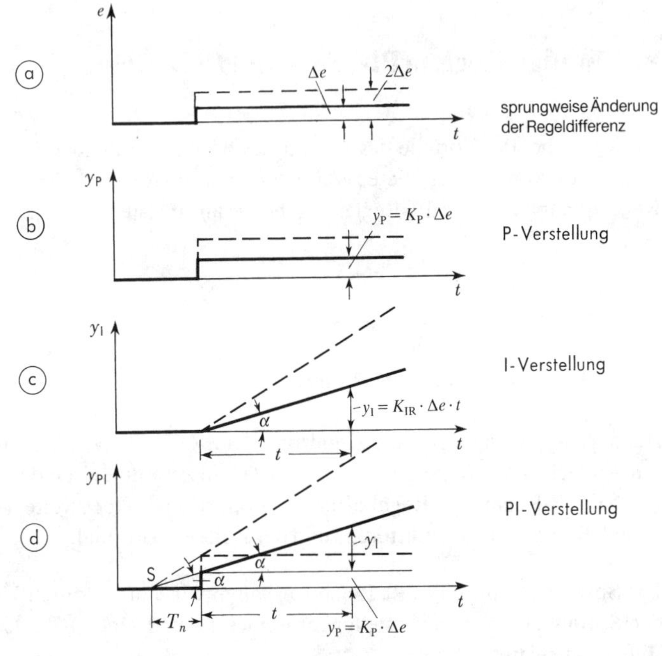

Bild 1a…d-4
Entstehung der Sprungantwort eines PI-Reglers durch Überlagerung der Sprungantworten (Verstellungen) eines P- und eines I-Reglers. a) Sprungweise Regelgrößenänderung um Δe, b) P-Verstellung, c) I-Verstellung, d) P + I = PI-Verstellung (gezeichnet für zwei verschieden große Eingangsgrößensprünge Δe).

4.1.2 *Gleichung des* PI-*Reglers*

Sie läßt sich am einfachsten aus der Sprungantwort von Bild 1a-d ableiten. Die P-Verstellung ist, wie wir sahen (siehe Abschnitt 3.2.5)

$$y_P = K_P \cdot \Delta e$$

Aus den beiden durch y_P und T_n bzw. y_I und t gebildeten ähnlichen rechtwinkligen Dreiecken, die beide den Winkel α einschließen, folgt die Beziehung

$$\frac{y_P}{T_n} = \frac{y_I}{t}$$

oder

$$y_I = y_P \cdot t/T_n.$$

Bilden wir nun die Summe aus P- und I-Verstellung, so wird schließlich

$$y_{PI} = y_P + y_I = K_P \cdot \Delta e + K_P \cdot \frac{t}{T_n} \cdot \Delta e$$

oder, wenn wir K_P ausklammern,

$$\boxed{y_{PI} = K_P \left(\Delta e + \frac{1}{T_n} \cdot \Delta e \cdot t \right)}$$

die Gleichung des PI-Reglers für den Fall einer sprungweisen Änderung der Regelgröße[1]).

Die PI-Verstellung ist außer von der Änderung der Regeldifferenz und der Zeit t noch von den beiden Größen K_P und T_n abhängig. Der Proportionalbeiwert K_P und die Nachstellzeit T_n sind an PI-Reglern meist einstellbar.

Die zweckmäßige Größe der einzustellenden Werte hängt, wie wir später sehen werden, von den Eigenschaften der Regelstrecke, d.h. vom Verlauf ihrer Sprungantwort ab.

---

[1]) Zur Kennzeichnung des PI-Reglers wird also neben dem schon vom P-Regler bekannten Proportionalbeiwert K_P noch die Nachstellzeit T_n verwendet und nicht der vom I-Regler her bekannte Übertragungsbeiwert K_{IR}. Das Verwenden der Nachstellzeit T_n bringt den Vorteil einer wesentlich einfacheren mathematischen Darstellung bei der Beschreibung des PI-Reglers und des später behandelten PID-Reglers. Für den Fall eines beliebigen Verlaufs der Regeldifferenz e erhalten wir die allgemeine Gleichung des PI-Reglers:

$$y_{PI} = K_P \left(e + \frac{1}{T_n} \int_0^t e \, dt \right).$$

Für $e = \Delta e =$ konstant geht diese Gleichung in die oben gefundene über.

Bei Einheitsreglern werden für K_P Werte zwischen 100 ... 0,3 (entsprechend $X_P = 1 ... 300\%$) verwendet. Die benötigten T_n-Werte liegen in der Größenordnung der Zeitkonstanten T_S bzw. T_g der Regelstrecken, d.h. zwischen einigen Millisekunden und etwa 30 min.
Jede Apparatur, welche gestattet, die oben abgeleitete Sprungantwort zu realisieren, ermöglicht den Aufbau eines PI-Reglers. Praktisch haben die drei im folgenden erläuterten Verfahren Bedeutung gewonnen, wobei das Verwenden einer Rückführung am verbreitetsten ist.

4.1.3 *Erzeugen des* PI-*Verhaltens durch:*

a) Überlagerung der Verstellungen eines P- *und eines* I-*Reglers*

Um einen PI-Regler zu erhalten, kann man die Verstellungen eines P- und eines I-Reglers am Stellglied addieren.
Dabei ist natürlich nicht nötig, wie es das folgende Blockschaltbild andeutet (Bild 2), zwei vollständige Regler zu verwenden, sondern es genügt, hinter dem gemeinsamen Vergleicher ein P- und ein I-Glied anzubringen, deren Verstellungen addiert werden. Meßwerk, Sollwerteinsteller und Vergleicher brauchen nur einmal vorhanden zu sein. Im Blockschaltbild bedeutet der Kreis mit den Pfeilen die *Additionsstelle* für die P- und I-Verstellungen.

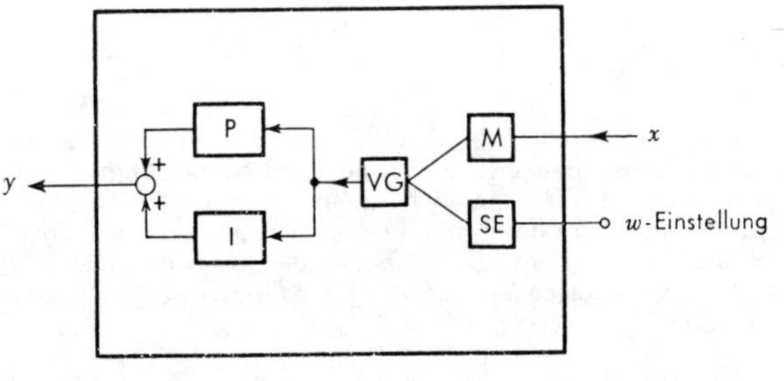

Bild 2-4
PI-Regler, entstanden aus einem P- und einem I-Regler, deren Verstellungen addiert werden, mit gemeinsamem Vergleicher VG, Meßwerk M und Sollwerteinsteller SE.

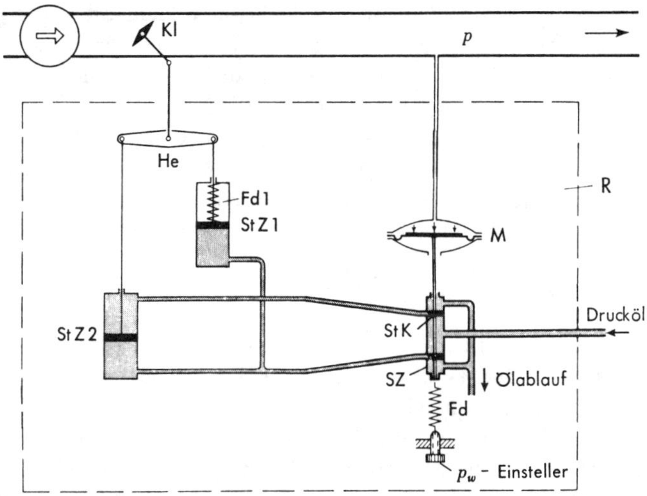

Bild 3-4
Druckregler mit Steuerkolben als PI-Regler. Die Verstellungen eines P- und eines I-Reglers werden am Stellglied addiert. M Meßwerk, StK Steuerkolben, SZ Steuerzylinder, Kl Klappe, He Additionshebel, StZ 1 P-Stellzylinder, StZ 2 I-Stellzylinder, Fd 1, Fd Federn, R Regler, p_W Sollwerteinsteller, p Druck (Regelgröße).

Beispiel 1: Druckregler mit Steuerkolben und PI-Verhalten

Bild 3 zeigt als Beispiel einen PI-Regler mit Steuerkolben zur Druckregelung in einem Luftkanal ähnlich Bild 17-3. Die Verstellung der Klappe Kl (Stellglied) über den Hebel He ist hier angenähert gleich der Summe der Verstellungen der beiden Stellzylinder StZ1 und StZ2. Der Zylinder StZ2 arbeitet zusammen mit dem Steuerkolben als I-Regler, wie er schon in Abschnitt 3.3.1 beschrieben worden ist. Der Zylinder StZ1 bildet dagegen zusammen mit dem Steuerkolben einen P-Regler. Erreicht wird das P-Verhalten dadurch, daß der Öldruck gegen die Kraft einer Feder Fd1 nur auf eine Kolbenseite wirkt. Die Feder ist dabei auch schon in der Mittellage des Steuerkolbens durch den unter dem Kolben vorhandenen Öldruck vorgespannt, so daß auch Bewegungen des Kolbens nach unten möglich sind. Die Verstel-

lung des Kolbens ist damit in etwa der Steuerkolbenauslenkung, d.h. der Regeldifferenz proportional. Bei diesem Regler muß nur durch größeren Leitungsquerschnitt dafür gesorgt werden, daß das Einstellen des Kolbens den Öldruckänderungen praktisch unverzögert folgt.
Das Parallelschalten eines P- und eines I-Reglers ist nicht die einzige Möglichkeit zum Erzeugen des PI-Verhaltens, im Gegenteil, sie ist sehr aufwendig und wird daher nur selten angewendet; sie wurde hauptsächlich aus didaktischen Gründen angeführt.

b) Zähe Dämpfung[1])

Wird auf einen in einer zähen Flüssigkeit befindlichen Körper (Bild 4) eine konstante Kraft, z. B. die Schwerkraft G ausgeübt, so stellt sich eine konstante Fallgeschwindigkeit v ein und nicht eine gleichmäßig beschleunigte Bewegung wie beim freien Fall. Zurückzuführen ist das darauf, daß dem Gewicht durch die der Geschwindigkeit proportionalen Reibungskräfte bei der sich einstellenden Geschwindigkeit das Gleichgewicht gehalten wird.

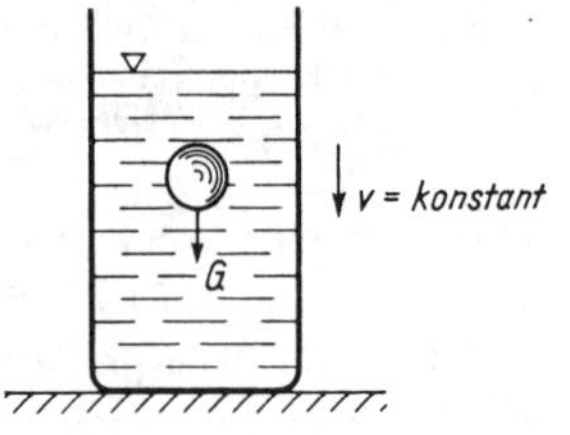

Bild 4-4
Gleichmäßige Fallgeschwindigkeit v eines Körpers in einer zähen Flüssigkeit. G Gewicht des Körpers.

Beispiel 2:

Bringen wir beispielsweise, wie es Bild 5 zeigt, in einem Zylinder einen Kolben an, der mit einigen Bohrungen Bo versehen ist, und füllen den Zylinder mit Öl, so ist die Bewegungsgeschwindigkeit des Kolbens unter Wirkung der konstanten Kraft F proportional dieser Kraft. Die Bewegung hat ein I-Verhalten, wie es der im Bild rechts gezeichnete Bewegungsablauf zeigt.

---

1) Das Wort „zäh“ soll hier nur andeuten, daß die Reibungskräfte überwiegen.

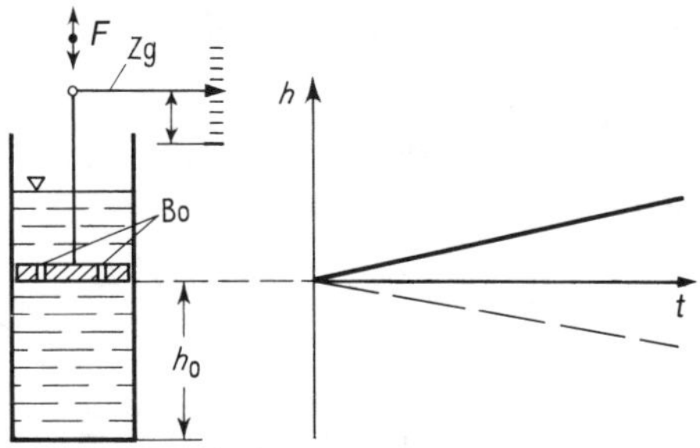

Bild 5-4
Zylinder mit durchbohrtem Kolben, mit zähem Öl gefüllt, als Glied mit I-Verhalten.
F Kraft, *h* Kolbenweg, h_0 Ausgangsstellung, Bo Bohrungen, Zg Zeiger.

Eine PI-Sprungantwort entsteht dagegen für die Bewegung des Zeigers Zg, wenn wir die Kraft *F* nicht unmittelbar, sondern über die Feder Fd auf den Kolben wirken lassen (Bild 6).

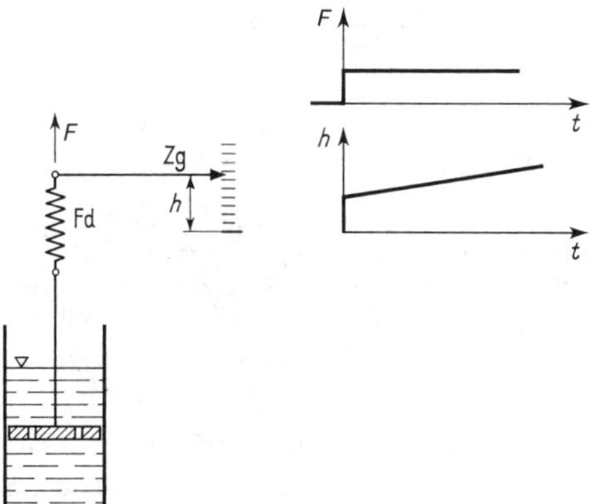

Bild 6-4
Wie Bild 5, Kraft *F* greift jedoch über die Feder Fd am Kolben an. Verstellweg *h* des Zeigers Zg erfolgt nach einer PI-Sprungantwort.

Bei einem sprungweisen Anstieg der Kraft *F* erfolgt zuerst eine kleine sprungweise Bewegung des Zeigers Zg und ein Spannen der Feder Fd. Anschließend erfolgt eine gleichförmige Bewegung von Zeiger und Kolben, wenn die Kraft *F* konstant und die Feder Fd gespannt bleibt.

Beispiel 3: Spannungsregler mit PI-Verhalten

Das eben beschriebene PI-Glied kann leicht zum Bau eines Spannungsreglers mit PI-Verhalten verwendet werden, wie er im Bild 7a, b dargestellt ist.

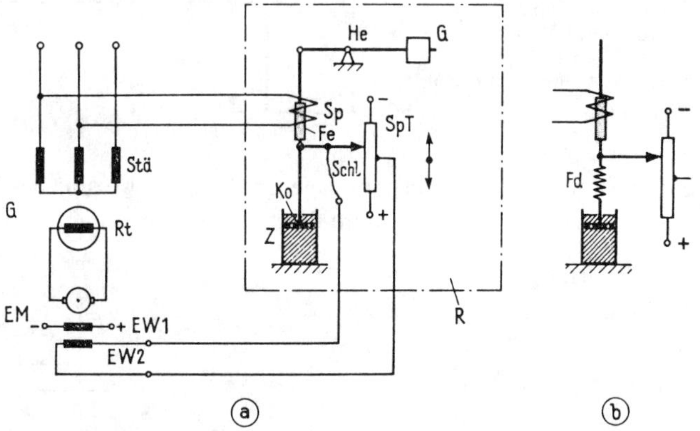

Bild 7a, b-4
Spannungsregler mit PI-Verhalten. a) Regler mit I-Verhalten. b) Regler mit PI-Verhalten. G Drehstromgenerator, Stä Ständer, Rt Rotor, EM Erregermaschine, EW 1 EW 2 Erregerwicklungen, R Spannungsregler, Sp Spule mit Eisenkern Fe, SpT Spannungsteiler, Schl Schleifer, Z Zylinder mit Kolben Ko, G Gegengewicht, He Hebel.

Zuerst wollen wir Bild 7a betrachten. Zum Messen der Spannung wird die Zylinderspule Sp verwendet, in die der Eisenkern Fe taucht. Der Kern ist über den Hebel He durch das Gegengewicht G so ausbalanciert, daß dann, wenn die Spannung den Sollwert hat, das ganze System innerhalb eines gewissen Bereichs der Spulenlänge im Gleichgewicht ist. Wird dagegen die angelegte Spannung kleiner oder größer als der Sollwert, so wird der Kern mit einer Kraft, die der Regelabweichung proportional ist, nach oben bzw. unten gezogen. Mit dem Eisenkern verbunden ist der Kolben Ko, der mit einigen Bohrungen versehen ist und sich ohne Reibung im ölgefüllten Zylinder Z bewegt. Die Verbindung zwischen Eisenkern Fe und Kolben Ko soll zuerst starr angenommen werden. Mit dem Eisenkern ist außerdem der Schleifer Schl verbunden, der an dem Spannungsteiler SpT eine Gleichspannung abgreift. Diese wird der Erregerwicklung EW 2 des Gleichstromgenerators EM zugeführt. Sie schwächt oder verstärkt die Grunderregung EW 1 und ändert damit die Klemmenspannung des Generators. Unter der Wirkung der auf den Eisenkern ausgeübten Kraft bewegt sich der Schleifer Schl dann mit einer Geschwindigkeit, die der Regelabweichung nach Größe und Richtung proportional ist. Die Bewegung kommt erst zur Ruhe, wenn der Sollwert der Spannung wieder erreicht ist. Der Regler zeigt also ein I-Verhalten. Die Stellgeschwindigkeit kann z. B. durch Ändern des Querschnittes der Bohrungen im Kolben geändert werden.

Aus diesem I-Regler wird in einfacher Weise ein PI-Regler gemacht, wenn wir die Verbindung zwischen Eisenkern und Dämpferkolben nicht starr, sondern über die Feder Fd elastisch herstellen, wie es im Bild 7b angedeutet ist.

Bei einer sprungweise auftretenden Spannungsänderung wird dann die Feder Fd durch die auf den Eisenkern wirkende Kraft plötzlich gelängt und damit am Spannungsteiler eine sprungweise sich ändernde Gleichspannung abgegriffen. Unter der Wirkung der gespannten Feder wird aber gleichzeitig der Kolben beginnen, mit konstanter Geschwindigkeit auszuwandern. Wir erhalten also zuerst eine sprungweise Verstellung des Schleifers und dann ein Auswandern mit konstanter Geschwindigkeit, was einem PI-Verhalten entspricht. Der Proportionalbereich läßt sich durch Verändern der Federkonstante beeinflussen, die Nachstellzeit durch den Querschnitt der Bohrungen im Kolben.

c) *Rückführung*

Die am meisten verbreitete Methode zum Erzeugen eines PI-Verhaltens ist das Anbringen einer *nachgebenden Rückführung* an einem Verstärker bzw. P- oder I-Regler. Wegen der großen Bedeutung dieses Verfahrens wollen wir jedoch zuerst etwas ausführlicher auf das Wesen der Rückführung (auch Gegenkopplung genannt) eingehen.

4.1.4 *Starre Rückführung*

Eine Rückführung besteht darin, daß bei einem verstärkenden Gerät die Ausgangsgröße wieder auf den Eingang zurückwirkt. Die Polung der Rückführung erfolgt dabei so, daß sie der Eingangsgröße entgegenwirkt (Gegenkopplung). Bild 8 zeigt das Prinzip der Rückführung in Blockdarstellung.

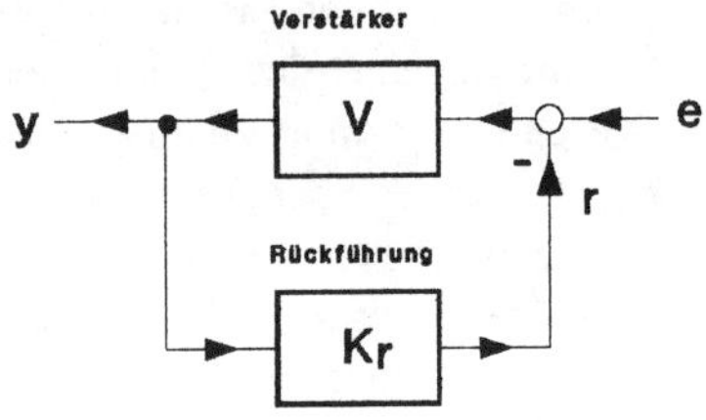

Bild 8-4
Blockschaltbild eines Verstärkers mit Rückführung. *r* zurückgeführte Größe, *V* Verstärkungsfaktor des Verstärkers ohne Rückführung, K_r Faktor der Rückführung.

Auf den Verstärker mit dem Übertragungsfaktor *V* wirkt die Differenz des Eingangssignals *e* (z.B. eine Regeldifferenz) und des Rückführsignals *r*. Der kleine runde Kreis stellt eine *Additionsstelle* dar, und das Minuszeichen beim Signal *r* bedeutet, daß dieses Signal negativ aufgeschaltet wird. Es wird also $e - r$ gebildet. Der Verstärker sollte eine möglichst hohe Verstärkung *V* besitzen. Der ausgefüllte Punkt beim Ausgangssignal *y* (z.B. der Stellgröße) bedeutet, daß *y* nicht nur am Ausgang zur Verfügung steht, sondern auch auf den Rückführungsblock mit dem Übertragungsbeiwert K_r wirkt *(Verzweigungsstelle)*. Die Rückführung enthält normalerweise keine verstärkenden Elemente, so daß K_r Werte zwischen 0 und 1 annehmen kann. Zur Berechnung des Übertragungsverhaltens der gesamten Anordnung ergibt sich also

$$y = V \cdot (e - r) = V \cdot (e - K_r \cdot y) \qquad \text{da } r = K_r \cdot y \text{ ist.}$$

Man erkennt deutlich, daß nicht nur die Eingangsgröße *e*, sondern auch ein Anteil der Ausgangsgröße selbst, der jedoch der Eingangsgröße entgegenwirkt, verstärkt wird. Durch Auflösen der Klammern erhält man

$$y = V \cdot e - V \cdot K_r \cdot y.$$

Bringt man nun auch den rückgeführten Teil des Ausgangssignals auf die linke Seite

$$y + V \cdot K_r \cdot y = V \cdot e$$

und klammert y aus

$$y \cdot (1 + V \cdot K_r) = V \cdot e,$$

so erhält man

$$y = \frac{V}{1 + V \cdot K_r} \cdot e \qquad \text{oder}$$

$$\boxed{y = \frac{1}{1/V + K_r} \cdot e}$$

Da der Übertragungsfaktor des Verstärkers normalerweise sehr groß ist – bei pneumatischen Systemen über 300 und bei elektronischen Verstärkern über 10000 – wird der Ausdruck $1/V$ sehr klein und kann gegen K_r vernachlässigt werden. Dann wird der Übertragungsfaktor des gesamten Systems, den wir mit K_p bezeichnen wollen, nur noch durch den Faktor des Rückführgliedes K_r bestimmt.

$$\boxed{y = \frac{1}{K_r} \cdot e = K_P \cdot e} \qquad \text{mit} \quad K_P = 1/K_r$$

Diese Anordnung hat neben anderem den großen Vorteil, daß Veränderungen in den Eigenschaften des Verstärkers praktisch keine Auswirkungen auf das Gesamtverhalten der Anordnung haben, solange nur die Verstärkung ausreichend groß ist. Man kann sich leicht überlegen, daß es bei einem K_r von 0,1, das zu einem Gesamtübertragungsfaktor K_P von 10 führt, gleichgültig ist, ob V nun 10.000 oder 100.000 ist. Da K_r im allgemeinen nur von passiven Bauteilen bestimmt wird, erhält man mit diesem Verfahren wesentlich stabilere Verstärker, als man dies erreichen könnte, wenn man sofort einen Verstärker mit dem entsprechenden kleinen Verstärkungsfaktor K_P aufbauen würde.

Die Rückführung verkleinert somit nicht nur die wirksame Verstärkung, sondern macht sie unabhängig von Änderungen des Verstärkungsgrades, wie sie bei elektrischen Reglern durch Änderungen der Bauteileigenschaften oder Netzspannungsschwankungen und bei pneumatischen Reglern durch Druckschwankungen der Speiseluft hervorgerufen werden. Eine solche Rückführung entspricht völlig der in der Verstärkertechnik gebräuchlichen Gegenkopplung, die dort gleichfalls zur Stabilisierung, Linearisierung usw. verwendet wird.

Bei den meisten elektrischen Reglern wird dieses Prinzip heute angewandt. Als Verstärker werden Gleichspannungsdifferenzverstärker (Operationsverstärker) mit einer sehr großen Verstärkung (> 10.000) eingesetzt, die das Vorzeichen umdrehen, d.h. bei positiver Spannung am Eingang ist die Ausgangsspannung negativ (angedeutet durch das Minus- und Pluszeichen an dem Eingang des Operationsverstärkers OP, Bild 9). Ein Teil dieser Aus-

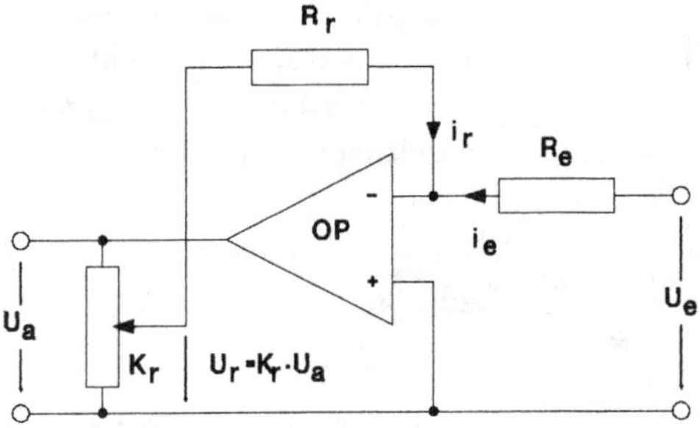

Bild 9-4
Operationsverstärker mit starrer Rückführung. OP Operationsverstärker, U_e Eingangsspannung U_a Ausgangsspannung, – invertierender Eingang, + nichtinvertierender Eingang, R_e Eingangswiderstand, R_r Rückführwiderstand, i_e Eingangsstrom, i_r Rückführstrom, U_r Rückführspannung, K_r am Potentiometer eingestellter Faktor für die Rückführung (zwischen 0 und 1).

gangsspannung kann über den Widerstand R_r auf den Eingang des Verstärkers zurückwirken. Wegen der hohen Verstärkung liegen am Eingang des Operationsverstärkers nur sehr kleine Spannungen (< 1 mV) und da zudem der Eingangswiderstand des Verstärkers sehr groß ist, fließt kein Strom in den Verstärker. Die beiden Ströme i_r und i_e müssen sich also gegenseitig aufheben.

$$i_r = -i_e$$

Da zwischen dem Minus-Eingang (−) des Verstärkers und dem Plus-Eingang (+) praktisch keine Spannungsdifferenz besteht, ergibt sich für die Ströme

$$i_r = K_r \cdot U_a/R_r \qquad \text{und} \qquad i_e = U_e/R_e.$$

Eingesetzt in die obige Gleichung erhält man

$$K_r \cdot U_a/R_r = -U_e/R_e.$$

Die Ausgangsspannung U_a errechnet sich damit zu

$$U_a = -\frac{1}{K_r} \cdot \frac{R_r}{R_e} \cdot U_e = -K_P \cdot U_e \qquad \text{mit} \qquad K_P = \frac{1}{K_r} \cdot \frac{R_r}{R_e}$$

An dem ausgangsseitigen Spannungsteiler kann also der Übertragungsfaktor der gesamten Anordnung eingestellt werden. Durch geeignete Wahl des Widerstandsverhältnisses R_r/R_e ist eine Anpassung in weiten Grenzen möglich.

Beispiel 5: Druckregler mit P-Verhalten

Der in Bild 10 gezeigte P-Regler, der als Vorstufe zu dem in Bild 16 dargestellten PI-Regler erläutert wird, soll den Druck p in der Rohrleitung Ro konstant halten, und zwar durch Drosseln des Rohrquerschnittes mittels des Membranventils MVe.

Der Leitungsdruck wirkt auf den Metallfaltenbalg FB und übt dadurch auf den in DP drehbar gelagerten Hebel He eine Kraft aus. Diese Kraft ist dem Leitungsdruck und der Fläche des Balges proportional. Am linken Ende des Hebels ist die Prallplatte PP angebracht, die der Düse Dü gegenübersteht. Die Düse wird über die Festdrossel FD mit Druckluft von annähernd konstantem Druck p_v (meist 1,4 bar) gespeist. Von der Düse zweigt die Stelldruckleitung zum Membranventil MVe ab, das als Stellgerät dient. Befindet sich die Prallplatte dicht an der Düse, so steigt der Stelldruck p_S fast bis auf

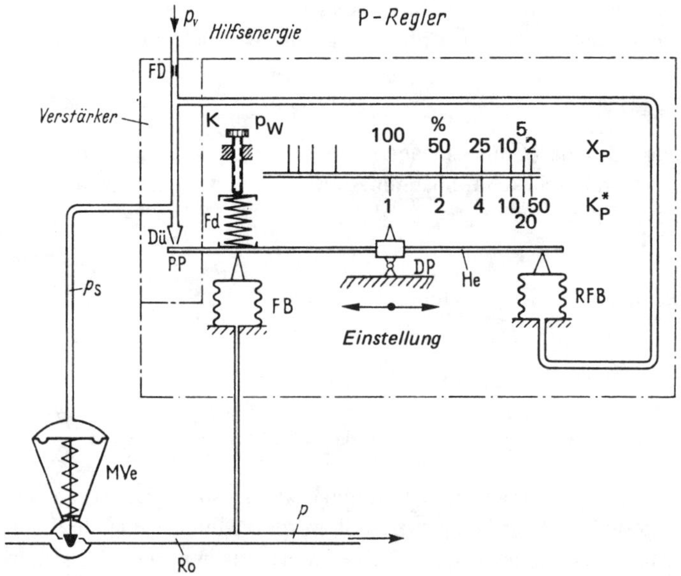

Bild 10-4
Druckregler mit pneumatischer Hilfsenergie und starrer Rückführung (P-Verhalten). Ro Rohrleitung. FB Metallfaltenbalg, He Hebel, RFB Rückführbalg, DP Drehpunkt, FD Festdrossel, Dü Düse, PP Prallplatte, Fd Feder, MVe Membranventil, p_v Speisedruck, p Rohrleitungsdruck, p_s Stelldruck, K Sollwerteinsteller für p_w.

den Speisedruck p_v an. Ist dagegen die Prallplatte weit von der Düse entfernt, so sinkt der Stelldruck p_S fast bis auf Null ab. Durch eine Abstandsänderung zwischen Düse und Prallplatte läßt sich (wie schon in Abschnitt 3.2.3 beschrieben) der Stelldruck leicht zwischen etwa Null und p_v verändern, wobei schon Abstandsänderungen von einigen Zehntelmillimetern genügen. Düse und Prallplatte stellen also zusammen einen Verstärker mit hoher Verstärkung dar, da zum Bewegen der Prallplatte nur sehr wenig Energie aufgewendet werden muß, während mit dem Stelldruck von etwa 1 bar schon bedeutende Stellkräfte ausgeübt werden können. Der Stelldruck p_S wirkt auf die Membran des Ventils MVe. Die Membrankraft verstellt dann entgegen der Kraft einer Feder den Ventilkegel und verändert damit den Ventilquerschnitt so, daß durch die entstehende Drosselung der Druck hinter dem Ventil konstant gehalten wird. Zur Einstellung der Führungsgröße p_W wird durch die Schraube K die Feder Fd gespannt oder entspannt und dadurch der Sollwert des geregelten Druckes verändert.

Das eben beschriebene Gerät würde ohne den Rückführbalg RFB als P-Regler mit einem sehr kleinen P-Bereich arbeiten. Schon kleinste Druckänderungen in der Rohrleitung würden genügen, um eine Abstandsänderung von einigen Zehntelmillimetern zwischen Düse und Prallplatte zu erzeugen und damit den Stelldruck in weiten Grenzen zu ändern. Das Ventil würde dann schon bei einer sehr kleinen Druckabsenkung praktisch voll geöffnet, bei einem kleinen Druckanstieg ganz geschlossen werden. Ein Regler mit einem so kleinen P-Bereich, d. h. mit einer so hohen Verstärkung, würde keinen stabilen Betrieb ermöglichen. Das Ventil würde dauernd öffnen und schließen. Dazu käme noch eine große Abhängigkeit des Reglers vom Speisedruck und von kleinsten Abstandsänderungen am Düsen-Prallplattensystem, wie sie durch Verziehen und Temperaturänderungen immer vorkommen. Durch Anbringen eines Rückführbalges RFB wird nun die Verstärkung herabgesetzt – d. h. der P-Bereich vergrößert – und der Regler gegen äußere Störeinflüsse unempfindlicher gemacht. Dieser Balg wird auch vom Stelldruck p_s beaufschlagt und wirkt der Kraft des Balges FB entgegen. Das vorher vorhandene *Ausschlagsystem* wird dadurch zu einem *Kraftvergleichssystem*. Da hier die Regelgröße – der Rohrleitungsdruck p – zur Messung in eine Kraft umgeformt wurde, besteht die Rückführung ebenfalls in einer der Stellgröße proportionalen Kraft. Wird beispielsweise durch einen erhöhten Leitungsdruck die Prallplatte der Düse genähert, so steigt der Stelldruck p_s etwas an. Dieser Druckanstieg erzeugt über den Rückführbalg aber eine erhöhte Gegenkraft, die den Abstand Düse–Prallplatte wieder verringert.

Der Einfluß des Rückführbalges kann durch Verschieben des Drehpunktes DP in weiten Grenzen verändert werden. Liegt der Drehpunkt nahe am Rückführbalg, so ist ein kleiner Einfluß der Rückführung vorhanden. Wir erhalten eine große Verstärkung und einen kleinen Proportionalbereich. Umgekehrt erhalten wir dann, wenn der Drehpunkt in der Nähe des Meßbalges liegt, eine starke Rückführwirkung, d. h. eine kleine Verstärkung und einen großen Proportionalbereich. Bei praktisch ausgeführten Reglern läßt sich durch Verschieben des Drehpunktes der Proportionalbereich leicht in den Grenzen von 5 bis 100% vom Meßbereich bzw. $K_P = 20 \dots 1$ verändern.

Beispiel 6: Wasserstandsregler

In einem Behälter Be soll der Wasserstand H (Bild 11-4) durch den P-Regler mit Steuerkolben (s. Bild 17-3) konstant gehalten werden.

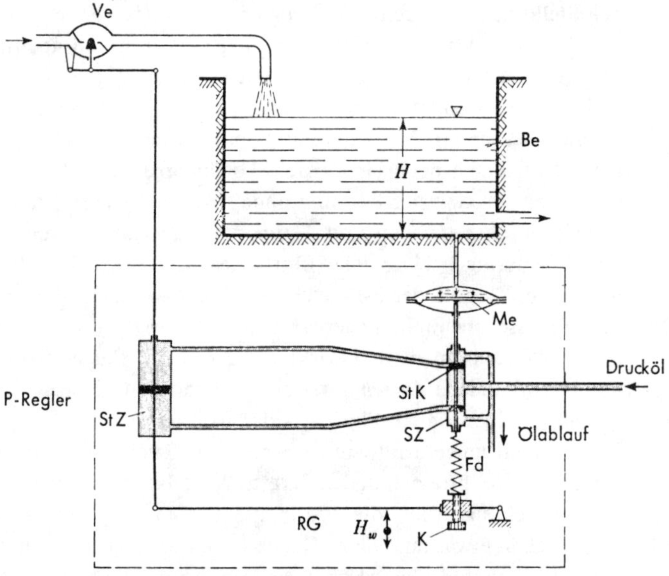

Bild 11-4
Wasserstandsregler mit starrer Rückführung (P-Verhalten). Be Behälter, Ve Zuflußventil, Me Membran, StK Steuerkolben, SZ Steuerzylinder, Fd Feder, StZ Stellzylinder, K Sollwerteinsteller, RG Rückführgestänge, H Wasserstand, Hw Führungsgröße.

Der Wasserstand H wirkt über den hydrostatischen Druck auf die Membrane Me. Die dadurch erzeugte Kraft versucht, den Steuerkolben StK gegen die Wirkung der Feder Fd zu verstellen.

Durch Ändern der Federvorspannung mit der Einstellschraube K läßt sich die Führungsgröße H_w einstellen. Der vom Steuerkolben gesteuerte Stellkolben StZ verstellt über ein Gestänge das Zuflußventil Ve. Ohne das Rückführgestänge RG würde es sich, wie wir im vorhergehenden gesehen haben, um einen reinen I-Regler handeln.

Wie später bei der Besprechung der Zusammenarbeit von Regler und Regelstrecke gezeigt wird, arbeitet ein I-Regler zusammen mit einer Regelstrecke ohne Ausgleich – wie sie der Wasserstand ja darstellt – nicht stabil. Es würde sich ein dauerndes Öffnen und Schließen des Ventils ergeben.

Durch Anbringen einer starren Rückführung vom Stellkolben auf den Steuerkolben wird aus dem I-Regler – der hier die Rolle des Verstärkers übernimmt – ein P-Regler gemacht. Als Rückführung dient das Gestänge RG, das eine gewisse Rückstellung des Steuerkolbens bewirkt. Tritt nämlich sprungweise eine Änderung des Wasserstandes auf, so wird zuerst der Steuerkolben kräftig verstellt. Dadurch beginnt der Stellkolben auszuwandern und das Einlaßventil Ve zu verstellen. Durch das Rückführgestänge wird aber gleichzeitig der Steuerkolben wieder ein Stück zurück-

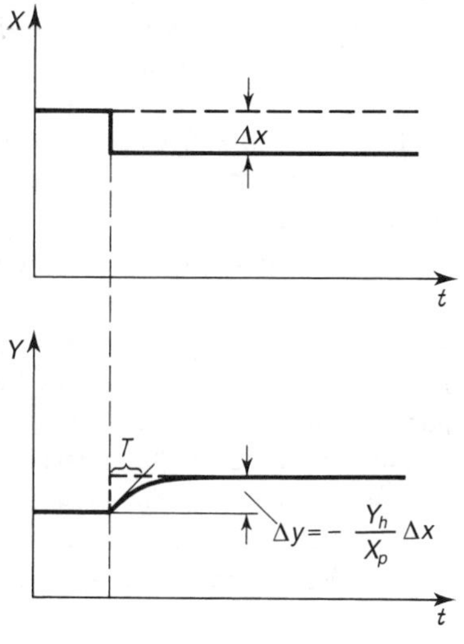

Bild 12-4
Sprungantwort des in Bild 12a gezeigten P-Reglers; gestrichelt: Sprungantwort eines idealen P-Reglers. *T* Zeitkonstante.

geholt. Der Stellkolben und das Ventil Ve bleiben schließlich in der Lage stehen, wo der Zufluß zum Behälter gerade gleich dem Abfluß ist. Der Wasserstand H muß also bei verschiedenen Abflußmengen etwas unterschiedliche Werte annehmen, je nachdem, in welcher Lage sich der Kolben, das Rückführgestänge RG und die Einstellschraube K befinden. Durch das Rückführgestänge erhalten wir also eine *Stellungszuordnung* zwischen Regelgrößenänderung und Stellgröße wie bei einem P-Regler. Der Unterschied gegenüber einem idealen P-Regler ist der, daß hier die Stellgröße der Regelabweichung nicht sofort, sondern mit einer bestimmten Zeitkonstante T verzögert folgt (Bild 12).

4.1.5 *Nachgebende Rückführung*

Machen wir die Rückführung nicht starr, sondern nachgebend, d.h. nicht dauernd, sondern nur vorübergehend wirksam, so geht der P-Regler in einen PI-Regler über. Solche nachgebenden Glieder kann man mit den unterschiedlichsten Elementen aufbauen. Im Bild 13 sind zwei Möglichkeiten gezeigt.

Bild 13a stellt eine hydrauliche Version dar. Das nachgebende Glied besteht aus den gleichen Elementen, wie sie in Bild 6 benutzt wurden, doch in einer etwas anderen Anordnung. Statt der Bohrungen im Kolben besitzt der hier verwendete Hydraulikzylinder eine Umwegleitung mit einer einstellbaren Drossel Dr. Die Feder Fd ist nun an einer Seite fest montiert. s1 und s2 sollen Wege darstellen. Wird s1, also y , sprunghaft nach oben bewegt, so wird die Feder gespannt, und s2, die Rückführgröße r , wird sich um den gleichen Betrag nach oben bewegen. Wäre die Drossel ganz geschlossen, so würde dies so bleiben, wir hätten eine starre Kopplung zwischen s1 und s2. Ist jedoch die Drossel nicht geschlossen, so wird sich der Kolben auf Grund der Federspannung zuerst schnell, dann immer langsamer in seine alte Stellung begeben, bis die Feder wieder völlig entspannt ist.

Den nachgebenden Verlauf der Größe r bei einem solchen Sprung der Eingangsgröße y zeigt Bild 13b. Das Abklingen erfolgt nach der uns schon bekannten Verzögerungsfunktion, und so läßt sich auch hier die Zeitkonstante T ermitteln.

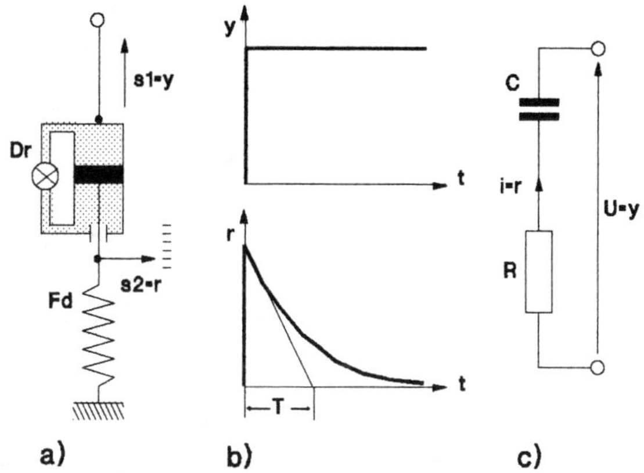

Bild 13-4
Nachgebende Rückführung, a) hydraulisches Beispiel, Dr Drossel, Fd Feder, s1 Eingangsweg *y*, s2 Rückführweg *r*. b) Spungantwort des nachgebenden Gliedes, *y* Eingangsgröße, *r* Ausgangsgröße (Rückführgröße), *T* Zeitkonstante der Rückführung. c) Elektrisches Beispiel, *R* Widerstand, *C* Kondensator, *U* Eingangsspannung *y*, *i* Strom (Rückführgröße *r*).

In Bild 13c ist ein Kondensator *C* mit einem Widerstand *R* in Reihe geschaltet. Ändert man die Spannung *U* an dieser Anordnung, so wird im ersten Augenblick ein Strom fließen, der nur durch den Widerstand bestimmt wird. Der Strom lädt den Kondensator auf. Dadurch entsteht eine Gegenspannung und der Strom wird verringert. In dem Maße, wie sich der Kondensator auflädt, nimmt der Strom ab, wenn auch immer langsamer. Der Verlauf des Stromes durch die Anordnung wird wieder genau durch die in Bild 13b gezeigte Sprungantwort beschrieben.
Wie kann nun diese nachgebende Rückführung ein doch so ganz anderes PI-Verhalten erzeugen? Schaltet man das Rückführglied wie in Bild 14a gezeigt mit einem Verstärker zusammen, so wirkt auf dessen Eingang die Regeldifferenz *e* und die Rückführgröße *r*.
Wegen seiner hohen Verstärkung wird der Verstärker seine Ausgangsgröße stets so ändern, daß die Eingangsgröße $(e - r)$ praktisch Null ist. Bei der Aufnahme der Sprungantwort des Reglers muß man die Regeldifferenz auf

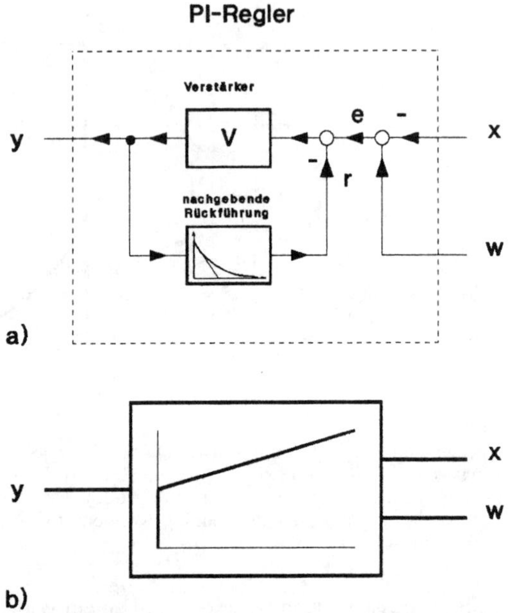

Bild 14-4
PI-Regler, aufgebaut mit nachgebender Rückführung. a) Aufbau des PI-Reglers mit Vergleicher $e = w - x$ und Verstärker mit nachgebender Rückführung. b) Blockdarstellung mit Sprungantwort des PI-Reglers.

einem konstanten Wert Δe halten, d.h. der Verstärker muß seine Ausgangsgröße y so verändern, daß die Rückführgröße r ebenfalls konstant bleibt. Betrachten wir nun nochmals das nachgebende Glied Bild 13a. Wie muß sich die Größe y verhalten, damit s2, also r , erst einen Sprung um Δe macht und dann weiter auf diesem Wert bleibt? Zuerst muß y natürlich auch einen Sprung machen. Die konstante Auslenkung der Feder wird den Kolben mit konstanter Geschwindigkeit im Zylinder bewegen, und y muß, damit die Feder in der gleichen Stellung bleibt, sich ebenfalls mit konstanter Geschwindigkeit nach oben bewegen.

Die gesamte Anordnung liefert somit eine Sprungantwort, wie sie für PI-Regler typisch ist und wie sie in den Block des PI-Reglers in Bild 14b eingetragen ist. Die Nachstellzeit T_n des PI-Reglers ist gleich der Zeitkonstante des nachgebenden Gliedes und der Proportionalbeiwert K_P wird in gleicher Weise wie bei der starren Rückführung durch der Kehrwert der Rückführverstärkung bestimmt.
Die praktische Anwendung der nachgebenden Rückführung wollen wir an drei Beispielen studieren, wobei das erste einen Regler mit hydraulischer, das zweite einen Regler mit pneumatischer und das dritte einen solchen mit elektrischer Hilfsenergie darstellt.

Beispiel 7: Wasserstandsregler mit PI-Verhalten

Wir können den Regler von Bild 11, den wir durch eine starre Rückführung zu einem P-Regler gemacht hatten, durch Anbringen einer nachgebenden Rückführung auch zu einem PI-Regler umbauen, wie es in Bild 15 gezeigt ist.
Das nachgebende Glied besteht hier aus einem kleinen Hilfsstellzylinder HStZ mit Kolben und einer einstellbaren Drossel Dr in einer Umleitung zwischen den beiden Kolbenseiten. Dieses Bauelement wird in das Rückführgestänge eingeschaltet. Bei einem sprungweisen Ändern der Regelgröße wirkt es zuerst wie eine starre Verbindung, d.h. der Regler erhält anfangs ein P-Verhalten. Mit der Zeit gleicht sich aber der auf den Kolben wirkende Differenzdruck über die Drossel aus. Damit wird die Rückführung auf den Steuerkolben immer schwächer und der Regler nimmt allmählich sein ursprüngliches I-Verhalten an, der Regler geht in einen PI-Regler über.

Beispiel 8: Druckregler mit PI-Verhalten

Der in Bild 10 dargestellte pneumatische Druckregler mit P-Verhalten läßt sich, wie es Bild 16 zeigt, in einfacher Weise zu einem PI-Regler erweitern. Dazu ist es nur erforderlich, einen zweiten Metallfaltenbalg IFB anzubringen, der jedoch nicht unmittelbar, sondern über ein fein einstellbares Drosselventil DrI vom Stelldruck p_s beaufschlagt wird.

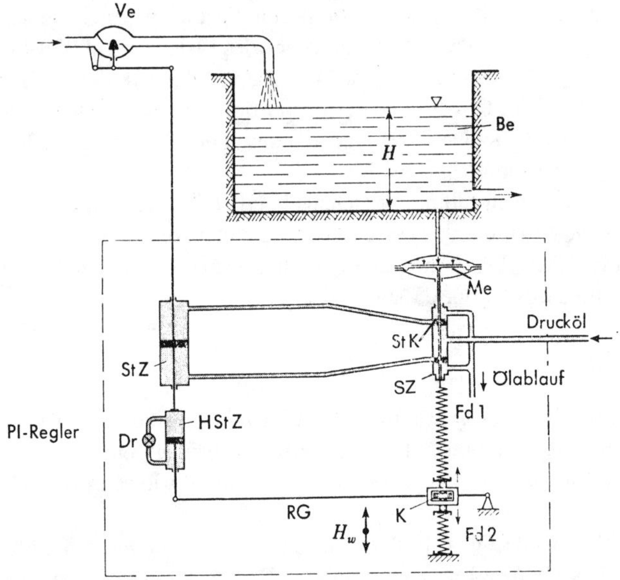

Bild 15-4
Wasserstandsregler nach Bild 11-4, jedoch mit nachgebender Rückführung (PI-Verhalten). Be Behälter, Ve Zuflußventil, Me Membran, StK Steuerkolben, SZ Steuerzylinder, Fd1 Fd2 Federn, StZ Stellzylinder, HStZ Hilfszylinder, Dr Drossel, K Sollwerteinsteller, RG Rückführgestänge, H Wasserstand, Hw Führungsgröße.

Eine solche Drossel-Behälter-Anordnung stellt, wie in Bild 12a, b-2 beschrieben wurde, ein Glied mit einer Verzögerung dar. Bei einer sprungweisen Änderung des zu regelnden Druckes um Δp wirkt der Regler zuerst wie ein P-Regler mit starrer Rückführung. Der Stelldruck p_s ändert sich dann ebenfalls sprungweise, z.B. um Δp_s. Auf den Hebel He wirkt dann die Differenz der von beiden Metallfaltenbälgen RFB und IFB ausgeübten Kräfte. Diese Differenz ist, wenn A die wirksame Fläche der Bälge ist, gleich

$$A \cdot \Delta p_s - A \cdot \Delta p_s'.$$

Dabei ist $\Delta p_s'$ der verzögert bis auf Δp_s ansteigende Druck in IFB.

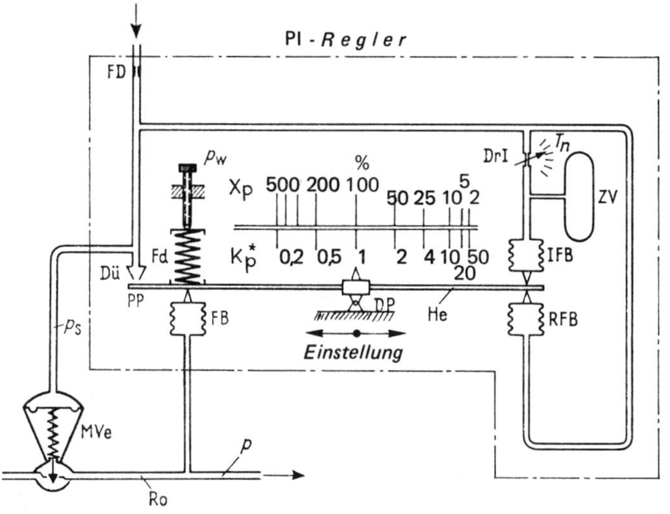

Bild 16a-4
Druckregler mit pneumatischer Hilfsenergie und PI-Verhalten durch nachgebende Rückführung (siehe auch Bild 10), bestehend aus: IFB Metallfaltenbalg, DrI Drosselventil, ZV Zusatzvolumen zum Erzeugen größerer Zeitkonstanten.

In Bild 16b ist die nachgebende Kraftwirkung auf den Hebel He graphisch dargestellt. Der proportional Δp ebenfalls sprungweise ansteigende Druck Δp_s erzeugt im Balg RFB die Kraft $F_1 = A \cdot \Delta p_s$ (Bild A).
Die Kraft $F_2 = A \cdot \Delta p_s'$ am Balg IFB ist anfangs Null, steigt dann, mit der Zeitkonstante T verzögert, auch bis auf $A \cdot \Delta p_s$ an (Bild B).
Den zeitlichen Verlauf der wirksamen Differenzkraft $F_1 - F_2$ zeigt Bild C. Die Rückführung wirkt nachgebend. Sie bewirkt also das gewünschte PI-Verhalten.

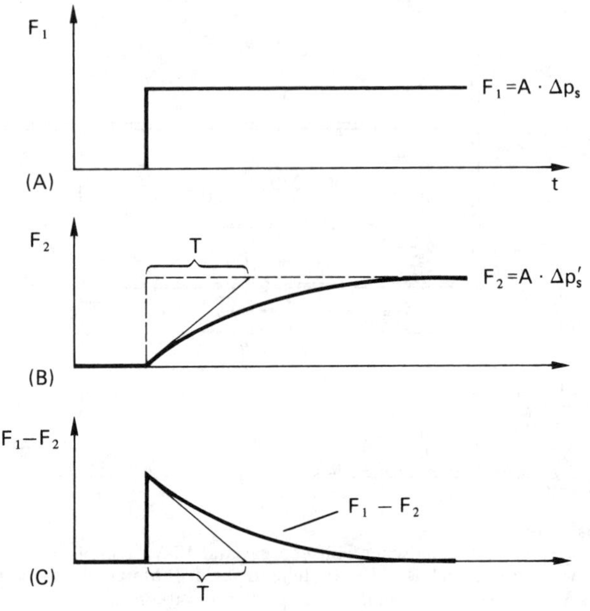

Bild 16b-4
Auf Hebel He von Bild 16a wirkende Kräfte
A Kraft F_1 vom RFB
B Kraft F_2 vom IFB
C Nachgebende Differenzkraft $F_1 - F_2$

Beispiel 10: Drehzahlregler mit PI-Verhalten

Den in Bild 9 wiedergegebenen Verstärker mit starrer Rückführung kann man durch Hinzufügen des in Bild 13c angegebenen nachgebenden Gliedes zu einem Regler mit PI-Verhalten machen (Bild 17). Die Führungsgröße U_w kann an einem Spannungsteiler eingestellt werden. Der Vergleich von Soll- und Istwert findet hier dadurch statt, daß die durch die Widerstände R_x und R_w fließenden Ströme, die den anliegenden Spannungen U_x und U_w proportional sind, sich gegenseitig aufheben müssen.

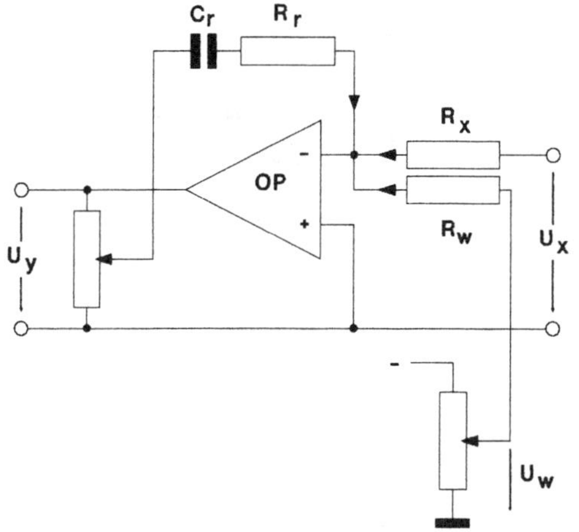

Bild 17-4
Elektronischer PI-Regler, aufgebaut mit einem Operationsverstärker mit nachgebender Rückführung. OP Operationsverstärker, R_x und R_w Eingangswiderstände, R_r und C_r Rückführung, U_x Eingangsspannung (Istwert der Regelgröße), U_w Eingangsspannung (Sollwert der Regelgröße), U_y Ausgangsspannung (Stellgröße).

Die Nachstellzeit dieses PI-Reglers ist durch den Widerstand R_r und den Kondensator C_r bestimmt ($T_n = R_r \cdot C_r$), und der Proportionalbeiwert K_P kann mit Hilfe des Potentiometers am Ausgang des Verstärkers eingestellt werden, wobei der kleinste einstellbare Wert $K_{Pmin} = R_r/R_x$ ist.
Bild 18 zeigt eine Drehzahlregelung, die mit einem solchen elektronischen PI-Regler aufgebaut ist. Als Stellglied wird ein Gleichstromsteller mit Thyristoren benutzt, wie er schon in Bild 24-1 und Bild 10-2 gezeigt wurde.
Die gewünschte Drehzahl n wird am Spannungsteiler SpT durch Verändern des Drehwinkels φ eingestellt. Der Spannungsteiler wird aus einer Konstantspannungsquelle mit einer sehr konstanten Gleichspannung gespeist. Der Drehzahlaufnehmer (Tachodynamo) G liefert eine der Drehzahl n sehr genau proportionale Gleichspannung U_x. An dem als Spannungsteiler SpT ausgebildeten Sollwerteinsteller wird die Spannung U_w abgegriffen. Die Spannungen U_x und U_w werden durch große Vorwiderstände R_x und R_w in

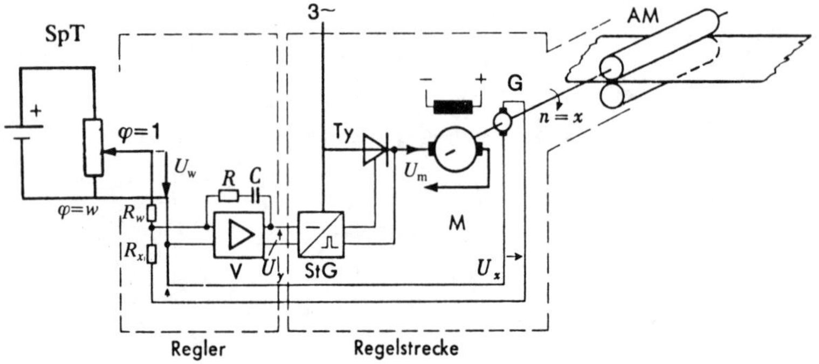

Bild 18-4
Drehzahlregler mit PI-Verhalten und anschnittgesteuerten Thyristoren. Regelgröße Drehzahl n, Führungsgröße ist Verstellwinkel φ des Sollwerteinstellers SpT, Stellgröße ist die Reglerausgangsspannung U_y. SpT Spannungsteiler, V Verstärker, StG Steuergerät, Ty Thyristoren, M Gleichstrommotor, G Drehzahlaufnehmer (Tachodynamo), AM Arbeitsmaschine, U_w Führungsspannung, U_x Istwertspannung, U_y Steuerspannung, U_m mittlere Gleichspannung. (Regler vereinfacht dargestellt).

eingeprägte Ströme umgeformt, um – wie schon vorher begründet – einen Stromvergleich durchführen zu können.

Die Ausgangsspannung U_y des Verstärkers wird dem Eingang des Steuergerätes StG zugeführt. Dieses liefert ausgangsseitig steile Steuerimpulse an die Steueranschlüsse der Thyristoren, von welchen der Übersichtlichkeit wegen nur ein einziger eingezeichnet ist.

Die Größe der Eingangsspannung U_y beeinflußt nicht die Höhe der Steuerimpulse. Die Spannung U_y verschiebt vielmehr durch eine entsprechende, hier nicht näher erläuterte Schaltung des Steuergerätes die *Phasenlage der Steuerimpulse* gegenüber der Netzwechselspannung. Durch Ändern der Phasenlage der Steuerimpulse wird die dem Motor M zugeführte mittlere Gleichspannung U_m geändert. Die Motordrehzahl n, die proportional dem Mittelwert der zugeführten Gleichspannung ist, wird dadurch der Spannung U_y verhältnisgleich. Die Drehzahl n wird durch Ändern von U_y so lange verändert, bis die vom Drehzahlaufnehmer G gelieferte Spannung U_x gleich der am Spannungsteiler abgegriffenen Spannung U_w ist, also keine Regelabweichung mehr vorhanden ist.

4.1.6 PI- *und* PID-*Regler mit sehr großen Proportionalbereichen*

Viele PI- und PID-Regler besitzen heute noch eine geeichte Skale für die Einstellung des Proportionalbereiches X_p. Diese ist oft mit Werten bis X_p = 300% und noch mehr beziffert. Der Zweck so großer Proportionalbereiche wird oft nicht verstanden, da ja der Proportionalbereich eines Reglers definitionsgemäß diejenige Änderung der Regelgröße ist, die zum Durchlaufen des ganzen Stellbereiches Y_h erforderlich ist. Bei Proportionalbereichen über 100% würden Verstellungen erforderlich sein, die über den Skalen-

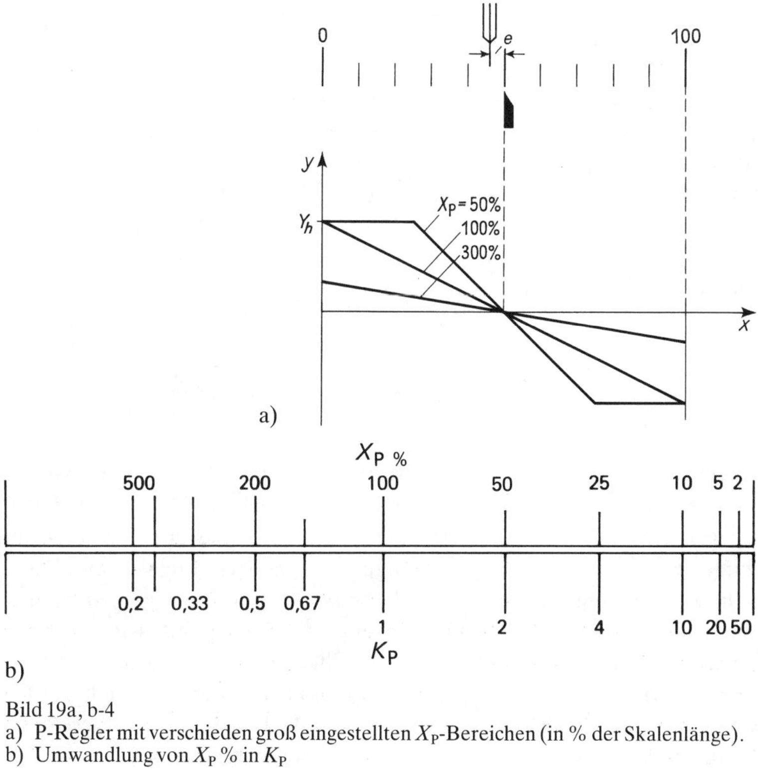

Bild 19a, b-4
a) P-Regler mit verschieden groß eingestellten X_P-Bereichen (in % der Skalenlänge).
b) Umwandlung von X_P % in K_P

oder Meßbereich der Regelgröße hinausgehen. Bild 19 zeigt einen P-Regler mit verschieden groß eingestellten Proportionalbereichen, wobei die Führungsgröße auf Skalenmitte eingestellt ist.
Bei einem P-Regler hat ein Proportionalbereich, der größer als etwa 20% des Meßbereiches ist, meist keinen Sinn mehr, weil dann die Regelaufgabe nur noch sehr unvollkommen erfüllt würde. Bei einem PI-Regler ist aber der eingestellte Proportionalbereich nur im ersten Augenblick wirksam, wie später noch näher erklärt wird. Ein großer P-Bereich bedeutet dann nur eine flachere Neigung der Kennlinie am Anfang und damit eine kleine P-Verstellung.
Wie schon im Abschnitt 3.2.5 gezeigt wurde, ist für das Verhalten eines Reglers im Regelkreis nicht der proportionale Bereich entscheidend, sondern der Proportionalbeiwert K_P. Dies ist bei einem P-Regler $K_P = Y_h/X_P$. Ein großer eingestellter P-Bereich sagt dann nur aus, daß der Proportionalbeiwert (Verstärkung) klein ist. Wird beispielsweise der Proportionalbereich von 100% in 300% geändert, so bedeutet das regeltechnisch, daß die Verstärkung des Reglers auf 1/3 des vorhergehenden Wertes herabgesetzt wurde. Bild 19b zeigt die Umrechnung vom Proportionalbereich X_P in den Übertragungsbeiwert nach der Formel $K_P = 100\%/X_P\%$.

4.2 Der PD- und PID-Regler

Tritt in einem von Hand geregelten Kreis eine große Störung auf und beginnt sich dadurch die Regelgröße rasch zu ändern, so wird ein erfahrener Bedienungsmann versuchen, die Auswirkung einer solchen Störung dadurch abzufangen, daß er anfänglich das Stellglied besonders kräftig verstellt. Diese starke Verstellung wird er aber verhältnismäßig schnell wieder zurücknehmen und sich dann allmählich an den neuen Gleichgewichtszustand des Regelkreises durch langsames Verstellen des Stellgliedes herantasten.
Die Theorie der Regelung zeigt, daß eine ähnliche Wirkung erzielt werden kann, wenn auf den Reglereingang nicht nur die Regelgröße x aufgeschaltet wird, sondern auch ihre *Änderungsgeschwindigkeit,* die mit x' bezeichnet

werden soll (Bild 20a, b). Man spricht in diesem Fall von einer D-*Aufschaltung* (D = Differential) oder von einem *Vorhalt*[1]).

Theoretisch läßt sich in vielen Fällen durch die Aufschaltung der Änderungsgeschwindigkeit der Regelgröße die Regelgüte merklich erhöhen. Praktisch ist aber der erzielbare Gewinn oft geringer. In der Verfahrensindustrie ist der PID-Regler bei schwierigen Regelaufgaben häufig anzutreffen, obwohl seine richtige Einstellung nicht ganz einfach zu finden ist.

Die in Bild 20a gezeigte Art der D-Aufschaltung hat den Nachteil, daß sie nur bei Änderungen der Regelgröße x, nicht aber der Führungsgröße w wirksam ist. Man könnte nun annehmen, daß durch eine solche D-Aufschaltung nur das Störverhalten, nicht aber das Führungsverhalten verbessert würde. Dies ist aber keineswegs so. Auch bei einer Führungsgrößenänderung wirken die dann auftretenden Änderungen der Regelgröße x ja über den Regler und damit die D-Aufschaltung zurück auf den gesamten Regel-

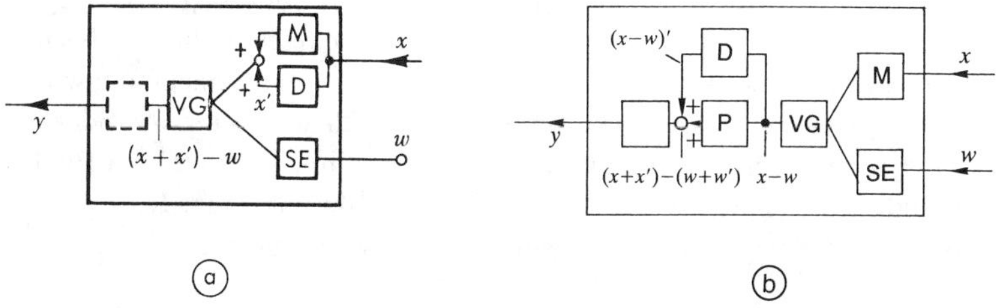

Bild 20a, b-4
Blockschema eines Reglers mit Aufschaltung der Änderungsgeschwindigkeit x'. a) Änderungsgeschwindigkeit x' der Regelgröße x aufgeschaltet, b) Änderungsgeschwindigkeit $(x - w)'$ der Regelabweichung aufgeschaltet, D Glied zur Bildung der Änderungsgeschwindigkeit, M Meßeinrichtung, VG Vergleicher, SE Sollwerteinsteller.

[1]) Differential-Aufschaltung bedeutet, daß die Änderung der Stellgröße zu jedem Zeitpunkt t dem Anstieg (Differentialquotienten) der Kurve $x=f(t)$ im Punkte t, d. h. der Änderungsgeschwindigkeit der Regelgröße x proportional ist. In der mathematischen Schreibweise erhalten wir für diesen Zusammenhang

$$y_D = K_D \cdot \frac{dx}{dt} = K_D \cdot x',$$

worin K_D eine Proportionalitätskonstante ist.

kreis. Durch das differenzierende Glied wird, gleichgültig ob nach Bild 20a oder b aufgebaut, bei brauchbarer Einstellung die Dämpfung des Kreises erhöht. Dadurch können die anderen Faktoren wie K_P und T_n schärfer eingestellt werden, das erste Überschwingen wird kleiner, die bleibende Regelabweichung geringer und die Ausregelung schneller. Wird der Eingriff des D-Gliedes allerdings zu stark, so kann auch das zur Instabilität führen. Welche der beiden Schaltungen im Einzelfall tatsächlich Vorteile bringt, ist sehr schwierig abzuschätzen und verlangt einige Informationen über den zeitlichen Verlauf der Stör- und Führungsfunktionen, den Stellbereich, vor allem aber über die Schmutzeffekte (Rauschen, Brummen usw.) mit denen die einzelnen Signale behaftet sind.

4.2.1 *Anstiegsantwort des* PD- *und* PID-*Reglers*

Da der differentielle Anteil u.U. unterschiedlich auf Änderungen der Regelgröße oder der Führungsgröße reagiert, kann man nicht mehr, wie bisher, allgemein nur Änderungen der Regeldifferenz $e = W - X$ annehmen, wobei es gleichgültig war, ob die Änderungen von e durch die Regelgröße oder die Führungsgröße verursacht wurden. Ist ein differentieller Anteil im Regler vorhanden, so reagiert er in jedem Falle auf Änderungen der Regelgröße. Aus diesem Grund werden im folgenden stets Änderungen der Regelgröße vorausgesetzt.
Wegen $e = W - X$ wirken Regelgröße und Führungsgröße mit unterschiedlichem Vorzeichen auf die Stellgröße y. Ob der Regler bei Größerwerden der Regelgröße die Stellgröße in positiver oder negativer Richtung verändern muß, hängt davon ab, in welcher Richtung die Regelstrecke auf Änderungen der Stellgröße reagiert. Das kann von Fall zu Fall unterschiedlich sein. Aus diesem Grunde besitzen die meisten Universalregler eine Umschaltung für die Wirkungsrichtung. Wichtig ist, daß im kompletten Regelkreis, bestehend aus Regler und Regelstrecke, eine Wirkungsumkehr stattfindet. Es ist deshalb üblich, das Übergangsverhalten erst einmal als positiv anzunehmen und beim Zusammenschalten zum vollständigen Regelkreis die sinnvolle Wirkungsrichtung des Reglers festzulegen.

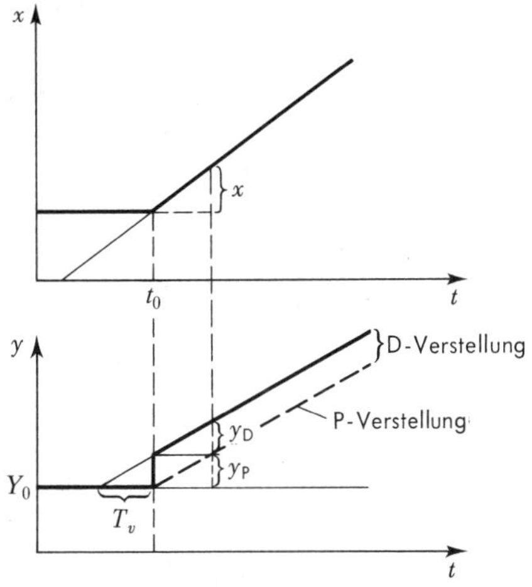

Bild 21-4
Anstiegsantwort eines PD-Reglers, wenn die Regelgröße am Reglereingang mit der Zeit gleichmäßig ansteigt. y_P P-Verstellung, y_D D-Verstellung, T_v Vorhaltezeit.

Zuerst wollen wir uns die Anstiegsantwort eines P-Reglers mit zusätzlicher D-Aufschaltung – eines *PD-Reglers* – ansehen, weil die Definition der genormten Kennzeichnungen eines Reglers mit Vorhalt von der Antwort des PD-Reglers ausgeht. Die Antwort des Reglers soll außerdem im Unterschied zu den bisher betrachteten nicht für eine sprungweise Änderung der Regelgröße gezeichnet werden, sondern für eine *mit konstanter Geschwindigkeit sich ändernde Regelgröße,* worauf ausdrücklich hingewiesen sei[1]).
Bild 21 zeigt im oberen Teil diese gleichmäßig ansteigende Regelgröße (Anstiegsfunktion) und im unteren Teil die zugehörige Anstiegsantwort des PD-Reglers. Der gestrichelte Teil wird durch den P-Anteil des Reglers hervorgerufen, seine Parallelverschiebung (stark ausgezogene Linie) ist dagegen durch den D-Anteil bedingt. Bei einer gleichmäßig sich ändernden Regelgröße ist der D-Anteil konstant, da die Änderungsgeschwindigkeit einen festen Wert hat; die Parallelverschiebung beträgt y_D = Konstante $\cdot x'$.

[1]) Das geschieht, weil sich auf diese Weise die weiter unten besprochene Vorhaltezeit einfach definieren läßt.

Die in Bild 21 eingezeichnete *Vorhaltezeit* T_V eines PD-Reglers ist also die Zeit, die das Stellglied vom Beginn einer mit konstanter Geschwindigkeit verlaufenden Änderung der Regelgröße an benötigen würde, um auf Grund der proportionalen Wirkung den Weg zurückzulegen, den es infolge der Vorhaltewirkung sofort zurücklegt.

Grundsätzlich können wir die Sprungantwort des PD-Reglers auch für eine sprungartige Regelgrößenänderung aufzeichnen. Nun ist aber die Änderungsgeschwindigkeit bei dem unendlich raschen Sprungvorgang, wie wir ihn beim Betrachten des P- und I-Reglers vorausgesetzt haben, unendlich groß. Das von einem Sprung abgeleitete D-Signal ist also theoretisch eine unendlich hohe und unendlich schmale *Nadelfunktion,* wie sie in Bild 22 angedeutet ist[1]).

Eine solche Nadelfunktion ist aber durch keine noch so vollkommene Apparatur zu realisieren noch wäre eine solche Realisierung aus den später angegebenen Gründen erwünscht. Da sowohl mechanische als auch elektrische Reglerbauteile immer eine gewisse Trägheit aufweisen und weil die Stellgröße nicht über den Stellbereich Y_h hinauswachsen kann, wird die Nadelfunktion zu einem Verlauf verschliffen, wie ihn Bild 23 zeigt. Diese praktisch realisierbare Sprungantwort entspricht in ihrem charakteristischen Verlauf der

---

[1]) Aus diesem Grunde ist die Angabe einer Gleichung für die Sprungantwort des PID-Reglers nicht möglich. Für den Fall einer endlichen Änderungsgeschwindigkeit der Regelgröße ergibt sich an Hand von Bild 21, daß die P-Verstellung nach Ablauf der Zeit T_V gleich der D-Verstellung ist.

$$y_P = K_P \cdot x.$$

Nach Ablauf von T_V wird darin (siehe Bild 21)

$$x = T_V \cdot \frac{dx}{dt}$$

und in obige Gleichung eingesetzt wird

$$y_P = y_D = K_P \cdot T_V \cdot \frac{dx}{dt}\,.$$

Durch Hinzufügen der PI-Verstellung (s. Abschnitt 4.1.2) erhalten wir die allgemeine Gleichung des *idealen* PID-Reglers:

$$y_{PID} = K_P \left(x + \frac{1}{T_n} \int_0^t x\,dt + T_V \frac{dx}{dt} \right).$$

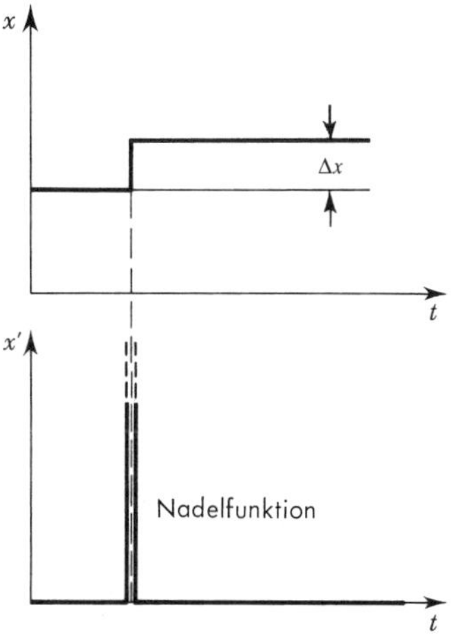

Bild 22-4
Sprungweise Veränderung der Regelgröße um Δx und die zugehörige Änderungsgeschwindigkeit x' (Nadelfunktion).

Sprungantwort des nachgebenden Rückführgliedes und stellt wie diese eine Sprungantwort mit einer Verzögerung dar. Sie ist durch ihre der Regelgrößenänderung proportionale Amplitude $K_v \cdot \Delta x$ und durch eine Zeitkonstante T_D gekennzeichnet. Dabei bedeutet K_v eine von der Reglerkonstruktion abhängige Konstante, während T_D die zusätzliche Zeitkonstante ist.
Überlagern wir, wie es Bild 24 zeigt, der Sprungantwort eines PI-Reglers eine solche D-Sprungantwort, so erhalten wir die Sprungantwort eines *realen* PID-Reglers.
Am Anfang erfolgt ein starkes, aber *begrenztes* Ändern der Stellgröße. Anschließend wird diese Änderung wieder etwa bis zu dem durch das P-Glied gegebenen Wert zurückgenommen, um dann in den langsamen integralen Anstieg der Stellgröße überzugehen. Wäre eine Nadelfunktion tatsächlich realisierbar, so würde bei jeder kleinen, raschen Regelgrößenänderung die Stellgröße an die Anschläge, d.h. bis Y_h gefahren, was unerwünscht ist.

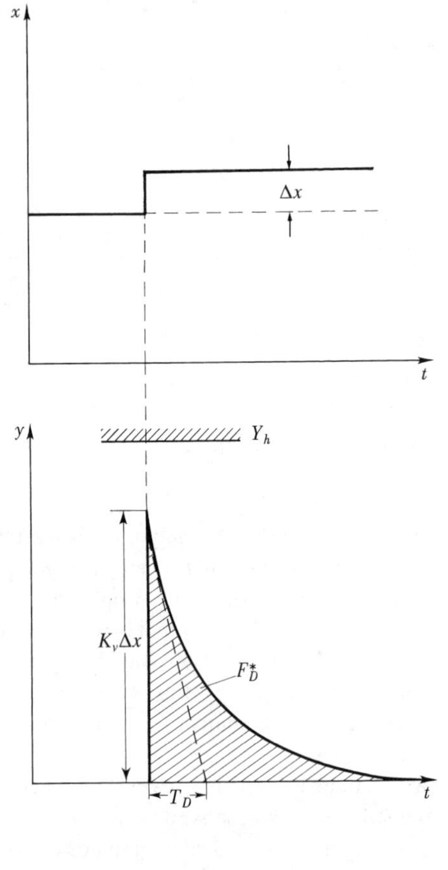

Bild 23-4
D-Wirkung bei einer sprungweisen Änderung der Regelgröße und trägheitsbehafteten Reglerbauteilen.

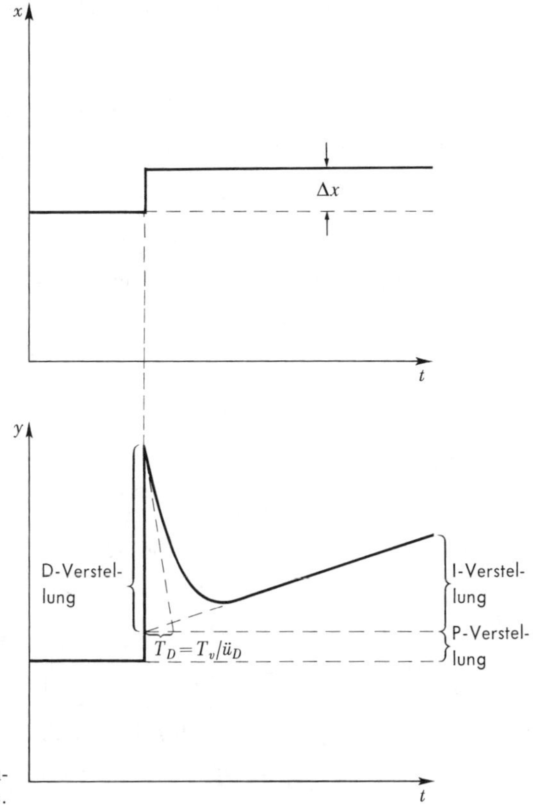

Bild 24-4
Sprungantwort des PID-Reglers, T_D zusätzliche Zeitkonstante.

4.2.2 *Erzeugen des* D-*Verhaltens*

Ähnlich wie das PI-Verhalten kann auch das D-Verhalten auf mannigfaltige Weise erzeugt werden. Hier sollen nur zwei der wichtigsten und am meisten angewendeten Verfahren erläutert werden:

a) Bildung der Änderungsgeschwindigkeit der Regelgröße

Dieses Verfahren entspricht insofern der Definition der D-Aufschaltung, als hier tatsächlich die Änderungsgeschwindigkeit der Regelgröße gebildet und auf den Reglereingang aufgeschaltet wird. Wie das praktisch geschieht, wollen wir an den Beispielen einer mechanischen und einer elektrischen Anordnung betrachten.

Beispiel 11: Kursregelung eines Flugzeuges mit PD-Verhalten (Bild 25)

Bei der Kursregelung soll im Geradeausflug dauernd ein bestimmter Kurswinkel φ gegen die Bezugsgerade A – A′ eingehalten werden. Jede Abweichung von diesem Winkel soll sofort das Seitenruder so beeinflussen, daß

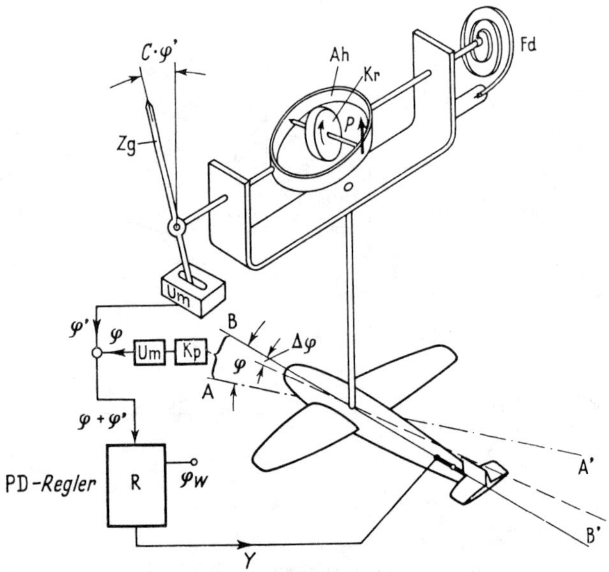

Bild 25-4
Kursregelung bei einem Flugzeug mit Wendezeiger (PD-Verhalten): Kr Kreisel, Ah Aufhängung, Fd Torsionsfeder, Zg Zeiger, R Regler, φ Kurswinkel, Um Umformer, Kp Kompaß, Δφ Kurswinkelabweichung, φ′ Änderungsgeschwindigkeit des Kurswinkels, φ_w Sollwerteinsteller für den Kurswinkel.

der Winkel φ wieder hergestellt wird. Es soll aber nicht erst abgewartet werden, bis schon eine Änderung des Kurswinkels aufgetreten ist, sondern die Steuerung soll schon bei Auftreten einer Änderungsgeschwindigkeit φ' des Kurswinkels eingreifen. Hierzu dient ein Gerät, das mit Wendezeiger bezeichnet wird und im Prinzip einen gefesselten Kreisel darstellt. Bild 25 zeigt den Aufbau einer solchen Anordnung.
Der leicht drehbar gelagerte Kreisel Kr wird von einem hier nicht gezeichneten Elektromotor mit hoher Drehzahl angetrieben. Die Kreiselachse liegt parallel zur Flugzeugachse B − B′. Tritt nun infolge einer Störung, z.B. einer seitlichen Bö, eine Kurswinkelabweichung $\Delta\varphi$ auf, so wird die Kreiselachse um den gleichen Winkel gedreht. Ein Kreisel reagiert auf eine solche Verdrehung seiner Achse mit einer Kraft P in der gezeichneten Richtung. Dabei ist die Kraft proportional der Änderungsgeschwindigkeit φ', d. h. es gilt $P=\varphi' \cdot$ Konstante.
Mit Hilfe der Spiralfeder Fd wird die Kraft P in einen proportionalen Ausschlag des Wendezeigers Zg umgeformt. Auf den Eingang des Reglers R wird neben der Winkeländerungsgeschwindigkeit φ' auch der Kurswinkel φ gegeben, der z.B. mit dem Kompaß Kp gemessen wird. Um die Ausschläge von Kreisel und Kompaß im Regler summieren zu können, werden sie über die Meßgrößenumformer Um auf den Reglereingang geschaltet. Es handelt sich hier also um einen (P + D) = PD-Regler. Das Stellglied für die Stellgröße Y besteht aus einem Stellmotor und dem Seitenruder.

Beispiel 12: Spannungsregler mit PID-Verhalten

In Bild 26 wird für die Spannungsregelung eine Variante des in Bild 17 dargestellten PI-Reglers verwandt, der zu einem PID-Regler erweitert ist. In der Rückführung befindet sich ein weiterer einstellbarer Widerstand R_n, mit dem die Nachstellzeit T_n beeinflußt werden kann. Der Soll-/Istwertvergleich wird hier dadurch vorgenommen, daß die beiden Spannungen U_E und U_W in Reihe geschaltet sind (VG).
Das D-Verhalten wird durch die parallel zu R_e geschaltete Kombination von C_V und R_V erreicht. Bleibt die vom Vergleicher gebildete Differenzspannung Δu konstant, so ist der zusätzliche Strom $i_D = 0$. Bei jeder Änderung

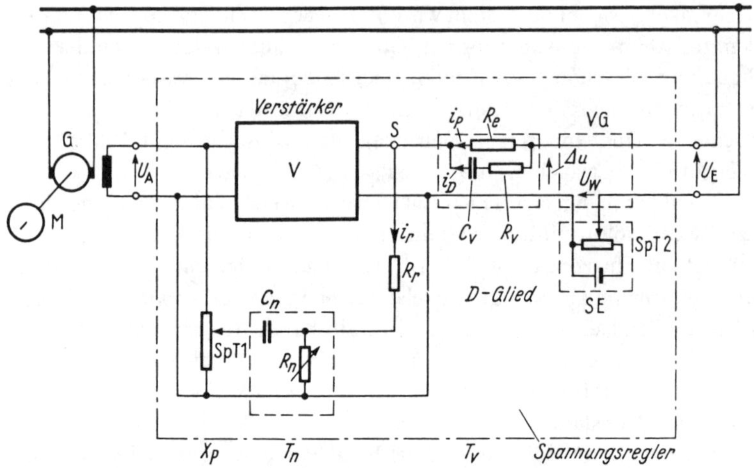

Bild 26-4
Spannungsregler mit PID-Verhalten, erzeugt durch nachgebende Rückführung und D-Glied hinter Vergleicher. V Verstärker, VG Vergleicher, SE Sollwerteinsteller, D-Glied, S Stromsummierungspunkt. C_v einstellbarer Kondensator für die Vorhaltezeit T_v, R_n Widerstand zur Einstellung der Nachstellzeit T_n, Δu Regelabweichungsspannung.

von U_E oder U_W jedoch entsteht durch den Kondensator C_V ein zusätzlicher Ladestrom i_D, der der Änderungsgeschwindigkeit der Eingangsspannung proportional ist. Dieser zusätzliche Strom muß durch den Rückführstrom i_r kompensiert werden, was nur durch eine entsprechende Veränderung der Ausgangsspannung des Verstärkers U_A möglich ist. Somit entsteht bei einer sprungförmigen Veränderung von Δu am Eingang das für den PID-Regler typische Verhalten der Ausgangsspannung, wie es Bild 24 zeigt.

Ein PID-Verhalten kann auch mit einer verzögerten *und* nachgebenden Rückführung erzeugt werden (Bild 30). Die hier beschriebene Art der D-Bildung ist der mit Rückführung völlig gleichwertig. Seitdem preiswerte hochempfindliche Gleichspannungsdifferenzverstärker (sogenannte Operationsverstärker) als integrierte Schaltkreise auf dem Markt sind, bereitet der Aufbau solcher elektronischer Regler keine Schwierigkeiten mehr.

b) Verzögerte Rückführung

Dieses Verfahren wird sehr häufig angewendet, insbesondere dann, wenn es Schwierigkeiten macht, die Änderungsgeschwindigkeit der Regelgröße unmittelbar zu bestimmen. Die Aufgabe des D-Signals ist es ja, im ersten Augenblick nach einer Regelabweichung eine verstärkte Änderung der Stellgröße zu bewirken. Wir haben gesehen, daß die Rückführwirkung im Fall einer nachgebenden Rückführung mit der Zeit verschwindet. Dadurch kommt die hohe Verstärkung im Regler erst nach längerer Zeit zur Wirkung. Es liegt nahe, die volle Verstärkung anfangs ungehindert wirken zu lassen, um eine vorübergehende starke Änderung der Stellgröße zu erzielen. Das läßt sich in einfacher Weise dadurch erreichen, daß man das Einsetzen der nachgebenden Rückführung verzögert. Bild 27 zeigt in Blockdarstellung einen Regler mit verzögert einsetzender Rückführung VR, durch die ein PD-Verhalten erreicht wird. Das verzögernde Glied soll eine Sprungantwort eines Verzögerungsgliedes aufweisen.

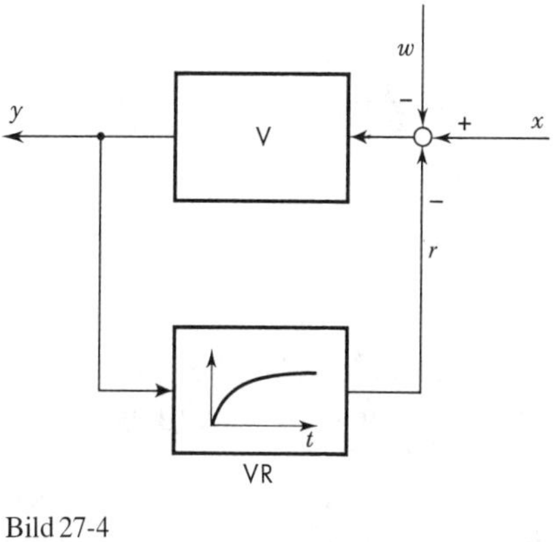

Bild 27-4
Blockschaltbild eines PD-Reglers, aufgebaut aus Verstärker V und verzögerter Rückführung VR.

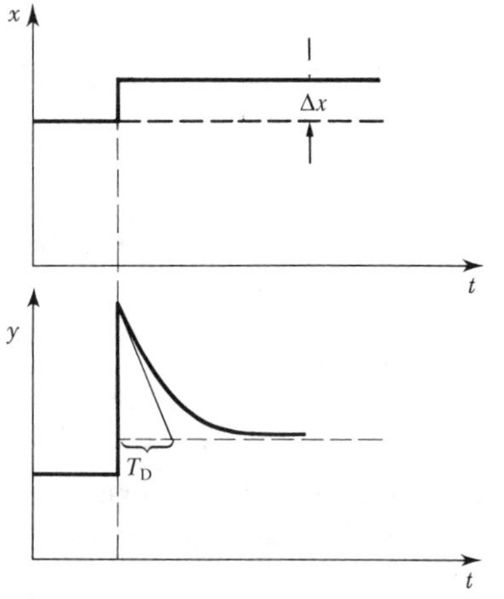

Bild 28-4
Sprungantwort eines PD-Reglers, erzeugt durch eine verzögert einsetzende Rückführung, mit zusätzlicher Vorhaltbegrenzung.

Bild 28 zeigt die durch das verzögernde Rückführglied VR erzeugte Sprungantwort des PD-Reglers mit zusätzlicher Vorhaltbegrenzung.
Schalten wir schließlich, wie es das folgende Blockschaltbild (Bild 29) zeigt, das verzögerte Glied VR und das nachgebende Glied NR in Reihe in den Rückführkanal, so erhalten wir einen PID-Regler.
Die durch Überlagern eines PI- und eines D-Anteils entstandene Sprungantwort eines solchen Reglers haben wir ja bereits in Bild 24 kennengelernt.

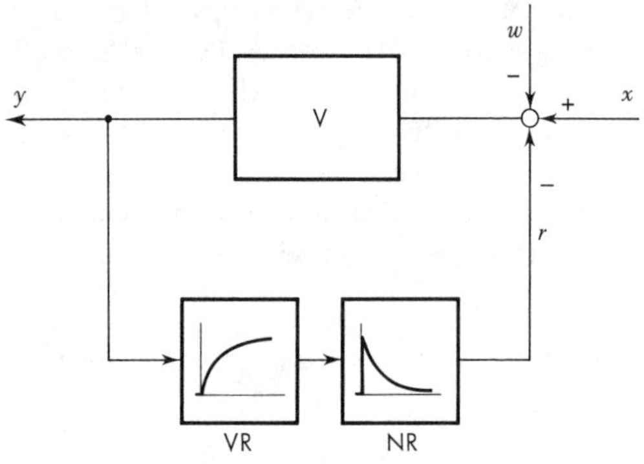

Bild 29-4
Regler mit PID-Verhalten erzeugt durch verzögerte und nachgebende Rückführung an einem Verstärker. V Verstärker, VR verzögerndes Glied, NR nachgebendes Glied.

Beispiel 13: Spannungsregler mit PID-Verhalten (mit verzögerter und nachgebender Rückführung)

Bild 30 zeigt die Spannungsregelung von Bild 26, wobei das D-Verhalten jetzt durch ein zusätzliches Verzögerungsglied in der Rückführung erzeugt wird.
Dem nachgebenden $R_n C_n$-Glied ist jetzt ein verzögert wirkendes $R_v C_v$-Glied vorgeschaltet, welches die Vorhalte-Zeitkonstante bestimmt. (Der gestrichelt gezeichnete Widerstand R_D vor C_v soll vorläufig außer acht gelassen werden).

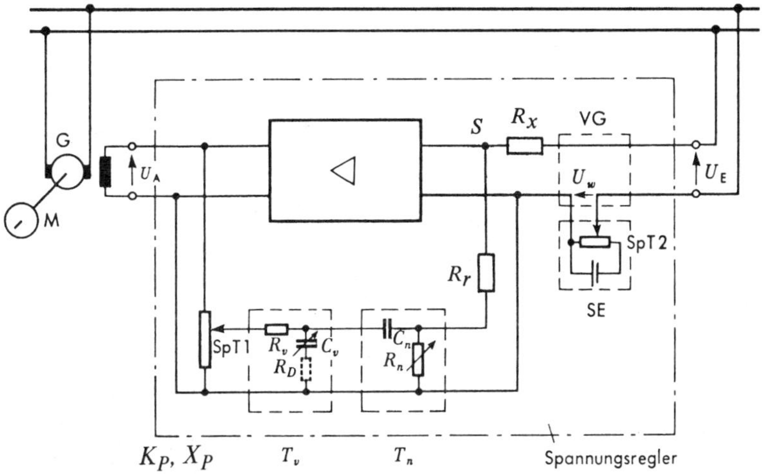

Bild 30-4
Elektrischer Spannungsregler wie Bild 26 mit verzögerter und nachgebender Rückführung zum Erzeugen des PID-Verhaltens. C_v Einstellbarer Kondensator für die Vorhaltezeit T_v, R_n Widerstand zur Einstellung der Nachstellzeit T_n.

Bei einer sprungweisen Änderung von U_A fließt über R_v ein Ladestrom zum Kondensator C_v, der erst allmählich an diesem eine Spannung aufbaut. Durch diesen erst allmählichen Spannungsaufbau steigt die Spannung für den nachgeschalteten, nachgebenden Kreis erst allmählich an. Die verstärkungsmindernde Wirkung der Rückführung ist also im ersten Augenblick aufgehoben. Dadurch ist die volle Verstärkung des Verstärkers V wirksam, und es wird eine der D-Wirkung entsprechende kurzzeitige, große Änderung der Ausgangsspannung U_A erzeugt.

Beispiel 14: Druckregler mit PID-Verhalten

Eine verzögert einsetzende und nachgebende Rückführung können wir in dem schon in Bild 10 und 16 beschriebenen pneumatischen PI-Druckregler leicht anbringen (Bild 31).

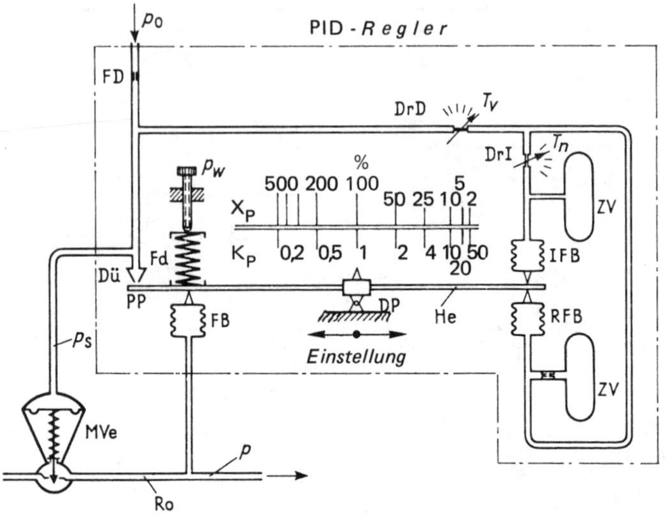

Bild 31-4
Pneumatischer Druckregler mit verzögerter und nachgebender Rückführung zum Erzeugen des PID-Verhaltens. DrD einstellbare D-Drossel, ZV Zusatzvolumen.

Es genügt, vor den Bälgen RFB und IFB eine weitere einstellbare Drossel DrD anzubringen.

Diese Drossel bewirkt in Verbindung mit dem nachgeschalteten Rückführbalg RFB, daß die Wirkung der Rückführung anfänglich ganz ausgeschaltet und das Düsenprallplattensystem mit seiner hohen Verstärkung voll wirksam ist. Dadurch erfolgt bei einer Regelabweichung zunächst eine kräftige Änderung des Stelldruckes. Mit dem Aufladen des Balges RFB und zunehmender Rückführwirkung wird sie jedoch bald wieder zurückgenommen. Infolge des Druckausgleichs zwischen den Bälgen RFB und IFB über das Drosselventil DrI verschwindet indessen auch diese Rückführung wieder, so daß nach längerer Zeit die maximale Verstärkung wirksam ist.

4.2.3 *Vorhaltverstärkung, Vorhaltüberhöhung*

Für ein vertieftes Verständnis der D-Wirkung eines wirklichen Reglers ist es unbedingt erforderlich, sich mit dem schon früher erwähnten Begriff der *Vorhaltverstärkung* näher auseinanderzusetzen und die *Vorhaltüberhöhung* einzuführen. Die folgenden Ausführungen, die erfahrungsgemäß nicht ganz leicht zu verstehen sind, werden zweckmäßigerweise beim ersten Lesen des Buches überschlagen.

Bei einem wirklichen Regler hat die Änderung der Stellgröße y_D bei einer sprungweisen Änderung der Regelgröße um Δx nicht die Form einer Nadelfunktion, sondern den in Bild 23 wiedergegebenen Verlauf. Die *endliche Höhe* des D-Sprunges ist $\Delta x \cdot K_v$, wo K_v eine mit Vorhaltverstärkung bezeichnete Konstante ist. Die D-Wirkung klingt mit der Zeitkonstante T_D ab.

Zur Berechnung der Vorhaltverstärkung soll zunächst ein idealer Regler angenommen werden und weiter, daß die Änderung nicht sprungweise, sondern rampenförmig erfolgt, wie in Bild 32 gezeigt wird. Innerhalb der Zeit Δt steigt die Regelgröße um Δx an. Die Änderungsgeschwindigkeit der Regelgröße ist dann während der Zeit Δt gleich:

$$\text{Änderungsgeschwindigkeit} = \frac{\Delta x}{\Delta t}.$$

Die dadurch bewirkte Stellgrößenänderung ergibt sich nach der in Abschnitt 4.2.1 für einen idealen Regler gültigen Gleichung durch Multiplikation mit dem Übertragungsbeiwert K_P und der Vorhaltezeit T_V mit

$$y_D = K_P \cdot \frac{\Delta x}{\Delta t} \cdot T_V .$$

Wird bei gleichbleibendem Δx die Zeit Δt immer kleiner gemacht, so wird dadurch y_D immer größer.

Für die Wirkung des D-Impulses auf die Regelstrecke ist jedoch – und das ist der entscheidende Gedanke – nicht y_D maßgebend, sondern das Produkt aus $y_D \cdot \Delta t$, das gleich ist der schraffierten Fläche. Der Grund liegt darin, daß eine Stellgrößenänderung eine gewisse Zeit dauern muß, wenn sie sich in einer verzögerungsbehafteten Regelstrecke, wie wir sie hier voraussetzen wollen, am Ausgang der Regelstrecke auswirken soll.

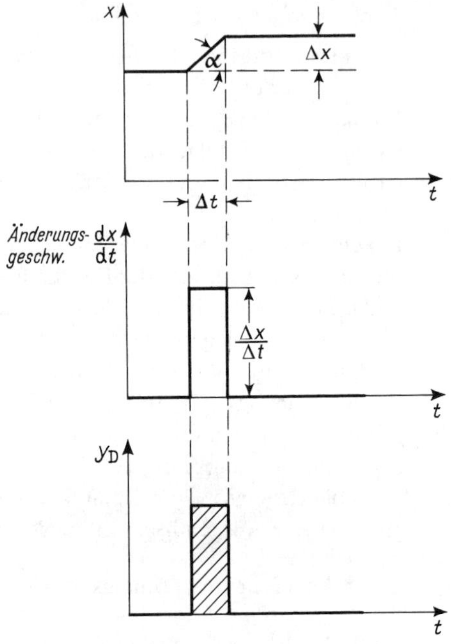

Bild 32-4
Zur Erklärung der Vorhaltverstärkung. a) rampenförmige Änderung der Regelgröße, b) zugehörige Änderungsgeschwindigkeit und c) Verstellung y_D.

Für die schraffierte Fläche gilt:

$$F_D = y_D \cdot \Delta t = K_P \cdot \frac{\Delta x}{\Delta t} \cdot T_V \cdot \Delta t = K_P \cdot T_V \cdot \Delta x$$

Dieses Produkt ist bemerkenswerterweise unabhängig von Δt, es gilt also auch für beliebig kleines Δt, also auch für einen Sprung von x.
Hat der D-Impuls den in Bild 23 wiedergegebenen Verlauf, so ist offenbar seine Wirkung auf die Regelstrecke gleich der eines Nadelimpulses, wenn

die dort schraffierte Fläche gleich ist $K_P \cdot T_V \cdot \Delta x$. Eine in der Fußnote[1]) gebrachte Ableitung zeigt, daß die schraffierte Fläche gleich ist

$$F_D^* = K_v \cdot T_D \cdot \Delta x\,.$$

Durch Gleichsetzen beider Ausdrücke für die Fläche F_D und $F_D{}^*$ folgt:

$$K_P \cdot T_v \cdot \Delta x = K_v \cdot T_D \cdot \Delta x\,,$$

$$K_P \cdot T_v = K_v \cdot T_D\,,$$

$$T_v = \frac{K_v}{K_P} \cdot T_D = \ddot{u}_D \cdot T_D\,.$$

Der Abschnitt der Tangente der D-Sprungantwort auf der Zeitachse entspricht also der zusätzlichen Zeitkonstanten T_D, während die Vorhaltzeit T_v über $K_v = K_P \cdot T_v/T_D$ die Höhe der anfänglichen Stellgrößenänderung bestimmt.

Bei der sprungweisen Regelgrößenänderung ist die durch das P-Glied eines PD- oder PID-Reglers hervorgerufene Stellgrößenänderung

$$y_P = K_P \cdot \Delta x.$$

Die durch das D-Glied hervorgerufene anfängliche Stellgrößenänderung ist

$$y_D = K_v \cdot \Delta x.$$

Dann ist die Vorhaltüberhöhung

$$\ddot{u}_D = \frac{y_D}{y_P} = \frac{K_v\,\Delta x}{K_P\,\Delta x} = \frac{K_v}{K_P} = \frac{T_v}{T_D}\,.$$

Das bedeutet, daß $\ddot{u}_D$ aussagt, um wieviel mal größer der D-Sprung gegenüber dem P-Sprung ist (Bild 33).

Die oben angegebene Ableitung geht davon aus, daß der P-Sprung unverzögert erfolgt. Im allgemeinen – so z.B. auch bei den Schaltungen Bild 26, 30,

---

[1]) Die Gleichung des D-Impulses von Bild 23 ist

$$y_D = K_v \cdot \Delta x \cdot e^{-t/T_D}.$$

Die schraffierte Fläche ist

$$F_D^* = \int_0^\infty y_D\,dt = \int_0^\infty K_v \cdot \Delta x \cdot e^{-t/T_D}\,dt = K_v\,\Delta x\,T_D.$$

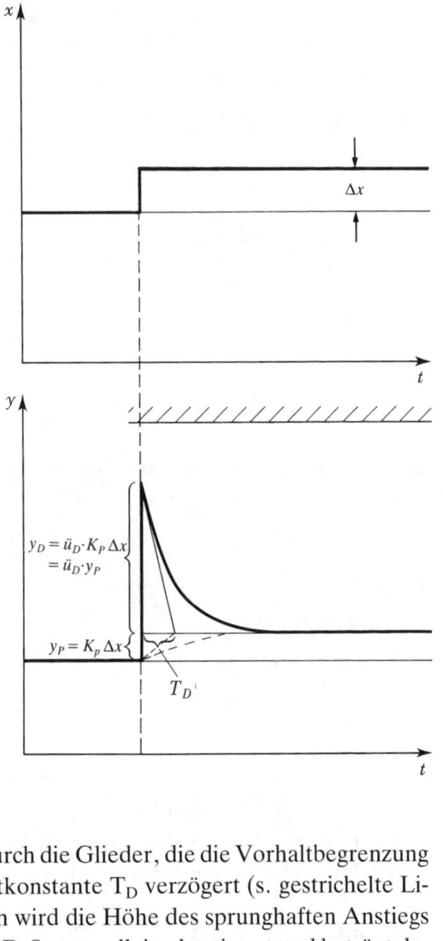

Bild 33-4
Überlagerung von P-Verstellung y_P und D-Verstellung y_D, wobei $y_D = ü_D \cdot y_P$ ist.

31 – wird der P-Sprung jedoch durch die Glieder, die die Vorhaltbegrenzung bewirken, ebenfalls mit der Zeitkonstante T_D verzögert (s. gestrichelte Linien in Bild 33). In diesen Fällen wird die Höhe des sprunghaften Anstiegs im ersten Augenblick durch den D-Sprung alleine bestimmt und beträgt damit nur $ü_D \cdot K_P \cdot \Delta x$ (statt $(ü_D + 1) \cdot K_P \cdot \Delta x$).
Der Reglerübertragungsbeiwert K_P ist durch die Einstellung des Reglers gegeben. Die Vorhaltüberhöhung kann an sich in weiten Grenzen frei gewählt

werden. Gebräuchlich sind Werte der Vorhaltüberhöhung von $\ddot{u}_D = 5 \cdots 25$, d.h. der D-Sprung ist $5 \cdots 25$ mal größer als der P-Sprung. Am gebräuchlichsten ist $\ddot{u}_D \approx 10$. Wird die Vorhaltüberhöhung sehr klein gewählt, so wird der Zeitabschnitt T_D auf der Zeitachse groß. Dadurch entfernt sich aber dieser nichtideale D-Impuls immer mehr vom idealen Nadelimpuls, die D-Wirkung wird immer verwaschener. Wird die Vorhaltüberhöhung sehr groß gewählt, so kommt schon bei jeder kleinen sprungweisen Störung das Stellglied an den Anschlag. Eine sinnvolle Regelung ist unter diesen Umständen nicht mehr möglich. Eine Nadelfunktion, bei welcher die Vorhaltüberhöhung unendlich ist, wäre daher, wenn sie realisierbar wäre, gar nicht erwünscht.
Es gibt Reglerkonstruktionen, bei welchen die Vorhaltüberhöhung unabhängig von der Einstellung der Vorhaltezeit T_V ist, aber ebenso auch Konstruktionen, bei welcher die Vorhaltüberhöhung mit wachsendem T_V zunimmt. Nach dem Besagten ist es erforderlich die Vorhaltüberhöhung auf die angegebenen Werte zu begrenzen. Wie das praktisch geschieht, zeigen die folgenden Beispiele:

Beispiel 15:

Wie schon in Beispiel 13 ausgeführt, ist bei einer sprungweisen Änderung der Regelgröße durch die Wirkung der verzögerten Rückführung im ersten Augenblick die volle Verstärkung des Verstärkers wirksam. Das gibt in den meisten Fällen eine unerwünscht hohe Vorhaltüberhöhung. Durch Einfügen des in Bild 30 gestrichelt gezeichneten Widerstandes R_D läßt sich die Vorhaltverstärkung herabsetzen. Im ersten Moment nach einer sprungweisen Regelgrößenänderung ΔU_E ist der Kondensator C_v (weil er noch keine Gegenspannung aufbauen konnte) unwirksam. Die am Ausgang des Reglers entstehende Spannungsänderung ΔU_A teilt sich dann in einen Spannungsabfall am Widerstand R_v und einen am Widerstand R_D auf. Der an R_D liegende Spannungsabfall, der an das nachgebende Glied jetzt unverzögert weitergegeben wird, beträgt $\Delta U_A \cdot R_D / (R_D + R_v)$. Dieser Spannungssprung bewirkt schon im ersten Augenblick eine Gegenkopplung. Es ist jetzt nicht mehr die volle Verstärkung wirksam, sondern eine wesentlich kleinere. Diese ist durch das oben angeführte Widerstandsverhältnis bestimmt. Die Vorhaltverstärkung läßt sich durch Ändern des Widerstandes R_D in weiten Grenzen verändern. Die gleiche Aufgabe, den Vorhalt zu begrenzen, erfüllt in Bild 26 der Widerstand R_v.

Beispiel 16: Druckregler mit PID-Verhalten ($\ddot{u}_D$ begrenzt)

Auch bei dem Druckregler von Bild 31 läßt sich die Vorhaltverstärkung kleiner als die durch das Düsen-Prallplattensystem gegebene, meist sehr hohe Verstärkung machen. Dazu genügt es, in die Zuleitung zu dem Zusatzvolumen ZV des Balges RFB eine weitere Drosselstelle anzubringen, wie es gestrichelt angedeutet ist.

Eine sprungweise Regelgrößenänderung (Änderung des Leitungsdruckes p) bewirkt über das Düsen-Prallplattensystem eine sprungweise Änderung des Stelldruckes um Δp_S. Diese Druckänderung teilt sich aber jetzt in einen Druckabfall an der einstellbaren Drossel DrD und einen Druckabfall an der Drosselstelle vor dem Zusatzvolumen ZV auf (dabei wird vorausgesetzt, daß das Volumen der Rohrleitung und des Balges RFB klein ist gegenüber dem Zusatzvolumen ZV). Auf den Rückführbalg RFB wird dann *sofort* nach einer Stelldruckänderung ein Bruchteil der Druckänderung Δp_S einwirken und dadurch eine verstärkungsmindernde Gegenkopplung erzielt. Es ist dann nicht mehr die volle Verstärkung des Düsen-Prallplattensystems wirksam, sondern eine kleinere Vorhaltverstärkung. Je größer der Strömungswiderstand der Festdrossel vor ZV im Vergleich zum Strömungswiderstand der Drossel DrD ist, um so kleiner ist die Vorhaltverstärkung. Die Vorhaltverstärkung ist hier nicht konstant, sondern nimmt mit der Einstellung größerer T_V-Werte zu.

Das ist aber meist nicht unerwünscht, weil zu großen T_V-Werten langsame Regelstrecken gehören, bei welchen sprungweise Regelgrößenänderungen kaum vorkommen. Eine höhere Vorhaltverstärkung ist dort zulässig. Sollte auch hier mit einer konstanten Vorhaltverstärkung gearbeitet werden, so müßte der Drosselquerschnitt DrD konstant sein und die Einstellung von T_V durch ein veränderbares Zusatzvolumen ZV vorgenommen werden.

In der folgenden Gegenüberstellung sollen die Kennzeichen und Eigenschaften des PID-Reglers sowie der übrigen stetigen Regler noch einmal zusammengefaßt werden.

4.2.4 *Gegenüberstellung von* P-, I-, PI- *und* PID-*Regler*

Reglertyp →	P	I	PI	PID
Kennzeichnende Eigenschaft	Stellgrößenänderung ist der Regeldifferenz proportional	Stellgeschwindigkeit ist der Regeldifferenz proportional bzw. Stellgrößenänderung ist dem Produkt aus Regeldifferenz und Zeit proportional	Stellgrößenänderung ist der Regeldifferenz u. dem Produkt aus Regeldifferenz und Zeit proportional	Stellgrößenänderung ist der Regeldifferenz, dem Produkt aus Regeldifferenz und Zeit, sowie d. Änderungsgeschwindigkeit der Regelgröße proportional
Kenngrößen	P-Bereich X_P Stellbereich Y_h Proportionalbeiwert $K_P = \frac{Y_h}{X_P}$	Übertragungsbeiwert K_{IR} Stellbereich Y_h	Proportionalbeiwert K_P Stellbereich Y_h Nachstellzeitkonstante T_n	Proportionalbeiwert K_P Stellbereich Y_h Nachstellzeitkonstante T_n Vorhaltezeitkonstante T_v
Gleichung für sprungweise Regelgrößenänderung um Δx	$y = K_P \cdot \Delta x = \frac{Y_h}{X_P} \cdot \Delta x$	$v_y = K_{IR} \cdot \Delta x$ $y = K_{IR} \cdot \Delta x \cdot t$	$y = K_P \cdot (\Delta x + \frac{1}{T_n} \Delta x\, t)$	
allgemein	$y = K_P \cdot x$	$y = K_{IR} \int x\, dt$	$y = K_P \cdot (x + \frac{1}{T_n} \int x\, dt)$	$y = K_P(x + \frac{1}{T_n} \cdot \int x dt + T_v \cdot \frac{dx}{dt})$

Sprung-antwort	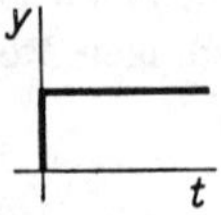	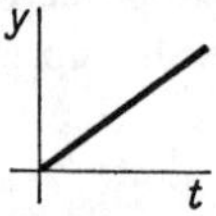	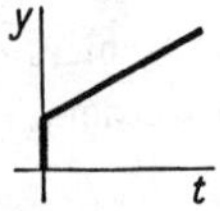	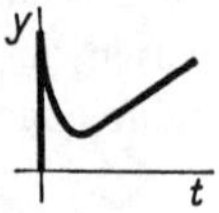
Vorteile	Meistens einfacher Aufbau	Keine bleibende Regeldifferenz. An Strecken nur mit Totzeit gut zu verwenden	Keine bleibende Regeldifferenz. Schnellere Ausregelung als beim I-Regler. Für alle Strecken geeignet	Keine bleibende Regeldifferenz. Hohe Regelgüte erreichbar, wenn nicht vorwiegende Totzeit im Regelkreis
Nachteile	Bleibende Regeldifferenz. An Strecken nur mit Totzeit nicht zu verwenden	Aufbau meist komplizierter als beim P-Regler. An Strecken ohne Ausgleich nicht zu verwenden. Zu langsame Ausregelung bei großer Zeitkonstante der Regelstrecke	Aufbau komplizierter als beim P-Regler	Komplizierter Aufbau. Schwierigere Einstellung

4.3 Regelungstechnische Begriffe zu Abschnitt 4

Begriff	Zeichen oder Symbol	Erklärung
PI-Regler	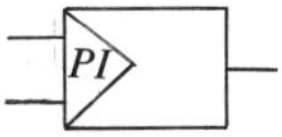	Regler, bei welchem die Änderung der Stellgröße sich aus einem der Regeldifferenz proportionalen Anteil und aus einem zweiten Anteil zusammensetzt, der der Regeldifferenz *und* der Zeit proportional ist
Nachstellzeit	T_n	Zeit, welche der I-Teil der Sprungantwort des PI-Reglers auf der Zeitachse abschneidet (Bild 1 d-4).
Zähe Dämpfung	–	Zähe Dämpfung liegt vor, wenn die Bewegung eines Körpers unter der Wirkung einer konstanten Kraft mit gleichförmiger Geschwindigkeit abläuft.
Rückführung	–	1. Rückführung eines Teiles der Ausgangsgröße auf den Eingang eines Verstärkers, so daß eine Verstärkungsminderung eintritt 2. Einrichtung zum Rückführen nach 1.
Starre Rückführung	–	Rückführung, bei welcher ein proportionaler Anteil der Ausgangsgröße auf den Eingang zurückgeführt wird

Begriff	Zeichen oder Symbol	Erklärung
Nachgebende Rückführung	–	Rückführung, bei welcher ein mit der Zeit *verschwindender* Anteil der Ausgangsgröße auf den Eingang zurückgeführt wird, wodurch die wirksame Verstärkung im Laufe der Zeit größer wird
Verzögerte Rückführung	–	Rückführung, bei welcher ein mit der Zeit bis zu einem festen Wert *wachsender* Anteil der Ausgangsgröße auf den Eingang zurückgeführt wird, wodurch die wirksame Verstärkung im Laufe der Zeit auf einen bestimmten Wert absinkt
Verzögerte und nachgebende Rückführung	–	Rückführung, die anfangs nur langsam eingreift, wodurch infolge der hohen Verstärkung eine große Änderung der Stellgröße erfolgt. Die Rückführung wächst dann bis zu einem Höchstwert an, um anschließend wieder bis auf Null abzusinken
D-Aufschaltung oder Vorhalt	–	Aufschaltung einer Größe, die der Änderungsgeschwindigkeit der Regelgröße proportional ist, auf den Reglereingang
PD-Regler	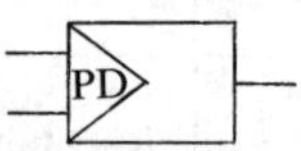	P-Regler mit zusätzlicher D-Aufschaltung
PID-Regler	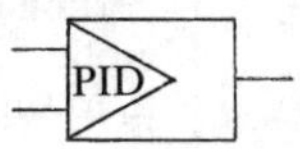	PI-Regler mit zusätzlicher D-Aufschaltung

Begriff	Zeichen oder Symbol	Erklärung
Vorhaltezeit	T_v	Zeit, die ein P-Regler bei konstanter Änderungsgeschwindigkeit der Regelgröße benötigt, um die gleiche Änderung der Stellgröße zu bewirken, die ein PD-Regler infolge seiner D-Aufschaltung sofort bewirkt
Regelsignal	–	Physikalischer Träger (z.B. elektrischer Strom, pneumatische Druckluft) der durch Regelstrecke und Regler hindurchlaufenden Information
Verzweigungsstelle		Regelsignal teilt sich an einer Verzweigungsstelle in zwei oder mehr abgehende Signale auf, *die alle die gleiche Stärke* wie das ankommende Signal aufweisen
Additionsstelle	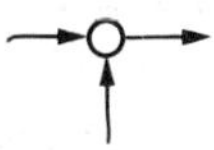	An einer Additionsstelle werden zwei oder mehr ankommende Signale $S_1, S_2 \cdots S_k$ zu einem einzigen abgehenden Signal vereinigt, das die Stärke $S = \pm S_1 \pm S_2 \pm \cdots \pm S_k$ hat
Vorhaltverstärkung	K_v	Die Größe der sprungweisen Regelgrößenänderung Δx mit K_v multipliziert ergibt die Höhe des D-Sprunges
Vorhaltüberhöhung	$ü_D$	Die Vorhaltüberhöhung gibt an, um wievielmal größer der D-Sprung gegenüber dem P-Sprung ist.
Differenzierbeiwert	K_D	Proportionalitätskonstante eines D-Gliedes. Entspricht $K_P \cdot T_v$ bei einem PI- oder PID-Regler

5. Regelkreise mit stetigen Reglern

5.1 Allgemeines zur Arbeitsweise von Regelkreisen mit stetigen Reglern

In den vorangegangenen Abschnitten haben wir uns ausführlich mit den Eigenschaften der Regelstrecken und der stetigen Regler beschäftigt, jedoch nicht mit dem Zusammenarbeiten dieser Teile im geschlossenen Regelkreis. Mit den nun folgenden Betrachtungen wollen wir die Eigenschaften von Regelstrecke und Regler als bekannt voraussetzen und das Zusammenarbeiten dieser beiden Teile in den Mittelpunkt unserer Betrachtungen stellen. Wir wollen also die Wirkung unserer Arznei (Regler) auf den Patienten (Regelstrecke) studieren. Wie der relativ große Umfang dieses Kapitels beweist, ist diese Zusammenarbeit ein recht vielschichtiges Gebiet.
Um das Gebiet besser übersehbar zu machen, sollen nach einer einleitenden Übersicht zuerst das *statische* und dann das *dynamische Verhalten* des Regelkreises betrachtet werden. Als statisches Verhalten wird dabei das Verhalten des Regelkreises nach Ablauf aller zeitabhängiger Vorgänge, also der *Ruhezustand* des Regelkreises angesehen. Das dynamische Verhalten zeigt dagegen in erster Linie das Verhalten des Regelkreises bei Änderungen im Regelkreis, d. h. im *Bewegungszustand* von einem Ruhezustand in einen neuen Ruhezustand.

Schließen wir einen Regelkreis, so erwarten wir folgendes (Bild 1a...d):

1. Nach Schließen des Regelkreises soll dieser die Regelgröße mit möglichst kleiner Überschwingung und innerhalb möglichst kurzer Zeit auf den eingestellten Wert *w* der Führungsgröße bringen und dort auch halten, d. h. er soll das *Anfahren* des Regelkreises beherrschen (Bild 1a).

2. Nach Beendigung des Anfahrvorganges soll der Regler die Regelgröße auf einem vorgegebenen Wert halten, und es sollen keine periodischen Schwankungen der Regelgröße auftreten. Der Regler soll also mit der

Regelstrecke zusammen *stabil* arbeiten. Diesen stabilen Betriebszustand zeigt Bild 1 b.

3. Störgrößenänderungen sollen mit möglichst kleiner Überschwingweite x_m und kurzer Ausregelzeit T_a ausgeregelt werden, d. h. der Regelkreis soll ein gutes *Störverhalten* aufweisen (Bild 1 c).
4. Das Einlaufen in einen neuen Wert der Führungsgröße soll ebenfalls mit kleiner Überschwingweite x_m und kurzer Anregelzeit T_{an} erfolgen, d. h., der Regelkreis soll ein gutes *Führungsverhalten* aufweisen (Bild 1 d).

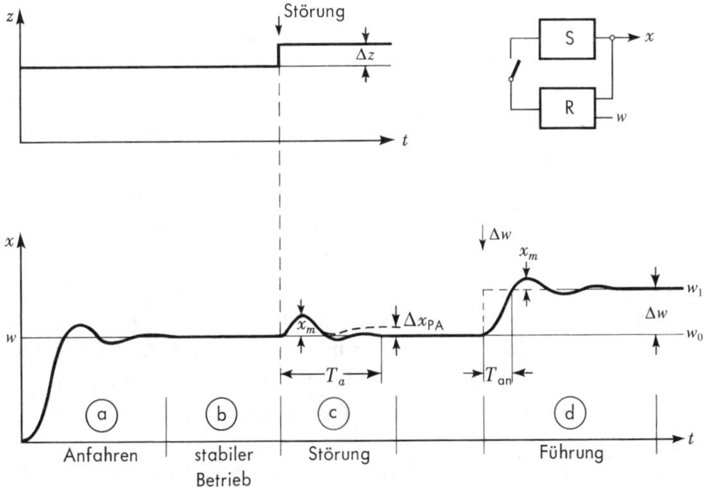

Bild 1 a...d-5
Verlauf der Regelgröße nach Schließen des Regelkreises, a) Anfahren, b) stabiler Betrieb, c) Ausregeln einer Störung, d) Führung.

5.1.1 *Das Anfahren des Regelkreises*

Nach Schließen des Regelkreises dauert es eine gewisse Zeit, bis die Regelgröße den am Regler vorgegebenen Wert der Führungsgröße erreicht hat (s. Bild 1a). Das Einlaufen in die Führungsgröße kann dabei kriechend (aperiodisch) oder wie gezeichnet, schwingend (periodisch) erfolgen.

Erfahrung und Theorie zeigen, daß bei manchen Reglern mit einem integralen Anteil (I-, PI, PID-Regler) ein mehr oder weniger starkes Überschwingen der Regelgröße auftritt, also kein kriechender Einlauf möglich ist. Dies rührt daher, daß während der langen Anfahrphase mit den großen Regelabweichungen der I-Anteil in die Übersteuerung geht und bei Erreichen des Sollwertes einige Zeit benötigt, um wieder normal zu arbeiten. Durch besondere Schaltungsmaßnahmen, auf die in diesem einführenden Buch nicht näher eingegangen wird, läßt sich dieses Problem vermeiden oder verkleinern.

5.1.2 *Stabiles und instabiles Verhalten des Regelkreises*

Nach Schließen des Regelkreises und nach Ablauf des Anfahrvorganges nimmt die Regelgröße meist den durch die Führungsgröße vorgegebenen konstanten Wert an, d.h. der Regelkreis arbeitet stabil (Bild 1b). Es kann jedoch passieren, daß nach Ablauf des Anfahrvorganges die Regelgröße keinen konstanten Wert annimmt, sondern beginnt, periodische Schwankungen auszuführen, d.h. daß der Regelkreis *instabil* wird. Das Unangenehme dabei ist, daß die Amplitude der auftretenden Schwingungen u.U. auch nicht konstant bleibt, sondern laufend anwächst, bis von einem Konstanthalten der Regelgröße nicht mehr gesprochen werden kann und die Stellgröße periodisch zwischen einem oberen und unteren Maximalwert hin- und herpendelt. Bild 2a, b zeigt diese beiden Fälle eines sich selbst erregenden instabilen Regelkreises.
Wie können in einem Regelkreis, der nur stetige Glieder enthält, die meist alle für sich gar keine Schwingfähigkeit besitzen, solche Schwingungen der Regelgröße auftreten? Um das zu verstehen, machen wir folgenden Versuch: Wir schneiden den in Bild 3a gezeigten Regelkreis an der Schnittstelle SST zwischen Regler und Stellglied auf. Dabei wollen wir annehmen, daß der Regler einen pneumatischen Ausgang besitzt und daß das Stellglied als Membranventil MVe ausgeführt ist. An das Membranventil schließen wir den Druckgeber DG und den Druckschreiber DSchr 1 an, der den jeweiligen Stelldruck auf einem ablaufenden Papierstreifen aufzeichnet. Der Druckgeber gestattet, den Stelldruck feinstufig einzustellen.

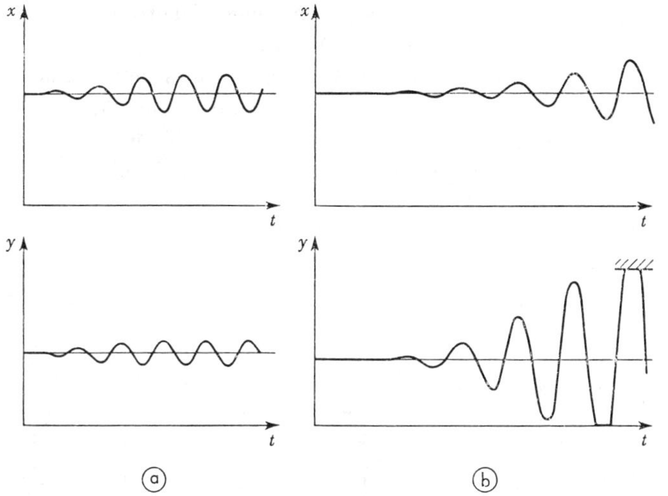

Bild 2a, b-5
Instabiler Regelkreis, a) mit konstant bleibender Schwingungsamplitude, b) mit anwachsender Schwingungsamplitude der Regel- und Stellgröße.

An den Ausgang des Reglers schließen wir einen zweiten Druckschreiber DSchr 2 an. Nun ändern wir von Hand oder mit Hilfe eines kleinen Motors den Stelldruck p_s des Druckgebers so, daß der Stelldruck beispielsweise innerhalb von 60 s zwischen 0,4 und 0,6 bar eine volle Sinusschwingung ausführt, wie es in Bild 3 b auf dem linken Schreibstreifen für $T_1 = 60$ s zu erkennen ist, das nur die Druckänderungen zeigt.

Beobachten wir den am Regler angeschlossenen Druckschreiber DSchr 2, so zeigt sich, daß dieser ebenfalls sinusförmige Schwingungen des Ausgangsdruckes p_s* aufzeichnet, wie wir sie dem Stellglied aufgedrückt haben. Die aus dem Regler herauskommende Schwingung hat jedoch eine wesentlich *größere Amplitude* A_1* als die in die Regelstrecke hineingeschickte Amplitude A_1. Außerdem zeigt sich, daß diese Schwingung zu einem anderen Zeitpunkt ihren Höchstwert erreicht als die Eingangsschwingung, d. h., es ist eine *Phasenverschiebung* φ_1 zwischen den beiden Schwingungen vorhan-

den. Bei der gewählten großen Schwingungsdauer werden wir feststellen, daß die Phasenverschiebung $\varphi_1 = 180°$ ist.
Ursache für die wesentlich größere Schwingungsamplitude am Reglerausgang ist die *Kreisverstärkung* K_0 des Regelkreises, auf die wir gleich noch in Abschnitt 5.4.2 zu sprechen kommen. Ursache für die Phasenverschiebung von 180° ist die erforderliche *Wirkungsumkehr* im Regelkreis.

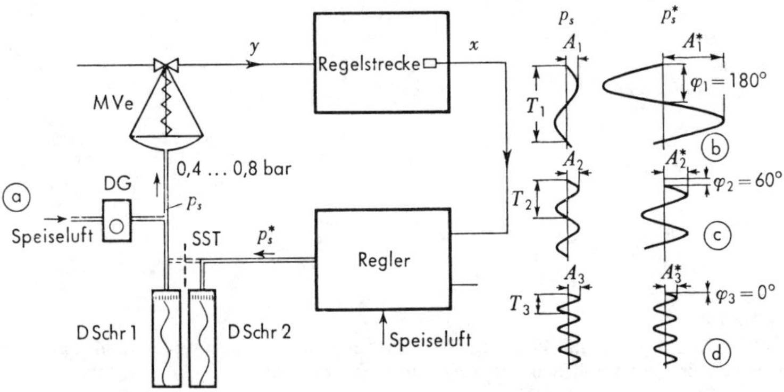

Bild 3a...d-5
Aufgeschnittener Regelkreis zur Erklärung der Selbsterregung eines instabilen Regelkreises. a) Aufgeschnittener Regelkreis; MVe Membranventil, DG Druckgeber, DSchr1 DSchr2 Druckschreiber, SST Schnittstelle. b) Druckverlauf am Stellglied und am Reglerausgang bei der Schwingungsdauer T_1. c) Wie b), jedoch bei der Schwindungsdauer T_2, bei der die Phasenverschiebung auf $\varphi_2 = 60°$, die Amplitude auf etwa die Hälfte zusammengeschrumpft sind, d) Phasenverschiebung $\varphi_3 = 0°$ und $p_S = p_S{}^*$. (formal gilt: $\varphi_1 = -180° \mathrel{\hat{=}} 180°$, $\varphi_2 = -300° \mathrel{\hat{=}} 60°$, $\varphi_3 = -360° \mathrel{\hat{=}} 0°$)

Machen wir den beschriebenen Versuch anschließend mit schnelleren Druckänderungen, d. h., wählen wir der Reihe nach die Schwingungsdauer 30, 15 s usw., so zeigt sich bei einer Regelstrecke mit Verzögerungen, daß erstens die Amplitude der Ausgangsschwingung abnimmt und zweitens die Phasenverschiebung kleiner als 180^0 wird.
Bei der Schwingungsdauer T_2 ist – bedingt durch die zeitliche Verzögerungen im Regelkreis – die Ausgangsamplitude auf $A_2{}^*$ zusammengeschrumpft (Bild 3c). Die Phasenverschiebung beträgt nur noch $\varphi_2 = 60^0$.

Bei einer ganz bestimmten Schwingungsdauer T_3 (Bild 3d) werden wir feststellen, daß die Phasenverschiebung φ_3 der Ausgangsschwingung auf Null zusammengeschrumpft ist. Die aus dem Regler herausgekommene Schwingung hat dann dieselbe Phasenlage wie die in die Regelstrecke hineingeschickte. Wir wollen außerdem annehmen, daß die Amplitude A_3* der herauskommenden Schwingung bei der Schwingungsdauer T_3 so stark abgesunken ist, daß sie gleich der Eingangsamplitude A_3 ist.

In diesem Fall kommt also aus dem Regelkreis genau das gleiche Signal heraus, das wir in ihn hineingeschickt haben Verbinden wir nun die beiden zu den Druckschreibern DSchr 1 und DSchr 2 führenden Rohrleitungen miteinander, d. h. schließen wir den Regelkreis, so wird sich nichts ändern, da ja kein Druckunterschied zwischen den beiden Rohren vorhanden ist. Dann können wir uns aber auch das weitere Einstellen des Stelldruckes durch den Druckgeber ersparen, da ja nun die aus dem Regler herauskommende Schwingung das Stellglied zum weiteren Schwingen anregt. Der Regelkreis wird also, sich selbst überlassen, unbegrenzt weiterschwingen. Es liegt hier der Fall der *Selbsterregung* vor.

Hat die aus dem Regler herauskommende Amplitude einen größeren Wert als die am Druckgeber eingestellte, so nimmt nach dem Schließen des Regelkreises die Amplitude zu, bis sie durch irgendwelche Anschläge begrenzt wird (Bild 2b). Im entgegengesetzten Fall, wenn die herauskommende Schwingung eine kleinere Amplitude hat als die hineingeschickte, werden die Schwingungen des Regelkreises abklingen.

Genau dasselbe, was wir hier durch Versuch festgestellt haben, tritt in einem Regelkreis bei Selbsterregung ein. Den Anstoß zum Schwingen geben kleine, im Regelkreis immer vorhandene Störamplituden (Unruhe im Regelkreis), welche die Schwingungsdauer aufweisen, für welche die oben beschriebene Selbsterregungsbedingung erfüllt ist.

Die Selbsterregung ist unabhängig von dem Aufbau des Regelkreises, d. h. es ist ganz gleich, ob es sich um mechanische, hydraulische oder elektrische Bauteile handelt. Sie tritt ein, wenn die oben angeführten Voraussetzungen gegeben sind, d. h. wenn die zurückkommende Schwingung eine gleiche oder größere Amplitude hat und die gleiche Phasenlage wie die hineingeschickte.

Werden in einem stetigen bisher stabil arbeitenden Regelkreis die Betriebsbedingungen wesentlich verändert, beispielsweise durch eine neue Reglereinstellung, durch Veränderungen des Arbeitspunktes z.B. bei wesentlich geänderten Sollwerteinstellungen, durch Umbauten an der Regelstrecke und insbesondere durch Änderung der Lage des Aufnehmers für die Regelgröße oder Austausch des Stellgliedes gegen ein anderes, so muß immer mit der Möglichkeit eines Instabilwerdens des Regelkreises gerechnet werden.
Das Auftreten von selbsterregten Schwingungen in Regelkreisen ist so ausführlich besprochen worden, da es eine große Gefahr für jeden stetigen Regelkreis darstellt und nicht so leicht zu verstehen ist.
In den Lehrbüchern der Regelungstechnik nimmt das Stabilitätsproblem, d.h. das Bestimmen der Grenze, bei der ein Regelkreis gerade instabil wird, meist einen breiten Raum ein. Wir wollen uns aber nicht wesentlich über das Gesagte hinaus damit beschäftigen, weil Stabilität für praktisch angewendete Regelkreise selbstverständlich ist und praktisch immer durch Einstellen einer genügend kleinen Kreisverstärkung erzielt werden kann.

5.1.3 *Das Störverhalten des Regelkreises*

Ist der Anlaufvorgang beendet und der Regelkreis stabil, so ist die wichtigste Aufgabe des Reglers, den Einfluß von Störgrößenänderungen auf die Regelgröße möglichst weitgehend zu unterdrücken (Bild 1c und 17a-1). Eine Störgrößenänderung bewirkt – auch bei Verwenden des besten Reglers – immer eine vorübergehende Regeldifferenz, die erst nach einiger Zeit ausgeregelt wird. Wie schon am Eingang des Buches angeführt, sollen Überschwingweite, bleibende Regelabweichung und Ausregelzeit so klein wie möglich sein. Je kleiner diese Werte sind, um so höher ist die *Regelgüte.* Da die Größe der Störungen und die Eigenschaften der Regelstrecke meist als gegeben hingenommen werden müssen, können wir die Regelgüte nur durch Wahl eines geeigneten Reglertyps und dessen zweckmäßige Einstellung auf ihre günstigsten Werte bringen. Bei Verwenden von Reglern ohne integralen Anteil (P- und PD-Regler) erreicht die Regelgröße nach einer Störgrößenänderung nicht mehr den vorhergehenden Wert, es bleibt die sogenannte bleibende Regeldifferenz Δx_{PA} zurück. Ihre Ursache wird anschließend noch ausführlicher erklärt. In Bild 1c ist der Verlauf mit bleibender Regeldifferenz gestrichelt gezeichnet.

5.1.4 *Das Führungsverhalten des Regelkreises*

Wie schon bei Erklärung der Grundbegriffe angeführt, liegt die Hauptaufgabe bei vielen Regelkreisen weniger in einem guten Störverhalten, als in einem guten Führungsverhalten. Das bedeutet, daß bei Änderungen der Führungsgröße die Regelgröße den neuen Wert der Führungsgröße möglichst schnell und mit einer kleinen Überschwingung erreichen soll. Ein Überschwingen kann zwar durch eine andere Reglereinstellung verhindert werden, allerdings auf Kosten der Ausregelzeit. Siehe dazu auch den Abschnitt 1.9.2 und das zugehörige Bild 17b-1.

5.2 Das rechnerische Einschleusen der Störgrößen in den Regelkreis

Es wurde bereits mehrfach darauf hingewiesen, daß die an der Regelstrecke angreifenden Störgrößen*änderungen* die Ursache dafür sind, daß überhaupt ein Regler benötigt wird. In einem Regelkreis, in dem sämtliche Störgrößen konstante Werte aufweisen, ist ein Regler überflüssig. Den Störgrößenänderungen müssen wir also unser besonderes Augenmerk zuwenden. In der regeltechnischen Literatur wird sehr häufig den Störgrößen nur verhältnismäßig wenig Raum gewidmet, während die Stabilitätsprobleme meistens ungemein ausführlich behandelt werden.

Das Verhalten der Regelstrecke und der Regler haben wir bei einer sprungweisen Änderung der Stell- bzw. Regelgröße untersucht. Zweckmäßig werden wir auch den *gesamten Regelkreis* bei einer sprungweisen Störgrößenänderung untersuchen, da wir dann an bereits bekannte Darstellungen anknüpfen können.

Bei einer sprungweisen Störgrößenänderung, die wir im folgenden kurz mit *Störung* bezeichnen wollen, wird die Regelgröße anfangs stark in Mitleidenschaft gezogen. Sie entfernt sich von der Führungsgröße, um sich dann durch die Wirkung des Reglers mehr oder weniger schnell und vollständig (P-Regler!) der Führungsgröße wieder zu nähern. Der Verlauf der Regelgröße bei dieser Störung wird, wie wir schon im Abschnitt 1 kennengelernt haben, mit *Stör-Sprungantwort des Regelkreises* bezeichnet. Die Stör-Sprungantwort der Regelstrecke allein haben wir auch schon kennengelernt. Im folgenden handelt es sich aber, worauf besonders hingewiesen werden soll, um das Verhalten des ganzen *geschlossenen Regelkreises* bei einer Störung.

5.2.1 *Der Angriffspunkt der Störgrößen*

Die Störgrößen können an verschiedenen Stellen der Regelstrecke angreifen, d. h. verschiedene *Angriffspunkte* aufweisen.

An einem gasbeheizten Ofen, bei welchem der Gasstrom die Stellgröße ist, kann sich beispielsweise der Heizwert oder der Druck des Gases ändern. Bei einer drehzahlgeregelten Maschine nach Bild 2-3, wo der Ventilhub die Stellgröße ist, kann sich der Dampfdruck oder die Dampftemperatur ändern. An einem elektrisch beheizten Ofen kann die Störung in einer Änderung der als Stellgröße anzusehenden Netzspannung bestehen. In allen diesen Fällen greift die Störgröße praktisch an demselben Punkt wie die Stellgröße an, d. h. am *Anfang der Regelstrecke*. Die zeitliche Auswirkung einer Störung verläuft daher ebenso schnell wie bei einer Stellgrößenänderung (Versorgungsstörungen).

Bringen wir dagegen in einen mit Gas oder Strom beheizten Ofen plötzlich kaltes Glühgut ein, so wird dadurch die Temperatur des Temperaturfühlers fast augenblicklich absinken. Der Angriffspunkt der Störgröße liegt hier also fast am *Ende der Regelstrecke*. Ähnliche Verhältnisse liegen vor, wenn sich bei einer drehzahlgeregelten Antriebsmaschine der Drehmomentbedarf der angetriebenen Arbeitsmaschine ändert. Die Drehzahl wird dadurch fast momentan beeinflußt. Die Störgrößen können also an jedem beliebigen Punkt zwischen Anfang und Ende der Regelstrecke angreifen.

Je nach dem Angriffspunkt der Störgrößen ist ihre Auswirkung auf die Regelgröße *zeitlich verschieden*. Bild 4a–c zeigt den Verlauf der Stell- und Stör-Sprungantwort der *Regelstrecke allein*, wenn eine Störung am Anfang, in der Mitte und am Ende der Regelstrecke angreift. Nur für den Fall, daß die Störgröße am Anfang der Regelstrecke angreift, sind Stell- und Stör-Sprungantwort gleich. Es ist einzusehen, daß sich die verschiedenen Stör-Sprungantworten, die den verschiedenen Angriffspunkten der Störgröße zugeordnet sind, auch auf den Verlauf der Stör-Sprungantworten des *geschlossenen Regelkreises* auswirken.

Die Erfahrung zeigt, daß die überwiegende Zahl der Störungen am Anfang der Regelstrecke angreift, daß die Störgrößenänderungen sich also zeitlich ebenso wie Stellgrößenänderungen auswirken. Wir werden daher im fol-

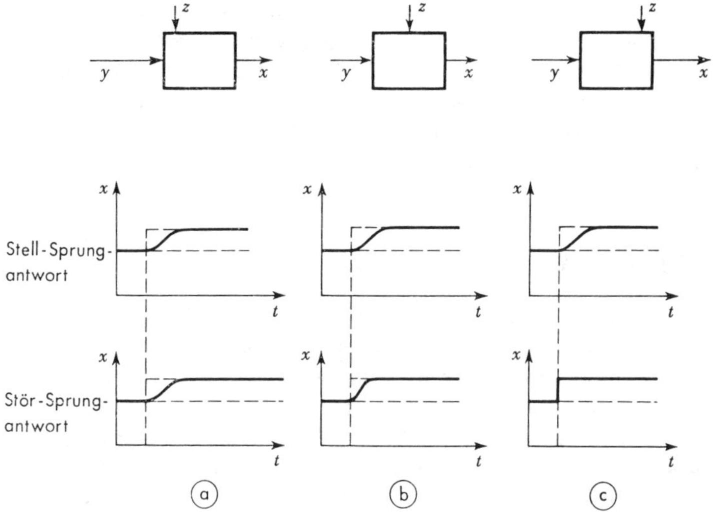

Bild 4a ... c-5
Stell- und Stör-Sprungantwort der Regelstrecke *allein* bei verschiedenen Angriffspunkten der Störgröße. a) Störung am Anfang der Regelstrecke, b) Störung in der Mitte der Regelstrecke, c) Störung am Ende der Regelstrecke.
Unverändert bleibende Stell-Sprungantwort zum Vergleich mit dargestellt.

genden annehmen, daß alle Störungen am Anfang der Regelstrecke angreifen, um in diesem einführenden Buch unsere Betrachtungen des stetigen Regelkreises nicht noch komplizierter werden zu lassen. Wir müssen uns aber im klaren sein, daß wir damit nur einen Teil der Störungen richtig darstellen.

Die Bezeichnung „Angriffspunkt der Störgröße“ kann erfahrungsgemäß zu einer irrtümlichen Auffassung führen. Der „Angriffspunkt“ ist *nicht geometrisch* (räumlich) in bezug auf die Regelstrecke, sondern geometrisch auf das Blockschema der Regelstrecke gemeint. „Am Anfang der Regelstrecke“ bedeutet in diesem Sinne, daß Störgrößenänderungen sich zeitlich gesehen ähnlich schnell wie Stellgrößenänderungen auswirken. „Am Ende der Regelstrecke“ bedeutet nicht, daß die Störgröße räumlich am Ende der

Regelstrecke angreift, sondern, daß sich Störgrößenänderungen schneller als Stellgrößenänderungen auf die Regelgröße auswirken. Das wird symbolisch im Blockschema dadurch ausgedrückt, daß der Störgrößenpfeil am Anfang des Regelstreckenblocks (Bild 4a) bzw. am Ende des Regelstreckenblocks angebracht wird (Bild 4c). Auf diese *Verwechslungsgefahr zwischen räumlichen und zeitlichen Zusammenhängen* soll hier ausdrücklich hingewiesen werden.

5.2.2 *Umrechnen der Störgrößen auf die Stellgröße*

Legen wir den Angriffspunkt der Störgrößen einheitlich an den Anfang der Regelstrecke, so ist es damit möglich, die Größe einer Störung in Einheiten der Stellgröße auszudrücken. Wirkt sich beispielsweise die Störung z auf die Regelgröße x nach Ablauf des Übergangsteiles ebenso aus wie eine Änderung der Stellgröße um den Betrag y_z, so können wir uns die Störung z ersetzt denken durch eine Stellgrößenänderung um den Betrag y_z. Ändert sich bei einer Regelstrecke mit Ausgleich die Störgröße um z, so ist die Auswirkung auf die Regelgröße $x_z = K_{SZ} \cdot z$, wobei K_{SZ} der für diese Störgröße gültige Übertragungsbeiwert ist. Für die Auswirkung der Stellgrößenänderung y_z auf die Regelgröße gilt $x = K_S \cdot y_z$. Soll die Auswirkung der Störgrößenänderung z gleichwertig sein der Stellgrößenänderung y_z, so muß sein:

$$x = x_z .$$

Die oben angeführten Ausdrücke eingesetzt, wird

$$K_S \cdot y_z = K_{SZ} \cdot z$$

und daraus

$$y_z = \frac{K_{SZ}}{K_S} \cdot z ,$$

wo y_z die der Störgrößenänderung z gleichwertige Stellgrößenänderung ist. Die Störung können wir daher auch in Einheiten der Stellgröße angeben. Das Gesagte wird am besten an Zahlenbeispielen klar.

Zahlenbeispiel 1:

An einem gasbeheizten Ofen wird durch Versuch ermittelt, daß eine Druckänderung des zugeführten Heizgases von $z=1$ mbar eine Temperaturerhöhung von $x=25\,^0$C bewirkt. Eine gleiche Änderung der Temperatur kann, wie ein zweiter Versuch zeigt, durch Verstellen des Ventilhubes um $y=2$ mm erreicht werden. Aus diesen Werten errechnet sich

$$K_{SZ}=\frac{x_z}{z}=\frac{25\,^0\mathrm{C}}{1\,\mathrm{mbar}}=25\,^0\mathrm{C/mbar};$$

$$K_S=\frac{x}{y}=\frac{25\,^0\mathrm{C}}{2\,\mathrm{mm}}=12{,}5\,^0\mathrm{C/mm}$$

und damit

$$y_z=\frac{25\,^0\mathrm{C/mbar}}{12{,}5\,^0\mathrm{C/mm}}\cdot 1\,\mathrm{mbar}=2\,\mathrm{mm}\,.$$

Wir können dann sagen, die Störung betrage $y_z=2$ mm, statt anzugeben $z=1$ mbar.

Zahlenbeispiel 2:

Bei dem in Bild 19-3, dargestellten Spannungsregelkreis ergibt eine Netzspannungsänderung von $\Delta U_E = \Delta z = \pm\, 12$ V eine Änderung der Ausgangsspannung von $\Delta U_A = \Delta x_z = \pm\, 10$ V. Die Länge der Schleifbahn des Stelltransformators betrage $Y_h = 500$ mm, an ihr liegt die Netzspannung $X_h = 220$ V. Dann muß der Schleifer um

$$y_z = \frac{K_{sz}}{K_s}\cdot z = \frac{10\,\mathrm{V}/12\,\mathrm{V}}{220\,\mathrm{V}/500\,\mathrm{mm}}\cdot 12\,\mathrm{V} = \pm\, 22{,}7\,\mathrm{mm}$$

verstellt werden, um die Störung der Ausgangsspannung auszugleichen.

5.2.3 *Einfluß nichtidealer Regelstrecken-Kennlinien*

Bei der Besprechung der Kennlinien von Regelstrecken in Abschnitt 2.1 wurde darauf hingewiesen, daß die meisten Regelstrecken in der Praxis kein ideales Verhalten aufweisen. Sie sind vielfach gekrümmt und die Regelgröße ist außerdem meist mit der Stell- und Störgröße multiplikativ verknüpft. Das hat zur Folge, daß die Kenngrößen K_s und K_{sz} keine Konstanten sind und sich u.U. stark mit dem Betriebspunkt verändern. Für das vorher gezeigte Umrechnen von Störgrößen auf Stellgrößen müssen daher die am jeweiligen Betriebspunkt bestimmten Kenngrößenwerte verwendet werden.

5.3 Die Trennstellen zwischen Regelstrecke und Regler

Wenn wir die Vorgänge im Regelkreis rechnerisch oder durch Messung verfolgen wollen, müssen wir uns darüber klar werden, was wir als Regelgröße, was als Stellgröße bezeichnen, d. h. wo wir die *Trennstellen* zwischen Regelstrecke und Regler hinlegen wollen. Bisher haben wir diese Frage in der Schwebe gehalten und die Trennstellen von Fall zu Fall hierhin oder dorthin gelegt. Allgemein ist bei der Wahl der Trennstellen darauf zu achten, daß sich Regel- und Stellgrößen leicht und eindeutig an ihnen messen lassen und eine sprunghafte Verstellung zur Aufnahme der Sprungantwort leicht durchgeführt werden kann. Für das dynamische Verhalten des Regelkreises kommt diesen Trennstellen sonst aber keine Bedeutung zu. Auf der Ausgangsseite der Regelstrecke wird die Trennlinie zwischen Regelstrecke und Regler zweckmäßig zwischen Strecke und Meßeinrichtung bzw. Aufnehmer (Fühler) und Meßeinrichtung gezogen. Regelgröße ist dann die Ausgangsgröße der Regelstrecke bzw. des Aufnehmers, d. h. die Eingangsgröße der Meßeinrichtung.

Meßeinrichtung, Sollwerteinsteller und Vergleicher gehören eindeutig zum Regler. Während auf der Eingangsseite des Reglers die zweckmäßigste Trennlinie also meist schnell aufzufinden ist, kann man die Frage, wo auf der Ausgangsseite des Reglers die Trennlinie zur Regelstrecke zu ziehen ist, d. h. welche Größe zweckmäßig als Stellgröße gewählt wird, nicht so schnell beantworten.

Bild 5 zeigt die drei auf der Stellseite in Frage kommenden Trennstellen, wenn ein Ventil als Stellglied verwendet wird.

Bei der Trennstelle a wird der der Regelstrecke zugeführte Massen- oder Energiestrom als Stellgröße gewählt, also z. B. ein Dampf-, Öl- oder Gasstrom, bzw. ein elektrischer Strom.

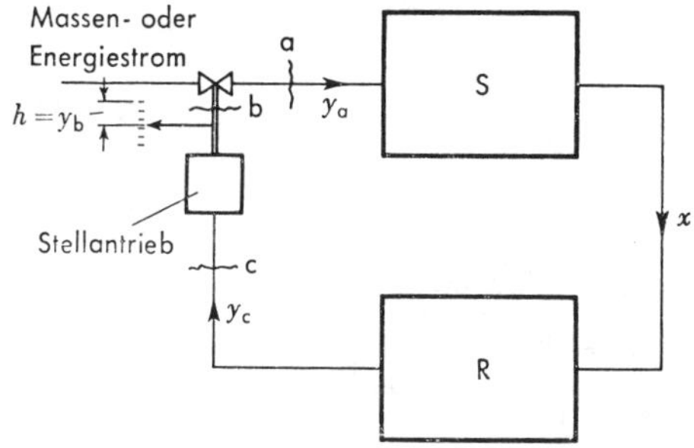

Bild 5-5
Zur Wahl der Trennstelle zwischen Regelstrecke S und Regler R. a) Trennstelle zwischen Stellglied und Regelstrecke, b) Trennstelle zwischen Stellglied und Stellantrieb, c) Trennstelle zwischen Stellantrieb und Regler, y_a, y_b, y_c Stellgrößen.

Bei b liegt die Trennstelle zwischen dem Stellglied und dem Stellantrieb. Als Stellgröße ist hier der sehr leicht meßbare Hub des Stellgliedes anzusehen. Die Wahl der Trennstelle bei b ist zweckmäßig, wenn die Erfassung des Massen- oder Energiestromes zur Regelstrecke schwierig oder aufwendig ist, wenn das Stellglied mit der Regelstrecke eine bauliche Einheit bildet oder wenn die Eigenschaften dieses Stellgliedes stark mit in die Eigenschaften der Regelstrecke eingehen. Das ist bei der Verwendung von Ventilen und Klappen immer der Fall. Ist ein Stellantrieb mit veränderlicher Geschwindigkeit vorhanden, so ist ebenfalls die Wahl der Trennstelle bei b zweckmäßig, da ein solcher Antrieb stark mit in die Eigenschaften des Reglers eingeht, d. h. mit zum Regler gerechnet werden muß.
Bei c liegt die Trennstelle zwischen Stellantrieb und dem eigentlichen Regelgerät. Die Wahl dieser Trennstelle ist bei pneumatischen Stellantrieben anzuraten, weil dann der leicht meßbare, vom Regler abgegebene Stelldruck als Stellgröße verwendet werden kann.

Das Gesagte sollen zwei Beispiele verdeutlichen:

Beispiel 3:

Wird bei einem ölbeheizten Ofen nach Bild 6 die Schnittstelle a wie angedeutet zwischen Ventil und Ofen gelegt, so ist der Öldurchfluß q Stellgröße. Wird die Schnittstelle b zwischen Ventilkörper und Membranantrieb gelegt, so ist der Hub h des Ventilkegels die Stellgröße. Legt man schließlich die Schnittstelle c vor das Membranventil, so ist der Stelldruck p_s die Stellgröße.

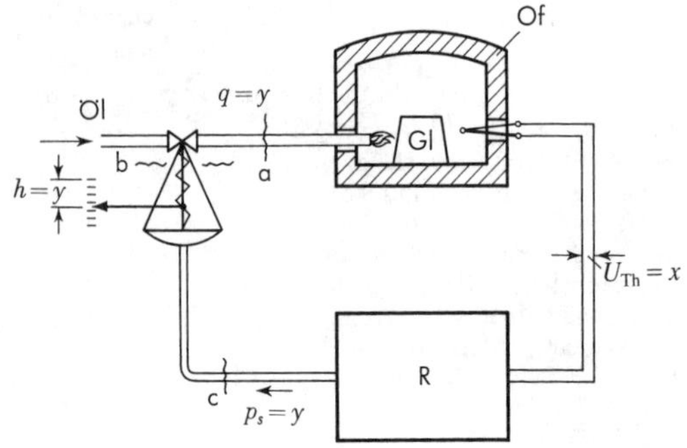

Bild 6-5
Ölbeheizter Glühofen mit verschiedener Lage der Trennstelle zwischen Regler und Regelstrecke.
a) Stellgröße ist der Ölstrom q (kg/h), b) Stellgröße ist der Hub des Ventils h (mm), c) Stellgröße ist der Stelldruck p_S (bar).

Beispiel 4:

Wird bei dem Spannungsregler von Bild 16-1 die Schnittstelle vor den Schleifer Schl gelegt, so ist der Hub h des Schleifers die Stellgröße. Legen wir die Schnittstelle in die Zuleitung zum Schleifer und zum Widerstand R_E, so ist der jeweilig abgegriffene Widerstand die Stellgröße, legen wir sie in die Zuleitung zur Erregerwicklung EW, so ist der Erregerstrom die Stellgröße.

Die gemachten Ausführungen zeigen, daß die Wahl der Schnittstellen kein physikalisches Problem ist, sondern von der zweckmäßigen Meßbarkeit von Regelgröße und Stellgröße bestimmt wird.
Besteht die Wahrscheinlichkeit, daß die Eigenschaften der Regelstrecke z. B. durch Eigenverzögerungen des Stellgliedes oder Stellantriebes merklich beeinflußt werden, rechnet man diese tunlichst zur Regelstrecke hinzu (z. B. bei Aufnahme der Stellsprungantwort einer „schnellen" Regelstrecke). Das gleiche gilt auch für eventuelle Eigenverzögerungen des Aufnehmers und Meßumformers.

5.4 Das statische Verhalten des Regelkreises

Wie schon am Eingang von Abschnitt 5 erklärt, kennzeichnet das *statische Verhalten des Regelkreises* den Ruhezustand des Regelkreises nach Ablauf aller zeitabhängigen Ausgleichsvorgänge, also den Zustand lange nach vorangegangenen Stör- oder Führungsgrößenänderungen. Das statische Verhalten des Regelkreises läßt sich am besten mit Hilfe der *Kennlinien* übersehen.

5.4.1 *Ermittlung des statischen Verhaltens mit Hilfe der Kennlinien*

In den vorangegangenen Kapiteln hatten wir Kennlinien sowohl von Regelstrecken als auch von Reglern kennengelernt. Die *Kennlinie der Regelstrecke* stellt den Zusammenhang zwischen Stellgröße und Regelgröße bei konstant gehaltenen Störgrößen dar. Die *Kennlinie des Reglers* stellt den Zusammenhang zwischen Regelgröße und Stellgröße dar. In Bild 7a, b sind als Beispiel die Kennlinie *S* einer Regelstrecke mit Ausgleich und die Kennlinie *R* eines P-Reglers wiedergegeben. Im Unterschied zu der im Bild 3-3 gebrachten Kennlinie des P-Reglers ist im Bild 7 die Reglerkennlinie um 90^0 gedreht gezeichnet, weil ja jetzt auf der waagerechten Achse die Stellgröße aufgetragen ist.

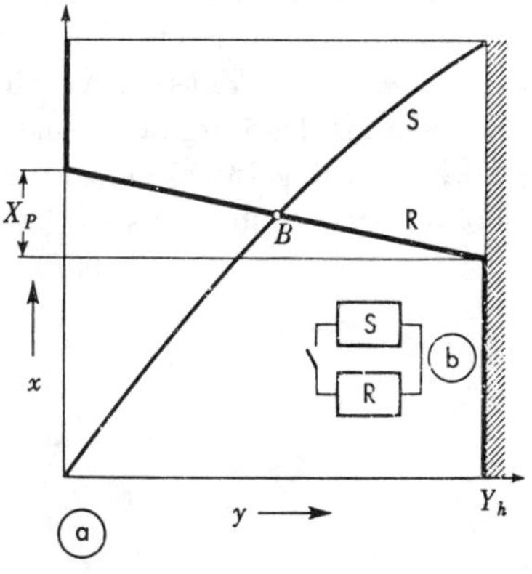

Bild 7a, b-5
a) Kennlinie *S* einer Regelstrecke mit Ausgleich und Kennlinie *R* eines P-Reglers, B Betriebspunkt, X_P Proportionalbereich, b) Regelkreis.

Werden Regelstrecke und Regler miteinander verbunden, also der Regelkreis geschlossen (Bild 7b), so müssen zwangsweise die Regelgröße am Ausgang der Regelstrecke und die Regelgröße am Eingang des Reglers denselben Wert annehmen. Dasselbe gilt auch für die Stellgröße am Ausgang des Reglers und die Stellgröße am Eingang der Regelstrecke. Wie aus Bild 7a hervorgeht, ist diese Bedingung nur im *Schnittpunkt B* der Regelstreckenkennlinie *S* mit der Reglerkennlinie *R* erfüllt. Auf diesen *Betriebspunkt B* stellt sich somit der Regelkreis im statischen Zustand von selbst ein, weil nur für diesen Punkt die *Schließbedingung* erfüllt ist.

5.4.1.1 Regelstrecke mit Ausgleich, P- oder PD-Regler

Mit Hilfe der Kennlinien läßt sich auch gut das Wandern des Betriebspunktes bei Störgrößenänderungen und bei Änderungen des P-Bereichs übersehen. In Bild 8 sind die Kennlinien einer Regelstrecke mit Ausgleich für drei verschiedene Werte der Störgröße und die Kennlinie eines P-Reglers für zwei verschieden große P-Bereiche dargestellt.

Bei einer recht großen Zahl der P-Regler dreht sich die Kennlinie beim Ändern des P-Bereiches um den oberen Knickpunkt der Kennlinie, wie es im Bild gezeichnet ist. Aus diesem Grund wird auf diesen Punkt der Kennlinie der Zeiger zum Einstellen der Führungsgröße eingestellt. Wie schon zu Bild 15-3 erklärt, wird dann die dauernd vorhandene Abweichung zwischen der durch den Betriebspunkt festgelegten Regelgröße x und der Führungsgröße w als *bleibende Regeldifferenz* Δx_{PA} bezeichnet.

Bei Änderung der Störgröße z sind die gestrichelt bzw. die strichpunktiert gezeichneten Regelstreckenkennlinien gültig. Der Betriebspunkt wandert dann auf der Kennlinie des Reglers, wodurch die bleibende Regelabwei-

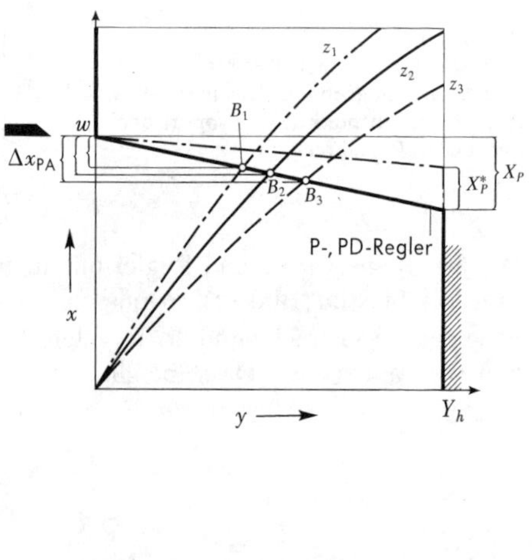

Bild 8-5
wie Bild 7, jedoch für die Störgrößen z_1, z_2, z_3 und für die beiden Proportionalbereiche X_P und $X_P{}^*$ gezeichnet. B_1, B_2, B_3 Betriebspunkte, Δx_{PA} bleibende Regeldifferenz.

chung verkleinert bzw. vergrößert wird. Im ungünstigsten Fall kann die Regeldifferenz gleich dem Proportionalbereich, also $\Delta x_{PA} = X_P$, werden.
Bei größeren Regeldifferenzen geht der Regler in die Übersteuerung. Die Stellgröße nimmt ihren Maximalwert an, und der Regler kann nicht mehr auf Änderungen reagieren. Der Regelkreis ist in seiner Wirkung unterbrochen.
Auch der Einfluß von Änderungen der Reglerkennlinie auf den Betriebspunkt und damit auf die bleibende Regeldifferenz läßt sich im Kennlinienfeld übersehen.
Da, wie im folgenden Abschnitt gezeigt wird, der P-Bereich für eine optimale Regelgüte nicht beliebig kleine Werte annehmen kann, muß bei Verwenden eines P-Reglers immer eine bleibende Regeldifferenz in Kauf genommen werden.
Für den PD-*Regler* gilt dasselbe wie für den P-Regler, da beide dieselbe Reglerkennlinie aufweisen. Der beim PD-Regler anfänglich vorhandene D-Impuls verschwindet ja nach einiger Zeit wieder, er drückt sich daher in dem statischen Verhalten der Kennlinie nicht aus.

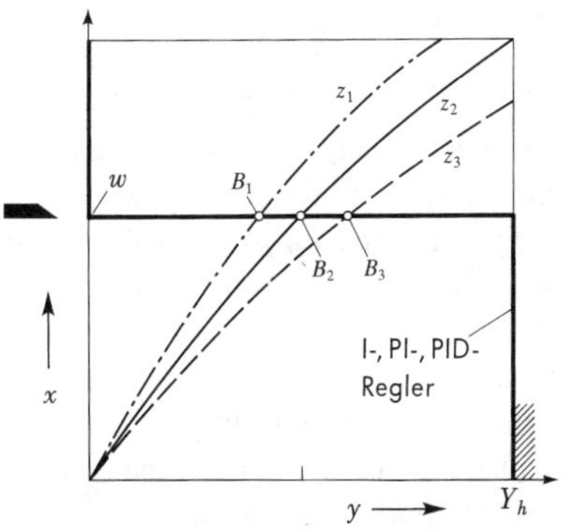

Bild 9-5
Kennlinie einer Regelstrecke mit Ausgleich und Kennlinie eines Reglers mit I-Anteil (I-, PI- oder PID-Regler), B_1, B_2, B_3 Betriebspunkte für verschiedene Werte der Störgröße.

5.4.1.2 Regelstrecke mit Ausgleich, I-, PI- oder PID-Regler (Bild 9)

Der I-Regler wie auch der PI- und der PID-Regler arbeiten infolge ihres integralen Verhaltens ohne bleibende Regeldifferenz. Ihre Kennlinie hat daher den schon in Bild 22-3 gezeigten Verlauf. Entlang der Geraden kann bei einem festen Wert der Regelgröße jeder beliebige Wert der Stellgröße durch den Regler eingestellt werden, weil kein starrer Zusammenhang zwischen Regeldifferenz und Stellgröße wie im P-Regler vorhanden ist. (Manche I-, PI- oder PID-Regler besitzen keine solche ideale Kennlinie, sondern bei ihnen ist nur der P-Bereich sehr klein, meist in der Größe von einigen zehntel Prozent des Einstellbereiches der Führungsgröße.)
Wie aus Bild 9 hervorgeht, wandert der Betriebspunkt bei Änderung der Störgröße auf der waagerechten Reglerkennlinie hin und her, ohne daß sich dabei die Regelgröße ändert. Diese Kombination von Regelstrecke und Regler gestattet daher, die Regelgröße immer gleich der Führungsgröße zu halten, eine bleibende Regeldifferenz tritt nicht auf.

5.4.2 *Berechnung der bleibenden Regeldifferenz* (P- *oder* PD-*Regler)*

a) Störgrößenänderung, Regelstrecke mit Ausgleich

Bei Verwenden eines P- oder PD-Reglers tritt sowohl bei einer Regelstrecke mit Ausgleich als auch bei einer Regelstrecke ohne Ausgleich eine bleibende Regeldifferenz auf. Ihre Größe läßt sich, wie vorher gezeigt, aus dem Kennlinienfeld (Bild 8) entnehmen. Da in den meisten Fällen ein solches vollständiges versuchsmäßig aufgenommenes Kennlinienfeld nicht vorliegt, und weil die rechnerische Bestimmung der bleibenden Regeldifferenz auf den regelungstechnisch wichtigen Begriff der Kreisverstärkung führt, wird anschließend ausführlich auf die rechnerische Bestimmung der bleibenden Regeldifferenz eingegangen.
Der in Bild 10 wiedergegebene Regelkreis setzt sich aus einer Regelstrecke mit Ausgleich, gekennzeichnet durch die Übertragungsbeiwerte K_S und K_{SZ} und aus einem P-Regler mit dem Übertragungsbeiwert $K_P = Y_h/X_P$ zusammen. Dabei soll vorausgesetzt werden, daß die Übertragungsbeiwerte K_S

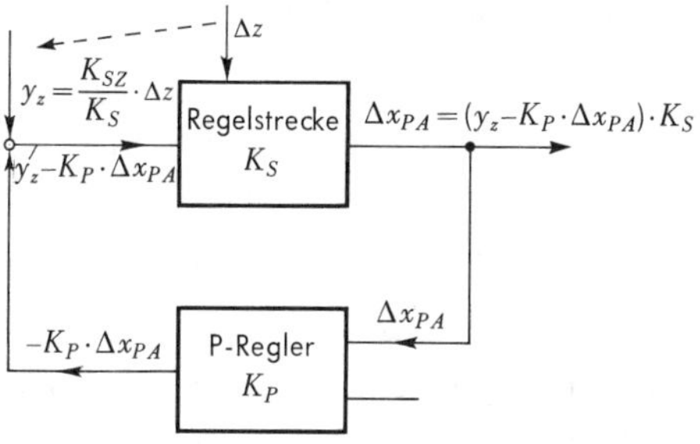

Bild 10-5
Zur Berechnung der Änderung der bleibenden Regeldifferenz Δx_{PA} aus den Daten der Regelstrecke K_S, K_{SZ} und des Reglers K_P.

und K_{SZ} im Arbeitspunkt, wie in Abschnitt 2.1 beschrieben, bestimmt wurden.

Berechnet werden soll die Änderung der bleibenden Regeldifferenz, wenn sich die Störgröße von z_0 auf $z_0 + \Delta z$ ändert, da bei einer gekrümmten (nichtlinearen) Kennlinie nur die Änderung Δx_{PA} der bleibenden Regeldifferenz im Arbeitspunkt berechenbar ist. (Die gesamte bleibende Regeldifferenz läßt sich nur aus dem Kennlinienfeld bestimmen.) Die Störgrößenänderung Δz ergibt, nach dem im Teil 5.2.2 gezeigten Verfahren umgerechnet, die gleichwertige Stellgrößenänderung $y_z = K_{SZ}/K_S \cdot \Delta z$. Bei dieser Störgrößenänderung würde ohne Regler am Ausgang der Regelstrecke die Regelgrößenänderung $x_z = K_S \cdot y_z$ auftreten.

Tatsächlich gibt jedoch im geschlossenen Regelkreis der Regler sofort nach Auftreten der Regelabweichung einen Gegenbefehl an die Stellgröße ab, um die Auswirkung der Störgrößenänderung zu bekämpfen. Die nach der Ausregelung vorhandene Änderung ist dann die bleibende Regeldifferenz Δx_{PA}, deren Größe berechnet werden soll.

Bei der bleibenden Regeldifferenz Δx_{PA} – wir wollen annehmen, sie sei uns bekannt – gibt der Regler dauernd den Gegenbefehl $K_P \cdot \Delta x_{PA}$ ab. Am Ort der Stellgröße ist jetzt nicht y_z allein, sondern $y_z - K_P \cdot \Delta x_{PA}$ wirksam (Bild 10). Diese Eingangsgröße der Regelstrecke muß mit dem Übertragungsbeiwert K_S multipliziert gerade wieder Δx_{PA} ergeben. Es gilt also

$$(y_z - K_P \cdot \Delta x_{PA}) \cdot K_S = \Delta x_{PA},$$

und durch Auflösen nach Δx_{PA} erhalten wir

$$\Delta x_{PA} = \frac{K_S}{1 + K_S K_P} \cdot y_z$$

Ohne Regler war die Änderung der Regelgröße gewesen:

$$x_z = K_S \cdot y_z \,.$$

Durch das Eingreifen des Reglers wird also die Auswirkung der Störung y_z um den Faktor

$$R = \frac{1}{1 + K_S \cdot K_P} = \frac{1}{1 + K_0}$$

geschwächt. Der Bruch R wird *Regelfaktor* genannt, das Produkt

$$K_0 = K_S \cdot K_P$$

wird mit *Kreisverstärkung,* die immer dimensionslos ist, bezeichnet.

Zahlenbeispiel 5:

Wir knüpfen an das in Abschnitt 5.2.2 gebrachte Zahlenbeispiel 1 an. Die Störung von $z = 1$ mbar wirkte sich dort ebenso aus wie ein Verstellen des Ventils um $y_z = 2$ mm.

Der Übertragungsbeiwert der Regelstrecke ergibt sich aus den im Beispiel 1 angegebenen Werten mit:

$$K_S = \frac{25°\text{C}}{2\,\text{mm}} = 12{,}5°\text{C/mm}.$$

Der Übertragungsbeiwert des Reglers sei

$$K_P = \frac{40\,\text{mm}}{50°\text{C}} = 0{,}8\,\text{mm/°C},$$

d.h. eine Temperaturänderung von 1°C am Reglereingang bewirkt eine Änderung des Ventilhubes um 0,8 mm. Die Kreisverstärkung ist dann

$$K_0 = K_S \cdot K_P = 12{,}5\,\frac{°C}{mm} \cdot 0{,}8\,\frac{mm}{°C} = 10\,.$$

Die Auswirkung der Störung von $y_z = 2$ mm wird somit um den Faktor

$$R = \frac{1}{1+10} = \frac{1}{11}$$

herabgesetzt.
Während vorher durch die Störung $z = 1$ mbar eine Temperaturänderung von 25 °C hervorgerufen wurde, sind es jetzt also nur noch

$$25\,°C \cdot \frac{1}{11} = 2{,}27\,°C \approx 2{,}3\,°C\,.$$

Diese Regelabweichung muß aber bestehen bleiben, um durch die zugehörige Verstellung des Ventils von

$$-2{,}3\,°C\,\frac{40\,mm}{50\,°C} = -1{,}85\,mm$$

die Auswirkung der Störung ungefähr kompensieren zu können.

Das Beispiel hat gezeigt, daß mit wachsender Kreisverstärkung K_0 die Auswirkung einer Störung abnimmt. Im Hinblick auf das statische Verhalten wäre daher eine möglichst hohe Kreisverstärkung günstig.
Da der Übertragungsbeiwert K_S der Regelstrecke meist gegeben ist, kann ein Erhöhen der Kreisverstärkung praktisch nur durch Vergrößern des Übertragungsbeiwertes K_P des Reglers bzw. – was dasselbe bedeutet – durch Verkleinern des Proportionalbereiches X_P erfolgen. Welche Werte dabei am günstigsten sind, werden wir später noch sehen.

b) Störgrößenänderung, Regelstrecke ohne Ausgleich

Die bleibende Regeldifferenz können wir bei diesem Regelkreisaufbau durch folgende Überlegungen leicht berechnen:

Bei einer Regelstrecke ohne Ausgleich ist nur dann wieder ein Gleichgewichtszustand vorhanden, d.h. eine sich nicht ändernde Regelgröße, wenn die vorangegangene Störgrößenänderung durch die Wirkung des P- oder PD-Reglers wieder zu Null gemacht wird.

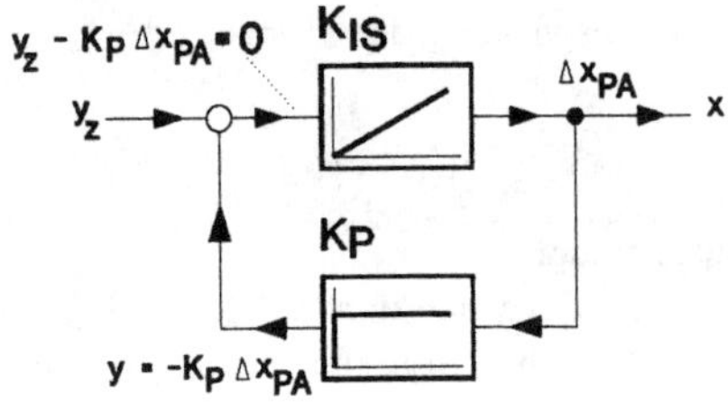

Bild 11-5
Zur Berechnung der bleibenden Regeldiffernz bei einer Strecke ohne Ausgleich. x Regelgröße, y Stellgröße, y_z Störgröße auf Einheiten der Stellgröße umgerechnet, Δx_{PA} bleibende Regeldifferenz, K_{IS} Integrierbeiwert der Regelstrecke, K_P Proportionalbeiwert des P-Reglers.

Tritt die umgerechnete Störgrößenänderung y_z auf, so muß also der Regler eine entgegengesetzte gleichgroße Stellgrößenänderung bewirken (Bild 11). Es gilt also

$$y_z - K_P \cdot \Delta x_{PA} = 0$$

oder

$$\Delta x_{PA} = \frac{1}{K_P} \cdot y_z \,.$$

Auch bei einer Regelstrecke ohne Ausgleich ist also zum Erzielen einer möglichst kleinen Regelabweichung ein großer Wert des Übertragungsbeiwertes K_P günstig.

c) Führungsgrößenänderung, Regelstrecke mit Ausgleich

Bei einer Regelstrecke mit Ausgleich und einem P- oder PD-Regler tritt jedoch nicht nur bei einer Störgrößenänderung eine bleibende Regelabweichung auf sondern auch bei einer Änderung der *Führungsgröße w*. Wird die

Führungsgröße von w_0 um Δw geändert und ist Δx der gesuchte Wert der Regelgrößenänderung nach der Führungsgrößenänderung, so ist die am Vergleicher des Reglers wirksame Regelabweichung gleich $\Delta x - \Delta w$. Die zugehörige Stellgrößenänderung ist dann $-(\Delta x - \Delta w) \cdot K_P$. Dieser Ausdruck muß mit K_S multipliziert wieder den Wert der Regelgrößenänderung ergeben.

Es gilt also

$$-(\Delta x - \Delta w) \cdot K_S \cdot K_P = \Delta x.$$

Durch Auflösen dieser Gleichung nach Δx erhalten wir schließlich

$$\Delta x = \frac{K_S K_P}{1 + K_S K_P} \Delta w = \frac{K_0}{1 + K_0} \cdot \Delta w.$$

Die Änderung der Regelgröße ist also nicht gleich der Führungsgrößenänderung Δw, sondern um den Faktor $K_0/(1 + K_0)$ kleiner. Die bleibende Regelabweichung ist dann gleich

$$\Delta x_{PA} = \Delta x - \Delta w = \frac{1}{1 + K_0} \cdot \Delta w.$$

Zahlenbeispiel:

Der Regelkreis weise wie in dem vorhergehenden Zahlenbeispiel eine Kreisverstärkung von $K_0 = 10$ auf. Die Führungsgröße wird um $\Delta w = 50°C$ verstellt.

Wie groß ist die sich wirklich einstellende Temperaturänderung und wie groß ist die bleibende Regelabweichung?

Nach der oben abgeleiteten Formel ist

$$\Delta x = \frac{K_0}{1 + K_0} \cdot \Delta w = \frac{10}{1 + 10} \cdot 50°C = 45{,}5°C.$$

Die bleibende Regelabweichung ist

$$\Delta x_{PA} = \Delta x - \Delta w = 45{,}5°C - 50°C = -4{,}5°C,$$

um welchen Wert die Regelgröße von der neuen Führungsgröße abweicht.

5.4.3 *Zusammenhang zwischen Proportionalbereich und Kreisverstärkung*

Den Übertragungsbeiwert K_P eines P-Reglers können wir aus dem eingestellten Proportionalbereich berechnen (siehe Abschnitt 3.2.5) mit

$$K_P = \frac{Y_h}{X_P}.$$

Dazu muß der Stellbereich Y_h bekannt sein. Der Übertragungsbeiwert der Regelstrecke muß dagegen gemessen werden. Es besteht aber zwischen Proportionalbereich und Kreisverstärkung ein sehr einfacher abschätzbarer Zusammenhang: Das Stellglied ist meist so ausgelegt, daß bei vollem Stellbereich Y_h die Regelgröße gerade noch den Endwert des *Führungsbereichs* W_h erreichen kann. Daher gilt angenähert für den Übertragungsbeiwert der Regelstrecke, wenn das Stellglied wirklich so optimal ausgelegt ist und die Regelstrecke über den gesamten Bereich linear ist

$$K_S \approx W_h / Y_h .$$

Setzen wir die Ausdrücke für K_P und K_S in den Ausdruck für die Kreisverstärkung ein, so erhalten wir

$$K_0 = K_S \cdot K_P \approx \frac{W_h}{Y_h} \cdot \frac{Y_h}{X_P} = \frac{W_h}{X_P}.$$

Drücken wir den Proportionalbereich, wie wir das schon kennengelernt haben, in % aus, und zwar bezogen auf den Endwert des Führungsbereiches W_h, so erhalten wir

$$K_0 \approx \frac{W_h}{\frac{X_{P\%}}{100\%} W_h} = \frac{100\%}{X_{P\%}}.$$

Wir erhalten also das bemerkenswerte Ergebnis, daß es zur überschlägigen Berechnung der Kreisverstärkung genügt, wenn wir 100% durch den P-Bereich in % der Skalenlänge teilen.

Bei den meisten Regelstrecken sind die Verhältnisse jedoch nicht so einfach. Ehe Sie sich auf diese einfache Abschätzung verlassen, sollte Sie in jedem Falle nachprüfen, ob wirklich bei einer Verstellung der Stellgröße von 0 auf

100% auch die Regelgröße sich von 0 auf 100% ändert. Dies ist nämlich die Voraussetzung für diese Abschätzung.

Zahlenbeispiel 6:

Ein Regler besitzt eine Skala von 0 bis 1000°C, d.h., W_h = 1000°C. Der eingestellte Proportionalbereich sei X_P = 80°C bzw. $X_{P\%}$ = 8% der Skalenlänge.
Die Kreisverstärkung ist dann ungefähr

$$K_0 = \frac{100\%}{8\%} = 12{,}5\text{fach}.$$

Das Problem, daß sich wohl nur im Winter bei 0% Stellgröße auch 0°C der Regelgröße einstellen, dürfte hier nicht allzusehr ins Gewicht fallen.

5.5 Das dynamische Verhalten des Regelkreises

Bei der Besprechung des statischen Verhaltens der Regelgröße haben wir uns bisher nur für ihren Beharrungswert nach Ablauf des Übergangsvorganges interessiert, ihr vorhergehender zeitlicher Verlauf blieb außer Betracht. Wir haben gesehen, daß beim P-Regler eine bleibende, leicht zu errechnende Regeldifferenz vorhanden ist, während von Reglern mit integralem Anteil die Regelabweichung nach einer Störung bis auf Null abgebaut wird. Welcher Zustand sich lange nach Ablauf der Ausregelzeit einstellt, ist uns also bekannt.
Im folgenden wollen wir uns nun mit dem für die Anwendung eines Reglers ungemein wichtigen Verlauf der Regelgröße während der Ausregelzeit beschäftigen, d.h. das *dynamische Verhalten der Regelgröße* untersuchen. Wir haben schon in Abschnitt 1 erfahren, daß sich der Verlauf der Regelgröße in diesem Bereich angenähert durch die Überschwingweite x_m und die Ausregelzeit T_a kennzeichnen läßt. Je kleiner diese Werte sind, um so höher ist die Güte der Regelung. Überschwingweite und Ausregelzeit sind unerwünschte Begleiterscheinungen des Regelvorganges. Je mehr der Regler sie zu unterdrücken vermag, um so besser arbeitet er.

Wir werden außerdem versuchen, für die verschiedenen Regelkreise Angaben über die Ausregelzeit, die Überschwingweit und über die günstigste Reglereinstellung zu machen.
Das dynamische Verhalten der Regelgröße wollen wir zuerst an einem Regelkreis mit P-Regler studieren.

5.5.1 *Das dynamische Verhalten bei P-Reglern*

5.5.1.1 Verzögerungsfreie Regelstrecke

Sind Regelstrecke und Regler verzögerungsfrei, so wird sich eine Störung sofort auf die Regelgröße auswirken, aber ebenso schnell wird diese Auswirkung zum größten Teil wieder vom Regler beseitigt (Bild 12a, b). Ein Überschwingen der Regelgröße findet nicht statt, die Regelzeit ist Null; daher können wir hier das im vorhergehenden betrachtete statische Verhalten des Regelkreises von Anfang an zugrunde legen. Die Auswirkungen der Störung y_z wird um den Faktor $1/(1 + K_0)$ geschwächt, wobei K_0 theoretisch beliebig groß gewählt werden könnte.
Würde man eine völlig verzögerungsfreie Regelstrecke mit einem völlig verzögerungsfreien P-Regler zu einem Regelkreis zusammenschalten, so würde man ein gutes Arbeiten erhalten. Tatsächlich ist aber in den meisten Fällen festzustellen, daß schon bei einer verhältnismäßig niedrigen Kreisverstärkung der Regelkreis sich selbst erregt und aufklingende Schwingungen ausführt, d. h. *instabil* wird. Die Ursache dafür liegt, wie wir später sehen werden, in den immer vorhandenen kleinen Totzeiten und Verzögerungen der Regelstrecke oder des Reglers.
Das Verwenden eines verzögerungsarmen P-Reglers zusammen mit einer praktisch verzögerungsfreien Regelstrecke ist daher ungünstig und muß vermieden werden. Das in Bild 3-2 dargestellte Transportband als Beispiel einer verzögerungsarmen Regelstrecke würde demnach mit einem P-Regler nicht befriedigend zusammenarbeiten.
Bei der Blockdarstellung des Regelkreises ist es üblich (wie in Bild 12a) zur Kennzeichnung ihres Verhaltens in die Blöcke die Sprungantworten einzutragen. Dies hat sich sehr bewährt, da das menschliche Gehirn über ein sehr

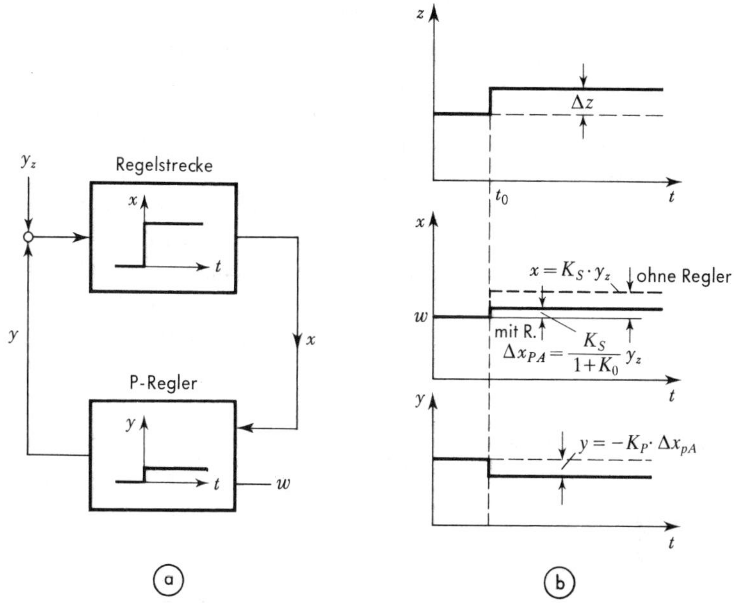

Bild 12a, b-5
Verzögerungsfreie Regelstrecke mit verzögerungsfreiem P-Regler zusammengeschaltet. a) Blockschaltbild, b) Sprungantwort. Δz Störgrößenänderung, Δx_{PA} Regelgrößenänderung, y Stellgrößenänderung.

gutes graphisches Erkennungssystem verfügt (eine Zeichnung ist viel schneller zu lesen und zu erfassen als eine detaillierte Beschreibung). Diese Sprungantwort in dem Blocksymbol soll aber keineswegs den exakten Verlauf der Ausgangsgröße darstellen, sondern soll einfach ein Stempel, eine Typenbezeichnung sein. Aus diesem Grunde wird im allgemeinen auch auf Achsenbezeichnungen und ähnliches verzichtet. Auch die Wirkungsrichtung im Block wird bei der Darstellung nicht berücksichtigt, die Verläufe werden immer positiv dargestellt. Da x und w unterschiedliche Wirkungsrichtungen haben, wäre eine Berücksichtigung bei solchen Blöcken mit zwei Eingangssignalen auch gar nicht ohne weiteres möglich.

5.5.1.2 Regelstrecke mit einer Verzögerung

Verzögerungsfreie Regelstrecke gibt es nicht. Immer ist eine gewisse, wenn auch oft sehr kleine Zeitkonstante und oft auch eine Totzeit vorhanden. Die Totzeit wollen wir vorerst außer Betracht lassen und annehmen, die Regelstrecke habe eine Sprungantwort mit einer Verzögerung. Eine solche Regelstrecke kann, wie wir im Abschnitt 2 gesehen hatten, durch Angabe des Übertragungsbeiwertes K_S und der Zeitkonstante T_S vollständig gekennzeichnet werden. Wir wollen weiter annehmen, daß der P-Regler unverzögert arbeitet, d.h. gegenüber der Regelstrecke eine verschwindend kleine Zeitkonstante aufweist. Bild 13a...c zeigt einen solchen Regelkreis, den Verlauf der Regel- und Stellgröße nach einer Störung sowie ein praktisches Beispiel.

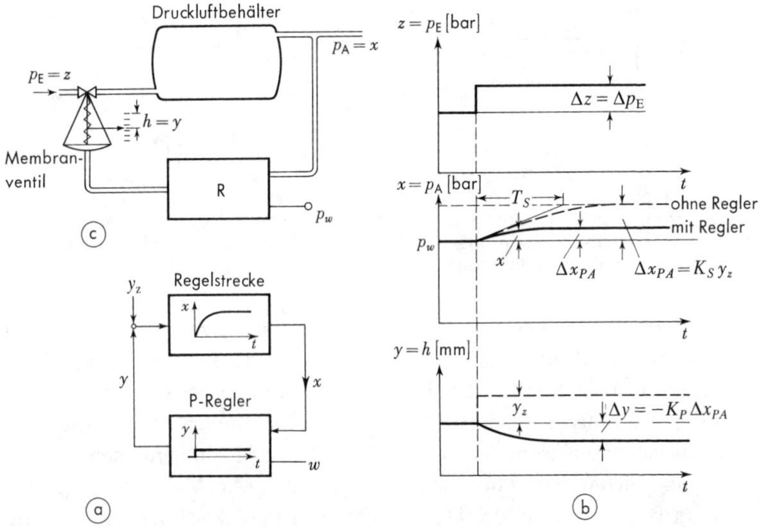

Bild 13a...c-5

Regelstrecke mit einem Verzögerungsglied, mit unverzögertem P-Regler zusammengeschaltet. a) Blockschaltbild des Regelkreises, b) Sprungantworten, c) Druckregelung in einem Druckluftbehälter als Beispiel.

Ohne Regler würde sich der gestrichelt eingezeichnete Verlauf der Regelgröße ergeben. Infolge der abschwächenden Wirkung des Reglers verläuft die Regelgröße jedoch nach der ausgezogenen Kurve.
Was geschieht nun im einzelnen während des Regelvorganges? Durch die Störung y_z wird eine allmählich anwachsende Regelabweichung x am Ausgang der Regelstrecke hervorgerufen. Diese Regelabweichung bewirkt sofort – da der P-Regler unverzögert arbeitet –, daß die Stellgröße im Sinne einer Verkleinerung der Regelgröße um ein entsprechendes Stück verstellt wird. Nach einer gewissen Zeit ist also nicht mehr die Störung y_z wirksam, sondern nur noch die Störung $y_z - x \cdot K_P$. Diese verringerte Störung bewirkt ein langsameres Ansteigen der Regelabweichung als vorher. Die wachsende Regelabweichung setzt den Einfluß der Störung noch weiter herab, bis sich schließlich ein Gleichgewichtszustand einstellt, bei dem der verbleibende Rest der wirksamen Störung $y_z - \Delta x_{PA} \cdot K_P$ gerade genügt, um die zum Verstellen des Stellgliedes erforderliche Regelabweichung Δx_{PA} hervorzurufen.
Der Verlauf der Regelgröße läßt sich auch zeichnerisch bestimmen. Dieses Verfahren läuft auf die zeichnerische Integration einer Differentialgleichung hinaus, von deren Erläuterung hier jedoch abgesehen werden soll.
Eine hier nicht gebrachte Rechnung zeigt, daß der Regelvorgang nach einer Sprungantwort mit einer Verzögerung (erster Ordnung) verläuft, also im Prinzip ebenso wie ohne Regler. Während jedoch ohne Regler der Endwert der Sprungantwort $K_S \cdot y_z$ beträgt, wird er mit Regler auf den Wert

$$\frac{K_S}{1 + K_0} y_z$$

herabgedrückt.
Da sich das Eingreifen des Reglers infolge der Verzögerung der Regelstrekke auf die Regelgröße nur verzögert auswirkt, ist der Anfangsverlauf, d.h. die Anfangssteilheit der Sprungantworten, mit und ohne Regler gleich. Die Zeitkonstante des Regelvorganges ist

$$T = \frac{T_S}{1 + K_0} .$$

Durch den Eingriff des Reglers wird also nicht nur die Auswirkung einer Störung herabgesetzt, es zeigt sich außerdem das bemerkenswerte Ergebnis,

daß die Regelgröße schon wesentlich früher als im ungeregelten Betrieb ihren neuen Beharrungswert erreicht. Das geht auch aus Bild 13b hervor, das für die kleine Kreisverstärkung von $K_0 = 3$ gezeichnet ist.
Ein Überschwingen der Regelgröße beim Regelvorgang findet nicht statt; die Überschwingweite ist also $x_m = 0$.
Die Regelzeit nach einer Störung beträgt etwa das Dreifache der Zeitkonstante T des Regelvorganges.
Die Kreisverstärkung könnte theoretisch beliebig hoch gewählt werden, ohne daß Selbsterregung eintritt. Das würde bedeuten – da der Übertragungsbeiwert K_S der Regelstrecke als gegeben anzusehen ist –, daß der Übertragungsbeiwert K_P des Reglers beliebig hoch bzw. der Proportionalbereich beliebig klein eingestellt werden kann. Praktisch tritt infolge immer vorhandener zusätzlicher Verzögerungen im Regelkreis aber schon bei einer durchaus endlichen Kreisverstärkung Selbsterregung ein.

5.5.1.3 Regelstrecke mit zwei oder mehreren Verzögerungen

Regelkreise, in denen nur eine und zudem große Zeitkonstante vorhanden ist, sind seltener als solche, bei welchen zwei oder mehr mit Zeitkonstanten behaftete Glieder in Reihe geschaltet sind. Das ist beispielsweise bei einem Regelkreis der Fall, in dem neben der Regelstrecke mit einer Verzögerung auch der Regler oder, was praktisch noch häufiger ist, das Stellglied (Membranventil) oder ein Meßumformer mit einer Zeitkonstante behaftet ist.
Für das Verhalten der Regelgröße bei einer Störung ist die Kreisverstärkung und das Zeitverhalten der in Reihe geschalteten Glieder maßgebend. Wo die Verstärkungen im Regelkreis stattfinden und an welcher Stelle die zeitlichen Verzögerungen entstehen, ist für das dynamische Verhalten des Regelkreises jedoch unwichtig. Das geht auch deutlich aus der Betrachtung des aufgeschnittenen Regelkreises, den wir für das Erklären der Selbsterregung herangezogen haben, hervor.
Wir wollen uns zuerst die Reihenschaltung einer Regelstrecke mit 2 Verzögerungen (zweiter Ordnung) mit einem verzögerungsfreien P-Regler ansehen. Die Regelstrecke sei dabei durch die Reihenschaltung zweier Verzögerungen entstanden. Bild 14a...c zeigt das Blockschaltbild dieses Regelkreises, die Sprungantwort bei einer Störung und ein praktisches Beispiel.

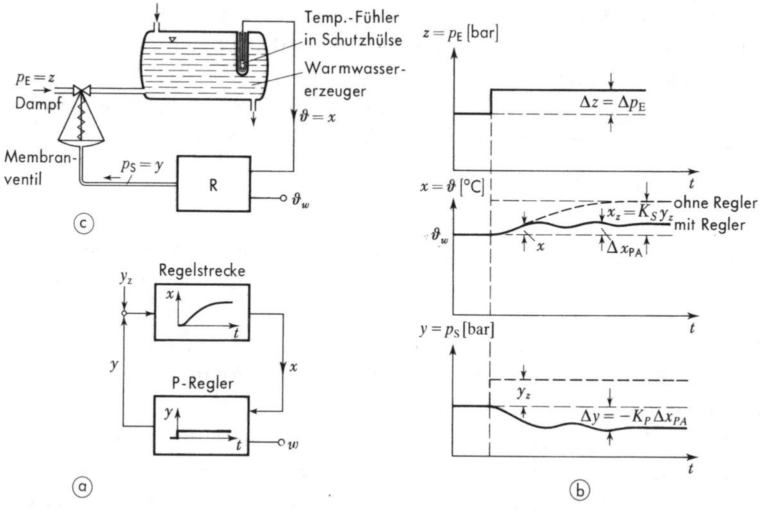

Bild 14a...c-5
Regelstrecke mit 2 Verzögerungen, zusammengeschaltet mit verzögerungsfreiem P-Regler. a) Blockschaltbild des Regelkreises, b) Sprungantwort, c) Temperaturregelung in einem dampfbeheizten Warmwassererzeuger als Beispiel.

Die Störung (eine Dampfdruckänderung) $\Delta z = \Delta p_E$ soll wie immer am Anfang der Regelstrecke angreifen.

Nach Ablauf der Regelzeit ist die Auswirkung der Störung wieder auf den $(1 + K_0)$ten Teil des ungeregelten Wertes herabgesetzt. In diesen verringerten Wert läuft die Regelgröße im allgemeinen schwingend ein. Theoretisch ist auch dieser Regelkreis bis herauf zu einer beliebig hohen Kreisverstärkung bzw. bis zu einem beliebig kleinen Proportionalbereich stabil, jedoch werden die Schwingungen immer schlechter gedämpft. Die bleibende Regelabweichung ließe sich dabei bis auf Null herunterdrücken. Tatsächlich wird aber ein solcher Regelkreis infolge der immer vorhandenen zusätzlichen Verzögerungen schon bei einer durchaus endlichen Kreisverstärkung instabil.

Entsteht die Sprungantwort durch die Reihenschaltung zweier Verzögerungsglieder (siehe Abschnitt 2), so ist es günstig, wenn die Zeitkonstanten

der beiden Glieder voneinander möglichst verschieden sind. Die Verstärkung kann dann höher eingestellt werden als in dem ungünstigsten Fall, wo beide Zeitkonstanten gleiche Werte aufweisen.
Die Regelzeit beträgt für den ungünstigsten Fall der Reihenschaltung zweier Glieder gleicher Zeitkonstante T_S das Mehrfache der Schwingungsdauer

$$T = 2\pi T_S / \sqrt{K_0}$$

der gedämpften Schwingung.
Entsteht die Sprungantwort nicht durch die Reihenschaltung zweier Speicherglieder, sondern durch andere physikalische Zusammenhänge, wie sie in Abschnitt 2.3.4 beschrieben worden sind, so kann die Sprungantwort der Regelstrecke auch einen schwingenden Verlauf aufweisen. Im Gegensatz zu dem in Bild 14b gezeichneten stark gedämpften Verlauf hat sie dann z.B. den in Bild 15b gezeigten Verlauf.
Durch die Wirkung des Reglers wird, wie eingezeichnet, das Überschwingen verkleinert und der neue Beharrungswert schon früher erreicht als im ungeregelten Betrieb. Außerdem weisen die gedämpften Regelschwingungen eine höhere Frequenz auf als die Schwingungen der Regelstrecke allein. Allerdings wird durch den Eingriff des Reglers auch die Dämpfung verringert, ein solcher Kreis ist jedoch theoretisch bis zu beliebig hoher Kreisverstärkung stabil.
Bei drei Verzögerungen in der Regelstrecke (Regelstrecke dritter Ordnung) ist jedoch Stabilität nicht immer gewährleistet. Die Theorie der Regelung zeigt, daß ein Regelkreis mit einer solchen Strecke bei einer ganz bestimmten Kreisverstärkung instabil wird. Bei *drei gleichen* Zeitkonstanten ist das schon bei $K_0 = 8$ der Fall. Liegt die Kreisverstärkung unterhalb dieses Wertes, so tritt keine Selbsterregung mehr auf, aber es zeigt sich ein Überschwingen der Regelgröße. Dieses ist nur durch Wahl einer viel kleineren Kreisverstärkung zu beseitigen, was aber den Nachteil einer vergrößerten bleibenden Regelabweichung mit sich bringt.
Im Störungsfalle ergibt sich ein ähnlicher Verlauf der Sprungantwort, wie ihn Bild 15b zeigt, nur ist dann die Überschwingweite noch größer. Bei Regelstrecken mit noch mehr Verzögerungen wird die mögliche Kreisverstärkung immer kleiner, die Überschwingweite bei einer gegebenen Störung immer größer.

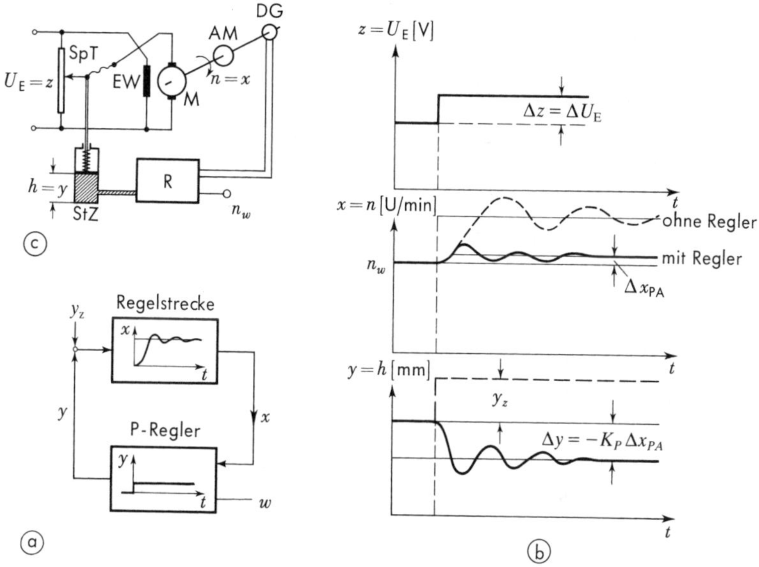

Bild 15a...c-5
Regelstrecke mit schwingendem Verhalten, mit verzögerungsfreiem P-Regler zusammengeschaltet. a) Blockschaltbild des Regelkreises, b) Sprungantwort, c) Drehzahlregelung eines mit Gleichstrom gespeisten Motors als Beispiel. M Motor, AM Arbeitsmaschine, EW Erregerwicklung, SpT Spannungsteiler, DG Drehzahlgeber, StZ Stellzylinder, n Drehzahl als Regelgröße, h Kolbenhub als Stellgröße, U_E Störgröße.

5.5.1.4 Regelstrecke mit Verzugszeit und Ausgleichszeit

Regelstrecken mit vielen Verzögerungen lassen sich mit brauchbarer Näherung, wie in Abschnitt 2 zu sehen war, durch eine Ersatz-Sprungantwort mit Verzugszeit T_u und Ausgleichszeit T_g beschreiben. Regelstrecken mit Verzugszeit und Ausgleichszeit kommen häufig unter den Temperaturregelstrecken vor. Bild 16a-c zeigt den Verlauf der Regelgröße bei einer Störung in einem Regelkreis mit einer Regelstrecke mit vielen Verzögerungen und einem P-Regler.

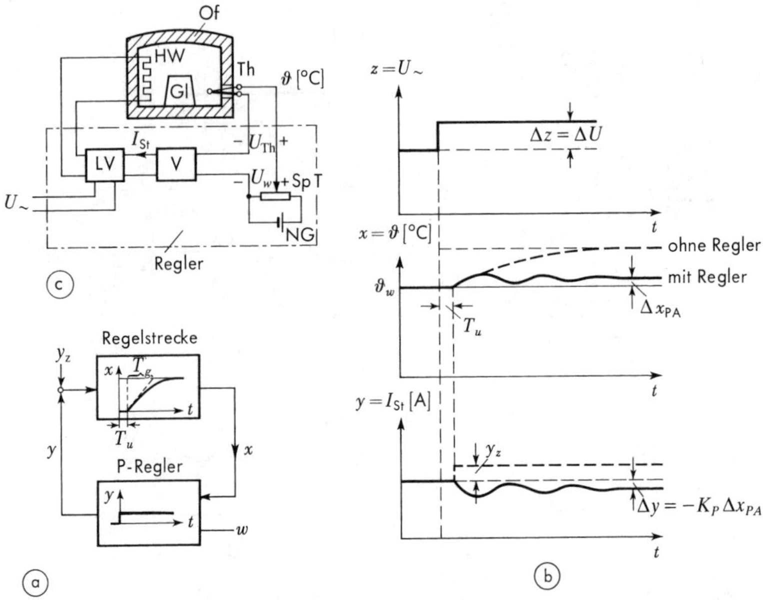

Bild 16a...c-5
Regelstrecke mit vielen Verzögerungen mit verzögerungsfreiem P-Regler zusammengeschaltet. a) Blockschaltbild des Regelkreises, b) Sprungantwort, c) Temperaturregelung in einem elektrisch beheizten Ofen als Beispiel. Of Ofen, HW Heizwicklung, Gl Glühgut, Th Thermoelement, SpT Spannungsteiler, NG Konstantspannungsgerät, V Vorverstärker, LV Leistungsverstärker, ϑ Temperatur, E_{Th} Spannung des Thermoelementes, E_w Führungsgröße, I_{St} Steuerstrom, $U_\sim$ Speisewechselspannung.

Es tritt im allgemeinen ein Überschwingen der Regelgröße auf. Die bleibende Regelabweichung ist wesentlich größer als im Fall mit einer Verzögerung oder zwei Verzögerungen, da zur Vermeidung von Selbsterregung die Kreisverstärkung hier wesentlich kleiner sein muß.

Die *kritische Kreisverstärkung* K_{0krit}, bei der der Regelkreis sich selbst erregt, errechnet sich angenähert aus der Formel

$$K_{0krit} = K_P \cdot K_S \approx \frac{\pi}{2} \frac{T_g}{T_u} + 1.$$

Sie ist also im wesentlichen abhängig vom Verhältnis Verzugszeit zu Ausgleichszeit.
Der kritische Wert von K_P ergibt sich daraus mit

$$K_{Pkrit} \approx \frac{1}{K_S}\left(\frac{\pi}{2}\frac{T_g}{T_u}+1\right).$$

Durch Einsetzen von $K_P = Y_h/X_P$ ergibt sich daraus der *optimale*[1]) *Proportionalbereich* zu

$$\boxed{X_{P,\,opt} \approx \frac{2\,K_S Y_h}{\left(\frac{\pi}{2}\frac{T_g}{T_u}+1\right)} \approx \frac{4}{\pi}\cdot K_S Y_h \frac{T_u}{T_g}},$$

wenn die optimale Kreisverstärkung vorerst mit rund der Hälfte der kritischen angesetzt wird und der Wert 1 gegen den meist wesentlich größeren Summanden

$$\frac{\pi}{2}\cdot\frac{T_g}{T_u}$$

vernachlässigt wird. Der Ausdruck $K_S Y_h$ stellt den Beharrungswert der Regelgröße X_{max} dar, wenn die Stellgröße gleich dem Stellbereich gemacht wird. Wir können dann auch schreiben[2])

$$X_{P,\,opt} \approx \frac{4}{\pi} X_{max} \frac{T_u}{T_g}.$$

Besitzt der Regler eine Skala, so ist X_{max} meistens etwa gleich dem Skalenendwert.
Für den auf den Skalenumfang bezogenen Proportionalbereich gilt dann

$$\frac{X_{P,\,opt}}{X_{max}}\cdot 100\,\% = \frac{4}{\pi}\cdot\frac{T_u}{T_g}\cdot 100\,\%$$

oder

$$X_{P,\,opt}\,\% = 127\,\frac{T_u}{T_g}\,\%.$$

[1]) Siehe Abschnitt 5.6. [2]) Siehe hierzu auch Abschnitt 5.4.3.

Im Bild 17 ist die kritische Verstärkung K_{0krit} als Funktion von T_u/T_g aufgetragen. Im schraffierten Bereich tritt Selbsterregung ein (Stabilitätsgrenze). Im nicht schraffierten ist der Regelkreis stabil. Bild 17 zeigt neben K_{0krit} noch die *optimale Kreisverstärkung* K_{0opt}.
Stellen wir bei gegebener Regelstrecke die Kreisverstärkung auf diesen optimalen Wert ein, so ist die bleibende Regelabweichung bei der Störung y_z gleich

$$\Delta x_{PA} = \frac{1}{1 + K_{0opt}} \cdot K_S y_z.$$

Der *Regelfaktor* $R = 1/(1 + K_{0opt})$ ist im Bild 17 an der senkrechten Achse mit aufgetragen.

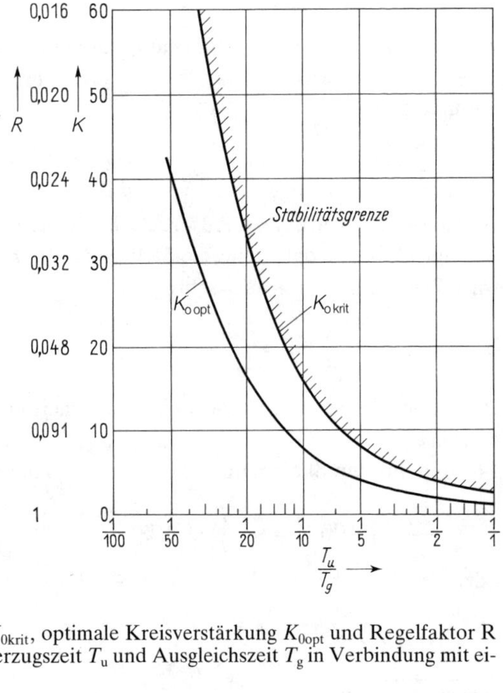

Bild 17-5
Kritische Kreisverstärkung K_{0krit}, optimale Kreisverstärkung K_{0opt} und Regelfaktor R bei einer Regelstrecke mit Verzugszeit T_u und Ausgleichszeit T_g in Verbindung mit einem P-Regler.

Die Dauer T_{kreis} einer Regelschwingung beträgt

$$T_{kreis} \approx 4\,T_u,$$

wenn die Verzugszeit wesentlich kleiner als die Ausgleichszeit ist, wobei im allgemeinen mehrere Schwingungen vergehen, bis die Regelgröße wieder einen konstanten Wert annimmt.

Zahlenbeispiel 7:

An einem Ofen sei eine Verzugszeit von 1 min und eine Ausgleichszeit von 10 min gemessen worden. Aus Bild 17 ist zu entnehmen, daß für $T_u/T_g = 1/10$ der Regelkreis dann bei einer Kreisverstärkung von etwa $K_{0krit} = 16$ instabil wird. Die optimale Kreisverstärkung ist etwa 8. Der Einfluß einer Störung wird damit auf den neunten Teil, d.h. auf $1/9 \cdot 100\% = 11{,}1\%$ herabgesetzt. Besitzt der Regler eine Skala, so beträgt der einzustellende optimale Proportionalbereich nach der in Abschnitt 5.4.3 unter den dort gegebenen Einschränkungen abgeleiteten Formel etwa

$$X_{P,\,opt} = \frac{100\%}{K_{0opt}} = \frac{100\%}{8} = 12{,}5\%$$

des Skalenumfanges.
Die Dauer einer Regelschwingung ist etwa $T_{kreis} \approx 4\,T_u = 4$ min. Eine Störung ist schätzungsweise nach $3\,T_{kreis} = 12$ min ausgeregelt.

5.5.1.5 Regelstrecke mit Totzeit

Ist bei einer Regelstrecke nur Totzeit vorhanden, so läßt sich der Regelvorgang leicht verfolgen (Bild 18a, b). Der Einfachheit halber ist $K_S = 1$ angenommen. Der Übergangsbeiwert des Reglers sei zunächst $K_P = 2$ gesetzt.
Zur Zeit t_0 ändere sich die Störgröße z sprungweise um Δz. Die auf die Stellgröße umgerechnete Störung habe den Betrag y_z.
Nach Ablauf der Totzeit T_t springt dann die Regelgröße um den Wert $x_z = K_S \cdot y_z = 1 \cdot y_z = y_z$. Der unverzögert arbeitende P-Regler verändert sogleich die Stellgröße um $-K_P \cdot x_z = -2\,y_z$.[1])

---

[1]) Das Minuszeichen drückt die Wirkungsumkehr im Regelkreis aus.

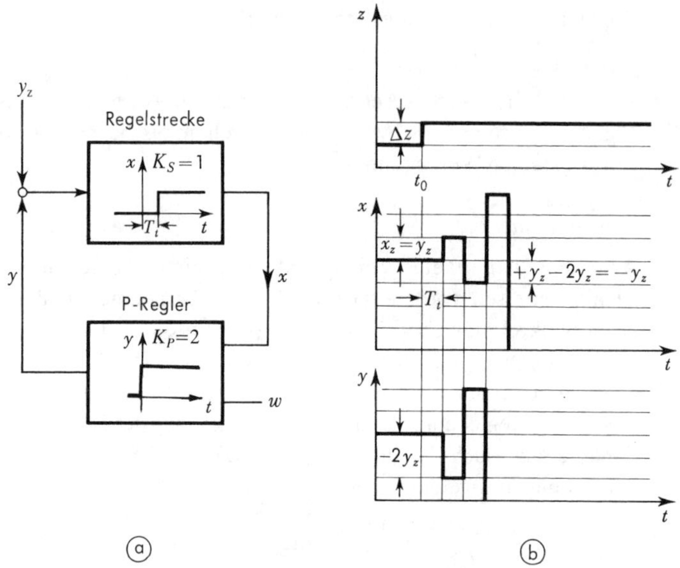

Bild 18 a, b-5
Regelstrecke nur mit Totzeit in Verbindung mit verzögerungsfreiem P-Regler. a) Blockschaltbild des Regelkreises, b) Sprungantwort.

Die Regelgröße ändert sich nun nach Ablauf der Totzeit um $-2\,y_z$. Da aber die Störung $+\,y_z$ vorhanden ist, bleibt $+\,y_z - 2\,y_z = -\,y_z$ als Scheitelwert übrig. Der Regler wiederum bewirkt ein sprungweises Ändern der Stellgröße um den Wert $-2\,(-2\,y_z) = +4\,y_z$. Nach Ablauf der Totzeit wird dadurch die Regelgröße um den Betrag $+\,4\,y_z$ geändert. Die Stellgröße ihrerseits springt im gleichen Augenblick um $-2\,(+4\,y_z) = -8\,y_z$ usw.
Es setzt hier schon bei der sehr kleinen Kreisverstärkung von $K_S \cdot K_P = 1 \cdot 2 = 2$ eine aufklingende Schwingung ein. Verringern wir, um stabile Verhältnisse zu bekommen, den Übertragungsbeiwert auf $K_p = 1$, so erhalten wir den in Bild 19 wiedergegebenen Verlauf der Regelgröße.
Es treten zwar auch hier noch periodische Schwankungen auf, jedoch haben diese eine konstante Amplitude. Brauchbar ist ein solcher Regelkreis aber

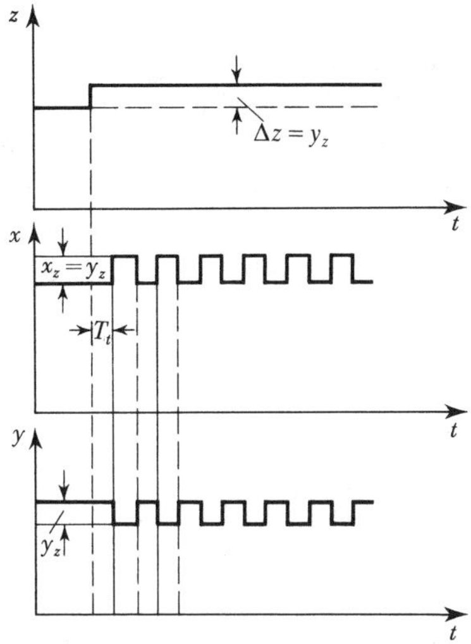

Bild 19-5
Wie Bild 18a, b-5, jedoch Übertragungsbeiwert auf $K_P = 1$ herabgesetzt.

immer noch nicht. Erst wenn wir K_P auf etwa 0,5 herabsetzen, wird der Ausgleichsvorgang ausreichend gedämpft. Die Schwächung einer Störung erfolgt dann jedoch nur mit dem Faktor

$$R = \frac{1}{1+0{,}5} = 0{,}67\,.$$

Für eine so geringe Schwächung der Störungen lohnt sich ein Regler aber nicht mehr.

Der P-Regler ist also für eine nur Totzeit aufweisende Regelstrecke nicht geeignet. Das ist auch der Grund, warum eine praktisch verzögerungsfreie Regelstrecke mit einem P-Regler nicht befriedigend zusammenarbeitet, denn kleine Totzeiten sind immer in der Regelstrecke oder im Regler vorhanden. Es liegt dann der eben besprochene Fall eines Regelkreises vor, der im wesentlichen nur mit Totzeit behaftet ist und der nur eine für Regelzwecke sinnlos kleine Kreisverstärkung zuläßt.

5.5.1.6 Regelstrecke ohne Ausgleich

Eine Regelstrecke ohne Ausgleich, die keine Verzugszeit aufweist, ist nur durch ihren Übertragungsbeiwert K_{IS} bestimmt, wie in Abschnitt 2 gezeigt worden ist. Das Zusammenarbeiten einer solchen Regelstrecke mit einem P-Regler ist aus Bild 20a-c zu ersehen.

Die nach einer Störung verbleibende Regelabweichung errechnet sich nach der vorausgegangenen Ableitung (s. Bild 11) zu

$$\Delta x_{PA} = \frac{1}{K_P} \cdot y_z$$

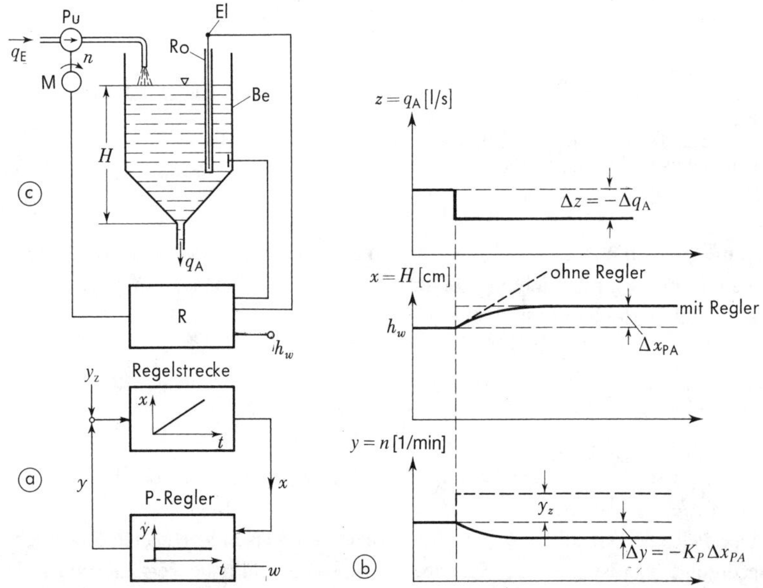

Bild 20a…c-5
Regelkreis mit Regelstrecke ohne Ausgleich und P-Regler. a) Blockschaltbild des Regelkreises, b) Sprungantwort, c) Wasserstands-Regelkreis mit kapazitiver Messung des Wasserstandes und Dosierpumpe als Beispiel. Be Behälter, El Elektrode, Ro Isolierrohr, M Motor, Pu Dosierpumpe, H Wasserstand, n Drehzahl, q_E Zufluß, q_A Abfluß (Störgröße).

Der Einlauf in diesen Wert erfolgt nach einer Sprungantwort mit einer Verzögerung mit der Zeitkonstante

$$T = \frac{1}{K_{IS} \cdot K_P}$$

und zwar ohne Überschwingen, d.h. $x_m = 0$. Die Regelzeit beträgt ein Mehrfaches dieser Zeitkonstante.

Solange im Kreis keine Verzögerungen vorhanden sind, ist er theoretisch bis zu beliebig hohen K_P stabil. Praktisch tritt aber wegen der immer vorhandenen kleinen Verzögerungen im Regelkreis schon bei endlichen Werten von K_P Selbsterregung ein.

Ist auch eine Verzugszeit T_u vorhanden, so beträgt der Wert K_{Pkrit}, bei welcher der Kreis instabil wird,

$$K_{Pkrit} \approx \frac{\pi}{2} \cdot \frac{1}{K_{IS} T_u} .$$

Diese Formel geht aus der in Abschnitt 5.5.1.4 gebrachten hervor, wenn wir darin

$$\frac{T_g}{K_S} = \frac{1}{K_{IS}}$$

setzen und den Summanden 1 gegen $\frac{\pi}{2} \cdot \frac{T_g}{T_u}$ vernachlässigen.

Der optimale Wert K_{Popt} ist etwa halb so groß wie K_{Pkrit}. Die Dauer einer Regelschwingung ist auch hier

$$T_{kreis} \approx 4\, T_u$$

Die Regelzeit beträgt ein Mehrfaches dieser Schwingungsdauer.

Zahlenbeispiel 8:
Bei einer Wasserstandsregelstrecke wurde

$$K_{IS} = \frac{1{,}2\,\text{cm}}{2\,\text{cm}^3/\text{s} \cdot 10\,\text{s}} = 6 \cdot 10^{-2} \cdot 1/\text{cm}^2$$

und eine Verzugszeit von $T_u = 1{,}1$ s festgestellt. Wie groß ist nun der zulässige Regler-Übertragungsbeiwert bzw. der einzustellende Proportionalbereich?
$K_{P,\,opt}$ errechnet sich zu

$$K_{P,\,opt} \approx \frac{1}{2} K_{P,\,krit} = \frac{\pi}{4} \cdot \frac{1}{K_{IS} T_u} = \frac{\pi}{4 \cdot 6 \cdot 10^{-2} \cdot 1/\text{cm}^2 \cdot 1{,}1\,\text{s}} =$$
$$= 11{,}9\,\text{cm}^2/\text{s}$$

oder anders geschrieben

$$K_{P,\,opt} \approx 11{,}9 \frac{\text{cm}^3/\text{s}}{\text{cm}}.$$

Aus

$$K_P = Y_h / X_P$$

errechnet sich der einzustellende Proportionalbereich zu

$$X_P = \frac{Y_h}{K_P} = \frac{33\,\text{cm}^3/\text{s}}{11{,}9\,\text{cm}^2/\text{s}} = 2{,}8\,\text{cm}\,,$$

wenn $Y_h = 33\,\text{cm}^3/\text{s}$ ist.

Der Regler muß so eingestellt werden, daß 2,8 cm Wasserstandsänderung den vollen Hub des Zuflußventiles bewirkt.

5.5.2 *Das dynamische Verhalten bei* I-*Reglern*

5.5.2.1 Verzögerungsfreie Regelstrecke

Bild 21 a–c zeigt einen Regelkreis aus einer verzögerungsfreien Durchfluß-Regelstrecke und einem idealen I-Regler, den Verlauf der Regel- und Stellgröße bei einer Störung und ein praktisches Beispiel. Wie aus dem zeitlichen Verlauf der Regelgröße hervorgeht (Bild 21 b), wird sie bei einer Störung zuerst voll in Mitleidenschaft gezogen.

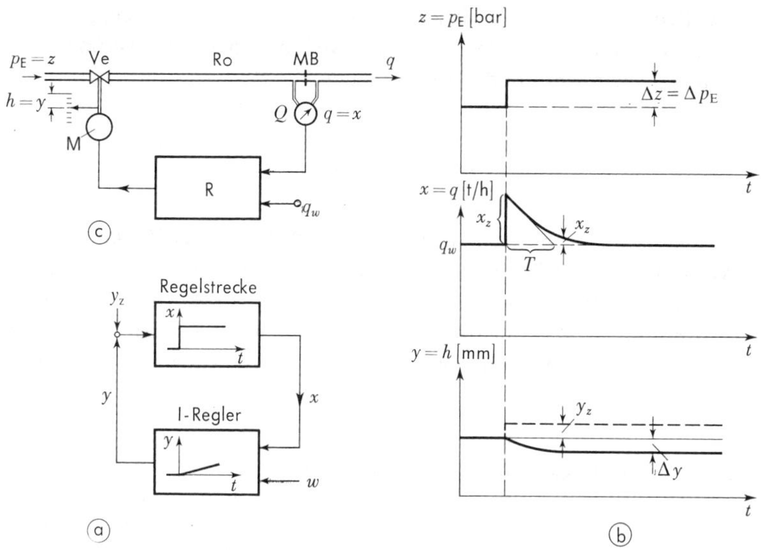

Bild 21a...c-5
Regelkreis mit verzögerungsfreier Regelstrecke und idealem I-Regler. a) Blockschaltbild des Regelkreises, b) Sprungantwort, c) Durchflußregelung in einer Rohrleitung als praktisches Beispiel. Ro Rohrleitung, MB Meßblende, Q Durchflußmesser, R Regler, M Stellmotor, Ve Ventil, q Durchfluß als Regelgröße, h Hub des Ventils als Stellgröße, p_E Eingangsdruck als Störgröße.

Die Regelabweichung bzw. die Überschwingweite erreicht also im Augenblick der Störgrößenänderung um y_z den Wert $x_z = x_m = K_S \cdot y_z$. Dann beginnt der I-Regler mit der Stellgeschwindigkeit

$$v_y = K_{IR} x_z = K_{IR} K_S y_z$$

die Stellgröße zu verändern und verringert dadurch die Regelabweichung immer mehr, bis sie schließlich zu Null wird. Durch die abnehmende Regelabweichung sinkt die anfängliche Stellgeschwindigkeit ab, d. h. die Störung wird immer langsamer beseitigt, jedoch im Laufe der Zeit bis auf Null abgebaut.

Eine Rechnung, die hier nicht durchgeführt werden soll, zeigt, daß der Verlauf der Regelgröße einer Sprungantwort mit einer Verzögerung (erster Ordnung) entspricht mit der Zeitkonstante

$$T = \frac{1}{K_S K_{IR}}.$$

Das Ausregeln der Störung dauert ein Mehrfaches dieser Zeitkonstante. Theoretisch könnte K_{IR} beliebig groß gewählt werden, ohne daß ein Selbsterregen des Kreises stattfindet. Die unvermeidbaren kleinen Verzögerungen im Kreis haben aber auch hier zur Folge, daß die Forderungen bezüglich der Regelgüte nur in bestimmten Grenzen verwirklicht werden können.

5.5.2.2 Regelstrecke mit einer Verzögerung

Auch eine Regelstrecke mit einer Verzögerung T_S ergibt in Verbindung mit einem idealen I-Regler einen stabilen Regelkreis. Theoretisch könnte K_{IR} beliebig große Werte annehmen. Für den Fall, daß der Dämpfungsgrad

$$\vartheta = \frac{1}{2}\sqrt{\frac{1}{K_S K_{IR}} \cdot \frac{1}{T_S}} > 1 \text{ ist},$$

verläuft der Regelvorgang mit einer einzigen Überschwingung. Ist der Ausdruck dagegen kleiner als 1, so verläuft der Regelvorgang in Form einer gedämpften Schwingung. Die Dämpfung der Regelschwingungen ist dabei um so kleiner, je kleiner der angeführte Ausdruck gegen 1 ist.

Im Fall der gedämpften Schwingung beträgt die Schwingungsdauer

$$T_{\text{kreis}} \approx 2\pi \sqrt{\frac{T_S}{K_S K_{IR}}},$$

falls $4\,K_S K_{IR} T_S \gg 1$ ist.

Bei großer Zeitkonstante T_S der Regelstrecke ergibt sich sowohl eine kleine Dämpfung der Schwingungen als auch eine lange Schwingungsdauer, so daß die Regelzeit ein Mehrfaches von T_{kreis} beträgt.

Zahlenbeispiel 9:

Bei einer elektrischen Drehzahlregelung mit Gleichstrommotor, dessen Drehzahl durch das Verstellen der Ankerspannung verändert wird, ergibt sich bei 1 V Ankerspannungsänderung eine Drehzahländerung von 30 1/min. Die Zeitkonstante der Regelstrecke sei $T_S = 3$ s. Der I-Regler ist so aufgebaut, daß sich bei einer eingangsseitigen Drehzahländerung von 60 1/min eine Änderungsgeschwindigkeit der Ankerspannung von 1,2 V/s ergibt.
Dann ist der Übertragungsbeiwert der Regelstrecke

$$K_S = \frac{30\ 1/\text{min}}{1\ \text{V}} = 0{,}5\,\frac{1}{\text{Vs}}.$$

Der Übertragungsbeiwert des Reglers ist

$$K_{IR} = \frac{1{,}2\ \text{V/s}}{60\ 1/\text{min}} = \frac{1{,}2\ \text{V/s}}{1 \cdot 1/\text{s}} = 1{,}2\ \text{V}.$$

Dann ist

$$\vartheta = \frac{1}{2}\sqrt{\frac{1}{K_S K_{IR}} \cdot \frac{1}{T_S}} = \frac{1}{2}\sqrt{\frac{1}{0{,}5/\text{Vs} \cdot 1{,}2\ \text{V}} \cdot \frac{1}{3\ \text{s}}} = 0{,}37.$$

Der Regelvorgang verläuft also in Form einer noch ganz gut gedämpften Schwingung. Die Schwingungsdauer ist

$$T_{kreis} \approx 2\pi\sqrt{\frac{T_S}{K_S K_{IR}}} = 2\pi\sqrt{\frac{3\ \text{s}}{0{,}5/\text{Vs} \cdot 1{,}2\ \text{V}}} \approx 14\ s.$$

Bei vielen Drehzahlregelstrecken ist der Drehzahlendwert nach einer Änderung der Stellgröße um Δy mit Rücksicht auf betriebliche Belange nicht meßbar. Dagegen läßt sich die anfängliche Änderungsgeschwindigkeit v_x der

Regelgröße leicht erfassen. Bei einer Regelstrecke mit einer Verzögerung T_S (siehe Bild 11-2) ist die anfängliche Änderungsgeschwindigkeit gleich $v_x = K_S \Delta y / T_S$. Dann ist $T_S / K_S = \Delta y / v_x$. Dieser Wert in die Formel für T_{kreis} eingesetzt, ergibt

$$T_{kreis} \approx 2\pi \sqrt{\frac{\Delta y}{v_x K_{IR}}}.$$

Der die Dämpfung bestimmende Ausdruck ist dann

$$\vartheta = \frac{1}{2} \sqrt{\frac{1}{K_S^2 K_{IR}} \cdot \frac{K_S}{T_S}} = \frac{1}{2} \sqrt{\frac{1}{K_S^2 K_{IR}} \cdot \frac{v_x}{\Delta y}}.$$

Liegt nicht eine Regelstrecke mit nur einer Verzögerung vor, sondern eine mit vielen Verzögerungen, so darf das Produkt $K_S^2 K_{IR}$ einen bestimmten Wert nicht überschreiten, wenn der Kreis stabil arbeiten soll.

5.5.2.3 Regelstrecke mit Verzugs- und Ausgleichszeit

Ist im Regelkreis auch eine Verzugszeit vorhanden, so darf K_{IR} nicht mehr beliebig groß gemacht werden. Für einen stabilen, ausreichend gedämpften Regelungsverlauf beträgt der optimale Wert für K_{IR} angenähert

$$\boxed{K_{IR,opt} \approx \frac{1}{2} \frac{1}{K_S T_u}}.$$

Er wächst umgekehrt proportional mit der Verzugszeit und wird durch diese nach oben hin begrenzt.

Bild 22 a...c zeigt neben dem Blockschaltbild des Regelkreises noch den Verlauf der Regelgröße bei einer Störung y_z und ein praktisches Beispiel. Bei Verwendung des I-Reglers an solchen Regelstrecken tritt eine wesentlich größere Überschwingweite auf als bei Verwendung des P-Reglers (Bild 16a⋯c). Die Regelschwingungen sind außerdem schwächer gedämpft. Auf das Anführen der Formeln für die Überschwingweite und Regelzeit soll hier verzichtet werden, da sie mathematisch nur umständlich auszuwerten sind.

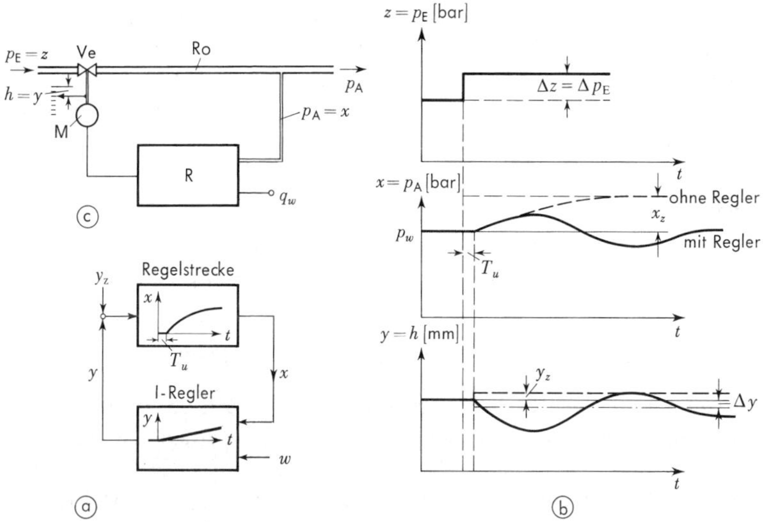

Bild 22a...c−5
Druck-Regelkreis aus einer Regelstrecke mit Verzugszeit und Ausgleichszeit und einem I-Regler. a) Blockschaltbild des Regelkreises, b) Sprungantwort, c) Druckregelung in einer Rohrleitung als praktisches Beispiel. Ro Rohrleitung, R Regler, M Stellmotor, Ve Ventil, p_A Ausgangsdruck (Regelgröße), h Ventilhub (Stellgröße), p_E Eingangsdruck (Störgröße).

Die Erfahrung zeigt außerdem, daß ein I-Regler bei Regelstrecken mit großer Ausgleichszeit T_g eine Störung nur langsam ausregelt. Theoretische Untersuchungen ergeben für die Berechnung der Dauer einer Regelschwingung die Formeln

$$T_{\text{kreis}} \approx 2\pi\sqrt{T_g T_u} \quad \text{für} \quad T_g \gg T_u$$

bzw.

$$T_{\text{kreis}} \approx 4(T_g + T_u) \quad \text{für} \quad T_g \ll T_u\,.$$

Die Dauer einer Regelschwingung ist also nicht wie beim P-Regler nur der Verzugszeit proportional, sondern der Wurzel aus dem Produkt von Verzugszeit und Ausgleichszeit. Dadurch wird bei großer Ausgleichszeit der

Regelstrecke die Schwingungsdauer einer Regelschwingung oft zu lang. Da außerdem wegen der geringen Dämpfung mehrere Schwingungen vergehen, bis der Regelvorgang abgelaufen ist. liefert ein I-Regler an solchen Regelstrecken nicht immer befriedigende Ergebnisse. Die folgenden Beispiele sollen dies verdeutlichen.

Zahlenbeispiel 10:

An einem Glühofen wurde die Verzugszeit mit $T_u = 1$ min, die Ausgleichszeit mit $T_g = 30$ min gemessen. Es gilt hier also $T_g \gg T_u$. Nach der obigen Formel ist

$$T_{\mathbf{kreis}} \approx 2\pi\sqrt{T_g \cdot T_u} = 2\pi\sqrt{30\,\text{min} \cdot 1\,\text{min}} = 34{,}4\,\text{min}\,.$$

Da es wenigstens 5 Regelschwingungsperioden dauert, bevor die Schwingungsamplituden genügend klein geworden sind, beträgt die Regelzeit schätzungsweise $5 \cdot 34{,}4\,\text{min} = 172\,\text{min} \approx 3\,\text{h}$!

Dagegen schafft es ein P-Regler, wie im Zahlenbeispiel 7 gezeigt worden ist, schon nach etwa $3 \cdot T_{\text{kreis}} \approx 3 \cdot 4\,T_u = 12\,\text{min}$, d.h. in weniger als einem Zehntel der Zeit. Das Beispiel beweist, daß ein I-Regler für die meist trägen Temperaturregelstrecken mit ihrer großen Ausgleichszeit kaum geeignet ist.

Zahlenbeispiel 11:

An einer Rohrleitung als Druckregelstrecke wurde eine Verzugszeit von 20 ms und eine Ausgleichszeit von 0,3 s gemessen. Dann ist

$$T_{\mathbf{kreis}} \approx 2\pi\sqrt{0{,}02\,\text{s} \cdot 0{,}3\,\text{s}} = 0{,}49\,\text{s}\,.$$

Eine Störung ist nach etwa $5 \cdot 0{,}49 = 2{,}4$ s ausgeregelt.

An einer schnellen Regelstrecke ist der I-Regler also durchaus mit Vorteil zu verwenden.

5.5.2.4 Regelstrecke nur mit Totzeit (Bild 23 a···c)

Wir haben gesehen, daß der P-Regler mit einer Regelstrecke, die nur Totzeit aufweist, nicht befriedigend zusammenarbeitet. Das Versagen des P-

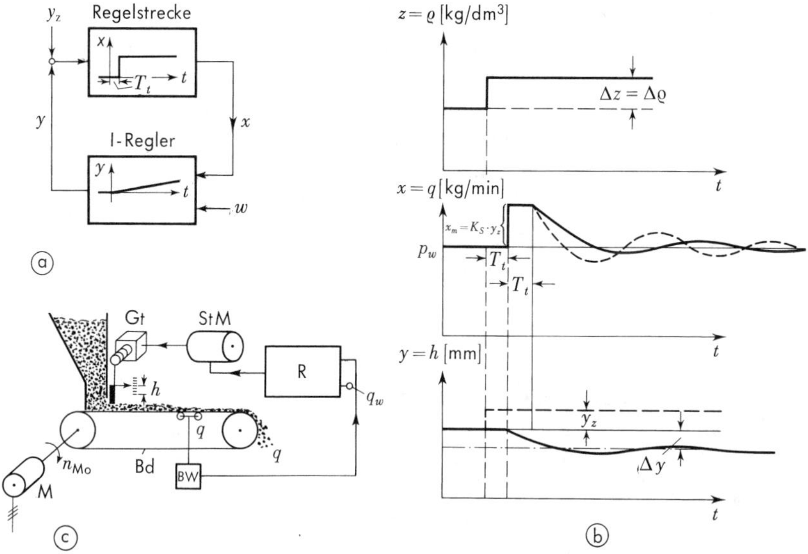

Bild 23a…c-5
Regelkreis, bestehend aus I-Regler und Regelstrecke mit Totzeit. a) Blockschaltbild des Regelkreises, b) Sprungantwort, c) Regelung auf konstante Menge je Zeiteinheit bei einem Transportband als praktisches Beispiel. Bd Transportband, BW Bandwaage, R Regler, StM Stellmotor, Gt Getriebe, M Antriebsmotor, q Menge je Zeiteinheit (Regelgröße), h Hub des Schiebers (Stellgröße), n_{Mo} Drehzahl des Antriebsmotors, ϱ Dichte der Schüttung (Störgrößen).

Reglers ist darauf zurückzuführen, daß er die Stellgröße unverzögert verstellt und nicht erst die Rückmeldung darüber abwartet, wie sich eine vorhergegangene Stellgrößenänderung auf die Regelgröße ausgewirkt hat. Im Unterschied dazu ändert ein I-Regler die Stellgröße nur allmählich, was ihn für die Regelung von Strecken, die nur mit Totzeit behaftet sind, geeignet macht. Bei der Störung y_z, z.B. einer plötzlichen Änderung der Schüttdichte ϱ [kg/dm³] tritt nach Ablauf der Totzeit am Ausgang der Regelstrecke die Überschwingweite $x_m = x_z = K_S y_z$ auf, wie aus Bild 23b hervorgeht.
Gleichzeitig beginnt der Regler die Stellgröße mit der Geschwindigkeit

$$v_y = K_{IR} \cdot x_z = K_{IR} \cdot K_S y_z$$

zu ändern. Diese Änderung der Stellgröße macht sich aber am Ausgang der Regelstrecke wieder erst nach Ablauf der Totzeit T_t bemerkbar. Bis dahin bleibt also die Regelgrößenänderung x_z voll bestehen, um dann entsprechend der eingezeichneten, ausgezogenen Kurve verringert zu werden. Wird die Stellgeschwindigkeit vergrößert, so ergibt sich der im Bild 23b gestrichelt gezeichnete, schlechter gedämpfte Regelvorgang. Der optimale Übertragungsbeiwert errechnet sich angenähert aus

$$\boxed{K_{\mathrm{IR,\,opt}} \approx \frac{\pi}{4} \cdot \frac{1}{K_S} \frac{1}{T_t}} \,.$$

Zahlenbeispiel 12:

Das in Bild 23c dargestellte Förderband habe bis zur Bandwaage BW eine Länge von 8 m, die Bandgeschwindigkeit sei 0,5 m/s. Dann beträgt die Totzeit eines solchen Bandes, das als Regelstrecke aufgefaßt werden kann, 8 m : 0,5 m/s = 16 s.

Die vom Band je Zeiteinheit abgeworfene Menge q, die mit der Bandwaage gemessen wird, soll konstant gehalten werden.

Das Förderband transportiert bei einer Schütthöhe von $h = 10$ cm $q = 360$ t/h Kohle. Dann ist der Übertragungsbeiwert der Regelstrecke

$$K_S = \frac{q}{h} = \frac{360\,\mathrm{t/h}}{10\,\mathrm{cm}} = 0{,}01\,\frac{t}{\mathrm{cm\,s}},$$

und der optimale Übertragungsbeiwert des I-Reglers ist

$$K_{\mathrm{IR,\,opt}} \approx \frac{\pi}{4} \cdot \frac{1}{K_S T_t} = \frac{\pi}{4} \cdot \frac{1}{0{,}01\,\mathrm{t/cm\,s} \cdot 16\,\mathrm{s}} = 4{,}9\,\frac{\mathrm{cm}}{\mathrm{t}}.$$

Dieser Wert wird anschaulich, wenn wir ihn in der Form schreiben:

$$K_{\mathrm{IR,\,opt}} = 4{,}9\,\frac{\mathrm{cm/s}}{\mathrm{t/s}} = 1{,}36 \cdot 10^{-3}\,\frac{\mathrm{cm/s}}{\mathrm{t/h}}.$$

Das bedeutet, daß eine Verstellgeschwindigkeit des Abzugschiebers von $1{,}36 \cdot 10^{-3}$ cm/s bei einer Regelabweichung von 1 t/h vorhanden sein soll.

5.5.2.5 Regelstrecke ohne Ausgleich

Eine Regelstrecke ohne Ausgleich ergibt zusammen mit dem I-Regler einen *instabilen* Regelkreis. Wir wollen uns das am Beispiel einer Wasserstands-regelstrecke (Bild 24 a, b) klarmachen.

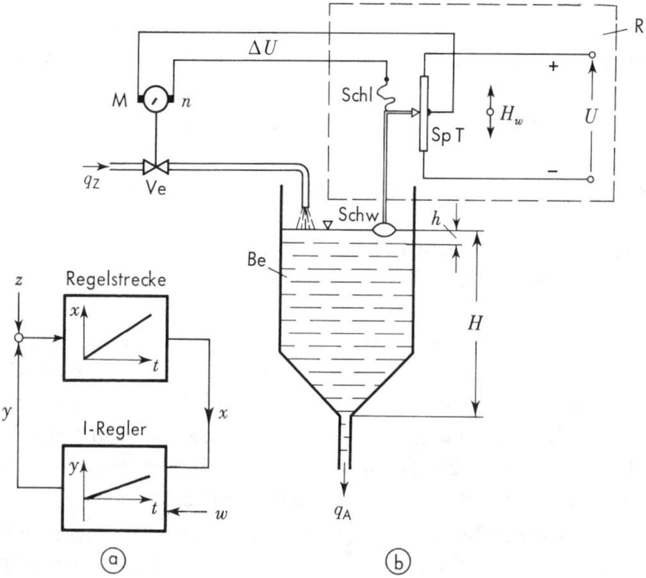

Bild 24a, b-5
Regelkreis mit I-Regler und Wasserbehälter als Regelstrecke ohne Ausgleich als Beispiel eines instabilen Regelkreises. a) Blockschaltbild, b) Wasserstandsregelkreis. Be Behälter, Schw Schwimmer, SpT Spannungsteiler, Schl Schleifer, H_w Sollwerteinsteller, M Stellmotor, Ve Ventil, R Regler, H Wasserstand (Regelgröße) q_z Zufluß (Stellgröße), n Drehzahl des Stellmotors, q_A Abfluß (Störgrößen).

Vom Schwimmer Schw als Aufnehmer des Reglers R wird der Schleifer Schl verstellt, der an dem Spannungsteiler SpT eine Spannung ΔU abgreift, die nach Größe und Vorzeichen der Wasserstandsabweichung h proportional ist. Diese Spannung ΔU wird dem fremderregten Gleichstrommotor M zugeführt. Dessen Drehzahl n und damit die Ventilverstellgeschwindigkeit ist damit ebenfalls nach Größe und Richtung der Wasserstandsabweichung h proportional. Es handelt sich also um einen I-Regler.

Tritt eine Erhöhung der Wasserentnahme aus dem Behälter auf, so daß der Wasserstand um das Stück h absinkt, beginnt der Motor das Ventil mit einer der Absenkung proportionalen Stellgeschwindigkeit zu öffnen. Dadurch fließt mehr Wasser zu, und der Wasserspiegel steigt. Ist das Ventil so weit geöffnet worden, daß Zufluß und Abfluß im Gleichgewicht sind, so bleibt es in dieser Lage aber keineswegs stehen, da ja immer noch eine Regelabweichung vorhanden ist. Der Motor läuft also weiter, bis das Ventil unter Umständen – wenn z. B. eine kurze Stellzeit gewählt worden ist – seine volle Öffnung erreicht. Es bleibt so lange geöffnet, bis die Regelgröße den eingestellten Wert der Führungsgröße erreicht. Wird diese Stellung überschritten, so beginnt der Motor das Ventil wieder langsam zu schließen. Der Wasserstand erhöht sich aber weiterhin, da ja immer noch mehr Wasser zu- als abfließt. Beim Durchfahren der Ventilstellung, bei der Zu- und Abfluß im Gleichgewicht sind, liegt der Wasserstand noch über dem Sollwert, so daß der Motor das Ventil noch mehr drosselt, und das Spiel beginnt von neuem. Der Regelkreis kommt somit nicht zur Ruhe, das Ventil wird dauernd geöffnet und geschlossen, und der Wasserstand führt periodische Schwankungen aus. Ein I-Regler ist also für die Regelung an einer Strecke ohne Ausgleich nicht geeignet.

Wider Erwarten bringt auch eine Verringerung der Stellgeschwindigkeit keine Verbesserung des Verhaltens. Die Vorgänge laufen zwar langsamer ab, aber ein stabiles Arbeiten der Regelung ist nicht zu erreichen. Man spricht hierbei auch von *strukturinstabilen Regelkreisen*.

5.5.3 *Das dynamische Verhalten bei* PI- *und* PID-*Reglern*

Der PI-Regler birgt in seiner Brust sowohl einen P- als auch einen I-Regler. Er läßt sich durch Angabe von K_P und der Nachstellzeit T_n charakterisieren. Wird die Nachstellzeit sehr groß gewählt, so verringert sich der Einfluß des integralen Anteiles, und im Grenzfall einer unendlich großen Nachstellzeit T_n wird der PI-Regler zum P-Regler, wie es deutlich aus Bild 25 hervorgeht.

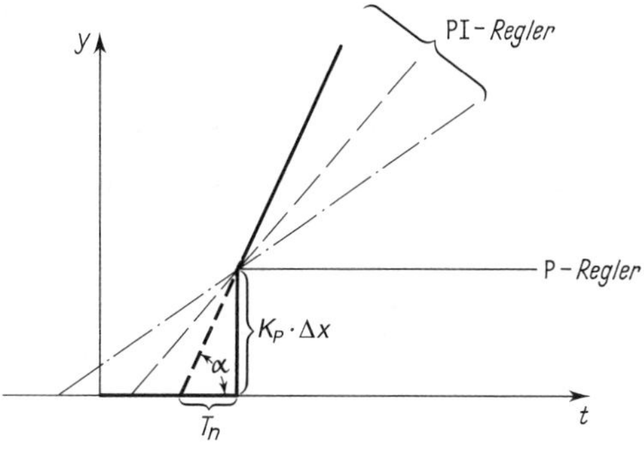

Bild 25-5
Der P-Regler und I-Regler als Grenzfall des PI-Reglers bei Übergang der Nachstellzeit $T_n \rightarrow \infty$.

Das ist auch mit Hilfe der in Abschnitt 4.1.2 abgeleiteten Gleichung des PI-Reglers nachzuweisen, wenn man darin $T_n = \infty$ setzt.
Wird andererseits die Nachstellzeit T_n sehr klein gemacht, so nimmt der Regler immer mehr das Verhalten eines I-Reglers an.
Die Eigenschaften des PI-Reglers lassen sich also stufenlos zwischen denen eines P- und eines I-Reglers verändern. Es ist klar, daß man sich dadurch wesentlich besser den Eigenschaften einer gegebenen Regelstrecke anpassen kann, als es mit einem P- oder I-Regler allein möglich ist. Dabei hat der PI-Regler gegenüber dem P-Regler noch den Vorzug, daß er ohne bleibende Regeldifferenz arbeitet. Gegenüber dem I-Regler hat er den Vorteil, daß er eine Störung wesentlich schneller und mit geringerer Überschwingweite ausregelt und bei entsprechender Einstellung mit allen Regelstrecken stabil zusammenarbeiten kann.
Verfolgen wir das Verhalten eines PI-Reglers bei einer Störung, so zeigt sich, daß der PI-Regler sich im ersten Augenblick nach der Störung etwa wie ein P-Regler verhält, der den Übertragungsbeiwert K_P besitzt. Für ein stabiles Arbeiten darf daher die Kreisverstärkung $K_0 = K_P \cdot K_S$ nicht zu groß sein. Da durch den integralen Anteil des Reglers die Regeldifferenz im Laufe der Zeit ganz beseitigt wird, kann die Reglerverstärkung ohne Rücksicht auf die bleibende Regeldifferenz klein gewählt werden, so daß im ersten Augenblick nur eine kleine sprungweise Änderung der Stellgröße erfolgt. Anschließend wird durch die Wirkung des integralen Anteils die Stellgröße an-

fangs schnell und dann immer langsamer verstellt, bis die Regeldifferenz völlig beseitigt ist. Im ersten Augenblick wirkt der PI-Regler also wie ein P-Regler mit einem Proportionalbereich X_P bzw. dem Proportionalbeiwert K_P. Infolge des integralen Anteiles scheint K_P aber im Laufe der Zeit immer größer, d.h. der Proportionalbereich immer kleiner zu werden.

Durch die Hinzunahme eines D-Gliedes können Überschwingweite und Regelzeit bei manchen Regelstrecken noch weiter herabgesetzt werden. Die Erfahrung zeigt jedoch, daß die Einstellung eines PID-Reglers, bei dem zusätzlich zu K_P und der Nachstellzeit T_n noch die Vorhaltezeit T_v eingestellt werden muß, nicht ganz einfach ist. Nur bei sorgfältiger Einstellung tritt eine merkliche Verbesserung des Regelvorganges ein. Auch hier ergeben sich für das Berechnen von Überschwingweite und Regelzeit mathematisch nur schwer auszuwertende Formeln, die deshalb nicht angeführt werden sollen.

Um zu zeigen, was die einzelnen Reglertypen ungefähr leisten, zeigt Bild 26 die Stör-Sprungantworten in einem Regelkreis mit einer Regelstrecke mit zwei gleichen Verzögerungen (zweiter Ordnung) und einem I-, P- oder PI-Regler, und zwar jeweils für zwei verschiedene, etwa optimale Reglereinstellungen. Aufgetragen ist das Verhältnis aus der jeweiligen Regelabwei-

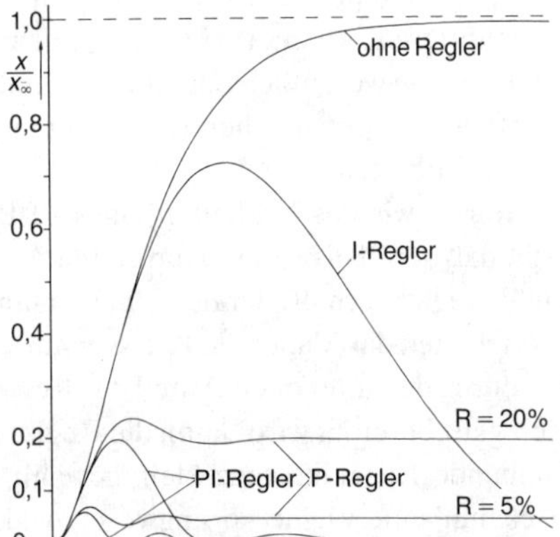

Bild 26-5
Stör-Sprungantworten: Regelstrecke mit zwei gleichen Verzögerungen; ohne Regler, mit I-Regler sowie jeweils zwei verschiedene Einstellungen eines P- und PI-Reglers.

chung x und dem Wert x_∞, der sich ohne Regler nach unendlich langer Zeit einstellen würde.
Für den Fall von drei gleichen Verzögerungen ist das Ergebnis in Abschnitt 5.7 wiedergegeben.
Der integrale Regler hat eine sehr große vorübergehende Regelabweichung, regelt aber dann auf Null aus. Wegen seines langsamen Eingreifens und der großen anfänglichen Regelabweichung ist er für eine solche Regelstrecke wenig geeignet.
Der P-Regler hat zwar eine bleibende Regelabweichung, der Anfangsverlauf ist aber wesentlich günstiger. Mit besser werdendem Regelfaktor, d.h. größerem Übertragungsbeiwert des Reglers, nimmt zwar auch die Dämpfung ab, aber für nicht zu hohe Ansprüche läßt sich u.U. durchaus ein brauchbarer Kompromiß finden.

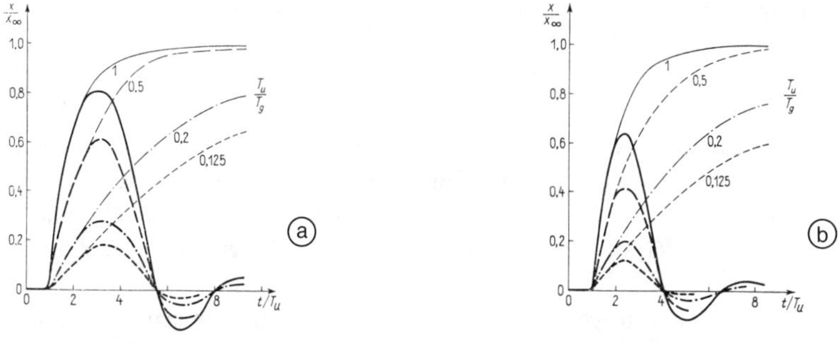

Bild 27a, b-5
Stör-Sprungantworten: Regelstrecke mit Verzugszeit T_u und Ausgleichszeit T_g bei verschiedenen Werten von T_u/T_g, ohne Regler und mit Regler bei etwa optimaler Reglereinstellung a) mit PI-Regler, b) mit PID-Regler. (Nach O. Schäfer)

Der PI-Regler verbindet die Vorteile der beiden einfachen Reglertypen. Er hat das gute Anfangsverhalten des P-Reglers, um dann wie ein I-Regler die Regelabweichung schnell auf Null zu bringen.
Bei dieser theoretischen Untersuchung würde bei einem PID-Regler gar keine Regelabweichung auftreten. Praktisch ist dies wegen der stets vorhande-

nen kleinen Zeitkonstanten, dem begrenzten Stellbereich, der meist eine Vorhaltbegrenzung erfordert, und ähnlicher Effekte natürlich nicht der Fall. Bei Regelstrecken höherer Ordnung mit einem wesentlich größeren Faktor T_u/T_g ist dieser große Unterschied zwischen PI- und PID-Regler nicht mehr vorhanden, wie Bild 27a, b zeigt.

5.5.4 *Einheitsregler*

Die vorangegangenen Beispiele haben die ganze Vielfalt der möglichen Reglerkonstruktionen aufgezeigt. So interessant und reizvoll manche Lösungen auch sein mögen, einem rechten Ingenieur sind sie ein Dorn im Auge. Es erscheint so, als ob für jeden Anwendungsfall eine eigene Reglerentwicklung notwendig wäre. Tatsächlich benötigen wir jedoch nur jeweils das geeignete Reglerverhalten, also P-, I-, PI- oder PID-Verhalten, die sich untereinander zudem nur in sehr geringen Schaltungsänderungen der Rückführung unterscheiden.

Die angesprochene Vielfalt kommt durch die unterschiedlichen Regelgrößen, ihre unterschiedlichen Wertebereiche und besonderen Umweltbedingungen zustande. So muß die Gerätetechnik natürlich anders aussehen, wenn man eine Temperatur oder einen Druck regelt, ob man die Temperatur in einem Wohnraum auf 20°C konstanthalten will oder in einem Schmelzofen auf 1200°C, den Druck in einer Traglufthalle oder einer Hochdruckpresse.

Die eigentlichen Regelungsprobleme sind meist sehr ähnlich. Die Anlage kann durch einen Übertragungsbeiwert K_S, sowie Verzugszeit T_u und Ausgleichszeit T_g beschrieben werden. In Abhängigkeit vom Verhältnis T_g/T_u ist eine brauchbare Kreisverstärkung zu wählen, und die übrigen Reglerparameter ergeben sich ebenfalls aus den charakteristischen Kennwerten der Regelstrecke.

Die Stellgeräte müssen natürlich wieder den speziellen Gegebenheiten der jeweiligen Regelaufgabe angepaßt sein.

Wir stellen also fest: Die *Meßverfahren* und *Meßgeräte* müssen den unterschiedlichen Regelgrößen, Meßbereichen und Umweltbedingungen gerecht werden. Man benötigt zudem *Stellgeräte* die der jeweiligen Anlage, der Art

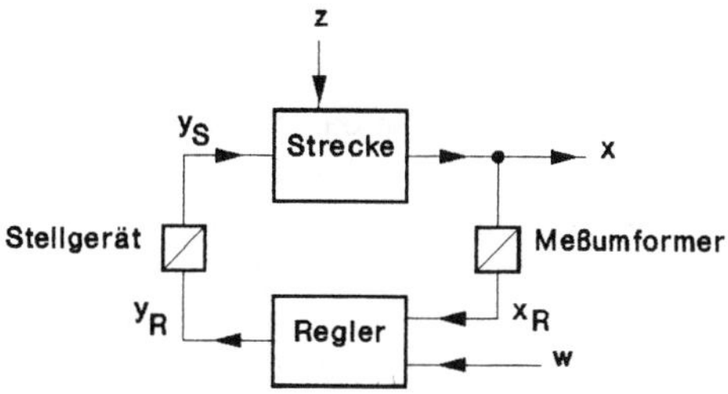

Einheitsregler: x_R, y_R sind Einheitssignale
0 ... 100 %

pneumatisch: 0,2 ... 1,0 bar (DIN 19231)

elektrisch: 0 ... 20 mA (DIN 19230)
oder 4 ... 20 mA (DIN 19230)

Bild 28-5
Einsatz von Einheitsregler mit Meßumformer und Stellgerät. x Regelgröße am Ausgang der Strecke, x_R Regelgröße am Eingang des Reglers, y_R Stellgröße am Ausgang des Reglers, y_S Stellgröße am Eingang der Strecke, w Führungsgröße, z Störgröße.

der Stellgrößen, dem Leistungsbereich und den speziellen Erfordernissen entsprechen. An den Regler selbst stellen wir eigentlich immer die gleichen Anforderungen.

Diese Überlegungen führten zu den sogenannten *Einheitsreglern* (Bild 28). Alle Meßeinrichtungen stellen an ihrem Ausgang ein genormtes Einheitssignal zur Verfügung. Alle Stellgeräte können mit dem gleichen Einheitssignal angesteuert werden. Die Regler, die sogenannten Einheitsregler, arbeiten sowohl am Eingang (Regelgröße x_R und Führungsgröße w) als auch am Ausgang (Stellgröße y_R) nur mit diesen Einheitssignalen. Damit können die gleichen Regler für beliebige Regelaufgaben eingesetzt werden. Die Regelgröße x wird durch entsprechende Meßumformer in das Einheitssignal x_R umgeformt. Der Regelbereich X_h am Eingang des Reglers beträgt dann in jedem Falle 0 bis 100% des Einheitssignales. Der Reglerausgang hat einen gleichen Stellbereich Y_h von 0 bis 100% des Einheitssignales. Die individuelle Anpassung an die jeweilige Regelstrecke geschieht durch den Meßumfor-

mer und das Stellgerät. Der Übergang zu solchen Einheitsgeräten hat natürlich einen großen Rationalisierungseffekt zur Folge.
Die wichtigsten genormten Einheitsignale sind der pneumatische Signalbereich von 0,2 bis 1,0 bar (0% entspricht 0,2 bar, 100% entspricht 1,0 bar), sowie die elektrischen Stromsignale 0 bis 20 mA, bzw. 4 bis 20 mA (0% entspricht 0 bzw 4 mA, 100% entspricht 20 mA). Der Signalbereich von 4 bis 20 mA hat in der Praxis mitunter einige Vorteile. Stellt man fest, daß der Strom in einer signalführenden Leitung Null ist, so liegt dieser Wert außerhalb des gültigen Signalbereiches. Es muß sich also um einen Fehler handeln (Leitungsunterbrechung). Andererseits kann man die 4 mA, die ja in jedem Falle fließen müssen, bisweilen dazu benutzen, Meßschaltungen mit der notwendigen, wenn auch einer sehr geringen Energie zu versorgen. Man spart so die Versorgungsleitungen ein. Dies spielt besonders bei den sogenannten eigensicheren Meßeinrichtungen eine Rolle, die in jedem Falle mit sehr geringer Energie auskommen müssen.
Betrachten wir bei unseren Überlegungen das Eingangssignal des Reglers x_R als unsere Regelgröße und das Ausgangssignal des Reglers y_R als Stellgröße, d.h. in Bild 28 den Meßumformer und das Stellgerät zur Strecke gehörig, so gewinnen wir einige Vereinfachungen. Normalerweise sind die Übertragungsbeiwerte von Regelstrecke und Regler (K_S und K_{PR}) dimensionsbehaftete Größen, deren Werte und Dimensionen davon abhängen, welche Größen man als Regelgröße und welche man als Stellgröße wählt: so ist z.B. die Drehzahl oder die Tachospannung in unserem Drehzahlregelkreis die Regelgröße, oder in unserem Temperaturregelkreis die Temperatur, die Spannung des Thermoelementes oder die Ausgangsspannung des Meßumformers. Nur die Kreisverstärkung

$$K_o = K_S \cdot K_P$$

ist stets eine dimensionslose Größe, deren Wert zudem von all diesen Definitionen der Regelgröße und Stellgröße völlig unberührt bleibt.
Beim Einheitsregler haben Eingang und Ausgang die gleiche Dimension, der Regelbereich beträgt 100% ebenso wie der Stellbereich. Nur der Proportionalbereich kann individuell verändert werden.

Damit ist der Übertragungsbeiwert K_P des Einheitsreglers eine dimensionslose Größe, genauso wie der Proportionalbereich

$$X_P = \frac{Y_h}{K_P} = \frac{1}{K_P} \quad \text{mit } Y_h = 100\% = 1.$$

Der Proportionalbereich X_P ist bei Einheitsreglern stets gleich dem Kehrwert des Übertragungsbeiwertes K_P.
Auch der Übertragungsbeiwert der Regelstrecke

$$K_S = \frac{\Delta x}{\Delta y} = \frac{\Delta x_R}{\Delta y_R}$$

ist dimensionslos, da die beiden Größen x_R und y_R dimensionsgleich sind.
Mitunter sind die Verhältnisse tatsächlich so, daß sich am Ausgang der Regelstrecke gerade 0% der Regelgröße ergeben, wenn das Stellsignal 0% beträgt und 100%, wenn das Stellsignal seine volle Aussteuerung besitzt. Damit erhielte man einen Streckenübertragungsbeiwert K_S von 1. Dies sind jedoch seltene Ausnahmen, und man sollte sich durch so einfache Annahmen nicht davon abbringen lassen, den Übertragungsbeiwert der Strecke tatsächlich mit der Aufnahme einer Stellsprungantwort oder an Hand des Kennlinienfeldes zu bestimmen. Die Aussage, bei Verwendung von Einheitsreglern besitzen alle Regelstrecken den Übertragungsbeiwert 1, ist in dieser Verallgemeinerung sicher falsch.
Die Vereinfachung in der Berechnung, die sich bei Einsatz von Einheitsregler automatisch ergibt, kann man in jedem Falle benutzen. Man muß hierzu nur die Größen auf ihre Wertebereiche beziehen und anschließend mit den so normierten Größen rechnen.

5.5.5 *Welcher Regler paßt zu welcher Regelstrecke?*

Die folgende Tabelle 1 zeigt in übersichtlicher Form die Eignung verschiedener Reglertypen in Zusammenarbeit mit den verschiedenen, durch ihre Sprungantworten charakterisierten Regelstrecken.
Tabelle 2 zeigt die Eignung der verschiedenen Reglertypen für das Regeln der wichtigsten Regelgrößen.

In den letzten Jahren sind die Preisunterschiede zwischen dem P-, dem PI- und dem PID-Regler stark zusammengeschrumpft. Das gilt mindestens für die in der Verfahrensindustrie verwendeten elektrischen und pneumatischen Regler. Es ist daher heute nicht mehr so wichtig zu wissen, ob eine vorliegende Regelaufgabe gerade noch mit einem P-Regler gelöst werden kann oder nicht.
Ein in der Praxis meist schwierigeres Problem als die Auswahl der geeignetsten Reglertype ist die Wahl der für die vorliegende Regelaufgabe zweckmäßigsten Reglerbauart aus den umfangreichen Katalogen der Reglerhersteller.

Angeboten werden, um nur einige wichtige Bauarten zu nennen:

Einzweckregler, die nur für eine ganz bestimmte Regelgröße verwendbar sind.

Mehrzweckregler, die in Verbindung mit geeigneten Meßumformern und Stellgliedern für verschiedene Regelgrößen verwendet werden können. Eine besondere Bauart der Mehrzweckregler sind die

Einheitsregler, die an ihren Ein- und Ausgängen mit genormten Signalen (0...20 mA, 4...20 mA, bzw. 0,2...1,0 bar) arbeiten.

Kompaktregler, die außer Meßgrößenaufnehmer und Stellglied alle Teile in einem Gehäuse beinhalten, im Unterschied zu den

Systemreglern, bei welchen der Regler in einzelne, getrennte Bausteine aufgelöst ist.

Viele der genannten Reglerbauarten werden außerdem mit verschiedenen Abmessungen (Schalttafeleinbaugeräte) und in verschiedenen Komfort- und Qualitätsstufen angeboten.
Bei Reglern, die unmittelbar in Werkhallen eingebaut werden sollen, wird beispielsweise die Robustheit der Geräte im Vordergrund stehen. Für Kraftwerke wird dagegen ein flexibles, der jeweiligen Anlage leicht anpaßbares Regelsystem benötigt. In der Chemie und der Erdölverarbeitung spielt der vielfach erforderliche Explosionsschutz der Geräte eine maßgebende Rolle.

Tabelle 1 Eignung der verschiedenen Reglertypen für die verschiedenen durch ihre Sprungantworten gekennzeichneten Regelstrecken

Regelstrecke		Reglertyp: P	Reglertyp: I	Reglertyp: PI	Reglertyp: PID
		bleibende Regelabweichung vorhanden	keine bleibende Regelabweichung vorhanden		
mit Ausgleich	unverzögert	theoretisch ideal, praktisch aber ungeeignet, da schon bei kleiner Kreisverstärkung instabil	gut geeignet K_{IR} theoretisch beliebig hoch[1]) Überschwingen der Regelgröße um den vollen Betrag der Störung	für diese Regelstrecken im allgemeinen noch nicht erforderlich	
	mit einer Verzögerung	gut geeignet Kreisverstärkung theoretisch beliebig hoch[1]) kein Überschwingen der Regelgröße	brauchbar K_{IR} theoretisch beliebig hoch[1]) Überschwingen der Regelgröße, meist nur schwache Dämpfung		

[1]) Praktisch jedoch durch immer vorhandene kleine zusätzliche Verzögerungen begrenzt.

mit Ausgleich	mit zwei Verzögerungen	geeignet Kreisverstärkung theoretisch beliebig hoch[1]) bei hoher Kreisverstärkung Überschwingen der Regelgröße	nur beschränkt brauchbar K_{IR} begrenzt	geeignet Kreisverstärkung begrenzt. Nur dann am Platz, wenn P-Regler wegen bleibender Regelabweichung unerwünscht	gut geeignet Kreisverstärkung begrenzt
	mit vielen Verzögerungen	meist noch brauchbar, wenn größere bleibende Regelabweichung zulässig Kreisverstärkung beschränkt Überschwingen der Regelgröße	meist sehr große Überschwingweite; wenn T_S groß, wird Regelzeit meist viel zu lang; bei höheren Anforderungen an Regelgüte besser PI-Regler verwenden	meist gut brauchbar, Hauptanwendungsgebiet des PI-Reglers. Reglerverstärkung nach oben, Nachstellzeit nach unten begrenzt, Überschwingen der Regelgröße	wie PI-Regler, ergibt meist noch bis um den Faktor 2 höhere Regelgüte, T_V nach oben begrenzt. Unzweckmäßig, wenn Totzeit durch Laufzeit hervorgerufen und viel Unruhe im Regelkreis
	mit Verzugszeit und Ausgleichszeit	brauchbar, wenn T_u/T_g kleiner als $1/10$ und bleibende Regelabweichung zulässig. Kreisverstärkung begrenzt, Überschwingen der Regelgröße			

mit Ausgleich	nur mit Totzeit	ungeeignet, da schon bei Kreisverstärkung $K_0 = 1$ instabil ●	gut geeignet, für diese Regelstrecke K_{IR} begrenzt, Überschwingweite gleich Störung	bringt meist noch einige Verbesserung gegenüber dem I-Regler	bringt keine Verbesserung gegenüber dem PI-Regler ■
ohne Ausgleich	ohne Verzugszeit	gut geeignet, wenn bleibende Regelabweichung zulässig. Reglerverstärkung theoretisch beliebig hoch[1]) kein Überschwingen der Regelgröße	unbrauchbar, da instabil ●	gut geeignet, aber nur dann zweckmäßig, wenn P-Regler wegen bleibender Regelabweichung unerwünscht; K_R nach oben, T_n nach unten begrenzt, Überschwingen der Regelgröße	wie PI-Regler, ergibt meist noch etwas höhere Regelgüte T_v nach oben begrenzt. Unzweckmäßig, wenn Totzeit und Unruhe im Regelkreis
	mit Verzugszeit	meist noch gut brauchbar, wenn Verzugszeit nicht zu groß und bleibende Regelabweichung zulässig Reglerverstärkung begrenzt Überschwingen der Regelgröße			

K_S Übertragungsbeiwert der Regelstrecke
K_P Übertragungsbeiwert des Reglers

$K_0 = K_S \cdot K_P$ Kreisverstärkung

$K_P = \frac{Y_h}{X_P}$ bei P-Regler

● instabil
■ unzweckmäßig

[1]) Praktisch jedoch durch immer vorhandene kleine zusätzliche Verzögerungen begrenzt.

Tabelle 2 Eignung der verschiedenen Reglertypen für das Regeln der wichtigsten Regelgrößen

Regelgröße	Reglertyp			
	P	I	PI	PID
	bleibende Regelabweichung vorhanden	keine bleibende Regelabweichung vorhanden		
Temperatur	geeignet für nicht zu hohe Ansprüche und wenn T_u/T_g kleiner als $^1/_{10}$	ungeeignet, ergibt meist große Überschwingweite und zu lange Regelzeit	für höhere Ansprüche der geeignetste Reglertyp	
Druck	brauchbar, wenn keine größeren Verzugszeiten vorhanden	geeignet		hierfür kaum erforderlich
Durchfluß	ungeeignet, da erforderlicher P-Bereich meist zu groß	geeignet		
Flüssigkeitsstand (Niveau)	meist gut geeignet, wenn keine größere Verzugszeit vorhanden	ungeeignet, da instabil		

Drehzahl	meist gut geeignet, wenn keine größere Verzugszeit vorhanden, u.U. mit zusätzlichem Vorhalt als PD-Regler	brauchbar, wenn keine größeren Totzeiten vorhanden, aber größere Überschwingung als beim P-Regler	für höhere Ansprüche gut geeignet	bringt gegenüber dem PI-Regler meist noch etwas höhere Regelgüte
Spannung	geeignet	meist gut geeignet	für höhere Ansprüche gut geeignet	
Folgeregelung	bei unverzögerten Regelstrecken nicht brauchbar	gut geeignet, auch wenn Verzugszeit vorhanden	für höhere Ansprüche gut geeignet	

Tabelle 3 Für die wichtigsten verfahrenstechnischen Regelgrößen am Regler einzustellende Parameter

Symbol	Regelgröße	Reglertyp	K_P Proportionalbeiwert	X_P % vom Regelber.	T_n	T_v
T	Temperatur	PID	10 ... 2	10 ... 50%	1 ... 20 min	0,2 ... 3 min
P	Druck	PI	10 ... 3	10 ... 30%	10 ... 60 s	–
F	Durchfluß	PI	1 ... 0,5	100 ... 200%	10 ... 30 s	–
A	Analyse	PID	0,5 ... 0,2	200 ... 500%	10 ... 20 min	2 ... 5 min
L	Niveau	P PI	20 ... 1 20 ... 2	5 ... 100% 5 ... 50%	– 1 ... 10 min	– –

Es erfordert Erfahrung, um aus dem schon fast unübersehbar gewordenen Angebot die zweckmäßigste Regeleinrichtung auszuwählen, wobei natürlich preisliche Gesichtspunkte meist ebenfalls eine Rolle spielen.

5.6 Optimale Reglereinstellung

5.6.1 *Die Regler-Parameter*

Die überwiegende Zahl der heute gebauten Regler besitzen Einstellorgane, um die Eigenschaften des Reglers, die *Regelparameter*, an die Regelstrecken *anpassen* zu können.
Bei den in der Verfahrensindustrie verwendeten Reglern sind die Einstellorgane meist auch mit richtigen Werten beziffert[1]). Einstellbar sind bei einem

	übliche Bereiche etwa
P-*Regler*	
der Proportionalbereich X_P	1–30% bzw. $K_P = 100 \ldots 3$
PI-*Regler*	
Proportionalbereich X_P	2–400% bzw. $K_P = 50 \ldots 0{,}25$
Nachstellzeit T_n	2–150 s oder 0,5–30 min
PID-*Regler*	
Proportionalbereich X_P	2–400% bzw. $K_P = 50 \ldots 0{,}25$
Nachstellzeit T_n	2–150 s oder 0,5–30 min
Vorhaltezeit T_v	0,5–30 s oder 0,1–5 min

Bei reinen I-Reglern wird die Anpassung an die Regelstrecke meist durch Verändern von K_{IR} vorgenommen. Die Einstellskalen sind hier nur selten beziffert.
Im folgenden wollen wir uns mit der Frage beschäftigen, wie diese Regelparameter gewählt werden müssen, um bei den gegebenen Betriebsverhält-

[1]) In der Antriebsregelung besitzen die Regler häufig keine Einstellorgane. Die optimale Anpassung der Reglerkennwerte an die Regelstrecke wird dadurch vorgenommen, daß an entsprechend vorbereiteten Lötstützpunkten bei der Inbetriebnahme geeignete Widerstände und Kondensatoren, die ja bei elektronischen Reglern die Kennwerte bestimmen, eingelötet werden.

nissen ein möglichst günstiges Verhalten des Regelkreises zu erzielen. Gefragt ist also nach der *optimalen Reglereinstellung*.

5.6.2 *Die Stabilitätsgrenze als Grenze der Regeleinstellung*

In Bild 17 wurde gezeigt, daß bei einem Regelkreis aus einem P-Regler und einer Regelstrecke mit vielen Verzögerungen bei Überschreiten einer ganz bestimmten Kreisverstärkung, jenseits der *Stabilitätsgrenze,* Selbsterregung, d.h. ein instabiles Verhalten, eintritt. Dasselbe gilt auch für den I-Regler, wenn K_{IR} zu groß gewählt wird.

Bei einem PI-Regler gibt es nicht nur eine, sondern eine Vielzahl von Kombinationen von X_P und T_n, bei welchen Selbsterregung eintritt. Verkleinerungen von X_P und T_n wirken in Richtung einer Selbsterregung. Bei PID-Reglern wächst (innerhalb bestimmter Grenzen) die Stabilität mit wachsenden Werten von T_v.

Einstellwerte, bei welchen der Kreis gerade instabil wird, werden als *kritische Werte* bezeichnet. Werden die am Regler eingestellten Werte nur knapp oberhalb der kritischen Werte gewählt, so daß gerade noch keine Selbsterregung eintritt, so ist der Regelkreis zwar stabil, bei einer Störung verläuft der Regelvorgang aber in Form einer nur *schwach gedämpften Schwingung.* Eine solche Reglereinstellung ist noch nicht brauchbar. Die Reglereinstellungen müssen weiter ab von einer kritischen Einstellung gewählt werden, aber wie weit?

5.6.3 *Gibt es eine allgemeingültige, optimale Reglereinstellung?*

Die im praktischen Betrieb auftretenden Störungen zeigen einen sehr verschiedenartigen zeitlichen Verlauf. Neben den bisher vorausgesetzten sprungförmigen Störgrößenänderungen gibt es wesentlich langsamer auftretende, sogenannte rampenförmige Störungen, weiter nur einmalige, impulsweise auftretende Störungen. Im Gegensatz dazu gibt es auch periodisch verlaufende Störungen, z. B. verursacht durch periodische Druck- und Durchflußänderungen in Rohrleitungen durch eine vorgeschaltete Pumpe. In sehr vielen Regelstrecken sind zusätzlich auch noch ganz unregelmäßig verlaufende Störungen kleiner Amplitude, sogenannte *stochastische* Störungen (Rauschen, englisch „noise“) vorhanden.

Die genannten Störungen treten nicht nur am Anfang der Regelstrecke auf, wie der Einfachheit halber bisher immer vorausgesetzt worden ist, sondern an verschiedenen Punkten des Regelkreises.

Wir haben außerdem gesehen, daß bei vielen Regelkreisen neben einem guten Störverhalten ein gutes Führungsverhalten im Vordergrund des Interesses steht.
Genauer ausgedrückt heißt das, daß der

Verlauf der Störungen und der
Angriffspunkt der Störungen

sehr verschiedenartig ist und außerdem, je nach Aufgabe, vom Regelkreis ein

gutes Störverhalten bzw. ein
gutes Führungs- *und* Störverhalten

verlangt wird. Dazu kommt noch, daß das, was als günstigstes Regelverhalten anzusehen ist, von Anwendungsfall zu Anwendungsfall verschieden ist. Theorie und Praxis zeigen, daß es unter diesen Umständen keine allgemein gültige optimale Reglereinstellung gibt. Nur wenn konkrete Angaben über den Verlauf und den Angriffspunkt der Störung gemacht werden und gesagt wird, ob der Schwerpunkt auf einem guten Stör- oder Führungsverhalten liegt, läßt sich eine eindeutige optimale Reglereinstellung finden.

5.6.4 *Maßstäbe für die Regelgüte bei einer sprungweisen Störung bzw. Führungsgrößenänderung*

Die in der Literatur üblicherweise gemachten Angaben für eine optimale Reglereinstellung beziehen sich meist auf eine sprungweise Stör- oder Führungsgrößenänderung. Störungen werden am Anfang der Regelstrecke angenommen. Wegen ihres häufigeren Auftretens im Betrieb, der leichten Realisierbarkeit beim Versuch und der übersichtlichen rechnerischen Behandlung kommt dieser Störung auch die größte Bedeutung zu.

In Bild 17-1 wurde gezeigt, daß für eine solche sprungweise Störung sich als *Gütemaßstäbe* anbieten die

Überschwingweite x_m und die Ausregelzeit T_a.

Dazu kommt noch beim P-Regler die bleibende Regelabweichung Δx_{PA}. Um die Ausregelzeit genauer zu definieren, ist es erforderlich festzusetzen,

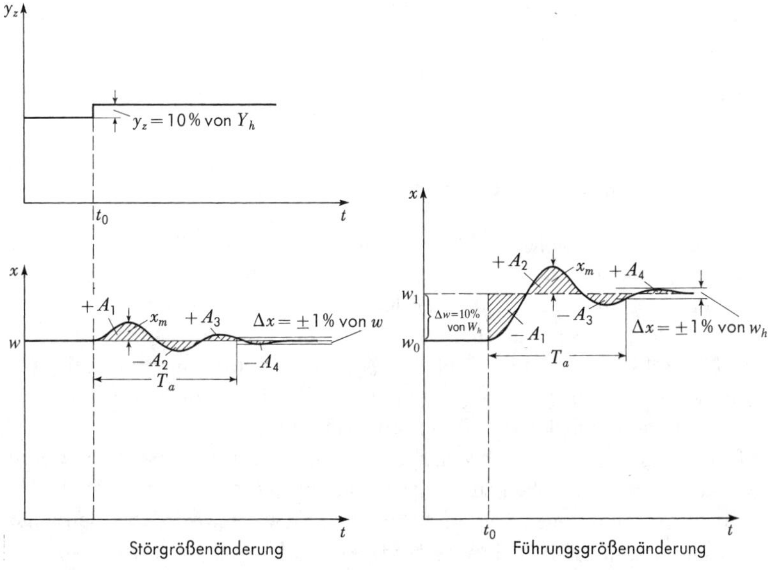

Bild 29-5
Zur Definition der Regelgüte bei einer sprungweisen Stör- bzw. Führungsgrößenänderung.

wann der Regelvorgang als beendet anzusehen ist. Zweckmäßig wird das Ausregeln einer Störung als beendet angesehen, wenn die Regelgrößenänderungen unterhalb $\pm$ 1% vom *Sollwerteinstellbereich* W_h bleiben, d.h. innerhalb der Meßgenauigkeit zu liegen kommen, wobei zweckmäßig eine Störung äquivalent zu 10% von Y_h gewählt wird (Bild 29).

Neben Überschwingweite und Regelzeit sind als weitere Gütemaßstäbe, für mathematische Untersuchungen, im Gebrauch: Bild 29

Lineare Regelfläche $A = A_1 - A_2 + A_3 \ldots$

Quadratische Regelfläche $A^2 = A_1{}^2 + A_2{}^2 + A_3{}^2 \ldots$

und insbesondere die zeitbeschwerte Regelfläche

$$\int_0^t |x| \cdot t \cdot \mathrm{d}t \rightarrow \text{Minimum}$$

(ITAE-Bedingung, **I**ntegral-**T**ime-multiplied-**A**bsolute-**E**rror).

5.6.5 *Die verschiedenartigen Anforderungen an die Regelgüte*

Zweifellos weist – ganz unabhängig von sonstigen Gesichtspunkten – eine Reglereinstellung gegenüber einer anderen eine höhere *Regelgüte* auf, je kleiner Überschwingweite und die Regelzeit sind. Versuch und Rechnung zeigen jedoch, daß es innerhalb bestimmter Grenzen möglich ist, entweder die Überschwingweite klein zu halten, dafür aber eine längere Regelzeit in Kauf zu nehmen oder umgekehrt eine größere Überschwingweite zuzulassen, dafür aber eine kürzere Regelzeit zu erhalten.
Für die angegebenen Regelflächen gibt es eine eindeutige Reglereinstellung, bei welcher diese Flächen zu einem Minimum werden.
Je nach Art der Regelgröße und Zweck der Anlage wird dabei den angeführten Gütemaßstäben ein verschiedenes Gewicht beigemessen:

a) In der *Verfahrensindustrie* und der *Chemie*, bei der Regelung *elektrischer Größen* und bei der *Drehzahlregelung von Turbinen und Kopierregeleinrichtungen* ist man an einer möglichst kleinen Überschwingweite interessiert. Bei chemischen Prozessen können beim Überschreiten bestimmter Temperaturen irreversible Produktänderungen auftreten. Bei einer elektrischen Anlage gefährden Überspannungen die angeschlossenen Geräte, z. B. Glühlampen. Bei einer Turbine wird bei Überschreiten einer bestimmten Drehzahl der Schnellschluß ausgelöst, was betrieblich sehr unerwünscht ist. Bei einer Kopierregeleinrichtung ergibt ein Überschreiten der Führungsgröße Ausschuß.

b) Bei *Antriebsregelungen* steht meist eine kurze Ausregelzeit im Vordergrund des Interesses. Die Größe der Überschwingweite ist erst in zweiter Linie wichtig.

c) Bei *Durchfluß* und *Kursregelungen* von Fahrzeugen kommt es auf eine möglichst kleine lineare Regelfläche an. Diese bestimmt die entstehende Mengenabweichung bzw. die Abweichung vom Kurs.

Eine größere bleibende Regelabweichung ist nur bei untergeordneten Regelungen zulässig.

5.6.6 *Die wichtigsten Methoden für die optimale Reglereinstellung bei einer sprungweisen Störung*

a) Einstellen nach den Kenngrößen der Sprungantwort

Sind die Eigenschaften der Regelstrecke zahlenmäßig bekannt, z.B. durch Aufnahme der nebenstehenden Sprungantworten, besitzt außerdem der verwendete Regler geeichte Skalen für K_P bzw. X_P sowie T_n und T_v, so lassen sich die optimal einzustellenden Reglerwerte nach den in der Tabelle 4 zusammengestellten Näherungsformeln abschätzen.

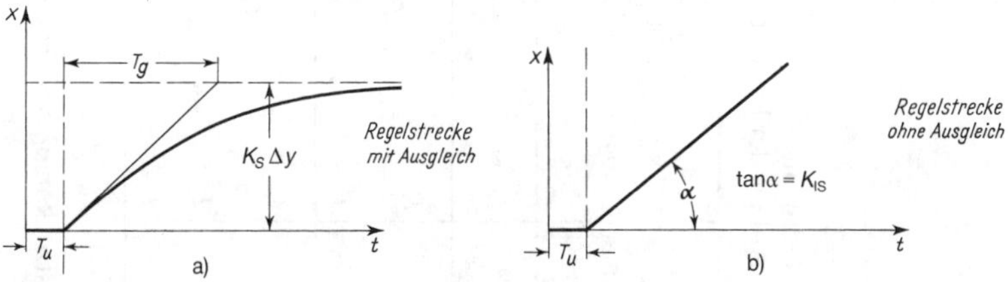

Bild 30-5
Zur Definition der Kennwerte von Regelstrecken. a) Strecke mit Ausgleich, K_S proportionaler Übertragungsbeiwert, T_u Verzugszeit, T_g Ausgleichszeit. b) Strecke ohne Ausgleich, K_{IS} Integrierbeiwert, T_u Verzugszeit.

Tabelle 4 Optimale Reglereinstellung nach der Sprungantwort der Regelstrecke (Sprungweise Störung am Anfang der Regelstrecke, bzw. sprungweise Führungsgrößenverstellung)

Regler-verhalten	Gütekriterium			
	Überschwingung nach Gegenseite mit 20% von x_m, kürzeste Schwindungsdauer		aperiodischer Regelvorgang mit kürzester Dauer	
	Störung	Führung	Störung	Führung
P	$K_P \approx \frac{0{,}7}{K_S} \cdot \frac{T_g}{T_u}$	$K_P \approx \frac{0{,}7}{K_S} \cdot \frac{T_g}{T_u}$	$K_P \approx \frac{0{,}3}{K_S} \cdot \frac{T_g}{T_u}$	$K_P \approx \frac{0{,}3}{K_S} \cdot \frac{T_g}{T_u}$
PI	$K_P \approx \frac{0{,}7}{K_S} \cdot \frac{T_g}{T_u}$ $T_n \approx 2{,}3 \cdot T_u$	$K_P \approx \frac{0{,}6}{K_S} \cdot \frac{T_g}{T_u}$ $T_n \approx T_g$	$K_P \approx \frac{0{,}6}{K_S} \cdot \frac{T_g}{T_u}$ $T_n \approx 4 \cdot T_u$	$K_P \approx \frac{0{,}35}{K_S} \cdot \frac{T_g}{T_u}$ $T_n \approx 1{,}2 \cdot T_g$
PID	$K_P \approx \frac{1{,}2}{K_S} \cdot \frac{T_g}{T_u}$ $T_n \approx 2 \cdot Tu$ $T_v \approx 0{,}42 \cdot T_u$	$K_P \approx \frac{0{,}95}{K_S} \cdot \frac{T_g}{T_u}$ $T_n \approx 1{,}35 \cdot T_g$ $T_v \approx 0{,}47 \cdot T_u$	$K_P \approx \frac{0{,}95}{K_S} \cdot \frac{T_g}{T_u}$ $T_n \approx 2{,}4 \cdot T_u$ $T_v \approx 0{,}42\, T_u$	$K_P \approx \frac{0{,}6}{K_S} \cdot \frac{T_g}{T_u}$ $T_n \approx T_g$ $T_v \approx 0{,}5 \cdot T_u$

Für Regelstrecken *ohne Ausgleich* ist statt $\frac{T_g}{K_S \cdot T_u}$ der Ausdruck $\frac{1}{K_{IS} \cdot T_u}$ einzusetzen.

Zur Berechnung des Proportionalbereiches X_P aus dem Übertragungsbeiwert des Reglers K_P benutze man die schon bekannten Beziehungen

$$X_P = \frac{Y_h}{K_P} \quad \text{bzw.} \quad X_{P\%} = \frac{Y_h/X_h}{K_P} \cdot 100\%.$$

für Einheitsregler ergibt sich damit

$$X_P = \frac{1}{K_P} \quad \text{bzw.} \quad X_{P\%} = \frac{1}{K_P} \cdot 100\%.$$

Es bedeuten:

T_u Verzugszeit
T_g Ausgleichszeit der Regelstrecke
K_S Übertragungsbeiwert der Regelstrecke mit Ausgleich
K_{IS} Übertragungsbeiwert der Regelstrecke ohne Ausgleich
K_{IR} Übertragungsbeiwert des I-Reglers

Zahlenbeispiel 13:

An einer Lufterhitzeranlage für Kunststoff-Folien, bei der die Luft durch einen dampfbeheizten Wärmeaustauscher geblasen wird, soll die Temperatur möglichst genau konstant gehalten werden. Aus diesem Grunde soll ein PID-Einheitsregler verwendet werden. Durch Aufnahme einer Sprungantwort (der mit einem verzögerungsarmen Widerstandsthermometer gemessenen Temperatur) erhält man bei der vorgesehenen Arbeitstemperatur von 150°C eine Verzugszeit von 15 s und eine Ausgleichszeit von 120 s. Die Stellgröße war von 75 auf 85% verstellt worden, die Temperatur hatte sich um 7% vom Skalenendwert geändert. Welcher Proportionalwert, welche Nachstellzeit und Vorhaltzeit sind für aperiodisches Störverhalten am Regler einzustellen?

Der Übertragungsbeiwert der Strecke ergibt sich zu

$$K_S = \Delta x/\Delta y = 7\%/10\% = 0{,}7.$$

Aus Tabelle 4 ergibt sich

$$K_P = \frac{0{,}95}{K_S}\frac{T_g}{T_u} = \frac{0{,}95}{0{,}7}\,\frac{120\,\mathrm{s}}{15\,\mathrm{s}} = 10{,}8$$

Damit ergibt sich der Proportionalbereich des Einheitsreglers zu

$$X_P = 1/K_P = 1/10{,}8 = 0{,}09 = 9\%.$$

Die einzustellende Nachstellzeit ist

$$T_n \approx 2{,}4\,T_u = 2{,}4 \cdot 15\,\mathrm{s} = 0{,}6\,\mathrm{min},$$

die Vorhaltezeit

$$T_v \approx 0{,}42\,T_u = 0{,}42 \cdot 15\,\mathrm{s} \approx 0{,}1\,\mathrm{min}.$$

b) Einstellen nach der Stabilitätsgrenze

Sind die Eigenschaften der Regelstrecke unbekannt, so kann man, wenn es die betrieblichen Umstände zulassen, folgendermaßen vorgehen:
Der Regler wird zuerst als P-Regler betrieben, d.h. $T_n = \infty$; $T_v = 0$ eingestellt. Anschließend wird der Proportionalbereich von großen Werten ausgehend so lange verkleinert, bis bei dem Wert $X_{P,\,krit}$ gerade periodische Regelschwingungen einsetzen. Die Dauer einer solchen Regelschwingung T_{krit} wird gemessen.
Am Regler sind dann für optimale Verhältnisse (Dämpfungsgrad $D \approx 0{,}4$) die in Tabelle 5 angeführten Erfahrungswerte einzustellen.

Zahlenbeispiel 14:

Der Drehzahlregler an einer kleinen Dampfturbine arbeitet mit einer hydraulisch wirkenden nachgebenden Rückführung. Er hat also PI-Verhalten.

Die Einstellvorrichtungen für die Stärke der Rückführung und für die Nachgebezeitkonstante sind nicht geeicht. Durch mehrere Versuche bei stillstehender Turbine ist die Nachgebezeitkonstante für mehrere Einstellungen des Umgehungsventils jedoch angenähert bestimmt worden. Dann wird zunächst die größtmögliche Zeitkonstante eingestellt. Anschließend wird das Rückführgestänge so justiert, daß die Rückführung möglichst stark ein-

Tabelle 5 Optimale Reglereinstellung nach der Stabilitätsgrenze (Verfahren nach Ziegler-Nichols)

Störung am Anfang der Regelstrecke

Reglerverhalten	Einstellwerte
P	$X_P \approx 2\,X_{P,\,krit}$
PI	$X_P \approx 2{,}2\,X_{P,\,krit}$ $T_n \approx 0{,}85\,T_{krit}$
PID	$X_P \approx 1{,}7\,X_{P,\,krit}$ $T_n \approx 0{,}5\,T_{krit}$ $T_v \approx 0{,}12\,T_{krit}$

$X_{P,\,krit}$ Proportionalbereich an der Stabilitätsgrenze

T_{krit} Schwingungsdauer einer Regelschwingung an der Stabilitätsgrenze

greift, sich also ein kleiner Proportionalbeiwert K_P bzw. ein großer Proportionalbereich X_P ergibt.

Die Turbine wird dann angelassen und mit einer mittleren Belastung gefahren. Die getroffene Reglereinstellung ergibt zwar einen stabilen Betrieb des Drehzahlregelkreises, aber große Drehzahländerungen bei Belastungsschwankungen. Nun wird vorsichtig die Stärke der Rückführung verringert, bis sich zeigt, daß die Dämpfung der Regelschwingungen bei Belastungsänderungen nur noch sehr schwach, d.h. der kritische Proportionalbereich $X_{P,\,krit}$ fast erreicht ist. Die Dauer einer Regelschwingung werde dabei mit $T_{krit} = 17$ s gemessen.

Nach Tabelle 5 ist dann das Rückführgestänge so einzustellen, daß die Rückführung etwas mehr als doppelt so stark eingreift wie an der Stabilitätsgrenze. Die Nachstellzeit ist mit $T_n \approx 0{,}85\,T_{krit} = 0{,}85 \cdot 17\text{ s} \approx 14\text{ s}$ zu wählen.

Das Einstellen des Reglers wird sehr erleichtert, wenn an entsprechenden Skalen Regelgröße und Führungsgröße unverfälscht angezeigt werden und wenn die Einstellknöpfe des Reglers nach geeichten Skalen (für X_p bzw. K_P, T_n und T_v) eingestellt werden können.

c) *Einstellen nach dem Verlauf der Regelgröße bei einer Störung*

Sind die Kenngrößen der Regelstrecke nicht bekannt und ist das Einstellen des Reglers nach der Stabilitätsgrenze aus betrieblichen Gründen nicht möglich – z. B. weil die Gefahr der Selbsterregung mit ihren unter Umständen rasch anschwellenden Amplituden zu groß ist –, so verbleibt nur das empirische Einstellen des Reglers nach dem Verlauf der Regelgröße bei einer künstlich eingeleiteten Störung.

In einem solchen Falle wird die Regeleinrichtung vorübergehend auf Handsteuerung umgeschaltet. Die Stellgröße wird dann sprungweise um 5 bis 10% ihres maximalen Wertes verstellt, und man beobachtet, welche Zeit vergeht, bis sich eine kräftige Änderung der Regelgröße an der Skale des Reglers oder an einem Anzeigegerät für die Regelgröße bemerkbar macht. Die Nachstellzeit T_n muß dann etwa auf das fünffache dieser gemessenen Zeit eingestellt werden.

Anschließend wird K_P auf den kleinstmöglichen bzw. der Proportionalbereich X_P des Reglers auf den größtmöglichen Wert gebracht.

Durch diese Einstellung haben wir erreicht, daß der Regler nur schwach eingreift und daß er wegen der verhältnismäßig langen Nachstellzeit mehr das Verhalten eines P-Reglers als das eines PI-Reglers annimmt.

Die Regeleinrichtung wird dann von Handbetrieb wieder auf selbsttätige Regelung geschaltet und abgewartet, bis sich ein konstanter Wert der Regelgröße eingestellt hat.

Jetzt kommt es darauf an, möglichst sprungartige Störungen zu erzeugen. Bei einer Wasserstandsregelstrecke kann dazu die Abflußmenge plötzlich verkleinert oder vergrößert werden, an einer drehzahlgeregelten Maschine die Belastung oder an einem temperaturgeregelten, gasbeheizten Ofen der Gasdruck durch Verstellen des Vordruckreglers.

Bei der hier vorgenommenen Reglereinstellung bewirkt eine Störung eine Überschwingweite, die fast ebenso groß wie ohne Regler ist. Das Ausregeln erfolgt außerdem nur sehr träge.

Wird der Proportionalbereich um etwa 1/3 verkleinert, bzw. K_P auf das 3-fache vergrößert, so wird sich im allgemeinen zeigen, daß die Regelabweichung kleiner geworden ist, da der Regler ja stärker eingreift. Bei einem weiteren Verkleinern des Proportionalbereiches gelangt man schließlich an einen Punkt, von dem aus wegen der Annäherung an die Stabilitätsgrenze Schwingungen mit immer kleiner werdender Dämpfung auftreten. Dazwischen liegt der durch mehrmaliges Verändern des Proportionalbereiches zu bestimmende optimale Wert, der meist gar nicht so schwer zu finden ist.

Haben wir auf die geschilderte Weise den annähernd richtigen Proportionalbereich ermittelt, so wird anschließend versucht, die Nachstellzeit herabzusetzen. Bei sehr langer Nachstellzeit greift der integrale Anteil des Reglers nur sehr langsam ein. Das bedeutet aber, daß eine Störung erst nach längerer Zeit ausgeregelt wird, da anfangs sozusagen eine bleibende Regelabweichung vorhanden ist. Es ist daher zweckmäßig, die Nachstellzeit so klein wie möglich zu halten. Wird sie zu klein gemacht, so wird auch hier die Dämpfung kleiner, da der Regler mehr das Verhalten eines I-Reglers erhält und bei einer Störung stärker eingreift. Durch mehrere Versuche ist der günstigste Wert für die Nachstellzeit und den Proportionalbereich zu ermitteln.

5.6.7 *Gründe, warum in der Praxis die optimale Reglereinstellung oft ziemlich unscharf ist*

Bildet man die Regelstrecke und den Regler, z. B. an einem Analogrechner, nach, so läßt sich bei sprungweisen Störgrößen- bzw. Führungsgrößen-Änderungen und einem gewählten Gütemaßstab, z. B. der quadratischen Regelfläche, eine eindeutige optimale Reglereinstellung finden. In der Praxis ist das jedoch meist nicht so deutlich der Fall. Gründe hierfür sind, daß die vorausgesetzten sprungweisen Störgrößenänderungen meist viel flacher verlaufen. Dazu kommt meist Unruhe in der Regelstrecke, die das Bild weiter verwaschen. Den größten Einfluß haben aber meist die Nichtlinearitäten der Regelstrecke (siehe Abschnitt 2.1). Diese bewirken, daß die optimale Reglereinstellung stark vom Betriebspunkt abhängig ist. Gewöhnlich ist nicht der Vollastbetrieb der kritische, sondern der Schwachlastbetrieb, weil dort wegen des langsameren Energietransports größere Verzugszeiten auftreten. Eine bei Schwachlast vorgenommene optimale Reglereinstellung ist dann meist bei Vollast zu träge, die Aufgabe der Optimierung kann hier nur durch einen Kompromiß gelöst werden.

5.7 Die im einschleifigen Regelkreis erzielbare Regelgüte

Den regelungstechnischen Praktiker interessiert brennend die Antwort auf die Frage, welche Regelgüte bei einer gegebenen Regelstrecke mit Hilfe des bisher ausschließlich betrachteten einschleifigen Regelkreises bei Verwendung der verschiedenen Reglertypen und optimaler Reglereinstellung überhaupt erzielbar ist.

In Band 2 dieses Buches wird diese Frage ausführlich beantwortet. Dort wird eine große Zahl von Sprungantworten des geschlossenen Regelkreises unter festgelegten Optimierungsbedingungen gezeigt, die mit Hilfe eines Analog-Digitalrechners aufgenommen wurden. Im Analogteil des Rechners wurden die Eigenschaften von Regelstrecke und Regler nachgebildet. Der digitale Teil des Rechners diente zum selbsttätigen Aufsuchen der Optimierungsbedingungen.

Aus der großen Zahl der dort gebrachten Kurven sind auf den folgenden vier Seiten einige Sprungantworten für eine Regelstrecke mit drei gleichen Verzögerungen herausgegriffen worden. Neben den Sprungantworten für Störung und Führung und zwar für schwingenden und kriechenden Verlauf sind auch die zugehörigen Reglereinstellungen mit angegeben.

Die Kurven zeigen, daß der P-Regler wegen seiner großen bleibenden Regelabweichung für eine solche Regelstrecke nicht verwendbar ist, weil eine Störung nur ungenügend ausgeregelt wird bzw. bei Führung die Regelgröße der Führungsgröße nicht ausreichend folgt. Die Kreisverstärkung kann nur auf Werte zwischen 0,5 bis 1,15 eingestellt werden. Auch der I-Regler ist wegen der großen auftretenden Überschwingweite und langen Ausregelzeit für diese Regelstrecke sinnvollerweise nicht zu verwenden. Brauchbare Ergebnisse liefert erst der PI-Regler. Noch bessere Ergebnisse gibt der PID-Regler, der den Einfluß einer Zeitkonstanten zu beseitigen gestattet, d. h. die Regelstrecke auf eine solche mit zwei Verzögerungen zurückführt.

Sprungantwort des Regelkreises bei Störung

Regelstrecke mit Ausgleich

3 gleiche Verzögerungsglieder (3. Ordnung)

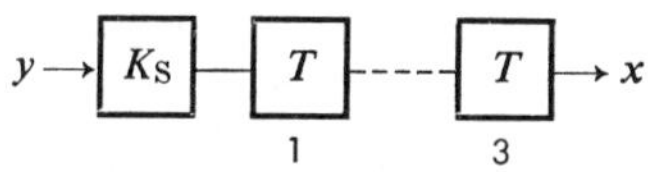

Reglereinstellungen — bei Störung

		Reglertyp			
		P	I	PI	PID
schwingend	$K_S K_P$	1,0	–	1,7	3,2
	$K_S K_{IR} T$	–	0,25	–	–
	T_n/T	–	–	2,1	1,9
	T_v/T	–	–	–	0,48

		Reglertyp			
		P	I	PI	PID
kriechend	$K_S\,K_P$	0,5	–	0,75	3,1
	$K_S\,K_{IR}\,T$	–	0,14	–	–
	T_n/T	–	–	1,9	2,2
	T_v/T	–	–	–	0,55

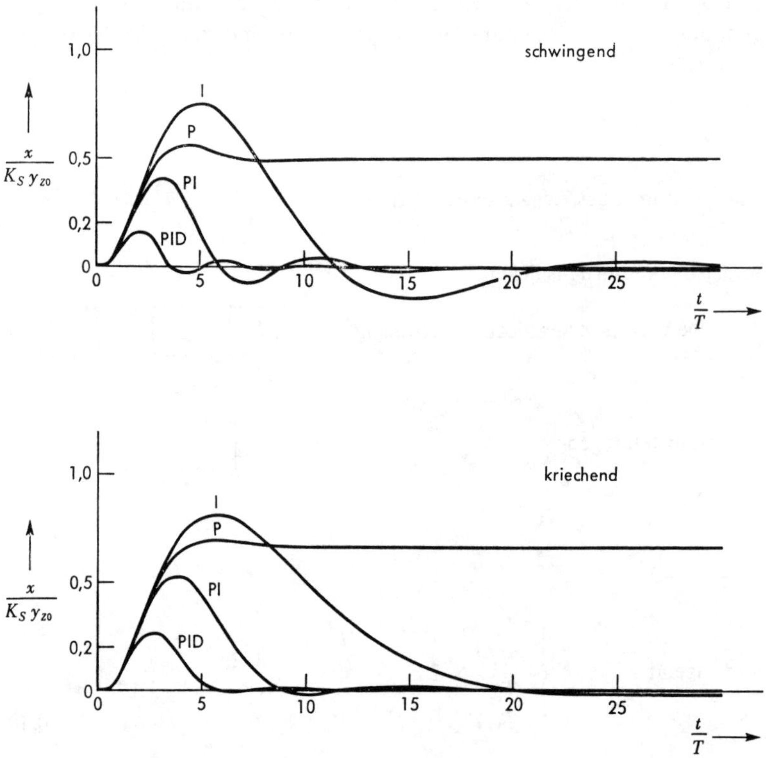

Sprungantworten

Sprungantwort des Regelkreises bei Führung

Regelstrecke mit Ausgleich

3 gleiche Verzögerungsglieder (3. Ordnung)

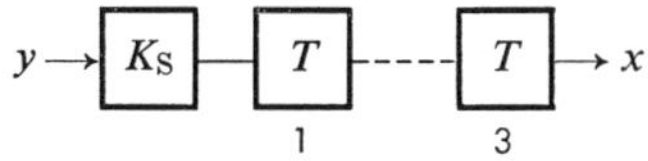

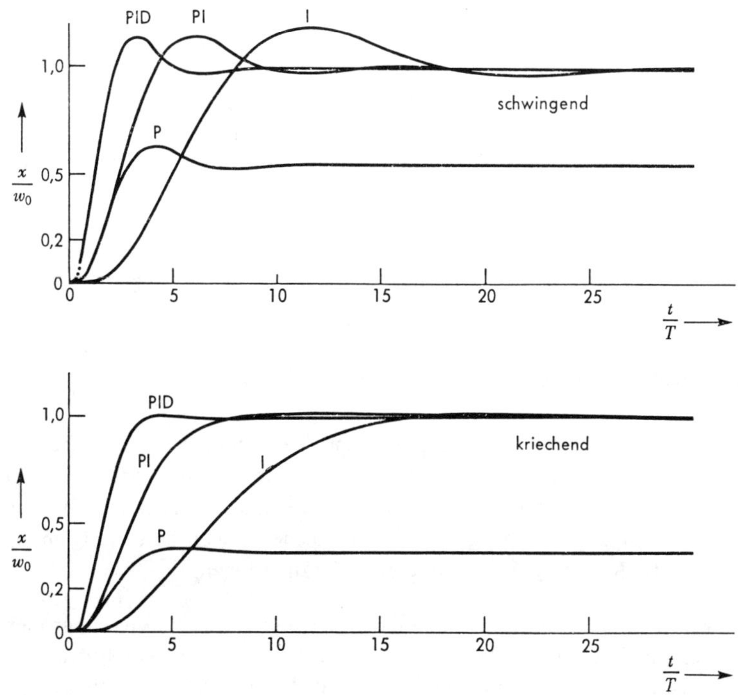

Sprungantworten

Reglereinstellungen bei **Führung**

		Reglertyp			
		P	I	PI	PID
schwingend	$K_S\,K_P$	1,15	–	0,83	2,5
	$K_S\,K_{IR}\,T$	–	0,26	–	–
	T_n/T	–	–	1,7	2,4
	T_v/T	–	–	–	0,6
kriechend	$K_S\,K_P$	0,59	–	0,45	1,75
	$K_S\,K_{IR}\,T$	–	0,15	–	–
	T_n/T	–	–	1,5	2,6
	T_v/T	–	–	–	0,65

5.8 Erhöhung der Regelgüte

Selbst bei optimaler Reglereinstellung und Verwenden eines PID-Reglers lassen sich Überschwingweite und Regelzeit für eine gegebene Störung nicht unter bestimmte Werte herunterdrücken, die unter Umständen für den geregelten Prozeß noch zu groß sind. In solchen Fällen ist es notwendig, die Güte der Regelung durch weitere Mittel zu erhöhen.

Wie wir gesehen haben, ist ein kleiner Proportionalbereich, d.h. ein großer K_P-Wert, und eine kurze Nachstellzeit für die Ausregelung von Störungen günstig. Wegen der Gefahr der Instabilität des Regelkreises können bestimmte Werte aber nicht unterschritten werden. Diese hängen im wesentlichen vom Verhältnis Verzugszeit zu Ausgleichszeit der Regelstrecke ab.

Je kleiner die Verzugszeit in bezug auf die Ausgleichszeit ist, um so kleiner können Proportionalbereich und Nachstellzeit eingestellt werden, wodurch die Güte der Regelung erhöht wird. Es muß daher alles versucht werden, das Verhältnis Verzugszeit zu Ausgleichszeit zu verkleinern.
Die Verzugszeit läßt sich oft durch eine zweckmäßigere Ausführung und Anordnung des Aufnehmers für die Regelgröße herabsetzen. Der Aufnehmer muß, wie schon im Abschnitt 1.12 angeführt worden ist, so nahe wie möglich an das Stellglied herangebracht werden. Dadurch wirken sich Stellgrößenänderungen rascher auf die Regelgröße aus. Allerdings muß immer beachtet werden, daß noch der richtige Wert der Regelgröße erfaßt wird. Bei einer Temperatur-Regelstrecke ist beispielsweise der Temperaturaufnehmer so nahe wie noch eben zulässig an die Wärmequelle heranzubringen.
Temperaturaufnehmer weisen oft, wenn ihre Schutzarmatur wegen der erforderlichen Druck- und Korrosionssicherheit massiv ausgeführt ist, beträchtliche Verzugszeiten und Ausgleichszeiten auf. Diese vergrößern die wirksame Verzugszeit der Regelstrecke. Durch Verwenden von verzögerungsarmen oder von „nackten" Temperaturaufnehmern lassen sich die zeitlichen Verzögerungen beträchtlich herabsetzen.
Ein anderer Weg besteht darin, eine Zeitkonstante der Regelstrecke zu vergrößern. In manchen Fällen läßt sich auch durch Anbringen einer zusätzlichen Verzögerung am Reglerausgang eine große, überwiegende Zeitkonstante im Regelkreis schaffen. Bei Reglern mit pneumatischem Ausgang ist das beispielsweise durch Anbringen eines zusätzlichen Luftvolumens mit Drosselventil, bei elektrischen Reglern durch Zuschalten eines Kondensators möglich. Das Vergrößern der Zeitkonstante ist zwar meist leichter durchzuführen als das Verkleinern der Verzugszeit, doch muß darauf hingewiesen werden, daß das Verkleinern der Verzugszeit mehr Vorteile bringt, da die Größe der Verzugszeit in erster Linie für das Produkt Überschwingweite mal Regelzeit verantwortlich ist.
In vielen Fällen wird selbst nach Ausschöpfen der angedeuteten Möglichkeiten die Regelgüte immer noch nicht ausreichend sein. Für diese Fälle haben die Regelungstechniker eine große Zahl weiterer Verfahren ersonnen, die im Abschnitt 10 kurz beschrieben werden.

5.9 Regelungstechnische Begriffe zu Abschnitt 5

Begriff	Zeichen oder Symbol	Erklärung
Störung	Δz	Sprungweise Änderung der Störgröße z um den Betrag Δz
Störsprungantwort des Regelkreises oder Regelverlauf	–	Verlauf der Regelgröße nach einer sprungweisen Störung im geschlossenen Regelkreis
Anfahrvorgang	–	Verlauf der Regelgröße nach Einschalten des Regelkreises aus dem Ruhezustand bis zum Erreichen eines konstanten Wertes der Regelgröße
Selbsterregung	–	Auftreten von Schwingungen mit konstanter oder anschwellender Amplitude in geschlossenem Regelkreis
Stabiler Regelkreis	–	Keine Selbsterregung vorhanden
Instabiler Regelkreis	–	Selbsterregung vorhanden
Angriffspunkt der Störgröße	–	Stelle im Blockschema der Regelstrecke, wo die Störgröße *symbolisch* angreift
Statisches Verhalten der Regelgröße	–	Wert, den die Regelgröße nach Ablaufzeit der Ausregelzeit annimmt
Dynamisches Verhalten der Regelgröße	–	Verlauf der Regelgröße nach einer Störung innerhalb der Ausregelzeit

Begriff	Zeichen oder Symbol	Erklärung
Kreisverstärkung	$K_0 = K_S \cdot K_P$	Produkt aus Proportionalbeiwert der Regelstrecke K_S und Proportionalbeiwert des Reglers K_P
Regelfaktor	$R = \frac{1}{1 + K_0}$	Gibt an, auf welchen Bruchteil die Auswirkung einer Störung auf die Regelgröße durch die Wirkung des Reglers herabgesetzt wird
Optimale Reglereinstellung	–	Diejenige Einstellung der Reglerkennwerte X_P bzw. K_P, T_n, T_v bzw. K_{IR} bei der Überschwingweite und Regelzeit günstige Werte annehmen
Kritischer P-Bereich	$X_{P,\,\mathrm{krit}}$	P-Bereich, bei welchem der Regelkreis gerade instabil wird
Kritische Schwingungsdauer	T_{krit}	Dauer einer Schwingung der Regelgröße bei kritischer Reglereinstellung

6. Unstetige Regler ohne Rückführung

6.1 Vergleich zwischen stetigen und unstetigen Reglern

In den vorangegangenen Abschnitten 3 und 4 wurde der grundsätzliche Aufbau der Regler und ihre Einteilung in verschiedene Gruppen gezeigt sowie auf die für Regler vorzugsweise verwendeten Hilfsenergiearten näher eingegangen. Die dort behandelten stetigen P-, I-, PI- und PID-Regler gestatteten jeden Wert der Stellgröße y zwischen den Grenzwerten $y = 0$ und $y = Y_{\mathrm{h}}$ einzustellen. Dadurch ist es bei den I-, PI- und PID-Reglern möglich, die Regelgröße im ausgeregelten Zustand immer gleich der Führungsgröße w zu halten.

Bei den im folgenden behandelten *unstetigen Reglern* ist die Stellgröße y nur in groben Stufen einstellbar. Bei den am meisten verbreiteten Zweipunktreglern sind nur die Werte $y = 0$ und $y = Y_h$ einstellbar. Mehrpunktregler gestatten noch einige wenige Zwischenwerte der Stellgröße einzustellen.

Man könnte annehmen, daß Regler mit einer so groben Stufung der Stellgröße ein nur unbefriedigendes Regelverhalten ergeben. Überraschenderweise läßt sich aber mit dem Zweipunktregler bei vielen Regelstrecken eine für die vorgesehenen Zwecke ausreichende Regelgüte erzielen. Durch Anbringen einer später näher erläuterten Rückführung läßt sich das Verhalten des Zweipunktreglers weitgehend dem der stetigen Regler annähern. Der Grund für dieses unerwartete gute Verhalten der unstetigen Regler liegt darin, daß der Regler im geschlossenen Regelkreis das Verhältnis von Einschaltdauer zur Dauer eines Schaltspieles (Periodendauer), das sogenannte Tastverhältnis, stetig verändern kann. Dadurch ist eine fast stetige Dosierung der mittleren Energiezufuhr zur Regelstrecke möglich. Die Regelstrecke muß dazu allerdings ein gewisses Energiespeichervermögen besitzen.

6.2 Zweipunktregler ohne Hilfsenergie

Die wegen ihres einfachen Aufbaues und ihrer Preiswürdigkeit am meisten verbreiteten Regler sind die *unstetigen Regler*. Bei diesen kann die Stellgröße nur einige feste Werte annehmen. Beim einfachsten unstetigen Regler, dem *Zweipunktregler*, wird bei Unterschreiten der eingestellten Führungsgröße ein fester Wert der Stellgröße und bei Überschreiten ein kleinerer fester Wert, meist der Wert Null, eingeschaltet. Solche Regler werden auch mit *Ein/Aus-Regler* bezeichnet.

Trotz ihrer großen, praktischen Bedeutung – besonders für das Regeln elektrischer Energie – werden die unstetigen Regler in der regeltechnischen Literatur meist etwas stiefmütterlich behandelt. Der Grund liegt wohl mit darin, daß sich ihre Theorie mathematisch nicht so elegant darstellen läßt wie die der stetigen Regler.

Wir studieren das Arbeiten des Zweipunktreglers am besten am konkreten Beispiel eines *Bimetall-Temperaturreglers*.

Ein solcher Regler besitzt als Meßgerät für die Temperatur einen Bimetallstreifen (Bild 1). Dieser Streifen ist bei Raumtemperatur etwa eben, krümmt sich aber zunehmend mit steigender Temperatur. Die Krümmung ist darauf zurückzuführen, daß der Metallstreifen aus zwei aufeinandergeschweißten Blechen stark unterschiedlicher Wärmedehnung besteht. Zu jeder Temperatur eines solchen Streifens gehört also, wie es das Bild andeutet, eine bestimmte Durchbiegung.

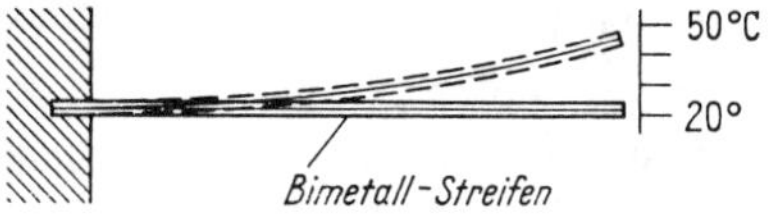

Bild 1-6
Bimetallstreifen, der sich bei steigender Temperatur krümmt, als Temperaturmeßeinrichtung.

Ein Meßwerk für die Temperatur hätten wir damit. Es fehlt jetzt noch der Sollwerteinsteller und der Vergleicher. Alle drei entsprechenden Funktionen lassen sich durch Anbringen einer einstellbaren Kontaktschraube und eines Kontaktes am Bimetallstreifen realisieren (Bild 2).

Mit der die Führungsgröße ϑ_w bestimmenden Kontaktschraube SE spannen wir den Streifen so weit vor, daß er die der Solltemperatur, z.B. 40°C, zu-

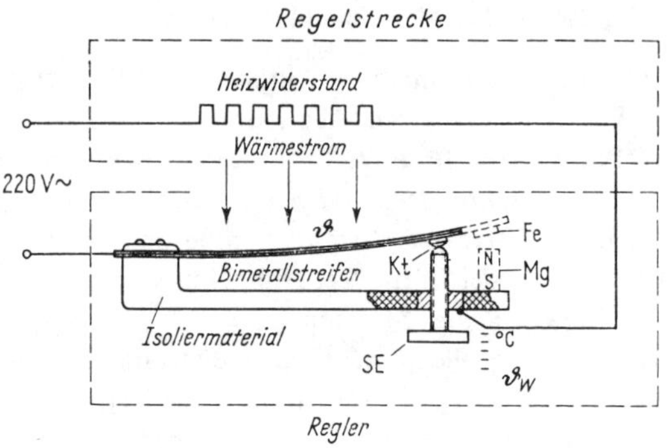

Bild 2-6
Zweipunkt-Bimetall-Temperaturregler, der eine Heizwicklung schaltet. Kt Kontakt, SE Einstellschraube für die Führungsgröße ϑ_W, Mg Magnet, Fe Eisenplättchen.

gehörige Krümmung aufweist. Dann öffnet sich der Kontakt Kt bei dieser Temperatur. Der Heizwiderstand, der mit dem Kontakt in Reihe liegt, wird ausgeschaltet. Sinkt infolgedessen die Temperatur, so geht die Krümmung des Streifens wieder zurück. Der Kontakt schließt, der Heizwiderstand wird eingeschaltet, und die Temperatur steigt wieder. Dieses Spiel wiederholt sich periodisch. Durch den Bimetallstreifen haben wir die Temperatur in einen Weg umgeformt. Der Führungswert ϑ_W der Temperatur wird durch die Kontaktschraube SE, die hier den Sollwerteinsteller darstellt, ebenfalls in Form eines Weges vorgegeben. Die Differenz dieser beiden Wege wird durch den Kontakt festgestellt. Der Kontakt bildet hier gleichzeitig den Vergleicher und das Stellglied.

6.2.1 *Sprungschaltung, Schaltdifferenz*

Der bisher beschriebene Zweipunktregler besitzt eine *schleichende Kontaktgabe*. Die Berührung der Kontaktstücke erfolgt ohne Kraft. Bei höheren Betriebsspannungen und größeren Schaltleistungen „feuert" ein solcher Kontakt erfahrungsgemäß, wodurch er rasch abgenützt wird. Er weist außerdem wegen des sehr kleinen Abstandes zwischen Ein- und Ausschalt-

punkt eine hohe *Schalthäufigkeit* auf, wodurch die Abnutzung noch weiter beschleunigt wird. Mit Rücksicht auf eine angemessene Lebensdauer kann daher ein solcher Kontakt nur kleine Leistungen schalten.
Eine Vergrößerung der Kontaktkraft und ein erwünschtes Herabsetzen der Schalthäufigkeit sowie eine damit verbundene Erhöhung der Schaltleistung und der Lebensdauer kann durch eine *Sprungschaltung* erzielt werden.
Eine solche Sprungschaltung kann bei dem besprochenen Bimetall-Temperaturregler – wie im Bild 2 gestrichelt eingezeichnet – dadurch erreicht werden, daß am Ende des Bimetallstreifens ein Eisenplättchen Fe befestigt wird, dem in geringem Abstand ein Dauermagnet Mg gegenübersteht. Bei einer Temperaturerniedrigung nähert sich das Eisenplättchen dem Magneten. Wird ein bestimmter Abstand unterschritten, so wird das Eisenplättchen plötzlich an den Magneten gezogen und damit der Kontakt schlagartig geschlossen. Bei einer Temperaturerhöhung wird das Eisenplättchen, sobald der Bimetallstreifen genügend Vorspannung hat, schlagartig losgerissen. Eine solche Sprungschaltung kann auch durch mechanische Mittel, z. B. vorgespannte Federn (Droscheffekt), erzielt werden.
Die Sprungschaltung bringt eine vergrößerte Schaltleistung und eine verringerte Schalthäufigkeit, bewirkt aber zwangsläufig einen unerwünschten Unterschied zwischen Ein- und Ausschaltwert der Regelgröße, die *Schaltdifferenz* X_{sd}. Bei dem beschriebenen Bimetall-Temperaturregler beträgt sie beispielsweise je nach Einstellung des Magneten 1 bis 2°C. Die Schaltdifferenz muß notgedrungen als Preis für die Erhöhung der Schaltleistung und Lebensdauer in Kauf genommen werden.
Bevor wir auf die prinzipielle Arbeitsweise eines Zweipunktreglers näher eingehen, wollen wir uns noch den Aufbau einiger anderer Zweipunktregler ansehen.

Beispiel 1: Stab-Temperaturregler

Ein häufig verwendeter Regler ist der *Stab-Temperaturregler* (Bild 3). Er besteht beispielsweise aus einem Messingrohr Ro und einem Innenstab IS aus einer Eisen-Nickel-Legierung (Invar) mit sehr kleiner Wärmedehnung.

Der temperaturabhängige Dehnungsunterschied zwischen Rohr und Stab wird mechanisch durch den Hebel He vergrößert und zum Schalten des Kontaktes Kt benutzt. Auch hier werden meist noch besondere Maßnahmen zum sprungweisen Schalten des Kontaktes vorgesehen. Die Führungsgröße ϑ_W wird wieder in Form eines Weges mit Hilfe der Schraube SE eingestellt.

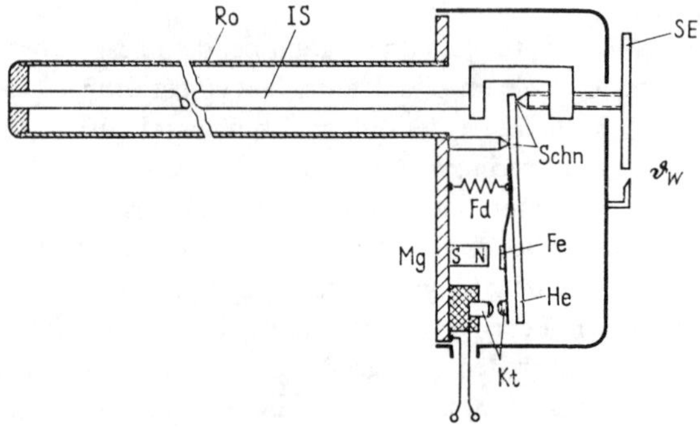

Bild 3-6
Stab-Temperaturregler. Ro Metallrohr, IS Invarstab, He Hebel, Kt Kontakt, SE Sollwerteinsteller für die Führungsgröße ϑ_w, Fd Feder, Schn Schneiden, Fe Eisenplättchen, Mg Magnet.

Ähnlich arbeitet auch der Temperaturregler eines Kühlschrankes. Als Temperaturfühler wird ein zylindrisches, mit Flüssigkeit gefülltes Rohr benutzt. Die temperaturabhängige Ausdehnung der Flüssigkeit wird über einen Metallfaltenbalg zum sprungweisen Betätigen von Kontakten benutzt, die den Kompressormotor ein- bzw. ausschalten.

Beispiel 2: Kondenswasserableiter

Ein *Kondenswasserableiter* hat die Aufgabe, das in einer Dampfleitung sich ansammelnde Kondenswasser abzuleiten, ohne daß dabei dauernd Dampf verloren geht. Eine unstetig wirkende Ausführung arbeitet folgendermaßen (Bild 4): Das Kondenswasser-Ablaßventil Ve ist normalerweise durch das Eigengewicht des Schwimmers Schw und den Dampfdruck geschlossen.

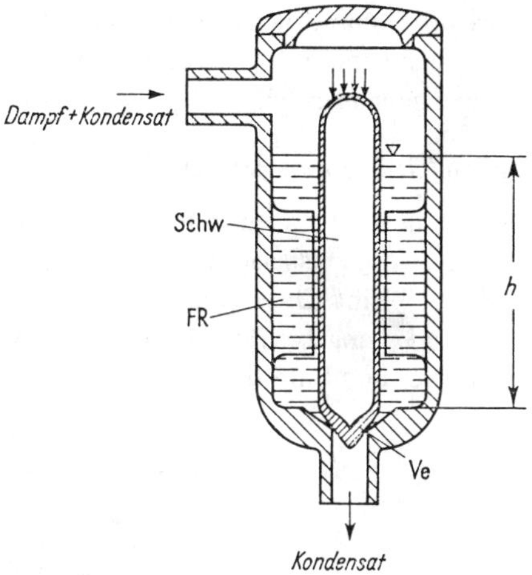

Bild 4-6
Unstetig arbeitender Kondenswasserableiter. Schw Schwimmer, Ve Ablaßventil, FR Führungsrippen, *h* Wasserstand.

Mit steigendem Kondenswasserspiegel *h* wächst die Auftriebskraft am Schwimmer, bis schließlich das Eigengewicht und die vom Dampfdruck auf den Schwimmer ausgeübte Kraft von der Auftriebskraft überwunden wird. Der Ventilkegel wird angehoben, und das Wasser wird mit großer Kraft vom Dampf herausgedrückt. Die dynamischen Strömungskräfte des Wassers verhindern dabei, daß sich der Schwimmerkegel wieder aufsetzt, solange Wasser herausströmt. Erst wenn Dampf mit seiner wesentlich geringeren Dichte nachströmt, reichen die dynamischen Strömungskräfte nicht mehr aus; das Ventil wird wieder geschlossen.
Sobald genügend Kondenswasser angesammelt ist, wiederholt sich das Spiel. Die Kondenswasserableitung erfolgt also periodisch nach dem jeweiligen Erreichen eines bestimmten Wasserstandes. Neben dem einfachen Aufbau hat diese Konstruktion noch den Vorteil, daß ein dauerndes Abströmen von Dampf durch den Ventilkegel verhindert wird. Regelgröße ist hier der Wasserstand, Stellgröße der Wasserstrom. Die Führungsgröße h_W ist durch die Konstruktion des Schwimmers und den Dampfdruck fest gegeben. Regler und Regelstrecke bilden eine konstruktive Einheit. Eine Grenze zwischen Regler und Regelstrecke läßt sich hier kaum angeben.

Wäre der Dampfdruck nicht vorhanden, so würde es sich um eine stetige Regelung handeln und der vorgesehene Wasserspiegel würde sich mehr oder weniger genau einstellen.

Beispiel 3: Spannungsregler

Bei jedem Kraftwagen muß dafür gesorgt werden, daß die Spannung des Stromversorgungsnetzes trotz der stark schwankenden Drehzahl des Motors konstant bleibt. Dazu ist an der Lichtmaschine des Kraftwagens ein *Spannungsregler* angebracht. Die grundsätzliche Schaltung der Lichtmaschine mit Regler und Batterie zeigt Bild 5.

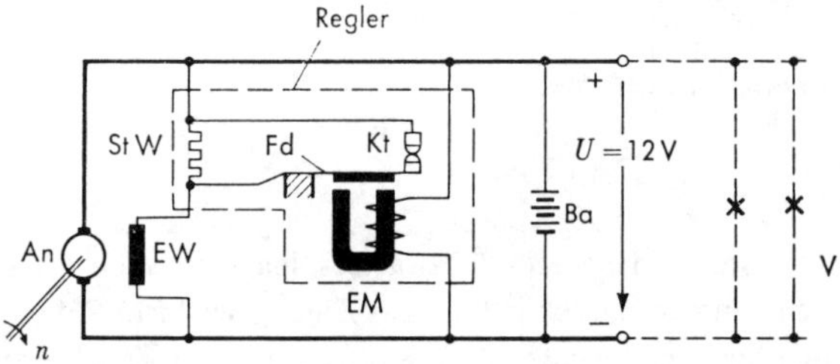

Bild 5-6
Spannungsregelung in einem Kraftwagen. An Anker, EW Erregerwicklung, StW Stellwiderstand, EM elektromagnetisches Meßwerk, Kt Kontakt, Fd Blattfeder, Ba Batterie, *n* Antriebsdrehzahl, *U* Spannung (Regelgröße), V Verbraucher.

Der Anker An der Lichtmaschine wird vom Motor mit der Drehzahl *n* angetrieben. Parallel zum Anker liegt die Reihenschaltung von Erregerwicklung EW und Stellwiderstand StW. Der Spannungsregler besitzt ein elektromagnetisches Meßwerk EM, das an der konstant zu haltenden Spannung angeschlossen ist und den Kontakt Kt betätigt. Der Kontakt liegt parallel zum Stellwiderstand StW. Liegt die Spannung der Maschine unter dem eingestellten Wert der Führungsgröße, die durch die Vorspannung der Blattfeder Fd bestimmt wird, so ist der Anker des Meßwerkes nicht angezogen. Der Stellwiderstand ist dann durch den Kontakt, wie gezeichnet, kurzgeschlossen. Die Spannung der Maschine beginnt dann nach der durch die Zeitkonstante der Erregerwicklung bestimmten Sprungantwort zu steigen. Wird die Ansprechspannung des Meßwerkes erreicht, so zieht der

Anker an und öffnet den Kontakt. Dadurch wird der Widerstand StW in den Erregerstromkreis geschaltet, was ein Fallen der Spannung nach der durch die Zeitkonstante bestimmten Sprungantwort zur Folge hat.

Dieses Ein- und Ausschalten des Widerstandes wiederholt sich mehrmals pro Sekunde, so daß selbst bei eingeschalteter Beleuchtung des Kraftwagens die Spannungsschwankungen nicht mehr erkennbar sind. Wie wir alle aus eigener Erfahrung wissen, arbeitet ein solcher Regler trotz seines sehr einfachen Aufbaues ausreichend genau und sehr betriebssicher. Der Spannungsregler ist bei vielen Kraftwagen mit dem Laderelais kombiniert, das bei Erreichen der richtigen Generatorspannung den Generator parallel zur Batterie legt.

Beispiel 4: Fliehkraft-Drehzahlregler

Viele Maschinen, die von kleinen Elektromotoren angetrieben werden, wie z. B. Fernschreibmaschinen oder elektrische Schreibmaschinen, verlangen eine konstante Antriebsdrehzahl. Diese wird meist durch einen *Fliehkraft-Drehzahlregler* erreicht. Er schaltet bei Überschreitung der Führungsdrehzahl den Motor aus, bei Unterschreitung wieder ein, wobei sich dieses Ein- und Ausschalten mehrmals pro Sekunde wiederholen kann.

Der Regler besteht aus einem drehbar gelagerten Kontaktarm KA (Bild 6), an dessen Ende eine Masse Ma angebracht ist.

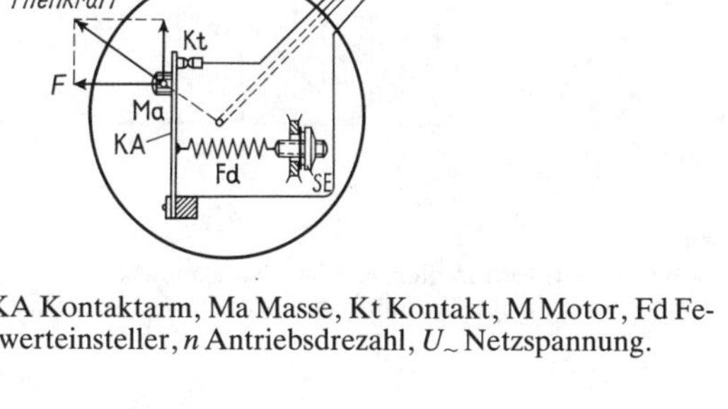

Bild 6-6
Fliehkraft-Drehzahlregler, KA Kontaktarm, Ma Masse, Kt Kontakt, M Motor, Fd Feder, SR Schleifringe, SE Sollwerteinsteller, n Antriebsdrezahl, $U_{\sim}$ Netzspannung.

Bei Überschreiten der eingestellten Drehzahl wird die Kraft der Feder Fd durch die an der Masse Ma angreifende Komponente F der Fliehkraft überwunden, der Kontakt Kt geöffnet und der Motor von der Netzspannung getrennt. Die Führungsdrehzahl wird durch Spannen der Feder Fd eingestellt. Die Verbindung mit dem Kontakt erfolgt über zwei Schleifringe SR.

Mit einem solchen einfach aufgebauten Regler kann die Drehzahl auf 0,1 % genau konstant gehalten werden. Die exakte Theorie dieses Reglers ist jedoch infolge Überlagerung der Schwerkraft nicht ganz so einfach, wie es Abbildung und Beschreibung vermuten lassen.

6.2.2 *Kennlinie des Zweipunktreglers*

Ähnlich wie bei den stetigen Reglern können wir beim Zweipunktregler den Zusammenhang zwischen Regel- und Stellgröße durch eine *Kennlinie des Reglers* beschreiben. Eine solche Kennlinie zeigt den Zusammenhang zwischen der Regelgröße x als Eingangsgröße und der Stellgröße y als Ausgangsgröße. Zur Aufnahme der Kennlinie werden der Regelgröße x der Reihe nach verschiedene Werte von Null bis zu einem Höchstwert erteilt und die zugehörigen Werte y der Stellgröße ermittelt.
Für den Zweipunktregler mit der Schaltdifferenz Null ergibt sich die außerordentlich einfache, in Bild 7a wiedergegebene Kennlinie.

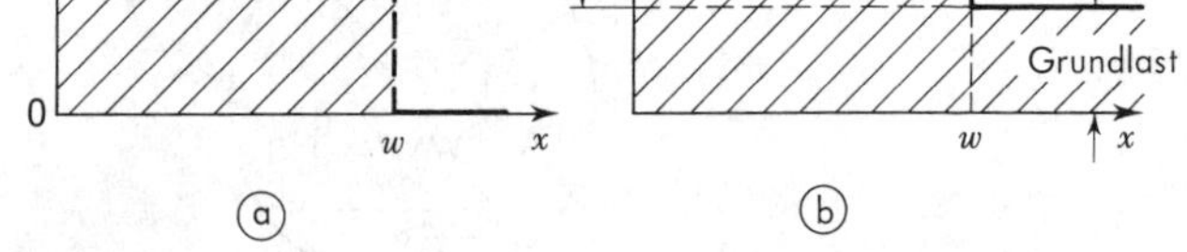

Bild 6-6
Fliehkraft-Drehzahlregler, KA Kontaktarm, Ma Masse, Kt Kontakt, M Motor, Fd Feder, SR Schleifringe, SE Sollwerteinsteller, n Antriebsdrehzahl, $U_{\sim}$ Netzspannung.

Ist die Regelgröße x kleiner als die eingestellte Führungsgröße w, so erreicht die Stellgröße den oberen festen Wert Y_h (Stellbereich). Überschreitet die Regelgröße die Führungsgröße w, so wird die Stellgröße Null. Ist ein fester Wert der Stellgröße dauernd eingeschaltet, d. h. eine *Grundlast* vorhanden, so ergibt sich die in Bild 7b wiedergegebene Kennlinie.
Hat der Regler dagegen eine bestimmte Schaltdifferenz X_{sd} wie der Bimetallregler mit Dauermagnet, so erhalten wir die Kennlinie von Bild 8.

Bild 8-6
Kennlinie eines Zweipunktreglers mit der Schaltdifferenz X_{sd}. w Führungsgröße eines Reglers mit Schaltdifferenz Null, x_{un} Wert der Regelgröße für das Schließen der Kontakte, x_{ob} Wert der Regelgröße für das Öffnen der Kontakte.

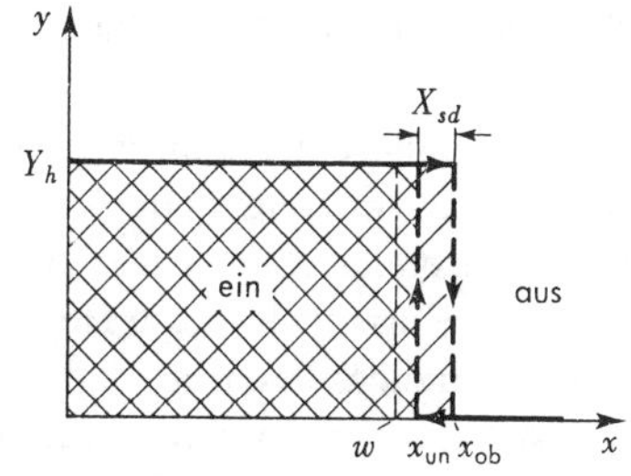

Nach Erreichen des Wertes x_{ob} wird die Stellgröße Y_h sprungartig abgeschaltet. Dadurch sinkt die Regelgröße ab. Bei Erreichen des Wertes x_{un} wird die Stellgröße sprungartig wieder eingeschaltet. Die Regelgröße beginnt wieder zu steigen, bis beim Wert x_{ob} die Stellgröße wieder abgeschaltet wird. Die Regelgröße pendelt also zwischen den Werten x_{un} und x_{ob} hin und her, wobei diese Werte oberhalb der Führungsgröße w eines Reglers ohne Sprungschaltung liegen. Diese Verschiebung der Führungsgröße läßt sich jedoch bei der Justierung des Reglers berücksichtigen. Das mit Pfeilen versehene Rechteck wird beim Regelvorgang dauernd umfahren. Die gestrichelten Äste werden sprungartig durchlaufen.

6.3 Dreipunktregler ohne Hilfsenergie

Der Zweipunktregler ist zwar sehr einfach aufgebaut, hat aber den Nachteil, daß er die der Regelstrecke zugeführte Energie nur in zwei groben Stufen – meist $y=0$ und $y=Y_h$ – zuteilen kann. Wie wir später sehen werden, ergeben sich dadurch u. U. unzulässig große Schwankungen der Regelgröße.

Eine Verbesserung gegenüber dem Zweipunktregler bringt der *Dreipunktregler,* der noch einen dritten Wert der Stellgröße Y_m einzustellen gestattet. Dieser zusätzliche Wert wird zweckmäßig so gewählt, daß der Regelstrecke dabei etwa die mittlere benötigte Energie zugeführt wird. Schalthäufigkeit und Überschwingweite lassen sich damit wesentlich verringern. Im folgenden einige praktische Beispiele:

Beispiel 5: Temperaturregelung

Der Bimetall-Temperaturregler von Bild 2 läßt sich leicht, wie es Bild 9 zeigt, zu einem Dreipunktregler umbauen. Es sind zwei in Reihe geschaltete Heizwiderstände *R*1 und *R*2 vorhanden. Beim Anfahren ist nur der Widerstand *R*1 eingeschaltet. Die Heizleistung ist groß. In der Mittelstellung des Bimetallstreifens liegen *R*1 und *R*2 in Reihe. Die Heizleistung ist so bemessen, daß sie den mittleren Wärmebedarf deckt. Beim weiteren Ansteigen der Temperatur werden beide Heizwiderstände ausgeschaltet.

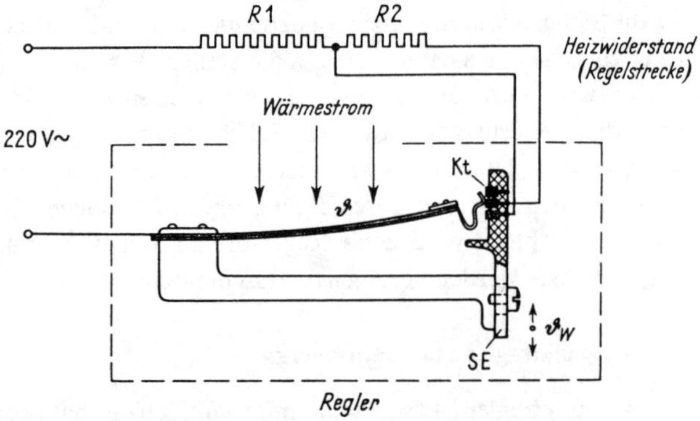

Bild 9-6
Dreipunkt-Bimetall-Temperaturregler mit Mittelkontakt. Kt Kontakte, SE Sollwerteinsteller, *R*1 *R*2 Heizwiderstände. Regler auf mittlere Leistungsstufe geschaltet.

Beispiel 6: Druckregelung

In einem Behälter Be (Bild 10), der über den Kompressor Kp mit Druckluft gespeist und dem laufend Luft entnommen wird, soll der Druck p bei möglichst geringer Schalthäufigkeit des Antriebsmotors Mo angenähert konstant gehalten werden.
Der Druck im Behälter Be wird mit dem Rohrfedermeßwerk R gemessen. Am Zeiger Zg des Manometers ist ein Kontaktstück Kt angebracht, außerdem sind rechts und links vom Zeiger die einstellbaren Kontaktstücke Kt1 und Kt2 vorgesehen.
In der mittleren Lage des Zeigers läuft der Antriebsmotor für den Kompressor mit etwa halber Drehzahl und schafft dabei den im Mittel abgenommenen Luftstrom. Bei Überschreiten eines eingestellten Maximalwertes, d. h. Schließen des Kontaktes Kt2, wird der Kompressor stillgesetzt. Bei Unterschreiten eines Minimalwertes, d. h. Schließen des Kontaktes Kt1, wird der Kompressor auf die volle Drehzahl geschaltet, was beispielsweise durch Polumschaltung des Motors innerhalb des Drehzahlstellers DSt bewirkt wird.

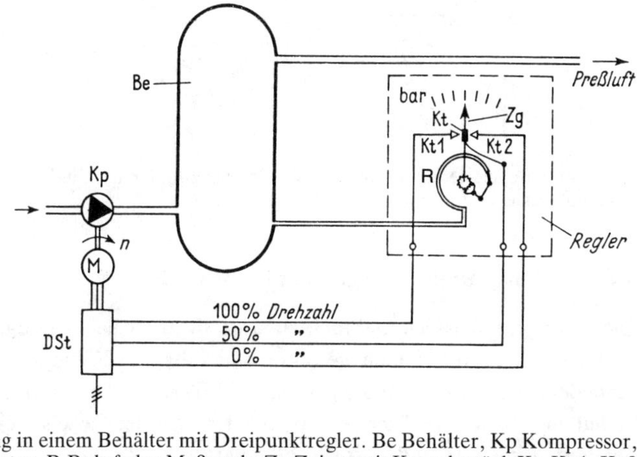

Bild 10-6
Druckregelung in einem Behälter mit Dreipunktregler. Be Behälter, Kp Kompressor, M Antriebsmotor, R Rohrfeder-Meßwerk, Zg Zeiger mit Kontaktstück Kt, Kt 1, Kt 2 einstellbare Kontaktstücke, DSt Drehzahlsteller, p Druck, n Motordrehzahl.

6.3.1 *Kennlinie des Dreipunktreglers*

Die Kennlinie eines Dreipunktreglers mit der Schaltdifferenz null zeigt Bild 11a. Ist die Regelgröße x kleiner als der eingestellte Wert w_1, so hat die Stellgröße ihren Maximalwert Y_h. Liegt die Regelgröße x zwischen w_1 und w_2, so ist der kleinere Wert Y_m der Stellgröße eingeschaltet. Ist schließlich x größer als w_2, so wird die Stellgröße Null. Gewöhnlich wählt man für den Unterschied zwischen w_1 und w_2 einige Prozente von w_2.

Schaltet der Dreipunktregler sprungweise mit der Schaltdifferenz (Hysterese) X_{sd}, so erhalten wir die in Bild 11b gezeichnete Kennlinie, wobei wieder die gestrichelten Äste sprungweise durchlaufen werden. Der Regelvorgang spielt sich am Punkt w_2 ab. Der Punkt w_1 wird nur beim Anfahren oder einem erhöhten Leistungsbedarf angefahren.

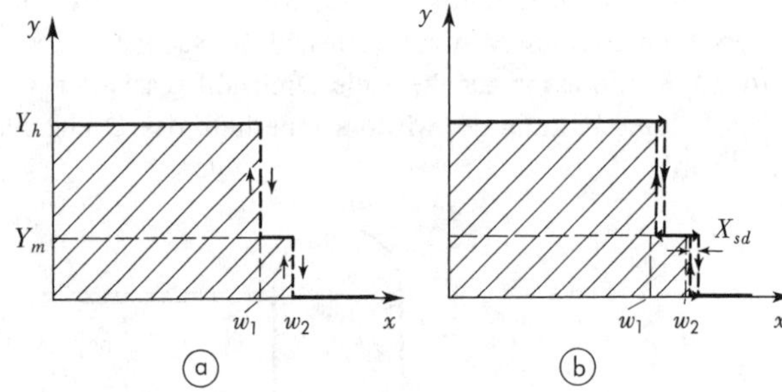

Bild 11a, b-6
a) Kennlinie eines Dreipunktreglers mit der Schaltdifferenz Null. b) Kennlinie eines Dreipunktreglers mit der Schaltdifferenz X_{sd}.

6.4 Zwei- und Dreipunktregler mit Hilfsenergie

Die bisher als Beispiele gebrachten unstetigen Regler benötigen zu ihrem Arbeiten keine von außen getrennt zugeführte Hilfsenergie, wie die anschließend beschriebenen *Regler mit Hilfsenergie*. Die zum Betätigen des Stellgliedes benötigte Energie wird der Energie der Regelstrecke entzogen. Bei dem Bimetall- und dem Stabtemperaturregler wird aus der Wärmeenergie der Regelstrecke mechanische Energie zum Betätigen der Kontakt-

feder erzeugt. Der Kondenswasserableiter entnimmt die benötigte Energie für den Schwimmer der Dampfenergie. Der Spannungsregler entnimmt die für das Betätigen des Relais benötigte Energie der Lichtmaschine. Bei dem Fliehkraftregler schließlich wird über die Welle mechanische Energie vom Motor bezogen.
Bei unstetigen Reglern wird fast ausschließlich elektrische Hilfsenergie verwendet. Im folgenden einige Beispiele von Reglern mit Hilfsenergie.

Beispiel 7: Meßwerkregler mit induktivem Abgriff

Das Hauptanwendungsgebiet dieses Meßwerkreglers ist die Temperaturregelung von gas- und elektrisch beheizten Öfen, Preßformen, Kunststoffpressen usw.
Die zu regelnde Größe (Bild 12a, b) wird durch das Drehspulmeßwerk M in einen der Regelgröße proportionalen Zeigerausschlag umgeformt. An dem Zeiger Zg ist eine leichte Aluminiumfahne Al befestigt. Diese Fahne taucht beim Erreichen des eingestellten Wertes der Führungsgröße zwischen die beiden Spulen Sp1 und Sp2. Die Spulen sind am Sollwerteinsteller SE befestigt und um die Meßwertachse drehbar angeordnet. Der Zeiger SZ zeigt den eingestellten Wert der Führungsgröße an, also den Punkt, bei dem die Fahne in die Spulen gerade eintaucht.
Die Spule Sp1 bildet zusammen mit dem Kondensator C_1 den frequenzbestimmenden Schwingkreis eines Transistoroszillators (Schwingfrequenz meist um 100–200 kHz). Die an der Kollektorspule Sp2 vorhandene Wechselspannung wird durch die Diode Di gleichgerichtet. Die entstehende pulsierende Gleichspannung wird durch den Kondensator C_2 geglättet.
Kommt der Meßwerkzeiger in die Nähe der Führungsgröße, so daß die Fahne in die Spule eintaucht, so wird durch die Fahne das zwischen den beiden Spulen Sp1 und Sp2 vorhandene magnetische Wechselfeld geschwächt (Schirmwirkung durch die im Blech entstehenden Wirbelströme). Bei genügender Eintauchtiefe reißt der Schwingvorgang ab, die Spannung am Kondensator C_2 geht auf Null zurück. Zum Abreißen dieser Schwingung ist nur ein Fahnenweg von einigen zehntel Millimetern erforderlich. Zum Schalten des Stellstromes ist das Relais Re vorgesehen. Im stromlosen Zustand ist der Kontakt geöffnet, im erregten Zustand geschlossen, wodurch

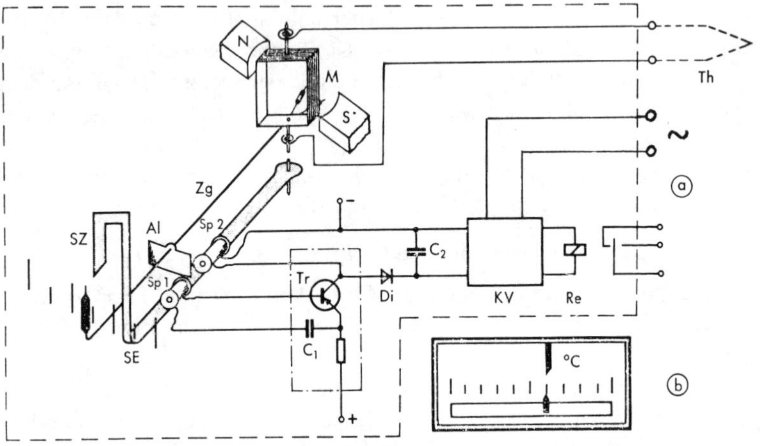

Bild 12 a, b-6
Meßwerkregler als Zweipunktregler mit Hilfsenergie.
a) Schema des Meßwerkreglers mit induktiver Abtastung der Zeigerstellung. Th Temperaturfühler (Thermoelement), M Meßwerk, Zg Zeiger, Al Aluminiumfahne, Sp1 und Sp2 Spulen, SE Sollwerteinsteller, SZ Sollwertzeiger, C_1 und C_2 Kondensatoren, Tr Transistor, Di Diode, Re Relais, KV Kippverstärker, b) Frontansicht des Zeigerreglers.

beim Unterschreiten des Sollwertes der angeschlossenen Regelstrecke Energie zugeführt wird. Beim Überschreiten des Sollwertes wird die Energiezufuhr unterbrochen. Damit das Relais schlagartig anzieht und abfällt und zur erforderlichen Verstärkung ist zwischen Oszillatorstufe und Relais der Kippverstärker KV geschaltet. Wird die Eingangsspannung eines solchen Kippverstärkers über die Ansprechspannung gesteigert, so steigt der Ausgangsstrom schlagartig an. Beim Unterschreiten der Abfallspannung geht er schlagartig auf Null. Der Unterschied zwischen Ein- und Ausschaltpunkt, die Schaltdifferenz, wird dabei meist zwischen 0,3–0,5% von der Skalenlänge gewählt. Der Regler weist die in Bild 8 gezeigte Kennlinie auf, wobei $x_{ob} - x_{un} = X_{sd}$ mit etwa 0,3···0,5% von w sind. Kleinere Werte der Schaltdifferenz sind wegen einer zu großen Schalthäufigkeit und Erschütterungsempfindlichkeit nicht erwünscht.

Ein solcher Meßwerkregler bewirkt eine außerordentliche Leistungsverstärkung. Wird beispielsweise ein Meßwerk mit $10\,\mathrm{mV} = 10 \cdot 10^{-3}\,\mathrm{V}$ für Vollausschlag und 100 Ohm Innenwiderstand verwendet, so beträgt die Meßleistung für Vollausschlag

$$U^2/R = (10 \cdot 10^{-3}\,\mathrm{V})^2 : 100\,\mathrm{Ohm} = 1 \cdot 10^{-6}\,\mathrm{W}\,.$$

Da ein Zeigerregler schon auf eine Änderung der Zeigerstellung von 0,5% am Sollwertpunkt anspricht, entspricht das einer Leistung von

$$1 \cdot 10^{-6}\,\mathrm{W} \cdot \frac{0{,}5\,\%}{100\,\%} = 5 \cdot 10^{-9}\,\mathrm{W}\,.$$

Das verwendete Schaltrelais besitzt üblicherweise eine Schaltleistung von $6\,\mathrm{A} \cdot 220\,\mathrm{V} = 1{,}32 \cdot 10^3\,\mathrm{W}$. Die gesamte Leistungsverstärkung ist also

$$1{,}32 \cdot 10^3\,\mathrm{W} : 5 \cdot 10^{-9}\,\mathrm{W} \approx 3 \cdot 10^{11}\,\mathrm{fach}\,.$$

Meßwerkregler haben den Vorteil, daß sie einen zusätzlichen Anzeiger für die Regelgröße darstellen und daß Regelgröße und Führungsgröße an derselben Skale abgelesen bzw. eingestellt werden können. Nachteilig ist, daß das mit einer Zeitkonstante behaftete Meßwerk mit im Regelkreis liegt und u. U. die Regelgüte verschlechtert. Bei Temperaturregelungen, für welche diese Regler vorzugsweise eingesetzt werden, ist dies wegen der großen Zeitkonstante der Regelstrecke meist unbedeutend.

An das Meßwerk können zur Temperaturmessung Widerstandsthermometer oder Thermoelemente angeschlossen werden. Es genügt, wenn das Meßwerk die Energie zum sicheren Einstellen des Zeigers aufbringt. Die wesentlich größere, zum Betätigen des Kontaktes benötigte Energie wird vom Kippverstärker und Relais aufgebracht. Zum Sollwert-Istwert-Vergleich werden hier Regelgröße und Führungsgröße in Strecken (Kreisbögen) umgeformt. Die benötigte Hilfsenergie wird aus dem Wechselstromnetz entnommen.

Bild 13 zeigt eine Anordnung zur Temperaturregelung eines elektrisch beheizten Ofens mit Hilfe eines solchen Meßwerkreglers.

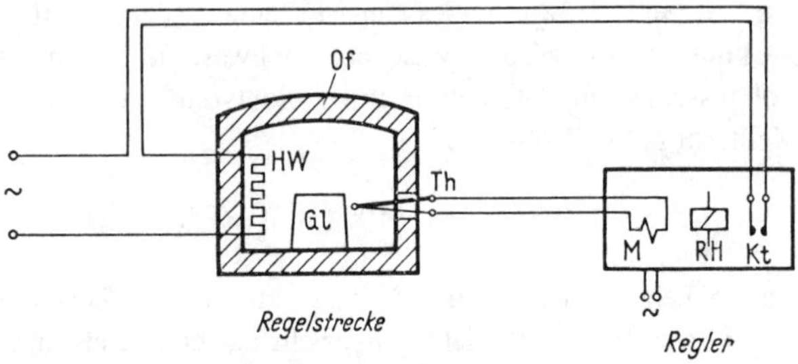

Bild 13-6
Temperatur-Regelung eines elektrisch beheizten Ofens mit Hilfe eines Meßwerkreglers mit induktiver Abtastung. Of Ofen, Gl Glühgut, HW Heizwicklung, Th Thermoelement, M Meßwerk, RH Relais, Kt Relaiskontakt.

Bis zum Aufkommen der Transistoren, die den Bau einfacher und räumlich kleiner Verstärker für die induktive Zeigerabtastung ermöglichten, beherrschten Meßwerkregler mit mechanischer Zeigerabtastung, die sogenannten *Fallbügelregler,* das Feld.

Beispiel 8: Elektronischer Zweipunkt-Temperaturregler

Meßwerkregler, wie sie im vorhergehenden Beispiel beschrieben wurden, haben in den letzten Jahren zunehmend an Bedeutung verloren, zugunsten von rein elektronisch arbeitenden Zweipunkt- oder Mehrpunktreglern. Mit Hilfe der sehr preiswerten Halbleiterbauelemente (Transistoren, Dioden, Zenerdioden, integrierte Schaltungen) ist es möglich, im Gegensatz zu früher, sehr preiswerte und trotzdem sehr temperatur- und nullpunktstabile Gleichstromverstärker zu bauen. Meßwerkregler erfordern dagegen wegen des Meßwerkes und der Abgriffeinrichtung eine wesentlich aufwendigere feinmechanische Fertigung. Wegen der erforderlichen Ablesegenauigkeit müssen die Regler außerdem eine gewisse Skalenlänge besitzen, was verhältnismäßig große Reglerabmessungen bedingt. Bild 14a, b zeigt den sehr einfachen Aufbau eines *elektronischen Temperaturreglers.* Die Temperatur wird bei diesem Regler durch das Thermoelement Th als elektrische Spannung U_x abgebildet. Die Führungsgröße muß daher auch als Spannung U_w vorgegeben werden. Dazu dient der Spannungsteiler SpT, der aus einer mit

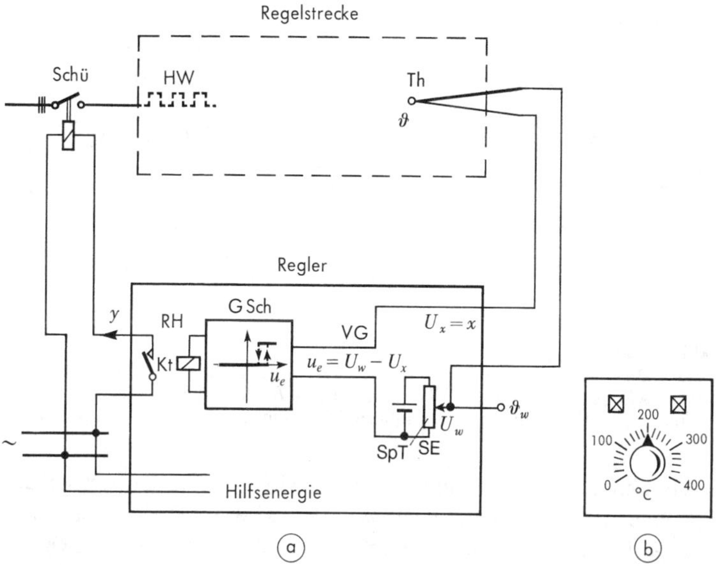

Bild 14a, b-6
Elektronischer Zweipunkt-Temperaturregler mit Thermoelement als Temperaturaufnehmer und Schaltschütz als Stellgerät. a) Schaltbild, Th Thermoelement, SE Sollwerteinsteller, SpT Spannungsteiler, VG Vergleicher, GSch Grenzwertschalter, Schü Schaltschütz, HW Heizwicklung, b) Frontansicht des Temperaturreglers mit Einstellskale für die Führungsgröße ϑ_w.

Zenerdioden arbeitenden Konstantspannungsquelle gespeist wird. Die als Spannungsdifferenz $U_w - U_x$ gebildete Regeldifferenz u_e wird dem Grenzwertschalter GSch zugeführt. Dieser speist ausgangsseitig das Relais RH. Der Relaiskontakt Kt betätigt dann das als Stellgerät wirkende Schaltschütz Schü, das den Heizstrom schaltet, d.h. auf Null oder einen Festwert einstellt. Das Kernstück des elektronischen Reglers ist der als Verstärker und Kippglied arbeitende Grenzwertschalter GSch. Mit Hilfe der in Bild 15a wiedergegebenen Schaltung wird das in Bild 15b gezeigte Kippverhalten erzeugt. Analog wie bei einem Zweipunktregler mit Schaltdifferenz (Bild 8) wird beim Überschreiten des oberen Spannungswertes u_{ob} der Ausgangskreis

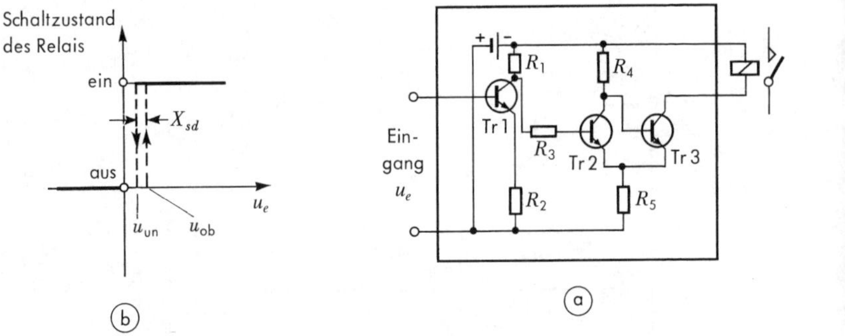

Bild 15a, b-6
Verstärker- und Kippglied (Grenzwertschalter) eines elektronischen Zweipunkt-Reglers. a) Schaltung, Tr1, Tr2, Tr3 Transistoren, R_1, R_2, R_3 Widerstände, b) Kennlinie der Kippstufe, X_{sd} Schaltdifferenz, x_{un} unterer Schaltpunkt, x_{ob} oberer Schaltpunkt.

stromführend, d. h. geschlossen. Erst wieder beim Unterschreiten der Spannung u_{un}, die unterhalb von u_{ob} liegt, wird der Kreis wieder stromlos, d. h. geöffnet. Oberer und unterer Schaltpunkt unterscheiden sich um die Schaltdifferenz $X_{sd} = u_{ob} - u_{un}$. Im Unterschied zu den früher beschriebenen Zweipunktreglern ohne Hilfsenergie, bei denen x_{ob} und x_{un} einen deutlichen Abstand vom eingestellten Wert der Führungsgröße w haben, weisen hier u_{ob} und u_{un} nur Abstände von einigen Zehntel Prozent von w auf.

In der in Bild 15a wiedergegebenen Schaltung wird die Eingangsspannung u_e zuerst im Transistor Tr1 verstärkt. Die verstärkte Spannung wird dann dem Transistor Tr2 der Kippstufe zugeführt. Überschreitet die Eingangsspannung u_e die Spannung u_{ob}, so wird der Transistor Tr3 schlagartig stromführend. Beim Unterschreiten der Spannung u_{un} wird der Stromfluß schlagartig unterbrochen. Wegen dieser schlagartigen Stromänderung sind die senkrechten Äste der Kennlinie in Bild 15b gestrichelt gezeichnet.

Beispiel 8a: wie Beispiel 8, jedoch mit einem Triac am Ausgang

Das im vorhergehenden Beispiel (Bild 14) als Stellgerät vorgesehene Schaltschütz hat nur eine begrenzte Lebensdauer (einige Millionen Schaltungen).

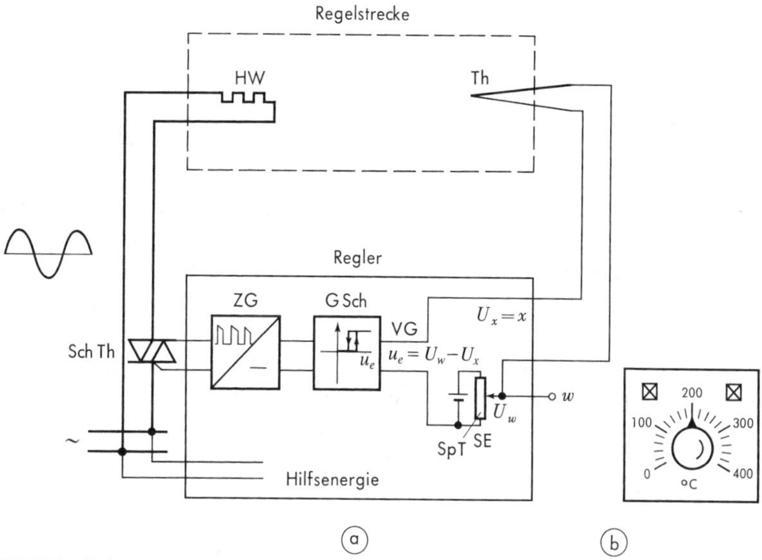

Bild 16a, b-6
Elektronischer Zweipunkt-Temperaturregler wie Bild 14, jedoch mit Triac.
a) Schaltung, ZG Zündgerät, SchTh Triac, b) Frontansicht mit Sollwerteinsteller.

Bei hoher Schaltleistung und hoher Schalthäufigkeit müssen die Kontaktstücke infolge auftretenden Kontaktabbrandes öfter erneuert werden. Durch Verwenden von Halbleiterschaltern ist es möglich, Schalteinrichtungen zu bauen, die keinen Verschleiß aufweisen und die außerdem geräuschlos arbeiten. In Bild 16a, b ist noch einmal der Temperaturregelkreis von Bild 14 gezeigt, jedoch mit dem Schaltthyristor Triac SchTh am Ausgang. Dieser besteht aus zwei gegeneinander geschalteten Stromventilen (Thyristoren) zum Hindurchlassen der beiden Halbschwingungen des Wechselstromes. Die Ventile werden durch das Zündgerät ZG laufend gezündet, wenn der Grenzwertschalter GSch stromführend ist. Der Triac ist üblicherweise bei kleineren Schaltleistungen auf der Rückseite des Reglers mit untergebracht; bei größeren Leistungen wird er getrennt angeordnet.

Beispiel 9: Druckregler

In Hauswasser-Versorgungsanlagen besteht die Aufgabe, den Druck im Wassernetz annähernd konstant zu halten, ohne daß dabei der Pumpenmotor zu oft eingeschaltet wird. Erreicht wird das gewöhnlich durch einen sogenannten Druckschalter, der in Wirklichkeit ein *Druckregler* ist.
Wie Bild 17 zeigt, besteht ein solcher Druckregler im wesentlichen aus einem federbelasteten Metallfaltenbalg FB, auf dessen Innenseite der Wasserdruck über ein Luftpolster wirkt. Die druckabhängige Dehnung des Balges wird zum Betätigen des Kontaktes Kt benutzt, der über ein Schütz Schü den Pumpenmotor M betätigt. Beim Unterschreiten eines eingestellten Druckwertes wird der Pumpenmotor eingeschaltet und nach Erreichen eines bestimmten Leitungsdruckes wieder ausgeschaltet. Der nicht gezeichnete Schaltmechanismus des Druckschalters DS wird, um ein zu häufiges Schalten zu vermeiden, mit einer einstellbaren Schaltdifferenz ausgeführt, und zwar meist in Form eines getrennt einstellbaren Einschalt- und Ausschaltdruckes.

Beispiel 9a: Wasserstandsregler

Wegen ihres einfachen Aufbaues sind unstetig arbeitende *Wasserstandsregler* mit elektrischer Hilfsenergie weit verbreitet. Der Wasserstand wird mit Hilfe eines Schwimmers gemessen, der Steuerkontakte betätigt, wie es Bild 18 zeigt. Sinkt der Wasserstand so weit ab, daß der Nocken No an der Schwimmerkette den Kontakt Ktu schließt, so wird der Pumpenmotor M über das Schütz Schü in Betrieb gesetzt. Der Selbsthaltekontakt HK sorgt dafür, daß das Schütz auch nach Öffnen des Kontaktes Ktu angezogen bleibt. Der Wasserstand steigt dann, bis der Schwimmer Schw den oberen Ruhekontakt Kto öffnet. Dadurch wird der Selbsthaltekreis des Schützes unterbrochen, das Schütz fällt ab, und der Pumpenmotor bleibt stehen. Der Wasserstand hat also keinen festen Wert, sondern schwankt zwischen den durch die Kontakte gegebenen Grenzen. Diese Grenzen werden so weit

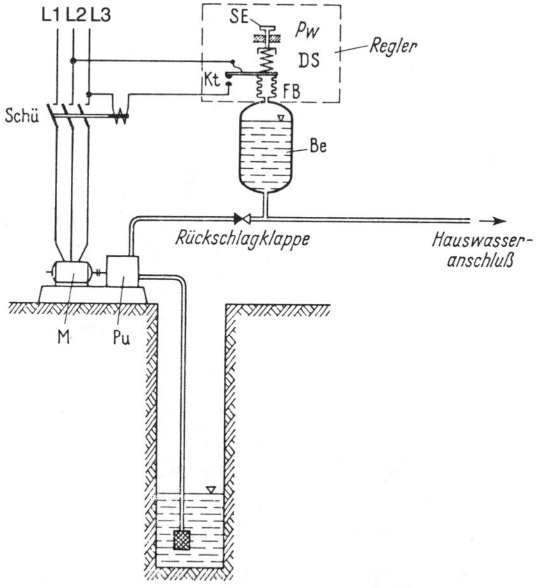

Bild 17-6
Druckregler in einer Hauswasser-Versorgungsanlage. Pu Pumpe, M Motor, Schü Schütz, Be Wasserbehälter mit Luftpolster, DS Druckschalter, FB Metallfaltenbalg, SE Sollwerteinsteller, Kt Kontakt.

auseinandergelegt, wie es die Betriebsbelange zulassen, um eine geringe Schalthäufigkeit des Pumpenmotors zu erzielen.

Zur Wasserstandshaltung in Hochbehältern der öffentlichen Wasserversorgung werden solche Wasserstandsregler häufig benutzt. Vielfach wird gar nicht erkannt, daß es sich um einen unstetigen, mit elektrischer Hilfsenergie arbeitenden Regler handelt, der mit Absicht eine große Schaltdifferenz erhält. Dementsprechend werden solche Einrichtungen mit Schwimmerschalter, Wasserstandssteuerung oder ähnlich bezeichnet.

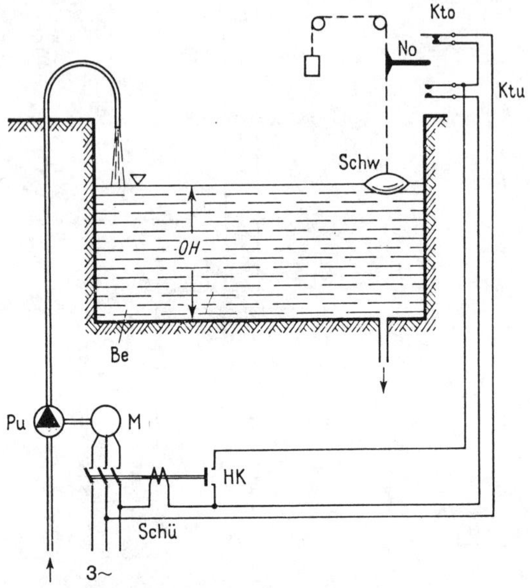

Bild 18-6
Wasserstandsregler mit Schwimmerschalter. Pu Pumpe, M Motor, Schü Schütz, Schw Schwimmer, No Nocke, Ktu (unterer) Schließkontakt, Kto (oberer) Trennkontakt, HK Selbsthaltekontakt.

6.5 Regelungstechnische Begriffe zu Abschnitt 6

Begriff	Zeichen oder Symbol	Erklärung
Unstetiger Regler	–	Regler, bei welchem zwischen Regeldifferenz und Stellgröße ein unstetiger Zusammenhang besteht
Regler ohne Hilfsenergie	–	Regler, bei welchem die vom Vergleicher gelieferte Energie ausreicht, um das Stellglied zu betätigen
Regler mit Hilfsenergie Hilfsenergie Verstärker	–	Regler, bei welchem die vom Vergleicher gelieferte Energie nur zur Steuerung eines mit *Hilfsenergie* gespeisten *Verstärkers* dient
Zweipunktregler	–	Unstetiger Regler, bei welchem die Stellgröße nur *zwei* feste Werte annehmen kann
Dreipunktregler	–	Unstetiger Regler, bei welchem die Stellgröße nur *drei* feste Werte annehmen kann
Sprungschaltung	–	Einrichtung eines unstetigen Reglers, die eine Umschaltung der Stellgröße zwischen festen Werten mit großer Geschwindigkeit und Kraft durchführt
Schaltdifferenz	X_{sd}	Bei einem Regler mit Sprungschaltung die Änderung der Regelgröße, die benötigt wird, um die Sprungschaltung bei fallender und steigender Regelgröße auszulösen

Begriff	Zeichen oder Symbol	Erklärung
Kennlinie des Reglers	–	Zusammenhang zwischen Regelgröße und Stellgröße

7. Regelkreise mit unstetigen Reglern ohne Rückführung

Im Teil 5 wurde das Zusammenarbeiten der stetigen Regler mit den verschiedenen Regelstrecken beschrieben und dabei zwischen einem statischen Verhalten (Ruhezustand) und einem dynamischen Verhalten (Bewegungszustand) des Regelkreises unterschieden. Das Erreichen eines Ruhezustandes war dort möglich, weil die Stellgröße in den Grenzen von $y = 0 \cdots Y_h$ auf jeden erforderlichen Wert stufenlos eingestellt werden konnte.
Bei den unstetigen Reglern, insbesondere dem Zweipunktregler, mit ihrer groben Stufung der Stellgröße ist die Stellgröße entweder für den Ruhezustand zu groß ($y = Y_h$) oder zu klein ($y = 0$). Der Regler schaltet aus diesem Grunde, wie anschließend ausführlich beschrieben wird, dauernd zwischen diesem zu großen bzw. zu kleinen Wert der Stellgröße hin und her. Das Anpassen an den mittleren Energiebedarf der Regelstrecke erfolgt, wie schon vorher erwähnt und wie später ausführlich erläutert wird, durch Verändern des Verhältnisses von Einschaltdauer zur Periodendauer. Ein statisches Verhalten, ein Ruhezustand, wie er bei den stetigen Reglern mit Hilfe der Kennlinien von Regelstrecke und Regler bestimmbar war, ist hier nicht vorhanden. Zum Beschreiben des sich nach Schließen des Regelkreises einstellenden Bewegungszustandes werden wir im folgenden die Kennlinie des Reglers und die Sprungantwort der Regelstrecke verwenden. Sie zeigen die an sich unerwünschten, jedoch mit der Arbeitsweise des Zweipunktreglers ohne Rückführung zwangsläufig verbundenen dauernden Schwankungen der Regelgröße auf.

7.1 Verlauf der Regelgröße nach Schließen des Regelkreises

7.1.1 *Regelstrecken mit einer Verzögerung (1. Ordnung)*

Schalten wir einen Zweipunktregler, z. B. unseren Stab-Temperaturregler, mit einer Regelstrecke mit einer Verzögerung (die ja durch Übertragungsbeiwert K_S und Zeitkonstante T_S bestimmt ist) zu einem Regelkreis zusammen, so erhalten wir den in Bild 1a wiedergegebenen zeitlichen Verlauf von Regel- und Stellgröße. Regelstrecke ist hier z. B. (Bild 1b) ein durch Einleiten von Dampf beheizter Warmwasserbehälter Be. Der Temperaturregler R betätigt ein Magnetventil MVe, das entweder ganz öffnet oder ganz schließt. Regelgröße ist die Wassertemperatur ϑ, Stellgröße der Dampfstrom q.

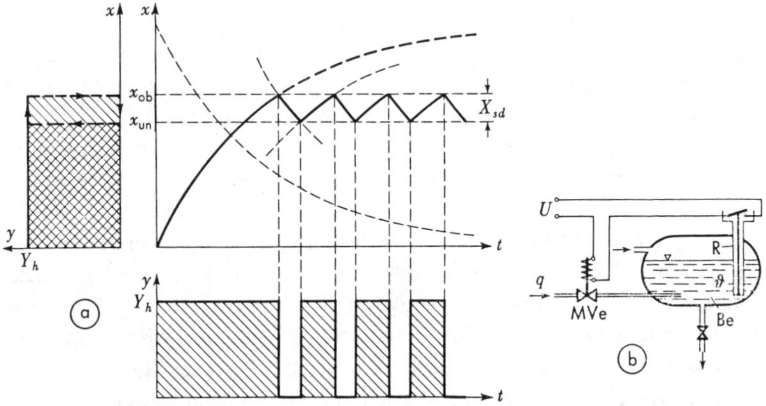

Bild 1a, b-7
a) Verlauf der Regel- und Stellgröße bei einer Regelstrecke mit einer Verzögerung und mit Zweipunktregler. x_{ob} oberer Wert der Regelgröße, x_{un} unterer Wert der Regelgröße, X_{sd} Schaltdifferenz. b) Temperaturregelkreis: Be Warmwasserbehälter, R Stab-Temperaturregler, MVe Magnetventil, ϑ Wassertemperatur (Regelgröße), q Dampfstrom (Stellgröße). Schaltdifferenz X_{sd} der Deutlichkeit wegen übertrieben groß gezeichnet. – Links: Kennlinie des Zweipunktreglers mit der Schaltdifferenz X_{sd}, gegenüber Bild 8 um 90° gedreht.

Nach Einschalten der Speisespannung und dem dadurch bewirkten Öffnen des Magnetventiles beginnt die Temperatur (Regelgröße) nach der durch die Sprungantwort der Regelstrecke gegebenen Kurve anzusteigen. Die Stellgröße, der Dampfstrom q, hat dabei einen durch Dampfdruck und Ventilquerschnitt bestimmten Wert. Sobald die Regelgröße den Wert x_{ob} überschreitet, öffnet der Regler seinen Kontakt. Das Magnetventil fällt ab, unterbricht die Dampfzufuhr, die Regelgröße beginnt zu fallen.

Da wir eine lineare Regelstrecke voraussetzen, ist bei jedem Wert der Regelgröße (jedem Punkt der Sprungantwort) die Zeitkonstante dieselbe. Der Temperaturabfall erfolgt also ebenfalls nach einer Sprungantwort mit einer Verzögerung mit derselben Zeitkonstante. Zur Konstruktion der abfallenden Kurve können wir uns die links gestrichelt gezeichnete Abkühlungskurve durch den Punkt x_{ob} parallel verschoben denken. Bei dieser Kurve ist ja auch die Subtangente in jedem Punkt gleich der Zeitkonstante. Unterschreitet die Regelgröße den Wert x_{un}, so öffnet das Magnetventil, die Regelgröße beginnt wieder nach einer Sprungantwort mit einer Verzögerung mit der Zeitkonstante T_S anzusteigen. Zur Konstruktion dieses Temperaturanstieges können wir uns jetzt die Erwärmungskurve parallel verschoben denken.

Die Regelgröße pendelt also in der gezeichneten Weise dauernd zwischen dem Wert x_{ob} und x_{un} hin und her. Die Schwankungsbreite der Regelgröße ist somit gleich der Schaltdifferenz X_{sd}. In der links gezeichneten Kennlinie des Zweipunktreglers Bild 1a wird dauernd das durch Pfeile gekennzeichnete Rechteck umlaufen.

Ein Zweipunktregler kann also bei einer Regelstrecke mit einer Verzögerung die Regelgröße nur innerhalb der Grenzen x_{ob} und x_{un} konstant halten. Seine Regelgenauigkeit ist durch die Schaltdifferenz X_{sd} allein bestimmt. Die Regelstrecke hat auf die Genauigkeit keinen Einfluß. Das periodische Schalten rührt daher, daß die Stellgröße im eingeschalteten Zustand größer, im ausgeschalteten Zustand kleiner ist, als es für das Aufrechterhalten der Regelgröße erforderlich wäre.

Bei sehr vielen Regelaufgaben, wo es nur auf ein ungefähres Konstanthalten der Regelgröße ankommt, stören solche periodischen Schwankungen nicht. Ohne Zweifel ist es z. B. bei einem temperaturgeregelten, elektrisch beheizten Haushaltsbackofen gleichgültig, ob die Backtemperatur genau auf 200^0C konstant gehalten wird oder ob sie zwischen 196^0 und 204^0 hin- und herpendelt. Der Kuchen gerät in beiden Fällen gleich gut.

Stören die dauernden Schwankungen der Regelgröße, so lassen sich diese durch Verwenden eines Reglers mit kleinerer Schaltdifferenz herabsetzen. Wie Bild 2 zeigt, wächst dann aber bei sonst gleichen Verhältnissen die Zahl der Schaltungen je Zeiteinheit – *die Schaltfrequenz* – an.

Das ist im Interesse einer langen Lebensdauer des Reglers nicht erwünscht. Das Verkleinern der Schaltdifferenz ist also nicht immer zweckmäßig.

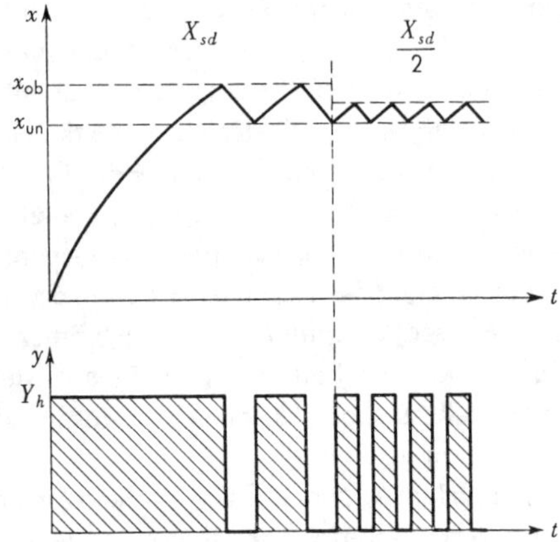

Bild 2-7
Ansteigen der Schaltfrequenz beim Verkleinern der Schaltdifferenz eines Zweipunktreglers von X_{sd} in $X_{sd}/2$.

Bild 3 zeigt den Verlauf der Regelgröße, wenn bei einem gegebenen Stellbereich die Zeitkonstante T_s der Sprungantwort der Regelstrecke sich in $T_s/2$ ändert.

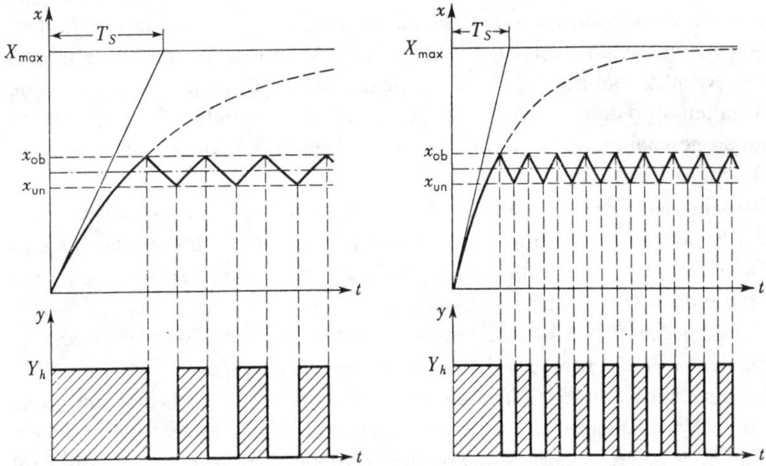

Bild 3-7
Regelgrößen- und Stellgrößenverlauf bei der Zeitkonstante T_s und $T_s/2$.

Je kleiner die Zeitkonstante ist, um so größer wird die Schaltfrequenz. Bei einer verzögerungsarmen Regelstrecke würde sich also eine sehr hohe Schaltfrequenz einstellen, die u. U. zu einer untragbar schnellen Abnutzung des Reglers führt. Aus diesem Grunde ist der Zweipunktregler für den Einsatz an verzögerungsarmen Regelstrecken nicht immer geeignet.

Es ist zweckmäßig, sich vor Verwendung eines Zweipunktreglers ein Bild über die zu erwartende Schaltfrequenz f_S zu machen. Wir wollen diese für den Fall berechnen, daß die Stellgröße den doppelten Wert besitzt, der zum Aufrechterhalten der Regelgröße bei Dauereinschaltung genügen würde, d. h. der *Leistungsüberschuß* beträgt 100%. Wir legen dazu, wie Bild 4 zeigt, im Punkt w der Sprungantwort mit einer Verzögerung die Tangente an die Kurve. Dann können wir uns die Sprungantwort zwischen den Punkten x_{ob}

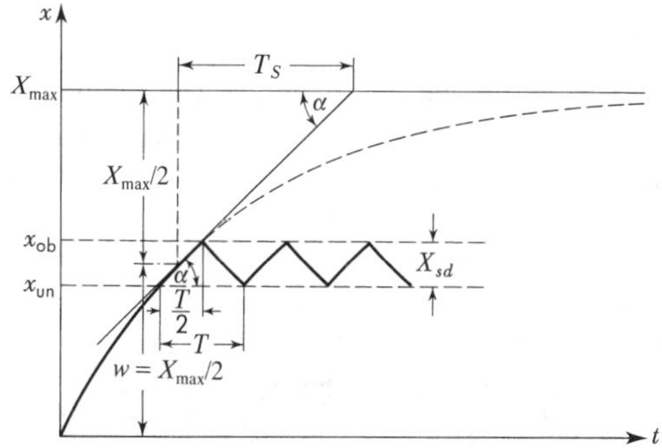

Bild 4-7
Zur Berechnung der Schaltfrequenz f_S eines Regelkreises mit Zweipunktregler und Regelstrecke mit einer Verzögerung.

und x_{un} durch die Tangente ersetzt denken. Diese Tangente schneidet auf der Parallelen zur Zeitachse, die durch den Endwert gelegt ist, als Subtangente die Zeitkonstante T_S ab. Aus Bild 4 sehen wir, daß die jeweils aus den Seiten X_{sd} und $T/2$ bzw. $X_{max}/2$ und T_S gebildeten rechtwinkligen Dreiecke – die den gleichen Winkel α einschließen – einander ähnlich sind. Dabei ist T die gesuchte Schwingungsdauer und $f_s = 1/T$ die Schaltfrequenz.

Dann gilt aber

$$\frac{X_{sd}}{T/2} = \frac{X_{max}/2}{T_S} ,$$

woraus sich T durch Umstellen ergibt mit

$$\boxed{T = 4 \cdot \frac{X_{sd}}{X_{max}} \cdot T_S} \quad .$$

Die Schaltfrequenz, die gleich dem Kehrwert der Schwingungsdauer ist, ergibt sich zu

$$\boxed{f_S = \frac{1}{T} = \frac{1}{4} \cdot \frac{X_{max}}{X_{sd}} \cdot \frac{1}{T_S}} \quad .$$

Wir ersehen aus der Gleichung für die Schaltfrequenz, daß bei kleiner werdender Schaltdifferenz X_{sd} und Verkleinern der Zeitkonstante T_S die Schaltfrequenz anwächst.

Beispiel 1: Elektrisch beheiztes Bügeleisen

Moderne elektrisch beheizte Bügeleisen sind mit einem Zweipunkt-Temperaturregler ausgerüstet, der die Temperatur der Sohle auf einem angenähert konstanten Wert hält.
Die Höhe der zu regelnden Temperatur richtet sich nach dem zu bügelnden Stoff und ist an einem Drehknopf einstellbar. Die Skala reicht von Perlon, das bei der niedrigsten Temperatur zu bügeln ist, bis zum Leinen, das die höchsten Temperaturen benötigt. Bild 5 zeigt schematisch den Schnitt durch ein solches Bügeleisen. Der Heizwiderstand HW ist in der Bodenplatte So eingelassen. Dicht darüber befindet sich der Bimetall-Temperaturregler R mit einer nicht gezeichneten Sprungschaltung.

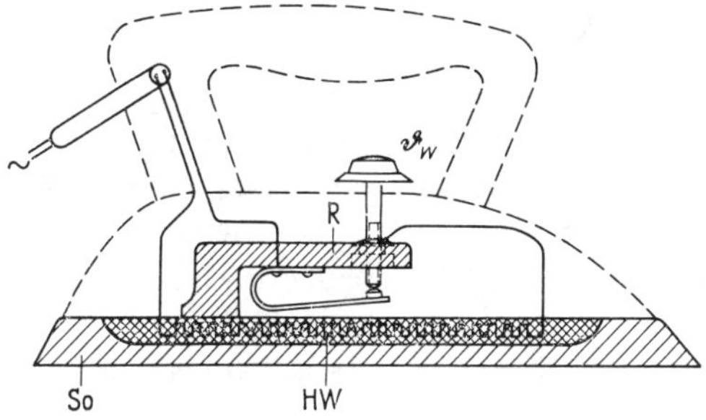

Bild 5-7
Elektrisch beheiztes Bügeleisen mit Zweipunktregler, schematisch. So Sohle, HW Heizwiderstand, R Bimetall-Temperaturregler, ϑ_W Sollwerteinsteller.

An einem solchen Bügeleisen wurde durch Versuch bestimmt:

Schaltdifferenz $X_{sd} = 17°C$ (mit Rücksicht auf Lebensdauer groß gewählt),
mittlere geregelte Temperatur $w = 150°C$ bei Stellung auf „Wolle",
Überschußleistung dabei etwa 100%, d.h. $X_{max} = 300°C$,
Zeitkonstante $T_S = 7{,}1$ min.

Daraus errechnet sich

$$T \approx 4 \frac{X_{sd}}{X_{max}} T_S = \frac{4 \cdot 17°C \cdot 7{,}1\,\text{min}}{300°C} = 1{,}6\,\text{min}.$$

Der Regler wird also alle 1,6 Minuten einmal schalten. Schätzen wir die Lebensdauer des Reglerkontaktes mit 100000 Schaltungen, so kann mit dem Bügeleisen 100000 · 1,6 min = 160000 min gebügelt werden. Nehmen wir die durchschnittliche Bügelzeit für eine vierköpfige Familie mit 6 Stunden/Woche an, also mit etwa 300 Stunden = 18000 min im Jahr, so beträgt die zu erwartende Lebensdauer des Bügeleisens

$$\frac{160000\,\text{min}}{18000\,\text{min/Jahr}} \approx 9\,\text{Jahre}.$$

Die Temperaturschwankungen der Bodenplatte betragen infolge ihrer Speicherwirkung nur einen Bruchteil der Schaltdifferenz von $X_{sd} = 17\,°C$.

7.1.2 *Regelstrecken mit vielen Verzögerungen (höherer Ordnung)*

Bei einer Regelstrecke mit einer Verzögerung ist, wie wir sahen, die Schwankungsbreite der Regelgröße allein durch die Schaltdifferenz X_{sd} des Reglers bestimmt. Ein Einfluß der Regelstrecke ist nicht vorhanden. Das ist bei einer Regelstrecke mit vielen Verzögerungen, die durch Verzugszeit, Ausgleichszeit und Übertragungsbeiwert angenähert beschrieben werden kann, nicht mehr der Fall. Wie aus Bild 6 hervorgeht, schwingt die Regelgröße hier beim Ein- und Ausschalten der Stellgröße über die *Ansprechgrenzen* hinaus.

Sobald die Regelgröße den Wert x_{ob} erreicht, wird die Stellgröße auf Null geschaltet. Nach diesem Abschalten steigt die Regelgröße aber noch weiter an, um erst dann abzusinken, wenn sich das Abschalten der Stellgröße nach Ablauf der Verzugszeit T_u am Ausgang der Regelstrecke bemerkbar macht. Beim Erreichen des Punktes x_{un} wird die Stellgröße wieder eingeschaltet.

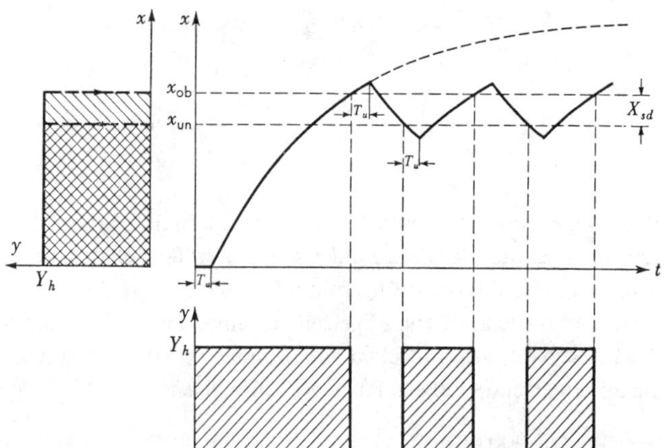

Bild 6-7
Grundsätzlicher Verlauf der Regelgröße und Stellgröße bei einem Regelkreis aus Zweipunktregler und Regelstrecke mit Verzugszeit und Ausgleichszeit. Links: Kennlinie des Zweipunktreglers (Schaltdifferenz X_{sd} der Deutlichkeit wegen übertrieben groß gezeichnet).

Die Regelgröße sinkt aber trotzdem weiter ab. Das Einschalten der Stellgröße macht sich ja erst wieder nach Ablauf der Verzugszeit bemerkbar. Wir erhalten also ein Überschwingen der Regelgröße über die durch die Werte x_{ob} und x_{un} gegebenen Grenzen. Schwankungen der Regelgröße wären selbst dann vorhanden, wenn die Schaltdifferenz des Reglers Null wäre.

Wir wollen die sich einstellende, an sich unerwünschte Schwankungsbreite ΔX der Regelgröße für den Fall abschätzen, daß 100% Überschußleistung zur Verfügung steht. Zwecks Vereinfachung der Rechnung wollen wir vorerst annehmen, daß die Schaltdifferenz X_{sd} des Reglers Null ist. In Bild 7 ist zur Verdeutlichung die Verzugszeit übertrieben groß gezeichnet.

Aus Bild 7 ergibt sich aus der Ähnlichkeit der beiden durch x_u und T_u bzw. $X_{max}/2$ und T_g gebildeten Dreiecke, die den gleichen Winkel α einschließen, die Beziehung

$$\frac{x_u}{T_u} = \frac{X_{max}/2}{T_g}$$

oder nach Umstellung

$$x_u = \frac{X_{max}}{2} \cdot \frac{T_u}{T_g}.$$

Die Schwankungsbreite ΔX der Regelgröße ist doppelt so groß wie x_u, also

$$\boxed{\Delta X = 2 \cdot x_u = X_{max} \frac{T_u}{T_g}}$$

gültig für 100% Leistungsüberschuß.

Wie die Formel für die Schwankungsbreite zeigt, ist diese vom Verhältnis T_u/T_g abhängig, das wir in Abschnitt 2.3.6 als charakteristisch für die Schwierigkeit der Regelbarkeit einer Regelstrecke kennengelernt haben. Je kleiner die Verzugszeit im Vergleich zur Ausgleichszeit ist, desto kleiner ist die Schwankungsbreite. Andererseits ergibt eine sehr kleine Verzugszeit und eine kleine Schaltdifferenz eine oft unerwünscht hohe Schaltfrequenz.

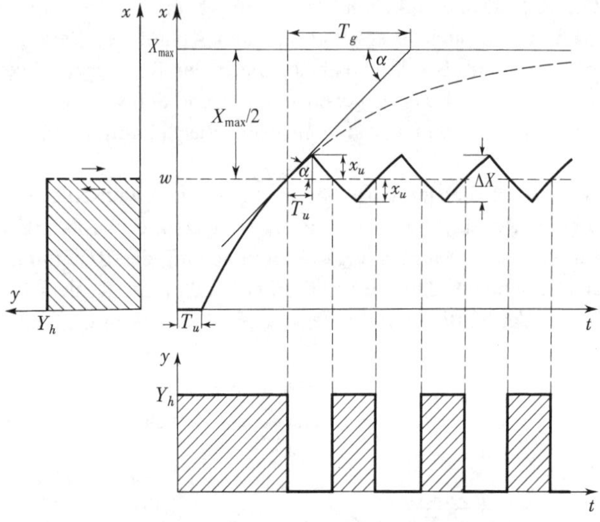

Bild 7-7
Zur Berechnung der Schwankungsbreite ΔX der Regelgröße bei einem Regelkreis aus Regelstrecke mit Verzugszeit und Ausgleichszeit und Zweipunktregler. Links: Kennlinie des Reglers ohne Schaltdifferenz ($X_{sd} = 0$).

Für die Schwingungsdauer läßt sich aus Bild 7 für die Schaltdifferenz Null ablesen:

$$\boxed{T = 4\,T_u} \quad .$$

Ist eine Schaltdifferenz vorhanden, so addiert diese sich, wie eine einfache Überlegung an Hand von Bild 6 zeigt, zu dem gefundenen Wert der Schwankungsbreite. Die gesamte Schwankungsbreite ΔX des Reglers ist also

$$\boxed{\Delta X = X_{sd} + 2\,x_u = X_{sd} + X_{max} \cdot \frac{T_u}{T_g}}$$

gültig für 100% Leistungsüberschuß.

Die Schwingungsdauer T wird durch die Schaltdifferenz gegenüber dem Wert $T = 4\,T_u$ etwas vergrößert, nämlich um $4\,T_g\,X_{sd}/X_{max}$.

Der in Bild 6 und 7 wiedergegebene Verlauf der Regelgröße weist an den Übergangsstellen zwischen Anstieg und Abfall scharfe Ecken auf. Tatsächlich kommt aber ein solch unstetiger Verlauf selten vor. Der Übergang ist meist mehr oder weniger stark verrundet, wie es Bild 8 zeigt, das den registrierten Temperaturverlauf eines elektrisch beheizten Glühofens wiedergibt. Die Verrundung wird durch den allmählichen Übergang der Regelgröße aus dem Verzugszeitbereich in den Ausgleichszeitbereich hervorgerufen.

Die im Vorhergehenden abgeleiteten Formeln für die Schwankungsbreite liefern daher obere Grenzwerte. Die tatsächliche Schwankungsbreite ist immer kleiner.

In Bild 8 wurde eine Regelstrecke mit großer Verzugszeit gewählt, um die Verrundungen deutlich erkennen zu lassen. Bei Glühöfen, in die Glühgut mit einer sehr großen Wärmekapazität eingesetzt wird, zeigt der Verlauf

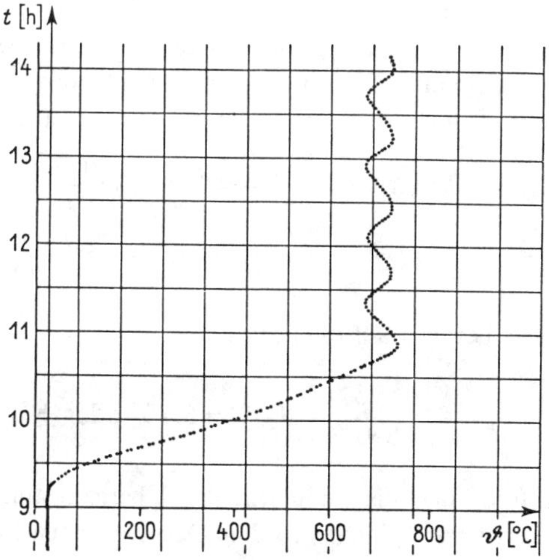

Bild 8-7
Tatsächlicher Verlauf der Regelgröße (Temperatur ϑ) bei einem Regelkreis mit Zweipunktregler und einer Temperatur-Regelstrecke mit vielen Verzögerungen.

der Regelgröße nicht von Anfang an ein festes Verhältnis von Einschalt- zu Ausschaltzeit. Anfangs ist die Einschaltdauer und damit der Wärmebedarf des Ofens wesentlich größer als später. Das rührt davon her, daß sich der Temperaturfühler meist näher an der Wärmequelle befindet als das Glühgut. Während am Fühler schon längst die Solltemperatur erreicht ist, strömt in das kalte Innere des Glühgutes immer noch Wärme ein, was den anfangs erhöhten Leistungsbedarf erklärt. In Bild 8 kommt das nur undeutlich zum Ausdruck.

Zahlenbeispiel 2: Glühofen

Die Temperatur in einem Glühofen soll durch einen Meßwerk-Temperaturregler (siehe Bild 12-6) mit einem Meßbereich von 0···1000°C auf dem Wert $w = 850°C$ gehalten werden. Die Schaltdifferenz des Reglers wird vom Hersteller mit $X_{sd} = 0{,}3\%$ der Skalenlänge angegeben.
Durch Versuch wurde am Ofen eine Verzugszeit T_u von 45 s = 0,75 min und eine Ausgleichszeit T_g von 30 min gemessen. Die Überschußleistung bei dem Arbeitspunkt 850°C betrage etwa 100%, d.h. $X_{max} = 1700°C$. Die zu erwartende Schwankungsbreite der Regelgröße ist dann

$$\Delta X = X_{sd} + X_{max}\,\frac{T_u}{T_g} = 1000\,°C \cdot \frac{0{,}3}{100} + 1700°C\,\frac{0{,}75\,\text{min}}{30\,\text{min}} =$$

$$= 3°C + 42{,}5°C = 45{,}5°C$$

oder bezogen auf die Führungsgröße

$$\frac{\Delta X}{w} = \frac{45{,}5\,°C}{850\,°C} \cdot 100\,\% = 5{,}4\,\% \text{ oder } \pm 2{,}7\,\%.$$

Infolge der Verrundungen der Übergangsfunktion wird der tatsächliche Wert unter 5,4% liegen. Die Dauer einer Periode ist etwa

$$T = 4\,T_u = 4 \cdot 0{,}75\,\text{min} = 3\,\text{min}.$$

7.1.2.1 Der Einfluß des Stellbereiches

Bisher haben wir immer angenommen, der Stellbereich sei doppelt so groß, wie für das Aufrechterhalten der Regelgröße bei Dauereinschaltung erforderlich ist. Wir haben also einen Leistungsüberschuß von 100% vorausgesetzt. Für diesen Fall ergab sich eine einfache Ableitung der auftretenden Schwankungsbreite der Regelgröße und der Schaltfrequenz. Im folgenden wollen wir diese einschränkende Annahme über den Stellbereich fallen lassen und den Einfluß eines geänderten Stellbereiches auf den Verlauf der Regelgröße studieren. Zur Vereinfachung der Ausdrucksweise bezeichnen wir im folgenden den zur Aufrechterhaltung der Regelgröße bei Dauereinschaltung erforderlichen Stellbereich mit 100%. Ein doppelt so großer Stellbereich wird dann mit 200%, ein 5mal so großer mit 500% usw. bezeichnet. Wir können aber auch wie bisher von einem *Leistungsüberschuß* sprechen. Der Leistungsüberschuß beträgt bei 100% Stellbereich 0%, bei 200% Stellbereich 100% usw.

Bild 9 a-d zeigt den theoretischen Verlauf der Regelgröße bei verschiedenen Werten des Stellbereiches an ein und derselben Regelstrecke mit Verzugszeit T_u und Ausgleichszeit T_g in Verbindung mit einem Zweipunktregler ($X_{sd} = 0$).
Bei 0% Überschuß ist Dauereinschaltung vorhanden. Mit 25% Überschuß wird die Dauer der Einschaltung der Regelgröße viermal so lang wie die Ausschaltung. Mit 100% Überschuß ist die Einschaltdauer gerade gleich der Ausschaltdauer. Bei 400% Überschuß wird dagegen die Ausschaltdauer viermal so lang wie die Einschaltdauer. Wie sehr anschaulich aus Bild 9 hervorgeht, paßt sich der Regler dem unterschiedlich großen Leistungsüberschuß durch Änderung des Verhältnisses Einschalt- zu Periodendauer an. Dieses Verhältnis bewegt sich zwischen dem Wert 1 bei 0% Überschuß und dem Wert 0,2 bei 400% Überschuß.

Die in Bild 9 schraffiert gezeichneten Flächen stellen das Produkt aus Stellbereich und Einschaltzeit dar. Da zum Aufrechterhalten eines bestimmten Wertes der Regelgröße unabhängig vom gerade vorhandenen Stellbereich im zeitlichen Mittel ein bestimmter Wert der Stellgröße erforderlich ist, ist die Summe der Flächen über einen bestimmten Zeitraum bei allen Kurven 9a⋯d etwa gleich[1]).

Bild 9 zeigt weiter, daß die Schwankungsbreite der Regelgröße mit dem Leistungsüberschuß zunimmt. Der Leistungsüberschuß drückt sich dort dadurch aus, daß der bei Dauereinschaltung erreichte *Endwert der Regelgröße* X_{max} proportional mit der Überschußleistung zunimmt. Bei 100% Überschußleistung, wie in Bild 7 vorausgesetzt, ist der Endwert 2 w. Bei 400% Überschußleistung ist der Endwert 5 w.

Die Schwankungsbreite ΔX für einen beliebigen Leistungsüberschuß läßt sich leicht aus Bild 10 ableiten.

Es ist

$$\Delta X = \Delta X_1 + \Delta X_2 .$$

Für die beiden aus

$$\Delta X_1 \text{ und } T_u \quad \text{bzw.} \quad X_{max} - w \text{ und } T_g$$

gebildeten ähnlichen Dreiecke, die den gleichen Winkel α_1 einschließen, gilt

$$\frac{\Delta X_1}{T_u} = \frac{X_{max} - w}{T_g} .$$

In gleichartiger Weise gilt für die beiden aus ΔX_2 und T_u bzw. w und T_g gebildeten ähnlichen Dreiecke, die den gleichen Winkel α_2 einschließen

$$\frac{\Delta X_2}{T_u} = \frac{w}{T_g} .$$

Wird aus den beiden Ausdrücken ΔX_1 und ΔX_2 ausgerechnet und in die Gleichung für ΔX eingesetzt, so wird

---

[1]) Infolge der auf den folgenden Seiten beschriebenen Verschiebung des Mittelwertes der Regelgröße mit dem Leistungsüberschuß ist die Flächensumme bei großem Überschuß etwas größer, bei kleinem Überschuß etwas kleiner als bei 100% Leistungsüberschuß.

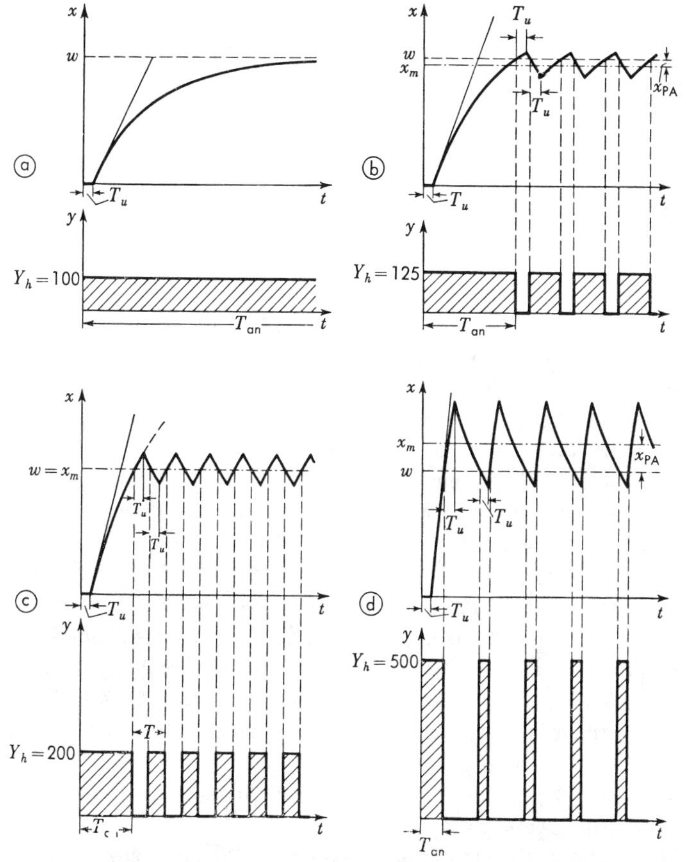

Bild 9a...d-7
Verlauf der Regel- und Stellgröße bei verschiedenen Werten des Stellbereiches Y_h. a) 100% Stellbereich (0% Leistungsüberschuß), b) 125% Stellbereich (25% Leistungsüberschuß). c) 200% Stellbereich (100% Leistungsüberschuß), d) 500% Stellbereich (400% Leistungsüberschuß).

$$\Delta X = (X_{\text{max}} - w) \cdot \frac{T_{\text{u}}}{T_{\text{g}}} + w \frac{T_{\text{u}}}{T_{\text{g}}} .$$

oder

$$\boxed{\Delta X = X_{\text{max}} \cdot \frac{T_{\text{u}}}{T_{\text{g}}}} ,$$

gültig für beliebigen Leistungsüberschuß.

Für den Fall von 100% Überschußleistung, wo $X_{\text{max}} = 2\,w$ ist, geht diese Formel in die an Hand von Bild 7 abgeleitete über. Mit Rücksicht auf die Schwankungsbreite wäre also ein kleiner Stellbereich, d.h. ein kleiner Leistungsüberschuß günstig.

Aus Bild 9 geht aber noch eine bemerkenswerte Erscheinung hervor, und zwar die Verlagerung des Mittelwertes x_{m} der Regelgröße mit dem Leistungsüberschuß. Bei einem Überschuß von 100% deckt sich der Mittelwert der Regelgröße mit dem eingestellten Sollwert. Bei einem Überschuß unter 100% sinkt dagegen der Mittelwert der Regelgröße um das mit *bleibender Regeldifferenz* Δx_{PA} bezeichnete Stück unter den Sollwert, und bei einem Überschuß von mehr als 100% steigt er um das Stück Δx_{PA} über den Sollwert an. Wir erhalten also trotz unveränderter Sollwerteinstellung am Regler eine Verschiebung des Mittelwertes der Regelgröße in Abhängigkeit vom Leistungsüberschuß. Nur bei 100% Überschuß ist keine Verschiebung vorhanden, deshalb wird man, wenn nicht wichtigere Gründe dagegen sprechen, diesen Wert bevorzugen.

Δx_{PA} stellt die Abweichung der eingestellten Führungsgröße w vom eingeregelten Mittelwert x_{m} dar.

Die bleibende Regeldifferenz $\Delta x_{\text{PA}} = w - x_{\text{m}}$ ist angenähert gleich der Differenz der in Bild 10 schraffierten Dreieckflächen ΔA_2 und ΔA_1, geteilt durch die Dauer einer Regelschwingung.

Somit ist

$$\Delta x_{\text{PA}} \approx w - x_{\text{m}} = \frac{\Delta A_2 - \Delta A_1}{T} .$$

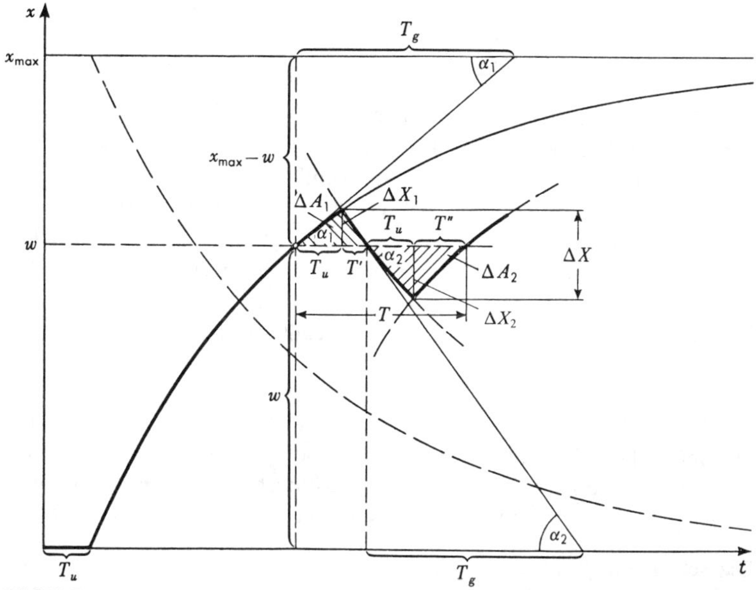

Bild 10-7
Berechnung der Schwankungsbreite ΔX und bleibenden Regeldifferenz Δx_{PA} bei einer Regelstrecke mit Verzugszeit und Ausgleichszeit in Verbindung mit einem Zweipunktregler. X_{max} Endwert der Regelgröße bei Dauereinschaltung.

Es ist

$$\Delta A_1 \approx \frac{1}{2}(T_u + T') \cdot \Delta X_1 , \quad \Delta A_2 \approx \frac{1}{2}(T_u + T'') \cdot \Delta X_2 ,$$

$$T = 2\,T_u + T' + T''$$

und weiter

$$T' \approx \Delta X_1 \cdot T_g / w , \quad T'' \approx \Delta X_2 \cdot T_g / (X_{max} - w) .$$

Werden diese Ausdrücke in die Gleichung für Δx_{PA} eingesetzt, so ergibt sich unter Berücksichtigung der vorher gefundenen Ausdrücke für ΔX_1 und ΔX_2 schließlich nach einiger Rechnerei der Ausdruck

$$\boxed{\Delta x_{\mathrm{PA}} \approx \left(w - \frac{X_{\max}}{2} \right) \cdot \frac{T_\mathrm{u}}{T_\mathrm{g}}} \quad .$$

Der Zweipunktregler besitzt also auch eine *bleibende Regeldifferenz,* wie der P-Regler. Die bleibende Regeldifferenz ist für $w > X_{\max}/2$ positiv, für $w < X_{\max}/2$ negativ und für $w = X_{\max}/2$ gleich null.
Bild 9 zeigt weiterhin den Einfluß des Stellbereiches auf die *Anregelzeit* T_{an}. Darunter wird die Zeit verstanden, die vergeht, bis im Regelkreis nach dem Einschalten *erstmalig* der Sollwert der Regelgröße erreicht wird. Je größer der Leistungsüberschuß ist, um so kürzer wird die Anregelzeit. Unter diesem Gesichtspunkt ist also ein großer Überschuß günstig.

Zahlenbeispiel 3:

Der im vorhergehenden Zahlenbeispiel beschriebene Glühofen soll nicht mit 100%, sondern mit 300% Überschußleistung betrieben werden, um eine kurze Anregelzeit zu erreichen. Wie ändern sich dann die Verhältnisse?

Die Schwankungsbreite ist nach der Formel

$$\Delta X = X_{\mathrm{sd}} + X_{\max} \cdot \frac{T_\mathrm{u}}{T_\mathrm{g}}$$

zu berechnen, worin aber für $X_{\max}$ jetzt $4 \cdot 850\,^0\mathrm{C}$ statt vorher $2 \cdot 850\,^0\mathrm{C}$ einzusetzen ist.

Einschließlich der Schaltdifferenz wird

$$\Delta X = 3\,^0\mathrm{C} + 4 \cdot 850\,^0\mathrm{C} \cdot \frac{0{,}75\,\mathrm{min}}{30\,\mathrm{min}} = 3\,^0\mathrm{C} + 85\,^0\mathrm{C} = 88\,^0\mathrm{C}$$

oder bezogen auf $w = 850\,^0\mathrm{C}$

$$\frac{\Delta X}{w} \cdot 100 = \frac{88\,^0\mathrm{C}}{850\,^0\mathrm{C}} \cdot 100\,\% = 10{,}2\,\%,$$

also beträchtlich mehr als bei 100% Überschußleistung. Die etwa halbierte Anregelzeit wurde also durch eine beträchtliche Vergrößerung der Schwankungsbreite erkauft. Dazu kommt noch eine Abweichung des eingestellten Wertes der Führungsgröße vom geregelten Wert, die sich berechnet zu

$$\Delta x_{PA} \approx \left(w - \frac{X_{max}}{2} \right) \frac{T_u}{T_g} = \left(850°C - \frac{4 \cdot 850°C}{2} \right) \cdot \frac{0{,}75\,\text{min}}{30\,\text{min}} = -21{,}3°C,$$

also ein ebenfalls schon ins Gewicht fallender Betrag, der aber gegebenenfalls bei der Sollwerteinstellung berücksichtigt werden kann.

Bei einem sehr kleinen oder sehr großen Überschuß wachsen die Einschalt- bzw. Ausschaltzeiten stark an, wie Bild 9 gezeigt hat. Im Falle einer sehr kleinen Überschußleistung besteht außerdem die Gefahr, daß bei einer größeren Störung der Stellbereich selbst in Dauereinschaltung nicht mehr ausreicht, um die Regelgröße auf dem verlangten Wert zu halten.

Fassen wir das über den Einfluß der Überschußleistung (Stellbereich) Gesagte noch einmal kurz zusammen:

> Die Schwankungsbreite der Regelgröße nimmt mit wachsendem Leistungsüberschuß zu. Von dieser Seite aus gesehen wäre ein kleiner Überschuß günstig.
>
> Die Abweichung des geregelten Mittelwertes vom eingestellten Sollwert ist bei 100% Überschuß Null, wächst aber von da aus nach positiven oder negativen Werten. Ein Überschuß von 100% ist also im Interesse einer möglichst kleinen Verschiebung am günstigsten.
>
> Die Anregelzeit ist um so kürzer, je größer die Überschußleistung ist.
>
> Bei sehr kleinem und sehr großem Überschuß wächst die Periodendauer stark an. Bei 100% Überschuß ergibt sich die kürzeste Periodendauer.

Je nachdem, ob der Schwerpunkt der Regelaufgabe mehr bei einem genauen Konstanthalten der Regelgröße oder bei einer kurzen Anregelzeit liegt und ob mit kleinen oder großen Störungen zu rechnen ist, wird man den Stellbe-

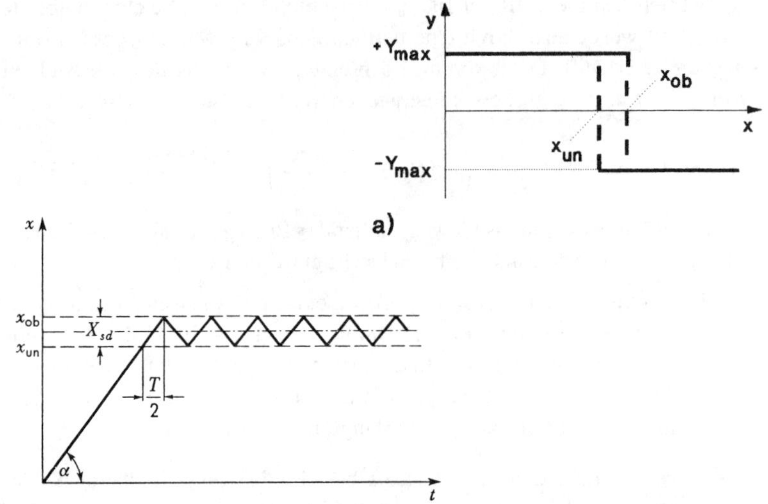

Bild 11-7
Zweipunktregler an einer Regelstrecke ohne Ausgleich. a) Kennlinie des Reglers mit symmetrischer Stellgröße. b) Verlauf der Regelgröße.

reichsüberschuß klein oder groß wählen, wobei ein Überschuß von 100% einen günstigen Kompromiß darstellt.

7.1.3 *Regelstrecken ohne Ausgleich*

Bild 11b zeigt den Verlauf der Regelgröße, wenn ein Zweipunktregler mit einer Regelstrecke ohne Ausgleich, die sonst keine Verzögerung aufweist, zu einem Regelkreis zusammengeschaltet wird. Die Regelgröße pendelt auch hier zwischen den durch die Grenzen x_{ob} und x_{un} gegebenen Werten hin und her.

Wir nehmen an, daß der Zweipunktregler die Stellgröße zwischen ihrem positiven Maximalwert $+Y_{max}$ und ihrem negativen Maximalwert $-Y_{max}$ umschaltet (s. Bild 11a). Damit ergibt sich nach der in Abschn. 2.4 angegebenen

Gleichung für die Regelstrecke ohne Ausgleich der Verlauf der Regelgröße zu

$$x = K_{IS} \cdot (+Y_{max}) \cdot t \qquad \text{(EIN), bzw.}$$
$$x = K_{IS} \cdot (-Y_{max}) \cdot t \qquad \text{(AUS).}$$

Aus Bild 11 geht unter Verwendung dieser Gleichung hervor

$$X_{sd} = K_{IS} \cdot Y_{max} \cdot T/2,$$

wo T die gesuchte Schwingungsdauer einer Regelschwingung ist.

Durch Umstellen erhalten wir

$$\boxed{T = \frac{2\,X_{sd}}{K_{IS}\,Y_{max}}}$$

oder für die Schaltfrequenz

$$\boxed{f = \frac{1}{T} = \frac{K_{IS}\,Y_{max}}{2\,X_{sd}}} \quad .$$

Weist die Regelstrecke viele Verzögerungen auf, d.h. es tritt die Verzugszeit T_u auf, so tritt auch bei der Schaltdifferenz $X_{sd} = 0$ ein Überschießen der Regelgröße um x_u auf (Bild 12). In ähnlicher Weise, wie oben angeführt, gilt dann

$$x_u = K_{IS} \cdot Y_{max} \cdot T_u.$$

Wird auch die Schaltdifferenz berücksichtigt, so ist die gesamte Schwankungsbreite

$$\boxed{\Delta X = X_{sd} + 2\,x_u = X_{sd} + 2\,K_{IS}\,Y_{max}\,T_u} \quad .$$

Für die Schwingungsdauer T ergibt sich für $X_{sd} = 0$

$T = 4\,T_u$. Mit Berücksichtigung der Schaltdifferenz:

$$\boxed{T = 4\,T_u + \frac{2\,X_{sd}}{K_{IS}\,Y_{max}}} \quad .$$

Mit und ohne Schaltdifferenz ist der Verlauf der Schwankungen der Regelgröße hier symmetrisch zum Mittelwert unabhängig von der Lage des Betriebspunktes, wenn der Regler die Stellgröße symmetrisch umschaltet.

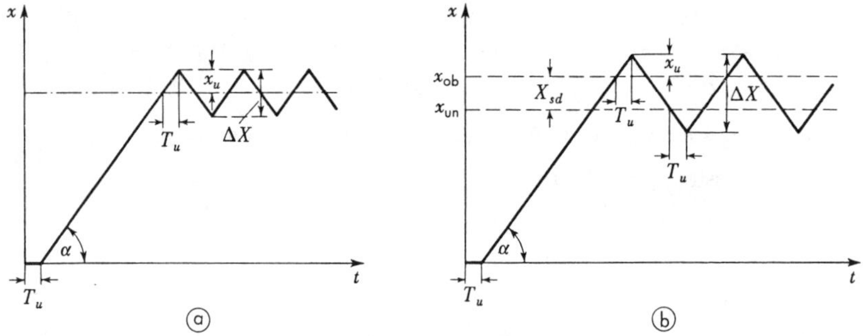

Bild 12a, b-7
Verlauf der Regelgröße in einem Regelkreis mit Zweipunktregler und Regelstrecke ohne Ausgleich mit zusätzlicher Verzugszeit T_u, a) ohne Schaltdifferenz, b) mit Schaltdifferenz.

Die im vorliegenden Abschnitt gebrachten Bilder zeigten den Verlauf der Regelgröße im geschlossenen Regelkreis bei konstant gehaltenen Störgrößen. Es handelt sich bei diesen Kurven also keineswegs um das Störverhalten des geschlossenen Regelkreises, wie wir sie in Bild 17-1 kennengelernt haben, sondern lediglich um den Verlauf der Regelgröße nach Schließen des Regelkreises. Wir sehen, daß die Regelgröße dauernd mehr oder weniger große periodische Schwankungen vollführt, die mit der Arbeitsweise des unstetigen Reglers grundsätzlich verknüpft sind. Es ist also *kein stabiler Betrieb* vorhanden, wie er eigentlich angestrebt wird. Die Schwingungen haben aber – was wesentlich ist – eine ganz bestimmte konstante Amplitude, die nach den gebrachten Formeln leicht abzuschätzen ist.

Im Unterschied dazu haben wir in Abschnitt 5 gesehen, daß es beim Schließen eines Regelkreises mit stetigem Regler zwar einerseits möglich ist, die Regelgröße auf einem konstanten Wert zu halten, d.h. einen Ruhezustand zu erreichen, daß es aber andererseits bei ungünstiger Einstellung des stetigen Reglers auch möglich ist, daß selbsterregte Schwingungen auftreten.

Diese haben aber dann meist die sehr unangenehme Eigenschaft, daß ihre Amplituden mit der Zeit immer mehr anwachsen und der Regelkreis „außer Rand und Band" gerät, d.h. völlig instabil wird.

7.2 Maßnahmen zum Verkleinern der Schwankungsbreite

Wie einleitend schon erwähnt worden ist, stört eine gewisse Schwankungsbreite in vielen Fällen nicht. Andererseits gibt es doch eine ganze Reihe von Anwendungsfällen, wo die Schwankungsbreite so klein wie möglich sein soll. Wichtig ist daher zu wissen, wo der Hebel angesetzt werden kann, um die Schwankungsbreite zu verkleinern.

Bevor wir auf die einzelnen möglichen Maßnahmen näher eingehen, muß noch darauf hingewiesen werden, daß die Schwankungen der Regelgröße, wie wir sie aufgezeigt und berechnet haben, in dieser Größe am Ort des Aufnehmers (Fühlers) vorhanden sind. Die Sprungantwort der Regelstrecke wird ja sozusagen am Aufnehmer gemessen und berücksichtigt also alle zwischen Stellglied und Aufnehmer liegenden zeitlichen Verzögerungen. Nun weist aber z. B. bei einem Glühofen das zum Glühen eingebrachte Gut eine beträchtliche Wärmekapazität auf. Auf Grund der endlichen Wärmeleitfähigkeit des Gutes nimmt dieses in seinem Inneren die Ofentemperatur nur stark verzögert an. Die außen vorhandenen, vom Regler gemessenen Temperaturschwankungen dringen daher nur stark gedämpft in das Innere des Gutes ein. Das trifft z. B. beim Glühen von Metallblöcken zu und besonders auch dann, wenn das Gut in Metallkästen verpackt in den Ofen eingesetzt wird. Im Inneren des Blockes oder des Kastens herrscht praktisch eine konstante Temperatur. Die Oberflächen-Temperaturschwankungen dringen nicht in das Innere ein.

Es ist von Fall zu Fall zu prüfen, ob nicht vielleicht ein ähnlicher Ausgleich der Temperaturschwankungen vorliegt und ob aus diesem Grunde weitere Maßnahmen zum Verringern der Schwankungsbreite überflüssig sind.

Grundsätzlich bestehen folgende Möglichkeiten zum Verkleinern der Schwankungsbreite:

7.2.1 *Verringern der Schaltdifferenz*

An Regelstrecken mit einer Verzögerung, bei welchen keine zusätzliche Vergrößerung der Schwankungsbreite durch die Verzugszeit entsteht, kann die Schwankungsbreite allein durch Herabsetzen der Schaltdifferenz verringert werden. Im gleichen Verhältnis, wie die Schaltdifferenz herabgesetzt wird, nimmt aber die Schaltfrequenz zu. Bei verzögerungsarmen Regelstrecken kann sie dann mit Rücksicht auf die Lebensdauer einen unzulässig hohen Wert annehmen.
Bei Regelstrecken mit vielen Verzögerungen ist der Anteil der Schaltdifferenz an der Schwankungsbreite oft nur gering, und das Herabsetzen der Schaltdifferenz bringt keine ausreichende Verringerung der Schwankungsbreite.

7.2.2 *Verkleinern der Verzugszeit und Totzeit*

Bei Regelstrecken mit vielen Verzögerungen bestimmt neben der Schaltdifferenz vor allem das Verhältnis Verzugszeit zu Ausgleichszeit die Schwankungsbreite. Da die Ausgleichszeit einer Regelstrecke meist durch ihren konstruktiven Aufbau fest gegeben ist, gelingt ein Verkleinern dieses Verhältnisses oft nur durch Verringern der Verzugszeit. Es muß daher alles getan werden, um die Verzugszeit so klein wie möglich zu halten.
Ist wirkliche Totzeit vorhanden, hervorgerufen durch eine Laufzeit des Regelsignals, so ist durch Heranbringen der Meßstelle an das Stellglied für eine kleinere Laufzeit zu sorgen, falls nicht betriebliche Gründe dagegen sprechen. So kann z.B. bei einem Mischvorgang, wie er in Bild 27-2 gezeigt wurde, die Meßstelle nicht beliebig nahe an die Mischstelle herangebracht werden, da eine Mindeststrecke für das Durchmischen der beiden Komponenten erforderlich ist.
Bei Temperaturregelstrecken entsteht die Verzugszeit gewöhnlich durch die Reihenschaltung mehrerer Speicherglieder, vielfach auch durch einen ungünstigen Temperaturaufnehmereinbau oder durch seine unzweckmäßige Konstruktion. Der Temperaturaufnehmer ist so nahe wie möglich an die Wärmequelle heranzubringen, damit er möglichst schnell auf die Stellgrößenänderungen anspricht. Dem steht aber entgegen, daß der Temperatur-

aufnehmer dort eingebaut werden soll, wo die Temperatur konstant zu halten ist und wo sich das zu behandelnde Gut befindet.
Der Temperaturaufnehmer soll so konstruiert sein, daß er bei ausreichender mechanischer Festigkeit und hohem Widerstand gegen Korrosion nur eine geringe Verzugszeit und Ausgleichszeit aufweist. Dazu ist eine kleine Masse und ein guter Wärmeübergang zu dem temperaturempfindlichen Element erforderlich. In den letzten Jahren sind für Regelzwecke verzögerungsarme Temperaturaufnehmer auf den Markt gekommen, die nur noch einen Bruchteil der Verzugszeit und der Ausgleichszeit bisheriger Ausführungen aufweisen.
Große Verzugszeiten entstehen z. B. in Trockenschränken oder Öfen mit ruhender Luft bei Temperaturen unter 600 °C, wo die Temperaturstrahlung noch nicht temperaturausgleichend wirkt. Durch eine Temperaturschichtung der Luft zwischen dem oberen und unteren Teil eines solchen Ofens können beträchtliche Temperaturunterschiede auftreten. Vom Verfasser wurden Werte bis zu 50 °C gemessen. Abhilfe kann hier nur durch *Luftumwälzung* geschaffen werden.

7.2.3 *Vergrößern der Ausgleichszeit*

Die Schwankungsbreite kann auch durch Vergrößern der Ausgleichszeit herabgesetzt werden. Natürlich hat ein solches Vergrößern der Ausgleichszeit, das lediglich in einigen speziellen Fällen möglich ist, nur dann einen Sinn, wenn die Verzugszeit nicht im gleichen Verhältnis mit anwächst. Es ist z. B. möglich, bei einem Warmwasserbereiter mit Rührwerk oder einem Trockenschrank mit Luftumwälzung die Ausgleichszeit dadurch zu erhöhen, daß man das Behälter- oder Schrankvolumen vergrößert. Die Ausgleichszeit nimmt etwa proportional mit dem Volumen (bei konstantem Stellbereich) zu, während die Verzugszeit nur unwesentlich ansteigt.
Ein großer Behälter oder Ofen wird sich daher, wie auch die Erfahrung zeigt, infolge seiner größeren Ausgleichszeit mit geringerer Schwankungsbreite regeln lassen als ein kleiner Ofen.

7.2.4 *Herabsetzen des Leistungsüberschusses*

Im Vorhergehenden haben wir gesehen, daß die Schwankungsbreite der Regelgröße mit dem Leistungsüberschuß anwächst. Mit Rücksicht auf die Schwankungsbreite wäre also ein kleiner Überschuß günstig. Die Forderungen nach kurzer Anregelzeit, kleiner bleibender Regelabweichung und rascher Ausregelung von Störungen bedingen dagegen einen nicht zu kleinen Überschuß.

7.2.4.1 Grundlast

Der einfachste Weg, die widerstrebenden Forderungen zu erfüllen, ist der, nicht die volle benötigte Leistung durch den Regler zu schalten, sondern einen festen Bruchteil davon – die *Grundlast* – dauernd eingeschaltet zu lassen. Zu- und abgeschaltet wird dann nur eine Leistung, die so gewählt ist, daß durch ihr Zuschalten die gesamte Leistung über den benötigten 100% liegt.

Wählen wir gemäß Bild 13 die Grundlast beispielsweise mit 75% der benötigten und schalten 50% Leistung zu und ab, so erhalten wir bezüglich des

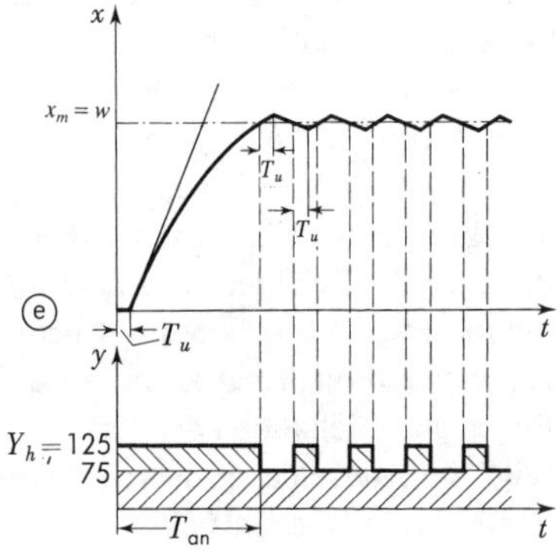

Bild 13-7
Verlauf der Regelgröße und Stellgröße bei einem Regelkreis mit 75% Grundlast und 50% Stellbereich (100% werden zum Erreichen der Führungsgröße unbedingt benötigt).

Anlaufes dieselben Verhältnisse wie in Bild 9b. Was dagegen die Schwankungsbreite betrifft, so haben wir jetzt zur Berechnung nicht den Wert von X_{max} einzusetzen, der sich bei der Leistung von 75%+50%=125% ergibt, sondern nur den Wert von ΔX_{max}, den wir bei Zuschalten von 50% der Leistung erhalten, wodurch sich eine wesentlich kleinere Schwankungsbreite als beim Schalten der vollen Leistung ergibt. Außerdem entspricht der Mittelwert jetzt dem eingestellten Sollwert. Den Erfolg dieser Maßnahme können wir am besten aus dem folgenden Zahlenbeispiel ablesen.

Zahlenbeispiel 5: Bild 14

In einem gasbeheizten Ofen soll die Temperatur auf 850 °C konstant gehalten werden. Die Verzugszeit sei $T_u = 0{,}75$ min, die Ausgleichszeit des Ofens $T_g = 30$ min. Das Stellglied ist ein Magnetventil MVe, das vom Temperaturregler geöffnet und geschlossen wird. Parallel zu diesem Ventil liegt ein einstellbarer Umgang UVe, der bei geschlossenem Magnetventil so eingestellt wird, daß sich eine Endtemperatur von etwa 700 °C im Ofen einstellt. Mit dem Ventil EVe wird der Durchfluß durch das Magnetventil so eingestellt, daß sich eine Endtemperatur von 1000 °C ergibt. Die zu erwartende Schwankungsbreite der Temperatur ist dann

$$\Delta X \approx \Delta X_{max} \cdot \frac{T_u}{T_g} = (1000\,^0\mathrm{C} - 700\,^0\mathrm{C}) \cdot \frac{0{,}75\,\mathrm{min}}{30\,\mathrm{min}} =$$

$$= 300\,^0\mathrm{C} \cdot \frac{0{,}75}{30} = 7{,}5\,^0\mathrm{C}$$

gegenüber

$$\Delta X \approx 1000\,^0\mathrm{C} \frac{0{,}75\,\mathrm{min}}{30\,\mathrm{min}} = 25\,^0\mathrm{C}\,,$$

wenn das Magnetventil den ganzen Gasstrom zu- und abschalten würde.

Diesem Vorteil der Grundlast stehen aber auch *Nachteile* gegenüber. Die Grundlast muß so gewählt werden, daß sie unterhalb der benötigten Leistung liegt. Die zugeschaltete Leistung sollte dann nicht mehr als die Grundlast betragen, damit sich ein nennenswertes Verkleinern der Schwankungsbreite ergibt. Beträgt nämlich die Grundlast nur einen Bruchteil der geschalteten Leistung, so ist die Verkleinerung der Schwankungsbreite nur gering. Grundlast und zugeschaltete Leistung zusammen ergeben indessen nur eine geringe Überschußleistung, was aber eine lange Anregelzeit zur Folge hat.

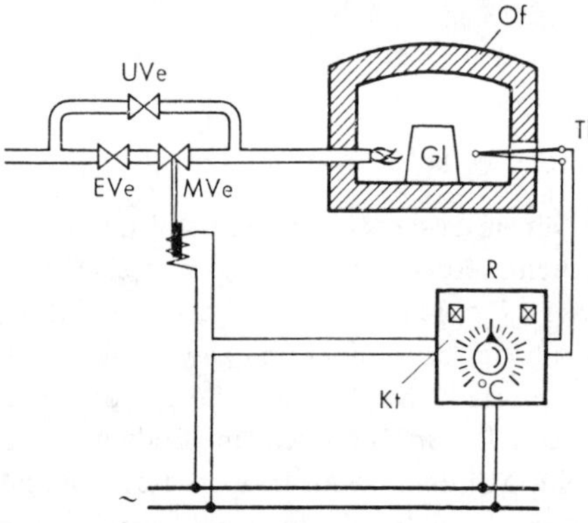

Bild 14-7
Temperatur-Regelkreis mit Grundlasteinstellung. Of gasbeheizter Ofen, MVe Magnetventil, UVe Umgang, EVe Drosselventil, Th Temperaturaufnehmer, R Regler, Kt Kontakt im Regler.

Der zweite Nachteil der Grundlast ist, daß bei geändertem Leistungsbedarf, z. B. bei einer Führungsgrößenverstellung nach unten, die Überschußleistung unter Umständen zu groß bzw. bei einer Führungsgrößenverstellung nach oben zu klein wird, um noch gut wirksam zu sein. Die Grundlast müßte also in solchen Fällen gleichzeitig mit der Führungsgröße verändert werden. Der dritte Nachteil, der am meisten ins Gewicht fällt, ist das ungünstige Verhalten bei Störungen. Die Grundlast schränkt den Wirkungsbereich des Reglers ein, und zwar nach unten und oben. Wird der Leistungsbedarf plötzlich aus irgendeinem Grunde kleiner als die Grundlast, so ist der Regler gegenüber einem Anstieg der Regelgröße machtlos, da er ja die Stellgröße nicht unter den Wert der Grundlast herunterdrücken kann.

7.2.4.2 Dreipunktregler

Durch Verwenden eines *Dreipunktreglers* können wir die einander widersprechenden Forderungen nach kurzer Anregelzeit, kleinen bleibenden Regelabweichungen und rascher Ausregelung von Störungen ohne die Nachteile der Grundlast erfüllen.

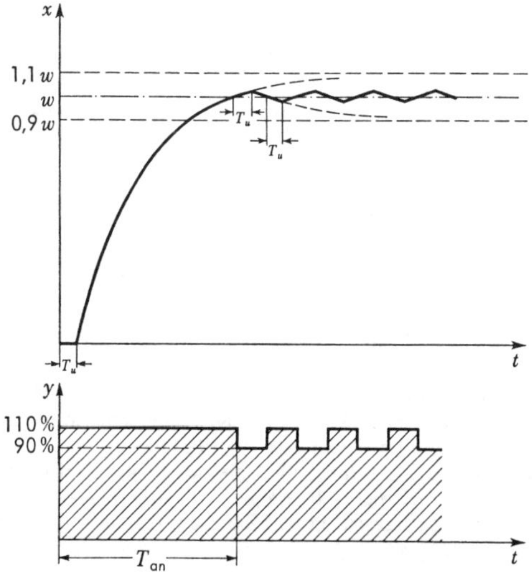

Bild 15-7
Verlauf der Regelgröße bei einem Regelkreis mit Dreipunktregler und einer Regelstrecke mit vielen Verzögerungen, wenn 90 % und 20 % geschaltet werden.

Wir wählen die Stellgröße unterhalb des unteren Schaltpunktes des Dreipunktreglers so, daß sie z. B. 110 % des Wertes aufweist, der bei Dauereinschaltung zum Aufrechterhalten der Regelgröße erforderlich ist, oberhalb des unteren Schaltpunktes machen wir sie so groß, daß sie 90 % dieses Wertes aufweist, z. B. durch Abschalten von 20 % der Stellgröße. Oberhalb des oberen Schaltpunktes soll die Stellgröße 0 % betragen. Bild 15 zeigt für diesen Fall den Verlauf der Regelgröße. (Ein Beispiel eines solchen Regelkreises zeigt Bild 16c.)
Sind keine größeren Störungen vorhanden, so spielt sich der Regelvorgang zwischen dem unteren und mittleren Schaltpunkt ab. Dauernd geschaltet

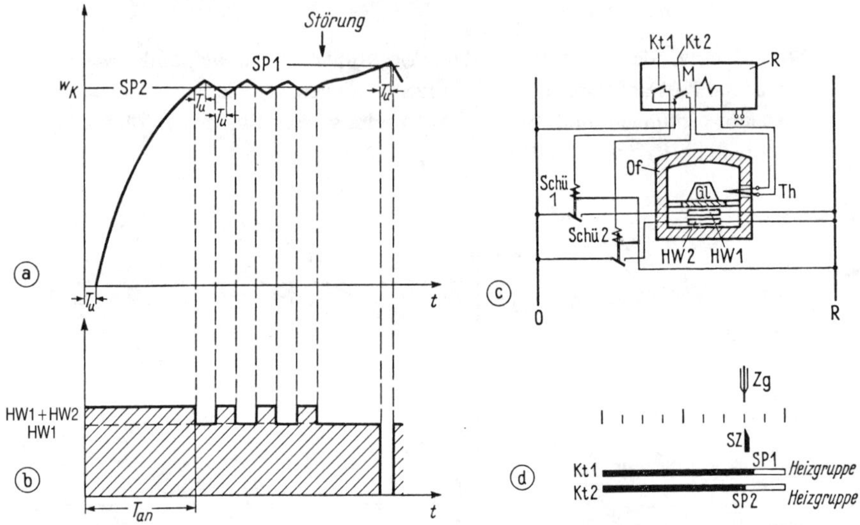

Bild 16a...d-7

Temperatur- und Leistungsverlauf bei einem Zweigruppen-Meßwerkregler zur Temperaturregelung in einem elektrisch beheizten Ofen. a) Temperaturverlauf, b) zugeführte Leistung, c) Schaltung, d) Skale des Reglers. Of Ofen, HW1, HW2 Heizwiderstände, Th Thermoelement, R Regler, M Meßwerk, Kt 1, Kt 2 Kontakte, Schü 1, Schü 2 Schütze, Zg Istwertzeiger, SZ Zeiger für die Führungsgröße, SP1, SP2 Schaltpunkte.

wird dann nicht der große Stellbereich von 90%, sondern nur der Bereich von 20%. Im gleichen Verhältnis wird auch die Schwankungsbreite kleiner, da zu ihrer Berechnung jetzt in die Formel von Abschnitt 7.1.2.1 für X_{max} nur der Wert einzusetzen ist, der sich durch das Zu- und Abschalten von 20% der Stellgröße ergibt. Die Periodendauer beträgt etwa 4 T_u. Da die zugeschaltete Leistung von 20% doppelt so groß ist wie die gerade erforderliche (100% Überschußleistung bezogen auf die zugeschaltete Leistung), tritt hier außerdem keine P-Abweichung auf. Ein solcher Dreipunktregler weist also überraschend günstige Eigenschaften auf. Er hat den großen Vorteil, daß er die Stellgröße viel besser an den benötigten Wert anpassen kann, als es dem Zweipunktregler möglich ist. Gegenüber dem Zweipunktregler mit Grund-

last hat er den Vorteil, daß er auch die Stellgröße Null einzustellen gestattet, was ein schnelles Ausregeln auch großer Störungen wenigstens nach einer Seite ermöglicht.
Dreipunktregler haben für die Temperaturregelung eine weite Verbreitung gefunden. Verwendet werden im wesentlichen zwei verschiedene Bauarten, die mit *Zweigruppenregler* und *Dreieck/Stern/Aus-Regler* bezeichnet werden.

Beispiel 5: Zweigruppenregler

Bei dem Zweigruppenregler, den Bild 16c zeigt, sind zwei Heizwiderstandsgruppen HW1 und HW2 vorhanden. Die Heizleistung der ersten Gruppe HW1 wird von dem zuerst schaltenden Kontakt Kt1 des Reglers betätigt. Sie ist so groß gewählt, daß sie die erforderliche Heizleistung nicht ganz deckt, sondern z. B. nur 90%. Beim Zuschalten der zweiten Gruppe HW2 durch den Kontakt Kt2 wird etwas mehr als die erforderliche Heizleistung (z. B. 20% zusätzlich) zugeführt.
Bild 16d zeigt die Reglerskala mit Istwertzeiger Zg und Sollwertzeiger SZ sowie einen Kontaktplan. Beim Anheizen steht der Istwertzeiger weit links vom Sollwertzeiger, und beide Kontakte Kt1 und Kt2 sind geschlossen. Über die Hilfsschütze Schü1 und Schü2 sind dann beide Heizgruppen eingeschaltet. Erreicht der Zeiger Zg mit steigender Ofentemperatur den Schaltpunkt SP2, so wird die Heizgruppe HW2 ausgeschaltet, während die Heizgruppe HW1 eingeschaltet bleibt. Die Temperatur steigt infolge der Verzugszeit noch etwas an und sinkt dann wieder ab. Bei Unterschreiten der eingestellten Solltemperatur wird die Heizgruppe HW2 wieder eingeschaltet usw.
Im stationären Betrieb schaltet also nur der Kontakt Kt2 im Punkt SP2. Wird aber z. B. infolge einer Benutzungspause der Wärmebedarf des Ofens auf weniger als 90% Heizleistung verringert, so steigt die Temperatur unter Umständen über den Punkt SP1 hinaus. In diesem Fall wird auch die Heizgruppe HW1 vorübergehend abgeschaltet. Bei dem vorliegenden Reglertyp ergibt sich im Normalbetrieb eine wesentlich geringere Schwankungsbreite als beim einfachen EIN-AUS-Regler, da nur 20% der durchschnittlich erforderlichen Heizleistung geschaltet werden. Der Abstand zwischen den Schaltpunkten SP1 und SP2 muß so groß gemacht werden, daß die vor-

handende Schwankungsbreite um den Schaltpunkt SP2 den Zeiger normalerweise nicht über den Schaltpunkt SP1 hinausführt.
Ein Nachteil des Zweigruppenreglers ist die lange Anregelzeit und die Unmöglichkeit, größere Störungen auszuregeln, die eine wesentlich erhöhte Leistungszufuhr erforderlich machen, da die dem Ofen zugeführte Heizleistung nur knapp über dem benötigten Wert liegt. Die Schaltung ist also nur dann am Platz, wenn die lange Anregelzeit nach dem ersten Einschalten nicht stört und mit großen Störungen nicht zu rechnen ist, also im kontinuierlichen Betrieb.

Beispiel 6: Dreieck/Stern/Aus-Regler

Der Dreieck/Stern/Aus-Regler, den Bild 17c zeigt, legt beim Anfahren eine Dreiphasen-Heizwicklung in Dreieckschaltung an das Drehstromnetz.

Der Ofen hat bei Dreieckschaltung eine hohe Heizleistung, wodurch sich eine kurze Anregelzeit ergibt. Erreicht die Regelgröße den Schaltpunkt SP2, der ein bis zwei % unterhalb des verlangten Sollwertes liegt, so werden die Heizwiderstände von „Dreieck" auf „Stern" umgeschaltet. Das geschieht, wie es Bild 17c zeigt, durch zwei gegeneinander verriegelte Schaltschütze. Die Heizleistung sinkt dadurch auf $^1/_3$ ab[1]). Diese Leistung muß noch so groß sein, daß sie zum Aufrechterhalten der Regelgröße unter Berücksichtigung der normalen Störungen ausreicht.
Bei Überschreiten des Sollwertes (Schaltpunkt SP1) wird die Heizung ganz ausgeschaltet. Der Regelvorgang spielt sich, wenn keine größeren Störungen auftreten, am Schaltpunkt SP1 ab mit einer Heizleistung, die nicht allzuviel über dem erforderlichen Mindestwert liegt. Die Schwankungsbreite ist hier zwar größer als bei einem Zweigruppenregler, dafür ergibt sich aber eine Verminderung der Anregelzeit auf ein Drittel. Es muß von Fall zu Fall entschieden werden, ob es mehr auf eine kleine Schwankungsbreite oder auf eine kurze Anregelzeit ankommt. Ein Zahlenbeispiel soll das unterschiedliche Arbeiten des Zweigruppen- und des Dreieck/Stern/Aus-Reglers verdeutlichen.

---

[1]) $P_\triangle = \frac{3\,U^2}{R}$; $\quad U_\curlywedge = \frac{U}{\sqrt{3}}$; $\quad P_\curlywedge = \frac{3\,U^2}{3\,R} = \frac{U^2}{R} = \frac{1}{3}\,P_\triangle$.

Zahlenbeispiel 7:

Ersetzen wir den Zweipunkt-Regler an unserem Glühofen (siehe Seite 347) durch einen *Zweigruppenregler* mit 90%+20% Heizleistung, so ist die dann vorhandene Schwankungsbreite gleich

$$\Delta X \approx X_{\mathrm{sd}} + 0{,}2 \cdot X_{\mathrm{max}} \cdot \frac{T_{\mathrm{u}}}{T_{\mathrm{g}}} = 1000\,^{\circ}\mathrm{C}\,\frac{0{,}3}{100} +$$

$$+ 0{,}2 \cdot 1{,}1 \cdot 850\,^{\circ}\mathrm{C}\,\frac{0{,}75\,\mathrm{min}}{30\,\mathrm{min}} = 3\,^{\circ}\mathrm{C} + 4{,}67\,^{\circ}\mathrm{C} = 7{,}7\,^{\circ}\mathrm{C},$$

wenn wir berücksichtigen, daß die Maximaltemperatur $X_{\mathrm{max}} = 1{,}1 \cdot 850\,^{0}\mathrm{C}$ betragen würde.

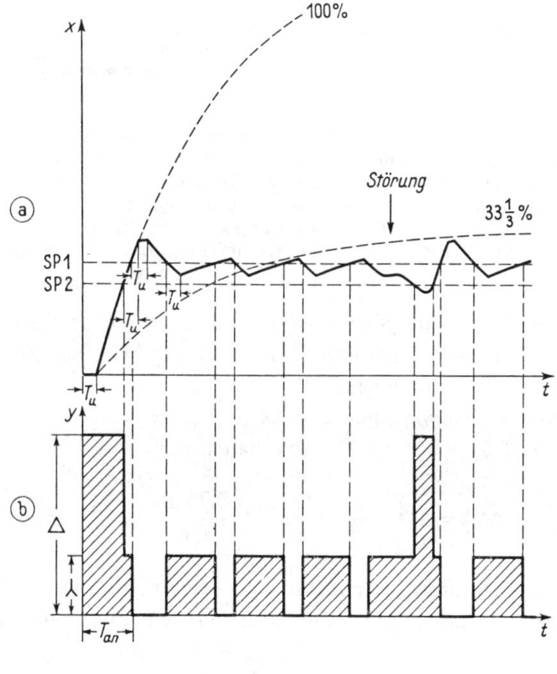

Bild 17a, b-7

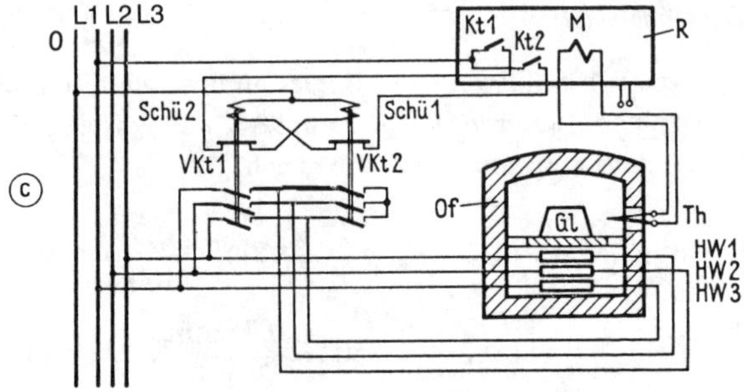

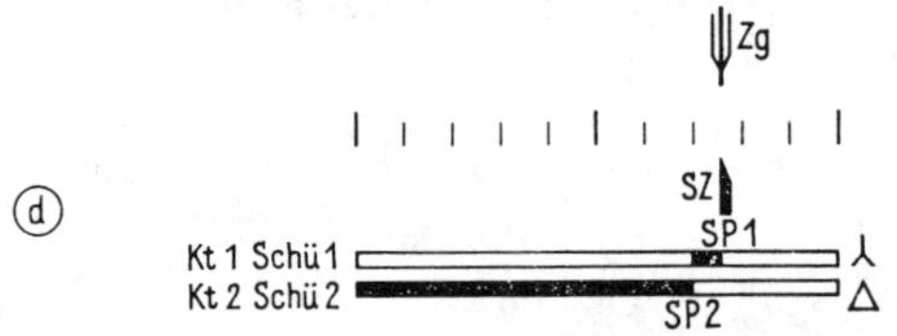

Bild 17c, d-7

Bild 17a...d-7
Temperatur- und Leistungsverlauf bei einem Dreieck/Stern/Aus-Regler zur Temperaturregelung an einem mit Drehstrom beheizten Ofen, a) Temperaturverlauf, b) zugeführte Leistung, c) Schaltung, d) Skale des Reglers. Of Ofen, Gl Glühgut, HW1, HW2, HW3 Heizwiderstände, Th Thermoelement, R Temperaturregler, M Meßwerk, Kt1, Kt2 Kontakte, VKt1, VKt2 Verriegelungskontakte, Schü 1, Schü 2 verriegelte Schütze, Zg Meßwerkzeiger, SZ Zeiger für die Führungsgröße, SP1, SP2 Schaltpunkte.

Die Schwankungsbreite ist hier also etwa sechsmal kleiner, die Anregelzeit dagegen ungefähr doppelt so groß wie bei einer Zweipunktregelung mit 100% Leistungsüberschuß.
Verwenden wir einen *Dreieck/Stern/Aus-Regler* mit den Leistungen 400% und 1/3 · 400% = 133%, so erhalten wir

$$\Delta X \approx 3\,^0\mathrm{C} + 1{,}33 \cdot 850\,^0\mathrm{C}\,\frac{0{,}75\,\mathrm{min}}{30\,\mathrm{min}} = 3\,^0\mathrm{C} + 28{,}3\,^0\mathrm{C} = 31{,}3\,^0\mathrm{C}.$$

Die Schwankungsbreite ist hier wesentlich größer als beim Zweigruppenregler. Dafür ergibt sich gegenüber dem Zweipunktregler mit 100% Leistungsüberschuß eine nur halb so große Anregelzeit. Als weiterer Vorteil kommt hinzu, daß der Regler in der Lage ist, durch Umschalten auf 400% Heizleistung auch große Störungen auszuregeln (Bild 17a). Wegen dieses Vorteils und seiner geringeren Schalthäufigkeit als ein Regler mit Rückführung hat der Dreieck/Stern/Aus-Regler für die Temperaturregelung in elektrisch beheizten Öfen eine große Verbreitung gefunden.

7.2.5 *Rückführung*

Die wohl wirksamste Maßnahme, die Schwankungsbreite zu verkleinern, besteht im Anbringen einer *Rückführung* vom Reglerausgang auf den Reglereingang. Die Rückführung wird dabei von den Ausgangskontakten des Reglers periodisch betätigt. Die Schwankungsbreite kann durch eine solche Rückführung so klein gemacht werden, daß sie auf einem normalen Schreibgerät nicht mehr zu erkennen ist. Als Preis dafür muß aber eine auf etwa das Zehnfache erhöhte Schalthäufigkeit in Kauf genommen werden. Bei den meisten Rückführarten entsteht außerdem noch eine lastabhängige bleibende Regelabweichung.
Durch das Hinzufügen einer Rückführung erhält ein unstetiger Regler ein völlig anderes Verhalten, das sich dem eines stetigen Reglers nähert. Aus diesem Grund werden diese immer größere Bedeutung erlangenden *quasistetigen* Regler im Teil 8 getrennt besprochen.

7.3 Das Stör- und Führungsverhalten des Regelkreises

Die vorangegangenen Betrachtungen konzentrierten sich auf den Verlauf der Regelgröße nach Schließen des Regelkreises, die Berechnung der auftretenden Schwankungsbreite ΔX, der bleibenden Regelabweichung Δx_{PA} sowie auf Maßnahmen, um diese an sich unerwünschten, jedoch mit dem Arbeiten des Zweipunktreglers zwangsläufig verbundenen Schönheitsfehler so klein wie möglich zu halten.
Hauptaufgabe eines Regelkreises ist es jedoch, bei Störgrößenänderungen ein gutes Störverhalten (kleine Überschwingweite, kurze Ausregelzeit) und bei Änderungen der Führungsgröße ein gutes Führungsverhalten zu zeigen, so wie es im Teil 1 beschrieben wurde. Unsere Aufmerksamkeit wurde so-

zusagen bisher von der eigentlichen Hauptaufgabe des Regelkreises abgelenkt, zugunsten der Betrachtung an sich unerwünschter Erscheinungen. Nur in den Bildern 16a und 17a wurde der Verlauf der Regelgröße bei Störung und Führung angedeutet.

Störgrößenänderungen und Änderungen der Führungsgröße erfordern ein Verändern der Stellgröße, um sich der neuen Situation anpassen zu können. Wie gelingt es nun dem Zweipunktregler, der hier allein betrachtet werden soll, die Stellgröße beliebig zu verändern, da er ja nur die Werte der Stellgröße $y=0$ und $y=Y_h$ einstellen kann? Des Rätsels Lösung liegt, wie schon vorher angedeutet wurde und wie auf den folgenden Seiten näher beschrieben, im stufenlos veränderbaren Tastverhältnis, dem Verhältnis von Einschaltdauer zur Dauer einer Schaltperiode

Der Zweipunktregler hat gegenüber einem vergleichbaren stetigen Regler den Vorteil, daß er bei auftretender Regelabweichung, durch das Schalten des Reglers, die größtmögliche Änderungsgeschwindigkeit der Regelgröße einstellt. Die Stellgröße wird ja auf Null oder auf ihren Höchstwert Y_h eingestellt und nicht auf irgendeinen Zwischenwert, so daß die Regelabweichung innerhalb kürzester Zeit abgebaut wird. Im Gegensatz dazu ist bei einem stetigen Regler die Stellgrößenänderung der Größe der Regelabweichung proportional, bei kleiner Regelabweichung also auch klein. Dadurch dauert bei einem stetigen Regler das Ausregeln von Störungen im allgemeinen länger als bei einem Zweipunktregler. Das Analoge gilt auch für Änderungen der Führungsgröße.

7.3.1 *Störverhalten*

Die folgenden Abschnitte beschreiben das Verhalten eines Regelkreises, bestehend aus einer Regelstrecke mit vielen Verzögerungen (Regelstrecke höherer Ordnung) in Verbindung mit einem Zweipunktregler bei verschiedenartigen Störgrößen.

7.3.1.1 Störgröße ist Massendurchfluß

Der Verlauf der Regelgröße und auch der Stellgröße bei sich veränderndem Durchsatz, d. h. Massendurchfluß, soll an dem in Bild 18a...c-7 wiedergegebenen Durchlaufofen beschrieben werden. Im Durchlaufofen sollen Teile

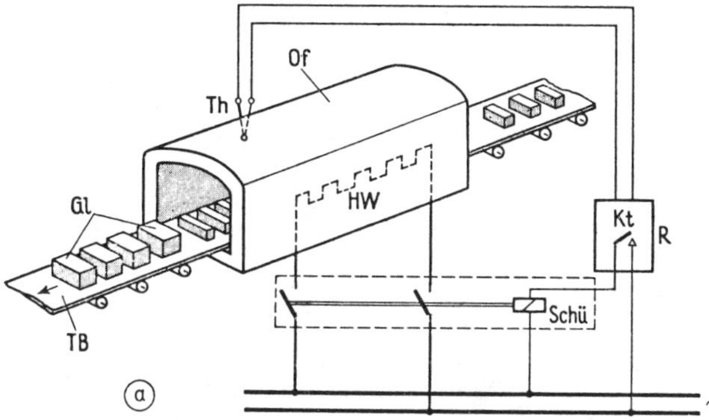

Bild 18a-7
Durchlaufofen mit Temperaturregelung als Beispiel einer Regelstrecke mit unterschiedlichem Wärmebedarf. a) Durchlaufofen mit Regelkreis. Of Ofen, Th Thermoelement, TB Transportband, Gl Glühgut, R Regler, Kt Kontakt, Schü Schütz, HW Heizwicklung.

geglüht, gebrannt, getrocknet oder gebacken werden, wobei sich jedoch der Durchsatz durch den Ofen nach Gewicht und Qualität ändert, was einen unterschiedlichen Wärmebedarf des Ofens zur Folge hat.

Bild 18b, c-7 zeigt den Temperatur- und Stellgrößenverlauf bei kleinem, mittlerem und großem Durchsatz. In allen drei Fällen hat die Sprungantwort angenähert dieselbe Verzugszeit und Ausgleichszeit. Was sich ändert, ist nur der Maximalwert X_{max} der Temperatur, der sich bei Dauereinschaltung des Ofens und dem jeweiligen Durchsatz einstellen würde. Das rührt davon her, daß bei kleinem Durchsatz und festem Y_h (Anschlußleistung des Ofens) eine geringere Wärmeabfuhr als bei großem Durchsatz vorhanden ist. Ein niedriges X_{max} gehört also zu einem großen Durchsatz und umgekehrt.

Damit der Regler trotz unterschiedlichem Wärmebedarf bei konstanter Anschlußleistung die Temperatur konstant halten kann, muß die mittlere dem Ofen zugeführte Leistung geändert werden. Das ist nur durch Änderung des *Tastverhältnisses* T_e/T_{Sch} möglich, wo T_e die Einschaltdauer, T_{Sch} die Dauer einer Schaltperiode bedeutet (Bild 18c). $T_e/T_{Sch}=0$ bedeutet keine Leistungszufuhr, $T_e/T_{Sch}=1$ bedeutet Dauereinschaltung. Bei den in Bild 18c vorliegenden Voraussetzungen ändert sich das Tastverhältnis

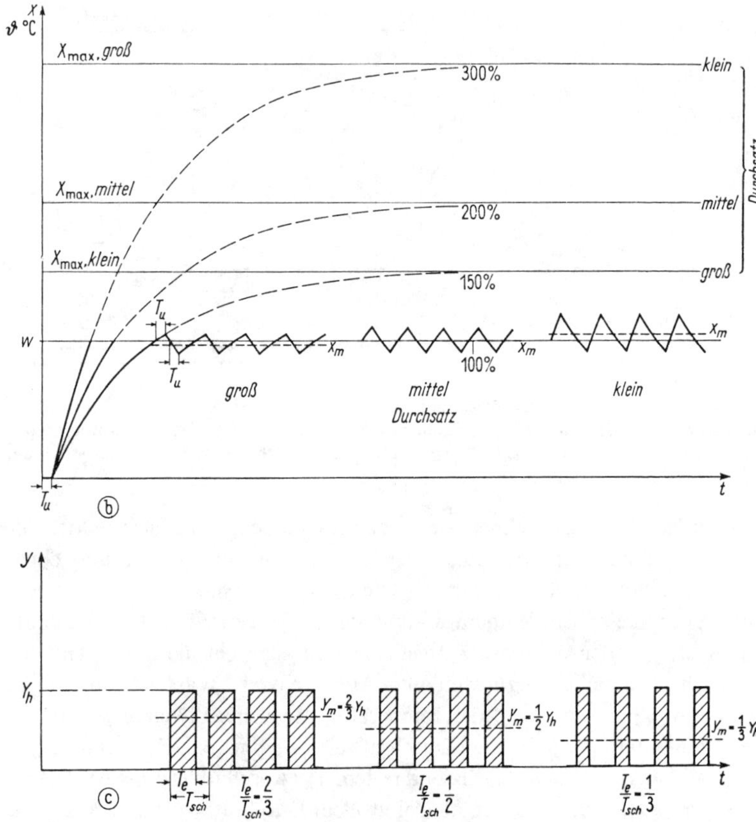

Bild 18 b, c-7
b) Verlauf der Regelgröße für verschieden großen Durchsatz, c) Abhängigkeit des Tastverhältnisses T_e/T_{Sch} vom Wärmebedarf des Ofens.

zwischen $T_e/T_{Sch} = 1/3 \ldots 2/3$, die mittlere Leistung $y_m = Y_h \cdot T_e/T_{Sch}$ zwischen 33 und 67% der maximalen Leistung von $Y_h = 100\%$. Durch Veränderung des Tastverhältnisses T_e/T_{Sch} paßt sich also der Zweipunktregler selbsttätig dem unterschiedlichen Wärmebedarf an. Die *mittlere* dem

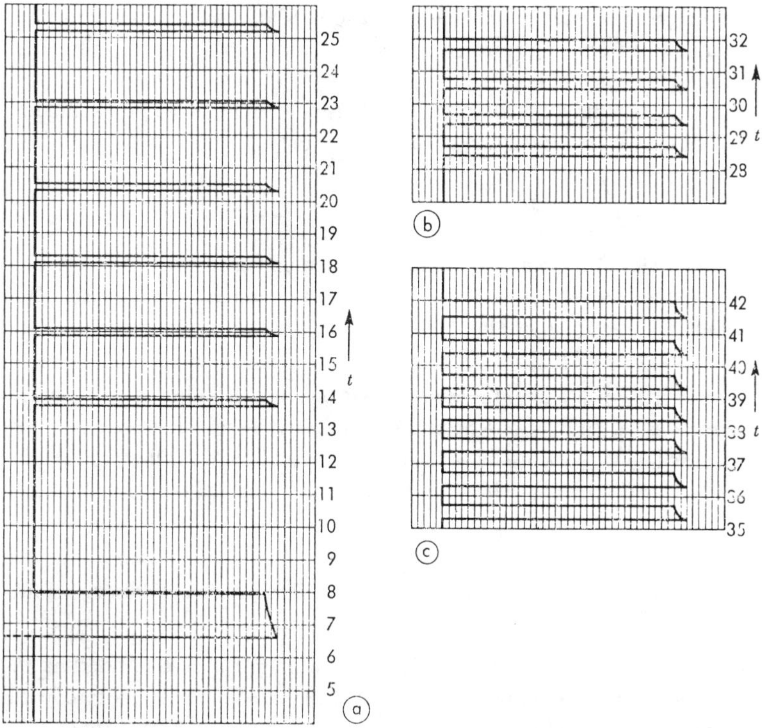

Bild 19a…c-7
Verlauf der Stromaufnahme (Stellgröße) bei dem elektrischen Bügeleisen von Bild 5-7.
a) Leerlauf. Das Gerät wurde bei $t_0 = 6{,}5$ min eingeschaltet, jedoch nicht auf eine Stoffbahn aufgesetzt. Einschaltdauer nach Erreichen des Gleichgewichtszustandes 12 s, Ausschaltdauer 140 s. Tastverhältnis 12 s/(12 s + 140 s) = 1 : 13, bzw. die relative Einschaltdauer $1/13 \cdot 100\% = 7{,}4\%$.
b) Geringe Belastung durch Bügeln auf trockener Stoffbahn. Einschaltdauer 18 s, Ausschaltdauer 48 s. Tastverhältnis 18 s/(18 s + 48 s) = 1 : 3,7 bzw. die relative Einschaltdauer $1/3{,}7 \cdot 100\% = 27\%$.
c) Starke Belastung durch Bügeln auf feuchter Stoffbahn, bei welcher zusätzlich die Verdampfungswärme für das Wasser aufgebracht werden muß. Einschaltdauer 26 s, Ausschaltdauer 35 s. Tastverhältnis 26 s/(26 s + 35 s) = 1 : 2,3 bzw. die relative Einschaltdauer $1/2{,}3 \cdot 100\% = 43\%$.

Ofen zugeführte Leistung y_m kann ebenso wie beim stetigen Regler stufenlos auf jeden beliebigen Wert zwischen 0 und 100% von Y_h eingestellt werden.

Anschaulicher als das Tastverhältnis T_e/T_{Sch} ist die auf die Periodendauer T_{Sch} bezogene *relative Einschaltdauer* $T_{e\%}$. Es gilt

$$T_{e\%} = \frac{T_e}{T_{Sch}} \cdot 100\,\%.$$

Sie sagt, wieviel Prozent der als 100% angenommenen Periodendauer T_{Sch} die Einschaltdauer beträgt. Bei einem Tastverhältnis von $T_e/T_{Sch} = 0{,}33$ beträgt also die relative Einschaltdauer 33%, bei einem Tastverhältnis von 0,67 beträgt sie 67% der Periodendauer.

Als weiteres der Praxis entnommenes Beispiel zeigt Bild 19a-c die Stromaufnahme des in Bild 5-7 beschriebenen Bügeleisens bei verschieden starker Belastung. (Der bei Einschaltung auftretende Stromabfall rührt vom Widerstandsanstieg der Heizwicklung mit steigender Temperatur her).

7.3.1.2 Störgröße ist Leistungszufuhr zur Regelstrecke (Versorgungsstörungen)

Neben der vorher besprochenen Störgröße in Form einer Änderung des Massendurchflusses ist eine weitere, häufig vorkommende Störgröße die Leistungszufuhr zur Regelstrecke. Beispiele hierfür sind Änderungen der Netzspannung, Änderungen des Heizwertes bei gas- oder ölgefeuerten Öfen, Änderungen des Vordruckes bei Ventilen usw. Solche Änderungen bewirken eine Änderung des Stellbereiches Y_h und damit eine Änderung der Leistungszufuhr zur Regelstrecke. Bei Netzspannungsänderungen um $\Delta U\%$ ändert sich wegen $P = U^2/R$ die Leistung etwa um den doppelten prozentuellen Betrag der Netzspannungsänderung. Es gilt also $\Delta P\% \approx 2\,\Delta U\%$; bei einer Änderung der Netzspannung um $\pm 10\%$ ändert sich also die Leistungszufuhr um etwa $\pm$ 20%.

Bild 20 zeigt den Verlauf der Regel- und Stellgröße, wenn sich der Stellbereich um $\pm$ 20% ändert. Der Regelkreis paßt sich durch Ändern des

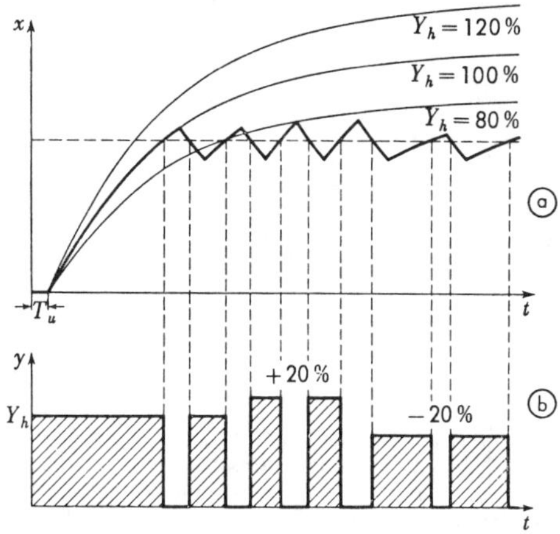

Bild 20a, b-7
Verlauf der Regelgröße und Stellgröße bei unterschiedlicher Leistungszufuhr zur Regelstrecke (Versorgungsstörung). a) Regelgröße, b) Stellgröße.

Tastverhältnisses T_e/T_{Sch} dem unterschiedlich angebotenen Leistungsniveau am Eingang der Regelstrecke schnell an, ohne daß ein Überschwingen stattfindet. Da sich der Höchstwert der Regelgröße bei Dauereinschaltung der Stellgröße, d. h. X_{max} proportional zu Y_h ändert, verändert sich im gleichen Verhältnis auch die Schwankungsbreite ΔX.

7.3.1.3 Sonstige Störgrößen

Neben Störgrößen in Form von Änderungen des Massendurchsatzes und der zugeführten Leistung treten bei Regelstrecken noch andere Störgrößen auf. Eine derartige Störung kann z.B. darin bestehen, daß in einen Glüh- oder Trockenofen kaltes Gut eingebracht wird. In diesem Fall wird vorübergehend ein Temperaturabfall eintreten (Bild 21), der durch eine nachfolgende längere Einschaltdauer der Stellgröße verhältnismäßig schnell wieder ausgeregelt wird. Die Bilder 16a, 17a und 18b zeigen ebenfalls den Verlauf der Regelgröße bei einer Störung.
Der Zweipunktregler beseitigt also auch in diesem Fall Störgrößenänderungen verhältnismäßig schnell.

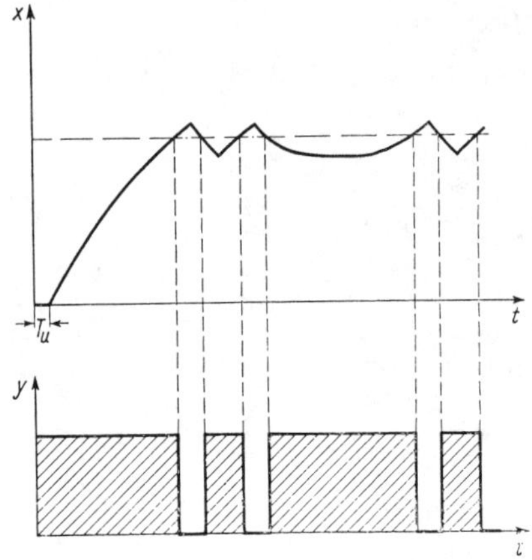

Bild 21-7
Einfluß von Störgrößenänderungen (z.B. Einbringen kalten Gutes in einen Ofen) in der Regelstrecke auf den Verlauf der Regelgröße.

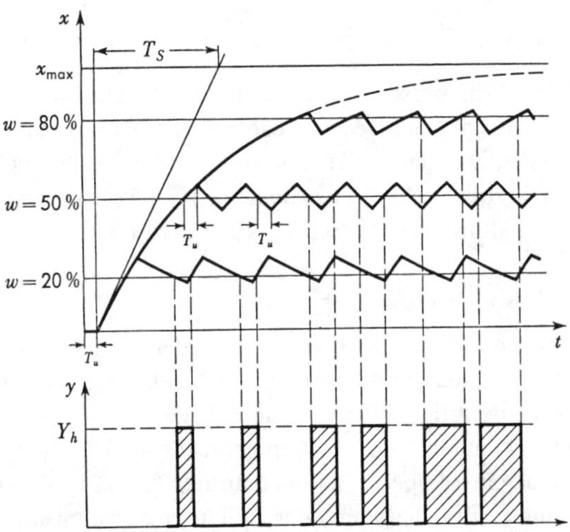

Bild 22-7
Führungsverhalten eines Regelkreises mit Regelstrecke mit vielen Verzögerungen und einem Zweipunktregler.
Oben: Verlauf der Regelgröße bei verschiedenen Werten der Führungsgröße.
Unten: Verlauf der Stellgröße. Mittlere zugeführte Leistung wird durch Änderung des Tastverhältnisses T_e/T_{Sch} der benötigten Leistung angepaßt.

7.3.2 *Führungsverhalten*

In der Praxis liegt oft die Aufgabenstellung vor, daß ein Regelkreis mit einem festen Stellbereich gegeben ist und daß verschiedene Werte der Führungsgröße am Regler einzustellen sind. Das ist auch bei dem in Abschnitt 11 beschriebenen Zeitplanregler der Fall. Den Verlauf der Regelgröße hierfür zeigt Bild 22.

Die Schwankungsbreite der Reglergröße ist bei einer gegebenen Anordnung, wie aus der Gleichung aus Abschnitt 7.1.2.1 hervorgeht, unabhängig von der eingestellten Führungsgröße, da X_{max} einen festen Wert hat. Auf die jeweilige Regelgröße bezogen, wird also die Regelgenauigkeit um so kleiner, je kleiner der eingestellte Wert ist.

Zahlenbeispiel 9:

Der Temperaturregler aus dem Zahlenbeispiel 2 von Abschnitt 7.1.2 wird für eine Temperaturregelung im Bereich von 200···850°C eingesetzt. Bei Dauereinschaltung der Stellgröße würde der Ofen auf eine Temperatur X_{max} = 1700°C kommen. Die Verzugszeit und die Ausgleichszeit des Ofens betragen wieder 0,75 min bzw. 30 min. Aus der Gleichung von Abschnitt 7.1.2.1 ergibt sich die Schwankungsbreite mit

$$\Delta X = 1700\,^0\mathrm{C} \cdot \frac{0{,}75\,\mathrm{min}}{30\,\mathrm{min}} = 42{,}5\,^0\mathrm{C}\,.$$

Auf einen geregelten Wert von 200 °C bezogen, sind das

$$X_{\%} = \frac{42{,}5\,^0\mathrm{C}}{200\,^0\mathrm{C}} \cdot 100\,\% = 21{,}3\,\%\,,$$

bezogen auf einen geregelten Wert von 850 °C aber nur

$$X_{\%} = \frac{42{,}5}{850\,^0\mathrm{C}} \cdot 100\,\% = 5\,\% \text{ oder } \pm 2{,}5\,\%\,.$$

Die prozentuale Regelgenauigkeit ist also bei 200 °C wesentlich schlechter als bei 850 °C.

7.4 Regelungstechnische Begriffe zu Abschnitt 7

Begriff	Zeichen oder Symbol	Erklärung
Schwankungsbreite der Regelgröße	ΔX	Bei einem unstetig arbeitenden Regler der Bereich, innerhalb dessen die Regelgröße periodische Schwankungen ausführt
Schwingungsdauer einer Regelschwingung	T_{Sch}	Die Dauer des Regelspiels bei einem unstetigen, mit periodischen Schwankungen der Regelgröße arbeitenden Regler
Schaltfrequenz	$f_{Sch} = \frac{1}{T_{Sch}}$	Zahl der Ein- oder Ausschaltungen je Zeiteinheit
Stellbereichsüberschuß oder Leistungsüberschuß	–	Bei einem unstetigen Regler der Überschuß des vorhandenen Stellbereichs über den Stellbereich, der bei Dauereinschaltung zum Aufrechterhalten der Führungsgröße der Regelgröße gerade genügen würde. Der letztere Wert wird mit 100% angesetzt
Anregelzeit	T_{an}	Zeit, die benötigt wird, um nach Einschalten des Regelkreises erstmalig die Führungsgröße zu erreichen
Grundlast	–	Fest eingestellter Betrag der Stellgröße, der nicht geschaltet wird

Begriff	Zeichen oder Symbol	Erklärung
Zweigruppenregler	–	Dreipunktregler, bei dem je nach dem Wert der Regelgröße der maximale Wert der Stellgröße, ein Bruchteil davon oder der Wert Null eingeschaltet wird
Dreieck/Stern/Aus-Regler	–	Dreipunktregler, bei dem je nach dem Wert der Regelgröße die Heizwicklungen in „Dreieck", „Stern" oder auf „Aus" geschaltet werden
Rückführung	–	Vom Ausgang des Reglers zum Eingang des Reglers an der Regelstrecke vorbeigeführtes (rückgeführtes) Signal
Tastverhältnis	T_e/T_{Sch}	Verhältnis der Einschaltzeit T_e zur Dauer einer Schaltperiode T_{Sch}
Relative Einschaltdauer	$T_{e\%} = \frac{T_e}{T_{Sch}} \cdot 100\%$	Die auf die Schaltperiode T_{Sch} bezogene Einschaltdauer T_e

8. Regelkreise mit unstetigen Reglern mit Rückführung (Quasistetiges Verhalten)

Als die Zeit kam, wo die stetigen Regler ausgereift waren und ihr Zusammenarbeiten mit den verschiedenen Regelstrecken theoretisch weitgehend geklärt war, wurde allgemein angenommen, daß der stetige Regler das Feld behaupten werde. Man war der Ansicht, daß unstetige Regler künftig nur noch für Regelaufgaben mit geringen Anforderungen an die Regelgüte, wie z.B. bei Haushaltsgeräten, wegen ihrer Billigkeit ihren Platz haben werden. Überraschenderweise gewinnen aber unstetige Regler, die durch verhältnismäßig einfach aufgebaute Rückführungen weitgehend die Eigenschaften stetiger Regler erhalten, zunehmend an Bedeutung. Teilweise haben solche Regler sogar bessere Eigenschaften als stetige Regler.
In den beiden folgenden Kapiteln wird wegen der großen praktischen Bedeutung dieses Gebietes ausführlich auf den Aufbau und die Eigenschaften unstetiger Regler in Verbindung mit Rückführungen eingegangen und die Zusammenarbeit von Regler und Regelstrecke beschrieben[1]).

8.1 Vor- und Nachteile des Zweipunktreglers ohne Rückführung

Die Zweipunktregler ohne Rückführung, die heute fast ausnahmslos elektrischer Natur sind, haben folgende Vorteile:

Einfacher Aufbau und dadurch bedingte niedrige Preise,
Betriebssicherheit und
gutes Anfahr- und Störverhalten.

Diesen Vorteilen stehen als Nachteile gegenüber:

Das Vorhandensein der Schwankungsbreite ΔX,
die bleibende, lastabhängige Regelabweichung Δx_{PA},
das stoßweise Schalten der Stellgröße.

---

[1]) Im amerikanischen und im russischen Schrifttum werden solche Regler als „Relaissysteme" bezeichnet.

Die ersten beiden Nachteile können durch eine geeignete Rückführung zum großen Teil beseitigt werden, nicht dagegen das dem Zweipunktregler seiner Natur nach innewohnende unstetige Schalten der Stellgröße. Wie schon früher erwähnt, müssen aber diese Verbesserungen mit einer wesentlich höheren Schalthäufigkeit erkauft werden.

8.2 Die schubweise Energiezufuhr als Ursache der Schwankungsbreite

Neben der bleibenden Regelabweichung zeigt ein Zweipunktregler ohne Rückführung zusammen mit einer Regelstrecke mit vielen Verzögerungen (höherer Ordnung) zusätzlich noch eine in vielen Fällen störende periodische Schwankung der Regelgröße $\Delta X = X_{\max} \cdot T_u/T_g$. Die Periodendauer der Schwankung ist $T \approx 4\,T_u$; sie ist also der Verzugszeit direkt proportional.

Hervorgerufen wird die Schwankungsbreite durch die schubweise Energiezufuhr zur Regelstrecke. Bei 100% Leistungsüberschuß, wie er bei den folgenden Betrachtungen der Einfachheit wegen vorausgesetzt werden soll, wird, wie Bild 1a zeigt, während der Zeit $2\,T_u$ eine dem Wert $Y_h \cdot 2\,T_u$ entsprechende Energie zugeführt. Infolge der Trägheit der Regelstrecke macht sich dieser Energieschub verzögert als „Überschießen" der Regelgröße bemerkbar. Je größer die Verzugszeit, um so größer der Energieschub und um so größer dann die Schwankungsbreite ΔX.

Könnte man den Regler dazu zwingen, daß er nicht nur alle $2\,T_u$, sondern wesentlich öfter schaltet, so würde durch die verkleinerten Energieschübe sich auch eine kleinere Schwankungsbreite ergeben. Bild 1a soll das verdeutlichen. Oben ist die Regelstrecke gezeichnet, die von einem Schaltwerk SW die Zeit $2\,T_u$ lang ein-, die Zeit $2\,T_u$ ausgeschaltet wird. Es ergibt sich dann die rechts gezeichnete Schwankungsbreite ΔX der Regelgröße. In Bild 1b ist dieselbe Regelstrecke gezeichnet, jedoch erfolgt das Schalten jetzt 3mal schneller, also $^1/_3 \cdot 2\,T_u$ ein und $^1/_3 \cdot 2\,T_u$ aus. Da die der Regelstrecke jetzt zugeführten Energieschübe nur noch $^1/_3$ so groß sind, geht

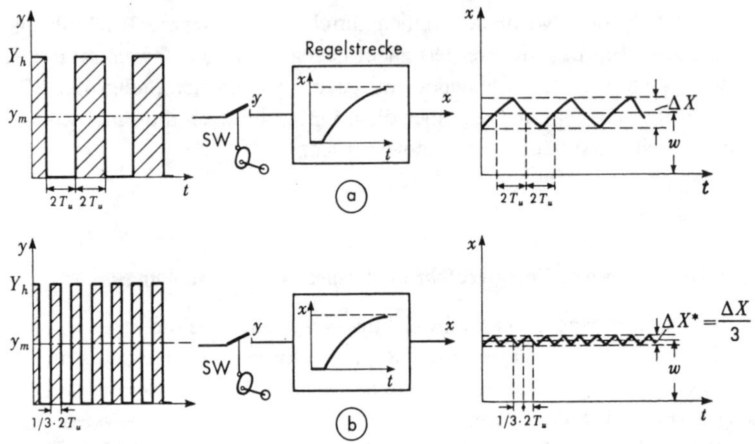

Bild 1a, b-8
Regelstrecke mit vielen Verzögerungen mit getakteter Stellgröße. a) Verlauf der Stell- und Regelgröße, wenn Stellgröße 2 T_u ein und 2 T_u aus. b) Wie a, jedoch bei Stellgröße $^1/_3 \cdot 2\ T_u$ ein und $^1/_3 \cdot 2\ T_u$ aus.

die Schwankungsbreite auf weniger als $^1/_3$ zurück. Die mittlere der Regelstrecke zugeführte Leistung und damit auch der *mittlere* Wert y_m der Regelgröße bleiben dabei praktisch ungeändert.

8.3 Zweipunktregler mit verzögerter, einseitiger Rückführung (PD-Verhalten)

Eine verzögerte Rückführung gestattet es, die Schaltfrequenz des Reglers wesentlich zu erhöhen. Dazu wird die Ausgangsgröße des Reglers zusätzlich auf ein Verzögerungsglied geschaltet. Dessen Ausgangsgröße, die Rückführgröße, wird wiederum gemeinsam mit der Regelgröße auf den Eingang des Reglers gegeben. Durch eine solche Rückführgröße werden die Eigenschaften des Zweipunktreglers wesentlich verändert. Die Dauer eines Schaltspieles wird jetzt nicht mehr von der Verzugszeit bestimmt (mit $T = 4\,T_u$), sondern, wie wir weiter unten sehen werden, von der Schaltdifferenz des Reglers und den Eigenschaften der Rückführung.

Das Arbeiten einer verzögerten Rückführung soll zuerst an einem Temperaturregelkreis mit Meßwerkregler studiert werden (Bild 2a). In Reihe mit dem als Temperaturfühler verwendeten Thermoelement Th liegt das Rückführ-Thermoelement RTh. Es ist so gepolt, daß sich seine Spannung zur Spannung des Meßthermoelementes Th addiert. Das Rückführ-Thermoelement wird beim Einschalten der Heizung der Regelstrecke durch die Heizwicklung RHW aufgeheizt und erzeugt dadurch eine zusätzliche Spannung. Sie beträgt nur einige Prozent der Spannung von Th. Eine solche, mit Wärmewirkung arbeitende Rückführung wird als *thermische Rückführung* bezeichnet. Sie gibt dem Regler ein PD-Verhalten.

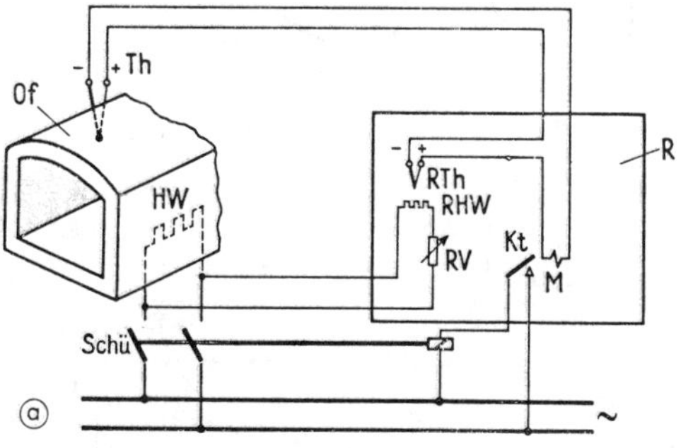

Bild 2a-8
a) Temperaturregelkreis mit Zweipunktregler und einseitiger, verzögerter (thermischer) Rückführung (PD-Verhalten). a) Aufbau des Regelkreises. Of Ofen, Th Thermoelement, RTh Rückführ-Thermoelement, HW Heizwicklung, RHW Rückführheizwicklung, RV Vorwiderstand, R Regler, M Meßwerk, Kt Kontakt, Schü Schütz.

Die Wirkungsweise dieser Schaltung geht aus Bild 2b–d hervor. Die Regelstrecke hat eine Sprungantwort höherer Ordnung, die sich durch Verzugszeit T_u und Ausgleichszeit T_g kennzeichnen läßt. Der *obere* Ansprechwert des Reglers sei x_{ob}, bei welchem der Regler abschaltet, der *untere* Ansprechwert, bei welchem der Regler einschaltet, x_{un}. Die Schaltdifferenz ist dann

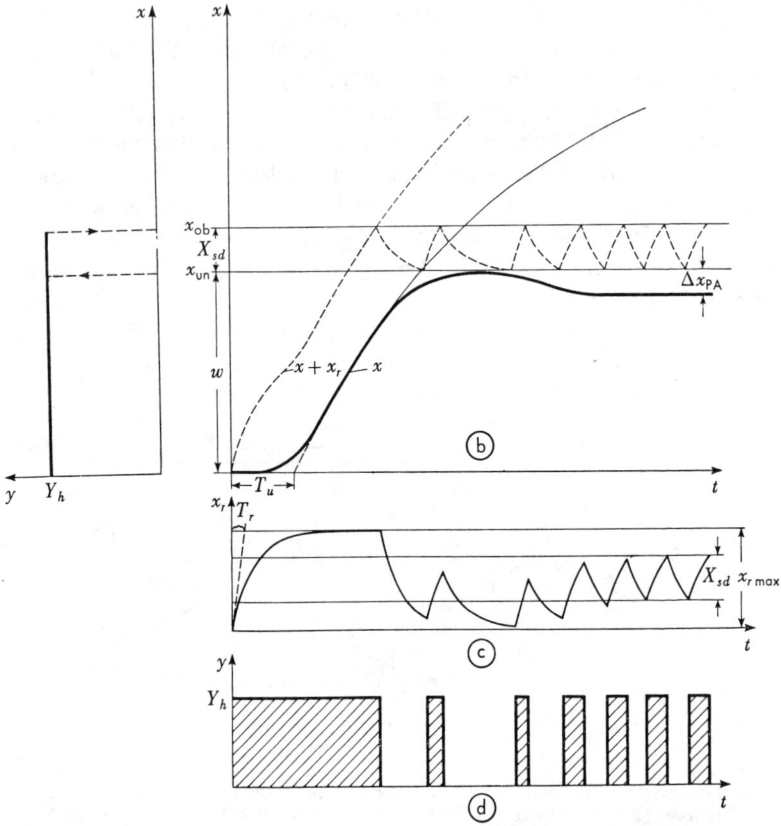

Bild 2b...d-8
b) Verlauf der Regelgröße x (Temperatur), links Kennlinie des Zweipunktreglers (Schaltdifferenz X_{sd} übertrieben groß gezeichnet). c) Verlauf der Rückführspannung x_r, d) Verlauf der Stellgröße y.

$X_{sd} = x_{ob} - x_{un}$ (siehe dazu auch die in Bild 2b links gezeichnete Kennlinie des Zweipunktreglers). Diese Schaltdifferenz ist für die Wirkungsweise in Verbindung mit der Rückführung entscheidend. Die Schaltdifferenz X_{sd} ist der Deutlichkeit wegen übertrieben groß gezeichnet. Die Zeitkonstante der Rückführspannung x_r (Bild 2c), die eine Sprungantwort mit einer Verzögerung aufweist, ist T_r. Diese Zeitkonstante muß wesentlich kleiner sein als die der Regelstrecke[1]). Bild 2b zeigt ausgezogen den Verlauf der Regelgröße x, gestrichelt den Verlauf der Summe $x + x_r$, während Bild 2c die Rückführspannung x_r allein zeigt. Beim Anfahren des Regelkreises bleibt die Energiezufuhr zur Regelstrecke (Bild 2d) bis zum Punkt, wo $x + x_r$ die obere Ansprechgrenze x_{ob} überschreitet, erhalten. Der Verlauf der Regelgröße x entspricht in diesem Bereich der Sprungantwort der Regelstrecke. Die Rückführung x_r hat zu diesem Zeitpunkt praktisch bereits ihren Größtwert $x_{r\,max}$ erreicht. Nach Abschalten der Heizung sinkt die Spannung des Rückführ-Thermoelementes schnell mit der Zeitkonstante T_r ab. Der Abfall der Regelgröße ist in dieser Zeit kaum merkbar, weil die Zeitkonstante der Regelstrecke wesentlich größer als die der Rückführung ist. Bei Unterschreiten von x_{un} wird wieder eingeschaltet und $x + x_r$ beginnt wieder in der gestrichelten Weise anzusteigen usw. Man erhält schließlich durch Fortsetzung der Konstruktion den dick ausgezogenen Verlauf der Regelgröße x und den gestrichelten von $x + x_r$. Diese Spannung pendelt dauernd zwischen den durch x_{ob} und x_{un} gegebenen Grenzen hin und her. Das Ein- und Ausschalten der Stellgröße ist allein durch die Rückführspannung x_r bedingt. Infolge der sich mit Rückführung einstellenden wesentlich höheren Schaltfrequenz, d. h. kleineren Energieschüben, ist die Schwankungsbreite der Regelgröße nicht mehr erkennbar (Bild 3).

Der Meßwerkzeiger pendelt also zwischen x_{un} und x_{ob}, die sich bei Zeigerreglern nur um die Schaltdifferenz von 0,3···0,5% von der Führungsgröße unterscheiden, hin und her. Der Regler hält, von der Skale aus gesehen, scheinbar die Regelgröße x auf der eingestellten Führungsgröße w. Tatsäch-

[1]) In Bild 2b ist der Deutlichkeit wegen die Zeitkonstante T_r nur etwa 5mal kleiner als die Ausgleichszeit T_g der Regelstrecke gewählt worden, während man in der Praxis meist wesentlich größere Verhältnisse wählt.

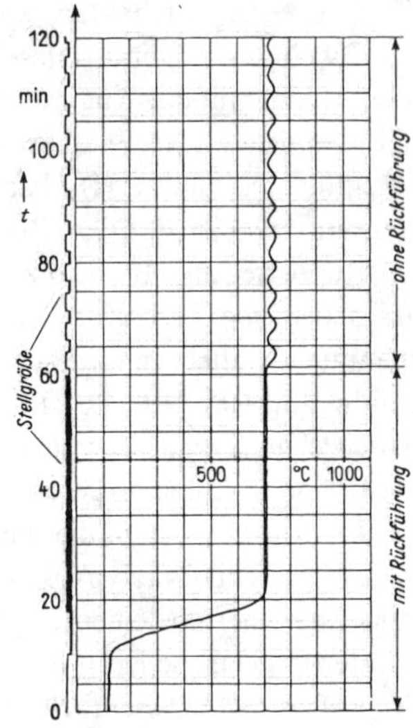

Bild 3-8
Verlauf der Regelgröße mit und ohne Rückführung an einer Temperaturregelstrecke.

lich liegt aber der Istwert um $\Delta x_{PA} + X_{sd}/2$ unterhalb der eingestellten Führungsgröße w. Hervorgerufen wird das durch die sich zur Thermospannung des Thermoelementes Th addierende Rückführspannung des Rückführ-Thermoelementes RTh.

Die Dauer eines Schaltspieles ist jetzt nicht mehr $T = 4\,T_u$, sondern sie ist gegeben durch die in Abschnitt 7.1.1 für den Zweipunktregler mit der Schaltdifferenz X_{sd} und der Ausgleichszeit T_g einer Regelstrecke mit einer Verzögerung abgeleiteten Formel für die Periodendauer mit

$$T = 4\,\frac{X_{sd}}{X_{r,max}} \cdot T_r.$$

In dortige Formel ist statt T_s jetzt T_r eingesetzt und statt des Maximalwertes der Regelgröße X_{max} der durch die Rückführung verursachte Wert $X_{r\,max}$, wie leicht einzusehen ist. Bei gegebener Schaltdifferenz X_{sd} des Reglers läßt sich durch geeignete Wahl von T_r und $X_{r\,max}$ die Periodendauer T wesentlich kleiner als $4\,T_u$ machen.

Zahlenbeispiel:

Für den in Abschnitt 7.1.2 angeführten Meßwerkregler mit dem Meßbereichendwert 1000°C war $X_{sd} = 0{,}3\%$, d.h. $0{,}3\%/100\% \cdot 1000°C = 3°C$. Es wird gewählt: $X_{r\,max} = 20°C$, d.h. bei Dauereinschaltung der Rückführheizwicklung RHW würde am Rückführ-Thermoelement RTh eine Spannung auftreten, die einer Temperatur von 20°C entspricht. Die Rückführzeitkonstante sei $T_r = 20$ s, dann ist

$$T = 4 \cdot \frac{3°C}{20°C} \cdot 20\,s = 12\,s.$$

Die Verzugszeit der Regelstrecke in diesem Beispiel war $T_u = 0{,}75$ min, d.h. $T = 4 \cdot 0{,}75 = 3$ min $= 180$ s. Die Periodendauer ist also jetzt auf 12/180 = 1:15 heruntergedrückt worden. Bei einer auf das 15fache erhöhten Schaltfrequenz wird die Schwankungsbreite so klein, daß sie bei einer normalen Registrierung kaum mehr erkennbar ist. Bild 3 zeigt den aufgenommenen Temperaturverlauf ohne und mit Rückführung. Bei eingeschalteter Rückführung ist praktisch ein Schwanken der Regelgröße nicht mehr erkennbar.
Bild 2b läßt erkennen, daß die Regelgröße um den Betrag Δx_{PA} von x_{un} abweicht, daß also auch hier, wie beim einfachen Zweipunktregler, eine bleibende Regelabweichung vorhanden ist.
Die Abhängigkeit von Δx_{PA} vom Leistungsbedarf der Regelstrecke, ausgedrückt durch die Änderung der mittleren zugeführten Leistung y_m, zeigt Bild 4a-c. Ausgehend von dem jeweils konstanten Wert x der Regelgröße ist darüber der Rückführwert x_r aufgetragen. Damit sich bei steigendem Leistungsbedarf das Tastverhältnis T_e/T_{Sch} nach größeren Werten hin verschiebt, muß Δx_{PA} in der gezeichneten Weise anwachsen, um wie erforderlich, die Rückführung im oberen Teil der Rückführspannungs-Sprungantwort arbeiten zu lassen. Das geschieht dadurch, daß die mittlere Rückführspannung x_{rm} in der wiedergegebenen Weise anwächst. x_r und X_{sd} sind der Deutlichkeit wegen im Bild übertrieben groß gezeichnet.
Der größte mögliche Wert von Δx_{PA} ist etwa gleich $X_{r\,max}$. Eine genauere theoretische Untersuchung zeigt, daß ein Zweipunktregler mit verzögerter Rückführung sich ähnlich wie ein stetiger *PD-Regler* verhält. Der Proportionalbereich des Reglers ist $X_P \approx X_{r\,max}$.

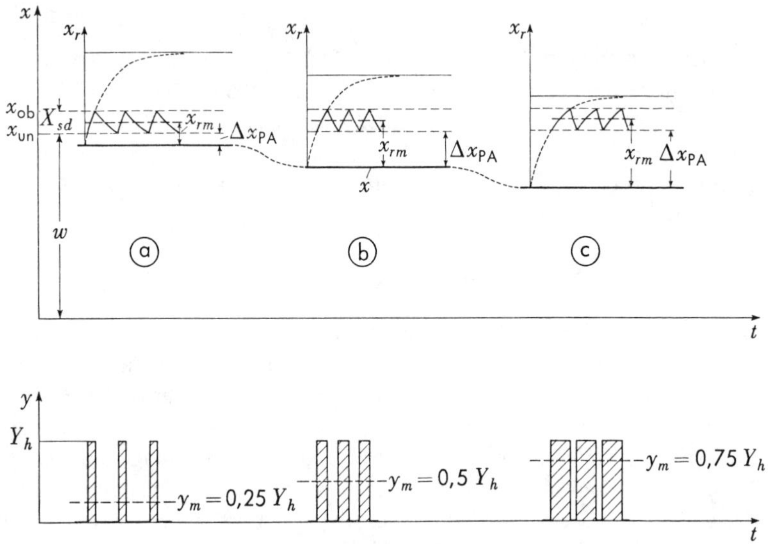

Bild 4a...c-8
Änderung der bleibenden Regelabweichung Δx_{PA} mit dem Leistungsbedarf y_m der Regelstrecke. a) kleiner Leistungsbedarf $y_m = 0{,}25\ Y_h$, b) mittlerer Leistungsbedarf $y_m = 0{,}5\ Y_h$, c) großer Leistungsbedarf $y_m = 0{,}75\ Y_h$.

Ein Zweipunktregler mit verzögerter Rückführung zeigt als PD-Regler ein gutes Anfahrverhalten und beseitigt auch große Störungen sehr rasch. Das D-Verhalten wird dadurch erzeugt, daß beim Anfahren die Energiezufuhr, wie aus Bild 2b hervorgeht, nicht erst beim Überschreiten der Führungsgröße abgeschaltet wird, sondern schon wesentlich früher. Dadurch wird ein Überschießen der Regelgröße vermieden. Große Störungen werden durch die anfänglich größere Energiezufuhr schneller als mit einem P-Regler beseitigt.

Die Anwendung einer verzögerten Rückführung ist nicht auf Zweipunkt-Meßwerkregler beschränkt. Bild 5 zeigt den schon in Bild 14a, b-6, beschriebenen elektronischen Zweipunktregler, jedoch erweitert um eine elektri-

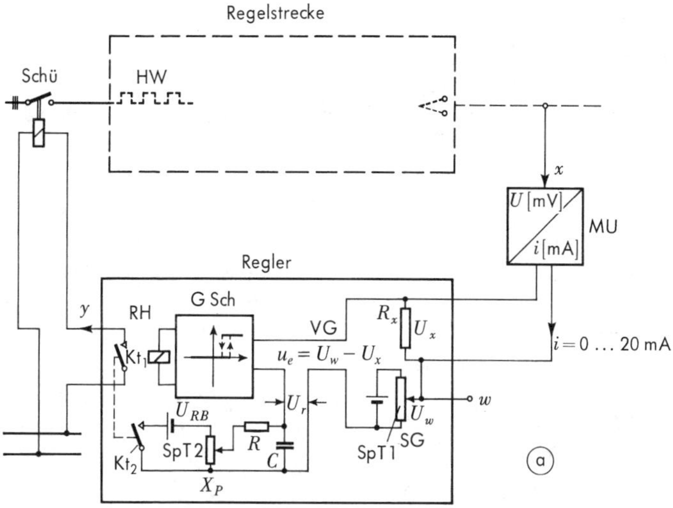

Bild 5-8
Elektronischer Zweipunktregler mit verzögerter RC-Rückführung (PD-Verhalten) an Temperaturregelstrecke. MU Meßumformer, SG Sollwerteinsteller, SpT1, SpT2 Spannungsteiler, VG Vergleicher, GSch Grenzwertschalter, RH Relais, Kt1, Kt2 Kontakte, U_{RB} Rückführspannungsquelle, R Rückführ-Widerstand, C Rückführ-Kondensator.

sche Rückführung. Statt des Meßwerkes mit mechanischer oder induktiver Abtastung der Zeigerstellung werden hier mit Ausnahme des Relais nur elektronische Bauteile verwendet. Die Regelgröße x (Temperatur) wird durch den Meßumformer MU in einen der Eingangsspannung proportionalen Ausgangsgleichstrom von $i = 0 \dots 20$ mA umgeformt. Am Widerstand R_x erzeugt dieser Strom dann die Spannung $U_x = R_x \cdot i$. Die Führungsspannung U_w wird am Spannungsteiler SpT1 eingestellt. Er wird aus einer Konstant-Spannungsquelle gespeist. Beide Teile zusammen bilden den Sollwerteinsteller SG. Der Vergleicher VG besteht einfach in der Gegeneinanderschaltung von U_x und U_w.

Die Regeldifferenzspannung $u_e = U_w - U_x$ wird mit der Rückführspannung U_r in Reihe geschaltet. Die Differenz wird auf den Eingang des *Grenzwert-*

schalters GSch gegeben, an dessen Ausgang das Relais RH mit den Kontakten Kt1 und Kt2 liegt. Das Relais betätigt das Schütz Schü und steuert damit die Energiezufuhr zur Heizwicklung HW der Regelstrecke.
Ohne die vorgesehene Rückführung würde ein solcher Regler als normaler Zweipunktregler arbeiten. Beim Anziehen des Relais RH wird gleichzeitig auch noch der Kontakt Kt2 geschlossen. Dieser legt eine am Spannungsteiler SpT2 wählbare Teilspannung der Rückführspannungsquelle U_{RB} an die Reihenschaltung von R und C. Wie in Abschnitt 2.3, Beispiel 10 ausführlich gezeigt wurde, wächst dann die Spannung am Kondensator nach einer Sprungantwort mit einer Verzögerung an. Der Spannungsverlauf ist prinzipiell derselbe wie bei dem in Bild 2c beschriebenen Rückführ-Thermoelement, so daß der Regler dieselbe Arbeitsweise wie dort aufweist.
Auch bei diesen elektronischen Reglern liegt, wie bei einem Meßwerkregler, der geregelte Wert um Δx_{PA} unter dem eingestellten Wert der Führungsgröße. Der Proportionalbereich X_P des PD-Reglers läßt sich am Spannungsteiler SpT2 einstellen, die Vorhaltzeit ist $T_v = R \cdot C$.
Der in Bild 2-6 ausführlich beschriebene Bimetall-Zweipunkt-Temperaturregler läßt sich konstruktiv sehr einfach mit einer Rückführung ausrüsten (Bild 6).

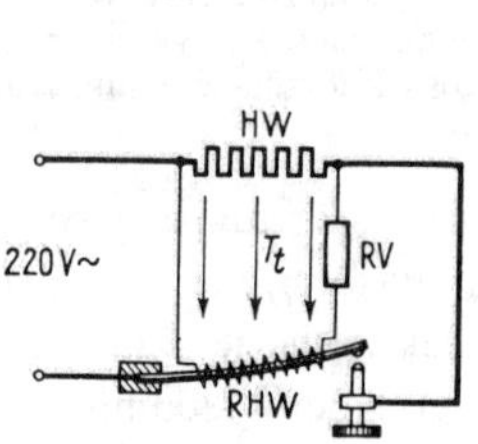

Bild 6-8
Bimetall-Temperaturregler mit thermischer Rückführung, bestehend aus einer zusätzlichen, auf dem Bimetallstreifen aufgebrachten Heizwicklung RHW. RV Vorwiderstand.

Die Rückführung besteht in diesem Fall aus einer Heizwicklung RHW, die auf dem Bimetallstreifen aufgebracht ist. Diese Heizwicklung wird dem eigentlichen Heizwiderstand der Regelstrecke über den Vorwiderstand RV parallel geschaltet. Beim Einschalten der Heizung wird der Streifen mit der wesentlich kürzeren Rückführzeitkonstante erwärmt und öffnet dadurch wesentlich früher seinen Kontakt, als er es auf Grund des Signals von der

Regelstrecke her tun würde. Es wird dadurch je Schaltspiel weniger Wärme zugeführt.
Eine solche Rückführung verringert die Schwankungsbreite der Regelgröße, erhöht aber die Schaltfrequenz. Außerdem wird durch die Rückführung der Mittelwert der Regelgröße gegen den Sollwert verschoben. Auf den Bimetallstreifen unseres Reglers wirkt ja nicht nur die in der Nähe des Bimetallstreifens zu regelnde Temperatur ein, sondern zusätzlich die von der aufgebrachten Heizwicklung verursachte Temperaturerhöhung. Der geregelte Wert sinkt daher etwas unter den Sollwert. Die Rückführung soll nur so stark sein, daß sie die Regelgröße um nicht mehr als 1 bis 2% ändert.

Eine solche thermische Rückführung wird meist an den *Raumthermostaten* (Temperaturregler) von Zentralheizungsanlagen mit Ölfeuerung angebracht (Bild 7). Die Temperaturmessung ist hier wegen des erforderlichen Abstandes zwischen Raumthermostat und Heizkörper mit einer unange-

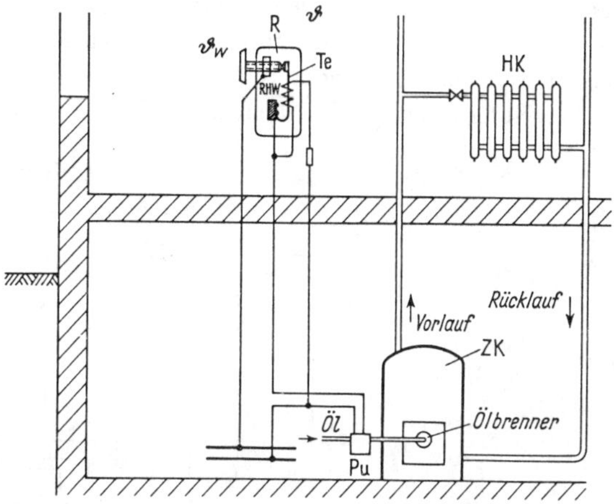

Bild 7-8
Raum-Temperaturregler (Raumthermostat) mit thermischer Rückführung für das Steuern der Ölzufuhr eines Zentralheizungskessels. R Raumthermostat, Te Temperaturfühler, RHW Rückführheizwicklung, ZK Zentralheizungskessel, Pu Ölpumpe, HK Heizkörper, ϑ Raumtemperatur, ϑ_W Sollwerteinsteller.

nehm großen Verzugszeit behaftet (siehe Tabelle 1 in Abschnitt 2.5 und Bild 26 a...e-2), die ein genaues Konstanthalten der Temperatur erschwert. Durch eine thermische Rückführung in Form einer Heizwicklung auf dem Bimetallfühler des Thermostaten läßt sich die Regelgüte ganz beträchtlich erhöhen.

8.4 Zweipunktregler mit verzögerter, doppelseitiger Rückführung (PD-Verhalten)

Bei der vorher beschriebenen verzögerten, einseitigen Rückführung ist immer eine bleibende Regelabweichung Δx_{PA} vorhanden, deren Größe sich mit dem Leistungsbedarf der Regelstrecke ändert. Durch Verwenden einer doppelseitigen verzögerten Rückführung, wie sie Bild 8a zeigt, läßt sich für einen bestimmten Leistungsbedarf die bleibende Regelabweichung beseitigen. Vorhanden sind jetzt zwei Rückführ-Thermoelemente RTh1 und RTh2, die elektrisch gegeneinander geschaltet sind. RTh1 wird über den Arbeitskontakt von Kt aufgeheizt, wenn die Heizung der Regelstrecke eingeschaltet ist. RTh2 wird dagegen über den Ruhekontakt von Kt aufgeheizt, wenn die Heizung der Regelstrecke ausgeschaltet ist. Beim Schließen des Regelkreises ergibt sich dann der in Bild 8b wiedergegebene Verlauf

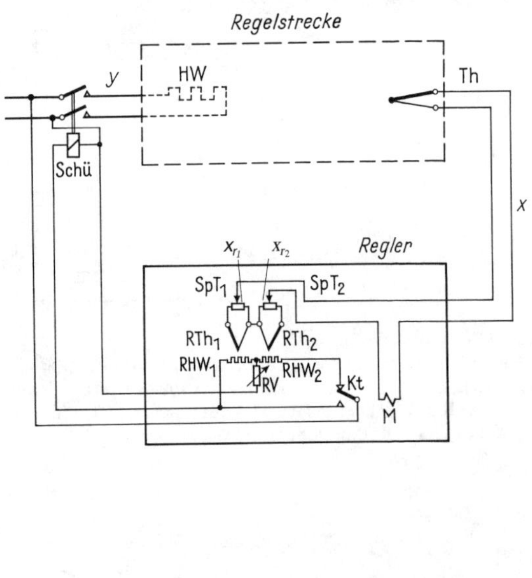

Bild 8 a-8

Legende nächste Seite

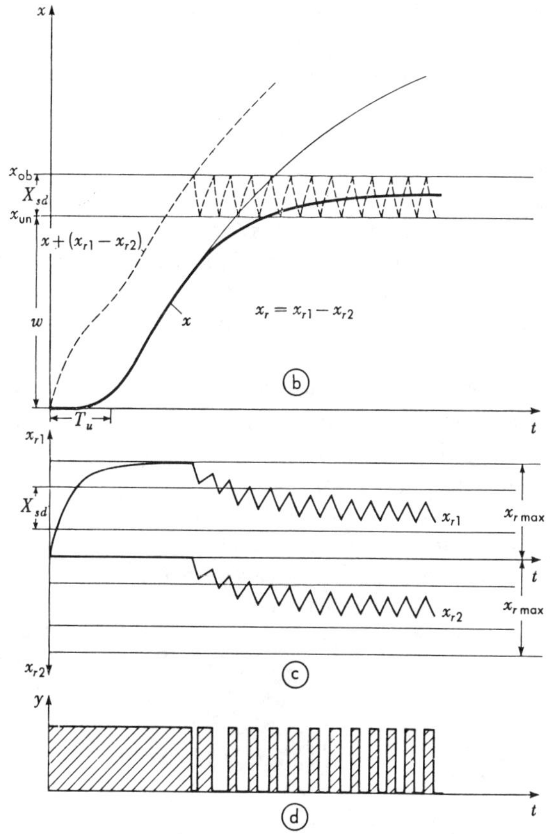

Bild 8a...d-8

Temperaturregelkreis mit Zweipunktregler und doppelseitiger, verzögerter (thermischer) Rückführung, PD-Verhalten.

a) Regelkreis schematisch, RTh1, RTh2 Rückführ-Thermoelemente, RHW1, RHW2 Heizwicklungen, RV Vorwiderstand, Kt Umschaltekontakt, M Meßwerk, SpT1, SpT2 Spannungsteiler.

b) Verlauf der Regelgröße x und von $x+(x_{r1}-x_{r2})$

c) Verlauf der Rückführspannungen x_{r1} und x_{r2}.

d) Verlauf der Stellgröße y.

der Regelgröße x, der Verlauf von $x+(x_{r1} - x_{r2})$, der beiden Rückführspannungen x_{r1} und x_{r2} (Bild 8c) sowie der Stellgröße y (Bild 8d). Das Verhalten ist ganz ähnlich wie bei einseitiger Rückführung, nur läßt sich für eine bestimmte Last (in Bild 8 für 100% Überschußleistung gezeichnet) die bleibende Regelabweichung beseitigen.

Dazu müssen die an SpT 1 und SpT 2 abgegriffenen Spannungen x_{r1} und x_{r2} passend eingestellt werden, bis die bleibende Regelabweichung für die vorhandene Last beseitigt ist. Bild 9 zeigt den Verlauf der Regelgröße bei einer Temperaturregelstrecke bei verschiedener Einstellung der Spannungen x_{r1} und x_{r2}.

Auch dieser Regler zeigt ein angenähertes PD-Verhalten. Der Proportionalbereich ist jetzt $X_P \approx x_{r1\,max} + x_{r2\,max}$. Die Schalthäufigkeit ist gegenüber der einseitigen Rückführung verdoppelt.

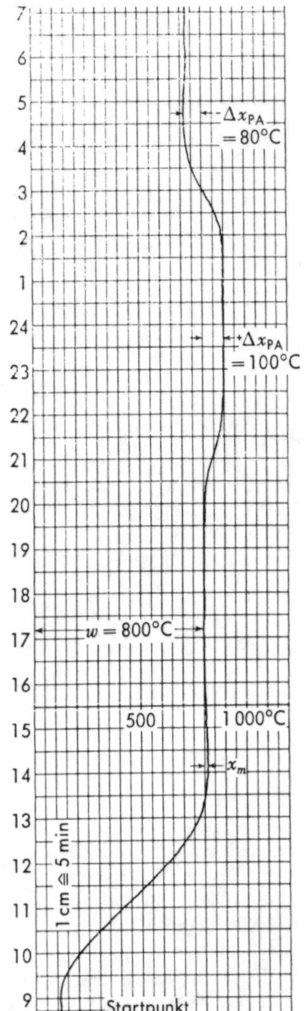

Bild 9-8
Temperaturverlauf und bleibende Regelabweichung x_{PA} bei einer verzögerten, doppelseitigen, thermischen Rückführung bei verschieden großer Rückführspannung $x_{r1} - x_{r2}$.

8.5 Der Einfluß der Rückführspannung auf Schwankungsbreite, bleibende Regelabweichung, Anfahrverhalten und Schalthäufigkeit

Die Darstellung der Wirkungsweise einer verzögerten Rückführung benutzt zur Erklärung der Wirkungsweise eine idealisierte Regelstrecke. Diese Regelstrecke setzt sich zusammen aus einem Glied mit einer echten Totzeit und einem Verzögerungsglied 1. Ordnung. Tatsächlich liegt aber fast immer der Fall einer Regelstrecke mit vielen Verzögerungen (höherer Ordnung) vor. Echte Totzeiten sind dagegen bei Temperaturregelstrecken selten. Der Übergang vom Totzeitbereich in den Zeitkonstantenbereich ist dann nicht eckig, sondern mehr oder weniger stark verrundet. Diese Veränderung wurde aber bei der Erklärung nicht berücksichtigt. Um ihren Einfluß zu erklären, wurde durch zahlreiche Versuche, von deren Ergebnissen hier nur ein Ausschnitt gebracht wird, ihr Einfluß geprüft. Gemessen wurde in Abhängigkeit von der Größe der Rückführspannung: Schwankungsbreite, bleibende Regelabweichung, Anfahrverhalten und Schalthäufigkeit. Außerdem wurde der Einfluß der Parameter: Leistungsüberschuß, Zeitkonstante T_r der Rückführspannung und die Eigenschaften der Regelstrecke, ausgedrückt durch T_u/T_g, bestimmt.

Bild 10a...d zeigt das Ergebnis für eine verhältnismäßig günstige Temperaturregelstrecke mit $T_u/T_g = 1/10$, die etwa einer Regelstrecke mit zwei Verzögerungen (2. Ordnung) entspricht.

Bild 11a...d zeigt das Ergebnis für eine ungünstige Regelstrecke mit $T_u/T_g = 1/5$, die etwa einer Regelstrecke mit 5 gleichen Verzögerungen (5. Ordnung) entspricht. Alle Meßergebnisse sind in Abhängigkeit von der Rückführspannung $U_{r\,max}$ aufgetragen. Die Rückführspannung wurde bezogen auf den Meßbereichendwert des Reglers, der als 100% angenommen wurde.

Die Bilder 10a und 11a zeigen die Schwankungsbreite ΔX mit der Überschußleistung als Parameter. Man sieht, daß eine Mindestgröße der Rückführspannung erforderlich ist, um die Schwankungsbreite praktisch zu Null zu machen, wobei der Spannungswert, bei dem das auftritt, überraschend scharf ausgeprägt ist.

Die Bild 10b und 11b zeigen die bleibende Regelabweichung Δx_{PA} ebenfalls mit der Überschußleistung als Parameter. Die ausgezogenen Kurvenscharen

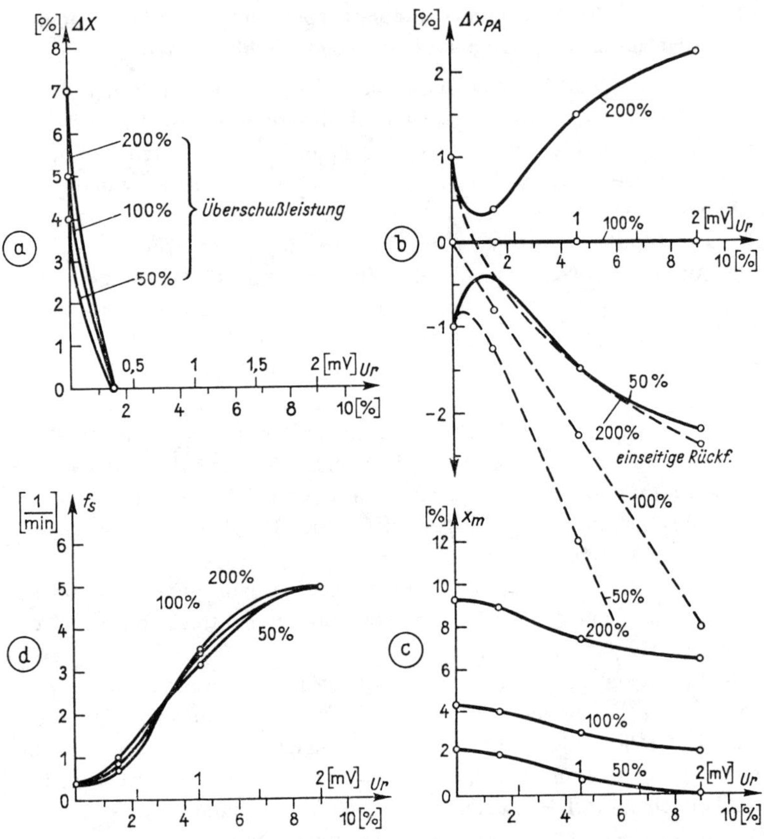

Bild 10a...d-8

Temperaturregelstrecke mit Zweipunktregler und verzögerter, einseitiger und doppelseitiger Rückführung.

a) Schwankungsbreite ΔX, b) bleibende Regelabweichung Δx_{PA}, c) Überschwingweite x_m, d) Schaltfrequenz f_s in Abhängigkeit von der Rückführspannung U_r. Regelstrecke mit $T_u/T_g = 1:10$.

gelten für eine doppelseitige, die gestrichelten für eine einseitige Rückführung. Der große Vorteil einer doppelseitigen Rückführung für Überschußleistung = 100% ist deutlich zu erkennen. Etwas unerwartet ist das ausgeprägte Minimum von Δx_{PA} bei einer bestimmten Rückführspannung, die etwa 1/3 der Mindestspannung ist.

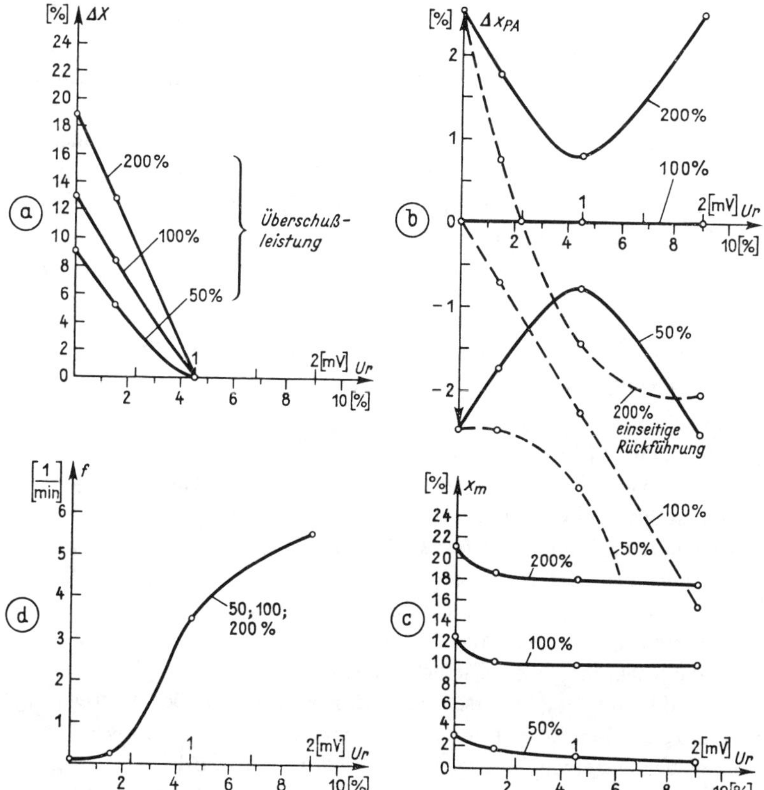

Bild 11a...d-8
Wie Bild 10a–d, jedoch $T_u/T_g \approx 1:5$ (Regelstrecke 5. Ordnung mit 5 gleichen Verzögerungen).

Die Bilder 10c und 11c zeigen die Größe der 1. Überschwingung x_m beim Anfahren der Regelstrecke. Durch die mit der Rückführspannung abnehmende Schwankungsbreite und zunehmende Vorhaltwirkung wird die Überschwingung mit wachsender Rückführspannung immer kleiner.
Die Bilder 10d und 11d zeigen schließlich die mit der Rückführspannung anwachsende Schalthäufigkeit f_S. Die Schaltfrequenz wächst fast proportional mit der Rückführspannung. Ein Vergleich der Bilder 10 und 11 läßt erkennen, daß an der ungünstigen Regelstrecke von Bild 11 bei derselben Rückführspannung Schwankungsbreite, bleibende Regelabweichung, Überschwingung und Schaltfrequenz größere, d. h. ungünstigere Werte annehmen.
Eine hier nicht wiedergegebene Versuchsreihe zeigt außerdem, daß auch die Zeitkonstante der Rückführspannung von Einfluß ist. Das ist jedoch erst dann der Fall, wenn die Zeitkonstante in die Größenordnung der Zeitkonstante der Regelstrecke kommt.

8.6 Zweipunktregler mit verzögerter, nachgebender Rückführung (PID-Verhalten)

Entsprechend ihrem Charakter als PD-Regler arbeiten die beiden im vorhergehenden beschriebenen Regler mit einer bleibenden Regeldifferenz, die sich bei der doppelseitigen, verzögerten Rückführung für einen bestimmten Lastpunkt in der gezeigten Weise beseitigen läßt. Das P-Verhalten rührt daher, daß immer eine mittlere Rückführspannung erforderlich ist, um $x + x_r$ in das erforderliche Tastverhältnis T_e/T_{Sch} hineinzuschieben (Bild 4a-c). Die Schwankungen der Rückführspannung selbst, die das Schalten bewirken, sind dagegen wesentlich kleiner und gleich X_{sd}.
Wird die Rückführgröße zusätzlich zur Verzögerung noch nachgebend ausgeführt, d.h. mit der Zeit verschwindend, so arbeitet ein solcher (PID-)Regler ohne bleibende Regeldifferenz. Das Arbeiten eines solchen Reglers soll wieder zuerst an einem Meßwerkregler erklärt werden. Bild 12a...f zeigt dazu einen Temperaturregelkreis mit Zweipunktregler und verzögerter, nachgebender (thermischer) Rückführung. Die nachgebende Wirkung der Rückführung wird hier durch das Gegeneinanderschalten der verschieden trägen

Thermoelemente RTh1 und RTh2 erreicht. Im Unterschied zur doppelseitigen verzögerten Rückführung werden hier *beide* Thermoelemente beim Einschalten der Heizung der Regelstrecke aufgeheizt. Wie das Bild andeutet, ist das eine Thermoelement durch Zwischenschalten der Zusatzmasse Ma thermisch träger gemacht. Beide Thermoelemente erzeugen bei Dauereinschaltung dieselbe maximale Rückführspannung $x_{r1\,max} = x_{r2\,max}$, sie weisen jedoch verschieden große Zeitkonstanten T_1 und T_2 auf.

Die Wirkungsweise der Rückführung soll, weil der Anfahrvorgang schwieriger zu übersehen ist, nur im stationären Betrieb betrachtet werden. Die Regelgröße x hat wegen der hohen sich einstellenden Schaltfrequenz einen fast konstanten Wert. Das Ein- und Ausschalten der Stellgröße besorgt, genauso wie bei einer verzögerten Rückführung, die Rückführspannung $x_r = x_{r1} - x_{r2}$. Die Rückführspannung muß dabei nur zwischen den Grenzen

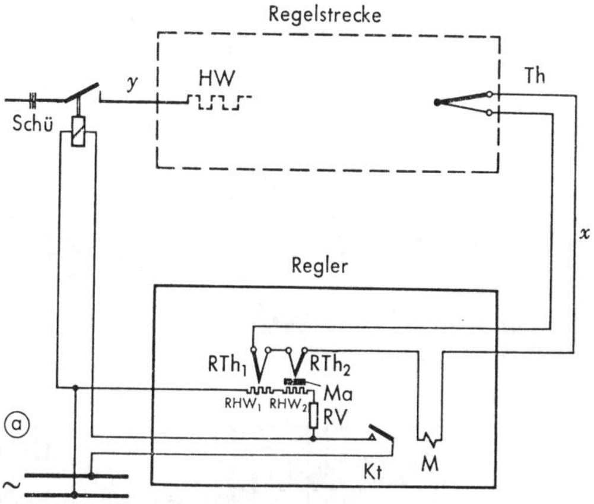

Bild 12a-8

Bild 12a...f-8
Temperaturregelkreis mit Zweipunkt-Meßwerk-Regler und verzögerter, nachgebender (thermischer) Rückführung, PID-Verhalten.

a) Regelkreis schematisch. RTh1, RTh2 Rückführ-Thermoelemente, Ma Zusatzmasse. b) Verlauf der Regelgröße x im stationären Betrieb, c) Verlauf der Rückführgröße x_{r1}, d) Verlauf der Rückführgröße x_{r2}, e) Verlauf der Rückführgröße $x_r = x_{r1} - x_{r2}$, f) Verlauf der Stellgröße y. Alle Kurven für zwei verschiedene Lastzustände y_m gezeichnet.

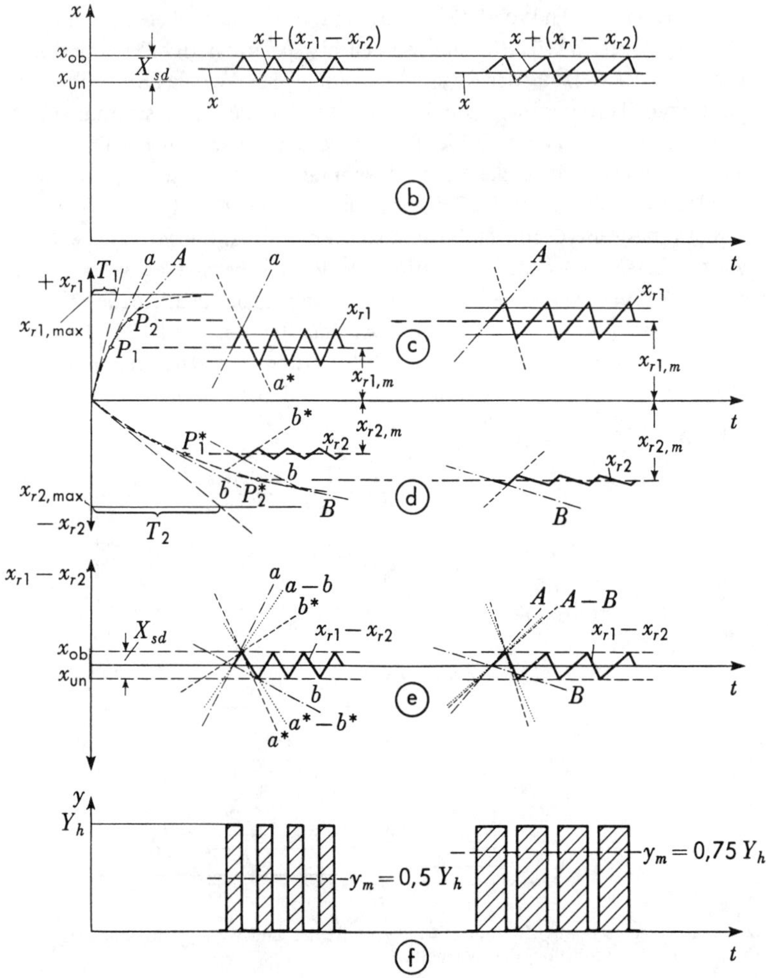

x
x_{ob}
X_{sd}
x_{un}
$x+(x_{r1}-x_{r2})$
x
b
t
$+x_{r1}$
T_1
a
A
$x_{r1,max}$
P_2
P_1
x_{r1}
c
a^*
$x_{r1,m}$
b^*
$x_{r2,m}$
P_1^*
x_{r2}
b
P_2^*
B
$x_{r2,max}$
$-x_{r2}$
T_2
d
$x_{r1}-x_{r2}$
$a-b$
$A-B$
e
a^*-b^*
y
Y_h
$y_m=0,5\,Y_h$
$y_m=0,75\,Y_h$
f

Bild 12b ... f-8

x_{ob} und x_{un} hin und her pendeln. Da für beide Rückführthermoelemente dasselbe Tastverhältnis T_e/T_{Sch} gültig ist und auch die Maximalwerte $x_{r1\,max}$ und $x_{r2\,max}$ gleich groß sind, stellen sich im stationären Betrieb auch gleich große mittlere Rückführspannungen $x_{r1\,m} = x_{r2\,m}$ ein (Bild 12c). Diesen mittleren Spannungen sind durch das Tastverhältnis bedingte periodische Spannungsschwankungen überlagert, die sich in der gezeichneten Weise konstruieren lassen. Dazu werden in den Arbeitspunkten P_1 und $P_1{}^*$ die Tangenten *a* und *b* an die Kurven x_{r1} und x_{r2} gelegt und im darunterliegenden Bild die Differenz *a–b* der beiden Spannungsanstiege gezeichnet. Dort wo die Gerade *a–b* die Waagrechte $+X_{sd}/2$ schneidet, erfolgt das Ausschalten. Das Abfallen erfolgt mit der Steilheit $a^*–b^*$. Dort wo diese Gerade die Waagrechte $-X_{sd}/2$ schneidet, wird die Stellgröße eingeschaltet. Das Tastverhältnis und damit die mittleren Rückführspannungen stellen sich so ein, daß die Differenz der überlagerten periodischen Schwankungen gleich $x_{ob} - x_{un} = X_{sd}$ wird. Nur für diesen Fall stellt sich ein stationärer Zustand ein. Ändert sich der Leistungsbedarf der Regelstrecke (rechte Seite von Bild 12b...f, für $T_e/T_{Sch} = 0{,}75$ gezeichnet), so muß – wie eingangs ausführlich erläutert wurde – sich das Tastverhältnis T_e/T_{Sch} ändern. Das geschieht dadurch, daß sich die mittlere Rückführspannung $x_{r1m} = x_{r2m}$ ändert, wie es Bild 12f für einen um 50% vergrößerten Leistungsbedarf zeigt.

Es treten hier im Unterschied zur vorher beschriebenen verzögerten Rückführung keine lastabhängigen, bleibenden Regeldifferenzen auf, weil sich die immer gleich großen Mittelwerte der gegeneinandergeschalteten Rückführspannungen aufheben.

Eine genauere rechnerische Untersuchung zeigt, daß ein solcher Regler mit verzögert nachgebender Rückführung sich ähnlich wie ein stetiger PID-Regler verhält.

Bild 13-8 zeigt den aufgenommenen Temperaturverlauf an einem elektrisch beheizten Ofen beim Anfahren. Die Schwankungen der Temperatur sind infolge der hohen Schalthäufigkeit nicht mehr zu erkennen. Der Einschwingvorgang beim Anfahren verläuft fast genauso wie bei einem stetigen PID-Regler, d. h. es tritt anfangs eine große Überschwingweite auf, weil der D-Anteil im Rückführzweig und nicht am Eingang gebildet wird.

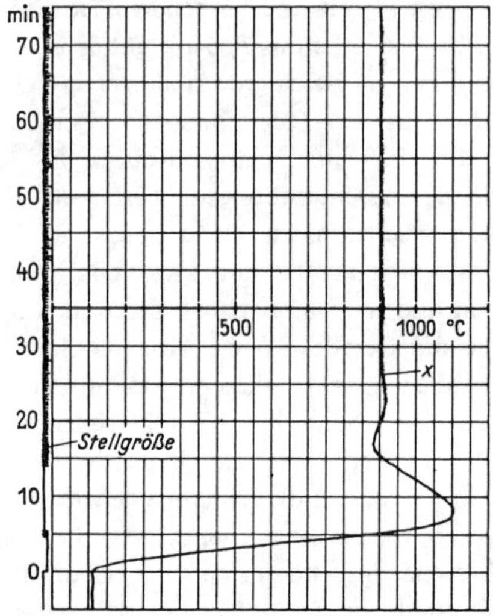

Bild 13-8
Temperaturverlauf in einem Regelkreis mit Zweipunktregler und verzögert nachgebender (thermischer) Rückführung beim Anfahren, PID-Verhalten.

Der Proportionalbereich des Reglers ist durch die Rückführgröße bestimmt mit

$$X_P \approx x_{r,\,max}\,.$$

Ist bei einem Meßwerkregler X_M der Meßbereichendwert, so gilt

$$X_P = \frac{x_{r,\,max}}{X_M} \cdot 100\,\%\ \text{v. E.}$$

Die Nachstellzeit ist angenähert

$$T_n \approx T_2\,,$$

die Vorhaltezeit

$$T_v \approx T_1\,.$$

In Bild 14-8 ist in Analogie zu Bild 5a eine elektronische Ausführung eines mit verzögert nachgebender Rückführung arbeitenden Zweipunktreglers mit PID-Verhalten wiedergegeben.

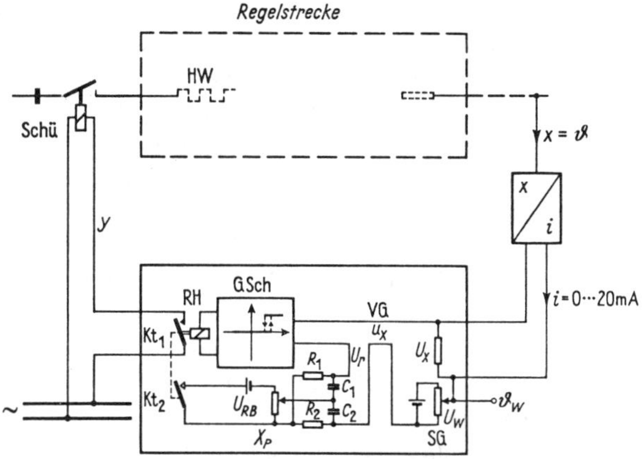

Bild 14-8
Elektronischer Zweipunktregler wie Bild 5, jedoch mit verzögert nachgebender *RC*-Rückführung (PID-Verhalten). *R*1, *C*1 und *R*2, *C*2 Rückführzeitglieder, U_{RB} Rückführ-Speisespannung.

Statt der beiden gegeneinander geschalteten Thermoelemente sind hier zwei *RC*-Glieder (Speicherglieder) gegeneinander geschaltet. Sie weisen die verschiedenen Zeitkonstanten $T_1 = R_1C_1$ und $T_2 = R_2C_2$ auf. Der Spannungsverlauf an den Kondensatoren C_1 und C_2 entspricht dem Spannungsverlauf an den Rückführ-Thermoelementen RTh1 und RTh2 von Bild 12.

In der Praxis werden statt gegeneinander geschalteter *RC*-Glieder meist, wie es Bild 15 zeigt, zwei *RC*-Glieder hintereinander geschaltet, wie bei stetigen PID-Reglern (Bild 30-4). Das erste Glied wirkt verzögernd, das zweite Glied nachgebend, ebenso, wie wir es bei den stetigen Reglern kennengelernt haben. Die Zeitkonstante des verzögernden Gliedes bestimmt im wesentlichen die Vorhaltezeit, die Zeitkonstante des nachgebenden Gliedes die Nachstellzeit.

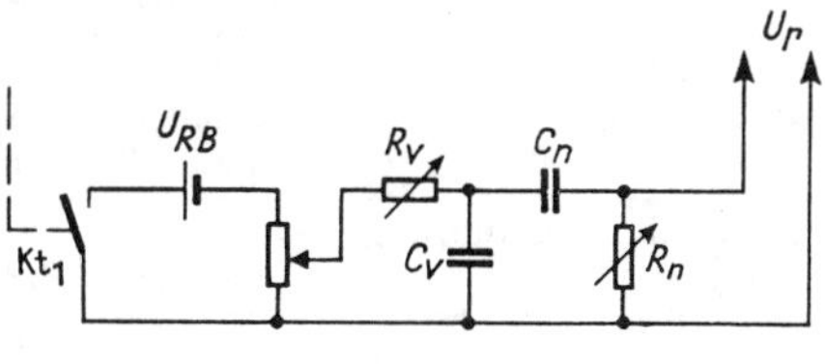

Bild 15-8
Verzögert nachgebende Rückführung (PID-Verhalten), bewirkt durch zwei in Reihe geschaltete *RC*-Glieder. R_v, C_v verzögerndes Glied, R_n, C_n nachgebendes Glied.

Verbesserung des Anfahrverhaltens

Beim Schließen von Regelkreisen mit den eben beschriebenen PID-Reglern – d.h. beim Anfahren – ist bis zu dem Punkt, bis die Regelgröße den Sollwert erreicht, die Rückführung unwirksam. Wegen der meist langen Anfahrzeit wird der Kondensator C_v bis auf den vollen Betrag der am Spannungsteiler abgegriffenen Spannung aufgeladen. Infolge der dann konstanten Spannung an C_v fließt über C_n und R_n kein Ladestrom mehr. Die Rückführspannung an R_n ist null. Erst wenn der Kontakt Kt_1 nach Überschreiten des Sollwertes wieder geöffnet wird, kann sich C_v entladen. Dann fließt auch wieder ein Strom über R_n und die Rückführung wird wirksam. Das beschriebene Unwirksamwerden der Rückführung wird auch mit *Integralsättigung* bezeichnet. Es verursacht das in Bild 13 zu sehende starke Überschießen der Regelgröße beim Anfahren. Durch besonders ausgebildete Rückführschaltungen läßt sich das Anfahrverhalten beträchtlich verbessern. Ein solches verbessertes Anfahrverhalten wird üblicherweise durch Zusatzbuchstaben gekennzeichnet. Bei einer der maßgebenden Regler-Firmen beispielsweise durch PIDarw (**a**nti **r**eset **w**indup = gegen Rückführung hochtreiben), bei der anderen durch D-PID, welches eine zusätzliche D-Wirkung am Eingang kennzeichnet.

8.7 Regelungstechnische Begriffe zu Abschnitt 8

Begriff	Erklärung
Einseitige, verzögerte Rückführung	Bei einem Zweipunktregler eine Rückführung, die mit der Stellgröße ein- und ausgeschaltet wird und das Rückführsignal verzögert auf den Reglereingang schaltet
Doppelseitige, verzögerte Rückführung	Bei einem Zweipunkt-Regler eine Rückführung, bei der sowohl beim Einschalten wie auch beim Ausschalten der Stellgröße eine Rückführgröße geschaltet wird
Verzögerte, nachgebende Rückführung	Rückführung, die verzögert zu wirken beginnt, einen Höchstwert erreicht und dann allmählich auf Null abnimmt
Thermische Rückführung	Rückführung, bei welcher die Rückführgröße thermisch erzeugt wird

9. Dreipunktregler mit quasistetigem Verhalten

9.1 Gründe, warum Elektromotoren als Stellantriebe an vielen Stellen bevorzugt werden

Der Elektromotor als Stellantrieb für das Betätigen der verschiedensten Stellglieder, wie Ventile, Klappen, Schieber, Zuteiler, Schleifbürsten usw., wird in vielen Industriezweigen bevorzugt. Die Gründe hierfür sind folgende:

a) Die elektrische Hilfsenergie ist heute überall vorhanden und muß nicht, wie pneumatische oder hydraulische Hilfsenergie, besonders erzeugt werden. Dieser Gesichtspunkt spielt bei Einzelreglern oft eine entscheidende Rolle.

b) Kollektorlose Elektromotoren, wie sie heute durchweg als Stellmotore verwendet werden, sind außerordentlich betriebssicher.

c) Die Aufstellung, der Anschluß und die Wartung von Elektromotoren mit Untersetzungsgetrieben ist heute allgemein bekannt und kann vom Betriebselektriker mit erledigt werden.

d) Im ausgeschalteten Zustand ist das Stellglied zusammen mit einem meist vorgesehenen Schneckengetriebe „blockiert", d. h., es bleibt in der zuletzt eingenommenen Stellung stehen. Diese Forderung wird vielfach aus Sicherheitsgründen gestellt. Bei pneumatischen und hydraulischen Antrieben sind zur Erfüllung dieser Forderung zusätzliche Maßnahmen erforderlich.

e) Für große Drehmomente, ab etwa 1000 Nm, stellt der elektromotorische Antrieb meist die preisgünstigste Lösung dar.

In den Regelanlagen der Chemie sind auch pneumatische Stellantriebe in Form des Membranventils wegen ihrer Preiswürdigkeit und ihres natürlichen Explosionsschutzes weiter im Einsatz.

Für sehr kurze Stellzeiten (etwa unter 10 s bis herunter zu 0,1 s) und für sehr große Stellkräfte bzw. Drehmomente (bis zu 10^5 N bzw. 10^5 Nm) sind dagegen hydraulische Stellantriebe allen anderen Antrieben überlegen.

9.2 Grenzwerteinheit

Die *Grenzwerteinheit* ist ein maßgeblicher Teil des im folgenden beschriebenen Grenzwertreglers. Eine Grenzwerteinheit besteht aus zwei gegensinnig betätigten *Grenzwertschaltern,* deren Arbeitsweise schon in Bild 15-6 erklärt wurde. Das Arbeiten der Grenzwerteinheit ist am besten aus der im Bild 1a, b wiedergegebenen Kennlinie zu ersehen.

Solange die Eingangsgröße (es handelt sich meist um die Regelabweichung) unterhalb der Ansprechwerte $\pm\ x_{ob}$ liegt, sind die beiden Ausgänge der Grenzwerteinheiten offen bzw. stromlos. Werden die Werte $\pm\ x_{ob}$ überschritten, so wird je nach dem Vorzeichen der Eingangsgröße der Ausgang

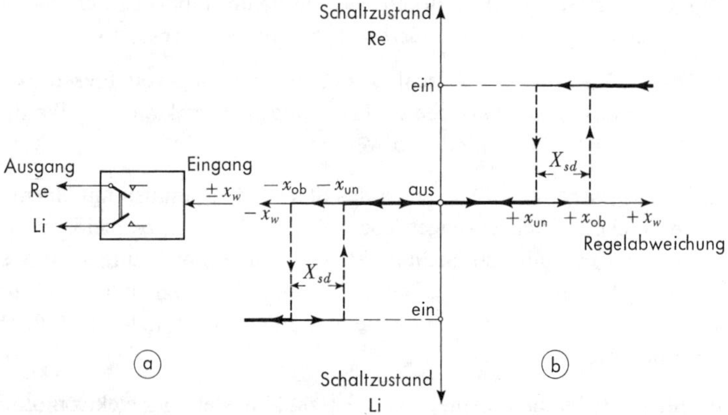

Bild 1a, b-9

Grenzwerteinheit. a) Blockschaltbild, b) Kennlinie

$+x_{ob}, -x_{ob}$	obere Schaltpunkte
$+x_{un}, -x_{un}$	untere Schaltpunkte
$X_{sd} = x_{ob} - x_{un}$	Schaltdifferenz

Re bzw. der Ausgang Li geschlossen bzw. stromführend. Wird nach einem Ansprechen x wieder verkleinert, so wird nicht beim Unterschreiten des Wertes x_{ob} wieder ausgeschaltet, sondern erst beim Unterschreiten des wesentlich kleineren Wertes $+x_{un}$ bzw. $-x_{un}$. Es liegen hier ganz ähnliche Verhältnisse wie beim Grenzwertschalter vor, nur sind hier zwei gegensinnig betätigte Grenzwertschalter zu einer *Grenzwerteinheit* zusammengeschaltet.

Der Wert $\pm x_{ob}$ wird mit *Ansprechwert* bezeichnet. Bei praktisch ausgeführten Grenzwertreglern wird meist $x_{un} \approx \frac{1}{2} \cdot x_{ob}$ gewählt.

Die in Bild 1b wiedergegebene Kennlinie kann auf ganz verschiedene Weise erzeugt werden. Bild 2 zeigt eine bei Kontaktmanometern oder sonstigen Meßgeräten mit hohem Drehmoment verwendete Lösung.

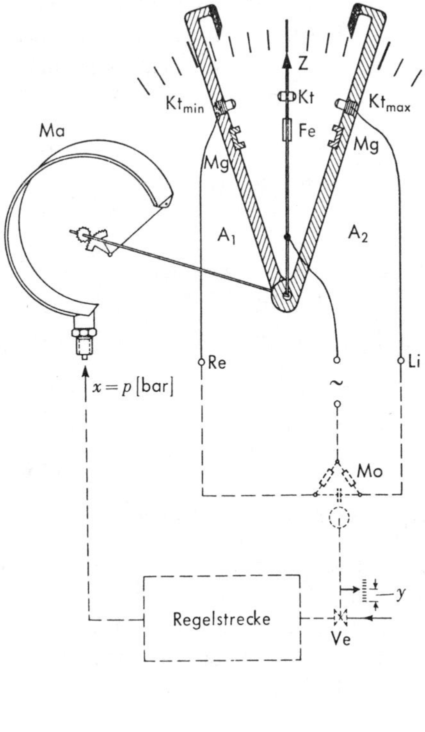

Bild 2-9
Kontaktmanometer mit Grenzwerteinheit als Grenzwertregler an Druckregelstrecke. Ma Manometer, Z Zeiger, Kt, Kt_{min}, Kt_{max} Kontakte, Mg Dauermagnet, Fe Eisenplättchen, A1 und A2 Einstellarme, Mo Motor, Ve Ventil.

Solange der Zeiger Z zwischen den Kontakten Kt_{min} und Kt_{max} spielt, sind die beiden Ausgänge Re bzw. Li offen bzw. stromlos. Nähert sich der Kontakt Kt dem Kontakt Kt_{min} bzw. Kt_{max}, so wird dieser durch die Zugkraft des Magneten Mg auf das Eisenplättchen Fe schlagartig geschlossen. Erst bei Unterschreiten eines unterhalb des Schließwertes liegenden Manometerdruckes wird das Eisenplättchen vom Magneten abgerissen und der Kontakt wieder geöffnet. Im Bild sind der Deutlichkeit wegen die Einstellarme A1 und A2 relativ weit auseinander gerückt gezeichnet.

Eine andere Lösung der Grenzwerteinheit besteht in der Verwendung von elektronischen Kippverstärkern (s. Bild 15-6). Bild 3 zeigt als Beispiel zwei Gleichspannungskippverstärker, die auf zwei nachgeschaltete Relais arbeiten.

Der obere Verstärker spricht durch entsprechende Auslegung nur auf eine positive Eingangsspannung an, der untere nur auf eine negative Eingangsspannung. Sobald die Eingangsspannung $\pm x_{ob}$ überschreitet, spricht der obere bzw. untere Kippverstärker an und schließt den Relaiskontakt Kt1 bzw. Kt2.

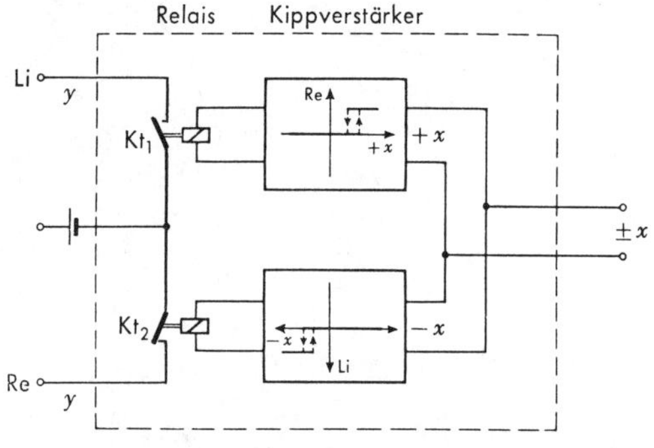

Bild 3-9
Kippverstärker mit nachgeschalteten Relais als Grenzwerteinheit.

9.3 Grenzwertregler (I-Verhalten)

Wird eine Grenzwerteinheit mit einem Sollwerteinsteller und Vergleicher und integralem Stellmotor zusammengeschaltet, so entsteht ein *Grenzwertregler*. Bild 4a...c zeigt eine Druckregelstrecke mit einem Grenzwertregler und einem Elektromotor als Stellantrieb. Zur Messung des Druckes *p* wird

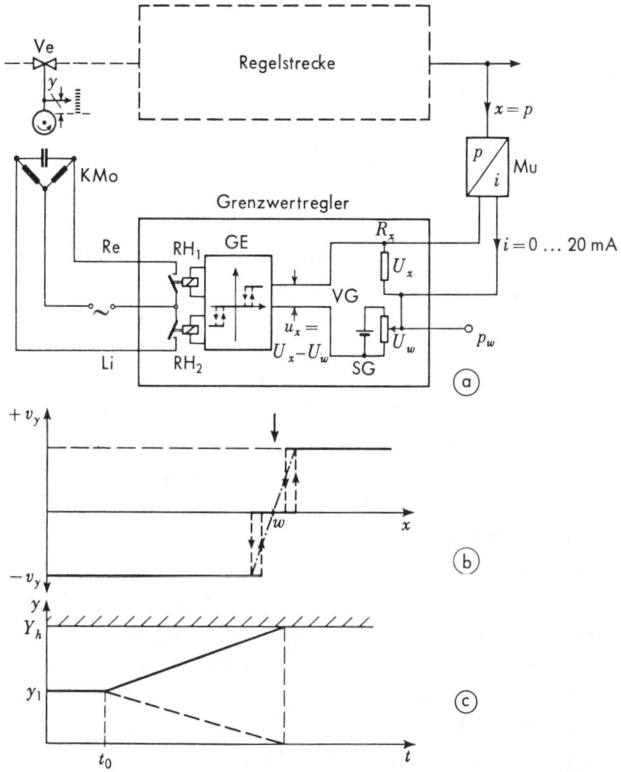

Bild 4a...c-9
Grenzwertregler an Druckregelstrecke. a) Grenzwertregler schematisch, Mu Meßumformer, SG Sollwerteinsteller, VG Vergleicher, GE Grenzwerteinheit, RH1, RH2 Relais, KMo Motor, Ve Ventil, b) Kennlinie des Grenzwertreglers (strichpunktiert Kennlinie eines idealen I-Reglers), c) Sprungantwort des Grenzwertreglers.

der Meßumformer Mu verwendet, der den Druck in einen proportionalen Gleichstrom von $i = 0 \cdots 20$ mA umformt. Dieser Gleichstrom erzeugt an einem Widerstand R_x einen der Regelgröße proportionalen Spannungsabfall $U_x = R \cdot i$. Dieser wird gegen die vom Sollwerteinsteller abgenommene

Spannung U_W geschaltet. Die der Regelabweichung proportionale Spannung $u_x = U_x - U_W$ wirkt über die elektronische Grenzwerteinheit auf die beiden Relais RH1 und RH2, wobei in der vorher beschriebenen Weise ein sprunghaftes Ein- und Ausschalten erfolgt. Der verwendete Kondensatormotor KMo ist ein Zweiphasenmotor mit Kondensatorhilfsphase. Er hat die Eigenschaft, je nachdem, ob die Spannung an den Punkt Re bzw. den Punkt Li gelegt wird, nach rechts bzw. links zu laufen und so die Spindel des Ventils Ve mit *konstanter Geschwindigkeit* nach oben oder unten zu verstellen. Für den Regler gilt die in Bild 4b gezeichnete Kennlinie.
Üblicherweise sind die Ansprechwerte $x_{ob} = \pm\, 0{,}5 \cdots 1 \cdots 3\,\%$ des Maximalwertes der Regelgröße. Werte unter $\pm\, 0{,}5\,\%$ ergeben eine zu hohe Schalthäufigkeit und damit zu geringe Lebensdauer der Kontakte. Größere Werte als etwa $3\,\%$ ergeben eine zu geringe Regelgenauigkeit.
Ein solcher Grenzwertregler hat ein angenähertes I-Verhalten. Von einem richtigen I-Regler unterscheidet er sich durch die konstante, von der Regelabweichung unabhängige Stellgeschwindigkeit. Die Verwandtschaft mit dem I-Regler wird deutlich, wenn man die in Bild 4b gezeichnete Kennlinie durch die strichpunktierte Kennlinie eines idealen I-Reglers annähert.
Wird das in Bild 2 gezeigte Kontaktmanometer durch einen Stellmotor ergänzt, wie gestrichelt angedeutet, so kann auch diese Grenzwerteinheit zu einem vollständigen Druckregler gemacht werden.
Für einfache Folgeregelungen, Druck- und Durchflußregelungen, Temperatur-Regelstrecken mit kleinen Verzögerungen sind solche Grenzwertregler bei nicht so hohen Anforderungen an die Regelgüte recht brauchbar. Sie stellen meist eine recht preiswerte Lösung der Regelaufgabe dar.

9.4 Schrittregler (PI-Verhalten)

Mit dem beschriebenen einfachen Grenzwertregler läßt sich an verzögerungsbehafteten Regelstrecken nur eine geringe Regelgüte erzielen. Der Grund liegt in der verspäteten Meldung der Auswirkung einer Stellgliedverstellung. Der mit konstanter Geschwindigkeit laufende Stellmotor verstellt die Stellgröße auch dann noch weiter, wenn an der Regelstrecke schon längst eine ausreichende Energieänderung zur Beseitigung der Wirkung einer Störung durchgeführt wurde.

Durch Anbringen einer verzögerten Rückführung werden die Eigenschaften eines Grenzwertreglers grundlegend verbessert. Die Verstellung erfolgt nicht in einem mehr oder weniger langen Schritt wie beim Grenzwertregler, sondern in mehreren aufeinander folgenden Schritten. Ein solcher *Schrittregler* mit angenähertem PI-Verhalten zeigt das in Bild 5a–c wiedergegebene Zeitverhalten.

Sofort nach Auftreten der Regelabweichung Δx macht der Motor einen längeren Schritt mit konstanter Geschwindigkeit. Darauf folgen mit dazwischen liegenden Pausen periodische Schritte. Aus Bild 5c geht hervor, daß ein solcher Regler eine Sprungantwort ähnlich wie ein stetiger PI-Regler aufweist.

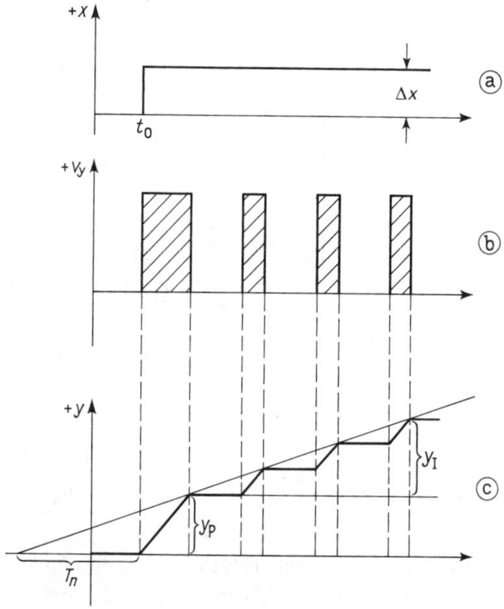

Bild 5a...c-9
Verhalten eines Schrittreglers bei konstanter Regelabweichung.
a) Verlauf der Regelabweichung x,
b) Idealisierter Verlauf der Stellgeschwindigkeit v_y,
c) Sprungantwort des Schrittreglers.

Je größer die Schrittlänge, um so steiler der integrale Anstieg. Dabei entspricht der erste lange Schritt der P-Verstellung y_P, die darauf folgende schrittweise Verstellung der I-Verstellung y_I des Reglers.
Der Grenzwertregler von Bild 4a ist in Bild 6 um eine verzögerte *RC*-Rückführung ergänzt. Durch die verzögerte Rückführung erhält die mit „Schrittregler" bezeichnete Anordnung ein PD-Verhalten. Zusammen mit dem integral wirkenden Stellmotor entsteht dann jedoch das PI-Verhalten, wie es Bild 7e zeigt.

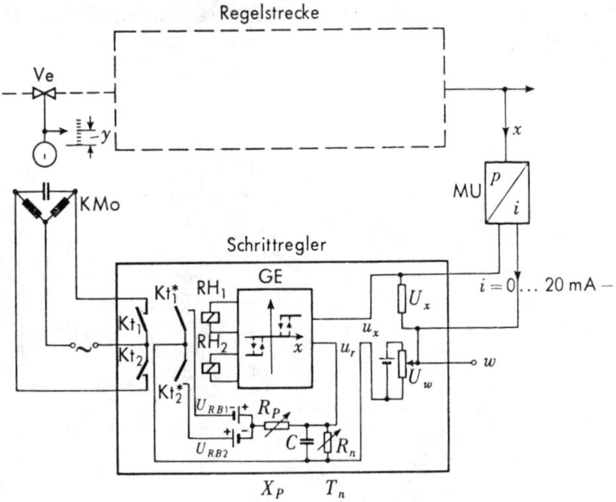

Bild 6-9
Schrittregler mit verzögerter *RC*-Rückführung (PI-Verhalten) an Druckregelstrecke. GE Grenzwerteinheit, Kt1*, Kt2* Rückführkontakte, U_{RB1}, U_{RB2} Rückführspeisespannungen, R_P Widerstand zur Einstellung von X_P, R_n Widerstand zur Einstellung von T_n.

Beim Auftreten einer Regelabweichung und dadurch Ansprechen eines Relais RH1 bzw. RH2 wird zusätzlich noch ein zweiter an jedem Relais angebrachter Rückführkontakt Kt1* bzw. Kt2* geschlossen. Aus der Gleichspannungsquelle U_{RB1} bzw. U_{RB2} wird dann der Rückführkondensator C über den Widerstand R_P aufgeladen. Die Gleichspannungsquellen U_{RB1} bzw. U_{RB2} sind so gepolt, daß die Spannung am Kondensator der

Regelabweichung entgegenwirkt. Beim Öffnen des Relaiskontaktes entlädt sich dagegen der Kondensator C über den Widerstand R_n. Bei einer entgegengesetzten Regelabweichung wird der Rückführkondensator mit umgekehrt gepolter Spannung aufgeladen. Die genauere Wirkungsweise wird an Hand von Bild 7a-e erklärt.

Es sei angenommen, daß im Ausgangszustand die Regelabweichung Null ist. Zur Zeit t_0 tritt die Regelabweichung Δx, die größer als x_{ob} ist, auf (Bild 7a). Die Spannung $x_{r,\,Aufl.}$ am Rückführkondensator C, die zuerst nach einer Sprungantwort mit einer Verzögerung ansteigt, zeigt Bild 7b. Die Anstiegsgeschwindigkeit der Spannung ist abhängig von der Größe von R_P. Je kleiner dieser Widerstand, um so steiler steigt die Spannung an. Da die Rückführspannung x_r der Regelabweichung Δx entgegengeschaltet ist, liegt am Eingang der Grenzwerteinheit die Differenzspannung $\Delta x - x_r$ (Bild 7c). Die Differenzspannung ist, da die Rückführgegenspannung anfangs nur langsam ansteigt (verzögerte Rückführung), so groß, daß der Schalter Kt1 betätigt wird und das Stellglied mit konstanter Geschwindigkeit läuft (Bild 7d). Die Stellgröße zeigt Bild 7e. Unterschreitet die Spannung $\Delta x - x_r$ den Wert x_{un}, so wird der Schalter Kt1 wieder geöffnet, der Stellantrieb bleibt stehen. Der Kondensator C entlädt sich jetzt über den Widerstand R_n, wobei die Zeitkonstante $T_n = R_n \cdot C$ wirksam ist ($x_{r,\,Entl.}$). Mit abnehmender Rückführspannung wächst die Differenzspannung $\Delta x - x_r$ wieder an. Bei Überschreiten des Wertes x_{ob} wird der Schalter Kt1 wieder geschlossen, und es folgt ein weiterer, jetzt aber wesentlich kürzerer Schritt. Bei konstanter Regelabweichung folgen solche kurzen Schritte periodisch aufeinander.

Bild 7e zeigt, daß die Sprungantwort der Stellgröße ähnlich der eines PI-Reglers ist. Der erste längere P-Schritt ist, abgesehen von der Größe von Δx, im wesentlichen abhängig von der Größe des Widerstandes R_P, der den Proportionalbereich X_P bestimmt. Die integrale Verstellung ist abhängig von der Länge der periodischen Schritte und Pausen, die mit durch den Entladewiderstand R_n festgelegt werden. Die Nachstellzeit ist $T_n \approx R_n \cdot C$. Hat Δx die umgekehrte Polarität, so verläuft der Vorgang genauso wie oben beschrieben, nur mit umgekehrten Vorzeichen. Der Stellantrieb bewegt sich dann in der entgegengesetzten Richtung und verkleinert die Stellgröße.

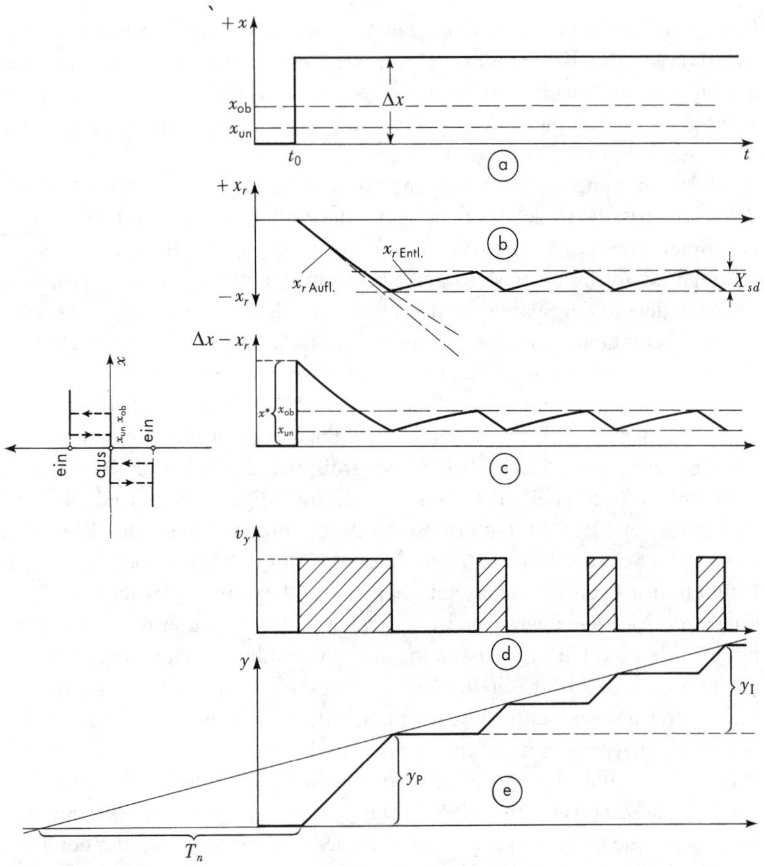

Bild 7a…e-9
Erklärung der Arbeitsweise eines Schrittreglers. a) Sprungweise Änderung um x_0, b) Rückführspannung x_r, c) $x_0 - x_r$, d) Stellgeschwindigkeit v_y, e) Stellgrößenänderung y, y_P P-Verstellung, y_I I-Verstellung. Die verzögerte Rückführung ergibt mit dem Grenzwertschalter ein PD-Verhalten (d). Erst mit dem integralen Stellmotor entsteht das PI-Verhalten (e).

Für das einwandfreie Arbeiten eines solchen Reglers ist ein nachlaufarmer Stellantrieb erforderlich. Überschreitet die Regelgröße durch den Nachlauf Δy der Stellgröße den Wert $(x_{un} + x_{ob})$, so kommt der Regler nicht zur Ruhe. Es müssen außerdem schaltungstechnische Maßnahmen getroffen werden, damit auch bei dem kleinsten einstellbaren Proportionalbereich und einer kleinen, den Ansprechwert x_{ob} nur wenig überschreitenden Regelabweichung die Schrittlänge nicht zu groß wird, weil dann ebenfalls der Regler nicht zur Ruhe kommen würde. Auch die kürzeste Schrittlänge muß erforderlichenfalls nach unten begrenzt werden, weil Schritte unter einigen Zehntelsekunden von normalen Stellmotoren nicht mehr verarbeitet werden.

Wird die Rückführspeisespannung U_{RB} und der Aufladewiderstand R_P groß gewählt, so ist der Spannungsverlauf u_R anfänglich fast eine Gerade. Der Eingriff des Reglers ist dann im weiten Bereich etwa proportional der Regelabweichung; der Regler weist einen konstanten Proportionalbereich auf. Bei kleinerem Aufladewiderstand ergibt sich dagegen eine stärker gekrümmte Aufladekurve. Die Schrittlänge nimmt dabei stärker als proportional mit der Regelabweichung zu. Das bedeutet, daß der Proportionalbereich kleiner wird, die Reglerverstärkung damit größer und der Regler bei größerer Regelabweichung stärker eingreift. Ein solches *progressives* Verhalten ergibt an bestimmten Regelstrecken ein schnelleres Ausregeln der Störungen, kann aber an anderen Regelstrecken zu Instabilitäten bei großen Regelabweichungen führen.

Das nur angenäherte PI-Verhalten eines solchen Schrittreglers könnte zur Annahme verleiten, daß ein solcher Regler sich regelungstechnisch ungünstiger als ein stetiger PI-Regler verhält. Überraschenderweise ist jedoch an vielen Regelstrecken ein günstigeres Verhalten als bei einem stetigen PI-Regler festzustellen.

Die in vielen Regelstrecken vorhandene Unruhe (Rauschen) beeinflußt den Schrittregler nicht, solange die Störamplituden unterhalb des Ansprechwertes $\pm x_{ob}$ liegen. Durch Störgrößenänderungen hervorgerufene Regelabweichungen, die oberhalb von $\pm x_{ob}$ liegen, werden fast ebenso schnell wie bei einem stetigen Regler ausgeregelt, obwohl die verwendeten elektrischen Stellmotoren meist eine wesentlich kleinere Stellgeschwindigkeit aufweisen. Während für pneumatische und hydraulische Antriebe die Stellzeiten um etwa 10 s liegen, betragen diese bei elektrischen Stellmotoren um 60 s. Daß trotz dieser sechsmal kleineren Stellgeschwindigkeit kleine Störungen fast ebenso schnell ausgeregelt werden, rührt davon her, daß die zum Ausregeln erforderlichen Verstellungen dann ebenfalls klein sind und darum auch vom elektrischen Stellmotor, der immer mit seiner *größtmöglichen Stellgeschwindigkeit* läuft, in einer ausreichend kurzen Zeit bewirkt werden können.

Bei großen Störungen, dem Anfahren und bei Führung ist der Schrittregler einem stetigen PI-Regler an vielen Regelstrecken überlegen.

9.5 Regelungstechnische Begriffe zu Abschnitt 9

Begriff	Zeichen oder Symbol	Erklärung
Grenzwertschalter	–	Einrichtung, die bei einem Wert x_{ob} ein-, bei dem kleineren Wert x_{un} ausschaltet, wobei $x_{un} \approx 1/2\, x_{ob}$ ist
Grenzwerteinheit	–	Kombination zweier gegensinnig schaltender Grenzwertschalter
Grenzwertregler	–	Regler, bestehend aus: Sollwertein-steller, Vergleicher, Grenzwerteinheit und Stellantrieb mit konstanter Stellgeschwindigkeit, wobei sich I-ähnliches Verhalten ergibt
Schrittregler	–	Grenzwertregler mit verzögerter Rückführung, der bei einer konstanten Regelabweichung die Stellgröße schrittweise verstellt, wobei sich PI-Verhalten ergibt

10. Mehrschleifige Regelkreise zum Verbessern der Regelgüte

Im Abschnitt 5.7 wurde auf die im *einschleifigen Regelkreis* optimal erzielbare Regelgüte eingegangen und dort auch auf Band 2 dieses Buches hingewiesen, welcher der ausführlichen Beantwortung dieser Frage gewidmet ist.
Die bisher ausschließlich betrachteten einschleifigen Regelkreise besitzen einen einzigen, kreisförmig in sich geschlossenen Signalumlauf. Die im folgenden betrachteten *mehrschleifigen Regelkreise* besitzen mehrere Schleifen, die mehr oder weniger stark miteinander verkoppelt sind. Diese hinzukommenden Schleifen sind in den anschließend gezeigten Blockschemata der Deutlichkeit wegen dick ausgezogen gezeichnet.

Mit Hilfe solcher mehrschleifiger Regelkreise ist es möglich, die dem einschleifigen Regelkreis in bezug auf die Regelgüte gesetzten Grenzen zu überschreiten. Teilweise ist durch mehrschleifige Regelkreise eine ganz beträchtliche Verbesserung der Regelgüte möglich. Einige mehrschleifige Regelkreise, wie beispielsweise die Kaskadenregelung, gehören für bestimmte Anwendungsgebiete heute zur Standardlösung.

Die wichtigsten mehrschleifigen Regelkreise – etwa in der Häufigkeit ihrer Anwendung geordnet – sind: die

Störgrößenkonstanthaltung oder Vorregelung, die

Störgrößenaufschaltung, die

Aufschaltung von Hilfsregelgrößen, die

Verwendung von Hilfsstellgrößen und die

Grob/Fein-Regelung.

Der hier nur beschränkt zur Verfügung stehende Raum gestattet nur einen streiflichtartigen Überblick über dieses interessante, jedoch vielschichtige Gebiet.

10.1 Arbeitsweise und Blockschemata der wichtigsten mehrschleifigen Regelkreise

Störgrößenkonstanthaltung

Der Einfluß einer Störgröße auf die Regelgröße wird dadurch beseitigt, daß die Störgröße durch einen getrennten *Hilfsregelkreis* konstant gehalten wird (s. a. Beispiel 1).

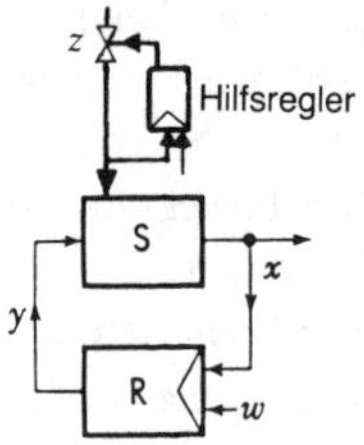

Störgrößenaufschaltung

a) Aufschaltung auf Stellgröße:

Die Störgröße wird entsprechend umgeformt und gepolt ($-y_z$) so auf die Stellgröße aufgeschaltet, daß sie der Auswirkung einer Störgrößenänderung auf die Regelgröße entgegenwirkt (überlagerte, gegensinnige Steuerung der Stellgröße) (s. a. Beispiel 2).

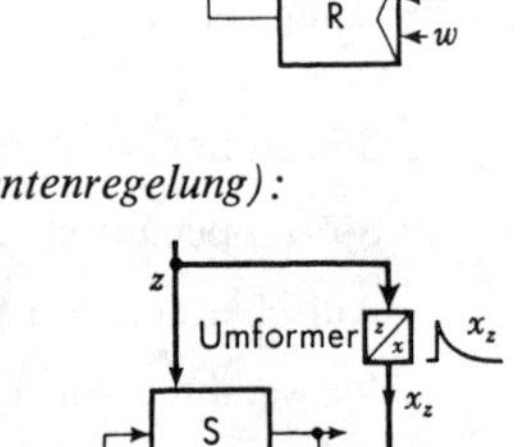

b) Aufschaltung auf Reglereingang (Zweikomponentenregelung):

Die Störgröße wird entsprechend umgeformt mit auf den Reglereingang geschaltet, um den Regler vorab von einer Störgrößenänderung zu unterrichten. Um die Regelgröße nicht zu fälschen, wird im allgemeinen die Aufschaltung x_z zeitlich nachgebend ausgeführt (s. a. Beispiel 3).

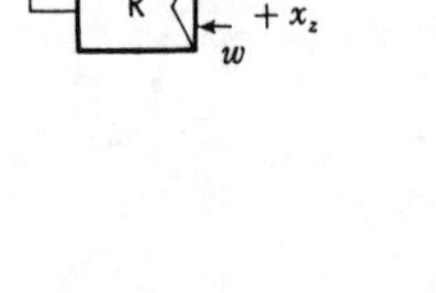

c) Dreikomponentenregelung:

Aufschaltung eines Signals proportional der Differenz von Störgröße und Stellgröße auf den Reglereingang. Dieses Signal meldet dem Regler sofort jede Veränderung der Stör- und Stellgröße. Die Meßumformer sind so ausgelegt, daß im ausgeregelten Zustand das Differenzsignal gleich Null ist (s. a. Beispiel 4). Die Dreikomponentenregelung kann auch als *Verhältnisregelung* (z/y) mit aufgeschalteter Regelgröße x angesehen werden.

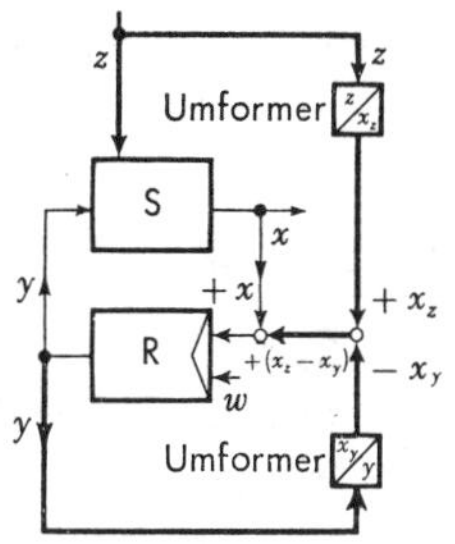

Aufschaltung von Hilfsregelgrößen

a) Aufschaltung auf Reglereingang:

Eine aus der Regelstrecke entnommene *Hilfsregelgröße* (x_H) mit kleinerer zeitlicher Verzögerung als die Regelgröße x wird entsprechend umgeformt (x_H*) mit auf den Reglereingang geschaltet. Dadurch werden Störungen am Eingang der Regelstrecke (Versorgungsstörungen) dem Regler schneller gemeldet. Um im ausgeregelten Zustand die Regelgröße nicht zu fälschen, wird die Aufschaltung von x_H* meist zeitlich nachgebend ausgeführt (s. a. Beispiel 5).

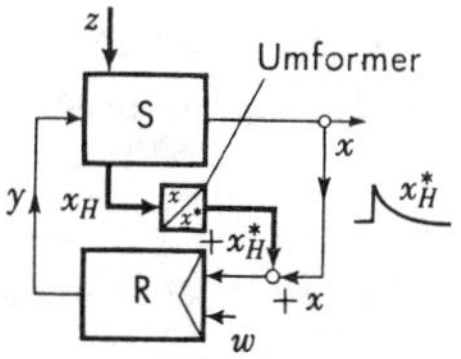

b) Kaskadenregelung:

Eine wie unter a) gewonnene Hilfsregelgröße (x_H) wird auf den Eingang eines *Hilfsreglers* geschaltet, dessen Ausgang die Stellgröße y steuert. Die Führungsgröße w* des Hilfsreglers wird von der Stellgröße des *Führungsreglers* so geführt, daß die Regelgröße den eingestellten Wert

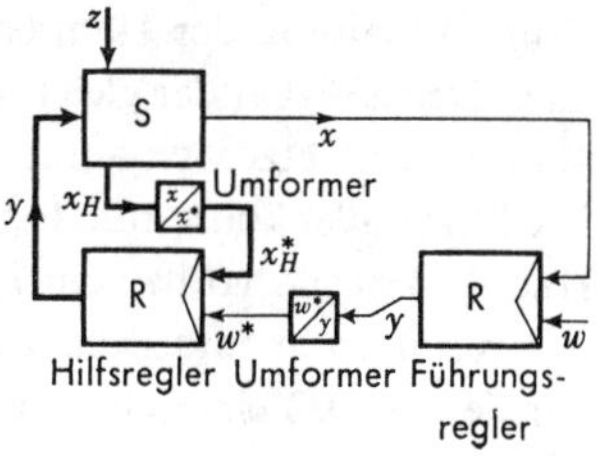

erreicht. Der Hilfsregelkreis, der schneller eingreifend eingestellt werden kann, beseitigt schnell alle Störungen am Eingang der Regelstrecke. Der Hilfsregler *linearisiert* vom Führungsregler aus gesehen die Kennlinie des Stellgliedes (s. a. Beispiele 6 und 7).

Hilfsstellgrößen

Zwecks rascheren Eingriffs in die Regelstrecke, aus Gründen der Energieersparnis oder aus Sicherheitsgründen greift der Regler über die *Hauptstellgröße* y und die *Hilfsstellgröße* y_H in die Regelstrecke ein (s. a. Beispiel 8).

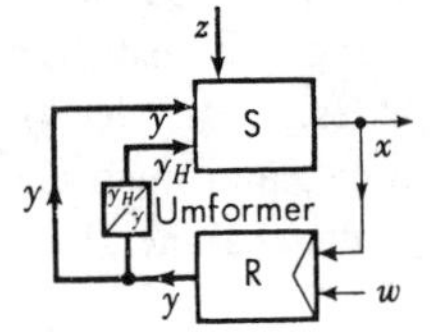

Grob/Fein-Regelung

Zwei in Reihe geschaltete Regelkreise halten eine bestimmte Eigenschaft eines Massen- oder Energiestromes konstant. Die vom ersten *Grobregler* zurückgelassenen Regelabweichungen werden vom zweiten *Feinregler* ausgeregelt (s. a. Beispiel 9).

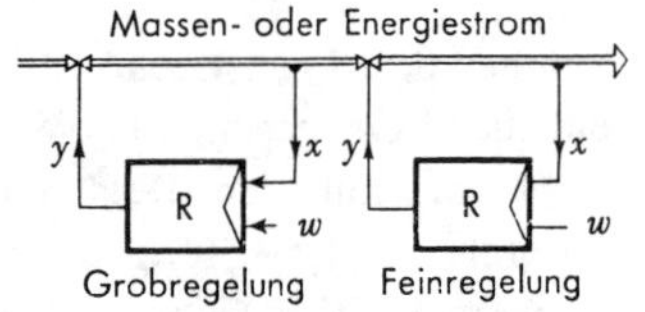

10.2 Beispiele von mehrschleifigen Regelkreisen

Beispiel 1: Störgrößenkonstanthaltung bei einer Temperaturregelstrecke (Glühofen), Hauptstörgröße = Gasdruck

Konstanthaltung der Hauptstörgröße = Gasdruck durch einen vorgeschalteten Druckregler, der gleichzeitig auch als Druckminderer (Reduzierventil) vom hohen Netzdruck auf den viel kleineren Brennerdruck dient.
Die Störgrößenkonstanthaltung ist besonders dort am Platz, wo eine einzige Hauptstörgröße vorhanden ist und wo das Konstanthalten der Störgröße mit geringem apparativem Zusatzaufwand möglich ist. Nachteilig ist, daß nur der Einfluß einer einzigen Störgröße auf die Regelgröße beseitigt wird.

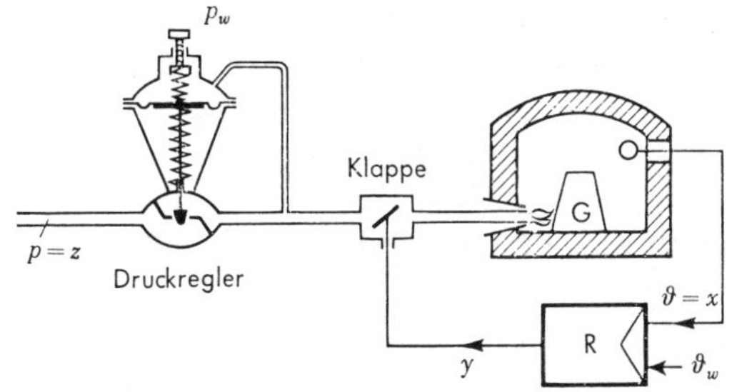

Beispiel 1

Beispiel 2: Störgrößenaufschaltung auf Stellgröße bei einer Standregelstrecke, Hauptstörgröße = Abfluß

Die Hauptstörgröße Abfluß (q_A) wird mit Hilfe einer Meßblende erfaßt und durch einen Meßumformer in einen proportionalen Gleichstrom von 0···20 mA umgeformt. Dieser Gleichstrom wirkt zusammen mit dem Ausgangsgleichstrom des Reglers auf den Eingang eines elektro-pneumatischen Summier-Umformers, dessen Ausgangsdruck (0,2···1,0 bar) das Zulaufventil steuert. Bei Abflußänderungen wird der Zufluß sofort dem Abfluß nach-

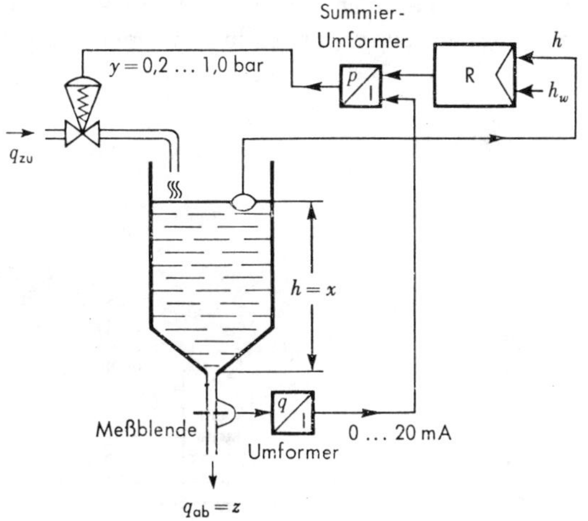

Beispiel 2

gestellt und nicht erst auf eine Standänderung zwecks Eingreifen des Reglers gewartet. Bei vollständig linearem Kennlinienfeld der Regelstrecke kann dadurch der Einfluß der aufgeschalteten Störgröße fast vollständig beseitigt werden. Die Störgrößenaufschaltung ist aber nur für die aufgeschaltete Störgröße wirksam. Vorteilhaft ist außerdem, daß die Störgrößenaufschaltung als überlagerte Steuerung nicht die Stabilität des Regelkreises verändert.

Beispiel 3: Störgrößenaufschaltung auf den Reglereingang bei einer Drehzahlregelstrecke, Hauptstörgröße = Drehmoment

Ein Motor treibt über eine zum Ausgleich von Drehmomentenstößen vorgesehene Schwungmasse eine Arbeitsmaschine an, die starke Drehmomentenstöße erzeugt. Das Drehmoment als Hauptstörgröße wird mit Hilfe eines induktiven Drehmomentenaufnehmers als eine dem Drehmoment proportionale Wechselspannung abgebildet. Die Wechselspannung wird nach Gleichrichtung auf ein *RC*-Glied geschaltet, das an seinem Ausgang eine mit der Zeit abklingende Spannung abgibt. Diese Spannung x_H wird in Reihe mit der von einem Drehzahlaufnehmer gelieferten Gleichspannung U auf den Reglereingang geschaltet. Dadurch erhält der Regler, bevor eine merkliche Drehzahländerung auftritt, Kenntnis von einer Drehmomentenänderung und kann dadurch sofort vorsorglich eingreifen.

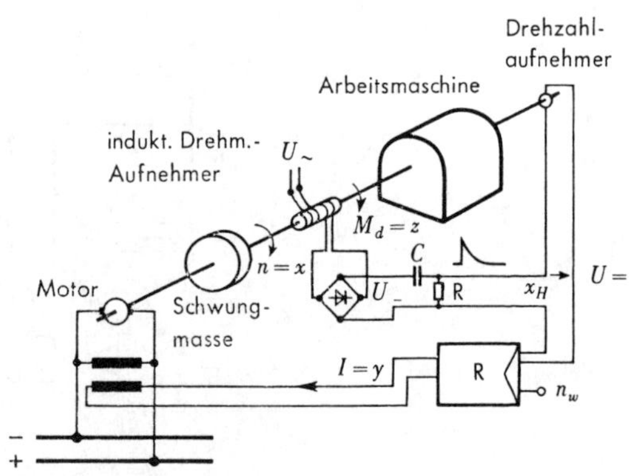

Beispiel 3

Die Störgrößenaufschaltung ist nur für die einzige aufgeschaltete Störgröße wirksam. Die Stabilitätsverhältnisse des Regelkreises werden durch die überlagerte Steuerung nicht verändert.

Beispiel 4: Dreikomponentenregelung bei einer Wasserstandsregelstrecke eines Dampferzeugers, Hauptstörgröße = Dampfstrom

Mittels zweier Meßblenden und zweier Meßumformer wird ein Zusatzsignal $x_Z - x_Y$ gebildet, das der Differenz von Dampfstrom und Speisewasserstrom proportional ist. Dieses Signal ist im Gleichgewichtszustand des Dampferzeugers gleich Null. Das Zusatzsignal wird mit auf den Reglereingang geschaltet. Infolge der dadurch bewirkten, fast unverzögerten Meldung jeder Änderung im Dampf- oder Speisewasserstrom, lange bevor eine Änderung des Wasserstandes eintritt, kann der Wasserstand auch bei großen Störungen in engen Grenzen konstant gehalten werden. Da im ausgeregelten Zustand das Zusatzsignal Null ist, erfolgt keine Fälschung in der Messung des Wasserstandes.
Da auf den Reglereingang die drei Komponenten x, y und z wirken, hat diese Schaltung den Namen Dreikomponentenregelung erhalten. Sie kann auch als Verhältnisregelung (Dampf/Wasser) mit Aufschaltung der Wasserstandsabweichung h angesehen werden.

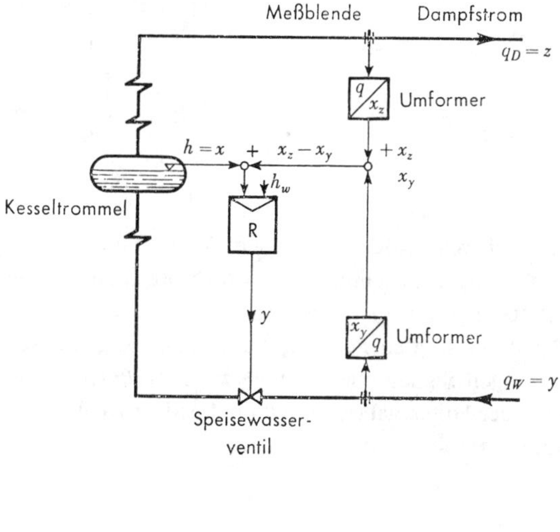

Beispiel 4

Beispiel 5: Aufschaltung einer Hilfsregelgröße auf den Reglereingang bei der Temperaturregelung eines Bandtrockners, Störgrößen sind: die Temperatur, die Feuchte und die Geschwindigkeit des einlaufenden Bandes

Als Hilfsregelgröße wird die Temperatur ϑ_H ziemlich am Anfang des Bandtrockners gewählt. Diese Temperatur ändert sich mit der Einlauftemperatur ϑ_E, der Feuchte F und mit der Bandgeschwindigkeit v. Steigt beispielsweise die Bandfeuchte, so nimmt infolge geringerer Trocknung die Temperatur ϑ_H ab. Das Analoge gilt auch für eine Erhöhung der Bandgeschwindigkeit. Die Hilfsregelgröße wird entsprechend umgeformt mit auf den Reglereingang geschaltet. Die Aufschaltung wird zeitlich nachgebend ausgeführt, um die Messung der Ausgangstemperatur ϑ_A nicht zu fälschen.

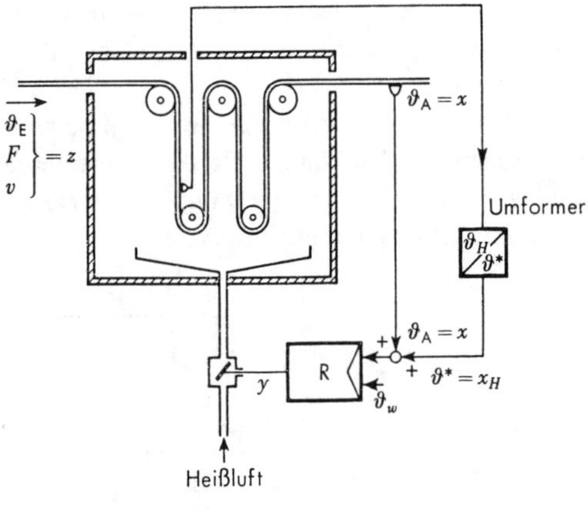

Beispiel 5

Die Hilfsregelgröße meldet dem Regler lange vor einer Änderung der Ausgangstemperatur eingetretene Störgrößenänderungen und verbessert damit die Regelgüte meist beträchtlich.

Bei der gezeigten Schaltung sind zwei Regelkreise, jeder mit einem vollständigen Signalumlauf, *miteinander verkoppelt*. Bei zu starker Aufschaltung der Hilfsregelgröße und ungünstiger Reglereinstellung kann der Regelkreis instabil werden.

Beispiel 6: Kaskaden-Temperaturregelung an einem chemischen Reaktionsbehälter, Hauptstörgrößen sind der Druck und die Temperatur des Heizdampfes

Die Temperatur ϑ im Reaktionsbehälter wird über einen Wärmeaustauscher und einen Flüssigkeitsumlauf vom Heizdampf erzeugt. Infolge der Hintereinanderschaltung vieler Speicherglieder zwischen Ventil und Temperaturaufnehmer im Behälter weist die Sprungantwort der Temperatur ϑ beim Verstellen des Dampfstromes einen ungünstigen Verlauf auf. Erfahrungsgemäß würden bei Verwenden eines einschleifigen Regelkreises bei den in Heizdampfnetzen vorhandenen großen Schwankungen des Dampfdruckes p_D und der Dampftemperatur ϑ_D die Temperaturänderungen im Behälter zu groß sein, selbst wenn ein PID-Regler verwendet würde. Durch Vorsehen der Flüssigkeitstemperatur ϑ_H im Umlauf als Hilfsregelgröße (x_H) lassen sich die Störungen auf der Dampfseite wegen der wesentlich kleineren Verzögerungen im Hilfsregelkreis schnell ausregeln, lange bevor sie eine merkliche Temperaturänderung im Behälter hervorrufen.

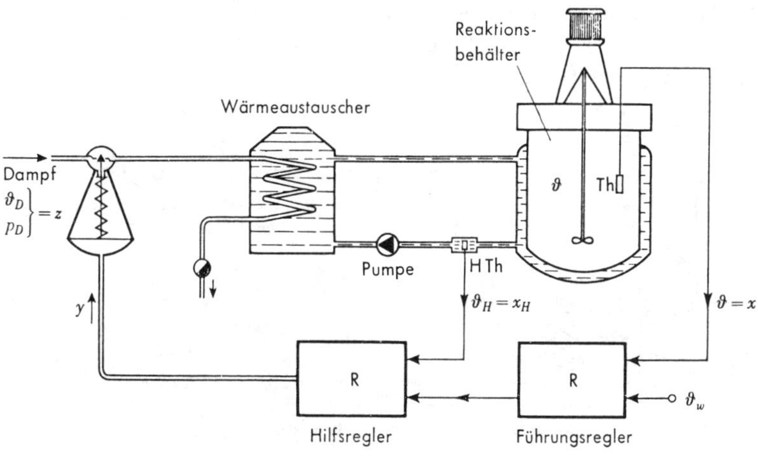

Beispiel 6

Der Hilfsregelkreis ist vorzugsweise nur für Störungen auf der Dampfseite wirksam, nicht dagegen für Störungen, die dahinter liegen, also beispielsweise für einen Temperaturanstieg im Behälter durch Wärmeerzeugung bei der chemischen Reaktion (exotherme chemische Prozesse).
Da bei der Kaskadenregelung zwei miteinander stark gekoppelte Regelkreise vorhanden sind, kann bei ungünstiger Einstellung der Parameter von Hilfsregler und Führungsregler der gesamte Regelkreis instabil werden.

Beispiel 7: Kaskaden-Drehzahlregelung bei einem Gleichstrom-Antriebsmotor (unterlagerte Stromregelung), Hauptstörgröße = Netzspannung

Der Gleichstrommotor wird dreiphasig über anschnittgesteuerte Thyristoren aus dem Netz gespeist, das starke Spannungsschwankungen aufweist. Vom Hilfsregelkreis wird der Gleichstrommittelwert I_m als Hilfsregelgröße erfaßt und auf dem von seiner Führungsgröße vorgegebenen Wert konstant gehalten, unabhängig von auftretenden Netzspannungsschwankungen. Die Führungsgröße des Hilfsreglers wird vom Führungsregler her so gesteuert, daß die Drehzahl als Regelgröße den vorgegebenen Wert einhält (s.a. Bild 18-4).

Da bei der Kaskadenregelung zwei miteinander ziemlich stark gekoppelte Regelkreise vorhanden sind, kann bei ungünstiger Reglereinstellung der Regelkreis instabil werden.

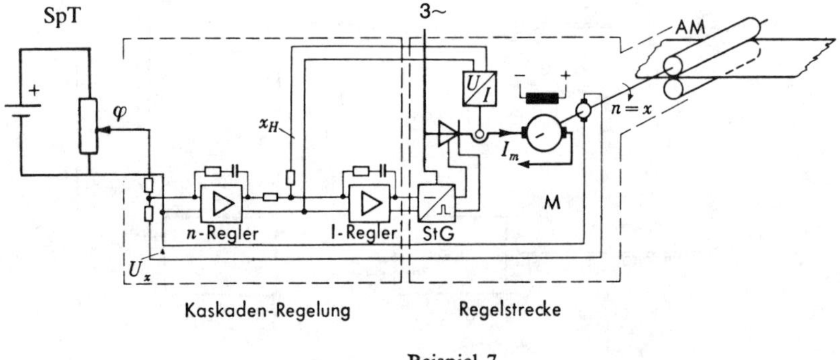

Beispiel 7

Beispiel 8

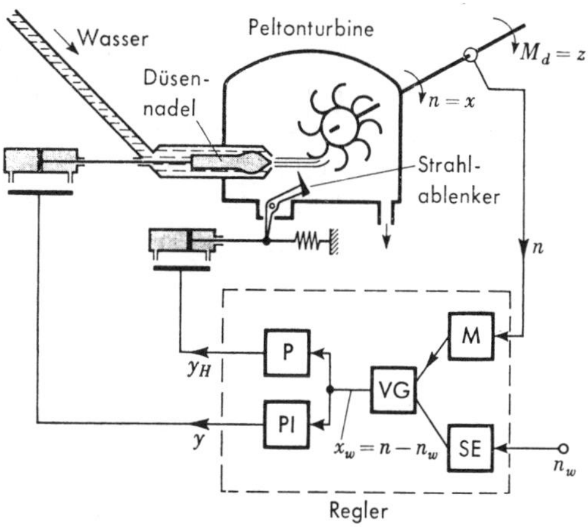

Beispiel 8: Hilfsstellgröße bei einer Drehzahlregelstrecke (Peltonturbine), Hauptstörgröße = Drehmoment

Die Peltonturbine wird aus einer Druckrohrleitung über eine Düse mit Wasser beaufschlagt. Im Betrieb sind rasche Durchflußänderungen unerwünscht wegen eines die Rohrleitung gefährdenden Druckanstieges durch die dynamischen Kräfte des strömenden Wassers. Darum wird eine Hilfsstellgröße y_H in Form eines Strahlablenkers vorgesehen. Dieser wird vom P-Teil des Reglers unverzögert gesteuert, wenn eine Regelabweichung x_w auftritt. Der Strahlablenker lenkt den Strahl vorerst vom Turbinenrad ab, ohne das Wasser zu drosseln. Nach Ausregeln der Drehzahlabweichung durch den PI-Teil des Reglers (mit Hilfe der Düsennadel) verschwindet der Eingriff der Hilfsstellgröße wieder.
Die Hilfsstellgröße wird hier vorwiegend aus Sicherheitsgründen vorgesehen.

Beispiel 9: Grob/Fein-Regelung bei einer pH-Regelanlage zur Neutralisierung industrieller Abwässer, Hauptstörgrößen sind Zufluß- und Konzentrationsschwankungen

Industrielle Abwässer müssen vor ihrer Ableitung durch Zugabe eines Neutralisationsstoffes auf gesetzlich vorgeschriebene pH-Werte gebracht werden, um keine Schädigungen zu verursachen. Infolge der meist vorhandenen großen Zuflußschwankungen und Schwankungen in der Zusammensetzung (Konzentration) ist es trotz der ausgleichenden Wirkung eines Pufferbehälters nicht möglich, mit einem Regelkreis die verlangten Grenzwerte mit Sicherheit einzuhalten. Durch einen hinter den Grobregelkreis geschalteten Feinregelkreis gelingt es, die Schwankungen des pH-Wertes innerhalb der zulässigen Toleranzen zu halten.

Beispiel 9

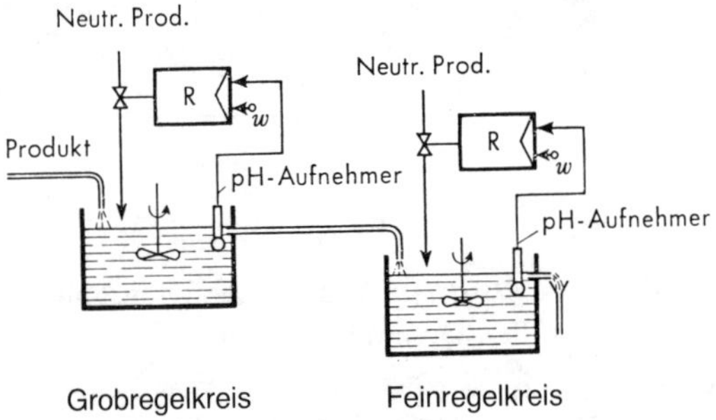

11. Regler mit veränderlicher Führungsgröße

Bei den bisherigen Betrachtungen haben wir immer angenommen, daß die Regelgröße auf einem festen Wert der Führungsgröße konstant gehalten werden soll. Solche Regelungen werden mit *Festwertregelung* bezeichnet. Daneben gibt es aber noch eine Reihe anderer Regelungen, die nicht mit einer festen, sondern mit einer veränderlichen Führungsgröße arbeiten.

11.1 Zeitplan-Regelung

Bei vielen Arbeitsprozessen wird nicht ein fester Wert der Führungsgröße gewünscht, sondern ein bestimmter Plan für die Veränderung der Führungsgröße *mit der Zeit.* Die für diesen Zweck eingesetzten Regler werden als *Zeitplanregler* oder *Programmregler* bezeichnet. Als Temperaturregler sind sie häufig anzutreffen, z. B. an Glühöfen für metallische Werkstoffe, an Brennöfen für keramische Massen, in der Chemie für das chargenweise Herstellen von Produkten, das Züchten von Pilzen und Bakterien, beim Trocknen von Holz usw.

Die wählbare Programmzeit liegt meist im Bereich von Minuten, Stunden bis zu mehreren Tagen. Bild 1 zeigt den Zeitplan für das Trocknen und Aushärten von kunstharzgetränkten Spulen. Die Erwärmung darf hier nicht zu schnell erfolgen, damit das verdampfende Wasser keine Blasen im Kunststoff zieht. Das zweistündige Halten bei 100^0 bezweckt – vor der bei 150^0 erfolgenden Aushärtung –, vorher mit Sicherheit alles Wasser zu verdampfen. Die Abkühlung der Spulen geschieht entsprechend dem natürlichen Temperaturabfall des Wärmeschrankes.

Es handelt sich dabei um so langsame Verstellungen der Führungsgröße, daß die Regelgröße diesen ohne merkliche Regelabweichungen folgt, so daß hier im wesentlichen die gleichen Verhältnisse vorliegen wie bei einer Festwertregelung.

Die Art, wie die Führungsgröße verstellt wird, richtet sich ganz nach dem konstruktiven Aufbau des Reglers. Wird die Führungsgröße im Regler als Strecke dargestellt wie bei den meisten Reglern, die ein anzeigendes Meßwerk besitzen, so erfolgt das Verstellen der Führungsgröße zweckmäßiger-

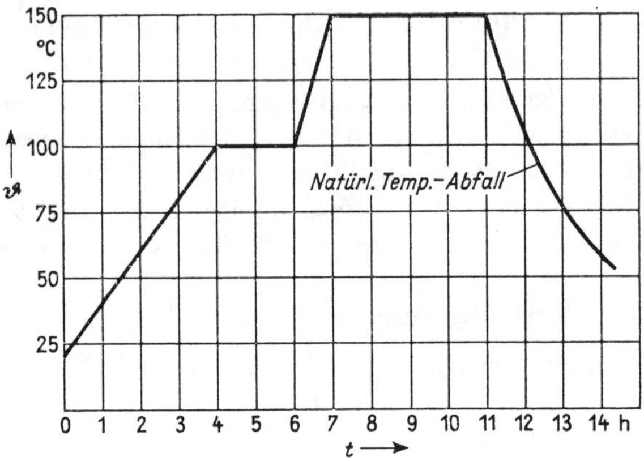

Bild 1-11
Temperatur-Zeitplan für das Trocknen und Aushärten kunstharzgetränkter Spulen.

weise mechanisch durch eine *Zeitplanscheibe,* die den Sollwertzeiger verschiebt.

Beispiel 1: Meßwerk-Zeitplanregler

Bild 2 zeigt als Beispiel einen Meßwerk-Temperaturregler (siehe auch Bild 12a, b-6) mit mechanischer Verstellung der Führungsgröße durch eine Zeitplanscheibe. Die Zeitplanscheibe wird über ein Untersetzungsgetriebe von einem kleinen Uhren-Synchronmotor mit konstanter Geschwindigkeit angetrieben.

Beispiel 2: Programmgeber

Bei den vorher beschriebenen Meßwerkreglern ist bei Programmänderungen das Auswechseln und aufwendige Neuanfertigen einer Programmscheibe erforderlich. Da die Anwendung von Meßwerkreglern zugunsten rein elektronisch arbeitenden Reglern stark rückläufig ist, werden zunehmend Programmgeber verwendet, die leichter programmierbar sind. Ein solcher *Programmgeber,* wie ihn Bild 3 zeigt, gibt einstellbare Gleichspannungen als Führungsgröße für angeschlossene Regler ab. Verwendet wird meist der genormte Spannungsbereich von 0...+ 10 V (nach DIN-IEC 381). Die Regler

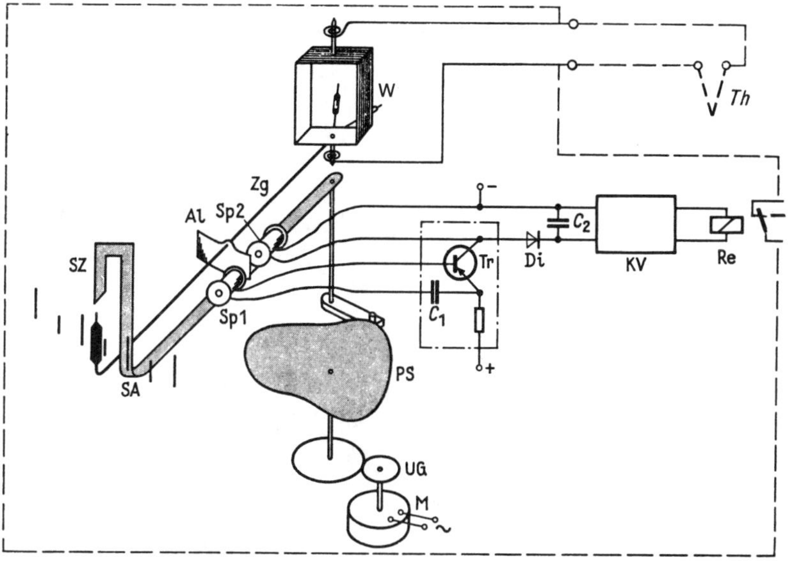

Bild 2-11
Meßwerk-Zeitplanregler, dessen Führungsgröße von einer Zeitplanscheibe mechanisch verstellt wird an Temperaturregelstrecke. W Meßwerk, Zg Zeiger, SZ Sollwertzeiger, PS Zeitplanscheibe, UG Untersetzungsgetriebe, M Motor für Zeitplanscheibe.

erhalten dazu einen entsprechenden Führungsgrößeneingang. Die Spannungssollwerte an den Knickpunkten des Programms sind mit großer Genauigkeit einstellbar. Zwischen den Knickpunkten wird die Sollwertspannung geradlinig durch die eingebaute Elektronik nachgeführt.

Einstellbar sind je nach Bauart und Fabrikat 3...20 Knickpunkte. Dazu können zusätzlich meist noch 2...16 programmgeführte Schaltpunkte zum Eingriff in den geregelten Prozeß eingestellt werden. Die Zeitbasis wird meist durch einen Quarzschwinger erzeugt. Wie bei den Meßwerkreglern sind Programmzeiten von Minuten, Stunden und Tagen einstellbar. Die Zeit- und Spannungseinstellung erfolgt entweder an Potentiometern oder auch an löschbaren, nichtflüchtigen elektronischen Speichern (PROM's), wie sie im Teil II, Digitale Regelungstechnik beschrieben sind.

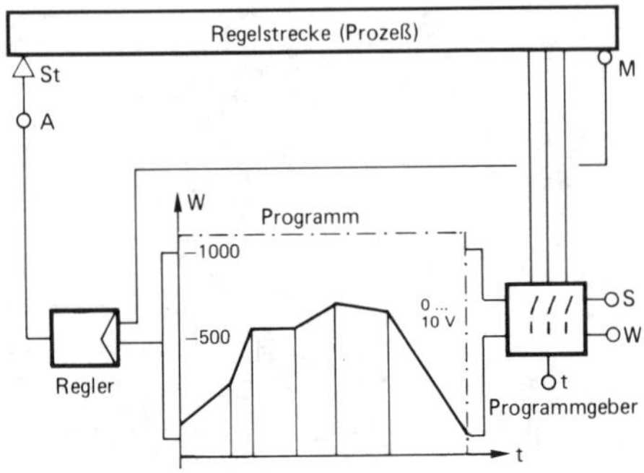

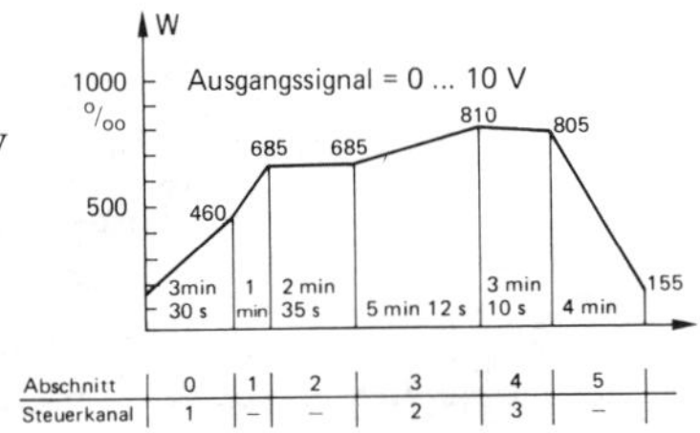

Bild 3-11:
Programmgeber mit Regelkreis und Programmbeispiel
w Sollwertspannung-Einsteller 0...10 V
s Schaltpunkte-Einstellung
t Zeiteinstellung der Programmabschnitte
M Meßgrößenaufnehmer
St Stellglied
A Stellantrieb

11.1.1 *Hinweise, die bei der Projektierung von Zeitplanregelungen beachtet werden müssen*

Bei der Projektierung von Zeitplanregelungen ist eine Reihe zusätzlicher Punkte zu beachten, die bei Festwertreglern meist ohne Belang sind.

1. Mit Rücksicht auf die Geometrie und die Kraftverhältnisse zwischen Fühlhebel und Zeitplanscheibe darf, bei Vorhandensein einer solchen, der Anstieg der Führungsgröße meist nicht beliebig steil gewählt werden. Bei üblichen Ausführungen liegt die Grenze etwa bei einem Anstieg der Führungsgröße von 0 auf 100% für 1/12 der Umdrehung der Zeitplanscheibe. Bei einer Programmzeit von 24 Stunden bedeutet das einen Anstieg von 0 auf 100% in zwei Stunden.

2. Eine andere Grenze für die Steilheit des Regelgrößenanstieges ist durch den Stellbereich – bei einem Ofen die Anschlußleistung – gegeben. Die Regelgröße (Temperatur) kann beim Einschalten des Regelkreises (Ofen) nicht

schneller ansteigen, als es durch die Sprungantwort vorgegeben ist. Auch das Absinken der Regelgröße (Temperatur) kann nicht schneller erfolgen als es der Fall ist, wenn die Energiezufuhr zur Regelstrecke ganz unterbrochen wird. Nur durch zusätzliche Kühlmaßnahmen ist ein rascheres Absinken der Temperatur zu erreichen. Diese beiden an sich selbstverständlichen Grenzen werden nicht selten übersehen.

3. Festwertregler haben zwar einen Sollwerteinsteller, arbeiten aber meist mit einem festen Wert der Führungsgröße, der nur gelegentlich in einem engeren Bereich verstellt wird. Der Stellbereich (Anschlußleistung) kann für diesen Wert der Führungsgröße zweckmäßig gewählt werden, so daß sich ein günstiger Kompromiß zwischen kurzer Anheizzeit, der Fähigkeit, auch größere Störungen rasch auszuregeln und kleiner Schwankungsbreite ergibt. Zeitplanregler arbeiten jedoch in der Regel in einem weiten Bereich der Führungsgröße, für den sich die Frage des zweckmäßigen Stellbereiches (Anschlußleistung) nicht so leicht beantworten läßt. In Abschnitt 7.1.2.1 wurde bei Verwenden eines Zweipunktreglers ohne Rückführung für die dann vorhandene Schwankungsbreite der Ausdruck $\Delta X = X_{max} \cdot T_u/T_g$ abgeleitet. In diesem Ausdruck ist X_{max} proportional der Anschlußleistung und diese damit bestimmend für die Schwankungsbreite. Die Schwankungsbreite ist somit unabhängig vom eingestellten Wert der Führungsgröße. Das bedeutet aber, daß bei kleinen Werten der Führungsgröße die Schwankungen prozentual ungleich mehr ins Gewicht fallen als bei großen Werten. Beträgt beispielsweise die Schwankungsbreite 40°C, so bedeutet das bei einer Führungsgröße von 200°C eine Schwankungsbreite von 20%; bei einer Führungsgröße von 800°C jedoch nur noch von 5% (Bild 4a). Da heute überwiegend unstetige Regler mit Rückführung und damit minimaler Schwankungsbreite ΔX verwendet werden, spielt dieser Gesichtspunkt heute nur noch eine untergeordnete Rolle.

Zur Schwankungsbreite kommt noch die sich mit der Führungsgröße ändernde bleibende Regeldifferenz Δx_{PA} hinzu, deren Größe ebenfalls in Abschnitt 7.1.2.1 angegeben wurde.

Die Erfahrung zeigt, daß bei Verwendung eines einfachen Zweipunktreglers und ungünstigen Verhältnissen die Schwankungsbreite und die bleibende Regeldifferenz untragbar groß werden.

Abhilfe kann erfolgen durch Verwendung eines Zweigruppen- oder Dreieck/Stern-Aus-Reglers, wie in Bild 17-7 dargestellt, durch Verringerung der Anschlußleistung mit fallender Führungsgröße (Bild 4b) und besonders durch Verwenden einer verzögerten Rückführung (Bild 4c). Viele Zeitplanregler besitzen einen oder mehrere Kontakte, die an einstellbaren Punkten des Zeitplanes betätigt werden. Mit diesen Kontakten läßt sich z.B. die Anschlußleistung an bestimmten Punkten herabsetzen, Umwälzventilatoren ein- und ausschalten, Kühlaggregate in Betrieb setzen usw., um den Zeitplanregler in seiner Wirkung zu unterstützen.

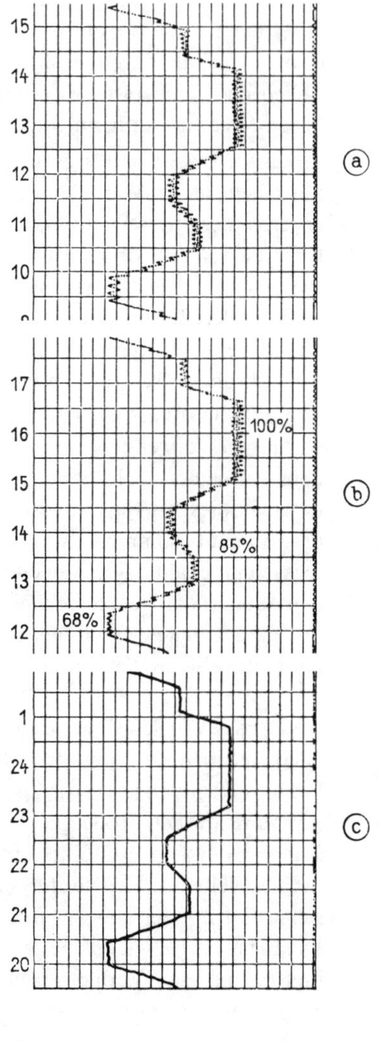

Bild 4a...c-11
Mit Zeitplanregler geregelte Temperatur eines elektrisch beheizten Ofens. a) Anschlußleistung konstant (Schwankungsbreite ist unabhängig vom Wert der Führungsgröße), b) Überschußleistung an den angegebenen Punkten herabgesetzt (Schwankungsbreite bei kleinen Werten der Führungsgröße verringert), c) wie b, jedoch zusätzlich mit thermischer Rückführung.

11.2 Kaskaden-Regelung

Beim Zeitplanregler wird die Führungsgröße nach einem Zeitplan verstellt. Bei der in Abschnitt 10 beschriebenen *Kaskadenregelung* erfolgt dagegen die Verstellung der Führungsgröße eines Hilfsreglers von einem übergeordneten Hauptregler aus.
Bei der Kaskadenregelung erfolgt das Verstellen der Führungsgröße meist schon wesentlich schneller als bei einer Zeitplanregelung, aber doch noch so langsam, daß der Hilfsregler im wesentlichen wie ein Festwertregler arbeitet.

11.3 Folgeregelung

Bei der *Folgeregelung* treten dagegen laufend Änderungen der Führungsgröße auf, wobei diese Änderungen oft sehr schnell erfolgen, so daß eine solche Regelung nicht mehr den Charakter einer Festwert-Regelung hat. Hauptaufgabe der Folgeregelung ist es, die Regelgröße der laufend veränderten Führungsgröße möglichst schnell und mit geringen Abweichungen nachzufahren (Bild 17b-1). Der Regelkreis muß dazu ein gutes *Führungsverhalten* aufweisen. Darüber hinaus soll natürlich der Regelkreis als zusätzliche Aufgabe auch die Auswirkung von Störgrößenänderungen auf die Regelgröße beseitigen, d. h. zusätzlich noch ein ausreichendes Störverhalten besitzen. In manchen Anwendungsfällen tritt jedoch das Störverhalten gegenüber dem Führungsverhalten zurück. Nachstehend vier Beispiele von Folgeregelungen:

Beispiel 4: Scheinwerfersteuerung (Bild 5)

Der Scheinwerfer SW soll vom entfernt aufgestellten Leitgerät LG in jede gewünschte Lage um seine Drehachse Ac gebracht, d. h. vom Leitgerät aus ferngesteuert werden.
Das Leitgerät LG besteht aus einem genau gewickelten ringförmigen Spannungsteiler-Widerstand SpT1, dessen Schleifer Schl1 in die gewünschte Stellung des Scheinwerfers gebracht wird. Mit dem Scheinwerfer wird gleichzeitig der auf dem Spannungsteiler SpT2 gleitende Schleifer Schl2

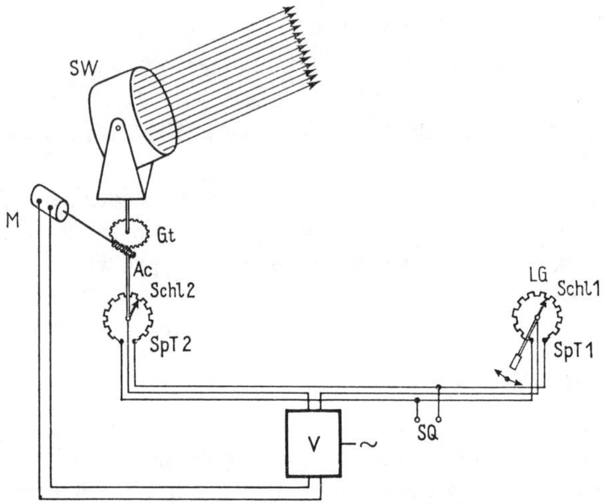

Bild 5-11
Scheinwerfer-Fernsteuerung mit Folgeregler. SW Scheinwerfer, LG Leitgerät, Ac Achse, SpT1, SpT2 Spannungsteiler, Schl1, Schl2 Schleifer, V Verstärker, M Stellmotor, Gt Schneckengetriebe, SQ Spannungsquelle.

verstellt. Beide Spannungsteiler bilden zusammen eine Brückenschaltung, die aus der Spannungsquelle SQ gespeist wird. Die Brücke ist nur dann im Gleichgewicht, d. h. ihre Diagonalspannung null, wenn die beiden Schleifer die gleiche Stellung auf den Spannungsteilerringen einnehmen.

Besteht ein Lageunterschied zwischen Leitgerät und Scheinwerfer, so tritt eine nach Größe und Vorzeichen der Abweichung proportionale Spannung zwischen den Schleifern auf, welche im Verstärker V verstärkt und dem Stellmotor M zugeführt wird. Dieser verstellt über das Schneckengetriebe Gt den Scheinwerfer und den damit gekuppelten Schleifer Schl 2 so lange nach rechts bzw. links, bis die Differenzspannung zu Null und die Stellung des Scheinwerfers gleich der Stellung des Leitgerätes geworden ist. Die Führungsgröße ist hier die jeweils vorgegebene Stellung des Leitgerätes, Regelgröße die Lage des Scheinwerfers. Die beiden Spannungsteiler, der Verstärker und der Stellmotor bilden zusammen einen I-Regler. (Wirkliche

Lagesteuerungen benutzen nur noch selten ringförmige Schleifwiderstände, weil der Schleifkontakt eine Störquelle darstellt. Statt Widerstände werden meist induktive Weg- oder Drehwinkelaufnehmer verwendet, wie sie in Bild 9 von Tabelle 4-1 und in Bild 20a-3 abgebildet sind).
In den USA werden solche mechanische Nachlauf-Steuerungen mit Regler als *servomechanism* bezeichnet.

Beispiel 5: Kompensationsschreiber für das Aufzeichnen kleiner Gleichspannungen (Bild 6)

In der Meßtechnik besteht häufig die Aufgabe, kleine Gleichspannungen, wie sie z.B. von Thermoelementen, optischen Pyrometern, Meßbrückenschaltungen, Meßelektroden usw. abgegeben werden, mit großer Genauigkeit und Schnelligkeit auf einem ablaufenden Papierstreifen aufzuzeichnen. Die Prinzipschaltung eines solchen *Kompensationsschreibers* zeigt Bild 6. Die der Temperatur proportionale Spannung U_{Th} des Thermoelementes Th von einigen mV soll mit Hilfe der Schreibfeder Sf auf dem ablaufenden Papierstreifen PStr registriert werden.

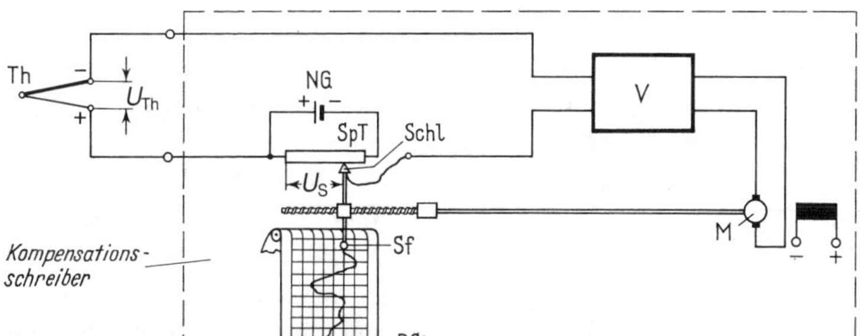

Bild 6-11
Prinzipschaltung eines Kompensationsschreibers zum Aufzeichnen kleiner Gleichspannungen. Th Thermoelement, SpT Spannungsteiler, NG Netzgerät hoher Konstanz, Schl Schleifer, Sf Schreibfeder, PStr ablaufender Papierstreifen, V Verstärker, M Motor (der einfachen Erklärung wegen als Gleichstrommotor gezeichnet), U_{Th} vom Thermoelement abgegebene Spannung, U_s am Schleifdraht abgenommene Spannung.

Dazu wird der vom Thermoelement abgegebenen Spannung U_{Th} eine am Spannungsteiler SpT mit dem Schleifer Schl abgenommene Spannung U_s entgegengeschaltet. Der Spannungsteiler wird aus dem Netzgerät NG mit einer sehr konstanten Spannung versorgt. Die entstehende Differenzspannung wird dem Eingang des Verstärkers V zugeführt, welcher seinerseits den mit einem konstanten Feld erregten Motor M speist. Die Drehzahl des Motors ist dann der Differenz $U_{Th} - U_s$ nach Größe und Richtung proportional. Ist z.B. die Spannung U_{Th} größer als U_s, so wird der Schleifer so lange nach rechts verstellt, bis beide Spannungen gleich groß sind. Die Verstellung erfolgt in umgekehrter Richtung, wenn die Spannung U_{Th} kleiner ist als die am Schleifdraht abgegriffene Spannung. Auf diese Weise wird die Spannung U_{Th} des Thermoelementes auf dem ablaufenden Papierstreifen als Kurvenzug abgebildet; dabei sind Einstellzeiten unter einer Sekunde über eine Papierbreite von 250 mm erreichbar.
Führungsgröße ist hier die vom Thermoelement abgegebene Spannung U_{Th}, Regelgröße die am Spannungsteiler abgegriffene Spannung U_s, die wiederum proportional dem Weg der Registrierfeder ist. Meßkreis, Verstärker und Stellmotor bilden zusammen einen I-Regler.

Beispiel 6: Gleichlaufregelung (Bild 7)

Die beiden Walzen Wa1 und Wa2 einer Walzenstraße oder Textilmaschine sollen gleich schnell laufen, obwohl sie von zwei getrennten Motoren M1, M2 angetrieben werden.
Auf den verlängerten Wellen der Walzen sitzt je eine Drehzahlgeber-Maschine G1 bzw. G2 (Tachometerdynamo), die eine der Drehzahl genau proportionale Spannung abgibt. Die Spannungen der beiden Gebermaschinen werden gegeneinandergeschaltet; die Differenzspannung liegt am Eingang des Verstärkers V. Ist eine Drehzahlabweichung zwischen den beiden Walzen Wa1 und Wa2 vorhanden, so tritt eine nach Größe und Richtung der Abweichung proportionale Spannung am Verstärkereingang auf. Die verstärkte Spannung wird dem Anker des Motors M2 zugeführt und ändert dessen Ankerstrom solange, bis die Drehzahl des Motors M2 mit der des Motors M1 übereinstimmt.

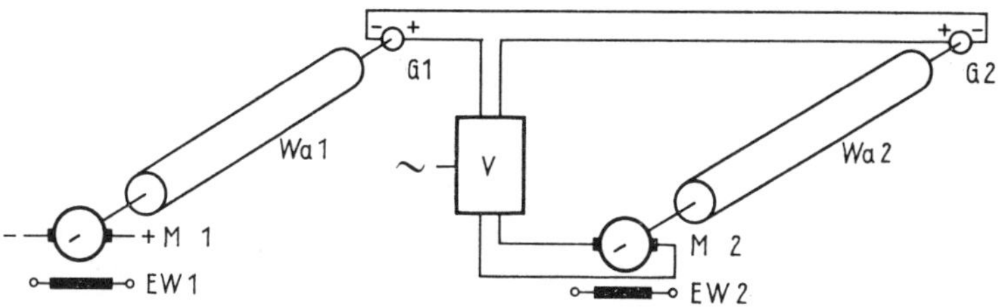

Bild 7-11
Gleichlaufregelung zweier Walzen. Wa1, Wa2 Walzen, M1, M2 Antriebsmotore, G1, G2 Drehzahlgeber, V Verstärker, EW1, EW2 Erregerwicklungen.

Führungsgröße ist hier die Drehzahl des Motors M1, Regelgröße die Drehzahl des Motors M2. Drehzahlgeber, Verstärker und Hilfserregerwicklung bilden zusammen einen P-Regler.

Beispiel 7: Verhältnisregler

Oft soll eine Größe in einem bestimmten einstellbaren Verhältnis zu einer anderen Größe gehalten werden. Ein solcher Fall liegt beispielsweise bei der *Verbrennungsregelung* an einem gasbeheizten Ofen vor (Bild 8).
Zur richtigen Verbrennung des Gasstromes wird ein ganz bestimmter, in einem festen Verhältnis zum Gasstrom stehender Luftstrom LS benötigt. Hierzu ist der Verhältnisregler R vorgesehen. Mit Hilfe der Meßblende MBG wird der Gasstrom, mit der Meßblende MBL der Luftstrom gemessen. Beide Werte werden dem Eingang des Verhältnisreglers R zugeführt. Weicht das gemessene Verhältnis zwischen Gas- und Luftstrom von dem eingestellten Verhältnis ab, so ändert der Regler den Luftstrom über die Luftklappe LK so lange, bis das gewünschte Luft/Gas-Verhältnis wieder erreicht ist.
Führungsgröße ist hier der vom Temperaturregler vorgegebene Wert des Gasstromes, Regelgröße der jeweilige Luftstrom.
Die Temperatur wird mit dem gestrichelt gezeichneten Regelkreis in bekannter Weise durch Verändern des Gasstromes GS mit der Klappe GK konstant gehalten.

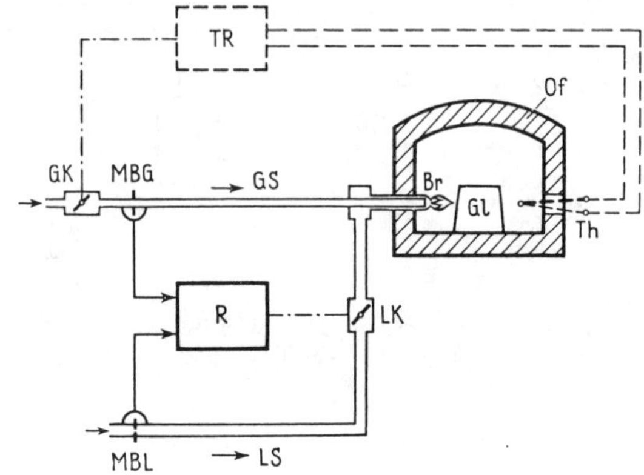

Bild 8-11
Verbrennungsregelung an einem gasbeheizten Ofen mit Verhältnisregler. Of Ofen, Gl Glühgut, Br Brenner, GS Gasstrom, LS Luftstrom, LK Luftklappe, MBG Meßblende für Gas, MBL Meßblende für Luft, R Verhältnisregler, Th Thermoelement, TR Temperaturregler, GK Gasklappe.

11.4 Steuern und Regeln

Sehen wir in den gebrachten vier Beispielen vom apparativen Aufbau des Regelkreises ab und zeichnen den Regelkreis in Blockdarstellung hin mit der Führungsgröße w als Eingangsgröße, der Regelgröße x als Ausgangsgröße, so erhalten wir Bild 9 (dabei soll unerörtert bleiben, welche Teile des Regelkreises zweckmäßig zum Regler und welche zur Regelstrecke zu rechnen sind).
Die Aufgabe einer solchen Folgeregelung ist, die Regelgröße x der Führungsgröße w proportional nachzufahren, also die Gleichung

$$x = \text{Konstante} \cdot w$$

laufend zu erfüllen.

Wie schon im Abschnitt 1.10.3 ausführlich gezeigt wurde, ist das aber auch die Aufgabe einer *Steuerung*. Ein Folgeregelkreis verhält sich also von außen gesehen genauso wie eine Steuerung. Für den Fall, daß es nicht mög-

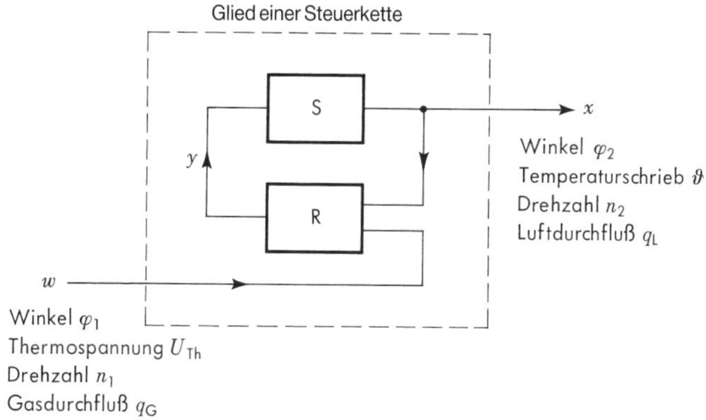

Bild 9-11
Folgeregelkreis, der, von außen gesehen, sich wie eine Steuerung verhält.

lich ist, von außen in das um den Regelkreis herumgezeichnete Kästchen (Bild 9) hineinzusehen, wäre nicht zu entscheiden, ob es sich um eine einfache Steuerung oder um einen Folgeregelkreis handelt.

Der Nachteil einer offenen Steuerung (Steuerkette) ist, daß die Gleichung x = Konstante · w nur unvollkommen erfüllt werden kann, da Veränderungen der Eigenschaften der Steuerglieder und von außen einwirkende Störgrößenänderungen den Wert der Konstante in unkontrollierbarer Weise verändern. Bei einer einfachen Steuerkette wird der Steuerbefehl am Eingang der Steuerkette gegeben mit dem Ziel, die Ausgangsgröße auf einen bestimmten Wert zu bringen. Dabei wird aber *nicht nachgeprüft*, ob dieser Befehl tatsächlich auch richtig ausgeführt wurde. Bei Verwenden einer Folgeregelung wird aber – und das ist das Entscheidende – durch den Vergleicher im Regler dauernd geprüft, ob die Regelgröße x den durch die Führungsgröße w vorgeschriebenen Wert tatsächlich auch erreicht hat. Erforderlichenfalls wird die Stellgröße y so lange verändert, bis die Gleichung x = Konstante · w erfüllt ist.

Das Verwenden einer Folgeregelung anstelle einer einfachen Steuerung bringt aber noch einen weiteren, in vielen Fällen entscheidenden Vorteil, nämlich die raschere Ausführung des Steuerbefehls. Zur Erklärung wird angenommen, daß es sich um eine Regelstrecke mit einer Verzögerung (erster Ordnung) mit dem Übertragungsbeiwert K_S und der Zeitkonstante T_S handelt und um einen P-Regler, der den Übertragungsbeiwert $K_R = Y_h/X_P$ aufweist. Wird die Regelgröße x unmittelbar durch die Stellgröße y gesteuert (bei offenem Regelkreis), so ist bei dieser Steuerung die Zeitkonstante T_S wirksam.

Wird dagegen die Steuerung über die Führungsgröße w vorgenommen, so ist, wie in Abschnitt 5.5.1.2 gezeigt wurde, jetzt nicht mehr die volle Zeitkonstante T_S wirksam, sondern die kleinere Zeitkonstante

$$T_S^* = \frac{T_S}{1 + K_S \cdot K_R},$$

wo $K_S \cdot K_R = K_0$ die Kreisverstärkung ist. Ist beispielsweise $K_0 = K_S \cdot K_R = 1 \cdot 9 = 9$, ein Wert, der sich praktisch in vielen Fällen ohne große Mühe verwirklichen läßt, so geht die wirksame Zeitkonstante auf den zehnten Teil herunter (Bild 10a, b).

Dieser Effekt scheint fast an Hexerei zu grenzen, da es doch offenbar ausgeschlossen ist, durch äußere Maßnahmen die Zeitkonstante einer Regelstrecke selbst zu verringern. Die Erklärung dafür liegt im folgenden: Wird bei einer einfachen Steuerung die Stellgröße um beispielsweise 1% verstellt, so folgt die Regelgröße dieser Änderung mit der durch die Zeitkonstante T_S gegebenen Verzögerung. Wird dagegen die Führungsgröße w um 1% verstellt, so beträgt die Änderung der Stellgröße y jetzt nicht mehr 1%, sondern, wenn die Kreisverstärkung 9fach ist, 9%. Es ist klar, daß bei einer solchen fast 10mal größeren Stellgrößenänderung die Regelgröße 10mal schneller dem neuen Wert zustrebt, wodurch eine 10mal kleinere Zeitkonstante vorgetäuscht wird.

Durch Einbau eines Regelkreises in eine Steuerung wird also das Steuerverhalten entscheidend verbessert.

Der Unterschied zwischen einer einfachen Steuerung und einer Steuerung mit Folgeregler soll zur Vertiefung des Gesagten an der schon im Abschnitt 1, Bild 24-1 beschriebenen Drehzahlsteuerung vor Augen geführt werden.

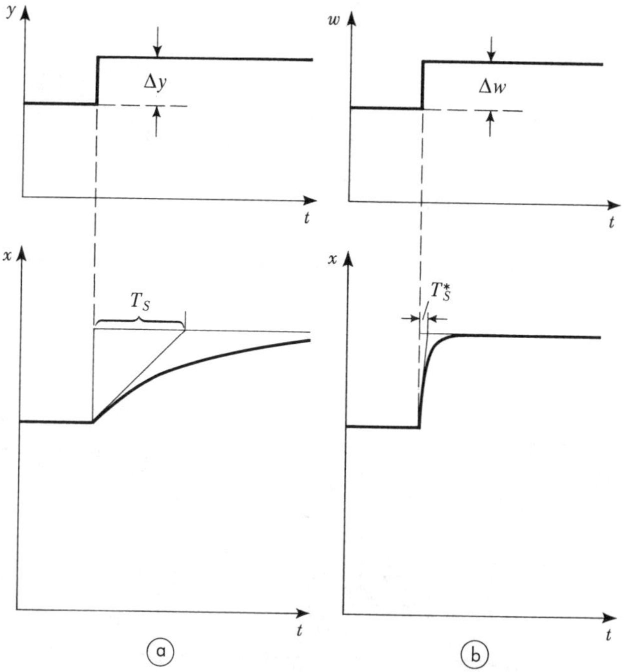

Bild 10a, b-11
Vergleich einer einfachen Steuerung und einer Steuerung mit Folgeregelkreis in bezug auf Schnelligkeit. a) einfache Steuerung, wirksame Zeitkonstante T_S, b) Steuerung mit Folgeregelkreis, wirksame Zeitkonstante T_S*.

Diese Steuerung ohne eingebauten Regler ist hier als Bild 11 a noch einmal abgebildet.

In die Drehzahlsteuerung von Bild 11 b ist dagegen ein Regler eingebaut. Die Drehzahl wird wieder an dem Spannungsteiler SpT eingestellt, der mit einer konstanten Spannung gespeist wird. Im Unterschied zu der im Bild 11 a gezeigten Steuerung ist hier jedoch an den Walzen der Drehzahlaufnehmer G (Tachodynamo) angebracht, der an seinen Klemmen eine der Drehzahl proportionale Gleichspannung U_x abgibt. Die der Drehzahl proportionale

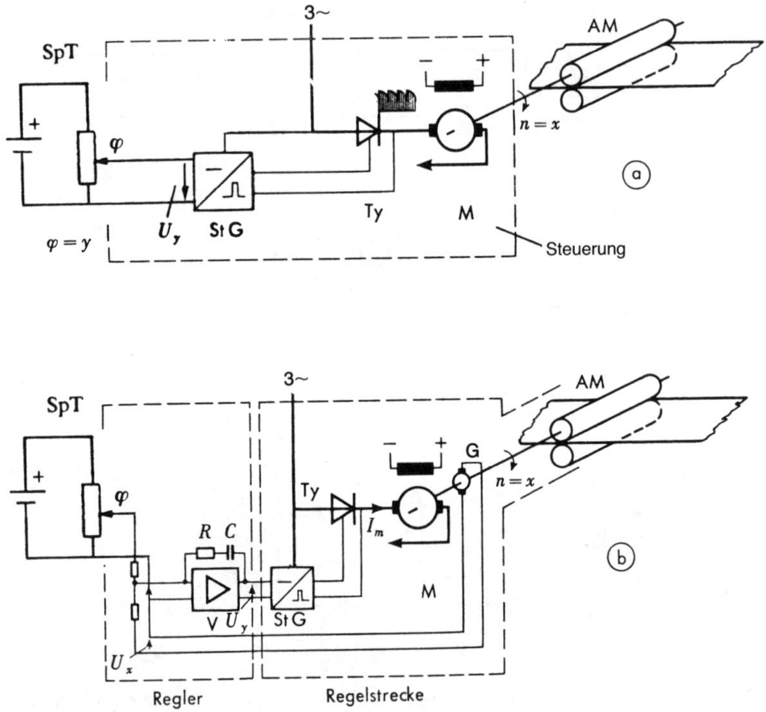

Bild 11 a, b-11
Drehzahlsteuerung, a) ohne eingebauten Regelkreis, SpT Spannungsteiler mit konstanter Spannung gespeist, StG Steuergerät, Ty Thyristor, M Gleichstrommotor, AM Arbeitsmaschine, $\varphi = y$ Eingangsgröße, $n = x$ Ausgangsgröße, b) mit eingebautem Regelkreis. SpT Spannungsteiler als Sollwerteinsteller, G Drehzahlaufnehmer, V Verstärker mit nachgebender Rückführung (PI-Verhalten), U_x Istwertspannung, U_w Sollwertspannung, U_y Steuerspannung, I_m mittlerer Gleichstrom.

Spannung des Tachodynamo wird mit der am Spannungsteiler abgegriffenen Spannung U_W verglichen (Stromvergleich). Ist eine Differenz (Regelabweichung) vorhanden, so wird über den Regler und das Steuergerät StG der mittlere Gleichstrom I_m und damit die Drehzahl n solange verändert, bis der Unterschied zwischen der am Spannungsteiler vorgegebenen und der am Drehzahlaufnehmer vorhandenen Spannung verschwunden ist. Durch den Einbau des Regelkreises wird aber nicht nur das Führungsverhalten verbessert, sondern die Steuerung wird auch unempfindlich gemacht gegen alle Änderungen der Eigenschaften der Übertragungsglieder, wie z. B. Erwärmung der Maschinen, Änderung der Erregerspannung des Antriebsmotors. Auch die Auswirkungen aller Störgrößenänderungen auf die Drehzahl, die hier besonders in der schwankenden Belastung des Antriebsmotors vorhanden sind, werden ausgeregelt. Ein durch stärkere Belastung hervorgerufener Drehzahleinbruch wird durch die Wirkung der Regelung innerhalb kurzer Zeit beseitigt.

Eine Steuerung mit eingebautem Regelkreis hat also folgende Vorzüge:

1. Verbesserung des Führungsverhaltens (neue Drehzahl wird wesentlich schneller erreicht).
2. Die eingestellte Ausgangsgröße wird unabhängig von Änderungen der Eigenschaften der Steuerglieder (Wicklungstemperatur, Erregerspannung usw.).
3. Der Einfluß aller auf die Steuerung einwirkenden Störgrößen wird beseitigt (Belastungsschwankungen).

Den Unterschied zwischen einer einfachen Steuerkette und einer Steuerung mit Folgeregler zeigen die Bilder 12 und 13. In Bild 12 ist in Abhängigkeit von der Zeit der von Hand vorgegebene Verlauf der Eingangsgröße (Stellung des Schleifers des Spannungsteilers SpT) und die Ausgangsgröße Drehzahl aufgetragen.
Die Kurve A stellt den Verlauf der Eingangsgröße, d. h. den gewünschten Verlauf der Drehzahl dar. Kurve B zeigt dagegen den sich tatsächlich einstellenden Verlauf der Drehzahl bei verhältnismäßig raschen Verstellungen des Spannungsteilers. Es ist deutlich zu sehen, daß die Ausgangsgröße raschen Änderungen der Eingangsgröße nur sehr unvollkommen folgt, d.h., daß das Führungsverhalten schlecht ist. Außerdem ist zu erkennen, daß sich bei Belastungsschwankungen (Störgrößenänderung) die Drehzahl in unerwünschter Weise ändert.

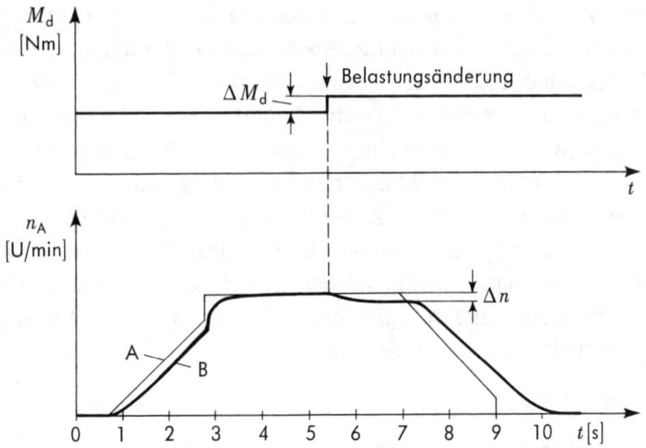

Bild 12-11
Führungsverhalten einer einfachen Steuerung bei raschen Änderungen der Eingangsgröße und bei Belastungsänderungen. *A* Verlauf der von Hand vorgegebenen Eingangsgröße, *B* Verlauf der Ausgangsgröße n_A.

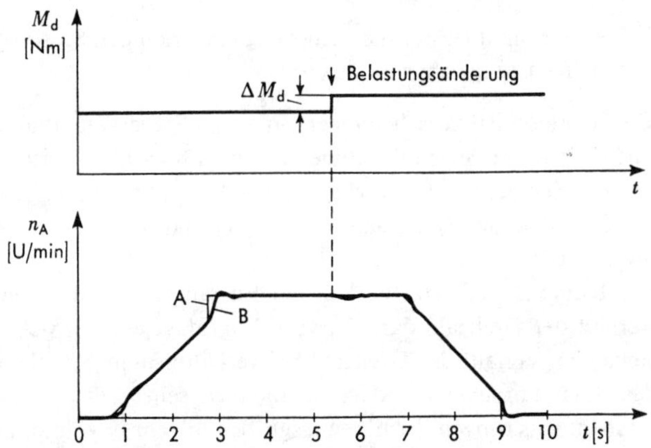

Bild 13-11
Führungsverhalten einer Steuerung mit eingebautem Regelkreis. *A* Verlauf der Eingangsgröße, *B* Verlauf der Ausgangsgröße (PI-Regler).

Wird in die Steuerung ein Regelkreis eingefügt, so erhält man Bild 13. Die Verbesserung des Führungsverhaltens ist deutlich. Auch schnellen Änderungen der Eingangsgröße folgt die Ausgangsgröße sehr gut. Dazu kommt, daß bei Belastungsänderungen der entstehende Drehzahleinbruch rasch ausgeregelt wird und auch Änderungen der Übertragungseigenschaften der zwischengeschalteten Glieder durch den Regelkreis unwirksam gemacht werden.
Diese Vorzüge haben dazu geführt, daß heute hochwertige Steuerungen fast immer mit einem eingebauten Regelkreis ausgerüstet werden.
Der Unterschied zwischen einer Steuerung (offene Wirkungskette) und einer Regelung (geschlossener Regelkreis) wurde dadurch stark verwischt. Das ist auch die Ursache dafür, daß wir uns in diesem Buch über Regelungstechnik ausführlicher mit der Steuerungstechnik beschäftigen mußten.

11.5 Regelungstechnische Begriffe zu Abschnitt 11

Begriff	Zeichen oder Symbol	Erklärung
Festwertregelung	–	Regelung mit einer festen, nur gelegentlich verstellten Führungsgröße
Zeitplan- oder Programm-Regelung	–	Regelung, bei welcher die Führungsgröße mit der Zeit nach einem festen Zeitplan (Programm) verstellt wird
Folgeregelung	–	Regelung, bei welcher die Führungsgröße eines Reglers laufend von außen verstellt wird, wobei es Aufgabe des Reglers ist, die Regelgröße möglichst schnell und genau mit der Führungsgröße zur Deckung zu bringen

12. Projektierung größerer verfahrenstechnischer Anlagen

In den vorangegangenen Abschnitten wurde jeweils die Regelung einer einzelnen Größe analysiert. Bei der Projektierung größerer Anlagen, wie sie z.B. gerade in der chemischen Industrie häufig vorkommen, ist es jedoch am Anfang erst einmal wichtig, einen Überblick über den notwendigen Aufwand an Meß-, Steuer- und Regeleinrichtungen zu erhalten, ehe man sich der genaueren Untersuchung jedes einzelnen Regelkreises zuwendet.

Bei solchen größeren Anlagen wird zuerst auf Grund der verfahrenstechnischen Kenntnisse das Anlagenschema entwickelt, das sich aus dem geforderten Prozeßablauf ergibt und festlegt, welche Stoffe benötigt werden, wohin sie zu transportieren sind, ob sie erhitzt oder gekühlt werden müssen und mit welchen anderen Stoffen sie gegebenenfalls reagieren sollen, wozu geeignete Reaktorgefäße bereit zu stellen sind. Die erforderlichen Behälter, Rohrleitungen, Reaktorgefäße, Wärmetauscher, Kühler und Heizelemente, Pumpen und Kompressoren, Ventile usw. müssen berechnet, ausgewählt und festgelegt werden.

In einer solchen Anlage müssen viele Prozeßgrößen wie Temperaturen, Drücke, Durchflüsse, Mischungsverhältnisse, Füllstände usw. ständig gemessen, angezeigt und registriert, konstantgehalten oder verändert werden. Hierzu dient die Meß-, Steuer- und Regelungstechnik, abgekürzt *MSR-Technik,* ein Arbeitsgebiet, das im englischen Sprachraum auch als „Instrumentation“ (Instrumentierung) bezeichnet wird.

Nach der Ausarbeitung eines *Fließbildes* der zu projektierenden Anlage, in welchem die Rohrleitungen und Apparate (i.allg. mit den Symbolen nach DIN 28004) eingetragen sind, beginnt die Arbeit des für die MSR-Technik zuständigen Technikers. Dieser legt in Zusammenarbeit mit dem Verfahrensplaner und dem Betreiber fest, welche Größen an welchen Stellen zu messen, anzuzeigen und gegebenenfalls zu registrieren sind und welche Größen geregelt und gesteuert werden müssen. Dabei zeigt sich häufig, daß die Zusammenarbeit zwischen Verfahrenstechniker und Meß- und Regeltechniker gar nicht früh genug einsetzen kann.

In das Fließbild der Anlage werden dann die einzelnen festgelegten Meß-, Steuer- und Regelstellen eingetragen, wobei die Symbole und Kennbuchstaben für die *funktionelle Darstellung* nach DIN 19227, Teil 1 verwendet werden. Hierbei entsteht ein Übersichtsplan der Anlage (s. z.B. Bild 4), in dem für jede einzelne *MSR-Stelle* festgelegt ist, um welche Meßgröße bzw. Eingangsgröße es sich handelt. Außerdem gehen aus den Angaben die Art der Verarbeitung, die *MSR-Stellen-Nummer,* die Ortsangabe und der Signalflußweg hervor.

In der zweiten Phase der Planung wird dann die gerätetechnische Ausführung der MSR-Einrichtungen festgelegt. Die Sinnbilder hierfür sind DIN 19227, Teil 2, sowie DIN 19228 zu entnehmen. Die so entstandenen Pläne, die die gerätetechnischen Details enthalten, dienen als Unterlagen für Planung, Montage, Prüfung, Inbetriebnahme und Wartung der MSR-Anlagen.

Dieses Vorgehen ist insbesondere sinnvoll, für alle größeren verfahrenstechnische Anlagen, beispielsweise in der chemischen Industrie, in der Mineralölindustrie, für entsprechende Anlagen in Kraftwerken, Hüttenwerken und Zechen, für die Industrie der Steine und Erden, die Zellstoff- und Papierindustrie, die Nahrungsmittelindustrie, die Gas- und Wassertechnik, die Klimatechnik u.ä. Für fertigungstechnische Anlagen ist diese Vorgehensweise in gleichem Maße anwendbar.

12.1 Funktionelle Darstellung

12.1.1 *Der MSR-Stellen-Kreis*

Wesentlichstes Bildzeichen zur Darstellung der MSR-Funktionen ist der *MSR-Stellen-Kreis.* In einem Kreis von vorzugsweise 10 mm Durchmesser werden durch Angabe von Kennbuchstaben und MSR- Stellen-Nummer alle wichtigen Informationen zu der entsprechenden MSR-Funktion angegeben.

Im linken Beispiel von Bild 1 ist die Temperaturmessung (T) mit Anzeige (I) in einem Behälter gezeigt. Der *Meßort* ist durch den kleinen Kreis gekennzeichnet (vorzugsweise 2 mm Durchmesser), der durch eine ausgezogene Li-

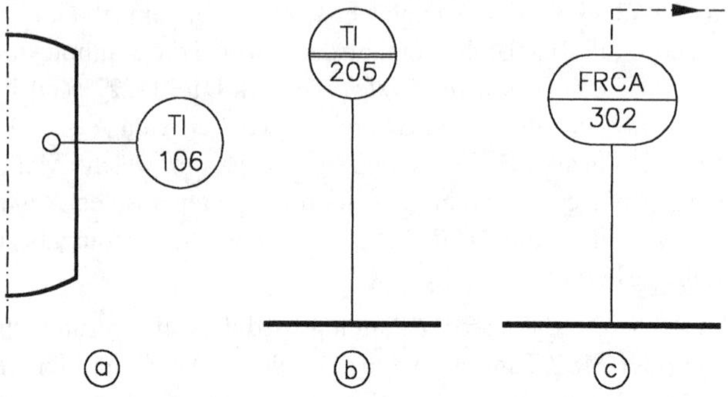

Bild 1-12
MSR-Stellen-Kreis. a) Temperaturanzeige, mit Kennzeichnung des Meßortes, b) Temperaturanzeige auf örtlicher Meßtafel, c) gestreckter MSR-Stellen-Kreis, Durchflußregistrierung und -regelung mit Alarm.

nie mit dem MSR-Stellen-Kreis verbunden ist. Wenn keine Verwechslung möglich ist, darf der Kreis für den Meßort wegfallen (s. Bild 1b und 1c). Bei größerem Platzbedarf, wie im rechten Beispiel (Bild 1c), kann der MSR-Stellen-Kreis auch gestreckt werden. Die Buchstabenkombination FRCA bedeutet, wie im folgenden noch detailliert dargelegt wird, daß ein Durchfluß (F) registriert (R) und geregelt wird (C) und daß bei Überschreitung gewisser Grenzwerte ein Alarm (A) ausgelöst wird. Die Stellsignale werden gestrichelt dargestellt. Zur Verdeutlichung der Signalflußrichtung können Pfeile angebracht werden.

Die im unteren Teil des MSR-Stellen-Kreises eingetragene Nummer ist frei wählbar und kennzeichnet die MSR-Stelle eindeutig.

Der *Ausgabe-* oder *Bedienort,* d.h. der Ort an dem sich die zugehörigen Anzeige-, Registrier- oder Bediengeräte befinden, wird durch die Linien zwischen Kennbuchstaben und MSR-Stellen-Nummer im MSR-Stellen-Kreis angegeben. Im linken Beispiel (Bild 1a) ist keine Linie vorhanden: die Geräte befinden sich vor Ort direkt an der Anlage. Das mittlere Beispiel (Bild 1b) mit zwei Trennungslinien zeigt eine örtliche Meßtafel bzw. eine Unterwarte an, während das rechte Beispiel (Bild 1c) mit einer Trennungslinie auf die zentrale Warte der Anlage hinweist.

12.1.2 *Einwirkungen der MSR-Einrichtungen auf die Strecke*

Um einen Prozeß in gewünschter Weise zu beeinflussen, müssen Stoff- oder Energieströme verändert werden. Hierzu dienen die *Stellgeräte.* Diese bestehen aus dem Stellglied, das unmittelbar in den Stoff- oder Energiestrom eingreift, und dem Stellantrieb, der das Stellglied auf Grund der Steuersignale aktiviert. Eine Zusammenstellung der wichtigsten Stellglieder und Stellantriebe zeigt Tabelle 2 und 3 in Abschnitt 1. In Bild 2 findet man links die allgemeine Darstellung eines Stellgerätes. Das Stellglied wird durch das Dreieck dargestellt, dessen Spitze den Stellort markiert, der Kreis ist das Sinnbild für den Stellantrieb. In Bild 2b ist für das Stellglied statt des allgemeinen Symbols das Zeichen für ein Stellventil verwendet worden. An der Verbindungslinie zwischen Stellglied und Stellantrieb kann man gegebenenfalls erkennen, in welche Richtung sich das Stellglied bei Ausfall der Hilfsenergie bewegt. Im linken Beispiel wird das Stellglied bei Ausfall der Hilfsenergie geöffnet (Pfeil nach oben), rechts bleibt das Ventil in der gerade erreichten Stellung stehen (Gleichheitszeichen).

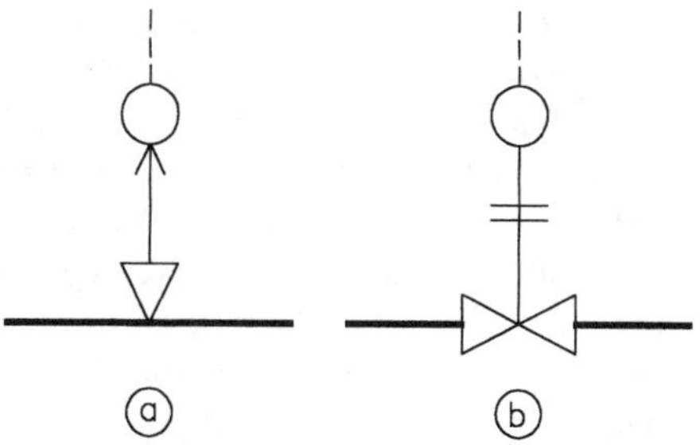

Bild 2-12
Stellgeräte.
a) Stellglied, allgemein,
b) Stellventil.

12.1.3 *Die Kennbuchstaben*

Die in die MSR-Stellen-Kreise einzutragende Kennbuchstabenkombination setzt sich aus zwei Gruppen zusammen. Am Anfang steht die Kennzeichnung der physikalischen Größe, die gemessen oder erfaßt wird, also der ent-

sprechende Buchstabe nach Tabelle 1. Handelt es sich bei der Messung um eine Differenzbildung, ein Verhältnis oder eine Summenbildung, so kann dies durch einen Ergänzungsbuchstaben zu dem Erstbuchstaben nach Tabelle 2 angezeigt werden (einer der Buchstaben D, V oder Q).
Die zweite Buchstabengruppe besteht aus dem oder den Folgebuchstaben nach Tabelle 3 und gibt an, was mit dem Meßergebnis oder auf Grund des Meßergebnisses getan wird. Hier können mehrere Funktionen gleichzeitig berücksichtigt werden, es ist dann aber die angegebene Reihenfolge der Kennbuchstaben einzuhalten. Die Anzeigefunktionen ‚Sichtzeichen', ‚Anzeige', ‚Registrierung' stehen zuerst, dann folgen gegebenenfalls die Steuerfunktionen ‚Regeln', ‚Schalten', während die besonders wichtigen Funktionen ‚Noteingriff' und ‚Alarm' am Ende stehen.
Bei dem Kennbuchstaben ‚C' ist zu beachten, daß diese Bezeichnung aus dem amerikanischen Begriff ‚control' abgeleitet ist. Dieser bedeutet aber nicht nur regeln, sondern ganz allgemein steuernd eingreifen. Es kann sich also hier sowohl um eine reine Steuerung handeln, bei der das Verstellen der Stellgröße nicht auf die Meßgröße zurückwirkt (s. Abschnitt 1.10.3), als auch um eine Regelung, wie wir sie in den vorangegangenen Abschnitten jeweils untersucht haben. Um welche der beiden Einflußarten es sich handelt, muß man den Signalflüssen entnehmen.
Bei den Funktionen ‚Sichtzeichen' (O), ‚Schalten' (S), ‚Noteingriff' (Z) und ‚Alarm' (A) können die Grenzwerte, bei denen die Funktionen ausgelöst werden, durch + für den oberen Grenzwert und – für den unteren Grenzwert zusätzlich gekennzeichnet werden. Ein Zwischenwert läßt sich durch den Schrägstrich (/) angeben.
Falls notwendig, können zusätzliche Angaben neben die MSR-Stellen- Kreise angeschrieben werden.

12.1.4 *Instrumentierungsbeispiele verfahrenstechnischer Anlagen*

Beispiel 1:

Bild 3 zeigt die Anwendung der Sinnbilder und Kennbuchstaben nach DIN 19227, Teil 1 an einer sehr einfachen Anlage. Eine Flüssigkeit wird von einer

Tabellen zur Bildung der Kennbuchstabenkombination nach DIN 19227

Tabelle 1. Erster Kennbuchstabe

Kennbuchstabe	Art der physikalischen Größe
D	Dichte
E	elektrische Größe
F	Durchfluß, Durchsatz
G	Abstand, Länge, Stellung
H	Handeingabe, Handeingriff
K	Zeit
L	Stand (auch von Trennschicht)
M	Feuchte
P	Druck
Q	Qualitätsgrößen
R	Strahlungsgrößen
S	Geschwindigkeit, Drehzahl, Frequenz
T	Temperatur
U	zusammengesetzte Größen
V	Viskosität
W	Gewichtskraft, Masse
Die Buchstaben N, O, X, Y sind frei verfügbar	

Tabelle 2. Ergänzungsbuchstabe

Kennbuchstabe	Ergänzende Angaben zur Messung
D	Differenz
V	Verhältnis
J	(Abfragen, Scannen)*
Q	Integral, Summe
* Nach ISO 3511/1	

Tabelle 3. Folgebuchstaben

Kennbuchstabe	Folgebuchstaben zur Angabe der Verarbeitung
A	Grenzwertmeldung, Alarm
C	Regelung, Steuerung
E	Aufnehmerfunktion*)
I	Anzeige
O	Sichtzeichen, Ja/Nein-Aussage
R	Registrierung
S	Schalten
T	Meßumformerfunktion*)
V	Stellgerätefunktion*)
X	sonstige Funktion*)
Y	Rechenfunktion*)
Z	Noteingriff
Reihenfolge mehrerer Funktionen O, I, R, C, S, Z, A *) Ergänzungen nach DIN 19227/3	

Beispiel:

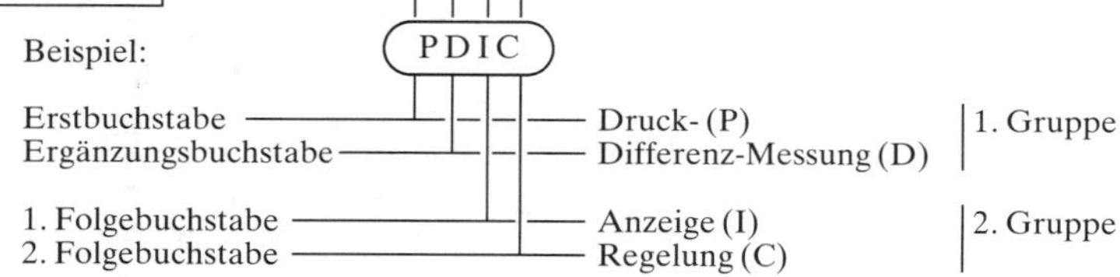

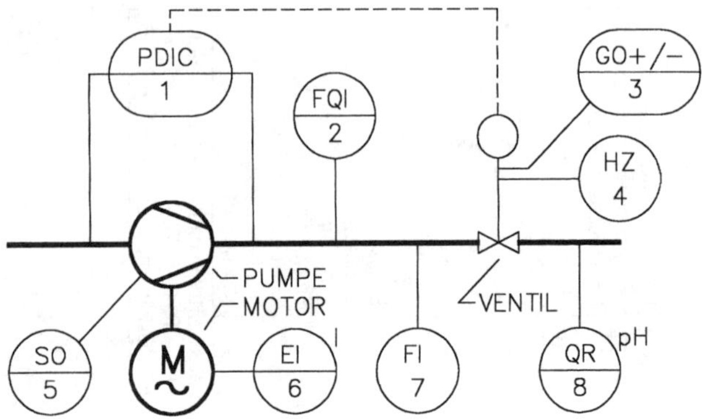

Bild 3-12
Differenzdruckregelung, nähere Erläuterungen siehe Text.

Pumpe, die von einem Drehstrommotor angetrieben wird, durch eine Rohrleitung mit einem Ventil gepumpt.
An der Meßstelle 5 (SO 5) wird die Drehzahl (S) der Pumpe überwacht und in der Warte (unterstrichen) wird durch Sichtzeichen angezeigt, ob die Pumpe läuft oder nicht (O). Der Strom des Elektromotors wird ebenfalls gemessen und in der Warte angezeigt (EI 6). Hierbei bedeutet E, daß es sich um eine elektrische Größe handelt, die angezeigt wird (I). Daß es sich um den Strom und nicht z.B. um die Spannung handelt, wird durch das Kurzzeichen für Strom (I) außerhalb des Kreises angegeben. Der Durchfluß (F) wird zum einen an der Anlage direkt angezeigt (FI 7, nicht unterstrichen), andererseits (FQI 2) aufsummiert (Ergänzungsbuchstabe Q) und somit in der Warte als Menge angezeigt. Der MSR-Stellen-Kreis mit der MSR-Stellen-Nummer 1 (PDIC 1) stellt dar, daß der Differenzdruck über die Pumpe (PD) ebenfalls in der Warte angezeigt und über das Ventil geregelt wird (C). Die Stellung des Ventils (Auf, Mittelstellung, Zu) wird in der Warte durch Sichtzeichen kenntlich gemacht (GO+/− 3). Das Ventil kann vor Ort im Notfall von Hand verstellt werden (HZ 4). Schließlich wird der pH-Wert (der Säuregrad) der Flüssigkeit bestimmt und in der Warte registriert (QR 8, Zusatz pH).

An diesem Beispiel erkennt man bereits, daß durch diese Kennzeichnungen in dicht gedrängter Form alle wesentlichen Informationen über die Funktionen der Meß-, Steuer- und Regeleinrichtungen dargestellt werden können.

Beispiel 2:

Als Beispiel einer komplexeren verfahrenstechnischen Anlage ist in Bild 4 das Meß- und Regelschema einer Destillationskolonne dargestellt. Obwohl die Anlage schon recht kompliziert aussieht, ist sie gegenüber den heute üblichen Instrumentierungen doch wesentlich vereinfacht. Solche Destillationskolonnen dienen z.B. in der Mineralölindustrie dazu, das schwere Rohöl in seine verschiedenen Bestandteile, wie das leicht verdampfliche Benzin und das wesentlich schwerer verdampfliche Schweröl zu trennen.
Das der Destillationskolonne – dem hohen Kessel in der Mitte, mit seinen verschiedenen Böden – zugeführte Rohprodukt wird über einen Umlaufverdampfer, links unten, mit Dampf aufgeheizt. Die schweren, nicht verdampften Produkte werden über den Sumpfablauf abgezogen. Die leicht verdampflichen Anteile gelangen über den Kopf der Destillationskolonne zu einem Kühler, rechts oben. Das in der Vorlage gesammelte Produkt wird zum Teil wieder als Rückfluß der Kolonne zugeführt, der andere Teil, als Kopfablauf bezeichnet, wird als Fertigprodukt der Anlage entnommen.
Die Instrumentierung der Anlage besteht aus einer Vielzahl von Meß- und Regeleinrichtungen, mit insgesamt sechs Regelkreisen. Der Durchfluß des Zulaufes wird mit FRC 101 geregelt und registriert. Die Regelung der Temperatur des ersten Bodens, die ebenfalls registriert wird, erfolgt über die Dampfmenge (TRC 203). Der Durchfluß des Dampfes wird in der Warte (FI 201), der Dampfdruck vor Ort angezeigt (PI 202). Neben der Temperatur des ersten Bodens werden in der Warte noch die Sumpftemperatur (TI 301) sowie die Temperatur vor dem obersten Boden (TI 302) und die Kopftemperatur (TI 303) angezeigt. Der Druck im Kopf der Kolonne wird über die Kühlwassermenge geregelt (PIC 401). Das Anzeigeinstrument für die Temperatur am Ausfluß des Kühlers befindet sich direkt an der Anlage (TI 501). Der Stand im Sumpf der Kolonne wird konstant gehalten (LIC 701), indem das Ablaufventil, dessen Durchsatz in der Warte angezeigt wird (FI 601),

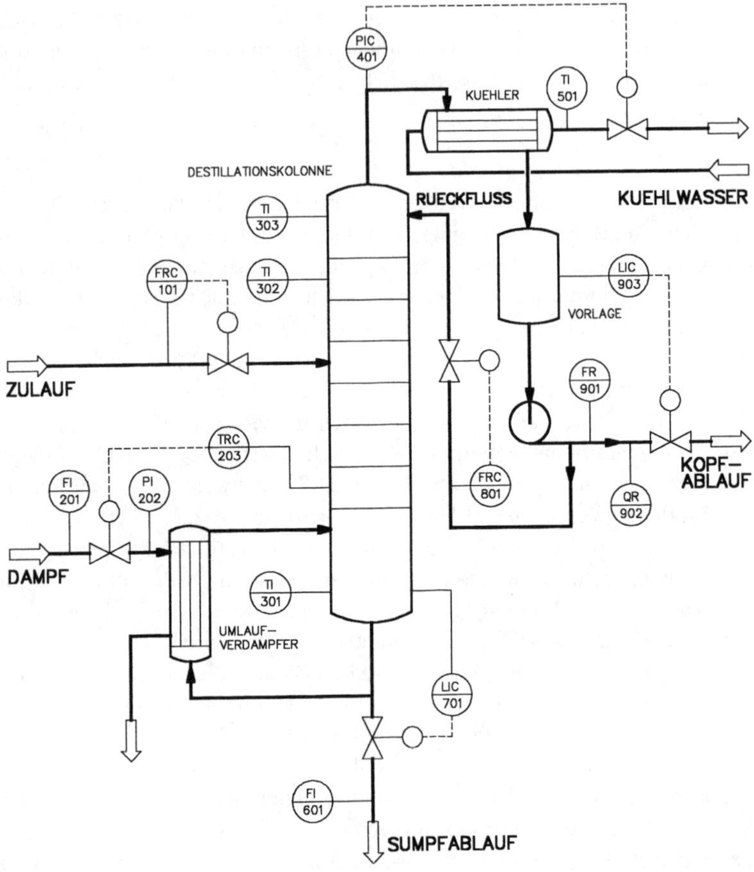

Bild 4-12
MSR-Einrichtungen einer Destillationskolonne (nach W. Peinke), nähere Erläuterungen siehe Text.

verstellt wird. Die in den Kopf der Kolonne zurückfließende Menge wird durch die Regelung FRC 801 konstant gehalten, während der Stand in der Vorlage durch den Kopfablauf geregelt wird (LIC 903). Der Durchfluß des Kopfablaufes (FR 901) wird ebenso wie die Qualität des Produktes (QR 902) in der Warte registriert. Gegebenenfalls könnte hier noch angegeben sein, um welche Qualitätsmerkmale es sich handelt.
Falls die Qualität des Produktes nicht den Erfordernissen entspricht, so kann man u.U. durch Veränderungen der Sollwerte für die einzelnen Regelkreise versuchen, die Eigenschaften der Anlage zu verbessern. Hierfür kommen in erster Linie die Regelung der Temperatur des ersten Bodens (TRC 203) oder die Regelung der Rückflußmenge (FRC 801) in Frage.
Die hier vorgestellte Darstellungsweise liefert einen sehr guten Überblick über die Instrumentierung solch komplexer Anlagen. Sie zeigt an welchen Stellen geregelt werden soll und gibt u.U. Hinweise, wo mit gegenseitigen Beeinflussungen von Regelkreisen gerechnet werden muß.

12.1.5 *Sinnbilder für den Einsatz von Prozeßrechnern*

Die Regelung und Steuerung solch umfangreicher Anlagen, wie sie im vorhergehenden Abschnitt dargestellt wurden, ist heute ohne Prozeßrechner fast nicht mehr denkbar. Die funktionelle Darstellung der MSR-Einrichtungen ist natürlich auch beim Einsatz von Prozeßrechner notwendig und läßt sich in gleicher Weise vornehmen, wie wir es in den vorangegangenen Abschnitten getan haben. Im allgemeinen werden jedoch herkömmliche MSR-Geräte gemeinsam mit Prozeßrechnern verwendet. Will man in diesen Fällen besonders kennzeichnen, welche Funktionen vom Rechner übernommen werden und welche von den normalen MSR-Geräten ausgeführt werden, so benötigt man hierzu besondere Symbole. Diese sind in DIN 19227, Teil 4 festgelegt.
Das Grundsymbol für eine Prozeßrechnerfunktion ist der Halbkreis (s. Bild 5a), der den MSR-Stellenkreis ersetzt und in Anlehnung an diesen auch als *PR-Stellen-Kreis* bezeichnet wird. Bei größerem Platzbedarf kann auch die-

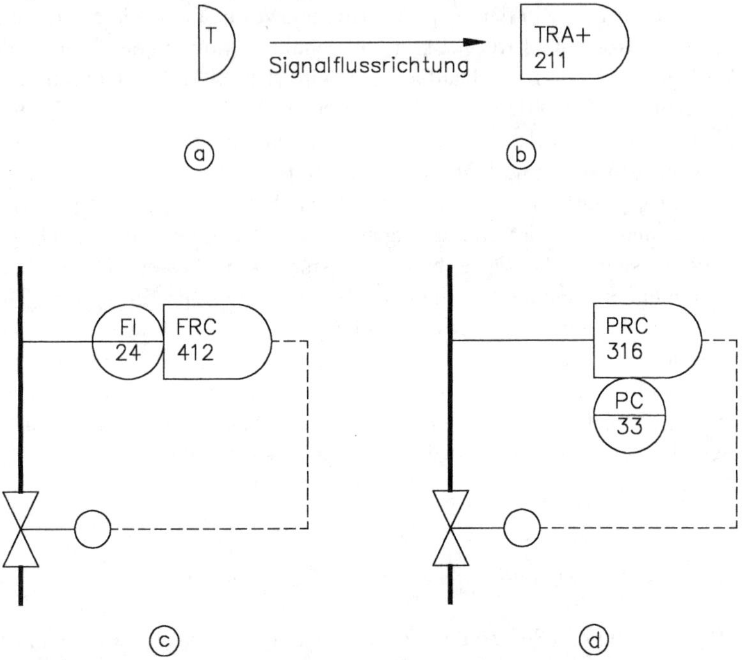

Bild 5-12
Darstellung von Prozeßrechnerfunktionen. a) Grundsymbol, PR-Stellen-Kreis mit Temperatursignal, b) gestreckter PR-Stellen-Kreis mit Temperaturregistrierung und Alarm, c) Durchflußanzeige in der Warte und Registrierung sowie Regelung durch Prozeßrechner, d) Druckregistrierung und -regelung durch Prozeßrechner mit ‚back-up'-Regler.

ser Halbkreis gestreckt werden (Bild 5b). In den PR-Stellen-Kreis werden die Kennbuchstaben und die MSR- Stellen-Nummer in gleicher Weise, wie in den MSR-Stellen-Kreis eingetragen. Die Anzeige und die Bedienung für die vom Rechner übernommenen Funktionen erfolgt über die Sichtgeräte und Bedienelemente des Rechners, so daß eine besondere Kennzeichnung von Ausgabe- und Bedienungsort entfällt. Sind hierfür jedoch noch übliche

MSR-Geräte vorgesehen, so werden diese zusätzlich in der normalen Art eingezeichnet.
In Bild 5 sind einige Beispiele dargestellt. Bild 5a zeigt, daß das Temperatur-Meßsignal (T) direkt an den Prozeßrechner übertragen wird. Das Temperatur-Meßsignal in Bild 5b wird im Prozeßrechner registriert (Eingang 211) und löst bei Überschreitung eines oberen Grenzwertes einen Alarm aus (TRA+ 211). Die Durchflußmessung in Bild 5c wird in üblicher Weise in der Warte angezeigt (FI 24), zum Prozeßrechner übertragen und dort registriert. Die Durchflußregelung erfolgt durch den Rechner (FRC 412). Die Druckregelung in Bild 5d wird normalerweise ebenfalls vom Prozeßrechner vorgenommen (PRC 316). Fällt der Rechner jedoch aus, so übernimmt der parallel geschaltete und sich in Bereitschaft befindende Regler in der Warte (PC 33) die Regelung. Eine solche *Bereitschaftsregelung* bezeichnet man auch als ‚back up'.

12.2 Gerätetechnische Darstellung

Die im vorherigen Abschnitt behandelte funktionelle Darstellung der MSR-Einrichtungen liefert sehr gute Informationen zur Instrumentierung der gesamten Anlage und gibt einen hervorragenden Überblick. Um die Anlage aber tatsächlich bauen zu können, fehlen eine Vielzahl konkreter Angaben zur Gerätetechnik. Mit welchen Meßaufnehmern sollen die Größen erfaßt werden? Erfolgt die Signalübertragung elektrisch oder pneumatisch? Welche Regler sollen eingesetzt werden? Werden die Stellglieder elektrisch, pneumatisch oder hydraulisch betrieben? Dies sind nur einige der vielen Fragen, die zu beantworten sind, wenn die Anlage tatsächlich ausgeführt werden soll. Eine Darstellungsweise, die alle diese Angaben enthält, wird naturgemäß aber wesentlich unübersichtlicher. Aus diesem Grunde werden sowohl die funktionelle Darstellung mit den Symbolen nach DIN 19227, Teil 1, die in den vorhergehenden Abschnitten behandelt wurde, als auch die gerätetechnische Darstellung, deren Symbole in DIN 19227, Teil 2 festgelegt sind, nebeneinander benutzt. Die letztere Darstellung wird in den folgenden Abschnitten erläutert.

12.2.1 *Meßaufnehmer*

Die zuverlässige Erfassung der Meßgrößen ist eine für die gesamte weitere Tätigkeit entscheidende Arbeit. Eine Größe kann nie genauer und zuverlässiger geregelt werden, als sie gemessen wird. Wird an dieser Stelle nicht sorgfältig gearbeitet, so läßt sich dies mit noch so großem Aufwand bei den folgenden Schritten nicht mehr wettmachen. Es erfordert sehr viel physikalisches Verständnis und einen guten Überblick über das am Markt verfügbare Angebot, um für jede Meßaufgabe das geeignetste Meßverfahren, die beste Geräteausführung und den zuverlässigsten Lieferanten auszuwählen.
Um die erforderlichen Angaben in die entsprechenden Pläne eintragen und sinnvoll zusammenfassen zu können, ist für den *Aufnehmer* – den Meßfühler – ein Rechteck mit dem Seitenverhältnis von 2:1 vorgesehen, wie es Bild 6 in der ersten Zeile zeigt. Der Kennbuchstabe für die Meßgröße nach Tabelle 1 ist in die untere rechte Ecke einzutragen. Dort, wo die Eindeutigkeit der Darstellung gewährleistet bleibt, darf das umschreibende Rechteck entfallen. Bei den Möglichkeiten zur Angabe von Meßprinzip, Bauart usw. ist man relativ frei. Man kann z.B. spezielle Bildelemente oder Bezeichnungen aus anderen Normen verwenden oder geeignete Beschriftungen einfügen. In Bild 6 sind für eine Temperaturmessung verschiedene Möglichkeiten angegeben. Bei anderen Meßgrößen kann man die Symbole entsprechend verwenden.

12.2.2 *Meßumformer*

In den meisten Fällen benötigt man in Verbindung mit dem Aufnehmer einen geeigneten *Meßumformer* der das Meßsignal in ein Einheitssignal umformt. Selbst wenn kein standardisiertes Einheitssignal verwendet wird, so muß das Signal doch fast immer verstärkt und umgewandelt werden, damit es ohne Probleme übertragen und weiterverarbeitet werden kann.
Allgemein wird der Meß- oder Signalumformer, auch *Anpasser* genannt, durch ein Quadrat dargestellt, das durch eine Diagonale in eine Eingangs-

Temperatur–Aufnehmer nach DIN 19227		
Sinnbild	alternativ	Benennung
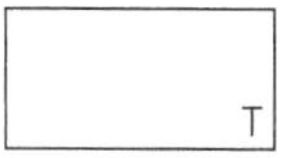		Aufnehmer für Temperatur, allgemein
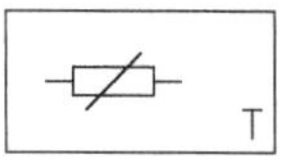	Pt 100 DIN T	Widerstandsthermometer
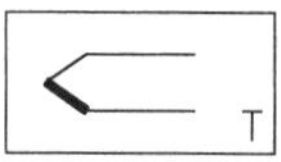	NiCr – Ni T	Thermoelement
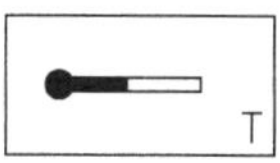		Glasthermometer
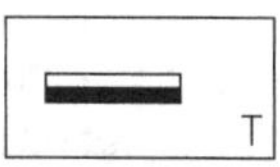	Bimetall T	Bimetallthermometer

Bild 6-12
Aufnehmer für Temperatur

und eine Ausgangsseite aufgeteilt ist (s. Bild 8). Zur Kennzeichnung der Ein- und Ausgänge stehen neben den Kennbuchstaben nach Tabelle 1 noch Spezialkennzeichen zur Verfügung, von denen die gebräuchlichsten in Bild 7 angegeben sind. Neben den Sinnbildern für analoge, digitale und binäre Signale werden E und A, jeweils mit verlängertem Querstrich, für die *elektrischen* bzw. *pneumatischen Einheitssignale* verwandt. Im gleichen Bild ist auch die Kennzeichnung für Ziffernanzeigen angegeben, die bei entsprechenden Anzeigegeräten benötigt wird.

Sonderzeichen	
∩	analog
⌗	digital
_⌐	binaer
|000|	Ziffernanzeige
E	elektrisches Einheitssignal
A	pneumatisches Einheitssignal
spezielle Leitungen	
—E—E—	elektrische
—A—A—	pneumatische
—L—L—	hydraulische
—X—X—	Kapillare

Bild 7-12
Sonderzeichen und Kennzeichnungen von MSR-Leitungen nach DIN 19227.

Befinden sich in den Anlagenplänen für die gerätetechnische Darstellung Signalleitungen, deren Art sich nicht aus dem Zusammenhang ergibt oder die besonders gekennzeichnet werden sollen, so kann man auch hier die Symbole für elektrische oder pneumatische Einheitssignale zur Kennzeichnung der Leitungen benutzen, wie es im unteren Teil von Bild 7 dargestellt ist. Für hydraulische Leitungen wird ein L verwandt, für Kapillarleitungen ein X.
In Bild 8 ist, neben dem allgemeinen Symbol für Umformer, als Beispiel noch ein Meßumformer dargestellt, der ein Temperatursignal (z.B. von einem Thermoelement) in ein elektrisches Einheitssignal umwandelt. Die Linie parallel zur Diagonale soll andeuten, daß Eingangs- und Ausgangssignal galvanisch getrennt sind. Weitere Beispiele in Bild 8 sind ein Umformer für elektrisches in ein pneumatisches Einheitssignal, sowie ein Analog-Digital-Umsetzer.

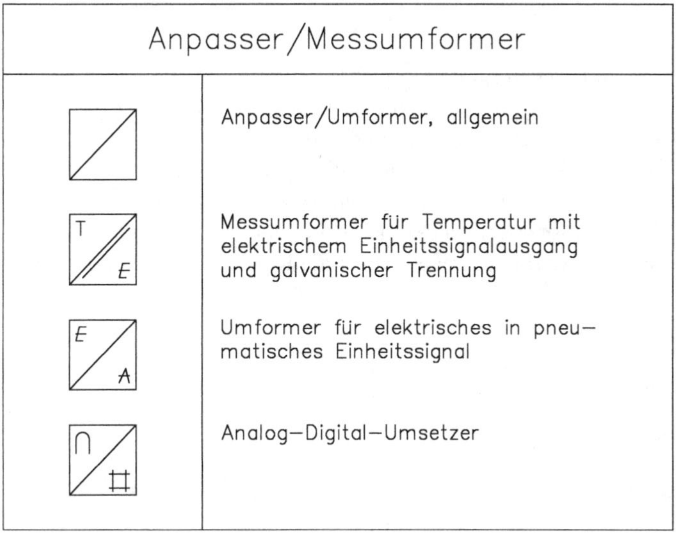

Bild 8-12
Anpasser und Umformer.

12.2.3 *Ausgabegeräte*

Zur Darstellung von Ausgabegeräten – Ausgeber –, wie z.B. analoge Anzeiger oder Ziffernanzeiger, Schreiber, Drucker oder Sichtzeichen usw., wird ebenfalls ein Rechteck mit einem Seitenverhältnis von 2:1 verwandt. Bei diesen wird der entsprechende Kennbuchstabe nach Tabelle 3 in die linke obere Ecke eingetragen oder andere Sinnbilder bzw. Beschriftungen werden dazu benutzt, die Funktion des Gerätes deutlich zu machen.

12.2.4 *Regler*

Das Bildzeichen für den Regler (s. Bild 9), wie es auch im Normblatt DIN 19228 festgelegt ist, wurde bereits in Abschnitt 1.14 kurz vorgestellt. Es handelt sich hierbei um ein Rechteck, mit einem Dreieck an der Eingangsseite, an der die Regelgröße und die Führungsgröße angeschlossen werden. Bild 9 zeigt neben dem Grundsymbol ein Beispiel, in dem der Reglertyp (PID), die Art des Ausgangssignales (analoges pneumatisches Einheitssignal 0,2-1 bar) sowie die Wirkungsumkehr (fallende Kennlinie durch Pfeil nach unten) angegeben ist.

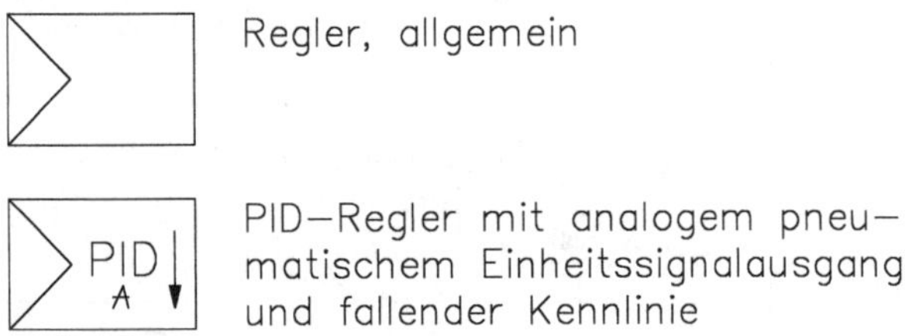

Bild 9-12
Sinnbild für Regler.

12.2.5 *Beispiel gerätetechnischer Darstellung*

Bild 10 zeigt einen Durchflußregelkreis, der mit den Sinnbildern nach DIN 19227, Teil 2 dargestellt ist, wie sie in den vorangehenden Abschnitten 12.2 erläutert wurden. Der Meßaufnehmer befindet sich links unten (a), durch den Kennbuchstaben F in der rechten unteren Ecke als Durchflußaufnehmer gekennzeichnet. In seinem linken Teil ist das Meßverfahren, die Meßblende, angedeutet. Die Druckdifferenz über die Meßblende (PD) wird im Meßumformer (b) in ein elektrisches Einheitssignal umgeformt. An der Sicherheitsbarriere mit galvanischer Trennung (c) ist als Speisespannung 220 Volt angegeben. Da der tatsächliche Durchfluß proportional der Wurzel aus der Druckdifferenz an der Meßblende ist, ist der Barriere ein Radiziergerät

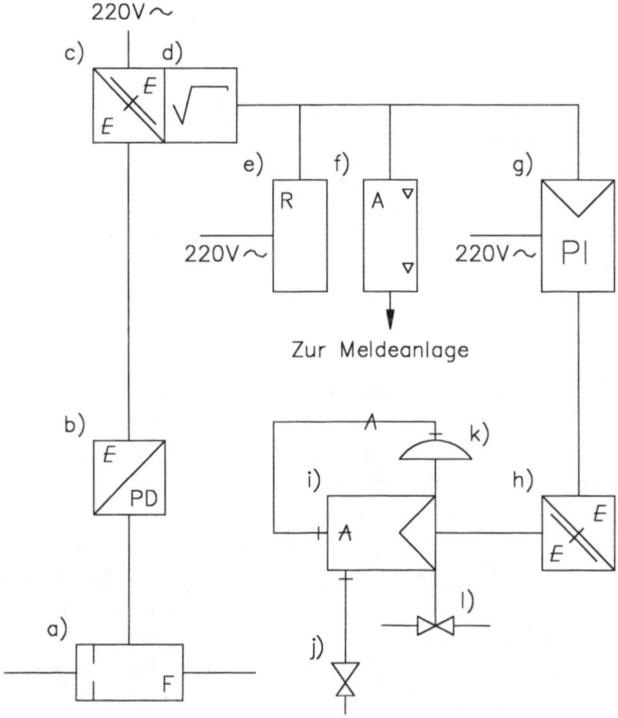

Bild 10-12
Gerätetechnische Darstellung eines Durchflußregelkreises nach DIN 19227, Teil 2.

(d) nachgeschaltet, so daß der Schreiber (e) den Durchfluß linear registriert. Der Grenzwertmelder (f) gibt sowohl bei einem oberen als auch bei einem unteren Grenzwert ein Alarmsignal an die Meldeanlage. Beim Regler (g) handelt es sich um einen PI-Regler, dessen elektrisches Ausgangssignal über eine Sicherheitsbarriere (h) den Sollwert für den Stellungsregler (i) des Stellgerätes (k, l) liefert. Es handelt sich um einen pneumatischen Regler, der über das Druckreduziergerät (j) seinen Versorgungsdruck erhält. Das Aus-

gangssignal, mit dem der Stellungsregler den Membranantrieb beaufschlagt, ist ein pneumatisches Einheitssignal, und die Leitung zwischen Regler und Stellantrieb (k) ist entsprechend gekennzeichnet. Das Stellglied (l) greift in den Stoffstrom der Anlage ein, um den durch den Meßaufnehmer (a) erfaßten Durchsatz konstant zu halten.
Die Zeichnung kann durch weitere, für notwendig erachtete Angaben ergänzt werden. Pläne dieser Art, die die gerätetechnischen Details enthalten, dienen als Unterlagen für Planung, Montage, Prüfung, Inbetriebnahme und Wartung der MSR-Anlagen.

12.3 Unterschiede zu internationalen Normen

Durch die immer stärker werdenden internationalen Verflechtungen ist es notwendig, daß die technischen Informationen – Zeichnungen, Beschreibungen, Inbetriebsetzungsanleitungen, Wartungsvorschriften usw. – auch international verstanden werden. Aus diesem Grunde gibt es große Bemühungen die Normen weltweit zu vereinheitlichen. Eine besondere Rolle auf diesem Gebiet spielt die Internationale Organisation für Standardisierung (International Organization for Standardization – ISO), ein weltweiter Zusammenschluß nationaler Normungsgremien. Diese Organisation erarbeitet Normen – die sogenannten *ISO-Normen* –, die internationale Gültigkeit haben. Die ISO-Norm 3511, Teil 1 bis 4 entspricht im wesentlichen der deutschen Norm DIN 19227, die wir hier behandelt haben. Eine endgültige Abstimmung zwischen den beiden Normen hat jedoch noch nicht stattgefunden. Aus diesem Grunde gibt es einige, jedoch nicht sehr wesentlichen Unterschiede. In Bild 11 sind die ins Auge fallenden Abweichungen gegenübergestellt. In den meisten Punkten können zudem beide Versionen nebeneinander benutzt werden.
In der deutschen Norm kann der Signalflußweg vom MSR-Stellen-Kreis zum Stellgerät sowohl als Vollinie als auch gestrichelt dargestellt werden. Statt der gestrichelten Linie ist in der ISO-Norm eine Vollinie mit schrägen Querstrichen vorgesehen (Bild 11). Der obere und untere Grenzwert, in der DIN-

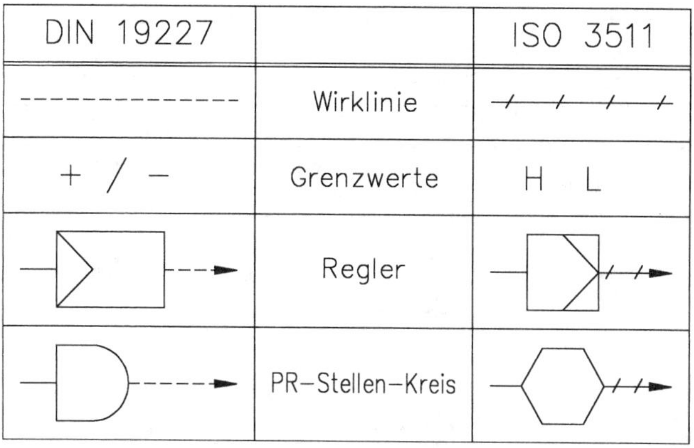

Bild 11-12
Unterschiede in der Darstellung nach DIN 19227 und ISO 3511.

Norm mit + und - gekennzeichnet, wird international mit H (für High – hoch) und L (für Low – niedrig) außerhalb des MSR-Stellen-Kreises dargestellt. Das Symbol für einen Regler besteht in der ISO-Norm aus einem Quadrat mit zusätzlichen Diagonal-Linien, die die Signalflußrichtung am Ausgang anzeigen. Außerdem werden die Prozeßrechnerfunktionen vorzugsweise durch ein Sechseck dargestellt.

Wie man erkennt sind die Unterschiede nicht sehr bedeutend. Doch sollte man auch diese wenigen abweichenden internationalen Symbole kennen, um Fließbilder von Anlagen mit MSR-Einrichtungen, die nicht in Deutschland erstellt wurden, richtig lesen zu können.

12.4 Regelungstechnische Begriffe zu Abschnitt 12

Begriff	Zeichen oder Symbol	Erklärung
MSR	—	Messen, Steuern, Regeln
MSR-Stelle	—	Stelle, an der MSR-Funktionen ausgeführt werden
Meßort	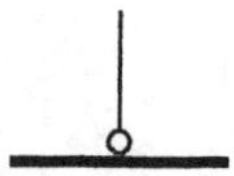	Ort, an dem gemessen wird
Stellort	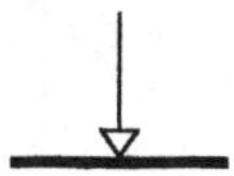	Ort, an dem auf die Anlage eingewirkt wird
MSR-Stellen-Kreis		gibt die Funktionen einer MSR-Stelle an
Ausgabeort Bedienort		Kennzeichnet den Ort, an dem sich die Ausgabe- und Bediengeräte befinden
Kennbuch-staben		Kennzeichnet die MSR-Funktion (TIC = Temperatur anzeigen und regeln)
MSR-Stellen-Nummer		Identifizierungsnummer der MSR-Stelle
Aufnehmer		Erfaßt die zu messende Größe
Umformer		Formt ein Eingangssignal in ein damit eindeutig zusammenhängendes Ausgangssignal um
Ausgeber		z.B. Schreiber oder Anzeigegerät
Regler	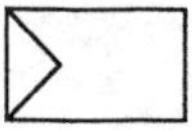	Beeinflußt die Stellgröße so, daß die Regelgröße gleich der Führungsgröße gehalten wird
PR-Stellen-Kreis		Gibt die Prozeßrechnerfunktionen bezüglich einer MSR-Stelle an

Teil II. Digitale Regelungstechnik

13. Einführung

13.1 Vorbemerkungen

Im Teil I dieses Buches sind die Grundlagen der Regelungstechnik eingehend dargestellt. Hierbei wurden alle Beispiele mit analogen Geräten ausgeführt, da diese den meisten Lesern vertraut sind und man sie im allgemeinen einfach verstehen kann. Prinzipiell gelten alle Aussagen, die im ersten Teil gemacht wurden, auch, wenn ein Teil der Geräte digital arbeitet. Allerdings müssen meist einige zusätzliche Aspekte beachtet werden, um die Vorteile der digitalen Verfahren voll auszunutzen und die Nachteile möglichst klein zu halten.

Die digitale Regelungstechnik gewann ihre besondere Bedeutung mit der rasanten Verbreitung der Mikroprozessoren, die 1972 auf dem Markt erschienen. In weniger als 20 Jahren haben Sie die gesamte Technik digitalisiert. Praktisch keine Anlage oder kein Gerät, von den Fertigungs- und Fabrikationsanlagen über das Auto, die Konsumelektronik bis zu den Haushaltsgeräten, ist heute mehr ohne Mikroprozessoren denkbar.

Digitale Regelungen gab es allerdings bereits mehr als zehn Jahre früher.

Zum einen hatte man vereinzelt mit einfachen digitalen Schaltungen – Logikgattern, Zählern, Flipflops – Regelungen aufgebaut, beispielsweise Gleichlaufregelungen, die eine höhere Genauigkeit als analoge Regelungen erreichten.

Andererseits hat man bereits Ende der fünfziger Jahre mit dem Einsatz von Prozeßrechnern experimentiert. Diese Rechner, die in der Anfangszeit eher über als unter einer Million DM kosteten, konnten jedoch nur an entsprechend komplexen und teuren Anlagen, z.B. im Bereich der Chemie oder der Verfahrenstechnik, eingesetzt werden. Zu Anfang ging man so vor, daß man die Meßwerte von Hand in den Rechner eintippte, dann wurde vom Rechner

ein Vorschlag für die Veränderung der Stellgröße berechnet und ausgedruckt. Das Bedienungspersonal entschied nun, ob man den Vorschlag des Rechners übernehmen oder ob man nicht – falls der Rechner eine ungewöhnliche Maßnahme vorschlug – lieber nach den bewährten Prinzipien vorgehen sollte. Natürlich war dies nur bei entsprechend langsamen Prozessen möglich. Der Rechner war in dieser ersten Phase also nicht direkt in den Ablauf eingeschaltet, er arbeitete nicht ‚on line' sondern ‚off line'. Kurze Zeit später gab es bereits Anlagen, bei denen die Meßgeräte direkt an den Rechner angeschlossen wurden. Die ersten Regelkreise, bei denen Prozeßrechner die Rolle des Reglers übernahmen, wurden Anfang der sechziger Jahre dann auch auf der Seite der Stellsignale direkt mit dem Rechner verbunden. Man hatte nun eine ‚on line'-Regelung, die man auch als ‚direkte digitale Regelung' bezeichnete. Die Abkürzung ‚DDC' des englischen Ausdrucks ‚*D*irect *D*igital *C*ontrol' ist noch heute gebräuchlich.
Zu dieser Zeit war es nicht möglich, Kosten durch die Installation einer solchen Regelung einzusparen. Die Geräte – Rechner, Anpaßgeräte, Wandler, Zubehör – waren unverhältnismäßig teuer, andererseits war ihre Zuverlässigkeit recht bescheiden. Man mußte jederzeit mit einem kompletten Ausfall der teuren Anlage rechnen. Deshalb war man gezwungen, die gesamte bewährte analoge Regelungsinstrumentierung im Hintergrund bereit zu halten, damit diese im Störungsfalle die Regelung übernehmen konnte. Man nannte dies das analoge ‚back up'-System (Bereitschaftsregler).
Heute stehen mit den Mikroprozessoren äußerst zuverlässige, leistungsstarke, zudem extrem billige Bausteine zur Verfügung. Die Ausfallrate industrieller Mikroprozessorsysteme liegt eher unter als über der analoger Systeme.

13.2 Unterschiedliche Arten digitaler Regelsysteme

Welchen digitalen Regelsystemen begegnen wir nun in der Praxis?

- In den Warten chemischer und verfahrenstechnischer Anlagen findet man i.allg. eine Vielzahl sogenannter Kompaktregler. Diese Prozeßregler sind heute meist digital aufgebaut. Sie haben mit ihren Abmessungen von 72 mm Breite, 144 mm Höhe und ca. 300 mm Länge exakt die Maße der alten Analog-Prozeßregler. Da auch die elektrischen Signale den allgemeinen Normungen entsprechen, können die alten analogen Regler durch einfaches Austauschen der Geräte ersetzt werden, ohne daß weitere Änderungen notwendig sind. Die digitalen Regler besitzen jedoch einen wesentlich höheren Bedienungskomfort als die analogen Geräte, lassen sich in Automatisierungssysteme integrieren und haben eine Vielzahl zusätzlicher Funktionen.

- Praktisch alle modernen Geräte – Bohrmaschinen, Drehbänke, Kameras, Waschmaschinen, Autos usw. – enthalten elektronische Steuerungen, die mit Mikroprozessoren aufgebaut sind. In den meisten Fällen muß diese digitale Steuerung auch Regelaufgaben übernehmen. Gerätetechnisch bestehen diese Steuerungen häufig aus Ein-Chip-Mikrorechner, mitunter speziell für diesen Anwendungsfall konzipiert, die dann auch die gesamte oder den größten Teil der zusätzlichen Elektronik enthalten. Auch Ein-Platinenrechner oder entsprechende Einschubsysteme werden verwandt. Gemeinsam ist all diesen Geräten, daß die Elektronik in das Gerät integriert ist.
- Bei Fertigungsanlagen mittlerer Größe wurden die alten Steuerschaltschränke mit ihren Schützen und Relais oder auch paralleler Logik inzwischen durch *S*peicher-*P*rogrammierbare-*S*teuerungen, sogen. SPS-Systeme, ersetzt. Diese enthalten häufig modulare Regelungspakete, die die digitale Regelung von Prozeßgrößen recht einfach gestalten.
- Anstelle der o.a. SPS-Systeme werden mitunter zur Steuerung solcher Anlagen auch übliche Kleinrechner (‚*P*ersonal-*C*omputer‘ – ‚PC‘) oder mittelgroße Rechner, sogen. ‚Workstations‘, eingesetzt. Diese Rechner werden über Anpaßschaltungen (‚Interface‘) an den Prozeß angekoppelt. Das Rechnerprogramm führt dann auch die Regelaufgaben aus. Gebräuchlich sind solche Systeme besonders dann, wenn viele Informationen über den Prozeß auf einem Sichtgerät ausgegeben werden müssen und andererseits die Bedienung nicht über wenige spezielle Bedientasten erfolgen kann, sondern eine normale Schreibmaschinentastatur erfordert.
- Großanlagen wie Kraftwerke, Chemieanlagen, komplette Fertigungsstraßen usw. erfordern Großrechner oder eine Vielzahl untereinander gekop-

pelter Rechnersysteme. Die Regelverfahren, die in solchen Anlagen verwendet werden, gehen häufig über das Niveau der in diesem Buch behandelten Methoden weit hinaus und erfordern nicht nur für die Erstellung der Regelprogramme, sondern auch für deren Verständnis bereits umfangreiche mathematische Kenntnisse. Es ist heute jedoch üblich, daß auch in solchen Großanlagen die einzelnen Anlagenteile und Maschinen durch kleinere Regel- und Steuerungssysteme, wie sie weiter oben beschrieben wurden, automatisiert sind (dezentrale Automatisierung). Diese einzelnen Untersysteme werden dann durch die größeren Leitrechner verbunden und koordiniert.

- Vereinzelt gibt es auch noch die im vorhergehenden Kapitel erwähnten digitalen Regelungen, die mit einfachen Logikelementen aufgebaut sind. Sie verlieren jedoch ständig an Bedeutung und werden heute nicht mehr für Neuanlagen verwandt, da sie keineswegs billiger sind als der Einsatz einfacher Mikrocomputer. Letztere haben jedoch wesentliche Vorteile und können eine Vielzahl weiterer Aufgaben übernehmen.

13.3 Der digitale Regelkreis

Der digitale Regelkreis arbeitet im Prinzip genauso wie der vorher beschriebene analoge Regelkreis. Er läßt sich auch hier in Regelstrecke und Regeleinrichtung aufteilen (Bild 1). Anders jedoch sind zum einen die Form der die Information übertragenden Signale, zum anderen die ganz anders aufgebauten und wirkenden digitalen Bauteile.
Regelstrecken, bei denen die Regelgröße schon in digitaler Form vorliegt, sind verhältnismäßig selten. (Als Beispiel sei nur ein Förderband mit darauf transportiertem Stückgut genannt, bei dem die Zahl der Stückgüter oder der Stückgutdurchsatz die Regelgröße ist).
Bei den meisten Regelstrecken liegt die Regelgröße x in analoger Form vor. Durch besondere Einrichtungen – *A*nalog-*D*igital-*U*msetzer (‚ADU') genannt – muß bei einer digitalen Regeleinrichtung die analoge Regelgröße in eine digitale Form umgesetzt werden (Bild 1). Wie das geschieht, ist Gegenstand späterer Kapitel.

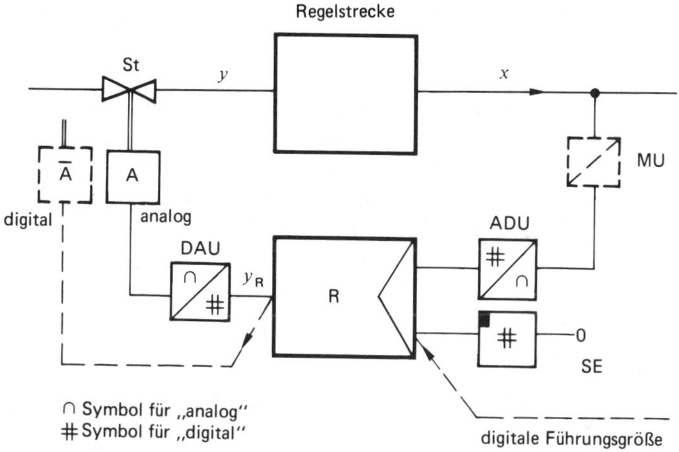

Bild 1-13
Digitaler Regelkreis; MU Meßumformer, ADU Analog-Digital-Umsetzer, SE digitaler Sollwerteinsteller, R Digitalrechner, DAU Digital-Analog-Umsetzer, A Stellantrieb analog, $\bar{A}$ Stellantrieb digital, St Stellglied

Auch der digitale Regler benötigt eine Führungsgröße. Sie wird bei Festwertreglern meist an einem Sollwertsteller SE zahlenmäßig eingestellt. Beim Führungsverhalten wird die Führungsgröße in digitaler Form von anderen, übergeordneten Rechnern oder auch nur anderen Programmteilen vorgegeben.

Die Kernaufgabe jedes Reglers – der Vergleich zwischen Regelgröße und Führungsgröße – erfolgt wieder im Vergleicher, jetzt jedoch in digitaler Form. Aus der gebildeten Regeldifferenz erzeugt ein digitaler Rechner R die digitale Stellgröße y_R. Die Rechenvorschrift des Rechners bestimmt das Verhalten der digitalen Regeleinrichtung als P-, PI-, PID-Regler usw.. Durch die preiswerten Kleinrechner, Mikroprozessoren und Mikrocomputer lassen sich auch verhältnismäßig einfach andere, komplexere als die genannten Regelverhalten erzielen. Außerdem ist die Übernahme zusätzlicher Aufgaben und Anforderungen möglich. Die früher meist sehr zeitaufwendige Programmierung des Rechners wird heute durch verfügbare, modulare regelungstechnische Programmpakete in vielen Fällen wesentlich erleichtert.

Am Ausgang der digitalen Regeleinrichtung liegt die Stellgröße y_R in digitaler Form vor. Da es nur verhältnismäßig wenige unmittelbar mit digitalen Signalen ansteuerbare Stellantriebe Ā gibt, ist in den meisten Fällen auch ausgangsseitig ein Umsetzer (ein ‚*D*igital-*A*nalog-*U*msetzer' – ‚DAU') vorhanden. Er formt das digitale Ausgangssignal in ein analoges um. Wird ein digitaler Stellantrieb Ā verwendet, so entfällt der Umsetzer DAU.

Als Beispiel einer Regelung, die mit einfachen digitalen Grundgliedern aufgebaut ist, betrachte man die Durchflußregelung in Bild 2. Man findet solche Schaltungen noch in älteren Anlagen.

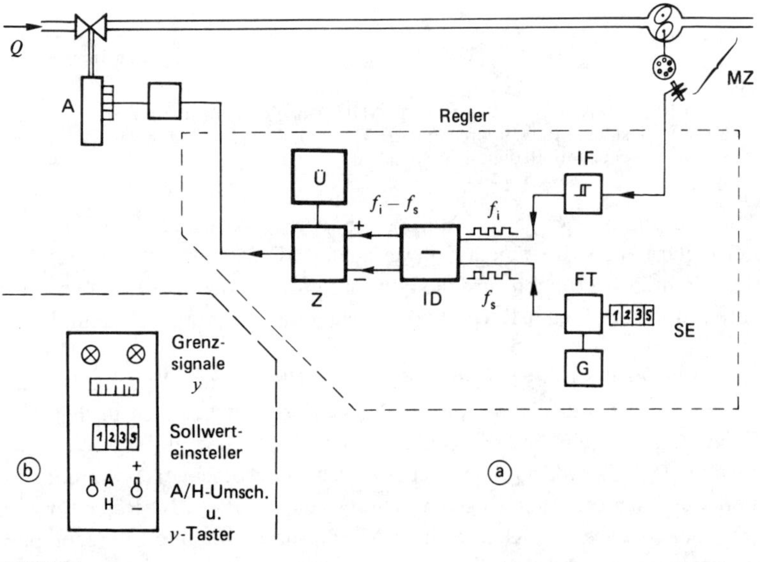

Bild 2-13
Durchflußregelkreis, a) Block-Schaltbild: Q Durchfluß; MZ Mengenzähler mit Inkrement-Umsetzer, IF Impulsformer, SE Sollwerteinsteller, G Quarzgenerator, FT Frequenzteiler, ID Impuls-Differenzschaltung, Z Zähler. Ü Überlaufspeicher, A digitaler Stellantrieb, b) Frontansicht des Reglers.

Der Durchfluß Q wird mit dem Ovalrad-Volumenzähler MZ gemessen. Bei jeder Umdrehung wird eine bestimmte Anzahl Impulse abgegeben, wobei jedem Impuls eine ganz bestimmte hindurchgeflossene Menge – beispielsweise 0,05 l – entspricht. Die Impulszahl pro Sekunde, die Impulsfrequenz f_i, ist also ein Maß für den Durchfluß. Die im Impulsformer IF aufbereiteten Signale, werden auf eine Impuls-Differenzschaltung ID gegeben, wo die Ist-Frequenz f_i mit der Soll-Frequenz f_s verglichen wird. Die Sollimpulse werden mit Hilfe eines frequenzkonstanten Quarzgenerators G mit nachgeschaltetem einstellbaren Frequenzteiler FT erzeugt. Die Sollfrequenz kann mit dem Sollwerteinsteller SE feinstufig eingestellt werden. Die Differenzimpulse am Ausgang der Impuls-Differenzschaltung ID werden von einem Zähler Z erfaßt, der den digitalen Stellantrieb A ansteuert. Im ausgeregelten Zustand ist f_i gleich f_s, also $f_i - f_s = 0$. Im Zähler ist dann gerade die Impulsdifferenz gespeichert, die dem Wert für den erforderlichen Ventilhub entspricht.
Auf solche Schaltungen, die mit einfachen digitalen Grundbausteinen aufgebaut sind, wird im folgenden nicht weiter eingegangen.

13.4 Vor- und Nachteile digitaler Regelungen

In den meisten Fällen sind bei der digitalen Regelung zusätzliche Umsetzer erforderlich. Daher ist die Frage berechtigt, warum man bei diesem höheren Aufwand überhaupt digital arbeitende Regeleinrichtungen verwendet. Hierzu gibt es eine Vielzahl gewichtiger Gründe, von denen die wesentlichsten im folgenden aufgeführt sind.

- Sehr viele technische Geräte und Anlagen werden mit elektronischen Steuerungen versehen, die digitale Mikroprozessoren enthalten. Es bietet sich an, daß diese Prozessoren auch die Regelaufgaben mitübernehmen.
- In vielen Anlagen sind die einzelnen Regelkreise nur Teil eines Gesamtkonzeptes. Die Verbindung zu den benachbarten und übergeordneten Anlagenteilen, z.B. dem Prozeßleitsystem, wird mit digitalen Systemen oft überhaupt erst möglich.

- Die Informationen über die Regelgröße und andere Prozeßzustandsgrößen sollen häufig weiterverarbeitet, gespeichert oder zusätzlich anderweitig verwendet werden, was digital recht einfach ist.
- Mehrere Regler, z.B. bei einer Kaskadenregelung, können in einem Prozessor realisiert werden.
- Digitale Regler können in ihrer Struktur (z.B. P- oder PID-Regler) einfach, zum Teil auch noch während des Betriebes geändert werden.
- Die Ferneinstellung der Reglerkennwerte, sowie der Struktur und anderer Parameter, ist durch übergeordnete Einrichtungen, z.B. Prozeßleitsysteme, einfach möglich.
- Die Reglerkennwerte lassen sich im Prinzip beliebig genau einstellen und sind driftfrei.
- Gespeicherte Signale behalten ihre Werte beliebig lange exakt bei.
- Größere Zeitkonstanten, z.B. für T_n und T_v, lassen sich problemlos realisieren.
- Digitale Signale lassen sich im Prinzip beliebig weit ohne Genauigkeitseinbuße übertragen.
- Viele Sensoren und immer mehr Stellgeräte haben bereits Schnittstellen für die digitale Signalübertragung zu Rechnern. Dadurch werden die Verbindungen sehr einfach und kostengünstig.
- Die Optimierung der Reglereinstellungen kann unter bestimmten Voraussetzungen automatisch vorgenommen werden.
- Es lassen sich relativ einfach auch komplexere Reglerstrukturen als beispielsweise PID-Regler verwirklichen.
- Die Berechnung der Stellgröße kann im Prinzip beliebig genau erfolgen.
- Digitale Systeme werden ständig preisgünstiger.

Die folgenden Nachteile digitaler Regelungen fallen demgegenüber praktisch nicht ins Gewicht, besonders da sie sich i.allg. durch geeignete Maßnahmen beliebig klein halten lassen.

- Durch die Umwandlung der analogen Signale in digitale Werte entstehen zusätzlich sogen. Quantisierungsfehler.
- Durch die zeitliche Abtastung, die bei digitalen Systemen erfolgt, entsteht eine zusätzliche Verzögerung der Signalübertragung im Regelkreis. Des-

halb ist die erreichbare Schnelligkeit digitaler Regelungen bei gleicher Struktur stets kleiner als bei analogen Reglern.

- Durch die zeitliche Abtastung geht Information verloren.

Wie man die Nachteile bei der digitalen Regelung in vertretbaren Grenzen hält, wird in den folgenden Kapiteln ausführlich behandelt.

14. Analoge und digitale Signale

Nach den vorangehenden Betrachtungen wird die Reglerfunktion bei der digitalen Regelung von einem digitalen Rechner, meist einem Mikroprozessor übernommen. Diese Rechner arbeiten mit digitalen Signalen. Die Meßsignale der Regelgröße und anderer Systemgrößen müssen also in solche Signale umgewandelt werden. In diesem Kapitel werden die prinzipiellen Unterschiede zwischen analogen und digitalen Signalen behandelt.

14.1 Analoge Signale

Die Regelgröße, beispielsweise eine Temperatur, wird von der Meßeinrichtung in ein dieser Temperatur entsprechendes Signal umgewandelt. Das Signal gibt also die Information über die Temperatur bzw. den Temperaturverlauf wieder. Solche Signale sind vorzugsweise elektrische Ströme im Bereich von 0-20 mA, bzw. 4-20 mA. Doch auch elektrische Spannungen von 0-10 V, bzw. von -10 - $+10$ V sind gebräuchlich. Jedem Wert der Temperatur entspricht ein Wert des elektrischen Signals. Dies sind normalerweise analoge Signale, da jeder beliebig kleinen Änderung der Temperatur eine entsprechende Änderung des Stromes bzw. der Spannung entspricht. Wird die Meßgröße an der Skale eines Meßgerätes angezeigt, so überstreicht der Zeiger kontinuierlich jeden Punkt des Anzeigebereiches. Jeder beliebige Zwischenwert kann (wenigstens theoretisch) abgelesen werden. Ändert sich die Temperatur kontinuierlich, so ändert sich auch die Signalgröße kontinuierlich. Man spricht daher von einem wertkontinuierlichen Signal. Das Wesentliche der Definition analoger Signale liegt darin, daß der Wertebereich kontinuierlich durchlaufen wird.

Da auch der zeitliche Ablauf kontinuierlich ist – in jedem Augenblick entspricht der Wert des Signals der gerade herrschenden Temperatur –, handelt es sich in diesem Falle zudem um ein zeitkontinuierliches Signal. Der prinzipielle Verlauf eines solchen Signales, den man erhält, wenn man das Signal

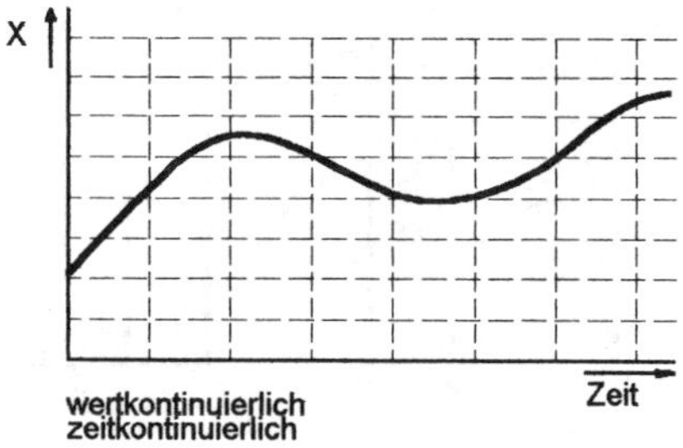

Bild 1-14
Zeitlicher Verlauf eines analogen Signales x, das wert- und zeitkontinuierlich ist (z.B. ein Temperaturverlauf).

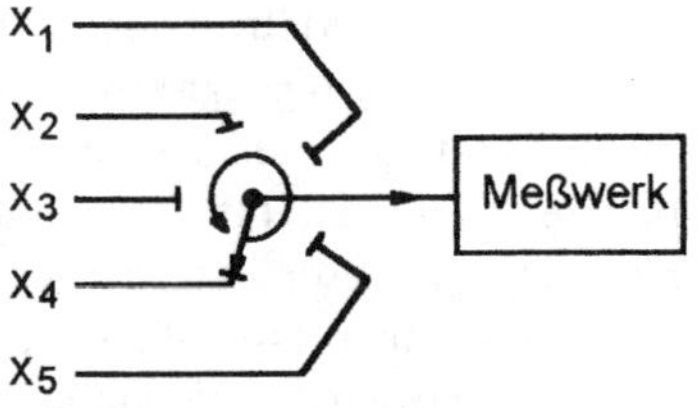

Bild 2-14
Meßstellenumschalter mit 5 Eingangssignalen $x_1 \ldots x_5$.

auf einem Oszillographen oder einem Schreiber wiedergibt, ist in Bild 1 dargestellt.

Enthält die Meßeinrichtung einen Meßstellenumschalter (s. Bild 2), bei dem der Abgriff gleichmäßig rotiert, so wird das einzelne zu betrachtende Meßsignal (z.B. x_1) nur zu bestimmten, diskreten Zeiten abgetastet. Das Ausgangssignal des Umschalters entspricht nur noch zu diesen Zeitpunkten der Meßgröße x_1. Die Abtastungen erfolgen zumeist in gleichmäßigen, sogenannten äquidistanten zeitlichen Abständen (‚äqui-distant' – ‚gleicher Abstand'). Die Mehrkanalpunktdrucker enthalten beispielsweise solche Meßstellenumschalter.

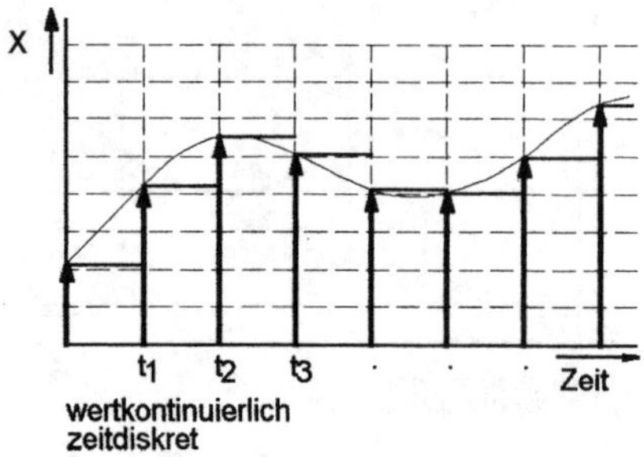

Bild 3-14
Das Signal x wird zu den Zeiten t_1, t_2 ... abgetastet; die senkrechten Pfeile zeigen das Ergebnis, das wertkontinuierlich aber zeitdiskret ist.

In Bild 3 ist der Meßvorgang verdeutlicht. Nur zu den Zeiten t_1, t_2 ... entspricht das Ausgangssignal der Meßgröße, gekennzeichnet durch die senkrechten kräftigen Pfeile. Zu den Zeitaugenblicken zwischen diesen Abtastpunkten liegt keine Information über die Meßgröße vor. Daher verwendet man meist in dieser Zwischenzeit den Wert, der sich bei der letzten Abtastung ergab, hier durch die waagerechten Linien zwischen den Abtastzeitpunkten angedeutet. Der aktuelle Wert muß daher in einem Halteglied bis zur nächsten Abtastung gespeichert werden. Das Signal ist nicht mehr zeitkontinuierlich sondern zeitdiskret. Nur zu bestimmten, diskreten Zeiten (t_1, t_2 ...) ist das Signal eindeutig dem Meßwert zugeordnet. Andererseits sind die Meßwerte jedoch wertkontinuierlich. Wäre die Meßgröße im Abtastzeitpunkt um ein Geringes größer oder kleiner gewesen, so hätte sich dies im Meßsignal wiedergespiegelt. Bei diesem zeitdiskreten Signal handelt es sich also ebenfalls um ein analoges Signal.
Solche analoge zeitdiskrete Signale erhält man nicht nur nach Meßstellenumschaltern, sondern auch bei allen diskontinuierlich arbeitenden Analysegeräten oder bei Prozessen, denen nur zu bestimmten Zeiten Proben entnommen werden können, wie beispielsweise am Hochofen beim Abstich. Wesentlich in unserem Zusammenhang ist, daß die Umwandlung analoger in digitale Signale mit den üblichen Verfahren nur zeitdiskret erfolgen kann.

14.2 Digitale Signale

Mißt man die analoge Spannung, die die Temperaturmeßeinrichtung liefert, mit einem dreistelligen Digitalvoltmeter, so können eintausend verschiedene Anzeigen erscheinen, von 000 bis 999, wobei ein Dezimalpunkt an beliebiger Stelle eingeblendet werden kann. Liegt die Signalspannung im Bereich von 0-10 V, so bedeuten diese Ziffern Spannungswerte von 0,00 bis 9,99 V. Dem Unterschied zwischen zwei aufeinanderfolgenden Ziffernfolgen entspricht gerade eine Spannungsänderung von 0,01 V oder 10 mV. So wird im Idealfall die Ziffernfolge 001 angezeigt, wenn sich die Spannung im Bereich von 5 bis 15 mV oder 0,005 bis 0,015 V, d.h. in der Umgebung von 0,01 V, befindet. Im Bereich von 0,015 bis 0,025 V wird die Ziffernfolge 002 angezeigt. Zu jeder Anzeige gehört also ein bestimmter Toleranzbereich in dem sich die Signalspannung befinden muß.
In Bild 4 ist dieser Vorgang, wegen der einfacheren Darstellungsweise statt mit 1000 nur mit 8 Wertebereichen, erläutert. Jedesmal, wenn die analoge Signalspannung in einen neuen Toleranzbereich gerät, springt die Anzeige auf diese Ziffernfolge. Es erfolgt eine digitale Anzeige. ‚Digital' wurde aus dem Englischen ‚digit' – ‚Ziffer' abgeleitet, ursprünglich aus dem Lateinischen ‚digitus' – ‚Finger', mit dem gezählt wurde. Zwischenwerte sind nun nicht mehr möglich. Unterstellt man erst einmal, daß die Umwandlung be-

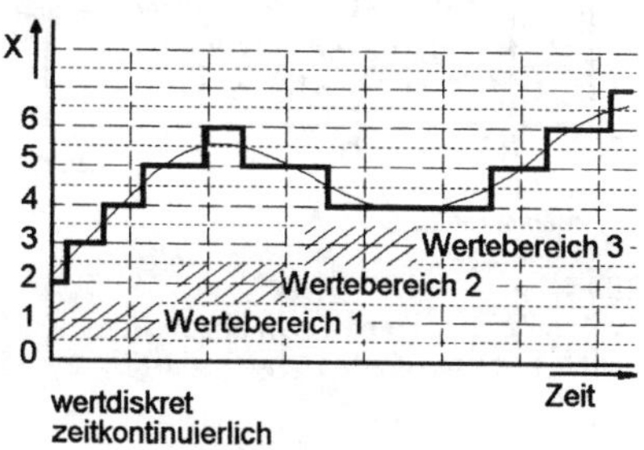

Bild 4-14
Digitalisierung des Signales x. Es werden nur noch die diskreten Werte 0, 1, 2 ... angegeben.

liebig schnell erfolgt, so ist diese digitale Anzeige ein wertdiskretes, aber zeitkontinuierliches Signal. Der Übergang zum nächsten Amplitudenwert kann im Prinzip zu jedem beliebigen Zeitpunkt, zu dem das analoge Signal in den Toleranzbereich dieser Amplituden- oder Wertestufe eintritt, erfolgen. Die Anzeige kann aber nur noch diskrete Werte annehmen. Wenn die Anzahl der Stufen, wie bei dem angenommenen Digitalvoltmeter, sehr groß wird (in unserem Beispiel 1000), muß diese Quantisierung nicht nachteilig sein.
Die bei der digitalen Regelung verwendeten Analog-Digital-Umsetzer führen den Umwandlungsprozeß im allgemeinen nur zu diskreten, meist äquidistanten Zeitpunkten durch. Aus dem analogen Signal erhält man daher ein Ergebnis, das sowohl wertdiskret als auch zeitdiskret ist (Bild 5). Zu den Zeitpunkten t_1, t_2, t_3 ... wird entschieden, in welchem Wertebereich sich das Signal befindet. Zwischen diesen Zeitpunkten besitzt man keine Information über die Meßgröße. Im einfachsten Falle wird man wieder für dieses Zeitintervall den zuletzt ermittelten Wert annehmen.

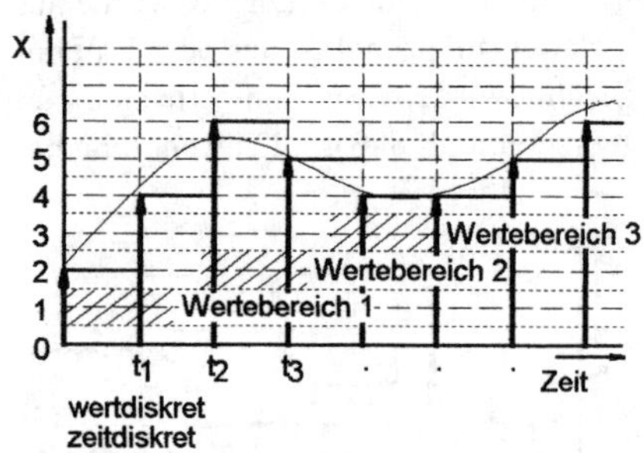

Bild 5-14
Zu den Zeitpunkten t_1, t_2 ... abgetastetes und digitalisiertes Signal. Es werden nur noch zu den diskreten Zeiten $t_1, t_2, \ldots$ die diskreten Werte 0, 1, 2 ... angegeben.

Man erkennt deutlich, daß sowohl durch die Amplitudenquantisierung als auch durch die Zeitdiskretisierung Information über das Meßsignal verloren geht.

Man hat häufig die Illusion, Signale beliebig gut auswerten zu können. Aber selbst bei Verwendung der besten Meßgeräte kann man i.allg. wegen der stets im Meßsignal enthaltenen Störanteile eine gewisse Genauigkeit nicht unterschreiten. Bild 6 zeigt den Verlauf eines Meßsignales, wobei Detail a) das Signal bei starker Amplitudenvergrößerung wiedergibt. Es ist leicht einzusehen, daß eine feinere Unterteilung der Amplitude, als sie durch das Störsignal vorgegeben ist, keine bessere Genauigkeit bringt. Detail b) zeigt die Unstetigkeitsstelle bei starker Zeitdehnung und Amplitudenvergrößerung. Auch hier erkennt man, daß eine beliebig gute Erkennung des Zeitpunktes, zu dem der Sprung erfolgt, nicht möglich ist.

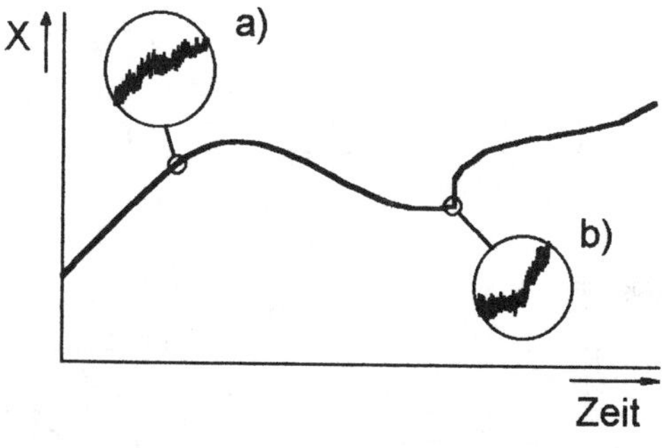

Bild 6-14
Normal gestörtes Meßsignal; a) bei starker Amplitudendehnung, b) Unstetigkeitsstelle bei starker Amplituden- und Zeitdehnung.

Amplitudenquantisierung und zeitliche Abtastung sind also so zu wählen, daß die vorgesehene Aufgabe mit der erforderlichen Genauigkeit erfüllt wird, wobei die Signalqualität hierbei zu berücksichtigen ist. Eine beliebig hohe Auflösung ist weder erforderlich noch wäre sie bezahlbar. Es sei an dieser Stelle jedoch auch darauf hingewiesen, daß man mit komplizierten Auswerteverfahren aus gestörten Signalen, falls man gewisse allgemeine Informationen über das Störsignal hat, wesentlich mehr Information gewinnen kann, als man nach diesen Überlegungen vermuten könnte.

In Bild 7 sind nochmals alle Signalformen nebeneinander dargestellt. Analoge Signale sind wertkontinuierlich, sie können aber zeitkontinuierlich (Bild 7a) oder zeitdiskret sein (Bild 7b). Digitale Signale sind wertdiskret und können ebenfalls zeitkontinuierlich (Bild 7c) oder zeitdiskret sein (Bild 7d). In der analogen Regelungstechnik werden meist wert- und zeitkontinuierliche Signale verwendet (Bild 7a, links oben), in der digitalen Regelungstechnik wert- und zeitdiskrete Signale (Bild 7d, rechts unten).

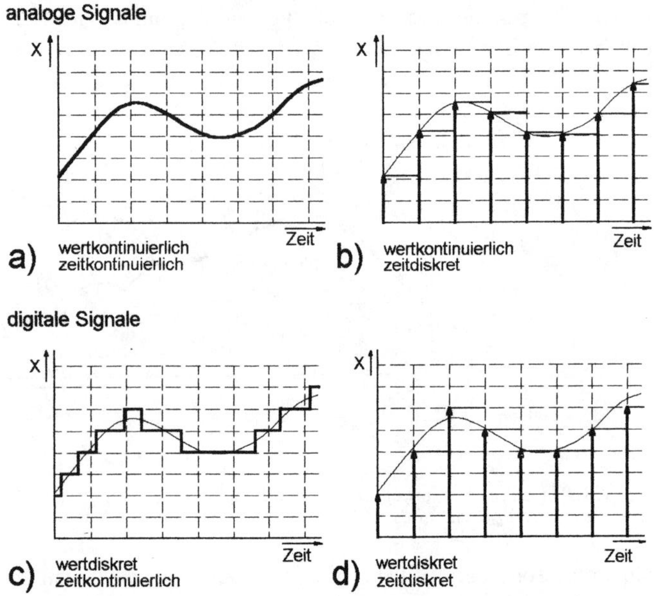

Bild 7-14
Analoge und digitale Signalformen: a) analoges Signal, wert- und zeitkontinuierlich; b) analoges Signal, wertkontinuierlich und zeitdiskret; c) digitales Signal, wertdiskret und zeitkontinuierlich; d) digitales Signal, wert- und zeitdiskret.

14.3 Binäre Signale

Digitale Signale mit zwei Wertebereichen stellen eine besondere Form dar. Die beiden Zustände bezeichnet man normalerweise mit ‚0‘ und ‚1‘. Dies sind die bekannten Binärsignale (‚binär‘ – ‚zwei‘). Während man elektrische Spannungen als Digitalsignale mit vielen diskreten Amplitudenstufen praktisch nicht benutzt, spielen die Binärsignale eine ganz besondere Rolle.
Die Schaltung, die aus einem analogen Signal ein solches zweiwertiges Digitalsignal erzeugt, ist ein Komparator (Bild 8). Dieser entscheidet in jedem Augenblick, ob der Wert der analogen Spannung über einem Schwellwert liegt (‚1‘) oder unterhalb (‚0‘). Der Schwellwert bildet die Grenze der beiden Bereiche, die sich an dieser Stelle berühren.

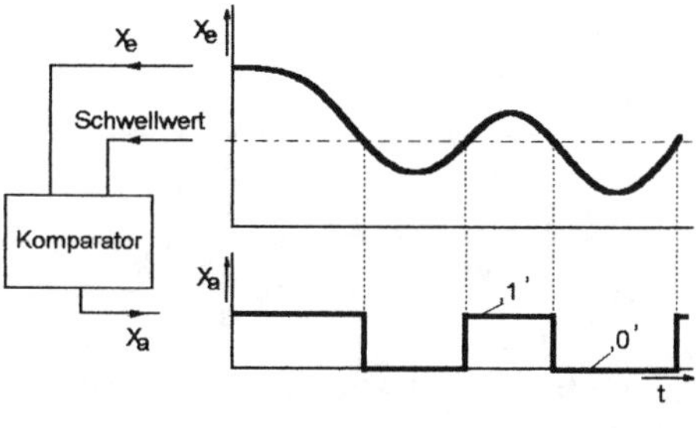

Bild 8-14
Komparator zur Umsetzung eines analogen Signals x_e in ein binäres Digitalsignal x_a.

Das Ausgangssignal des Komparators kann beispielsweise eine Leuchtdiode mit folgendem Verhalten sein. Ist die Leuchtdiode an, so bedeutet dies Wertebereich ‚1‘, die analoge Spannung befindet sich über dem Schwellwert. Ist sie aus, so liegt die Spannung unterhalb des Schwellwertes im Wertebereich ‚0‘. Diese Unterscheidung in zwei Schaltzustände bezeichnet man auch als eine Binärziffer oder kurz 1 Bit (‚Bit‘ – ‚Binary-Digit‘, s. auch die genaueren Erklärungen zu Bit und Byte im späteren Kapitel).
Im allgemeinen wird der Ausgang des Komparators wieder eine Spannung sein. Spannung vorhanden entspricht der ‚1‘, keine Spannung bedeutet ‚0‘.

Hierbei gelten gewisse Toleranzbereiche. So muß bei einer Schaltung der TTL-Technik (TTL – *T*ransistor-*T*ransistor-*L*ogik) die Ausgangsspannung für eine ‚1' im Bereich von 2,4-5 V liegen (typisch bei 3,5 V), für eine ‚0' zwischen −0,8 und +0,4 V (typisch bei +0,2 V). Dadurch, daß die Bereiche am Eingang der Bausteine großzügiger ausgelegt sind (‚1' zwischen 2,0 und 5,5 V, ‚0' zwischen −1,5 und +0,8 V), erhält man einen ausreichenden Störabstand (s. auch Bild 9). Da die Wertebereiche deutlich auseinander liegen, kann mit Sicherheit zwischen der ‚1' und der ‚0' unterschieden werden.

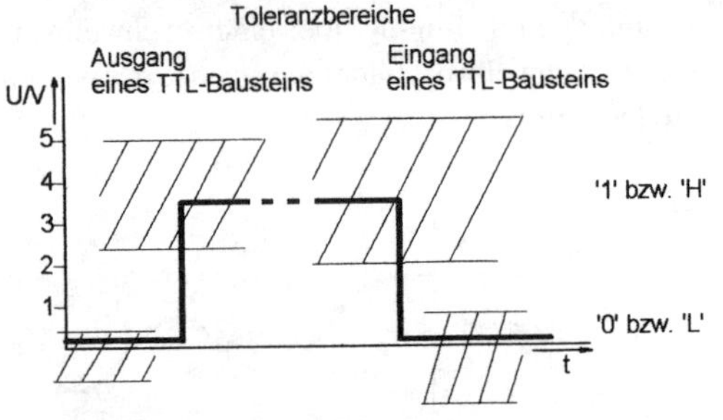

Bild 9-14
Toleranzbereiche eines TTL-Signals.

In der Industrieelektronik und bei Datenübertragung über größere Entfernungen werden wegen der höheren Störsicherheit wesentlich höhere Spannungen (12 oder 24 V) verwandt, die Prinzipien bleiben jedoch die gleichen. Die Spannungsbereiche ‚1' und ‚0' werden auch mit ‚H' und ‚L' gekennzeichnet, nach den englischen Wörtern ‚*H*igh' (hohe/positivere Spannung) und ‚*L*ow' (niedrigere/negativere Spannung).

Man bezeichnet diese Binärsignale auch als ‚Logische Signale' und ordnet ihnen dann die Werte ‚wahr' und ‚falsch' zu. Praktisch alle Digitalschaltungen der Elektrotechnik arbeiten mit solchen binären logischen Signalen. So sind auch die Mikroprozessoren und die Prozeßrechner mit Schaltelementen aufgebaut, die nur diese beiden Signalzustände kennen.

15. Mikrorechner und Mikroprozessoren

15.1 Aufbau von Mikrorechner und Mikroprozessoren

Im folgenden wird ein kurzer Überblick über den Aufbau und die Funktionsweise von Mikrorechner und Mikroprozessoren gegeben. Dies geschieht auf der unteren Ebene, der sogenannten Maschinenebene, und soll dem allgemeinen und prinzipiellen Verständnis dienen. Will man tatsächlich digitale Regelsysteme auf dieser Ebene erstellen, sollte man sich intensiver mit der speziellen Mikroprozessor- und Digitalrechnerliteratur auseinandersetzen. Andererseits gibt es für die meisten Systeme Hilfen in Form von Entwicklungssystemen, modularen Programmpaketen, Baukästen usw., die es einem erlauben, auch ohne allzu tiefe Kenntnisse der Rechnermaterie sinnvolle Anwendungen zu erstellen. Vorstellungen über die Funktionsweise im Innern der Rechner sind dabei meist recht hilfreich. Leser, die gute Kenntnisse über Digitalrechner und Mikroprozessoren haben, können die folgenden Kapitel überschlagen.

Alle Automatisierungsgeräte und digitale Regelungen enthalten in ihrem Kern einen Digitalrechner. Bei allen nicht zu teuren Geräten sind die zentralen Teile dieses Rechners, der sogenannte Prozessor, auf einem Chip vereinigt. Es handelt sich um einen Mikroprozessor. Für kleinere Anwendungen ist sogar der gesamte Digitalrechner auf einem einzigen Chip integriert. Man spricht dann von einem Ein-Chip-Mikrocomputer. Diese Chips sind inzwischen so billig geworden, daß man in den meisten Automatisierungsgeräten nicht nur einen einzigen Mikroprozessor findet, sondern eine Vielzahl. Es ist oft günstiger für jede Teilaufgabe (z.B. Datenaufbereitung, Ansteuerung des Sichtgerätes, Handhabung der Signalumsetzer usw.) jeweils einen eigenen Prozessor einzusetzen als alle diese Aufgaben in einem einzigen zu integrieren.

Der Mikroprozessor ist ein kleines Siliziumplättchen von etwa $5 \cdot 5\ mm^2$, auf dem aber Tausende von Transistorfunktionen untergebracht sind (Bild 1a). Er befindet sich in der einfachsten Version in einem 40 poligen Gehäuse mit den Außenabmessungen von ca. $15 \cdot 50\ mm^2$ (Bild 1b). Zusammen mit eini-

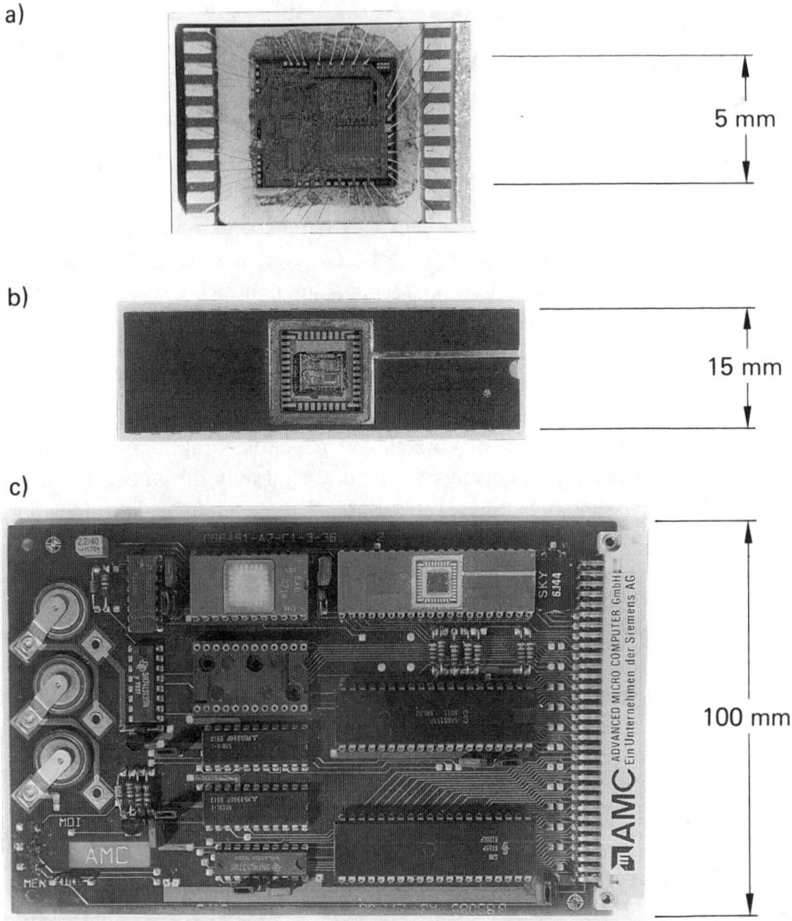

Bild 1-15
Mikrochip, Mikroprozessor und Ein-Platinen-Mikrorechner

gen weiteren Bausteinen – Speicher und Ein-/Ausgabe – bildet er einen Mikrorechner, den man auch als Mikrocomputer bezeichnet und der häufig auf einer Platine aufgebaut ist (Bild 1c).

15.1.1 *Mikrorechner*

Mikrorechner (Bild 2), die eine Anlage – z.B. eine Waschmaschine – automatisieren und regeln sollen, benötigen hierzu vorher festgelegte Daten (welche Temperaturen und Wasserstände sollen bei welchem Waschprogramm erreicht werden, wie lange sollen die einzelnen Vorgänge dauern, Struktur und Parameter der Regler usw.) sowie aktuelle Daten (Temperatur der Lauge, Höhe des Wasserstandes, welches Waschprogramm und welcher Sollwert der Temperatur ist gewählt usw.). Die aktuellen Daten erhält der Prozessor über Ein-/Ausgabebausteine von der Bedienung (Schalter, Tastatur o.ä.) oder aus der Anlage selbst (Temperaturfühler, Endschalter). Die bei der Erstellung der Anlage festgelegten Daten muß der Rechner in einem Speicher aufbewahren.

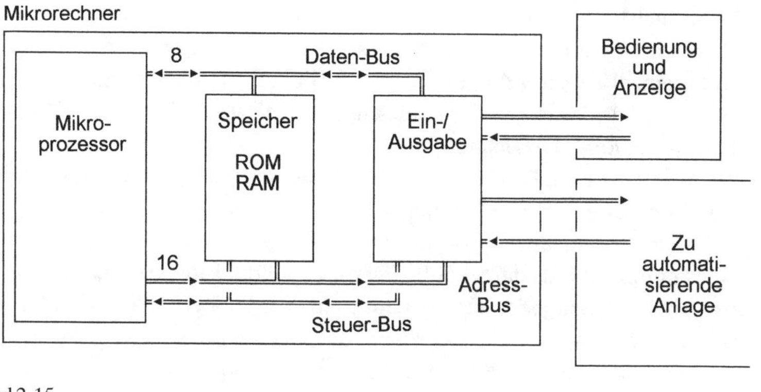

Bild 2-15
Struktur eines Mikrorechners, mit Mikroprozessor, Speicher und Ein-/Ausgabe, die über die drei Bus-Systeme – Daten-Bus, Adress-Bus, Steuer-Bus – miteinander verbunden sind.

Außerdem benötigt der Mikrorechner genaue Anweisungen, was er in jedem vorkommenden Fall zu tun hat. Alle diese Anweisungen, die jeden einzelnen Schritt festlegen, den der Mikroprozessor tut, stellen zusammen das sogenannte Programm des Rechners dar, das ebenfalls im Speicher untergebracht sein muß. Je nach Situation werden dann auf Grund dieses Programms Heizstäbe ein- oder ausgeschaltet, es wird Wasser eingelassen oder abgepumpt und der Wasch- oder der Schleudermotor ein- oder ausgeschaltet. Diese Stellsignale gelangen wieder über die Ein-/Ausgabebausteine an die Anlage, wo sie häufig erst noch verstärkt werden müssen, um die Relais, Schütze, Magnetventile usw. ansteuern zu können.
Der Mikrorechner (Bild 2) benötigt also neben dem eigentlichen Mikroprozessor, der die Entscheidungen trifft, Berechnungen anstellt und alles steuert, noch Speicher, in denen sein Programm und seine Daten abgespeichert werden, sowie Ein- und Ausgabebausteine, über die er aktuelle Daten von der Bedieneinrichtung und der Anlage einlesen oder an diese ausgeben kann.
Als Speicher benutzt man für das Programm und die vorgegebenen Daten Festwertspeicher (‚ROM' – ‚*R*ead-*O*nly-*M*emory' – ‚Nur-Lese-Speicher'), in die die Informationen bei Erstellung der Anlage eingegeben werden und wo sie auch bei Stromausfall erhalten bleiben. Zur Zwischenspeicherung der aktuellen Daten benötigt der Prozessor hingegen Speicher, in die er selbst Daten eingeben kann, die er aber auch wieder lesen und verändern kann. Diese werden als Schreib-Lese-Speicher oder als RAM (‚RAM' – ‚*R*andom-*A*ccess-*M*emory') bezeichnet.
Die Begriffe Lesen und Schreiben, Eingabe und Ausgabe sind immer vom Prozessor aus gesehen. Man muß sich also stets in die Situation des Prozessors versetzen, um diese Ausdrücke richtig zu benutzen.
Da es unmöglich ist, daß vom Prozessor zu jedem Eingabesignal, zu jedem Ausgabesignal, zu jeder Speicherstelle ein eigener Verbindungsdraht führt, benutzt man hier ein anderes Prinzip, das sogenannte Bus-Konzept. Es gibt nur 8 Datenleitungen (bei aufwendigeren Prozessoren auch 16 oder 32), die aber alle an allen Stellen angeschlossen sind, mit denen ein Datenaustausch stattfinden soll. In beiden Richtungen können Daten auf diesen Leitungen, dem Daten-Bus, transportiert werden. Wie bei einer Buslinie können über-

all Daten ‚ein- oder aussteigen'. Wohin die Daten, die der Prozessor ausgibt, gelangen sollen oder von wo der Prozessor Daten anfordert, wird durch eine sogenannte Adresse festgelegt. Diese wird vom Prozessor auf den Adress-Bus (mit 16 Leitungen bei einfachen Prozessoren) ausgegeben, über den sie zu allen anderen Bausteinen gelangt. Jeder Baustein muß also selbst feststellen, welche der 16 Adressleitungen Spannung führt und welche nicht, und dies mit dem für ihn geltenden Muster – seiner Adresse – vergleichen. Stimmen sie überein, so muß er seine Daten auf den Daten-Bus geben oder die Daten auf dem Daten-Bus übernehmen. Dies hängt zusätzlich von Steuersignalen ab (z.B. ‚Lesen', ‚Schreiben', ‚Speicher ansprechen', ‚Ein-/Ausgabe ansprechen' usw.), die auch den genauen zeitlichen Ablauf bestimmen und zusammen als Steuer-Bus bezeichnet werden.
Mit diesem Bus-System – Daten-Bus, Adress-Bus, Steuer-Bus – läßt sich mit einem minimalen Aufwand der gesamte Datenverkehr zwischen den einzelnen Baugruppen bewältigen. Mit den 16 Adressleitungen können insgesamt $2^{16} = 65\,536$ verschiedene Stellen angesprochen werden.

15.1.2 *Mikroprozessoren*

Mikroprozessoren stellen das Herzstück eines Mikrorechners dar. Nur hier werden Entscheidungen getroffen, Berechnungen durchgeführt, von hier werden alle Informationsströme gelenkt und von hier wird der ganze Ablauf gesteuert. Zum besseren Verständnis teilt man den Mikroprozessor in drei Funktionsblöcke – Rechenwerk, Steuerwerk, Zusatz-Register (Bild 3). Diese haben natürlich untereinander eine Vielzahl von Verbindungen. Die beiden Blöcke Rechenwerk und Steuerwerk sind praktisch bei allen einfacheren Mikroprozessoren in der hier gezeigten Weise aufgebaut. Der dritte Block mit den Zusatzregistern unterscheidet sich bei den einzelnen Prozessortypen. Als Beispiel ist hier der weit verbreitete Typ 8085 (Intel/Siemens) aufgeführt, der u.a. unter der Bezeichnung 8051 auch als Ein-Chip-Mikrorechner verfügbar ist, bei dem Speicher und Ein-/Ausgaben mit auf dem Chip integriert sind. Der vierte, mit Zeit- und Ablaufsteuerung bezeichnete

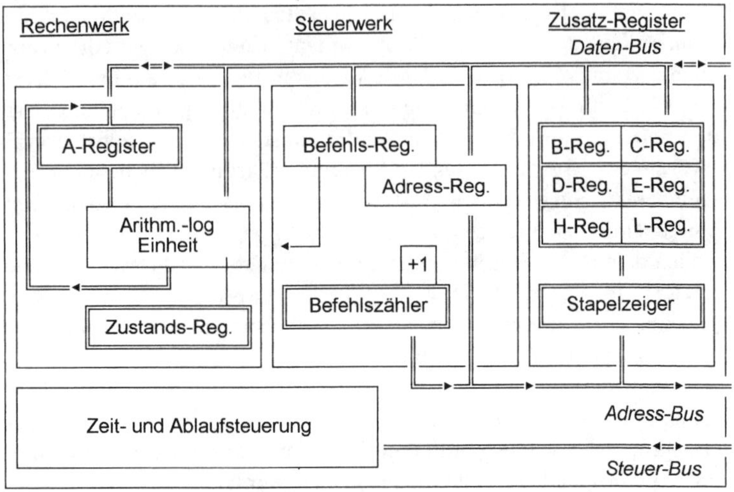

Bild 3-15
Struktur des Mikroprozessors 8085 (Intel/Siemens), mit Rechenwerk, Steuerwerk und einem Zusatz-Register-Block.

Block, braucht hier nicht weiter zu interessieren. Er dient nur dazu, daß die anderen Blöcke die beschriebenen Funktionen auch richtig ausführen.

15.1.2.1 Das Rechenwerk

Die eigentlichen Berechnungen und logischen Verknüpfungen werden im Rechenwerk durchgeführt. Es enthält zu diesem Zweck eine arithmetisch-logische Einheit (‚*A*rithmetic-*L*ogic-*U*nit' – ‚ALU'), die addieren und subtrahieren kann und die logischen Funktionen UND, ODER, Exklusiv-ODER neben einigen anderen Operationen (Verschieben, Komplementieren usw.) beherrscht. Die Operationen werden immer mit einem ganzen Datenwort (bei den einfachen Prozessoren sind das 8 Binärstellen, was etwa 2 Dezimalstellen entspricht) gleichzeitig durchgeführt. Sollen weniger Stellen

berücksichtigt werden, so müssen diese ausgeblendet werden. Will man größere Zahlen verarbeiten, so muß man dies in mehreren aufeinander folgenden Schritten durchführen.
Jede Berechnung ist in einzelne Elementarschritte aufzulösen. Als Beispiel sei der neue Lagerbestand (NL) aus dem alten Lagerbestand vom Vortage (AL) und den heutigen Verkaufszahlen (V) zu berechnen, also

$$NL = AL - V$$

(Die gleiche Operation ist durchzuführen, wenn man aus dem Sollwert und Istwert der Regelgröße die Regeldifferenz berechnen will. Nur die Zahlen selbst sind u.U. nicht so einfache Zählzahlen wie in diesem Beispiel.)
Damit ein Prozessor eine solche Berechnung durchführen kann, braucht er die Informationen, wo er den Zahlenwert für den alten Lagerbestand und wo er die aktuellen Verkaufszahlen finden kann, wohin er das Ergebnis (den neuen Lagerbestand) abspeichern soll und daß er subtrahieren muß. Er benötigt also drei Adressen und den Code für die Subtraktionsoperation.
Da dies doch recht komplex ist, teilt man diese Operation in drei Teilschritte auf. Man benutzt hierzu ein zentrales Register, das A-Register, das auch häufig Akkumulator genannt wird, da sich in ihm die Rechenergebnisse aufsammeln (akkumulieren). Alle Rechenoperationen erfolgen fast ausschließlich mit diesem Register. So wird eine Subtraktion in der Weise ausgeführt, daß vom Wert im A-Register der Operand, in unserem Falle also V, abgezogen wird und anschließend der alte Wert im A-Register durch das Ergebnis, den neuen Wert, überschrieben wird.

Die Aufgabe lautet nun also folgendermaßen:

1. Bringe AL aus dem Speicher ins A-Register
2. Subtrahiere V vom A-Register
   (nun steht das Ergebnis im A-Register)
3. Bringe den Inhalt des A-Registers nach NL (in den Speicher).

Das Blockdiagramm des Rechenwerkes in Bild 3 gibt diese Struktur wieder. Über den Daten-Bus können Daten in das A-Register gebracht werden. Der Inhalt des A-Registers stellt nun den ersten Operanden dar. Im zweiten Schritt bilden die dann auf dem Daten-Bus anstehenden Daten den zweiten

Operanden für die arithmetisch-logische Einheit, die auf Grund des Befehlscodes die entsprechende Verknüpfung vornimmt und das Ergebnis wieder in das A-Register schreibt. In einem dritten Schritt kann dann der Inhalt des A-Registers auf den Daten-Bus gegeben werden, um ihn in die Speicherbausteine zu bringen.
Häufig wird der weitere Rechengang vom Ergebnis der gerade durchgeführten Operation abhängig sein, z.B. ob das Ergebnis 0 war, positiv oder negativ, oder ob Überträge stattgefunden haben. Nach einer normalen Rechenoperation werden diese Informationen im Zustands-Register (Flag-Register, ‚flag' – ‚Fahne, Marke') abgespeichert und können dort für den weiteren Programmablauf berücksichtigt werden.

15.1.2.2 Das Steuerwerk

Die einzelnen Anweisungen – Befehle – an den Prozessor bestehen im allgemeinen aus zwei Teilen:

dem Operationscode (OP-Code) – was soll getan werden –	und	der Adresse (des Operanden) – womit soll dies getan werden –.

Die Befehle stehen in der Reihenfolge, in der sie ausgeführt werden sollen, in aufeinanderfolgenden Speicherzellen, wobei meist eine Speicherzelle für den Operationscode und eine oder zwei weitere Speicherzellen für die Adresse benötigt werden. Der Befehlszähler (‚PC' – ‚*P*rogramm-*C*ounter') hat stets die Nummer (Adresse) der Speicherzelle geladen, die den nächsten auszuführenden Befehl enthält.
Die Ablaufsteuerung bewirkt nun, daß der Befehlszähler auf den Adress-Bus geschaltet wird (s. Bild 3). Der vom Speicher auf den Daten-Bus ausgegebene Operationscode wird vom Prozessor in das Befehls-Register geladen. Dann wird der Befehlszähler um 1 erhöht, um die nächste Speicherzelle auszulesen. Diese enthält die zugehörige Operandenadresse, die in das Adress-Register geladen wird. Nun wird das Adress-Register auf den Adress-Bus geschaltet, so daß der Operand auf den Datenleitungen erscheint. Er kann dann je nach der Anweisung des Operationscodes z.B. in

das A-Register geladen werden oder vom Inhalt des A-Registers in der arithmetisch-logischen Einheit subtrahiert werden. Der Befehlszähler ist bereits wieder automatisch um 1 erhöht worden, so daß anschließend die nächste Anweisung in das Befehls-Register geladen werden kann.
Beim Einschalten des Rechners wird der Befehlszähler automatisch gelöscht, so daß zu Beginn stets als erstes der Befehl ausgeführt wird, der in der Speicherzelle mit der Adresse Null steht, d.h. in der allerersten Zelle.
Soll einmal die Reihenfolge, in der die Befehle abgearbeitet werden, verlassen werden, so muß die Adresse, unter der der neue Befehl zu finden ist, in den Befehlszähler geladen werden. Anweisungen, die dies bewirken, werden als Sprungbefehle bezeichnet.
Von besonderer Bedeutung für den Einsatz der Mikrorechner als Prozeßrechner, ist die Möglichkeit, daß durch ein externes Signal – ein Unterbrechungssignal, Alarm, Interrupt – der Rechner von außen veranlaßt werden kann, die normale Programmbearbeitung zu unterbrechen und die durch dieses Signal angeforderten besonderen Aufgaben durchzuführen.

15.1.2.3 Die Zusatz-Register

Neben dem zentralen A-Register enthält der Mikroprozessor 8085 zusätzlich noch die Register B, C, D, E, H und L. Diese können jeweils zu einem Doppel-Register (Registerpaar) BC, DE, HL zusammengefaßt werden. Insbesondere das HL-Doppelregister kann als spezielles Adress-Register benutzt werden. Mit Hilfe des Stapelzeigers (‚SP' – ‚*S*tack-*P*ointer') können Speicherbereiche in vielen Fällen sehr einfach benutzt werden. Er spielt insbesondere bei sogenannten Unterprogrammen eine wichtige Rolle. Ähnliche Zusatzregister besitzen die meisten Prozessoren, um schneller und effektiver arbeiten zu können.

15.1.3 *Speicher*

15.1.3.1 Die Bedeutung der Speicher im Mikrorechner

Der Mikroprozessor ist in einem Mikrorechnersystem der aktive Teil, der nach Anweisungen – dem Programm – Daten erfassen, verarbeiten und ausgeben kann. Sollen Daten, die eingelesen oder berechnet wurden, später weiterverarbeitet werden, so muß man diese zwischenspeichern. Es muß also außerhalb des eigentlichen Prozessors Speicher geben, auf die der Prozessor Zugriff hat, wo er Daten ablegen – einschreiben – kann und wo er sie wieder abholen – auslesen – kann. Diese Speicher sind die sogenannten ‚Schreib-Lese-Speicher' (‚RAM' – ‚Random-Access-Memory').
Bei den gebräuchlichen elektronischen Taschenrechnern werden die Anweisungen für die Verarbeitung der Daten jeweils durch Tastendruck gegeben – Dateneingabe, addieren, berechnen (=), zwischenspeichern usw.. Soll die Verarbeitung automatisch erfolgen, so müssen die Verarbeitungsschritte vorher festgelegt und für den Prozessor so zur Verfügung gehalten werden, daß er sie selbst nach und nach abrufen kann. Das Programm muß für den Prozessor zugänglich abgespeichert sein.
Dies kann ebenfalls in Schreib-Lese-Speicher erfolgen. Soll das gleiche Programm dem Prozessor ständig zur Verfügung stehen, so haben diese Speicher den Nachteil, daß jedesmal nach Abschalten der Versorgungsspannung bzw. ihrem Ausfall das Programm neu geladen werden muß, da der Inhalt dieser Speicher gelöscht wird. Vorteilhaft sind hier die sogenannten ‚Festwert-Speicher' oder ‚Nur-Lese-Speicher' (‚ROM' – ‚Read-Only-Memory'), in die das Programm fest einprogrammiert wird. Es kann nun nicht mehr verlorengehen, kann aber auch nicht mehr einfach geändert werden.
Ein wesentlicher Vorteil ist dabei, daß das Programm, im Festwertspeicher einprogrammiert, bei der Fertigung des Gerätes praktisch mit ‚eingelötet' wird. D.h. für solche Geräte mit festem Programm im Festwertspeicher entfallen die sonst notwendigen, relativ aufwendigen Einrichtungen zum Laden bzw. Eingeben der Programme wie Kassetten, Disketten oder Tastaturen. Erst hierdurch ist der Einsatz von programmierten Steuerungen in Form von Mikrorechnern für einfache Geräte z.B. im Konsumbereich möglich.

15.1.3.2 Schreib-Lese-Speicher (RAM)

Die RAM-Speicher (Schreib-Lese-Speicher) bestehen im allgemeinen aus Flip-Flops. Der Name ‚RAM' ist historisch bedingt und bedeutet eigentlich ‚Speicher mit wahlfreiem Zugriff' (‚*R*andom-*A*ccess-*M*emory'). Die ersten elektronischen Speicher waren nämlich große Schieberegister. Als man dann Flip-Flop-Speicher herstellte, bei denen jedes Datenwort durch die Angabe einer Adresse angesprochen werden konnte, nannte man diese ‚Speicher mit wahlfreiem Zugriff'. Der Begriff hat sich inzwischen verselbständigt, und man versteht heute unter einem RAM einen Halbleiter-Schreib-Lese-Speicher mit wahlfreiem Zugriff, im Gegensatz zum ROM, das zwar auch einen wahlfreien Zugriff hat, aber ein Nur-Lese-Speicher ist.

Die einfachen Prozessoren besitzen 8 Datenleitungen, über die sie stets ein Datenwort mit 8 Bit = 1 Byte parallel einlesen und dann verarbeiten (‚Bit' – ‚*B*inary-*D*igit' – eine Binäreinheit, Zustand eines Flip-Flops; ‚Byte' – eine Einheit von 8 Bit). Daher werden auch im Speicherbaustein stets 8 Flip-Flops zu einer Einheit, einem Byte, einem Datenwort zusammengefaßt. Die Datenworte sind von 0 beginnend durchnumeriert. Diese Nummer ist die Intern-Adresse oder Sub-Adresse des Datenwortes.

Besteht der Speicher aus mehreren Speicherbausteinen, so muß die Anfangsadresse des jeweiligen Bausteins hinzugerechnet werden, um die Adresse zu erhalten, unter der die gesuchte Speicherzelle vom Mikroprozessor angesprochen werden kann.

Neben den oben beschriebenen statischen Flip-Flop-Speichern (SRAM) gibt es noch sogenannte dynamische RAMs (DRAM). Diese benutzen zur Informationsspeicherung statt Flip-Flops interne Kapazitäten. Sie haben den Nachteil, daß sich diese relativ schnell entladen, so daß durch eine besondere Auffrischschaltung (‚Refresh') etwa jede Millisekunde die Information neu eingeschrieben werden muß. Trotz dieses zusätzlichen Aufwandes lohnt sich ihr Einsatz bei sehr großen Speichern, da sich wesentlich mehr Speicherzellen dieser Art auf der gleichen Chip-Fläche unterbringen lassen als Flip-Flops.

15.1.3.3 Festwertspeicher (ROM)

Die ROM-Speicher unterscheidet man nach der Art, wie sie programmiert werden können. Für sehr große Stückzahlen mit der gleichen Programmierung werden die Bausteine beim Herstellungsprozeß programmiert. Dies nennt man Maskenprogrammierung (ROM). *P*rogrammierbare *ROM*s (PROMs) gibt es in mehreren Versionen. Werden bei der Programmierung interne Verbindungen durch hohe Stromstöße weggebrannt, so kann das Programm nachträglich nicht mehr geändert werden. Am gebräuchlichsten sind jedoch sogenannte EPROMs (,*E*rasable *PROM*' – ,löschbares PROM'), bei denen die Speicherung durch ultra-violette Bestrahlung wieder gelöscht werden kann, so daß eine neue Programmierung möglich ist. Hierzu benötigt man besondere Programmier- und Lösch-Geräte. Sogenannte EEPROMs (,*E*lectrically *E*rasable *PROM*' – ,elektrisch löschbares PROM') lassen sich wie RAM-Speicher im Betrieb überschreiben. Sie sind also eigentlich Schreib-Lesespeicher. Während sie beim Lesen genauso schnell sind wie die RAM-Speicher, benötigen sie zum Überschreiben der Daten allerdings ein Vielfaches dieser Zeit.
Sie besitzen jedoch gegenüber den RAM-Speichern, wie die ROM-Speicher insgesamt, den großen Vorteil, daß beim Ausfall oder Abschalten der Versorgungsspannung die Daten im Speicher nicht verlorengehen.

15.1.3.4 Periphere Speicher

Mikroprozessoren, die als elektronische Steuerungen in die Geräte integriert sind, besitzen nur die oben beschriebenen Arten von Speichern als Arbeitsspeicher – für die Programme und die voreingestellten Daten ROM-Speicher, zur Zwischenspeicherung von Daten und Einstellungen RAM-Speicher. Rechner wie Personal-Computer (PC), Workstations oder größere Rechner, die entweder sehr große Datenmengen verarbeiten müssen oder mit häufig wechselnden Programmen arbeiten, besitzen neben dem Arbeitsspeicher noch periphere (oder externe) Massenspeicher (,peripher' – ,am

Rande', ,extern' – ,außerhalb' des in Bild 2 dargestellten ,eigentlichen' Rechners). Hierzu zählen insbesondere die Festplatten (Hard-Disk), die Disketten (Floppy-Disk) und die Magnetbandgeräte. Auf diese externen Massenspeicher wird hier nicht näher eingegangen, da sie in diesem Zusammenhang keine direkte Bedeutung haben. Wer sich näher damit beschäftigen will, sei auf die reichhaltige Computerliteratur verwiesen.

15.1.4 *Ein-/Ausgabe*

Die Ein-/Ausgabeeinheit verbindet den Mikrorechner mit der Außenwelt. Das sind auf der einen Seite die uns besonders interessierenden Prozeßsignale (Meßsignale und Stellsignale), andererseits die Bedienelemente des Rechners wie Tastatur, Anzeigeeinheit, Bildschirm, Drucker usw., aber auch die Anschlüsse zu übergeordneten Leitrechnern.

15.1.4.1 Digitale Ein-/Ausgabe

Bei einem Automatisierungssystem sind die meisten Signale, die von dem ,Prozeß' in den Mikrorechner übertragen werden oder in der umgekehrten Richtung auf den Prozeß einwirken sollen, Binärsignale. Es sind Signale, die nur die beiden Zustände ,ein' und ,aus' kennen. Andererseits spielen für die Regelung gerade die später behandelten analogen Signale eine besonders wichtige Rolle.
Bild 4 zeigt ein Ausgaberegister mit angeschlossenen Geräten. Das Register besteht aus 8 Flip-Flops, deren Eingänge mit den entsprechenden Leitungen des Daten-Busses verbunden sind. Steht auf dem Adress-Bus die Adresse an, die im Adress-Decoder für dieses Register festgelegt ist, so werden die Informationen, die der Prozessor auf den Daten-Bus gegeben hat, in dem Augenblick in die Flip-Flops übernommen, in dem das Ein-/Ausgabe-Schreibsignal (,IO/WR' – ,*I*nput-*O*utput/*W*rite') erscheint und den Lade-Impuls bildet. Das IO/WR-Signal wird vom Prozessor immer dann erzeugt, wenn ein Ausgabe-Befehl ausgeführt wird.

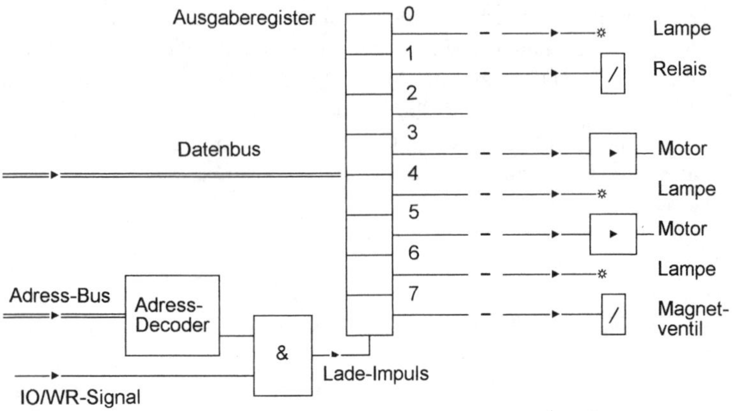

Bild 4-15
Schaltung eines Ausgaberegisters. Die angeschlossenen Geräte (Lampen, Relais, Motor usw.) sollen als Beispiele dienen.

Geräte, die von den Signalen eines solchen Registers angesteuert werden können, sind beispielsweise Lampen (Bit 0, 4 und 6), Relais (Bit 1), Magnetventile (Bit 7), Verstärker (Bit 3 und 5) usw.. Die kleinen Dreiecke vor den Geräten sollen neben der Übertragungsrichtung auch andeuten, daß in den meisten Fällen Verstärker notwendig sind, da die Register häufig nur einen maximalen Belastungsstrom von 2 mA haben.
Bild 5 zeigt die Schaltung eines Eingaberegisters. Angeschlossen werden können beispielsweise Schalter, Taster, Endschalter, Lichtschranken, Schwellwertschalter usw.. Aber auch logische Signale aus Steuerungen o.ä. können auf die Eingänge des Eingaberegisters gegeben werden. Jeder der 8 Eingänge 0 bis 7 liegt damit, je nach dem Zustand des angeschlossenen Gerätes, auf ‚0' oder ‚1'.
Diese Informationen, die am Eingaberegister anliegen, werden dann auf den Daten-Bus durchgeschaltet und können von diesem in das Zentral-Register des Prozessors übernommen werden, wenn die im Adress-Decoder festgelegte Adresse auf dem Adress-Bus ansteht und gleichzeitig das Ein-/Aus-

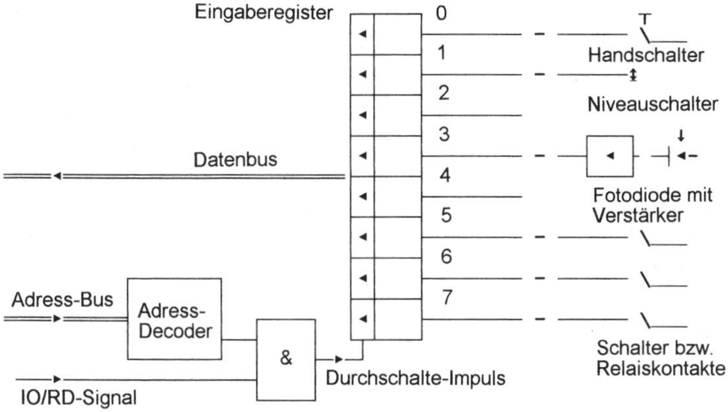

Bild 5-15
Schaltung eines Eingaberegisters. Die angeschlossenen Geräte (Schalter, Fotodiode usw.) sollen als Beispiele dienen.

gabe-Lesesignal (‚IO/RD' – ‚*I*nput-*O*utput/*R*ead') erscheint. Dieses wird vom Prozessor bei der Ausführung eines Eingabe-Befehls erzeugt.
Häufig werden mehrere solcher Register in einem Baustein vereinigt. Hierbei ist es üblich, daß erst durch ein sogenanntes Kommandowort, das zu Beginn eines Programms in den Baustein geschrieben wird, festgelegt wird, welche Anschlüsse des Bausteins intern als Eingabe-Register und welche als Ausgabe-Register geschaltet werden. Man bezeichnet solche Bausteine als ‚programmierbare Ein-/Ausgabe-Bausteine'.

15.1.4.2 Analoge Ein-/Ausgabe

Viele und gerade die für die Regelung wichtigen physikalischen Größen in Anlagen – wie Temperaturen, Drücke, Durchflüsse, Wege usw., aber auch elektrische Größen wie Ströme und Leistungen – werden durch geeignete Meßwandler in entsprechende elektrische Spannungen umgewandelt. Die

Höhe der Spannung ist dann dem Meßwert proportional. Ein solcher analoger Spannungswert kann von einem Rechner nicht direkt erfaßt werden, da dieser nur digitale Signale verarbeiten kann. Die Spannung muß durch einen Analog-Digital-Umsetzer ADU (oder auch ‚ADC‘ – ‚*A*nalog-*D*igital-*C*onverter‘) in einen digitalen Wert umgewandelt werden. Dieser digitale Wert stellt sich so dar, daß – je nach vorgesehener Genauigkeit – auf entsprechend vielen Leitungen (meist 8 oder 12, entsprechend einer Genauigkeit von ca. 0,4 bzw. 0,025%) ein digitales Signal – ‚0‘ oder ‚1‘ – ansteht. Diese Leitungen können an die oben beschriebenen parallelen Eingabe-Register angeschlossen und über diese in den Rechner eingelesen werden. Hinzu kommen meist noch einige Steuersignale (Kanalumschaltung, Start des ADU, Fertigmeldung), die ebenfalls an Ausgabe- bzw. Eingabe-Register angeschlossen werden müssen.

Inzwischen gibt es auch Analog-Digital-Umsetzer, die speziell für den Anschluß an Mikrorechner hergestellt wurden. Bei diesen sind die notwendigen Ein-/Ausgabe-Register im Baustein integriert, der nun nur noch wie ein universeller Ein-/Ausgabe-Baustein an den Daten-Bus des Mikroprozessors angeschlossen werden muß.

In umgekehrter Richtung muß der digitale Wert, den der Rechner liefert (das Bitmuster von 0- und 1-Signalen auf entsprechend vielen Ausgabeleitungen eines Ausgaberegisters), von einem speziellen Baustein, einem Digital-Analog-Umsetzer DAU (oder ‚DAC‘ – ‚*D*igital-*A*nalog-*C*onverter‘), in einen gleichwertigen analogen Spannungswert (meist zwischen −10 V und +10 V) umgewandelt werden. Steuersignale werden für den DAU i.allg. nicht benötigt. Auch hier gibt es Ausführungen, die – ohne Zwischenschaltung von Ausgabe-Register – direkt an den Daten-Bus angeschlossen werden können.

Wegen der besonderen Bedeutung für die Regelung werden die verschiedenen Analog-Digital- und Digital-Analog-Umsetzer in einem gesonderten Kapitel behandelt.

15.1.4.3 Unterbrechungssignale

Eine besondere Form von Signalen aus dem Prozeß stellen die Unterbrechungssignale (auch als Alarmsignale oder Interrupts bezeichnet) dar. Während normalerweise die Prozeßsignale an den zugehörigen Eingaberegistern anstehen und darauf warten, daß der Prozessor sie abruft, können diese Signale von sich aus den normalen Programmablauf unterbrechen und selbst eine Bearbeitung anfordern. Dies ist wichtig, wenn in der Anlage irgendwelche Notsituationen auftreten, auf die sofort reagiert werden muß.
Diese Signaleingänge können aber auch dazu benutzt werden, um bestimmte Tätigkeiten nach einer vorgegebenen Zeit auszuführen. Hierzu wird ein Zähler, der mit einem festgelegten Takt abwärts zählt, mit einem Anfangswert geladen und gestartet. Der Anfangswert wird so gewählt, daß der Zähler nach der gewünschten Zeit den Wert 0 erreicht. Hierdurch wird eine Unterbrechung ausgelöst und die vorgesehene Aufgabe kann ausgeführt werden. Nach Erledigung dieser Aufgabe wird das ursprüngliche Programm an der unterbrochenen Stelle fortgesetzt.

15.1.4.4 Anschluß von Bediengeräten

Bediengeräte, wie Tastaturen, Anzeigeeinheiten, Bildschirme, Drucker usw. können im Prinzip nach den oben erläuterten Verfahren angeschlossen werden. Häufig benutzt man allerdings zum Anschluß solch komplexer Geräte spezielle Bausteine, die bereits die gesamte oder wenigstens den größten Teil der Elektronik enthalten, der zwischen dem Ein-/Ausgabekanal und dem eigentlichen Gerät erforderlich ist. Oft werden diese Geräte auch an eine serielle Schnittstelle angeschlossen.
Bei der parallelen Ein-/Ausgabe werden immer 8 Bit gleichzeitig übertragen. Hierzu sind dann auch 8 Leitungen sowie eine Rückleitung erforderlich. Bei größeren Leitungslängen ist es jedoch ökonomischer, nur ein Leitungspaar zu verwenden und die Informationen als zeitliches Impulsmuster auf dieser einen Leitung zu übertragen. Im Prinzip kann man hierzu eine Leitung eines Ausgaberegisters benutzen und die Spannung auf dieser Lei-

tung durch Software (durch entsprechende Befehle, ein Programm) in dem gewünschten Rhythmus ein- und ausschalten.
Sogenannte ‚Serielle Ein-/Ausgabe-Bausteine' sind wesentlich komfortabler. Sie werden wie normale parallele Ein-/Ausgabe-Bausteine an den Prozessor angeschaltet, so daß auch stets 8 Bit parallel zwischen Prozessor und Baustein übertragen werden. Der Baustein übernimmt aber selbständig die Umwandlung parallel/seriell bzw. seriell/parallel, meist nach einem genormten Verfahren (z.B. RS232, entspricht V24).

15.2 Darstellung von Daten in Mikrorechnern

15.2.1 *Grundlegende Überlegungen*

Wenn man überlegt, wie man Zahlen, Zeichen, Buchstaben und Texte in Rechnern darstellen kann, so muß man sich als erstes darüber im Klaren sein, daß die für uns gewohnte Darstellungsweise nur eine von vielen Möglichkeiten ist. Hilfreich bei diesen Überlegungen kann sein, wenn man an Geheimschriften in ihrer einfachsten Form denkt, wie sie beispielsweise von Kindern benutzt werden. Hierbei werden nach einem bestimmten Schema oder nach Tabellen den einzelnen Zeichen eindeutige andere Zeichen zugeordnet. Dabei bestehen fast keinerlei Einschränkungen. So können insbesondere Buchstaben, Ziffern und andere Symbole beliebig einander wechselweise zugeordnet werden.
Bild 6 zeigt einige der möglichen Vereinbarungen, um eine bestimmte Anzahl von Gegenständen, z.B. Steinchen oder Apfelsinen oder Schrauben, die in Spalte 1 dargestellt sind, zu bezeichnen. In jeder Zeile ist ein Element mehr, irgendeine Struktur ist nicht zu erkennen. Die *Anzahl* in dieser Spalte ist das Wesentliche, das durch die Symbole in den anderen Spalten gekennzeichnet werden soll. Spalte 2 zeigt unsere gebräuchlichen Zahlwörter. Sieht man einmal davon ab, daß wir uns an sie gewöhnt haben, und vergleicht sie mit den Zahlwörtern der englischen Sprache in Spalte 3, so kann man feststellen, daß sie recht willkürlich gewählt sind und durchaus durch andere

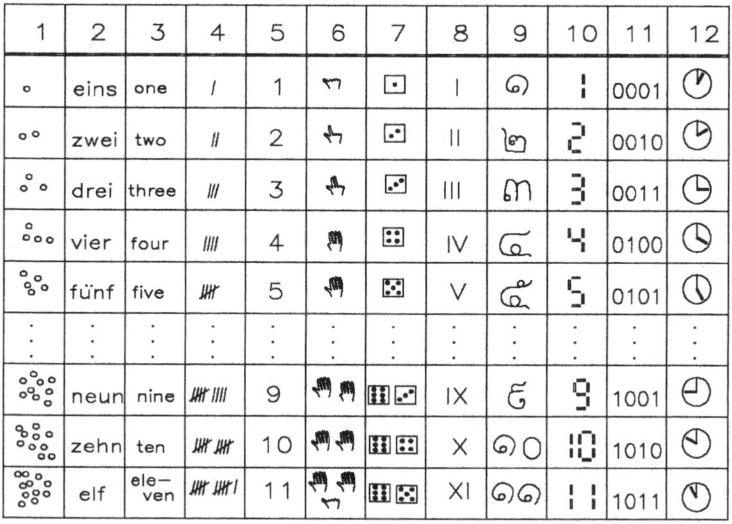

Bild 6-15
Einige verschiedene Arten, eine Anzahl von Gegenständen zu bezeichnen. Sp.1: Gegenstände, Sp.2: deutsche Zahlwörter, Sp.3: englische Zahlwörter, Sp.4: Striche von Bierdeckel, Sp.5: arabische Ziffern, Sp.6: Finger, Sp.7: Würfel, Sp.8: römische Ziffern, Sp.9: thailändische Ziffern, Sp.10: 7-Segment-Anzeige, Sp.11: Dualzahlen, Sp.12: Uhr.

Vereinbarungen abgelöst werden könnten. Dies gilt bis ‚zwölf', ab ‚dreizehn' findet man allerdings ein bestimmtes Schema in der Benutzung der Zahlwörter. Die Zeichen von Spalte 4 mit einer Fünfer-Einteilung findet man auf Bierdeckel, ein recht einfaches System, das aber ab 20 recht unübersichtlich wird. Unsere sogenannten arabischen Ziffern in Spalte 5 besitzen seltsamerweise – genauer: praktischerweise – kein eigenes Zeichen für die Zehn, obwohl bei der Darstellung durch Finger in Spalte 6 erst ab ‚elf' eine weitere Person mit der dritten Hand gebraucht wird. Statt dessen wird die Null, ein Zeichen für ‚gar kein' Element, mit hinzugenommen, einer der ganz wichtigen Schritte in der Mathematik, der etwa um 150 n.Chr. in Indien getan wurde. Auch bei den Buchstaben ist ‚kein Buchstabe', auf der Schreibmaschine die Leertaste, das am häufigsten vorkommende Zeichen. Beim Würfel – Spalte 7 – hat man 6 verschiedene, aber eindeutig zugeordnete Zeichen. Danach muß man wiederholen, oder man braucht mehrere Würfel. Die Römer – Spalte 8 – hatten ein relativ kompliziertes System in ihrem Zahlenaufbau, so daß das Rechnen bei ihnen recht mühsam war. Die thailändischen Zahlzeichen in Spalte 9 sehen auf den ersten Blick für uns recht ungewohnt aus, entsprechen aber genau unserem Zehnersystem. Die drei letzten Spalten zeigen von Maschinen benutzte Darstellungen, als erstes die sogenannte 7-Segmentanzeige (z.B. in Digitalvoltmetern), bei der bestimmte Kombinationen von bis zu 7 Leuchtbalken unsere normalen Ziffern nachbilden, dann das Dualsystem, auf das wir im folgenden noch ausführlicher zurückkommen werden, und als letztes die Stellungsanzeige der Uhr, die üblicherweise eine Zwölferteilung hat, die aber zur reinen Zahlendarstellung – z.B. Skalen an Potentiometern, Höhenmesser in Flugzeugen usw. – auch mit einer Zehnerteilung versehen werden kann. Man sieht, daß die Darstellungsweise im Grunde beliebig ist. Soweit nicht ein festgelegtes Schema verwendet wird, muß nur in einer sogenannten Codetabelle die Zuordnung eindeutig festgelegt werden.

15.2.2 *Bits und Bytes*

Zur Speicherung von Zeichen und Zahlen in Rechenanlagen benutzt man Flip-Flops. Jedes Flip-Flop kennt nur zwei Zustände, 0 oder 1. Eine solche Stelle bezeichnet man auch als 1 Bit (von *B*inary Dig*it*).
Mehrere Flip-Flops, meist 8 oder 16, faßt man zu einem Register zusammen. Die einzelnen Zellen numeriert man von rechts nach links durch, wobei man die ganz rechte Stelle mit dem Index 0 bezeichnet (Bild 7), es ist die niederwertigste Stelle (‚LSB' – ‚*L*east-*S*ignificant-*B*it'). Die 8 Flip-Flops und Lampen in Bild 7 sind also von 0 bis 7 durchnumeriert. D7 (für Datenbit 7) bzw. L7 (für Lampe 7) werden bei einem solchen Register auch als höchstwertigste Stelle (‚MSB' – ‚*M*ost-*S*ignificant-*B*it') bezeichnet. 8 Bit bilden ein Byte. Ein 8-Bit-Register besteht aus einem Byte, ein 16-Bit-Register aus 2 Byte.

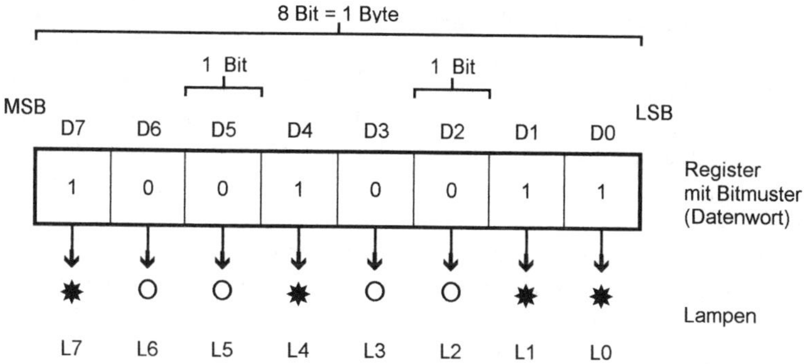

Bild 7-15
Register mit 8 Bit (1Byte), an das 8 Lampen angeschlossen sind. D0 bis D7, die 8 Datenbits. L0 bis L7, die 8 Lampen. MSB (‚most significant bit') höchstwertigstes Bit. LSB (‚least significant bit') niederwertigstes Bit.

Will man mit dem Zustand des Registers in Bild 7 verschiedene Zahlen kennzeichnen (codieren), so hat man hierzu verschiedene Möglichkeiten. Die einfachste wäre, man würde genau so viele Lampen anschalten, wie der gewünschten Zahl entsprechen. Das Register in Bild 7 würde also 4 anzeigen, wobei es eine ganze Anzahl von Kombinationen gibt, bei denen 4 Lampen leuchten. Eine andere Möglichkeit ist, jeder Lampe eine bestimmte Bedeutung zuzuordnen. In diesem Falle darf nur die Lampe mit der gewünschten Bedeutung brennen, wie z.B. bei der Stockwerksanzeige eines Fahrstuhles. Man bezeichnet dies als ‚1-aus-n-Code' (hier: 1 aus 8). Es können wie im vorhergehenden Fall 8 verschiedene Symbole codiert werden. Eine wesentlich größere Effektivität erhält man, wenn man jeder der unterscheidbaren Kombinationen von 0 und 1 eine Bedeutung zuordnet. Dies sind bei diesem Register mit 8 Flip-Flops immerhin 256 Möglichkeiten, wobei man auch ‚alle Lampen aus' als bedeutungstragende Information berücksichtigt.

15.2.3 *Textdarstellung in Rechnern*

Texte bestehen aus großen und kleinen Buchstaben, einschließlich des Wortzwischenraumes (‚space' – Leerzeichen), Ziffern, Satzzeichen und einigen anderen Zeichen, insgesamt etwa knapp 100 verschiedene Zeichen. Um diesen unterschiedliche Bitkombinationen zuzuordnen, benötigt man 7 Bit ($2^7 = 128$).

In den Rechnern bestehen die Register oder Speicherzellen meist aus 8 Flip-Flops (8 Bit = 1 Byte) oder Vielfachen davon. Somit reichen die rechten 7 Bit eines solchen Registers, mit denen man 128 verschiedene Symbole codieren kann, aus, um alle im Text vorkommenden Zeichen darzustellen. Hinzu kommen noch einige Zeichen, die zwar nicht in Texten erscheinen, aber bei der Datenübertragung nützlich und notwendig sind. Die Zuordnung zwischen dem Bitmuster des Registers und den Zeichen ist im Grunde willkürlich, allerdings hat sich der sogenannte ASCII-Code (‚*A*merican *S*tandard *C*ode for *I*nformation *I*nterchange' – ‚Amerikanischer Standard-Code für Informations-Austausch'), wie er in Tabelle 1 dargestellt ist, international durchgesetzt.

In dieser Tabelle sind alle Zeichen, wie sie auf Bildschirmen oder Druckern erscheinen, von 0 bis 127 durchnumeriert (Spalte ‚Dez' und ‚Zeichen'). Unter ‚Binär' findet man das zugehörige Bitmuster. So stellen sich die Zeichen in einem Speicherregister dar. In der Spalte ‚Hex' ist die hexadezimale Kurzschreibweise des Bitmusters angegeben, die weiter unten erläutert wird.

Die ersten 32 Zeichen (beginnend von 0, s. die Spalte ‚Dez') sind Steuerzeichen für die Datenübertragung. Anschließend mit der Nummer 32 folgt der Wortzwischenraum (‚space'). Die Ziffer ‚1' steht an 49. Stelle und hat die Codierung 0011 0001, die Ziffer ‚9' an 57. Stelle mit der Codierung 0011 1001, ‚A' steht an 65. Stelle und hat die Codierung 0100 0001, ‚a' an 97. Stelle mit der Codierung 0110 0001. Von dieser Tabelle gibt es einige nationale Modifikationen. So sind in der deutschen Version die Zeichen dezimal 91 (Ä), 92 (Ö), 93 (Ü), 123 (ä), 124 (ö), 125 (ü) und 126 (ß) durch die Umlaute und ‚ß' belegt.

Bit 7, das in der Tabelle stets 0 ist, wurde früher als Parity-Bit (‚parity' – ‚Gleichheit') zur Fehlererkennung benutzt. Da inzwischen die Zuverlässig-

ASCII-CODE-TABELLE											
Dez	Zei-chen	Hex	Binär	Dez	Zei-chen	Hex	Binär	Dez	Zei-chen	Hex	Binär
0	NUL	00	0000 0000	43	+	2B	0010 1011	86	V	56	0101 0110
1	SOH	01	0000 0001	44	,	2C	0010 1100	87	W	57	0101 0111
2	STX	02	0000 0010	45	-	2D	0010 1101	88	X	58	0101 1000
3	ETX	03	0000 0011	46	.	2E	0010 1110	89	Y	59	0101 1001
4	EOT	04	0000 0100	47	/	2F	0010 1111	90	Z	5A	0101 1010
5	ENQ	05	0000 0101	48	0	30	0011 0000	91	[	5B	0101 1011
6	ACK	06	0000 0110	49	1	31	0011 0001	92	\	5C	0101 1100
7	BEL	07	0000 0111	50	2	32	0011 0010	93	]	5D	0101 1101
8	BS	08	0000 1000	51	3	33	0011 0011	94	^	5E	0101 1110
9	HT	09	0000 1001	52	4	34	0011 0100	95	_	5F	0101 1111
10	LF	0A	0000 1010	53	5	35	0011 0101	96	`	60	0110 0000
11	VT	0B	0000 1011	54	6	36	0011 0110	97	a	61	0110 0001
12	FF	0C	0000 1100	55	7	37	0011 0111	98	b	62	0110 0010
13	CR	0D	0000 1101	56	8	38	0011 1000	99	c	63	0110 0011
14	SO	0E	0000 1110	57	9	39	0011 1001	100	d	64	0110 0100
15	SI	0F	0000 1111	58	:	3A	0011 1010	101	e	65	0110 0101
16	DLE	10	0001 0000	59	;	3B	0011 1011	102	f	66	0110 0110
17	DC1	11	0001 0001	60	<	3C	0011 1100	103	g	67	0110 0111
18	DC2	12	0001 0010	61	=	3D	0011 1101	104	h	68	0110 1000
19	DC3	13	0001 0011	62	>	3E	0011 1110	105	i	69	0110 1001
20	DC4	14	0001 0100	63	?	3F	0011 1111	106	j	6A	0110 1010
21	NAK	15	0001 0101	64	@	40	0100 0000	107	k	6B	0110 1011
22	SYN	16	0001 0110	65	A	41	0100 0001	108	l	6C	0110 1100
23	ETB	17	0001 0111	66	B	42	0100 0010	109	m	6D	0110 1101
24	CAN	18	0001 1000	67	C	43	0100 0011	110	n	6E	0110 1110
25	EM	19	0001 1001	68	D	44	0100 0100	111	o	6F	0110 1111
26	SUB	1A	0001 1010	69	E	45	0100 0101	112	p	70	0111 0000
27	ESC	1B	0001 1011	70	F	46	0100 0110	113	q	71	0111 0001
28	FS	1C	0001 1100	71	G	47	0100 0111	114	r	72	0111 0010
29	GS	1D	0001 1101	72	H	48	0100 1000	115	s	73	0111 0011
30	RS	1E	0001 1110	73	I	49	0100 1001	116	t	74	0111 0100
31	US	1F	0001 1111	74	J	4A	0100 1010	117	u	75	0111 0101
32	spac	20	0010 0000	75	K	4B	0100 1011	118	v	76	0111 0110
33	!	21	0010 0001	76	L	4C	0100 1100	119	w	77	0111 0111
34	"	22	0010 0010	77	M	4D	0100 1101	120	x	78	0111 1000
35	#	23	0010 0011	78	N	4E	0100 1110	121	y	79	0111 1001
36	$	24	0010 0100	79	O	4F	0100 1111	122	z	7A	0111 1010
37	%	25	0010 0101	80	P	50	0101 0000	123	{	7B	0111 1011
38	&	26	0010 0110	81	Q	51	0101 0001	124	|	7C	0111 1100
39	'	27	0010 0111	82	R	52	0101 0010	125	}	7D	0111 1101
40	(	28	0010 1000	83	S	53	0101 0011	126	~	7E	0111 1110
41	)	29	0010 1001	84	T	54	0101 0100	127	DEL	7F	0111 1111
42	*	2A	0010 1010	85	U	55	0101 0101				

Tabelle 1-15
ASCII-Tabelle

keit sehr hoch ist, benutzt man häufig die zusätzlichen Möglichkeiten für einen sogenannten erweiterten Zeichensatz mit allen möglichen Sonderzeichen (zusätzlich die 128 Zeichen, bei denen das erste Bit ‚1' ist). Da man somit für die Darstellung eines Zeichens gerade 1 Byte benötigt, braucht man, um eine Schreibmaschinenseite (40 Zeilen mit 50 Anschlägen) abzuspeichern, 2000 Bytes.

15.2.4 *Zahlendarstellung in Rechnern*

Unsere normalen Zahlzeichen – die zehn Ziffern – kommen bereits in der ASCII-Codetabelle vor. Diese Darstellungsweise kann allerdings nur benutzt werden, um Texte, die über eine Tastatur eingegeben werden, abzuspeichern und sie später wieder auf einem Bildschirm oder einem Drucker auszugeben. Damit hat man aber noch kein Zahlensystem. Hierzu benötigt man neben den Zahlzeichen Rechenregeln, die mit der jeweiligen Zahlencodierung sinnvoll zusammenarbeiten, und eine Zahlencodierung ist nur dann sinnvoll, wenn diese Regeln sehr einfach anwendbar sind.
Man muß also streng unterscheiden zwischen:

Ziffern = *Symbole* für die Darstellung von Zahlen und
Zahlen = *Werte*, nach einem bestimmten System codiert.

Die Basis jeglichen Rechnens ist das Zählen, aufwärts und abwärts, auf das sich auch alle anderen Rechenverfahren zurückführen lassen. Es muß also ein einfaches Verfahren geben, um in einem Zahlensystem die folgende oder die vorhergehende Zahl zu finden. Unser normales Dezimalsystem hat sich hierbei recht gut bewährt. Von 0 bis 9 ist die nachfolgende Zahl jeweils durch Vereinbarung festgelegt. Ab der ‚zehn' bietet unser Stellenwertsystem die Möglichkeit, mit diesen Grunddefinitionen beliebig weit zu zählen. Immer, wenn man die größte Ziffer, die 9, um 1 erhöhen will, ersetzt man die 9 durch die 0 (die niederwertigste) und die eine Stelle weiter links stehende Ziffer durch ihren Nachfolger. Will man beispielsweise die 19 um 1 erhöhen, so muß man den Nachfolger der 9, der ‚Einerstelle' finden. Da die 9 aber das höchste Zahlzeichen ist, muß man es durch die 0 ersetzen und den Nachfolger für die Stelle links daneben einsetzen. Aus der 1 wird also die 2. Der Zahlenwert ergibt sich dadurch, daß man alle Ziffern mit der Wertigkeit der Stelle (Einer, Zehner, Hunderter ...) multipliziert und aufaddiert.

15.2.4.1 Der BCD-Code

Man kann dieses Dezimalsystem im Rechner nachbilden, indem man die zehn Ziffern 0 bis 9 durch 0 und 1 codiert. Hierzu benötigt man mindestens 4 Binärstellen (4 Flip-Flops). Mit diesen 4 Binärstellen (auch Tetrade genannt, ‚Tetra' – ‚4') kann man insgesamt 16 (2^4) verschiedene 0-1-Kombinationen darstellen (s. Tabelle 2a). Von diesen nutzt man beim BCD-Code

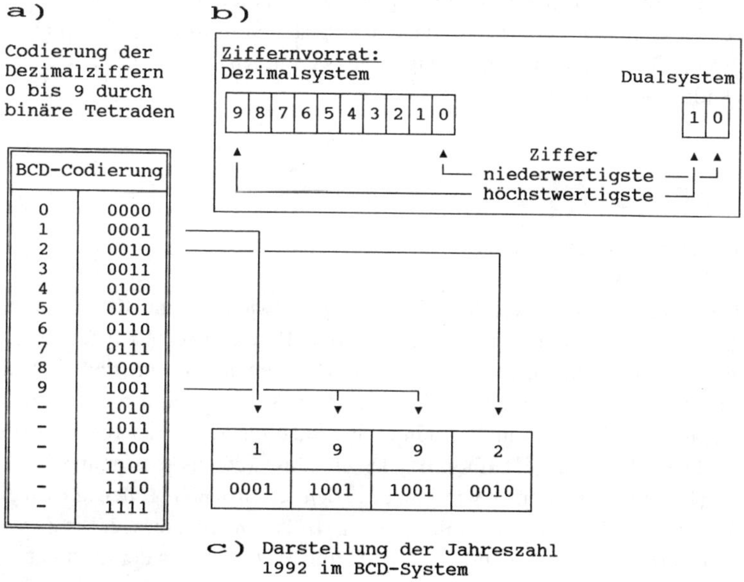

Tabelle 2-15
BCD-Codierung. a) BCD-Code der Ziffern 0 bis 9. b) Ziffernvorrat im Dezimal- und Dualsystem. c) Darstellung der Zahl 1992 im BCD-Code.

(*B*inär-*C*odiert-*D*ezimal) nur die ersten zehn. Den Nachfolger kann man jeweils nach dem gleichen Schema finden wie beim Dezimalsystem. Es stehen nur die 0 und die 1 als Zahlzeichen zur Verfügung (Tabelle 2b). Vereinbarungsgemäß ist die 1 der Nachfolger der 0, gleichzeitig aber auch schon das höchste vorkommende Zahlzeichen. Will man die 1 erhöhen, so muß man die nächst höherwertige Stelle, also die Stelle links daneben, um 1 erhöhen, die 1 selbst durch die 0 ersetzen. Diese Regel gilt, bis man die 9 (binär 1001) erreicht hat. Jede Ziffer des dezimalen Systems wird dann im Rechner einfach durch das entsprechende BCD-Zeichen aus 4 Bit dargestellt (s. z.B. in Tabelle 2c die Darstellung von 1992). Dieses Zahlensystem, eigentlich das normale Dezimalsystem, wird nur noch dann angewandt, wenn sich die Umsetzung aus dem Dezimalsystem in das konsequentere Dualsystem nicht lohnt, wenn nämlich im wesentlichen die Zahlen nur als Dezimalzahlen eingegeben und auf der Anzeige wieder ausgegeben werden. Das Rechnen in diesem BCD-System ist für den Rechner wesentlich komplizierter als im folgenden Dualsystem.

15.2.4.2 Das Dualsystem

Die konsequente Anwendung der Prinzipien, wie sie beim BCD-Code beschrieben wurden, führt auf den Dual-Code. Bereits in seinen Tagebuchaufzeichnungen vom 15. März 1679 hat der Mathematiker Gottfried Wilhelm Leibniz dieses Verfahren beschrieben (Bild 8). Es besteht nämlich keine Veranlassung, die normale Bildung des Nachfolgers bei der Kombination 1001 (der dezimalen 9) aufhören zu lassen. Das Ergebnis kann man bei Leibniz (Bild 8) für die Zahlen von 1 bis 32 in den ersten beiden Zeilen und für die folgenden Zahlen am linken Rand sehen. In Tabelle 3 ist dies für die Zahlen von 0 bis 21 nochmals deutlicher lesbar aufgelistet. Neben der Dezimalzahl sind die Codierung als BCD-Zahl und als Dualzahl angegeben. Auch die im späteren Kapitel beschriebene hexadezimale Kurzschreibweise für die Dualzahlen ist in der letzten Spalte aufgeführt.

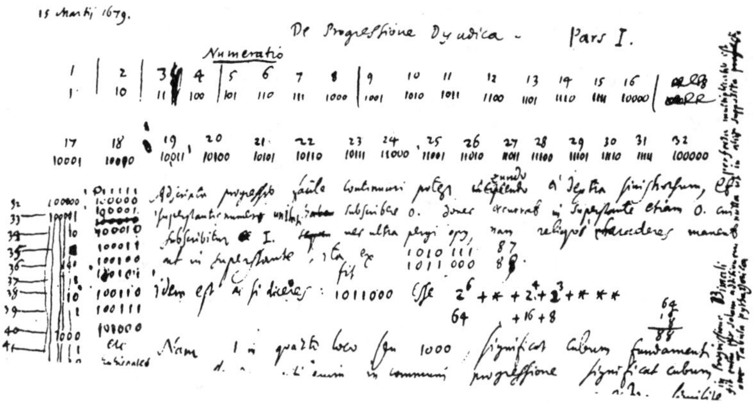

Bild 8-15
Tagebuchaufzeichnung von Gottfried Wilhelm Leibniz vom 15. März 1679.*)

Zählen und Addieren wird bei den Dualzahlen in der oben beschriebenen Weise genauso durchgeführt wie bei den Dezimalzahlen, indem die Überträge bei der nächst höheren Stelle mitberücksichtigt werden. Gerätetechnisch wird dies mit den aus der Digitaltechnik bekannten Volladdierern vorgenommen. Das folgende Rechenbeispiel zeigt die Rechnung 14 + 7 = 21 sowohl im dezimalen, wie im dualen Zahlensystem.

*) Das Original der Handschrift befindet sich in der Niedersächsischen Landesbibliothek Hannover. Es ist abgedruckt und ausführlich kommentiert in dem Buch ‚Herrn von Leibniz' Rechnung mit Null und Eins', herausgegeben von der Siemens AG (Berlin, München, 1979, 3. Aufl.).

Dezimal	BCD	Dual	Hexadezimal
0	0000	0	0 0
1	0001	1	0 1
2	0010	10	0 2
3	0011	11	0 3
4	0100	100	0 4
5	0101	101	0 5
6	0110	110	0 6
7	0111	111	0 7
8	1000	1000	0 8
9	1001	1001	0 9
1 0	0001 0000	1010	0 A
1 1	0001 0001	1011	0 B
1 2	0001 0010	1100	0 C
1 3	0001 0011	1101	0 D
1 4	0001 0100	1110	0 E
1 5	0001 0101	1111	0 F
1 6	0001 0110	1 0000	1 0
1 7	0001 0111	1 0001	1 1
1 8	0001 1000	1 0010	1 2
1 9	0001 1001	1 0011	1 3
2 0	0010 0000	1 0100	1 4
2 1	0010 0001	1 0101	1 5

Tabelle 3-15
Codierung der Zahlen von 0 bis 21 im BCD-, Dual- und Hexadezimal-Code.

Rechenbeispiel: Addition im Dezimal- und im Dualsystem

	Dezimal	Dual
	1 4	0 0 0 0 1 1 1 0
	+ 7	+ 0 0 0 0 0 1 1 1
Übertrag	1	1 1 1
	2 1	0 0 0 1 0 1 0 1

Regeln
$0 + 0 = 0$
$0 + 1 = 1$
$1 + 0 = 1$
$1 + 1 = 0 +$ Übertrag

Bei der Subtraktion benötigt man ähnliche Regeln. Normalerweise geht man aber einen einfacheren Weg, ohne diese neuen Regeln einzuführen. Statt die Zahl zu subtrahieren, addiert man einfach die entsprechende negative Zahl. Wie man aus einer Zahl ihr negatives Gegenstück bildet, wird weiter unten gezeigt.

– Umwandlung von Dual- in Dezimalzahlen

Beim Dualsystem handelt es sich ebenso wie beim Dezimalsystem um ein Stellenwertsystem. Im Zehnersystem haben die Stellen von rechts nach links die Wertigkeiten 10^0 (Einer), 10^1 (Zehner), 10^2 (Hunderter) usw.. Im Dualsystem gilt das Gleiche mit der Basis 2, also betragen die Wertigkeiten der einzelnen Stellen:

..	2^{10}	2^9	2^8	2^7	2^6	2^5	2^4	2^3	2^2	2^1	2^0
..	1024	512	256	128	64	32	16	8	4	2	1

Man muß also die 0 oder 1 der jeweiligen Stelle mit ihrer Wertigkeit multiplizieren und alles aufaddieren, wie man das im Dezimalsystem ja auch macht. In der Handschrift von Herrn Leibniz (Bild 8) erkennt man, wie er die Dualzahl 1011000 in die Dezimalzahl 88 nach diesem Verfahren umgerechnet hat.

Rechenbeispiel: Umwandlung einer Dual- in eine Dezimalzahl

Dezimal: 21 $= 2 \cdot 10^1 + 1 \cdot 10^0 = 2 \cdot 10 + 1 \cdot 1 = 21$

Dual: 0 0 0 1 0 1 0 1 $= 1 \cdot 2^4 + 0 \cdot 2^3 + 1 \cdot 2^2 + 0 \cdot 2^1 + 1 \cdot 2^0 =$
$1 \cdot 16 + 0 \cdot 8 + 1 \cdot 4 + 0 \cdot 2 + 1 \cdot 1 = 21$

– Umwandlung von Dezimal- in Dualzahlen

Auch für die Umrechnung aus dem Dezimal- in das Dualsystem gibt es ein einfaches Verfahren. Man dividiert die umzuwandelnde Dezimalzahl durch 2. Der Rest ist entweder 0 oder 1. Er stellt das Bit 0 (das niederwertigste, das ganz rechte Bit) der Dualzahl dar. Das Ergebnis, also den ganzzahligen Teil der durch 2 dividierten Dezimalzahl, dividiert man wiederum durch 2. Der Rest stellt das nächste Bit der Dualzahl dar, also Bit 1. So fährt man fort, bis die ganze Zahl ‚aufgebraucht' ist.

Rechenbeispiel: Umwandlung einer dezimalen 21 in eine Dualzahl

Dezimal: 21

: 2 = 10	Rest 1
: 2 = 5	Rest 0
: 2 = 2	Rest 1
: 2 = 1	Rest 0
: 2 = 0	Rest 1

Dual: 1 0 1 0 1

– Dualzahlen in hexadezimaler Darstellung

Die sich bei den Dualzahlen ergebende lange Kette von 0 und 1 (3,2 mal so viele Stellen wie im Dezimalsystem) kann von den Rechnern sehr einfach bearbeitet werden. Für uns ist es aber praktisch unmöglich auch nur eine 10-stellige Dualzahl zu behalten und richtig wiederzugeben. Man faßt daher 4 Stellen zusammen, die man als eine Hexadezimalziffer bezeichnet (‚hexadezimal' – ‚sechzehn'). Da die 4 Dualstellen die 16 Zahlen von 0 bis 15 darstellen, muß man zu ihrer Schreibweise die Ziffern 0 bis 9 durch die Buchstaben A bis F ergänzen, wie es in Tabelle 3, in der Spalte ‚Hexadezimal' zu sehen ist. Diese Darstellungsweise ist sehr praktisch und wird bei der maschinennahen Bearbeitung von Problemen mit Mikroprozessoren fast ausschließlich benutzt. Jedes Byte kann demnach durch zwei Hexadezimalziffern dargestellt werden, die unabhängig voneinander behandelt werden können. Es sind also keine mühsamen Umrechnungen zwischen Dual- und Hexadezimalsystem notwendig. Wegen der besonderen Wichtigkeit – bei der Benutzung von Mikrocomputer-Systemen begegnet man diesen ‚Hexadezimalzahlen' sehr häufig – ist in Tabelle 4 nochmals die Beziehung zwischen den Dezimal-, den Dual- und den Hexadezimalzahlen gezeigt. Man beachte, daß für die Zahlen von 0 bis 9 die Hexadezimalzahlen mit den Dezimalzahlen iden-

Dez	Hex	Dual	Dez	Hex	Dual
0	0	0000	8	8	1000
1	1	0001	9	9	1001
2	2	0010	10	A	1010
3	3	0011	11	B	1011
4	4	0100	12	C	1100
5	5	0101	13	D	1101
6	6	0110	14	E	1110
7	7	0111	15	F	1111

Tabelle 4-15
Hexadezimalzahlen 0 bis F (dezimal 0 bis 15).

tisch sind, während die Dezimalzahlen 10 bis 15 durch die Buchstaben A bis F bezeichnet werden.

Formal läßt sich das Hexadezimalsystem als eigenes Zahlensystem mit der Basis 16 betrachten. Wenn man mit diesen Potenzen nicht sehr vertraut ist, empfiehlt es sich jedoch, die Hexadezimalzahlen nur als abgekürzte Schreibweise für das Dualsystem zu benutzen und bei Umrechnungen die oben beschriebenen Verfahren für das Dualsystem zu verwenden.

Das Dualsystem wird häufig auch als Binärsystem bezeichnet, obwohl hierunter eigentlich alle Zahlensysteme fallen, die nur mit den zwei (binären) Werten 0 und 1 arbeiten.

Um Verwechslungen zu vermeiden ist es wichtig, stets zwischen diesen Zahlensystemen zu unterscheiden. Man tut dies, indem man ohne Zwischenraum an die Ziffern folgende Buchstaben anhängt:

Dezimal:	D oder nichts
Hexadezimal:	H
Binär:	B

Da man bei Hexadezimalzahlen auch Buchstaben zur Zahlendarstellung verwendet, muß man, um Zahlen eindeutig von Namen zu unterscheiden, mitunter die Zahl mit einer 0 beginnen lassen.

Es gilt also z.B.:

$$1100\,0011_B = 0C3_H = 195_D = 195.$$

Die Jahreszahl 1992 lautet demnach in den verschiedenen Darstellungen (auch die Vierergruppen des BCD-Systems lassen sich in der hexadezimalen Schreibweise bezeichnen):

Dezimal: $1\,9\,9\,2_D$
BCD: $0001\,1001\,1001\,0010_B = 1\,9\,9\,2_H$
Dual: $0111\,1100\,1000_B = 7\,C\,8_H$

Die Bezeichnungen D, B, H bedeuten also nicht unbedingt, daß es sich um Zahlen aus dem Dezimal-, Dual- oder Hexadezimal-Zahlensystem handelt, sondern nur, daß die Ziffern, die Symbole, aus einem Vorrat von 10, 2 oder 16 Zahlzeichen genommen wurden. Ob z.B. ein Binärmuster als Dualzahl oder als BCD-Zahl interpretiert werden soll, muß irgendwie gesondert angegeben werden.

15.2.4.3 Negative Zahlen

Die bisher behandelten Zahlen sind die natürlichen Zahlen (genaugenommen die natürlichen Zahlen zuzüglich der Null), Zahlen, wie man sie zum Abzählen von Gegenständen benutzt, also die ganzen positiven Zahlen. Meist werden in Rechnern aber auch negative Zahlen benötigt. In der Anfangsphase stellte man die negativen Zahlen in der gleichen Form dar, wie wir das gewohnt sind, der Betrag der Zahl mit dem Minuszeichen davor. Bei irgendwelchen Rechnungen muß dann immer zuerst das Vorzeichen untersucht werden. Die Rechenprozeduren sind von dem Vorzeichen abhängig.
Will man ohne zusätzlichen Aufwand die Rechnungen mit den gleichen elektronischen Bauteilen, den Addierern, durchführen, ohne daß man das Vorzeichen getrennt untersuchen muß, so benötigt man eine Darstellung für die negativen Zahlen, die einen nahtlosen Übergang erlaubt. Die einfachste Forderung besteht z.B. darin, daß sich 0 ergibt, wenn man zu -1 eine 1 nach den normalen Regeln hinzuaddiert.
Man betrachte einen normalen Dualzähler, der wegen der einfachen Darstellung nur aus 3 Flipflops bestehen soll (Bild 9a). Mit jedem Eingangsimpuls zählt dieser um eine Stelle weiter, insgesamt bis 7 (111_B). Der nächste

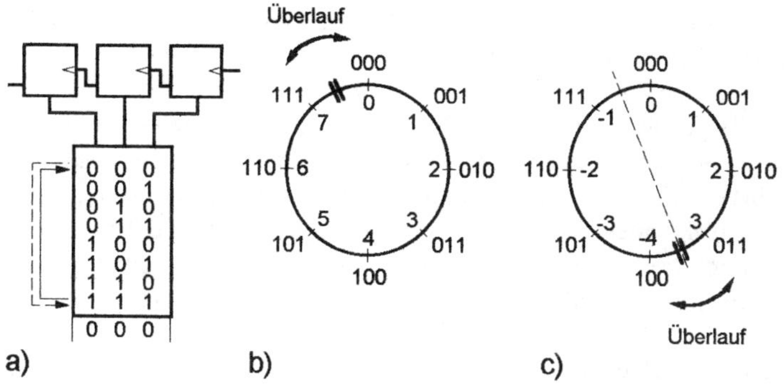

Bild 9-15
Zahlenkreis. a) 3 Bit Dualzähler, der von 000 bis 111 zählt. b) Zahlenkreis für natürliche Zahlen. c) Zahlenkreis für positive und negative Zahlen im Zweierkomplement.

Impuls bringt den Zähler wieder auf 0 (000_B) und mit jedem weiteren Impuls zählt er wieder hoch. Handelt es sich um einen Vorwärts-Rückwärtszähler so kann man, wenn der Zähler auf 0 steht, auch einen Impuls auf den negativen Eingang geben. Aus 000_B wird 111_B, d.h. $0-1=-1$., die Binärzahl 111_B entspricht also der -1.

Man kann diesen Vorgang sehr schön beobachten, wenn man die Zustände des Zählers auf dem Zahlenkreis angibt. Bild 9b zeigt dies für die natürlichen Zahlen. Der Zähler zählt von 0 bis 7, und entsprechend wird der Zahlenkreis im Uhrzeigersinn durchlaufen. Mit dem nächsten positiven Impuls gelangt er wieder in den Zustand 0, der Zähler ist ‚übergelaufen'. Man müßte dies durch einen Übertrag auf die nächste Stelle berücksichtigen. Mit 8 Bit kann man auf diese Weise von 0 bis 255 zählen.

Bild 9c zeigt die Situation für den Fall, daß man ebenso viele negative wie positive Zahlen haben möchte. Man kann dann von Null an sowohl in positiver als auch in negativer Richtung gehen, d.h. 111_B entspricht -1_D, 110_B ist -2_D usw.. Mit dem 3 Bit Datenwort kann man die Zahlen von -4 bis $+3$ darstellen. Bei den negativen Zahlen ist stets das höchstwertigste Bit (das Bit ganz links) gleich 1. Man bezeichnet dieses Bit auch als Vorzeichen-Bit. Die Null zählt damit zu den positiven Zahlen. Der ‚Überlauf' findet jetzt statt, wenn man von 011_B nach 100_B (positiver Übertrag) oder von 100_B nach 011_B (negativer Übertrag) gelangt. Mit einem 8 Bit-Wort können wir auf diese Weise die Zahlen von -128_D bis $+127_D$ darstellen.

Dieses heute für positive und negative Zahlen ausschließlich benutzte System bezeichnet man als ‚Zweierkomplement'. Für die Umrechnung gibt es ein einfaches Schema. Man bildet aus einer positiven Zahl ihr negatives Gegenstück, indem man die Zahl komplementiert, d.h. jede 1 durch 0 und jede 0 durch 1 ersetzt (‚Einerkomplement') und auf das so erhaltene Bitmuster noch eine 1 aufaddiert (‚Zweierkomplement'). Dies entspricht einer Multiplikation mit −1, d.h. man kann nach dem gleichen Schema auch aus einer negativen Zahl eine positive Zahl machen. Die Subtraktion läßt sich damit einfach als die Addition des Zweierkomplements durchführen.

Rechenbeispiel: +5 in eine −5 umwandeln, und umgekehrt

+5 ⇒	$0000\,0101_B$	−5 ⇒	$1111\,1011_B$
Komplement	$1111\,1010_B$	Komplement	$0000\,0100_B$
Addiere 1	+ 1	Addiere 1	+ 1
Ergebnis −5	$1111\,1011_B$	Ergebnis +5	$0000\,0101_B$

Natürlich gelten auch gewisse Einschränkungen: so kann man die −128 nicht in eine +128 umwandeln. Addiert man auf +127 eine 1 auf, so erhält man −128. Dies entspricht nicht dem normalen Übertrag und muß also gesondert berücksichtigt werden. Man sieht, daß negative Zahlen eine gewisse Aufmerksamkeit erfordern, die aber i.allg. von den Programmen des Rechners wahrgenommen wird.

Dem Bitmuster in einem Register läßt sich nicht ansehen, ob es ein Buchstabe darstellen soll, ob es eine positive Zählzahl, eine BCD-Zahl oder eine negative Zahl (falls das höchstwertigste Bit 1 ist) sein soll. Dies entscheidet sich erst dadurch, was man mit dem Bitmuster anschließend macht.

15.2.4.4 Festkommazahlen

Bisher haben wir uns nur mit den ganzen Zahlen beschäftigt. Normalerweise ist man gewohnt, mit ‚Kommazahlen' (sogen. Dezimalbrüchen) umzugehen. Man kann sich vorstellen, daß bei den ganzen Zahlen das Komma rechts neben der Zahl stände. Bewegt man das Komma nach links, so bedeutet dies eine Division durch 10. Ganz ähnlich ist es bei den Dualzahlen. Jede Stelle, um die man das Komma weiter nach links setzt, bedeutet eine Division durch 2. Damit wird auch die Wertigkeit der einzelnen Stelle verschoben.
Zu beachten ist, daß das Komma nur gedacht ist und nicht im Rechner erscheint. Es muß nur bei einem Teil der Rechenoperationen und bei Umwandlungen berücksichtigt werden. Auf Additionen und Subtraktionen hat es keinen Einfluß.
Im folgenden Beispiel ist zum einen die Dezimalzahl 12,34 mit den Stellenwertigkeiten dargestellt, zum anderen die Dualzahl 01101,011.

Dezimal:		1	2	,	3	4	
		↑	↑		↑	↑	
	.	Zehner	Einer	,	Zehntel	Hundertstel	.
	10^2	10^1	10^0		10^{-1}	10^{-2}	10^{-3}

Dual:	0	1	1	0	1	,	0	1	1
	VZ	2^3	2^2	2^1	2^0		2^{-1}	2^{-2}	2^{-3}
		8	4	2	1		1/2	1/4	1/8

Der Dezimalwert der dualen Festkommazahl 01101,011 beträgt also

$$1 \cdot 8 + 1 \cdot 4 + 0 \cdot 2 + 1 \cdot 1 + 0 \cdot 1/2 + 1 \cdot 1/4 + 1 \cdot 1/8 = +13{,}375$$

Der darstellbare Zahlenbereich ist bei dieser Dualzahl (5 Stellen vor und 3 Stellen nach dem Komma), grob gerechnet, von -16 bis $+16$ ($\pm\ 1/2 \cdot 2^5$).

Die Auflösung ist 0,125, d.h. die Wertigkeit des niederwertigsten Bits beträgt $1/8 = 0{,}125\,(2^{-3})$.
Wäre das Vorzeichenbit VZ gesetzt, so handelt es sich um eine negative Zahl. Vor der Umwandlung muß dann erst das Zweierkomplement gebildet werden, um eine positive Zahl zu erhalten. Dann bestimmt man wie oben den Betrag.
Recht häufig benutzt man für Festkommarechnungen eine Zahlenlänge von 16 Bit (2 Byte) und setzt das Komma in die Mitte.

Dual:	0	1	1	0	0	0	1	1	,	1	1	1	1	1	1	0	1

Dezimal:	9	9	,	9	9

Dies entspricht in etwa einer Dezimalzahl mit zwei Stellen vor und zwei Stellen hinter dem Komma (genauer: der Zahlenbereich ist etwa $\pm\, 1/2 \cdot 2^8 = \pm\, 128$, die Auflösung $2^{-8} = 1/256 \approx 0{,}004$).
Obwohl man meint, daß Zahlenbereich und Auflösung für viele Anwendungsfälle ausreichend seien, ist doch große Vorsicht geboten. Als Beispiel sei die Multiplikation und Division dieser Dezimalzahl mit 10 betrachtet. Damit man mit 10 multiplizieren kann, muß die Zahl selbst kleiner als 12 sein. Sonst tritt ein Überlauf auf, das Ergebnis kann nicht mehr verwendet werden. Dividiert man erst durch zehn, so erhält man aus 99,99 die Zahl 9,99. Nach der Multiplikation mit zehn ist das Ergebnis 99,90. Es ist also eine Stelle verlorengegangen. Durch Auf- und Abrunden bei der Rechnung kann das Problem etwas gemildert werden. Allerdings sind die Rundungsfehler bei Festkommarechnungen häufig nicht zu vernachlässigen.
Da in den USA statt des Kommas der Dezimalpunkt verwendet wird, findet man auch oft diese Darstellung mit der Bezeichnung Festpunktzahlen (‚fixed-point numbers‘).

15.2.4.5 Gleitkommazahlen

Festkommazahlen sind sehr gut geeignet um zum Beispiel DM-Beträge zu berechnen. Es ist i.allg. aber recht mühsam mit Festkommazahlen bei etwas umfangreicheren Berechnungen mit Prozeßsignalen sicherzustellen, daß der Zahlenbereich nicht überschritten wird und die Rundungsfehler nicht ins Gewicht fallen. Verwendet man Gleitkommazahlen, so wird der Zahlenbereich stets den Anforderungen automatisch angepaßt. Die Gleitkomma- oder Gleitpunktzahlen (engl. ‚floating-point number') bezeichnet man auch als wissenschaftliche Schreibweise der Zahlen. Unsere obige Beispielzahl 99,99 kann man auch mit Hilfe von Zehnerpotenzen schreiben.

$$99{,}99 = 99{,}99 \cdot 10^0 = 9{,}999 \cdot 10^1 = 0{,}9999 \cdot 10^2$$

Die Ziffern 0,9999 bezeichnet man dabei als Mantisse. Außerdem benötigt man den Exponenten 2 (die Hochzahl) der 10. Dabei gibt der Exponent die Größenordnung der Zahl an, die Mantisse den genaueren Wert bei dieser Größenordnung. Man kann diese Schreibweise auch auf Dualzahlen anwenden. Man benötigt zwei Angaben, die Mantisse und den Exponenten, diesmal nicht zur Basis 10 sondern zur Basis 2. Eine gebräuchliche Form ist die Verwendung von 4 Byte, 3 Byte = 24 Bit für die Mantisse und 1 Byte = 8 Bit für den Exponenten (Bild 10).

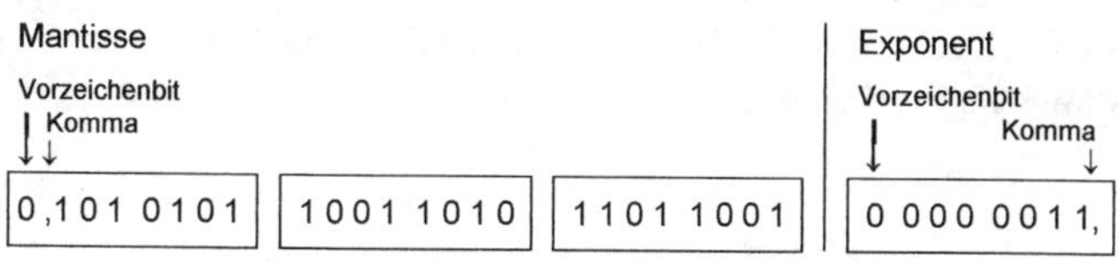

Bild 10-15
Gleitkomma-Datenwort mit 24 Bit Mantisse und 8 Bit Exponent. Das Vorzeichen-Bit steht bei Mantisse und Exponent ganz links, das Komma ist bei der Mantisse hinter dem Vorzeichen-Bit zu denken und beim Exponenten ganz rechts.

Bei der Mantisse ist das Komma stets hinter dem Vorzeichenbit zu denken. Der Exponent wird automatisch immer so verändert, daß bei der Mantisse das Bit hinter dem Komma bei positiven Zahlen 1, bei negativen Zahlen 0

wird. Damit liegt der Betrag der Mantisse stets zwischen 0,5 und 1. Diesen Vorgang nennt man Normalisierung. Dadurch wird immer die volle Genauigkeit gewährleistet. Beim Exponenten handelt es sich um ganze Zahlen im Bereich von -128 bis $+127$, das Komma muß man sich also hinter dem letzten Bit vorstellen.
Mit diesem Gleitkommaformat lassen sich positive und negative Zahlen bis etwa $2^{127} \approx 10^{38}$ darstellen. Die kleinste Zahl liegt in der Größenordnung von $2^{-128} \approx 10^{-39}$. Die Auflösung beträgt dabei ca. $2^{-23} \approx 10^{-7}$, die Zahlen sind also auf etwa 7 Dezimalstellen genau.
Der Nachteil der Gleitkommazahlen ist die Zeit, die der Rechner benötigt, um mit entsprechenden Programmen die komplizierteren Berechnungsvorgänge durchzuführen. Bis zu 2 ms sind für eine Gleitkommaoperation bei langsamen Mikroprozessoren notwendig. Für einen Teil der Prozessoren sind sogen. Co-Prozessoren (‚Zusatz-Prozessoren‘) erhältlich, die die Gleitkommaoperationen hardwaremäßig durchführen. Hierbei ist die Geschwindigkeit um mehrere Größenordnungen höher und nicht mehr wesentlich langsamer als bei den anderen Operationen des Prozessors.
Man braucht sich bei Gleitkommazahlen im allgemeinen nicht um Wertebereiche und Genauigkeit zu sorgen. Diese Vorteile sind so groß, daß man auf jeden Fall versuchen sollte, bei den digitalen Reglern die Berechnung im Gleitkommaformat durchzuführen. Nur wenn es gar nicht anders geht, sollte man auf Festkommazahlen zurückgreifen und die Mühe auf sich nehmen, sich selbst um Wertebereiche, die Gefahr von Überläufen und die Rundungsfehler zu kümmern.

15.3 Befehle und Programme

Die Platinen mit den Bausteinen und ihren Verdrahtungen, den Verbindungen, Widerständen und Kondensatoren bezeichnet man als die ‚Hardware‘ des Mikrorechners. Im Gegensatz dazu nennt man die Summe aller Anweisungen und Befehle die ‚Software‘. Mehrere Anweisungen, nacheinander ausgeführt, können eine Teilaufgabe lösen, sie stellen eine ‚Routine‘ dar.

Die Gesamtaufgabe wird durch die Anweisungen eines ‚Programms' gelöst. Alle Programme, Hilfsprogramme, Unterprogramme usw. zusammen bilden die ‚Software' eines Rechners.
Der Rechner hat die Programme in seinen Speicherbausteinen gespeichert. Dies kann er aber nur als Folgen von ‚0' und ‚1'. Man nennt dies das ‚Maschinenprogramm', das für uns aber praktisch nicht zu verstehen ist. Aus diesem Grunde benutzt man leicht verständliche Abkürzungen und Bezeichnungen für die Befehle, die Speicheradressen usw.
Das so entstandene Programm muß man anschließend in die 0,1-Folgen übersetzen. Automatisch kann man dies mit einem sogen. ‚Assembler'-Programm machen.
Die sogen. höheren Programmiersprachen gehen noch einen Schritt weiter. Sie geben einen bestimmten Formalismus an, wie man ganze Gleichungen und Bearbeitungsanweisungen angeben muß, damit ein ‚Übersetzerprogramm' – ein ‚Compiler' – daraus automatisch ein Maschinen-Programm erstellen kann.
Für viele Standardanwendungen, so auch für Regelungen, gibt es fertige Programmpakete, die über ein Eingabeformular nur noch die speziellen Daten, wie Reglerstruktur, Reglerparameter usw. abfragen. Ein Programmieren des einzelnen Anwendungsfalles ist dann nicht mehr notwendig.

15.3.1 *Maschinensprache*

15.3.1.1 Aufbau und Ausführung eines Befehls

Jede Anweisung an den Prozessor (Befehl) muß Angaben darüber enthalten
– was getan werden soll – und – womit dies getan werden soll –
(Operationscode – OP-Code) (Adresse bzw. Angabe des Operanden).

Diese gesamte Information kann natürlich nicht in einem Byte untergebracht werden. Man benötigt hierzu mehrere Byte, die sich dann im Speicher in aufeinanderfolgenden Speicherzellen befinden.

Für den Operationscode wird i.allg. das erste Byte benutzt. Mit den möglichen Codes dieses Bytes können 256 verschiedene Operationen unterschieden werden. So wird z.B. ‚*L*ade *D*aten aus einer Speicherzelle in den *A*kkumulator (LDA)‘ beim Prozessor 8085 durch den Code $0011\ 1010_B = 3A_H$ dargestellt.
Statt des Bitmusters oder seiner hexadezimalen Schreibweise benutzt man mehr oder weniger sinnvolle Kombinationen von bis zu 4 Buchstaben, wie ‚LDA‘ statt ‚$0011\ 1010_B$‘ oder ‚$3A_H$‘, um die Operation zu kennzeichnen. Diese Buchstabenkombination, die man sich wesentlich leichter merken kann, bezeichnet man als ‚mnemotechnischen Code‘ (‚Mnemotechnik‘ – ‚Gedächtniskunst‘). Mit Hilfe einer Umcodierungstabelle oder auch eines automatischen Umwandlungsprogramms, das als ‚Assembler‘ bezeichnet wird, kann der Maschinencode einfach gefunden werden.
Wenn der Prozessor über 16 Adressleitungen verfügt, benötigt man 2 Byte für die Angabe der Adresse. Der Befehl besteht dann also insgesamt aus 3 Byte – ein Byte für den Operations-Code, zwei Byte für die Adresse (Bild 11). Sollen die Daten beispielsweise aus der Speicherzelle 10000_D in den Akkumulator (das A-Register) geladen werden, so muß als Adresse $10000_D = 0010\ 0111\ 0001\ 0000_B = 27\ 10_H$ angegeben werden.(Die hexadezimale Schreibweise ist stets die bequemere und wird daher fast ausschließlich benutzt.)
Im Speicher folgt häufig nach dem OP-Code das niederwertige Byte (Low-Byte) der Adresse vor dem High-Byte (höherwertiges Byte). Ist beispielsweise der Befehl ‚LDA 2710_H‘ im Speicher ab Adresse 2000 abgespeichert, so steht in der Speicherzelle 2000 $3A_H$, in 2001 10_H und in 2002 27_H (Bild 11).
Wenn der oben angegebene Befehl ‚LDA 2710_H‘ vom Prozessor ausgeführt werden soll, so muß erst der Befehl geladen werden. Der OP-Code muß in das Befehlsregister, die Adresse in das Adress-Registers übernommen werden (siehe Bild 3-15). Dann kann die Anweisung durchgeführt werden: Der Inhalt der Speicherzelle 2710_H wird in das A-Register geladen.
Insgesamt wird der Inhalt von 4 Speicherzellen übertragen, 3 Speicherzellen, die den Befehl enthalten, und das eigentliche Datenwort. Jeder dieser Übertragungsvorgänge – Speicherzyklen – benötigt drei bis vier interne Taktzyklen des Mikroprozessors. Kennt man die Taktfrequenz des Mikro-

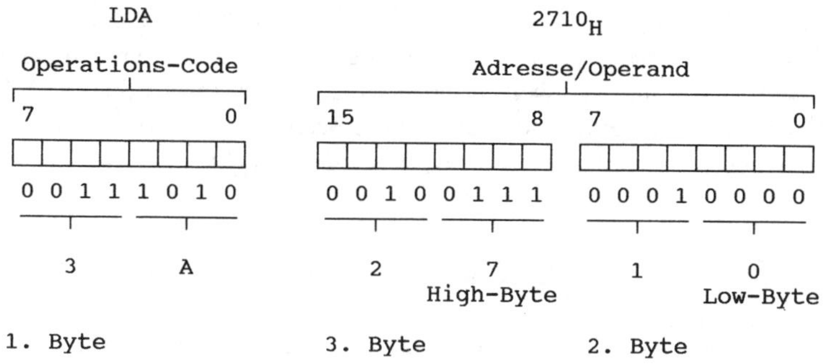

Bild 11-15
Befehlswort (LDA 2710_H), bestehend aus 1 Byte für den Operationscode und 2 Byte für die Adresse. Das niederwertige Adressbyte (Low-Byte) steht im Speicher meist vor dem höherwertigen Adressbyte (High-Byte).

prozessors, so läßt sich hieraus berechnen, wieviel Zeit er für die Ausführung dieses Befehls benötigt. Für einen bestimmten Programmteil kann man auf der Maschinenebene auf diese Weise aus den Ausführungszeiten für die einzelnen Befehle die Gesamtlaufzeit dieses Programmteils bestimmen.
Ein Mikroprozessor ist demnach umso schneller, je höher seine Taktfrequenz ist, je mehr Byte er in einem Schritt parallel überträgt und bearbeitet und je effektiver die Befehle selbst sind. Deshalb sind 16-Bit-Prozessoren, die jeweils 2 Byte und 32-Bit-Prozessoren, die 4 Byte parallel übertragen und verarbeiten, natürlich entsprechend schneller.
Eine Möglichkeit, die Befehle effektiver zu gestalten, besteht darin, mit Registern statt mit Speicherzellen zu arbeiten. Zum einen brauchen die Daten nicht aus dem Speicher übertragen zu werden, zum anderen spart man die lange Speicheradresse bei den Befehlen ein. Die Registeradresse kann in einem Byte oder sogar im OP-Code selbst untergebracht werden. Eine weitere Möglichkeit besteht darin, Konstanten, die man übertragen will, direkt anstelle der Adresse anzugeben. Diese Werte stehen also im Befehl und nicht in einer gesonderten Speicherzelle (sogen. ‚unmittelbare Adressierung'). Weiterhin kann man statt der Adresse eine Speicherzelle oder ein Register angegeben, in der sich die Adresse befindet (sogen. ‚indirekte Adressie-

rung'). Was zuerst als Umweg erscheint, ist tatsächlich eine der wirkungsvollsten Adressierungsmethoden. Wird diese Adresse zudem automatisch erhöht oder erniedrigt, so kann man in einfacher Weise ganze Speicherbereiche bearbeiten. In praktisch allen Mikroprozessoren ist dies u.a. in Form sogenannter ‚Stapelzeiger' (‚Stack-pointer') verwirklicht.

15.3.1.2 Die verschiedenen Befehlsgruppen

Die Anweisungen an den Prozessor (die Befehle) lassen sich grob in

- Übertragungs- oder Transportbefehle,
- Verarbeitungs- oder arithmetisch-logische Befehle und
- Befehle, die den Programmablauf organisieren (Programmorganisationsbefehle), einteilen.

Den größten Teil der Zeit ist der Prozessor damit beschäftigt Daten zu transportieren: von den Ein-/Ausgaberegistern in den Prozessor, von diesem in die Speicher, im Speicher werden Sie sortiert, zur Bearbeitung abgeholt, in die Ausgaberegister geschrieben usw.. Hierzu stehen eine Vielzahl von Befehlen – die Übertragungs- oder Transportbefehle – zur Verfügung. Transportieren bedeutet dabei im allgemeinen kopieren, d.h. nach dem Befehl stehen die Daten an beiden Stellen, der Quelle und dem Ziel.
Die Verarbeitung der Daten, im wesentlichen mit Hilfe der arithmetischen und logischen Verknüpfungen (Addieren, Subtrahieren, UND, ODER, Exklusive-ODER), findet fast ausschließlich im Akkumulator statt. Bei den arithmetischen Befehlen ‚addieren' und ‚subtrahieren' können Überträge aus der vorherigen Rechnung mit berücksichtigt werden. Normalerweise gibt es bei diesen arithmetischen und logischen Befehlen – den Verarbeitungsbefehlen – keine Anweisungen zum Multiplizieren und Dividieren. Diese Operationen müssen, wie auch alle komplizierteren Rechenoperationen, durch Programme gelöst werden, die selbst nur die einfacheren Befehle benutzen.
Normalerweise werden die Befehle in der Reihenfolge abgearbeitet, in der sie im Speicher stehen, da ja der Befehlszähler jeweils automatisch um 1 er-

höht wird. Soll diese Reihenfolge geändert werden, so muß der Befehlszähler mit einer anderen Adresse geladen werden. Man bezeichnet dies als einen Sprung. Ein solcher Programmsprung kann auch von dem Ergebnis der vorherigen Berechnung abhängig gemacht werden. Diese ‚bedingten Sprungbefehle' erlauben dem Rechner Entscheidungen zu treffen.
Es kommt häufiger vor, daß bestimmte Teilaufgaben an verschiedenen Stellen eines Programms in gleicher Weise erledigt werden sollen. Ein typisches Beispiel ist die Aufgabe, zwei gegebene Zahlen miteinander zu multiplizieren. Meist muß ein kleines Programm, eine Routine, diese Aufgabe übernehmen. An jeder Stelle, an der zwei Zahlen miteinander zu multiplizieren sind, müßte nun die Befehlsfolge, die diese Multiplikationsroutine darstellt, eingefügt werden. Ist die Befehlsfolge nur einmal vorhanden, so kann man natürlich von jeder Stelle des Programms an den Beginn der Multiplikationsroutine springen. Man muß allerdings sicherstellen, daß nach Erledigung der Aufgabe im eigentlichen Programm, dem Hauptprogramm, an der gleichen Stelle fortgefahren wird, an der man sich befand, ehe man zur Multiplikationsroutine gesprungen ist. Dies ist die Aufgabe des Unterprogrammsprungs. Er führt einen Sprung zur angegebenen Adresse, zum sogenannten Unterprogramm, aus und merkt sich automatisch den vorherigen Befehlszählerstand, d.h. die Adresse des Befehls, der im Hauptprogramm als nächster auszuführen wäre. Das Unterprogramm muß mit einem besonderen Rücksprungbefehl abgeschlossen werden. Dieser Befehl bewirkt, daß der Befehlszähler wieder mit der vorher gemerkten Adresse geladen wird, so daß das Hauptprogramm an der unterbrochenen Stelle fortgeführt wird.

15.3.2 *Assemblersprache*

Der eigentlichen Maschinensprache in der Form von Binärmustern, einer Kette von 0 und 1, begegnet man höchstens dann, wenn man an einem Mikroprozessor in einer elektronischen Steuerung Hardwarefehler mit Oszillograph und Logikanalyser (Oszilloskop mit vielen Kanälen – 16 bis 64 – für digitale Signale) untersucht. Aber selbst der Logikanalyser bietet den Kom-

fort, daß er aus den elektrischen Impulsmustern das Programm rückübersetzt (‚disassembliert') und in der gut lesbaren Assemblersprache darstellt. Normalerweise schreibt man Programme selbst auf der untersten Ebene in symbolischer Darstellung und und läßt es von einem speziellen Programm, dem ‚Assembler', in den Maschinencode umsetzen.
Wie bereits oben erwähnt, kann man die Befehle in ihrer leicht merkbaren ‚mnemotechnischen' Darstellungsweise angeben, also beispielsweise ‚LDA' für ‚lade Daten in das A-Register' , ‚ADD' für ‚addiere', ‚SUB' für ‚subtrahiere'. Meist sind dies Abkürzungen aus dem Englischen, die nur in einigen Fällen direkt auch ins Deutsche übertragen werden können. Andere sind z.B. ‚JMP' für ‚jump – springe', ‚STA' für ‚store A – speichere das A-Register', ‚CALL' für ‚call – rufe ein Unterprogramm' usw.. Das Assemblerprogramm ersetzt diese Bezeichnungen dann durch das Bitmuster, das in die Speicher geladen werden kann.
Ein zweiter wesentlicher Vorteil ist, daß man für die Adressen und Daten normale Namen angeben kann. Will man den Inhalt des A-Registers an den Digital-Analog-Umsetzer 1 ausgeben, so kann man den Befehl z.B. in der Form ‚STA DAU1' schreiben. Steuert dieser DAU ein Ventil an, so hätte man auch ‚STA VENTIL' schreiben können. Man muß natürlich irgendwo definieren, was die Namen bedeuten. In unserem Beispiel muß man die Kanaladresse des Digital-Analog-Umsetzers 1 dem Namen ‚DAU1' bzw. ‚VENTIL' zuordnen. Ist dies einmal geschehen, so ersetzt der Assembler überall die Namen durch die entsprechenden Adressen. Man bezeichnet dies als ‚symbolische Adressierung'.
Für die Programmierung auf der Maschinenebene ist der ‚Assembler' eine große Hilfe. Es bleibt jedoch der Nachteil, daß der Programmierer sowohl das Problem, das er bearbeiten will, sehr gut kennen muß aber auch alle Einzelheiten des Prozessors. Jeder einzelne Schritt muß in einer entsprechenden Anweisung festgelegt werden. Das ist erst nach langer Übung effektiv möglich. Ein weiterer Nachteil ist, daß jeder Prozessor mit seinen individuellen Eigenschaften auch eine eigene Assemblersprache hat. Ein Programm, das man für einen bestimmten Prozessor geschrieben hat, ist für einen anderen Prozessor völlig unverständlich. Für diesen muß man das Problem völlig neu bearbeiten.

15.3.3 *Höhere Programmiersprachen*

Die höheren Programmiersprachen sind rechnerunabhängig. Sie sind problemorientiert. Während man bei der Assemblerprogrammierung den Rechner genau mit seinen Registern und speziellen Eigenschaften kennen muß, genau angeben muß, von wo nach wo welches Datenwort transportiert werden soll usw., braucht man sich bei den höheren Programmiersprachen darum nicht zu kümmern. Rechenvorgänge kann man in der Form normaler Gleichungen angeben. So kann man bei diesen Programmiersprachen das in Kapitel 15.1.2.1 beschriebene Beispiel (den neuen Lagerbestand NL aus dem alten Lagerbestand AL und den Verkaufszahlen V zu berechnen) tatsächlich einfach in der Form NL = AL − V angeben. Den Bearbeitungsvorgang mit seinen Entscheidungen und Entscheidungskriterien gibt man mit vereinbarten Anweisungen an. Der Übersetzer – Compiler – , der für jeden Rechnertyp individuell ist, übersetzt dieses Programm dann in die Maschinensprache des verwendeten Rechners. Nur der Compiler muß also die inneren Gegebenheiten des Rechners genau kennen. Typische Vertreter solcher höheren Programmiersprachen sind BASIC, FORTRAN, PASCAL oder auch C.

BASIC ist eine recht einfache Sprache, die gerade für Anfänger relativ unkompliziert zu benutzen ist. Für größere Probleme ist sie nicht so gut geeignet, obwohl die neueren Varianten in dieser Hinsicht wesentlich verbessert wurden. FORTRAN ist die klassische Sprache für den technisch-wissenschaftlichen Bereich. Sie existiert nun schon weit mehr als 30 Jahre, wurde immer wieder totgesagt, lebt aber immer noch. Mehrere Nachfolger, wie z.B. PL1, hat sie überlebt. Nun wird sie aber doch langsam von PASCAL verdrängt. Diese Sprache scheint zur Zeit die universellste und inzwischen auch am meisten benutzte Sprache für den technisch-wissenschaftlichen Bereich zu sein.

Will man diese Sprachen zur Regelung von technischen Anlagen benutzen, so müssen sie Echtzeiteigenschaften (‚real-time‘) haben. Es reicht nicht, wie bei vielen anderen Problemen, daß die gestellten Aufgaben irgend wann (natürlich möglichst schnell) erledigt werden, sondern sie müssen exakt zur geforderten Zeit, synchron zum realen Prozeß ausgeführt werden. Der gro-

ße Ansatz, hierfür eine spezielle Sprache (‚PEARL‘) zu konzipieren, ist inzwischen wieder etwas in den Hintergrund geraten. Die oben angegebenen Sprachen haben nämlich alle Ergänzungen erfahren, die sie ‚echtzeit‘-fähig machen.
Eine Besonderheit stellt die Sprache ‚C‘ dar. Sie basiert auf der Sprache PASCAL, d.h. die meisten Anweisungen und die Struktur der Sprache sind genauso wie bei PASCAL. Sie erlaubt aber außerdem, falls dies notwendig ist, wie eine Assemblersprache die speziellen Eigenheiten des Prozessors anzusprechen und jedes einzelne Bit gezielt zu bearbeiten. Dies ist häufig an den Übergangsstellen zwischen Rechner und Prozeß notwendig, also beim Ansprechen der Analog-Digital- und Digital-Analog-Umsetzer, bei der Zeitkoordinierung usw.

15.3.4 *Anwenderprogramme*

Mit Hilfe einer der oben angegebenen Programmiersprachen muß das Programm erstellt werden, daß anschließend in die Maschinensprache übersetzt und in den Rechner geladen wird, um dort ausgeführt zu werden. Das Laden erfolgt bei den größeren Rechnern über Diskettenlaufwerke, bei den Mikroprozessoren ohne solche periphere Speicher, indem das Programm mit einem Programmiergerät in einen ROM-Speicherbaustein eingeschrieben wird, der dann in den Mikrorechner eingesetzt wird.
Bei digitalen Regelungen handelt es sich aber in vielen Fällen um Standardanwendungen. Es wäre daher viel zu aufwendig das Problem jedesmal neu zu programmieren. Im wesentlichen ändern sich nur einige Angabe bei dem speziellen Problem, z.B.

- welches ist die Regelgröße und unter welcher Kanaladresse kann der Wert eingelesen werden?
- soll das Eingangssignal, die Regelgröße, gefiltert werden, wenn ja mit welchen Zeitkonstanten bzw. Grenzfrequenzen?
- wohin ist die Stellgröße auszugeben, unter welcher Adresse?
- was für ein Regler (P-, PI-, PID-) soll benutzt werden?

- welche Werte sollen die Reglerparameter (K_P, T_n, T_v) haben?
- In welchen Zeitabständen soll die Regelgröße eingelesen werden, die Stellgröße neu berechnet werden?

Hier gibt es einmal die Möglichkeit, das Programm aus vorgefertigten Programmmodulen zusammenzustellen, die man mit den notwendigen Angaben versieht.

Eine andere Möglichkeit besteht darin, auf ein universelles, fertiges Programm zurückzugreifen, das nur noch diese speziellen Angaben benötigt. Häufig erfolgt dies im sogen. ‚Dialog'. Der Rechner stellt Fragen, der Anwender beantwortet sie. Bietet das Rechnerprogramm hierzu ein Eingabeformular mit Auswahlmöglichkeiten an, so bezeichnet man dies auch als ‚Menue' (‚Speisekarte', aus der man auswählen kann).

Viele Hersteller bieten inzwischen zu ihrer Hardware – Speicherprogrammierbare-Steuerungen (SPS-Systeme), Mikrorechner-Systeme usw. – entsprechende modulare Programmpakete an. Ebenso wie der heutige Benutzer eines Personal-Computers nicht mehr programmieren muß, sondern nur noch Nutzer von Anwendungspaketen wie Textverarbeitung, Tabellenkalkulation, Zeichenprogrammen usw. ist, lassen sich die Standardanwendungen im Bereich der digitalen Regelung mit solchen Anwendungspaketen lösen. Spezielle Probleme müssen natürlich nach wie vor individuell programmiert werden.

Hierbei handelt es sich zum einen um sehr große komplexe Anlagen mit ganz speziellen Anforderungen, für die meist auch entsprechende Spezialisten zur Verfügung stehen, zum anderen um die ganz kleinen Anwendungen, bei denen die Elektronik in das Gerät integriert ist, und bei denen die Programme, auch die, die Regelungen ausführen, extrem optimiert und an das Gerät angepaßt sein müssen.

16. Signalumsetzer

Für die digitale Regelung wird die Regelgröße als digitaler Wert benötigt. Da die Prozeßgrößen in den meisten Fällen analoge Größen sind, müssen diese durch entsprechende Meßgeräte oder Umsetzer in digitale Form umgesetzt werden. Auch die vom digitalen Regler ausgegebene Stellgröße in digitaler Gestalt muß meist wieder in ein analoges Signal umgeformt werden.

16.1 Analog-Digital-Umsetzer

Die Umwandlung der analogen Prozeßsignale in die benötigte digitale Form kann zum einen dadurch geschehen, daß man Meßgeräte verwendet, deren Ausgangsgröße ein digitales Signal ist. Wesentlich häufiger benutzt man aber bewährte Meßgeräte, wie sie auch für die analoge Technik eingesetzt werden, die am Ausgang einen elektrischen Strom oder eine elektrische Spannung zur Verfügung stellen. Diese elektrischen Signale werden dann mit Standardumsetzern für elektrische Signale in digitale Größen umgewandelt.

16.1.1 *Weg-/Winkel-Umsetzer*

16.1.1.1 Inkrementelle Weg-/Winkel-Umsetzer

Zur Wegmessung, insbesondere bei Präzisions-Werkzeugmaschinen, verwendet man Meßlineale, die mit einem hochgenauen Strichraster versehen sind (Bild 1). Dieses Lineal wird an einer optischen Meßstation, die aus einer LED (‚*L*icht-*E*mittierende-*D*iode', ‚emittieren' – ‚aussenden') und einem Fototransistor FT besteht, vorbeigeführt. Häufig sind zur Bündelung des Lichtstrahles weitere Elemente wie Linsen, Blenden usw. eingebaut. Jeder Strich liefert beim Verschieben des Lineals am Ausgang der Schaltung einen Impuls (ein ‚Inkrement' – ‚Zuwachs' um die kleinste Einheit). Die Anzahl

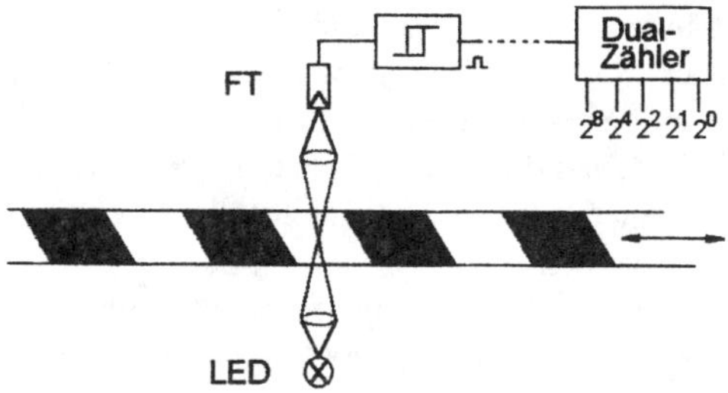

Bild 1-16
Weg-Umsetzer mit Hilfe eines Meßlineals. FT Fototransistor, LED Licht emittierende Diode.

der Impulse entspricht also dem zurückgelegten Weg. Im Prinzip können diese Impulse von einem Mikroprozessor ausgewertet werden. Üblicherweise werden sie jedoch auf einen Zähler gegeben. Die Stellung des Zählers ist ein Maß für den Weg. Der Zähler wird dann über ein paralleles Eingaberegister vom Prozessor abgefragt.

Soll das Meßlineal sowohl vorwärts als auch rückwärts bewegt werden, so muß man einen Vorwärts-Rückwärtszähler verwenden. Außerdem benötigt man eine Schaltung, die die Bewegungsrichtung erkennt. Meist verwendet man hierzu Schaltungen mit zwei Lichtschranken (Bild 2). Zeigen beide Fototransistoren das gleiche Signal – beide hell oder beide dunkel – und Signal

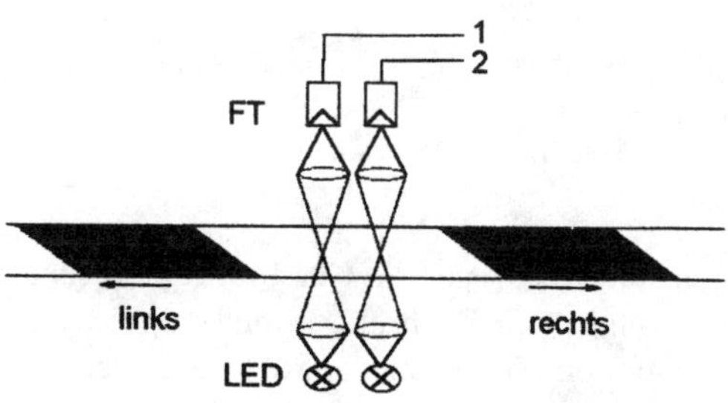

Bild 2-16
Zur Vorwärts-/Rückwärtserkennung bei einem Meßlineal. FT Fototransistor, LED Licht emittierende Diode.

1 ändert sich, so bewegt sich das Lineal nach rechts. Ändert sich das Signal 2 zuerst, so ist die Bewegung nach links. Durch eine einfache Logikschaltung kann dieses Kriterium den Zähler in die entsprechende Richtung umschalten. Da mit diesen Impulsen nur die relative Bewegung erfaßt wird, muß zu Anfang das Lineal in die Nullstellung gefahren und der Zähler auf Null gesetzt werden.
Das gleiche Verfahren wird benutzt, um Drehwinkel zu messen (Bild 3). Statt der Lineals wird eine Impulsscheibe mit bis zu 10000 Strichen verwendet. Bild 4 zeigt das gleiche Verfahren, um Flüssigkeitsmengen (l oder m^3) oder elektrische Arbeit (kWh) zu messen. Voraussetzung ist, daß die Meßgröße zuerst in eine Winkeldrehung umgewandelt wird. Anstelle der optischen kann auch eine magnetische oder induktive Erfassung der Zähne einer metallischen Zahnscheibe erfolgen.

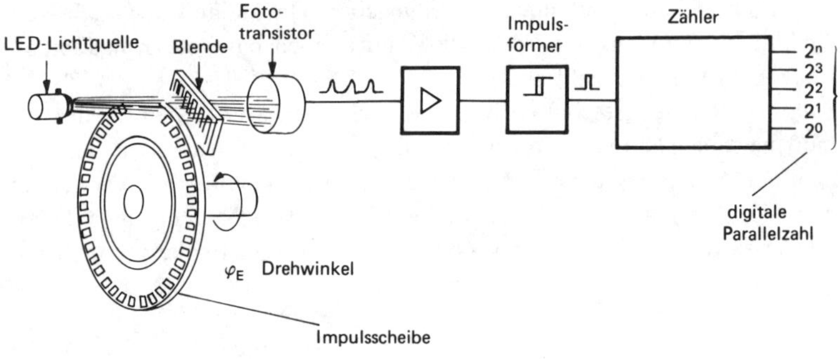

Bild 3-16
Winkel-Umsetzer, φ_E Drehwinkel

Soll statt des Weges die Geschwindigkeit gemessen werden oder statt des Drehwinkels die Drehzahl, so muß man die Anzahl der Impulse pro Zeiteinheit messen. Zu Beginn der Messung ist der Zähler auf Null zu stellen, dann werden die Impulse über ein bestimmtes Zeitintervall gemessen. Nach Ablauf des Meßintervalls ist der Zählerstand ein Maß für die Meßgröße. Je genauer man messen möchte, um so länger muß die Meßzeit sein. Die Unge-

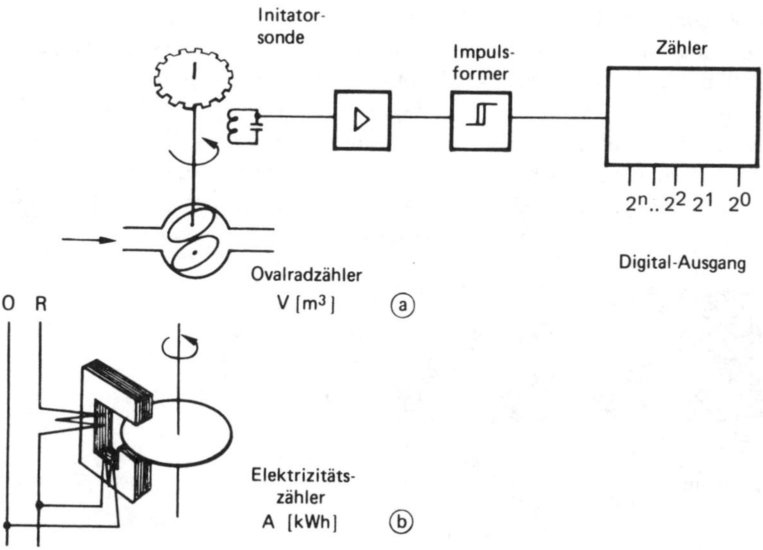

Bild 4-16
a) Mengenzähler; V gezähltes Volumen
b) Elektrizitätszähler; A gezählte elektrische Arbeit

nauigkeit beträgt i.allg. ±1 Impuls. Bei 10 Impulsen hat man also eine Ungenauigkeit von ±10%, bei 1000 Impulsen von ±0,1%. Die Messung kann dabei natürlich nicht kontinuierlich, sondern nur zu diskreten Zeiten erfolgen.

16.1.1.2 Absolute Weg-/Winkel-Umsetzer

Für manche Anwendungen ist es günstiger, daß das Meßsignal durch eine direkte Zuordnung zwischen der zu messenden Größe und der digitalen Zahl erfaßt wird, statt über die ‚Inkremente' (Impulse) und einen Zähler erst gebildet zu werden. Für einen solchen absoluten Wegumsetzer muß man so viele parallele Spuren verwenden, wie durch die verlangte Genauigkeit vorgegeben ist. In Bild 5 ist ein solches Lineal mit 4 Spuren dargestellt. Jede Spur muß eine Meßstation, i.allg. eine optische wie oben beschrieben, enthalten. Mit den 4 Spuren läßt sich der Gesamtweg in $2^4 = 16$ Intervalle unterteilen. Dies entspricht einer Genauigkeit von $1/16 = 0{,}0625$ also 6,25%, die sicher für fast alle praktischen Anwendungen nicht ausreichend ist. Im allgemeinen verwendet man 8 bis 12 Spuren, was einer Genauigkeit von $1/2^8 \approx 0{,}4\%$ bzw. von $1/2^{12} \approx 0{,}024\%$ entspricht. Die Ausgangsignale können direkt vom Mikroprozessor über ein Eingaberegister eingelesen werden.

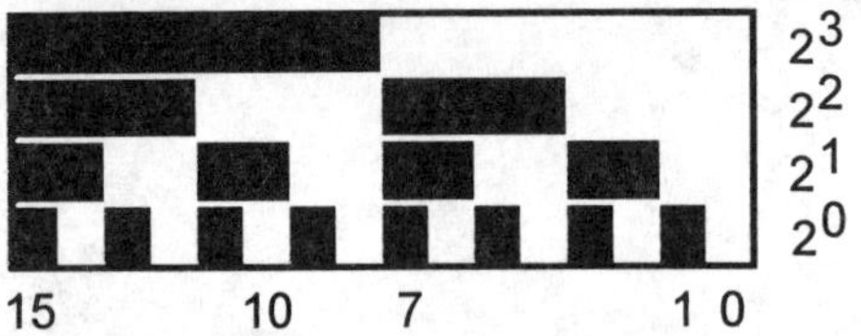

Bild 5-16
Weg-Umsetzer mit dual codiertem Ausgangssignal.

Ein Meßlineal, das wie in Bild 5 direkt im Dualcode dargestellt ist, hat so schwerwiegende Nachteile, daß es in dieser Form praktisch nicht eingesetzt wird. In Bild 6 sind die digitalen Ausgangssignale beim Übergang von 7 nach 8 mit hoher Auflösung dargestellt. Exakt an der Stelle, wo das digitale Signal von 7 nach 8 wechseln soll, müssen Bit 0-2 nach 0 und gleichzeitig Bit 3 nach 1 wechseln. Da es ein ‚Gleichzeitig' bei praktischen Geräten nicht gibt, können in einem, wenn auch schmalen Toleranzband alle beliebigen Bitkombinationen auftreten. Befindet sich das Meßlineal genau an dieser Übergangsstelle, so ist der Ausgang völlig unbestimmt. Bei Bild 6 würden während des Übergangs von 7 nach 8 die Werte 7 – 6 – 12 – 8 nacheinander erscheinen.

Abhilfe bringt die Benutzung eines sogen. ‚einschrittigen Codes'. Beim Übergang zwischen zwei benachbarten Werten darf nur auf einer Spur ein Signalwechsel stattfinden. Bild 7a zeigt ein Meßlineal mit dem meistbenutzten ‚Gray-Code' mit 4 Spuren. Die Code-Tabelle in Bild 7b enthält neben der dezimalen Zählung und dem Gray-Code auch die duale Verschlüsse-

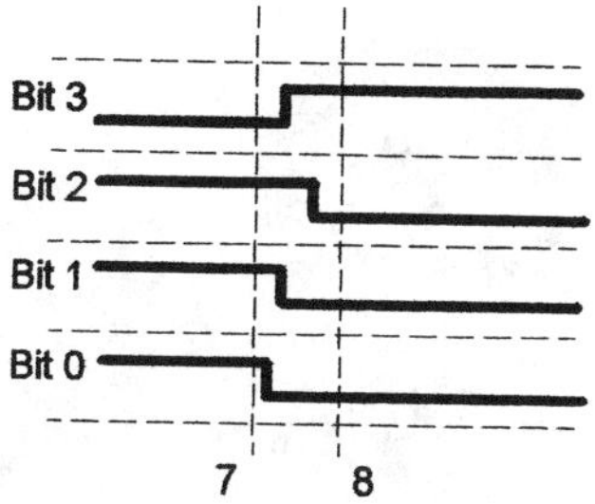

Bild 6-16
Ausgangssignale des dual codierten Meßlineals nach Bild 5 beim Übergang von 7 nach 8 bei starker Vergrößerung.

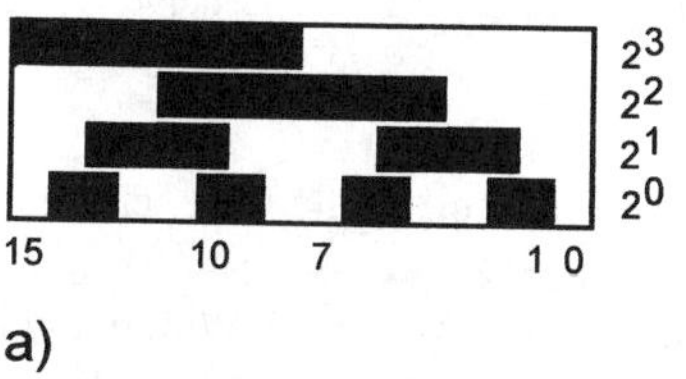

Dez.	Gray	Dual
0	0000	0000
1	0001	0001
2	0011	0010
3	0010	0011
4	0110	0100

b)

Bild 7-16
a) Weg-Umsetzer im Gray-Code.
b) Codetabelle für den Gray-Code und Dual-Code.

lung. Es ist recht einfach, den Gray-Code – sei es durch einfache Logikgatter oder im Prozessor – in den Dual-Code umzusetzen.
Das gleiche Prinzip läßt sich auch als Winkelumsetzer einsetzen. Bild 8a zeigt ein solches Gerät mit der im Gray-Code codierten Scheibe für 8 Binärstellen. Dies entspricht einer Auflösung von 0,4% oder 1,4°. Daneben in Bild 7b ist eine Codescheibe für 12 Bit dargestellt. Diese enthält auf dem äußersten Rand immerhin 4096 Striche, was einer Auflösung von 0,024% oder besser als 0,1° entspricht. Die Elemente in den einzelnen Spuren sind teilweise gegenüber der Standardtabelle für den Gray-Code versetzt, da man

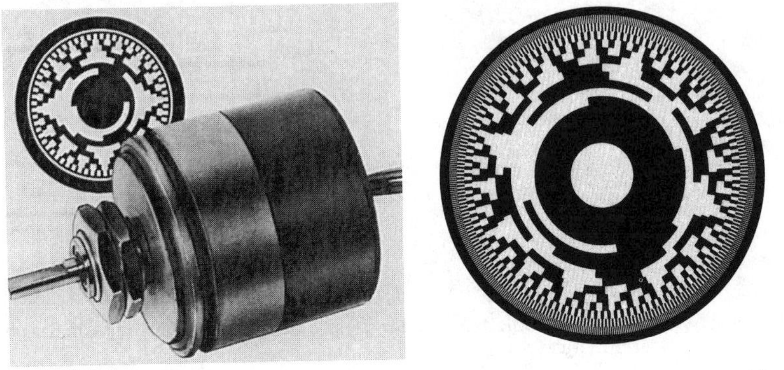

a) b)

Bild 8-16
a) Winkel-Umsetzer im Gray-Code mit 8 Bit Codierscheibe.
b) 12 Bit Codierscheibe.

bei der engen Bauweise natürlich nicht alle Lichtschranken auf einer Linie unterbringen kann.
Solche Geräte, die einen analogen Weg oder Winkel in ein digitales Binärmuster umsetzen, lassen sich natürlich auch überall dort einsetzen, wo eine beliebige Meßgröße durch entsprechende Aufnehmer (s. z.B. Tabelle 4-1 im Teil I) in einen Weg oder Winkel umgewandelt werden kann.

16.1.2 *Analog-Digital-Umsetzer für elektrische Spannungen*

Viele Regelgrößen werden von Meßgeräten in elektrische Gleichspannungssignale abgebildet. Analog-Digital-Umsetzer mit Gleichspannungseingang und digitalem Ausgang kommt daher eine große praktische Bedeutung zu. Liegt die Meßgröße in Form eines Gleichstromsignales von 0-20 mA oder von 4-20 mA vor, so kann durch einen einfachen Widerstand der Strom in eine Spannung umgewandelt werden. Die Größe des Widerstandes hängt davon ab, welche Spannung die Stromquelle maximal zur Verfügung stellt und wieviel Geräte (Regler, Anzeigegerät, Schreiber usw.) in Reihe geschaltet sind. Mit einem 150 Ohm-Widerstand erhält man z.B. eine maximale Spannung bei 20 mA von 3 V.

16.1.2.1 Zwei-Rampen-Spannungs-Umsetzer

Der anschließend beschriebene Zwei-Rampen-Spannungs-Umsetzer (‚Dual-Slope'-Verfahren – Verfahren mit ‚zwei Schrägen') arbeitet mit der Auszählung einer der Meßspannung proportionalen Zeit durch Impulse. Wegen seiner vielen Vorteile hat er sich weitgehend gegenüber zahlreichen früher verwendeten Umsetzverfahren durchgesetzt. Nur wenn die Umsetzrate zu gering ist, wird der im Anschluß beschriebene Stufen-Umsetzer eingesetzt.
Während der fest eingestellten, konstanten Zeit t_1 liegt die umzusetzende Eingangsspannung $-U_e$ (Bild 9) am Eingang des Integrationsverstärkers V. Dieser Verstärker mit dem Widerstand R im Eingang und einem Kondensator C in der Rückführung hat das gleiche Verhalten wie ein integraler Regler. Die konstante Eingangsspannung führt zu einem gleichmäßigen Ansteigen der Ausgangsspannung des Verstärkers U_a während der Zeit t_1 (s.Bild 9b, erste Rampe). Der Anstieg ist direkt proportional der Höhe der Eingangsspannung, und damit ist auch der Wert, den U_a nach Ablauf von t_1 erreicht hat, proportional der Eingangsspannung. Gestrichelt sind die Verläufe für eine Eingangsspannung, deren Betrag um 50% höher liegt, eingetragen.
Nach Ablauf der Zeit t_1 wird der Schalter S umgeschaltet (mit dem Signal t_2), so daß jetzt die konstante Referenzspannung $+U_r$ mit umgekehrtem Vorzeichen am Verstärkereingang liegt. Die Ausgangsspannung U_a nimmt nun gleichmäßig ab (zweite Rampe), und wie man erkennt, ist die Zeit t_x, bis sie wieder ihren Anfangswert U_0 erreicht hat, ein genaues Maß für die Höhe der Eingangsspannung. Diese Zeit wird dadurch gemessen, daß man gleichzeitig mit dem Umschalten von S über das Tor T die Zählimpulse f_t zum Zähler freigibt. Gezählt werden die Impulse bis der Komparator K das Tor sperrt. Das geschieht genau in dem Augenblick, wenn die Ausgangsspannung U_a des Verstärkers den Wert U_0 erreicht. Ab dieser Zeit stellt der Wert im Zäh-

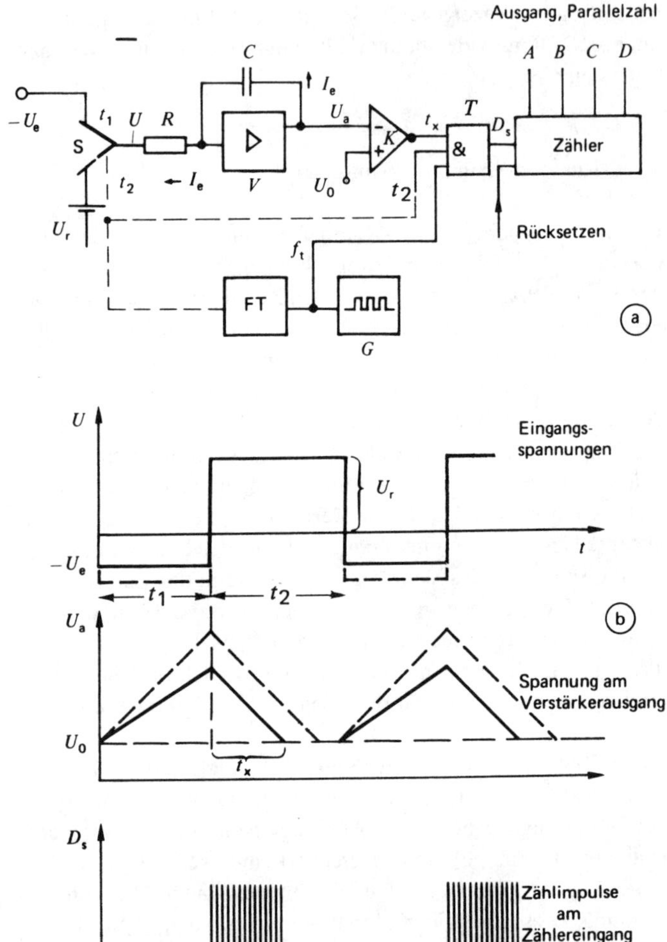

Bild 9-16
Zweirampen-Spannungsumsetzer a) Schaltung, S Schalter, V Integrationsverstärker, K Komparator, FT Frequenzteiler, G Generator, $-U_e$ Meßspannung, U_r Referenzspannung, b) Spannungsverläufe

ler ein genaues Maß für die Höhe der Eingangsspannung dar. Die Schaltung liefert eine Fertigmeldung und der Zähler kann vom Rechner ausgelesen werden.

Soll eine neue Umsetzung erfolgen, so muß der Zähler wieder auf Null gesetzt werden, die Ausgangsspannung des Verstärkers muß U_0 betragen, das Tor T wird gesperrt und der Schalter S legt die Eingangsspannung an den Integrierer V. Damit steigt die Spannung U_a wieder entsprechend der Höhe der Eingangsspannung an (erste Rampe), nach t_1 wird wieder umgeschaltet und abwärts integriert (zweite Rampe). Diese Zeit wird über die Zählimpulse erfaßt und, wenn die Ausgangsspannung den Wert U_0 erreicht hat, ist auch dieser Meßvorgang beendet.

Die Schaltung mutet im ersten Augenblick etwas umständlich an, hat jedoch eine Vielzahl von Vorteilen. Der ermittelte Zahlenwert ist nicht von Toleranzen des Widerstandes, des Kondensators oder des Frequenzgenerators G abhängig. Eventuelle Abweichungen heben sich auf, da sie in gleicher Weise in die erste wie in die zweite Rampe eingehen.

Der größte Vorteil besteht jedoch darin, daß nicht ein Augenblickswert der Eingangsspannung U_e ermittelt wird, sondern der Mittelwert über das Zeitintervall t_1. Dadurch werden Störungen ausgemittelt. Dies hat besonderes Gewicht, wenn man die Zeit t_1 genau 20 ms lang macht, da dann praktisch alle Störungen, die durch die normale 50 Hz Wechselspannung verursacht werden, herausgefiltert werden (s. Bild 10). Während dieser Zeit von 20 ms

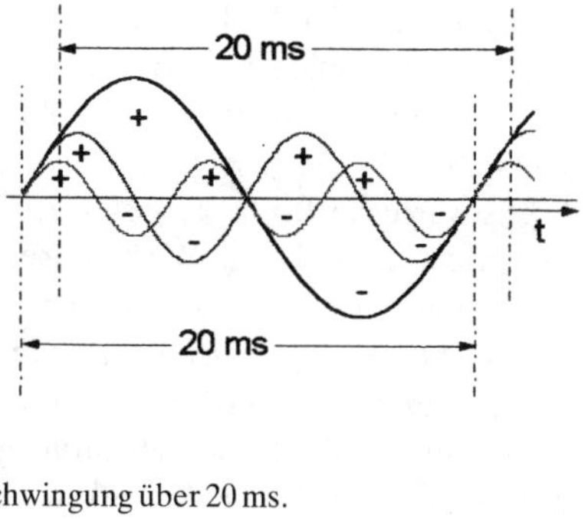

Bild 10-16
Mittelung einer 50 Hz, 100 Hz und 150 Hz Schwingung über 20 ms.

heben sich gerade alle positiven Anteile gegen die negativen auf und dies nicht nur bei 50 Hz, sondern auch bei 100 Hz, 150 Hz usw. also bei allen Oberschwingungen. Dabei ist es gleichgültig, zu welchem Zeitpunkt der Schwingung die Integration beginnt. In den USA, wo man statt 50 Hz eine Wechselspannung von 60 Hz verwendet, muß man die Integrationszeit t_1 statt 20 ms nur 16,7 ms lang machen. Benutzt man bei uns solche Wandler aus den USA, so ist darauf zu achten, daß diese Zeit eingestellt werden kann und auch richtig eingestellt ist.
Da man mit diesen Wandlern 20 ms lang aufintegriert , dann abwärts integriert und noch eine gewisse Zeit für die Organisation dazu rechnen muß, so dauert eine Wandlung zwischen 30 und 50 ms. Pro Sekunde können also maximal 20 bis 30 Werte ermittelt werden.

16.1.2.2 Stufenumsetzer

Wesentlich höhere Umwandlungsraten bieten die sogen. Stufenumsetzer (auch als ‚Sukzessive Approximation' – ‚allmähliche Annäherung' bezeichnet). Diese wie auch einige andere Umsetzer arbeiten nach dem Prinzip, daß die zu messende Eingangsspannung mit einer digital erzeugten Spannung verglichen wird. Das setzt zum Aufbau eines Analog-Digital-Umsetzers einen Digital-Analog-Umsetzer voraus. Letzterer ist jedoch, wie im folgenden Abschnitt gezeigt wird, wesentlich einfacher aufzubauen. Bild 11 zeigt den Aufbau eines solchen Stufenumsetzers, Bild 12 sein Wirkungsprinzip. Das Register enthält zu Anfang den Wert Null. Über einen Start-Impuls kann von außen der Abgleichprozeß in Gang gesetzt werden. Als erstes wird das höchstwertigste Bit im Register gesetzt, das der halben Maximalspannung entspricht. Der digitale Wert im Register wird vom Digital-Analog-Umsetzer in die entsprechende analoge Spannung umgesetzt. Der Komparator vergleicht sie mit der Eingangsspannung. Wird, wie in diesem Falle, vom Komparator (‚Vergleicher') festgestellt, daß die Eingangsspannung niedriger ist, so wird das Bit wieder zurückgenommen (s. Bild 12) und das nächste, mit der zweithöchsten Wertigkeit gesetzt. Wieder wird verglichen. Ist die

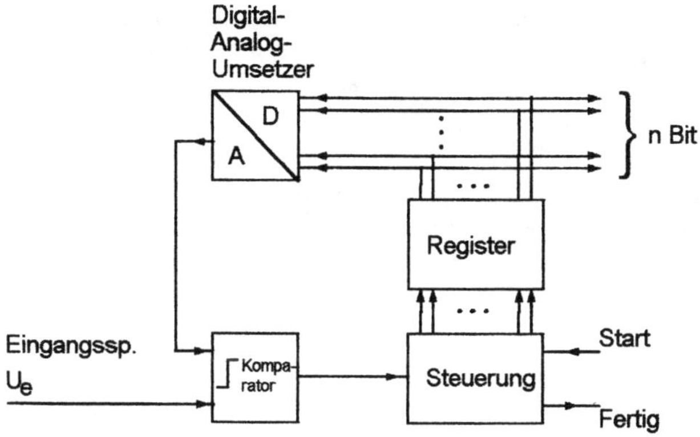

Bild 11-16
Stufenumsetzer. U_e Eingangsspannung, n Bit Datenausgang, Startsignal und Fertigmeldung.

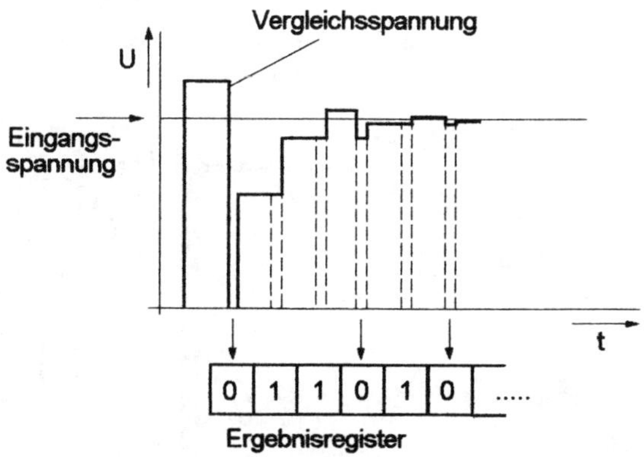

Bild 12-16
Abgleichvorgang eines Stufenumsetzers.

Eingangsspannung höher als der vom DAU gelieferte Wert, so wird das Bit beibehalten. So fährt man fort, bis alle n Bit einmal gesetzt und anschließend wieder zurückgesetzt oder belassen wurden. Nun steht der digitale Wert für die Eingangsspannung im Register und die Umsetzung kann als ‚Fertig' gemeldet werden. Die Umsetzer benötigen für diesen Vorgang je nach Ausführung und Anzahl der Bits etwa zwischen 5 und 30 μs und sind damit mehr als 1000 mal schneller als die Zwei-Rampen-Umsetzer.

16.1.3 *Analog-Digital-Umsetzer für Kräfte*

Inzwischen gibt es für sehr viele Meßgrößen Meßgeräte mit digitalem Ausgang. An folgendem Beispiel wird eines der möglichen Umwandlungsprinzipien gezeigt. Der in Bild 13 dargestellte Umsetzer für Kräfte ist in gewissem Sinne durchaus mit dem vorherigen Beispiel vergleichbar. Wieder wird ein Digital-Analog-Umsetzer verwandt. Verglichen wird nun aber die Eingangskraft mit der vom Tauchspulsystem erzeugten Kraft. Über den induktiven Abgriff wird das Ergebnis des Kraftvergleichs in die Schaltlogik einge-

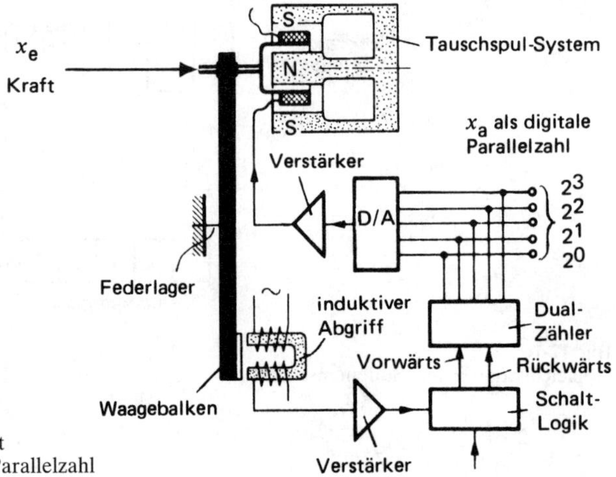

Bild 13-16
Kraft-Umsetzer
x_e Eingangskraft
x_a Ausgang als Parallelzahl

speist. Statt der komplizierteren aber wesentlich schnelleren Steuerlogik des Stufenumsetzers wird hier ein einfacher Vorwärts-/Rückwärtszähler verwandt. Treten große Änderungen der Eingangskraft auf, so benötigt diese Anordnung recht lange, bis der Zähler wieder durch Auf- oder Abwärtszählen den aktuellen Wert erreicht hat. Bei kleinen Änderungen hat das Verfahren hingegen den Vorteil, daß der digitale Ausgangswert ständig hinter der Meßgröße ‚herläuft'. Der Meßvorgang muß also nicht wie beim Zwei-Rampenverfahren oder dem Stufenumsetzer erst gestartet und dann fertiggemeldet werden.
Die Prinzipien zum Aufbau von digitalen Meßgeräten sind sehr vielfältig. In letzter Zeit werden verstärkt auch Sensoren eingesetzt, die die Meßgröße direkt in digitale Form umsetzen, beispielsweise in Impulsfrequenzen. Diese können dann von integrierten Zählern sofort als serielle oder parallele Digitalzahlen ausgewertet werden.

16.2 Datenerfassungssysteme

Da die Analog-Digital-Umsetzer relativ teuer sind, verwendet man, wenn man mehrere Signale erfassen will, häufig Meßstellen-Umschalter vor dem ADU. Der Meßstellenumschalter, der Analog-Digital-Umsetzer sowie weitere Bausteine wie Filter, Abtast- und Halteglied werden dann zu einem Datenerfassungssystem zusammengefaßt (Bild 14).
Der Meßstellenumschalter (‚Multiplexer') besitzt meist 8 oder 16 Kanäle (in Bild 14 sind der Einfachheit halber nur 4 gezeichnet). Durch die Adressleitungen wird über den Adressdecoder einer dieser Kanäle ausgewählt. Die analogen Filter, auf deren Notwendigkeit noch in Kapitel 17.1.2 näher eingegangen wird, sind vor die einzelnen Kanäle geschaltet. Prinzipiell könnte man sie auch durch ein einziges Filter nach dem Umschalter ersetzen. Man müßte dann jedoch bei jedem Umschalten die relativ lange Einschwingzeit des Filters abwarten. Häufig sind die Filter mit Vorverstärker zur individuellen Signalanpassung kombiniert oder man setzt wie hier einen Verstärker nach dem Meßstellen-Umschalter ein, der dann alle Signale in gleicher Weise verstärkt.

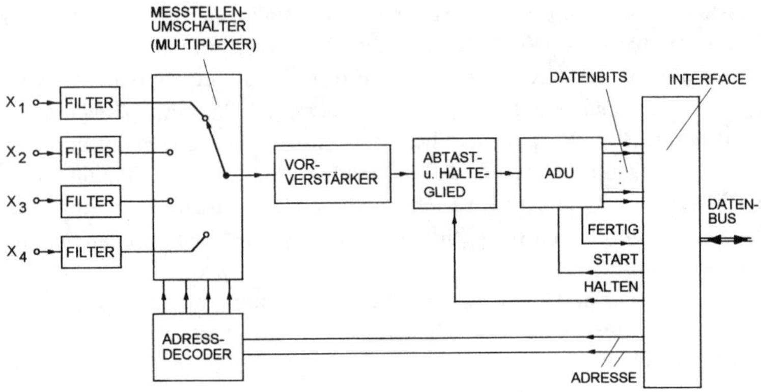

Bild 14-16
Datenerfassungssystem. x_1, x_2, x_3, x_4 Eingangsspannungen, ADU Analog-Digital-Umsetzer, Interface Anpaßschaltung, Daten-Bus zum Rechner oder Mikroprozessor.

Da der Analog-Digital-Umsetzer Zeit benötigt, um den Wert zu wandeln, kann man den Meßwert nicht einem präzisen Zeitpunkt zuordnen. Dies kann man erreichen, indem man vor den ADU ein ‚Abtast- und Halteglied' (‚Sample and Hold' – ‚S&H') schaltet. In der Stellung ‚Abtasten' folgt die Ausgangsspannung dieses Gliedes seiner Eingangsspannung. Wird durch das Steuersignal auf ‚Halten' geschaltet, so wird der Wert zu diesem Zeitpunkt festgehalten. Er kann nun ‚in Ruhe' digitalisiert werden. Durch den Umschaltzeitpunkt von Abtasten auf Halten ist der Zeitpunkt des gewandelten Wertes z.B. für spätere Korrekturrechnungen genau definiert. Zur Unterdrückung von Störsignalen, wie oft beschrieben, kann das Abtast- und Halteglied nicht benutzt werden.

Die Steuer- und Datenleitungen werden über ein ‚Interface' an den Rechner angeschlossen. Ein Meßzyklus sieht i.allg. folgendermaßen aus: Über die Adressleitungen wird der gewünschte Kanal ausgewählt. Nach einer kurzen Zeit, die der Vorverstärker und das Abtast-und Halteglied benötigen, bis der Meßwert stabil am Ausgang ansteht, wird das Abtast- und Halteglied in ‚Halten' geschaltet. Dann kann der ADU gestartet werden. Nach der Fertigmeldung können die Daten in den Rechner eingelesen werden.

16.3 Digital-Analog-Umsetzer

16.3.1 *Digital-Analog-Umsetzer für elektrische Spannungen*

Da die meisten Stellglieder analog arbeiten, ist bei fast allen digitalen Regelkreisen am Ausgang ein Digital-Analog-Umsetzer, abgekürzt DAU, vorzusehen. Hier wird ein nach dem Prinzip der Stromsummation arbeitender DAU mit Spannungsausgang beschrieben, der wegen seiner Einfachheit am häufigsten verwendet wird (Bild 15).

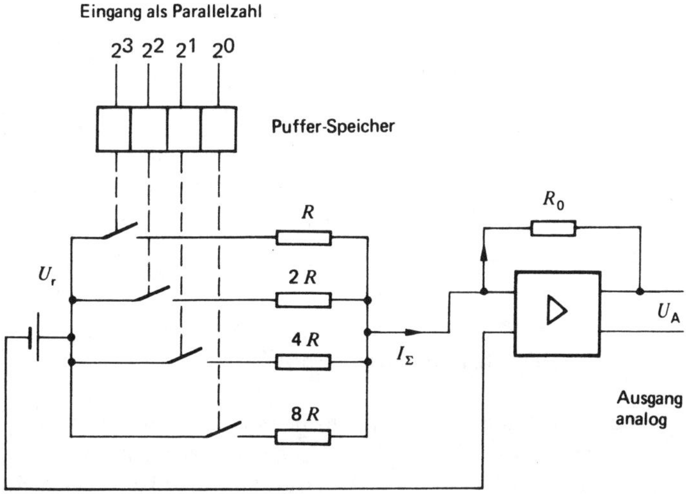

Bild 15-16
Digital-Analog-Umsetzer (DAU) für eine vierstellige Parallelzahl

Die an einer gemeinsamen Referenzspannung U_r liegenden Bewertungswiderstände R, $2R$, $4R$, $8R$ usw. werden durch elektronische Schalter (Feldeffekttransistoren) mit einem Summierverstärker verbunden. Durch entsprechende Stufung der Widerstände wird erreicht, daß die Ausgangsspannung U_A proportional der am Pufferregister anliegenden Parallelzahl ist. Für eine

dual codierte Ausgabe müssen die Widerstände im Verhältnis 1:2:4:8 usw. gestuft sein. Wegen des gegengekoppelten Verstärkers mit hoher Verstärkung fließt der Summenstrom I_{Σ} nur über den Widerstand R_0, die Ausgangsspannung ist dann $U_A = R_0{}^* I_{\Sigma}$.
Die Fehler der Umsetzung werden durch den Quantisierungsfehler, die Toleranzen der Widerstände R_0, R, $2R$ usw. und durch die der Referenzspannung U_r bestimmt. DAUs werden normal für 8 bis 12 stellige Digitalzahlen vorgesehen. Für besondere Aufgaben sind auch solche mit 14 oder 16 Bit erhältlich.

16.3.2 *Digitale Stelleinrichtungen*

Als Beispiele für Stellglieder bzw. Stellantriebe, die direkt vom Rechner angesteuert werden können, sind im folgenden ein Stellventil mit digitalem Antrieb und ein Schrittmotor beschrieben. Beide haben den Vorteil sehr kurzer Stellzeiten (< 1s), die sich mit analogen Stelleinrichtungen nicht so leicht erzielen lassen.

16.3.2.1 Stellventil mit digitalem Antrieb

Wie aus dem Schnittbild (Bild 16) hervorgeht, kann die Ventilspindel S durch mehrere an der Spindel angreifende Hubelemente H_1, H_2, ... mittels Druckluft angehoben werden. Die Druckluft wird über die elektrisch angesteuerten Dreiweg-Magnetventile MV zugeführt, die auch das Entlüften besorgen. Der Deutlichkeit wegen sind nur drei Elemente gezeichnet. Die Positionierung auf den gewünschten Wert ergibt sich dadurch, daß die Hübe der einzelnen Elemente nach dem Dualcode, also entsprechend der Zahlenreihe 1, 2, 4, 8, ... gestaffelt sind.
Bei 5 Elementen sind dann 32 Positionen entsprechend einer Einstelltoleranz von ~3%, bei 7 Elementen 128 Positionen entsprechend ~0,8% vom Gesamthub vorhanden.

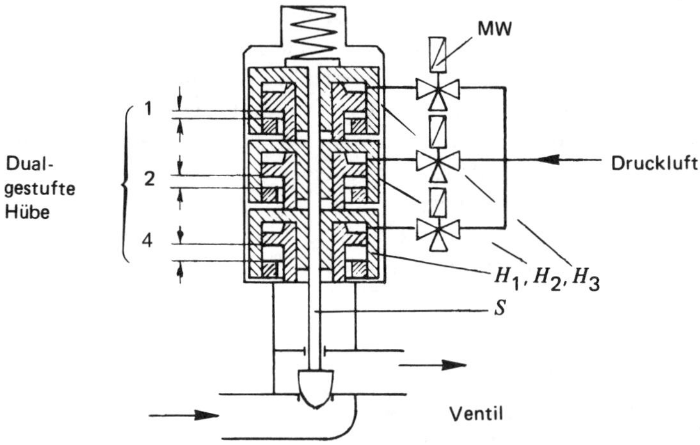

Bild 16-16
Stellventil mit Digital-Antrieb, S Ventilspindel, H_1 ... H_3 Hubelemente, MV Magnetventile.

Die Magnetventile werden über Verstärker direkt vom Ausgaberegister des Rechners elektrisch angesteuert.
Vorteilhaft ist die Zwangspositionierung der Ventilspindel und das schnelle Arbeiten des Antriebes.

16.3.2.2 Schrittmotor

Schrittmotore sind speziell aufgebaute Elektromotore. Sie arbeiten mit inkrementellen Signalen. Je Impuls dreht sich ihre Achse ähnlich einem Schrittschaltwerk um ein bestimmtes Winkelstück und bleibt dann ‚eingerastet' stehen. Der Schrittwinkel kann je nach Ausführung zwischen 0,2° und 90° liegen.
Ihre Vorteile sind: Schnelligkeit (bis zu 10000 Schritte/s), Zwangspositionierung nach jedem Schritt, kein Untersetzungsgetriebe erforderlich. Nachtei-

lig sind: Die nicht sehr hohen verfügbaren Drehmomente (bis etwa 10 Nm) und besonders die erforderliche, aufwendige Ansteuerelektronik.
Die schrittweise Drehbewegung wird durch Umschaltungen und Umpolungen mehrerer feststehender Feldwicklungen bewirkt. Dadurch verschiebt sich die Lage der resultierenden magnetischen Pole im Stator. Der aus Dauermagneten aufgebaute Rotor folgt dann den magnetischen Polen und bewirkt so die Drehbewegung.
Die Wirkungsweise soll des leichteren Verständnisses wegen an einem nur aus zwei Magnetsystemen bestehenden Modell (Bild 17) erklärt werden.

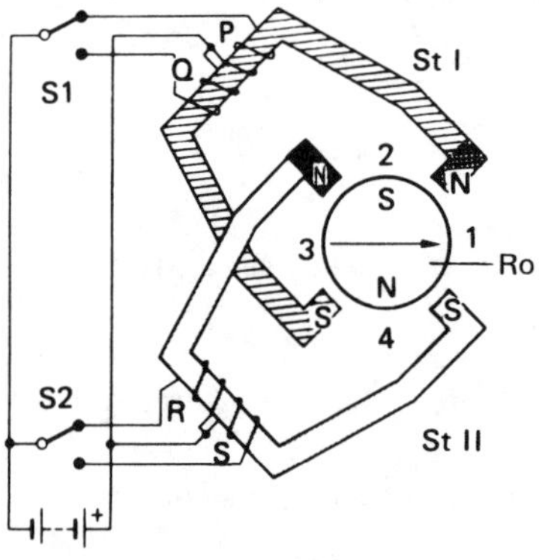

Bild 17-16
Schrittmotor, schematisch dargestellt. St I, St II Statoren; Ro Rotor; S_1, S_2 Schalter; Q, P und R, S Statorwicklungen.

In den gezeichneten Schalterstellungen S_1 und S_2 sind die Wicklung P des Stators StI und die Wicklung R des Stators StII von Strom durchflossen. Dadurch nehmen die Pole die eingezeichnete Nord- bzw. Süd-Magnetisierung an. Der obenstehende Südpol S des Dauermagnet-Rotors wird dann in der Resultierenden der beiden Magnetfelder in der Mitte zwischen den beiden Nordpolen festgehalten.
Wird der Schalter S_2 umgelegt, so wird die Wicklung S von StII von Strom durchflossen. Da aber jetzt die magnetisierenden Amperewindungen wegen

der anderen Stromrichtung in der entgegengesetzten Richtung wirken, wird das Magnetfeld von StII umgepolt. Wo früher ein Nordpol war, ist jetzt ein Südpol. Das resultierende Magnetfeld verlagert sich dadurch in die Waagerechte, der Südpol des Rotors wird um 90° im Uhrzeigersinn gedreht.
Wird anschließend der Schalter S_1 umgelegt, so wandert das resultierende Magnetfeld senkrecht nach unten, der Südpol S wird um weitere 90° im Uhrzeigersinn gedreht usw., bis schließlich wieder die gezeichnete Ausgangslage nach vier 90°-Schritten erreicht wird.
Zum Umschalten werden üblicherweise, wie in der Schaltung von Bild 18 gezeigt, Schalttransistoren verwendet. Werden die Schalter entsprechend der nebenstehenden Tabelle betätigt, so wandert das resultierende Magnetfeld, wie vorher beschrieben, im Kreis herum.

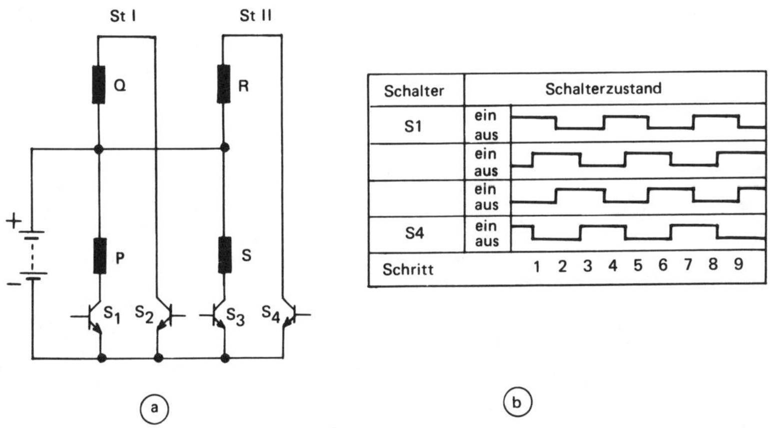

Bild 18-16
a) Statorschaltung. Q, P Wicklungen von Stator StI; R, S Wicklungen von Stator StII; $S_1 \ldots S_4$ Schalttransistoren. b) Schalterzustandstabelle.

Die benötigten Steuerimpulse für die Schalttransistoren in der richtigen Reihenfolge kann man z.B. einem Ringzähler entnehmen. Bei jedem eintreffenden Impuls wird der Motor um einen Schritt gedreht.

Durch Umschaltungen kann der Umlaufsinn der Impulse im Ringzähler umgekehrt werden, wodurch sich auch der Motordrehsinn von links nach rechts umdreht.

Auf den Rotor wirkt immer das volle resultierende Magnetfeld ein. Dadurch wird er nach jedem Schritt in der neuen Lage festgehalten. Damit ist ohne zusätzliche Mittel wie Bremse oder Getriebe eine Zwangspositionierung vorhanden. Durch vermehrte Pole und Zähne läßt sich die Schrittzahl/Umdrehung bis auf 1000 steigern.

17. Digitale Regelung

17.1 Abtastvorgang

17.1.1 *Zusätzliche Totzeiten*

Bei der digitalen Regelung wird die Meßgröße nur zu bestimmten, diskreten Zeiten im Abstand T_a erfaßt. Da man bis zum nächsten Meßpunkt keine weiteren Informationen über die Meßgröße hat, hält man den alten Wert bei, bis der neue Meßwert ermittelt wird. Am einfachsten erfolgt dies im Rechner. Aber auch in diesem Falle spricht man von einem Halteglied und zwar von einem ‚Halteglied nullter Ordnung'. Bild 1 zeigt nochmals diesen Vorgang. Statt der analogen Meßgröße steht dem digitalen Regler nur die Treppenkurve zur Verfügung. (Im folgenden gehen wir davon aus, daß die Auflösung des Analog-Digital-Umsetzers so hoch ist, daß die Quantisierung im Moment keine Rolle spielt. Es wird jedoch später darauf zurückgekommen.)

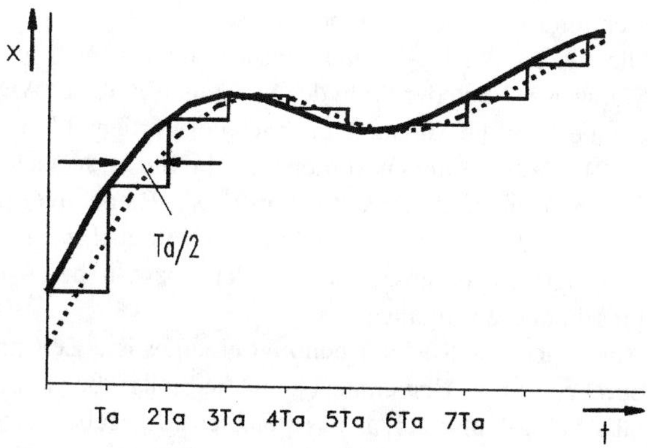

Bild 1-17
Treppenkurve als Abtastung eines Meßsignals, im Mittel um $T_a/2$ verschoben (gepunktete Linie).

Dabei ergibt sich, daß diese Funktion, die Treppenfunktion, stets der wahren Kurve ‚hinterherhinkt', im Mittel (siehe die punktierte Kurve) um eine halbe Abtastzeit. Dies wirkt sich in unserem Regelkreis in etwa wie eine zusätzliche Totzeit von $T_a/2$ aus.
Man kann versuchen, die Meßgröße, die zu den Zeiten t_1, t_2, ... abgetastet wurde, besser durch die Meßpunkte anzupassen, indem die Steigung der Kurve mitberücksichtigt wird. War im letzen Intervall die Meßgröße um einen gewissen Betrag angestiegen, so unterstellt man, daß sie im folgenden Intervall um den gleichen Betrag steigen würde. Dieses Verfahren bezeichnet man als ‚Halteglied erster Ordnung'. Handelt es sich um einen sehr gleichmäßigen Verlauf der Meßgröße, so kann man tatsächlich eine Verbesserung erreichen. Treten plötzliche Änderungen auf, so wird das Ergebnis teilweise schlechter. Aus diesem Grunde wird dieses Verfahren in der Praxis nicht benutzt und bleibt mehr theoretischen Anwendungen vorbehalten. Man erkennt hieraus aber, warum man bei der normalen Treppenfunktion von einem Halteglied ‚nullter Ordnung' spricht.
Während bei den analogen Reglern in jedem Augenblick aus den Eingangsgrößen des Reglers die Stellgröße bestimmt wird, benötigt man bei der digitalen Regelung sowohl für die Erfassung der Regelgröße als auch für die Berechnung der Stellgröße eine gewisse Zeit.
Die meisten Analog-Digital-Umsetzer liefern nur in gewissen Zeitabständen Meßwerte. Nach der Wahl des Meßkanals muß der ADU gestartet werden, dann erfolgt die Messung und nach der Fertigmeldung des Umsetzers kann der Wert übernommen werden (t_{ADU} in Bild 2). Je nach Wandlertyp benötigt man hierfür mindestens 30-50 ms (Zwei-Rampenverfahren, mit dem Vorteil, daß die Netzfrequenzstörungen von 50 Hz einschließlich der Oberschwingungen herausgefiltert werden), bzw. 10 bis 50 µs (Stufen-Umsetzer) für schnellere Vorgänge.
Aber auch der Rechner benötigt eine gewisse Zeit um die Berechnungen durchzuführen. Erst danach kann die Stellgröße y_R, meist über einen Digital-Analog-Umsetzer, an das Stellglied ausgegeben werden (t_{RECH} in Bild 2). Die Abtastzeit T_a muß also in jedem Falle größer sein, als die Zeit die der Umsetzer benötigt plus der Zeit für den Rechenvorgang des digitalen Reglers.

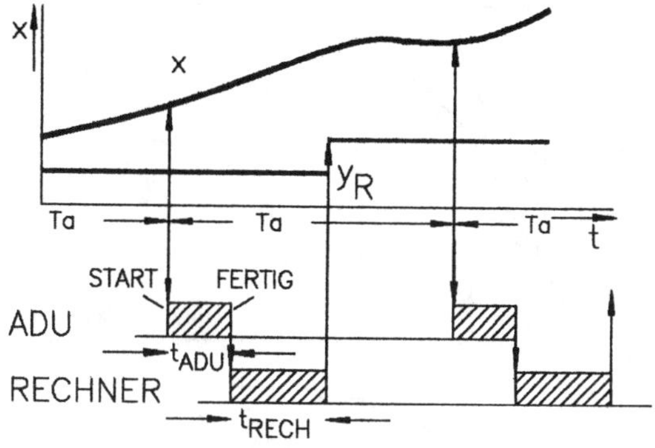

Bild 2-17
Ein Abtastintervall eines digitalen Reglers. x Regelgröße, T_a Abtastzeit, t_{ADU} Zeitbedarf des Analog-Digital-Umsetzers, t_{RECH} Zeitbedarf des Rechners zur Berechnung der Stellgröße y_R.

Diese Zeiten des Analog-Digital-Umsetzers und des Regelprogramms gehen in gewisser Weise ebenfalls in das Verhalten des Regelkreises ein. Da sie jedoch in jedem Falle kleiner als die Abtastzeit T_a sind, werden sie bei dieser groben Abschätzung meist vernachlässigt. Hatte die Regelstrecke alleine eine Verzugszeit T_u, so ergibt sich nun eine neue Verzugszeit T_u‘ von Strecke und digitalem Regler zusammen.

$$T_u' = T_u + T_a/2$$

Mit dieser neuen Verzugszeit müssen jetzt die günstigsten Reglerparameter z.B. nach Tabelle 4 in Kapitel 5 von Teil I bestimmt werden. In Tabelle 1-17 in Kapitel 17.3 ist dies bereits berücksichtigt.

17.1.2 *Analoge Filter (Anti-Aliasing-Filter)*

Eine der entscheidenden Fragen bei der Auslegung digitaler Regelkreise ist die nach der Abtastzeit T_a. Tastet man relativ schnell ab (Bild 3a), so wird keine wesentliche Beeinträchtigung des Regelverhaltens eintreten. Die

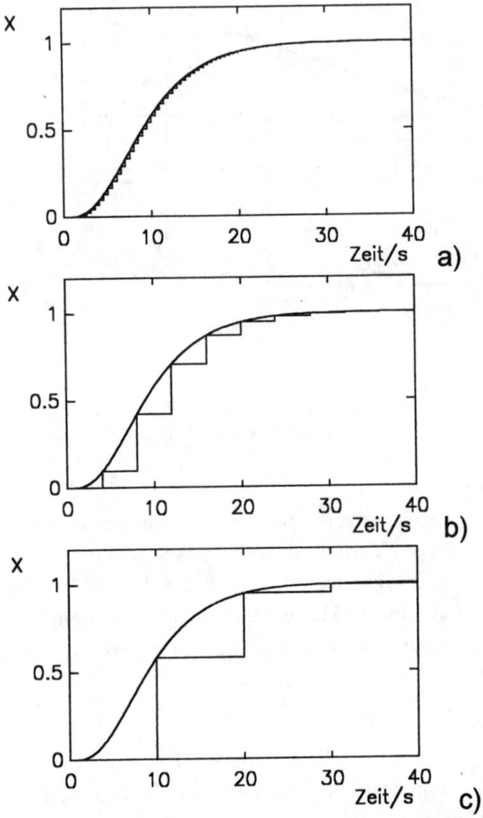

Bild 3-17
Abtastung der Ausgangsgröße einer Regelstrecke bei einem Eingangssprung. a) kleine Abtastzeit T_a, b) mittlere Abtastzeit, c) große Abtastzeit.

Treppenkurve entspricht praktisch dem ursprünglichen Meßsignal. Bild 3b stellt einen Grenzfall dar. Im wesentlichen wird der Verlauf des Meßsignals noch richtig wiedergegeben, es werden aber deutlich merkbare Abweichun-

gen vom idealen Verhalten auftreten. Bild 3c zeigt eine Abtastung, die sicher nicht mehr das eigentliche Meßsignal wiedergibt.
Handelt es sich bei dem Meßsignal um die Sprungantwort der Regelstrecke, so wird meist empfohlen, daß während des wesentlichsten Teils der Sprungantwort (bis sie 95% des Endwertes erreicht hat, t_{95}) etwa 5 bis 20 mal abgetastet wird. Danach stellt Bild 3b etwa den unteren Grenzwert dar. Im folgenden Kapitel wird der Einfluß der Abtastzeiten auf das Regelverhalten an einigen Beispielen deutlich gemacht.
Natürlich läßt sich dieses Problem auch präziser mathematisch erfassen. Man geht dabei davon aus, daß das Meßsignal aus Sinusschwingungen zusammengesetzt ist. Die höchste vorkommende Sinusschwingung muß dann theoretisch noch mindestens zweimal während einer Periode abgetastet werden, um erfaßt zu werden (Bild 4c). Diese Abtastfrequenz wird nach dem amerikanischen Mathematiker Claude E. Shannon als ‚Shannon-Frequenz' bezeichnet.
Man könnte nun der Ansicht sein, daß die schnellen Vorgänge im Meßsignal garnicht richtig erfaßt werden müssen, da das Stellglied und die Regelstrekke diesen schnellen Vorgängen sowieso nicht folgen können. Tastet man eine Sinusschwingung jedoch weniger als zweimal pro Periode ab, passieren seltsame Dinge.
Bild 4 zeigt die Abtastungen von Sinusschwingungen. In Bild 4a wird eine langsame Schwingung abgetastet. Die Meßwerte stellen den Verlauf sehr gut dar. Bild 4b zeigt in etwa den für die Praxis noch möglichen Grenzfall. Die Sinusschwingung läßt sich noch einigermaßen rekonstruieren. Bild 4c ist die theoretische Grenze. Es wird nur noch zweimal pro Periode abgetastet. Die Frequenz ist noch erkennbar, aber Aussagen über die Amplitude lassen sich nicht mehr machen. In Bild 4d ist die Frequenz der Sinusschwingung wesentlich höher als die Abtastfrequenz. Es ensteht eine neue niederfrequente Schwingung, dünn ausgezogen dargestellt. Die Messung täuscht also etwas vor, das in dem Signal nicht vorhanden ist. Dies führt zu großen Fehlern und kann auf keinen Fall in Kauf genommen werden.
Mit analogen Filtern vor dem Analog-Digital-Umsetzer muß dafür gesorgt werden, daß solche schnellen Signale, seien es Störungen oder echte Meßanteile, die von dem Abtastprozeß nicht mehr richtig verarbeitet werden kön-

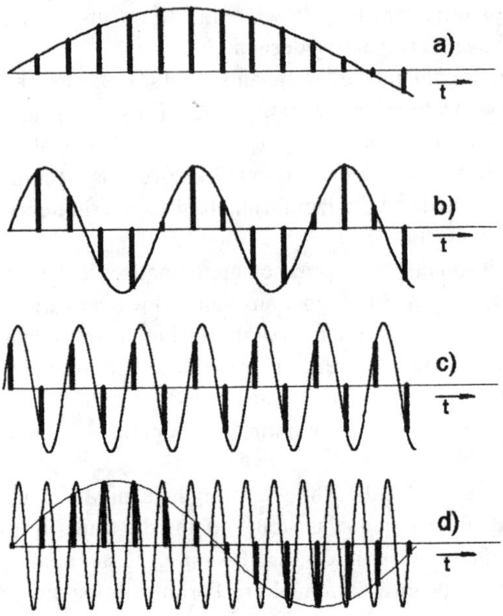

Bild 4-17
Abtastung von Sinusschwingungen. a) langsame Sinusschwingung, b) praktisch noch sinnvolle Abtastung, c) theoretische Grenze, ‚Shannon-Frequenz', d) bei hohen Frequenzen treten langsame, sogen. ‚Alias-Frequenzen' auf.

nen, herausgefiltert werden. Im Englischen bezeichnet man solche anderen Frequenzen, die im ursprünglischen Signal nicht enthalten waren, auch als ‚Alias-Frequenzen' (‚Frequenzen mit anderem Namen') oder den Vorgang mit ‚aliasing', die Filter, die das Entstehen verhindern sollen, als ‚Anti-Aliasing-Filter'. Es ist eine Illusion zu glauben, man könne dieses Filtern noch im Digitalrechner vornehmen. Obwohl sich digitale Filter mit fantastischen Eigenschaften erzeugen lassen, können sie solche im Analog-Digital-Umsetzer erzeugten Alias-Frequenzen nicht von den richtigen Informationen unterscheiden. Hier hilft nur der Einsatz analoger Filter *vor* dem ADU.

Bild 5 zeigt solche Filter, die man auch als Tiefpässe bezeichnet, da sie nur die niedrigen Frequenzen passieren lassen. Im einfachsten Falle besteht der Tiefpaß aus einem Widerstand R und einem Kondensator C, einem RC-Glied (Bild 5a). Die Grenze zwischen dem Durchlaßbereich und dem Sperrbereich des Filters wird durch die Grenzfrequenz bestimmt. Sie beträgt bei diesem RC-Glied $f_g = 1/(RC)$. Als aktives Filter kann man die Schaltung mit einem Operationsverstärker aufbauen (Bild 5b), der zusätzlich als Vorverstärker dient. Hier ist die Grenzfrequenz durch Kondensator C und Rückführwiderstand R_0 gegeben, $f_g = 1/(R_0C)$. Die Verstärkung K beträgt $K = R_0/R_e$ (s. auch Teil I). Noch besser wirken Filter höherer Ordnung. Wählt man bei dem in Bild 5c angegebenen Tiefpaß 2. Ordnung die Widerstände und die Kondensatoren gleich groß, $R_1 = R_2 = R_3 = R$ und $C_1 = C_2 = C$, so ist die Grenzfrequenz etwa $f_g = 1/(2\pi RC)$. Mit den Widerständen R_3 und R_4

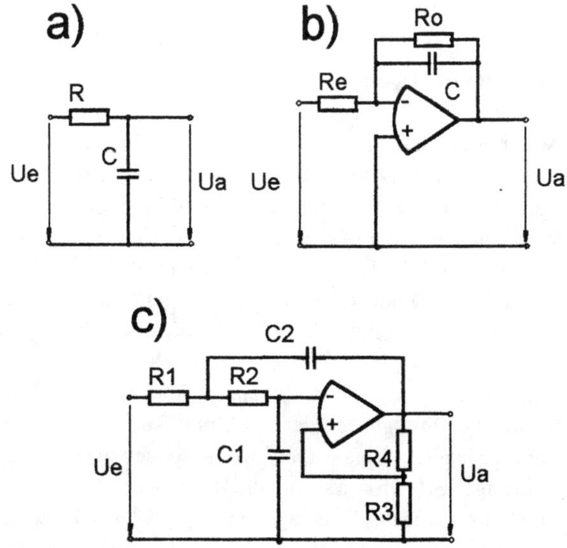

Bild 5-17
Tiefpaßfilter. a) passives RC-Glied, b) aktives Filter 1. Ordnung, c) aktives Filter 2. Ordnung mit Mitkopplung.

wird der Grad der Mitkopplung eingestellt. Brauchbare Werte ergeben sich hier für $R_4 = R/2$.
Die am Filter einzustellende Grenzfrequenz hängt von der Abtastzeit ab. Auch bei Umsetzern nach dem Zwei-Rampen-Verfahren sind solche Filter notwendig, obwohl die 50 Hz-Störungen ideal ausgefiltert werden. Betrachtet man als Beispiel einen Regelkreis, bei dem ein solcher Umsetzer mit einer Umsetzzeit von 35 ms eingesetzt wird. Es sollen 10 Abtastungen pro Sekunde erfolgen ($T_a = 100$ ms). Theoretisch darf in dem Meßsignal keine höhere Frequenz als 5 Hz enthalten sein, da jede Schwingung mindestens zweimal abgetastet werden muß. In der praktischen Anwendung muß man gegenüber diesem Wert jedoch noch eine Sicherheit von 2 bis 5 einrechnen. Die Grenzfrequenz des analogen Filters ist also auf einen Wert zwischen 1 und 2,5 Hz einzustellen.

17.2 Regel-Algorithmus

Man betrachte noch einmal den digitalen Regelkreis in Bild 6. Die Regelgröße x, die Ausgangsgröße der Regelstrecke, wird von der Meßeinrichtung in den meisten Fällen in eine elektrische Spannung umgewandelt (x_1). Diese wird von dem Analog-Digital-Umsetzer in eine Digitalzahl umgesetzt. Hierbei sollten aus der Eingangsspannung des ADU durch ein sogen. ‚Anti-Aliasing-Filter' (F) alle schnellen Signalanteile, die von dem ADU nicht mehr sinnvoll verarbeitet werden können, herausgefiltert werden.
Der Rechner ist in der Lage mehrere Prozeßgrößen (x_1, x_2, ...) zu regeln. Diese werden zeitlich nacheinander über einen Meßstellenumschalter Mst erfaßt. Die Stellgrößen der einzelnen Regelkreise (y_R) werden über unabhängige Digital-Analog-Umsetzer ausgegeben ($y_1, y_2, \ldots$). Über die Stelleinrichtungen StE wirken sie auf die Regelstrecke.
Die Umsetzung des Eingangssignals x erfolgt zu Zeitpunkten, die jeweils um die Abtastzeit T_a auseinanderliegen. Es werden also Meßwerte zu den Zeiten $t_1, t_2, \ldots$ ermittelt (s. Bild 7). Den augenblicklichen Zeitpunkt bezeichnet man üblicherweise mit t_n. Damit ist t_n der letzte Zeitpunkt zu dem die Regel-

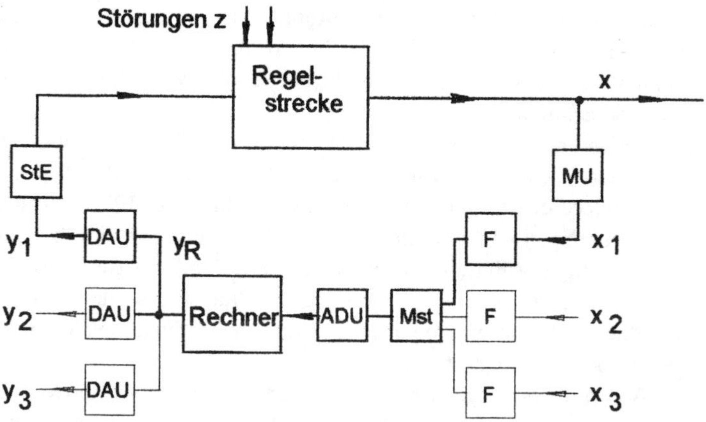

Bild 6-17
Digitaler Regelkreis. MU Meßumformer, F analoge Filter (‚Anti-Aliasing-Filter'), Mst Meßstellenumschalter, ADU Analo-Digital-Umsetzer, DAU Digital-Analog-Umsetzer, StE Stell-Einrichtung.

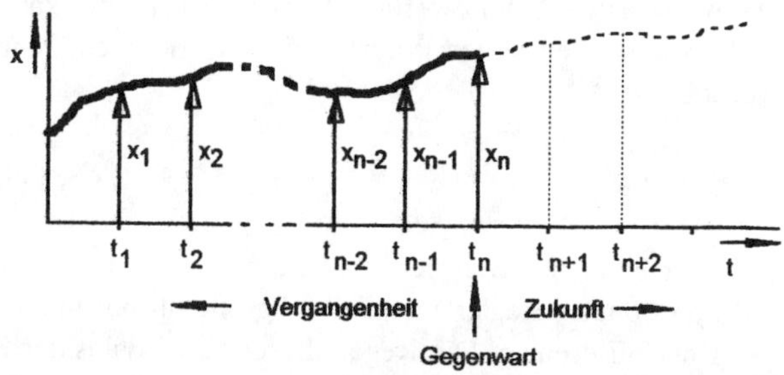

Bild 7-17
Abtastzeitpunkte. x Regelgröße; $x_1, x_2 \ldots x_{n-2}, x_{n-1}, x_n$ Regelgröße zu den Zeitpunkten $t_1, t_2 \ldots t_{n-2}, t_{n-1}, t_n$; t_n augenblicklicher Zeitpunkt.

größe gemessen wurde. Über die weiteren Zeitpunkte t_{n+1}, t_{n+2} usw. liegen noch keine Informationen vor. Die Aufgabe besteht jetzt darin, aus den bekannten Meßwerten ... t_{n-2}, t_{n-1}, t_n die notwendige Verstellung der Stellgröße y zu berechnen.
Wir wollen uns hier auf die digitale Version der im Teil I behandelten stetigen Regler beschränken, also auf die P-, PD-, I-, PI-, und PID-Regler. Dies ist dadurch gerechtfertigt, daß nach wie vor mehr als 80-90 % auch aller digitaler Regelungen nach diesen Verfahren arbeiten. Ein weiterer Punkt ist, daß die häufig erwähnten anderen Verfahren (Deadbeat-Response-Regler, Zustands-Regler, Kompensations-Regler, Prädiktor-Regler usw.) einen wesentlich höheren mathematischen Aufwand bedingen als er in diesem Buch zu Grunde gelegt ist.
Als ‚Algorithmus' (abgeleitet von dem Namen eines persischen Mathematikers des 9. Jh. ‚Al-Chwarismi') bezeichnet man die allgemeine Rechenvorschrift für ein Problem, die noch nicht in die speziellen Anweisungen einer Programmiersprache, also ein Programm, umgesetzt wurde. Da es sehr viele verschiedene Programmiersprachen gibt, die je nach Anwendungsfall und verwendetem Prozessor oder Rechner sehr unterschiedlich sein können, soll hier nun kein Regelprogramm, sondern ein ‚Regelalgorithmus' – eine Rechenvorschrift – erstellt werden. Dieser Algorithmus kann dann aber recht einfach in der jeweiligen Programmiersprache in ein Programm umgesetzt werden.

17.2.1 *P-Regler*

Als sehr einfaches Beispiel betrachten wir den P-Regler. Beim P-Regler (‚Proportionaler-Regler') ist die Stellgröße proportional dem Regelfehler, der Regeldifferenz e. Die Regeldifferenz e wird aus der Regelgröße x und der Führungsgröße w gebildet. Damit ergibt sich (s. Kapitel 3.2.5 im ersten Teil)

$$y = K_{PR} \cdot e = K_{PR} \cdot (w - x)$$

K_{PR} ist der konstante Übertragungsbeiwert des P-Reglers. Regelgröße x und Führungsgröße w, und damit auch die Regeldifferenz e, sind Größen die sich ständig ändern, die zu jedem Augenblick einen anderen Wert haben bzw. haben können. Die Werte zum Zeitpunkt t_n kennzeichnen wir mit dem Index n (mit einem tiefgestellten n). Um den Wert von y zum Zeitpunkt t_n, also y_n, zu berechnen, müssen wir den Regelfehler e_n zum aktuellen Zeitpunkt bestimmen, indem wir von der Führungsgröße zu diesem Zeitpunkt w_n den gerade vom Analog-Digital-Umsetzer gelieferten Wert der Regelgröße x_n abziehen. Den Regelfehler e_n müssen wir dann noch mit dem proportionalen Übertragungsbeiwert des Reglers K_{PR} multiplizieren, um den aktuellen Wert für die Stellgröße zu erhalten. Damit lautet also der ‚Regel-Algorithmus' für den P-Regler

$$\boxed{y_n = K_{PR} \cdot (w_n - x_n) = K_{PR} \cdot e_n}$$

17.2.2 *PD-Regler*

Die Verhältnisse beim differenzierenden oder D-Anteil sind etwas komplizierter. Hier ist die Veränderung der Stellgröße von der Änderungsgeschwindigkeit der Regelgröße x bzw. der Regeldifferenz e abhängig zu machen (s. Kapitel 4.2 in Teil I). Die Änderungsgeschwindigkeit ist die Änderung pro Zeiteinheit, in unserem Falle pro Abtastzeitintervall T_a (Bild 8),

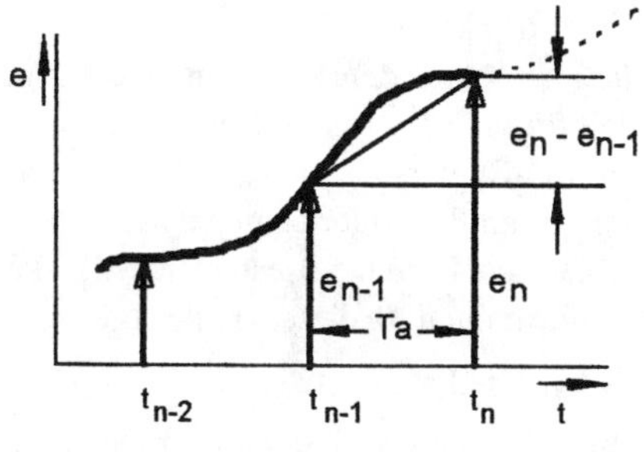

Bild 8-17
Bildung des D-Anteils (aus der Differenz des aktuellen Wertes e_n und des vorherigen e_{n-1}, dividiert durch die Abtastzeit T_a).

d.h. sie entspricht der Steigung der Kurve, wenn man e über der Zeit t aufträgt. Die Änderung kann man aus dem aktuellen Wert e_n und dem vorherigen Wert e_{n-1} ermitteln. Die Stellgröße y muß also um einen Anteil y_D verstellt werden, der proportional $(e_n - e_{n-1})/T_a$ ist, also der Änderung der Regeldifferenz geteilt durch das Zeitintervall T_a, wobei man den proportionalen Faktor mit K_D bezeichnet.
Mit dem D-Anteil alleine kann man aber nicht regeln. Verbindet man den D-Anteil mit dem proportionalen Anteil y_{Pn}, den wir oben bestimmt haben, so erhält man für die Stellgröße im augenblicklichen Zeitpunkt t_n

$$y_n = y_{Pn} + y_{Dn} = K_{PR} \cdot e_n + K_D \cdot (e_n - e_{n-1})/T_a$$

Normalerweise wird beim PD-Regler statt K_D nur K_{PR} und die Vorhaltzeit T_v angegeben, wobei $K_D = K_{PR} \cdot T_v$ ist. Setzt man dies ein und sortiert den Ausdruck nach e_n, e_{n-1}, so erhält man als Regelalgorithmus für den PD-Regler

$$\boxed{y_n = K_{PR}(1 + T_v/T_a) \cdot e_n - K_{PR}(T_v/T_a) \cdot e_{n-1} = c_0 \cdot e_n - c_1 \cdot e_{n-1}}$$

Man muß also, um den aktuellen Wert der Stellgröße y_n zu erhalten, die aus den momentanen Werten der Regelgröße x_n und der Führungsgröße w_n ermittelte Regeldifferenz e_n mit dem Wert c_0, der sich für $K_{PR}(1 + T_v/T_a)$ ergibt, multiplizieren, die Regeldifferenz e_{n-1}, die sich ein Intervall zuvor ergab, mit dem Wert $c_1 = K_{PR}(T_v/T_a)$ und anschließend diese beiden Ausdrükke subtrahieren.
Beispiel: Nach den Kriterien, wie sie im Teil I dargestellt sind, ergab sich, daß für eine bestimmte Regelstrecke eine brauchbare Reglereinstellung eines PD-Reglers $K_{PR} = 3$ und $T_v = 2$ s wären. Nach den vorhandenen Prozessoren und den Überlegungen im vorhergehenden Kapitel 17.1.2 wurde die Abtastzeit T_a zu 0,5 s festgelegt. Man kann nun die einzelnen Faktoren (c_0, c_1) bestimmen. In diesem Falle ergibt sich die Gleichung für die Stellgröße zu

$$y_n = 15 \cdot e_n - 12 \cdot e_{n-1}$$

Diese Formeln programmiert man so, daß sie in gleicher Weise für jeden neuen Zeitaugenblick gilt. Man bezeichnet dies als ‚rekursive Methode' (‚rekursiv' – ‚zurückgehend auf bekannte Werte'). Der jetzt aktuelle Wert e_n

muß daher für den nächsten Abtastpunkt als vorhergehender Wert e_{n-1} abgespeichert werden. Dann wird wieder ein neuer Wert x_n vom ADU geliefert, für den e_n als $e_n = w_n - x_n$ neu bestimmt wird.
Bild 9 zeigt den Programmablauf in Form eines sogenannten Flußdiagramms.

- (1) Dieses Regelprogramm muß zu jedem Abtastzeitpunkt gestartet werden. Dies kann man erreichen, indem ein Zähler so programmiert wird, daß jeweils nach Ablauf der Zeit T_a ein Unterbrechungssignal ausgelöst wird (s. Kapitel 15.1.4.3), das dieses Regelprogramm startet.
- (2) Als erstes wird der Analog-Digital-Umsetzer (ADU) gestartet und der Wert x_n eingelesen.
- (3) Liefert das Unterprogramm, das den ADU handhabt, den Wert für x_n nicht bereits als Gleitkommazahl, so sollte man – außer in Ausnahmefällen – den Wert in eine solche umwandeln, um alle folgenden Rechenoperationen mit normalen Gleitkommazahlen durchführen zu können.
- (4) Nach der Beziehung $e_n = w_n - x_n$ bildet man aus dem vorgegebenen, von Tastatur oder Schalter eingelesenen oder von anderen Programmteilen oder Rechnern (Leitrechner) geliefertem Führungswert w_n und dem Wert der Regelgröße x_n die aktuelle Regeldifferenz e_n.
- (5) Aus e_n und dem abgespeicherten Wert e_{n-1} berechne man nach dem Regelalgorithmus die Stellgröße y_n.
- (6) y_n wird gegebenenfalls aus einer Gleitkommazahl in das Zahlenformat des Digital-Analog-Umsetzers (ganze positive Dual-Zahl oder positiv/negative Dualzahl) umgeformt.
- (7) Der Wert y_n wird an den Digital-Analog-Umsetzer ausgegeben.
- (8) e_n wird als e_{n-1} für den nächsten Durchlauf des Programms abgespeichert.
- (9) Das Programm wird beendet. Es können andere Aufgaben abgewikkelt werden, bis zum nächsten Abtastzeitpunkt durch das Unterbrechungssignal das Programm neu gestartet wird.

Viele der oben beschriebenen einzelnen Aktivitäten – wie Wert vom ADU einlesen, in Gleitkommazahl umwandeln und umgekehrt usw. – brauchen nicht jedesmal neu programmiert zu werden, sondern liegen als fertige Programmodule vor.

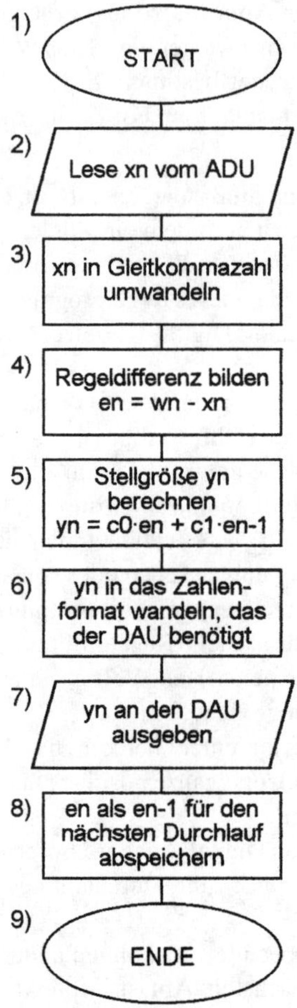

Bild 9-17
Flußdiagramm für einen PD-Regelalgorithmus (s. die Erklärungen zu den einzelnen Blöcken im Text).

17.2.3 *I-Regler*

Etwas mühsamer ist die Erstellung des Regelalgorithmus für einen I-Regler. Nach Kapitel 3.3.5 im Teil I wächst die Stellgröße eines I-Reglers bei konstanter Eingangsgröße mit der Zeit nach der Beziehung $y = K_{IR} \cdot \Delta e \cdot t$ an. Bei der Treppenkurve, die hier vorliegt (s. Bild 10a), muß man die Multiplikation von e und t für jedes Zeitintertvall vornehmen und alles bis zum Zeitpunkt t_n aufaddieren.

$$y = K_{IR} \cdot (e_1 \cdot T_a + e_2 \cdot T_a + e_3 \cdot T_a + \ldots + e_{n-2} \cdot T_a + e_{n-1} \cdot T_a)$$

Bis auf das letzte Intervall zwischen t_{n-1} und t_n hatte man aber bereits alles beim vorhergehenden Intervall berechnet (schraffierter Bereich). Um den Wert für y zum Zeitpunkt t_n zu erhalten, muß zu dem alten Wert y_{n-1} nur noch der Beitrag des letzten Intervalls hinzuaddiert werden.

$$y_n = y_{n-1} + K_{IR} \cdot T_a \cdot e_{n-1}$$

Der Ausdruck $T_a \cdot e_{n-1}$ entspricht gerade dem Rechteck unter der Treppenkurve für das letzte Intervall (kariert). Man spricht deshalb bei dieser Beziehung auch von der ‚Rechteckregel'. Bei dem Verlauf in Bild 10a ist dieses Rechteck kleiner als die Fläche unter der wahren Kurve. Aber auch der aktuellere Wert e_n, den wir bei der obigen Beziehung nicht benutzt haben, ist bereits bestimmt. Mit e_n – gestrichelte Treppe – erhalten wir hier etwas zu große Werte, doch liefert dies in der Praxis bessere Ergebnisse. Damit lautet der Regelalgorithmus für den I-Regler bei Verwendung der ‚Rechteckregel'

$$\boxed{y_n = y_{n-1} + K_{IR} \cdot T_a \cdot e_n}$$

Statt der ‚Rechteckregel' kann man auch die ‚Trapezregel' verwenden. Diese benutzt den Mittelwert zwischen e_{n-1} und e_n, der gerade $(e_{n-1} + e_n)/2$ beträgt. Der Name stammt daher, daß man jetzt die Fläche des Trapez (karierte Fläche in Bild 10b) berechnet, das durch die Seiten e_{n-1}, e_n und T_a gegeben ist. Der Regelalgorithmus für den I-Regler bei Verwendung der ‚Trapezregel' lautet damit

$$\boxed{y_n = y_{n-1} + K_{IR} \cdot (T_a/2) \cdot e_n + K_{IR} \cdot (T_a/2) \cdot e_{n-1}}$$

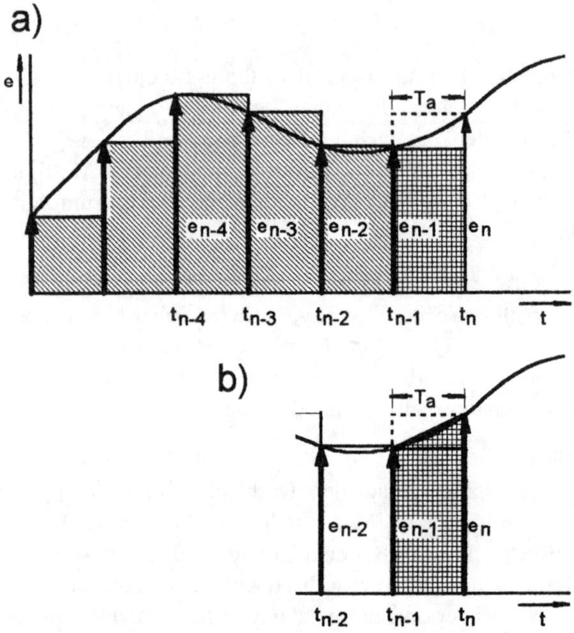

Bild 10-17
Integration des Fehlersignals e. a) Rechteckregel; die schraffierte Fläche ist, mit K_{IR} multipliziert, gleich y_{n-1}; das karierte Rechteck, ebenfalls mit K_{IR} multipliziert, muß für das letzte Intervall noch hinzukommen. b) Trapezregel; das letzte Intervall ist durch das karierte Trapez bestimmt.

Dies ist wieder eine ‚Rekursionsformel', bei der die Rechnung auf bereits bekannte Elemente zurückgeführt ist. In diesem Fall muß nicht nur e_n als e_{n-1} für das nächste Intervall abgespeichert werden, sondern auch der aktuelle Wert der Stellgröße y_n als y_{n-1} des nächsten Intervalls. Die Unterschiede zwischen der ‚Rechteckregel' und der ‚Trapezregel' sind in der Praxis nicht allzugroß.

17.2.4 *PI-Regler*

Beim PI-Regler muß der proportionale Anteil der Stellgröße y_P zu dem integralen Anteil y_I hinzuaddiert werden. Die einzelnen Anteile ergeben sich aus den Beziehungen, wie sie für den P- und den I-Regler abgeleitet wurden, z.B. bei Verwendung der Rechteckregel

$$y_n = y_{Pn} + y_{In} = K_{PR} \cdot e_n + y_{In-1} + K_{IR} \cdot T_a \cdot e_n$$

Zu beachten ist, daß in dieser Beziehung nicht der alte Wert der Stellgröße y_{n-1} benutzt wird, sondern nur der Anteil y_{In-1}, der durch den I-Anteil verursacht wird. Man kann y_{In-1} aber wieder durch $y_{In-1} = y_{n-1} - y_{Pn-1}$ ersetzen. Tut man dies und ersetzt gleichzeitig K_{IR} durch den gebräuchlicheren Beiwert T_n, wobei $K_{IR} = K_{PR}/T_n$ ist, so erhält man den Regelalgorithmus für den PI-Regler mit ‚Rechteckregel'

$$\boxed{y_n = y_{n-1} + K_{PR}(1 + T_a/T_n) \cdot e_n - K_{PR} \cdot e_{n-1}}$$

Bei Verwendung der Trapezregel erhält man

$$\boxed{y_n = y_{n-1} + K_{PR}(1 + T_a/(2T_n)) \cdot e_n - K_{PR}(1 - T_a/(2T_n)) \cdot e_{n-1}}$$

17.2.5 *PID-Regler*

Beim PID-Regler setzt sich die Stellgröße aus einem Anteil, der proportional der Regeldifferenz ist (P), einem der proportional der Summe aller Regelfehler über der Zeit (I) und einem der proportional der Änderungsgeschwindigkeit (D) des Fehlers ist, zusammen. Fügt man alle Komponenten P, I, D analog zu den Betrachtungen beim PD- und PI-Regler zum PID-Regler zusammen, so erhält man, wenn man für den I-Anteil die Rechteckregel benutzt, den folgenden Regelalgorithmus

$$y_n = y_{n-1} + K_{PR}(1 + T_a/T_n + T_v/T_a) \cdot e_n - K_{PR}(1 + 2T_v/T_a) \cdot e_{n-1} + K_{PR}(T_v/T_a) \cdot e_{n-2}$$

Verwendet man die etwas genauere Tapezregel so erhält man einen entsprechenden Ausdruck, bei dem die Koeffizienten nur etwas anders zusammengesetzt sind. Meist wird dieser Algorithmus verwandt, aus dem man, wenn man $T_v = 0$ setzt, den des PI-Reglers gewinnen kann oder, wenn man T_n sehr groß annimmt, so daß die Ausdrücke in denen durch T_n geteilt wird, zu Null werden, den des PD-Reglers. Die Rechenvorschrift für den PID-Regler bei Benutzung der Trapez-Integrationsregel lautet

$$y_n = y_{n-1} + K_{PR}(1 + T_a/(2T_n) + T_v/T_a) \cdot e_n - K_{PR}(1 - T_a/(2T_n) + 2T_v/T_a) \cdot e_{n-1} + K_{PR}(T_v/T_a) \cdot e_{n-2}$$

Etwas übersichtlicher kann man den Ausdruck in folgender Form schreiben

$$\boxed{y_n = y_{n-1} + c_0 \cdot e_n + c_1 \cdot e_{n-1} + c_2 \cdot e_{n-2}}$$

mit
$$c_0 = + K_{PR}(1 + T_a/(2T_n) + T_v/T_a)$$
$$c_1 = - K_{PR}(1 - T_a/(2T_n) + 2T_v/T_a)$$
$$c_2 = + K_{PR}(T_v/T_a)$$

Die Koeffizienten c_0, c_1, c_2 kann man vorher berechnen, so daß in dem ständig durchlaufenen Regelprogramm, wie es in dem Flußdiagramm Bild 9 dargestellt ist, tatsächlich die aktuelle Regeldifferenz e_n nur noch mit dem konstanten Faktor c_0, e_{n-1} mit c_1 und e_{n-2} mit c_2 multipliziert werden muß. Das Flußdiagramm Bild 9 muß nur insoweit ergänzt werden, daß die Berechnung von y_n nach der obigen Beziehung für den PID-Regler erfolgt und zusätzlich sowohl e_{n-1} als e_{n-2}, als auch y_n als y_{n-1} für die Berechnung im nächsten Zeitintervall abgepeichert werden muß.

Beispiel: Nehmen wir an, die Reglerkennwerte seien die gleichen wie im Beispiel des PD-Reglers ($K_{PR} = 3$, $T_v = 2$ s, $T_a = 0{,}5$ s), hinzu komme noch eine Nachstellzeit von 10 s ($T_n = 10$ s), so ergeben sich die Koeffizienten zu

$$c_0 = +3(1 + 0{,}025 + 4) \quad = +15{,}075$$
$$c_1 = -3(1 - 0{,}025 + 8) \quad = -26{,}925$$
$$c_2 = +3(4) \quad = +12$$

Daraus folgt die Gleichung für die Stellgröße

$$y_n = y_{n-1} + 15{,}075 \cdot e_n - 26{,}925 \cdot e_{n-1} + 12 \cdot e_{n-2}$$

Aus diesem Beispiel, daß durchaus normale Werte zu Grunde legt, kann man zwei Schlußfolgerungen ziehen:

1. Die Koeffizienten dürfen nicht gerundet werden. Die kleinen Werte 0,025 in den Klammern von c_0 und c_1 stellen nämlich gerade den integralen Anteil dar. Würde man sie wegfallen lassen, so hätte man statt eines PID-Reglers nur noch einen PD-Regler und der ist nach den Ausführungen in Teil I nicht in der Lage die Regeldifferenz vollständig auszuregeln.
2. Die Zahlendarstellung muß genau genug sein, um die Koeffizienten exakt darzustellen und mit ihnen ausreichend genau zu rechnen. Dies macht mit Festkommazahlen bereits Schwierigkeiten. T_a darf nicht zu klein gewählt werden, obwohl man dies, um der analogen Regelung möglichst nahe zu kommen, eigentlich anstreben würde. Wählt man T_a z.B. um einen Faktor 10 kleiner ($T_a = 0{,}05$ s) so ergibt sich die Beziehung

$$y_n = y_{n-1} + 123{,}0075 \cdot e_n - 242{,}9925 \cdot e_{n-1} + 120 \cdot e_{n-2}$$

Diese Zahlen müssen auf 4 Stellen hinter dem Komma genau gerechnet werden, was mit den normal benutzten Festkommazahlen nicht mehr möglich ist. Wenn sich die Regeldifferenz e schnell ändert, wenn also große Unterschiede zwischen e_n, e_{n-1} und e_{n-2} auftreten, entstehen sehr große Werte für y_n. Diese lassen sich auf den Digital-Analog-Wandlern nicht mehr ausgeben. Das Problem ist dadurch entstanden, daß man die Abtastzeit zu klein gewählt hat. Hier ist also ein Kompromiß zu finden.

17.3 Geschlossener digitaler Regelkreis

Wie bereits erwähnt, führt die Abtastung, die mit einer zusätzlichen Totzeit und einem Informationsverlust verbunden ist, zu einer Verschlechterung des Regelverhaltens. Dies wird umso deutlicher, je größer die Abtastzeit T_a wird. Andererseits erhält man Schwierigkeiten bei der Berechnung, der Genauigkeit durch Rundungen und Überschreitungen des Zahlenbereiches, wenn man die Abtastzeit zu klein wählt.

In vorhergehenden Kapiteln wurde als grobe Richtzahl angegeben, daß die Abtastzeit T_a etwa 1/20 bis 1/5 der Zeit sein sollte, bis die Sprungantwort der Regelstrecke 95 % des Endwertes erreicht hat.
Bild 11 zeigt als Beispiel die Übergangsfunktion einer Regelstrecke höherer Ordnung, wenn sie 5 mal bzw. 20 mal während dieser 95%-Zeit abgetastet wird. Das Verhältnis Ausgleichszeit zu Verzugszeit T_g/T_u beträgt etwa 3,5 (zur Bestimmung von Ausgleichszeit T_g und Verzugszeit T_u s. Bild 28-2 in Kapitel 2.3.6 von Teil I). Es handelt sich also um eine nicht besonders gut regelbare Strecke mit einer recht großen Verzugszeit (im Verhältnis zur Ausgleichszeit). Der Einfluß der zusätzlichen Totzeit durch die Abtastung wird also verhältnismäßig klein sein.

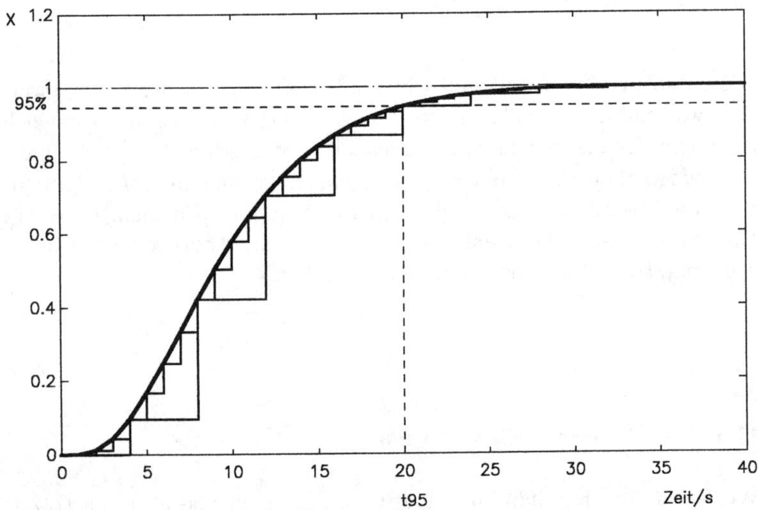

Bild 11-17
Abtastung einer Regelstrecke höherer Ordnung ($T_g/T_u \approx 3{,}5$) 5 mal bzw. 20 mal innerhalb der Zeit, bis 95% des Endwertes erreicht sind (t95).

Bild 12 zeigt das Verhalten des geschlossenen Regelkreises bei einem Sprung der Führungsgröße, wenn die Regelstrecke mit einem PID-Regler geregelt wird. Die dünn ausgezogene Kurve zeigt den Verlauf, der sich bei analoger Regelung ergibt, wobei ein Verhalten ohne Überschwingen eingestellt wurde. Die Reglerparameter K_{PR}, T_n und T_v sind bei der digitalen Regelung die gleichen, wie bei der analogen Regelung. Bild 12 zeigt sowohl das Verhalten bei schneller Abtastung ($T_a = 1$ s, 20 mal in t_{95}, kräftig ausgezogene Kurve) als auch bei langer Abtastzeit ($T_a = 4$ s, 5 mal in t_{95}, kräftig gepunktete Linie). Die vom Analog-Digital-Umsetzer ermittelten Werte der Regelgröße x sind jeweils als gestrichelte Treppenkurve eingetragen. Man erkennt, daß zu Anfang, wegen der durch die Abtastung verursachten Tot-

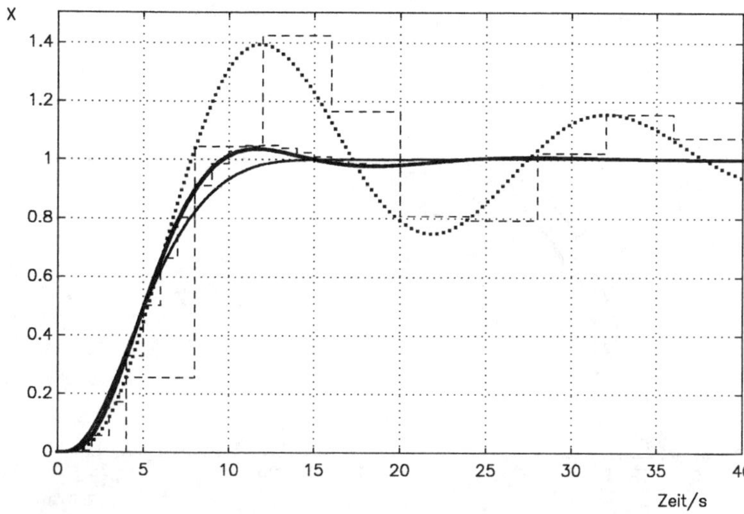

Bild 12-17
Führungsverhalten bei analoger und digitaler Regelung. Regelstrecke: $T_g/T_u = 3{,}5$; Regler: PID; Einstellung: aperiodisches Verhalten bei analoger Regelung. Die Einstellwerte wurden bei der digitalen Regelung beibehalten. (——— analoge Regelung, ——— digitale Regelung mit $T_a = 1$ s, ······ digitale Regelung mit $T_a = 4$ s, ----- abgetastete Werte).

zeit, die Kurven für die digitale Regelung hinter der der analogen Regelung zurück bleiben. Da durch die Totzeit auch die Dämpfung verschlechtert wird, tritt danach ein Überschwingen auf. Je größer die Abtastzeit wird, um so größer ist die auftretende Überschwingung.

Sinnvoll ist es, die zusätzliche Totzeit von $T_a/2$ zu berücksichtigen und die Reglerparameter zu korrigieren. Die günstigsten Einstellwerte ergeben dann die Kurven in Bild 13. Durch eine schwächere Einstellung der Reglerparameter kann natürlich jeweils wieder ein Verhalten ohne Überschwingen erreicht werden. Es ist jedoch deutlich zu sehen, daß der digitale Regelvorgang dann gegenüber der analogen Regelung (dünn ausgezogene Kurve) durch die zusätzliche Totzeit von $T_a/2$ langsamer geworden ist (kräftig ausgezogene Linie $T_a = 1$ s, kräftig gepunktete Linie $T_a = 4$ s).

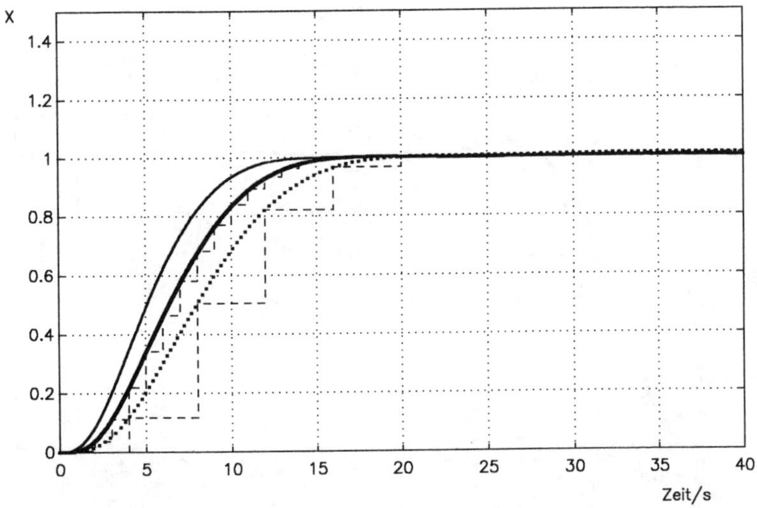

Bild 13-17
Führungsverhalten bei analoger und digitaler Regelung. Regelstrecke: $T_g/T_u = 3{,}5$; Regler: PID; Einstellung: aperiodisches Verhalten bei analoger Regelung (entspricht Bild 12-17). Die Einstellwerte wurden bei der digitalen Regelung so verändert, daß sich jeweils aperiodisches Verhalten ergab. (——— analoge Regelung, ——— digitale Regelung mit $T_a = 1$ s, ····· digitale Regelung mit $T_a = 4$ s, ----- abgetastete Werte).

Man kann die neuen Einstellwerte dadurch gewinnen, daß man die Reglerkennwerte nach den Tabellen in Teil I (Kapitel 5.6.6) mit der korrigierten Verzugszeit $T_u' = T_u + T_a/2$ bestimmt. Dies ist ein relativ grobes Verfahren, ergibt aber in den meisten Fällen durchaus noch brauchbare Werte. Häufig sind in der Literatur neue Formeln angegeben, die in der Mehrzahl der Fälle auf eine Untersuchung von Y.Takahashi u.a. zurückgehen (‚Parametereinstellung bei linearen DDC-Algorithmen'. Regelungstechnik 1971, S. 237-244). In Tabelle 1 sind die Formeln mit den in diesem Buch benutzten Bezeichnungen angegeben. Wenn man sie mit den Beziehungen in Tabelle 4 des Kapitels 5.6.6 in Teil I vergleicht, erkennt man die Ähnlichkeit. Statt T_u wird i.allg. $(T_u + T_a/2)$, mitunter allerdings auch $(T_u + T_a)$ verwandt. Die Zahlenfaktoren liefern eine etwas schärfere Reglereinstellung (bei K_{PR} sind die Zahlenwerte größer, bei T_n kleiner), so daß ein stärkeres Überschwingen auftreten wird. Der zusätzliche Korrekturfaktor (hier in eckige Klammern

P-Regler:	$K_{PR} = \frac{1}{K_S} \cdot \frac{T_g}{(T_u + T_a)}$
PI-Regler:	$K_{PR} = \frac{0{,}9}{K_S} \cdot \frac{T_g}{(T_u + T_a/2)} \cdot \left[1 - \frac{0{,}15 \cdot T_a}{(T_u + T_a/2)}\right]$ $T_n = 3{,}3 \cdot (T_u + T_a/2) \cdot \left[1 - \frac{0{,}15 \cdot T_a}{(T_u + T_a/2)}\right]$
PID-Regler:	$K_{PR} = \frac{1{,}2}{K_S} \cdot \frac{T_g}{(T_u + T_a)} \cdot \left[1 - \frac{0{,}25 \cdot T_a}{(T_u + T_a/2)}\right]$ $T_n = 2 \cdot (T_u + T_a/2) \cdot \left[1 - \frac{0{,}75 \cdot T_a}{(T_u + T_a)}\right]$ $T_v = 0{,}42 \cdot (T_u + T_a) \cdot \left[1 - \frac{0{,}25 \cdot T_a}{(T_u + T_a/2)}\right]$

Tabelle 1-17
Einstellwerte für digitale Regelalgorithmen nach Kapitel 17.2 (nach Y. Takahashi u.a., s. Text).

gesetzt) täuscht eine Genauigkeit vor, die keineswegs vorliegt. In Wirklichkeit sind die Einstellungen nach diesen Beziehungen schlechter zu gebrauchen, als bei den entsprechenden Formeln für den analogen Fall. Die Verhältnisse sind eben komplizierter und lassen sich nicht in jedem Falle durch solch einfache Faustformeln beliebig gut beschreiben.
Das Verfahren, den Regelkreis an die Stabilitätsgrenze zu bringen (Methode b in Kapitel 5.6.6 von Teil I) kann ohne Einschränkungen auch hier verwendet werden. Da die zusätzlichen Totzeiten durch die Abtastung bei dem Versuch bereits mitberücksichtigt werden, können die Einstellwerte von Tabelle 5 in Kapitel 5 von Teil I ohne Änderungen übernommen werden.
Daß auch die Abschätzung einer brauchbaren Abtastzeit nicht immer nach der obigen, doch recht groben Beziehung – 5 bis 20 mal in t_{95} abtasten – erfolgen kann, zeigt das folgende Beispiel. Wieder ist eine Strecke höherer Ordnung gewählt, diesmal allerdings eine gut regelbare mit einem Verhältnis

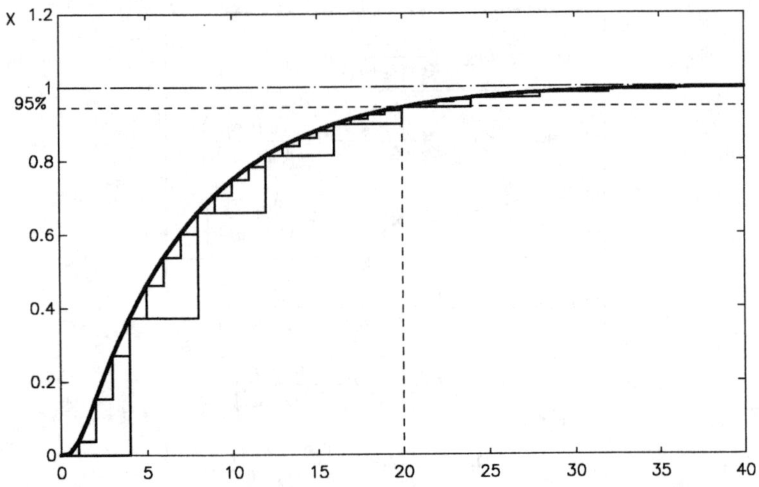

Bild 14-17
Abtastung einer Regelstrecke höherer Ordnung ($T_g/T_u \approx 10$) 5 mal bzw. 20 mal innerhalb der Zeit, bis 95% des Endwertes erreicht sind (t95).

Ausgleichszeit zu Verzugszeit T_g/T_u von 10. Bild 14 zeigt die Übergangsfunktion dieser Regelstrecke. t_{95} ist genau so groß wie beim vorherigen Beispiel Bild 11.

Da die Verzugszeit T_u diesmal wesentlich kleiner ist, wird die zusätzliche Totzeit $T_a/2$ einen wesentlich größeren Einfluß auf das Regelverhalten haben. Bild 15 zeigt das Regelverhalten, wenn die Einstellung für aperiodische analoge Regelung beibehalten wird. Bereits bei der schnellen Abtastung (20 mal in t_{95}) tritt ein starkes Überschwingen auf. Bei der langsameren Abtastung ist der Regelkreis bereits instabil, die Kurve ist daher nicht mit aufgenommen. In Bild 16 ist das Verhalten angegeben, wenn man die Reglerkennwerte für die jeweilige Abtastzeit neu anpaßt. Der Unterschied zwischen der analogen und der digitalen Regelung ist bei dieser gut regelbaren Strecke wesentlich größer.

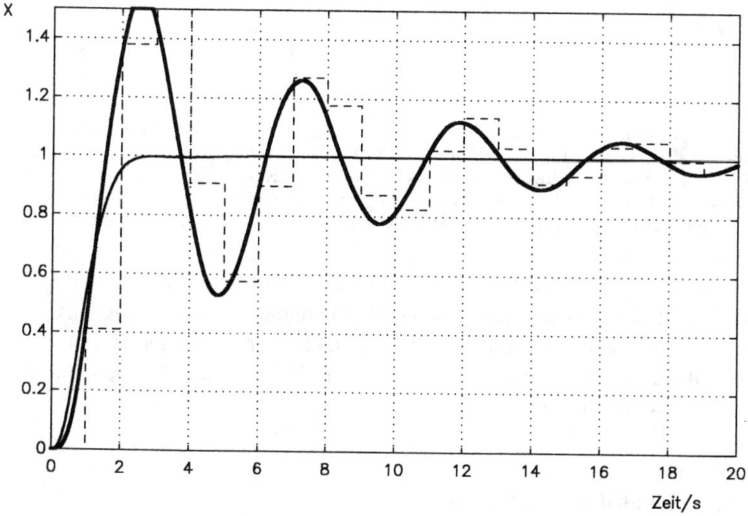

Bild 15-17
Führungsverhalten bei analoger und digitaler Regelung. Regelstrecke: T_g/T_u = 10; Regler: PID; Einstellung: aperiodisches Verhalten bei analoger Regelung. Die Einstellwerte wurden bei der digitalen Regelung beibehalten. (——— analoge Regelung, ——— digitale Regelung mit T_a = 1 s, - - - - - abgetastete Werte).

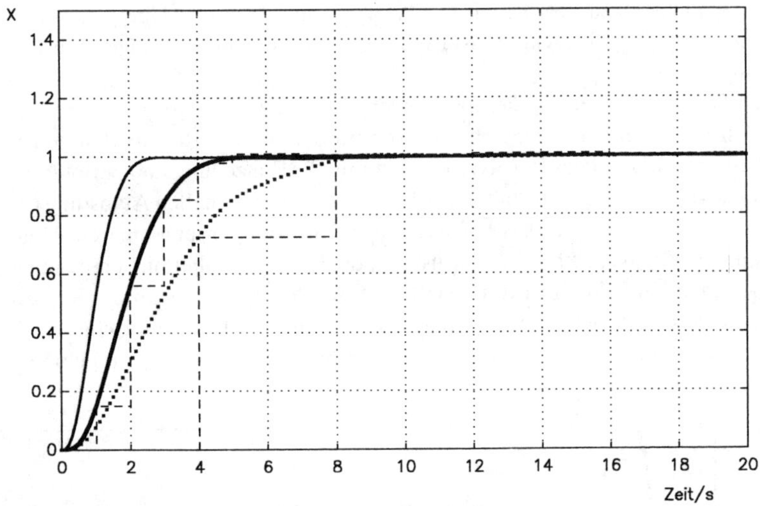

Bild 16-17
Führungsverhalten bei analoger und digitaler Regelung. Regelstrecke: $T_g/T_u = 10$; Regler: PID; Einstellung: aperiodisches Verhalten bei analoger Regelung (entspricht Bild 15-17). Die Einstellwerte wurden bei der digitalen Regelung so verändert, daß sich jeweils aperiodisches Verhalten ergab. (——— analoge Regelung, ——— digitale Regelung mit $T_a = 1$ s, ······ digitale Regelung mit $T_a = 4$ s, ----- abgetastete Werte).

Die hier gezeigte Verschlechterung bei Verwendung eines digitalen Reglers wird i.allg. durch den höheren Komfort, die besseren Einsatzmöglichkeiten usw. wett gemacht. Auch sei noch einmal darauf verwiesen, daß durch – digital einfach zu realisierende – kompliziertere Regler eine Verbesserung des Verhaltens erzielt werden kann.

17.4 Einfluß der Quantisierung

Die Analog-Digital-Umsetzer bestimmen durch ihre Fehler grundlegend die erreichbare Regelgenauigkeit. Es gilt der Satz, daß nicht genauer geregelt werden kann als gemessen wurde. Der wesentliche Fehler bei den Analog-

Digital-Umsetzer ist der Quantisierungfehler, der ± 1 Bit beträgt. Die übrigen Fehler, wie Drift, Temperatureinfluß, Alterung usw. verschlechtern bei guten Umsetzern das Verhalten unter normalen Bedingungen nicht wesentlich. Üblich sind Umsetzer mit 8 und 12 Bit Auflösung, 8 Bit für sehr einfache Anwendungen mit einer Genauigkeit von $2^{-8} = 1/256 \approx 0{,}4\%$, 12 Bit für alle übrigen Fälle mit einer Genauigkeit von $2^{-12} = 1/4096 \approx 0{,}025\%$. Umsetzer mit höherer Auflösung werden i.allg. nur für Sonderanwendungen benötigt.
Bei den Digital-Analog-Umsetzern spielt die Auflösung keine besondere Rolle. Wie im Teil I gezeigt wurde, kann man selbst mit Zweipunktschaltern sehr gute Regelergebnisse erzielen. Doch werden auch hier üblicherweise Geräte mit 8 und 12 Bit eingesetzt.

17.5 Digitale Prozeßregler (Kompaktregler)

Fast alle Regler, die heute für langsamere Regelstrecken (Zeitkonstante $T_g > 1$ s) angeboten werden, arbeiten digital. Sie sind jedoch meist so konzipiert, daß der Anwender den Unterschied zu den analogen Reglern nicht bemerkt, außer, wenn er die zusätzlich angebotenen Möglichkeiten dieser Geräte nutzt. Die Geräte der verschiedenen Hersteller auf dem Gebiet der Meß-und Regelungstechnik unterscheiden sich bei diesen Gerätetypen nicht allzusehr. Als Beispiel wird im folgenden ein sogenannter Kompakt-Prozeßregler vorgestellt (Bild 17, Kompaktregler der Fa. Siemens ‚SIPART DR 22‘).
Wie bereits erwähnt, besitzen diese Regler die gleichen Abmessungen (72×144 mm^2, bei ca. 300 mm Tiefe), wie sie in den Meßwarten chemischer und verfahrenstechnischer Anlagen seit mehr als 30 Jahren auch für analoge Regler üblich sind. Als Eingangs- und Ausgangssignale werden die genormten elektrischen Signale, meist 0-20 mA oder 4-20 mA, aber auch 0-10 V verwendet. Außerdem ist der direkte Anschluß von Thermoelementen oder Widerstandsthermometer möglich. Bei Nachrüstungen können diese digitalen Regler einfach an Stelle der alten analogen Prozeßregler eingebaut werden.

Damit dies möglich ist, müssen bestimmte Voraussetzungen gegeben sein. Die verwendeten 12-Bit-Umsetzer sind genauer als die alten analogen Geräte. Um unabhängig von den Problemen zu sein, die durch die Abtastung entstehen, wird ein Trick angewandt.
Während die Abtastzeit des Regelalgorithmus 50-100 ms beträgt, ermittelt der Analog-Digital-Umsetzer wesentlich häufiger, etwa alle 0,5 ms, einen neuen Wert. Mit einem fest eingebauten analogen Filter mit einer Zeitkonstanten von 20-50 ms wird sichergestellt, daß keine zu hohen Frequenzen auf den Eingang des Umsetzers gelangen (Anti-Aliasing-Filter). Die so ermittelte Wertefolge kann dann durch digitale Filter, die den jeweiligen Anwendungen angepaßt werden können, weiter bearbeitet werden.
Die Abtastzeit des Regelalgorithmus von 100 ms ist bei Regelstrecken mit einer dominierenden Zeitkonstanten von > 1 s schnell genug. Die Reglerkennwerte T_n und T_v können im Bereich von 1s bis 1000 s, z.T. bis 10000 s gewählt werden, K_{PR} von 0,1 bis 100. Durch entsprechend genaue Gleitkommarechnungen wird sichergestellt, daß selbst bei den extremsten Werten die Rechengenauigkeit ausreichend ist. Die gewählte Abtastzeit stellt hierzu genügend Zeit zur Verfügung.
Es gibt mehrere Möglichkeiten, die Meßdaten aufzuarbeiten. So können die Kennlinien der Meßaufnehmer linearisiert werden, es können Quadrate gebildet oder Wurzeln gezogen werden, was z.B. bei der Messung von Durchflüssen durch Differenzdruckaufnehmer notwendig ist. Auch können Meßgrößen von verschiedenen Eingangskanälen miteinander multipliziert werden, beispielsweise um die Leistung zu bilden. Auf die Möglichkeit, die Signale zu filtern, wurde bereits hingewiesen.
Neben der Auswahl der Reglertypen besteht auch die Möglichkeit, mit einem Gerät Strukturen mit mehreren Reglern aufzubauen, z.B. Kaskadenregelungen oder Verhältnisregelungen. Die Regelalgorithmen werden dann während eines Abtastintervalls nacheinander abgearbeitet.
Die Frontplatte mit den Bedienungselementen ist den analogen Reglern nachempfunden (Bild 17). Durch eine konsequente Farbgestaltung ist eine gute Übersichtlichkeit gewährleistet, rot für den Istwert, grün für den Sollwert und gelb für die Stellgröße. Der Istwert (1, 2) wie auch der Sollwert (3, 4) werden sowohl digital (1, 3), auf einer genauen 4-stelligen Digitalanzeige,

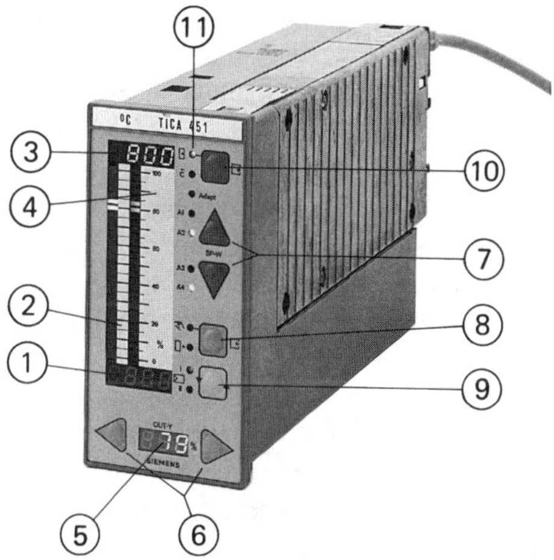

Bild 17-17
Digitaler Prozeßregler, sogen. Kompaktregler (‚SIPART DR22' der Fa. Siemens).

als auch analog (2, 4) dargestellt. Die analoge Anzeige dient dabei der schnellen Orientierung und besteht aus einer Anordnung von 30 Leuchtdioden. Die digitale Anzeige der Stellgröße (5) ist 3-stellig ausgeführt. Im ‚Hand-Betrieb' kann mit den dreieckigen Tasten (6) der Wert der Stellgröße nach oben und unten verändert werden. In gleicher Weise kann mit den gleich geformten Tasten (7) der Sollwert vergrößert und verkleinert werden. Die Taste (8) dient zur ‚Hand-Automatik-Umschaltung'. Mit der Taste (9) kann bei einem Zwei-Regler-Betrieb zwischen den beiden Reglern umgeschaltet werden.
Zur Strukturierung (Auswahl des Regelverfahrens, des Reglertyps usw.) und zur Reglerparametrierung (Einstellen der Reglerkennwerte) sind keine Kenntnisse über Rechner und Rechnerprogrammierung erforderlich. Allerdings sollte man die Handbücher des jeweiligen Prozeßreglers sehr intensiv durcharbeiten und – wenigstens, wenn man mit den Geräten noch nicht sehr vertraut ist – sehr sorgfältig bei Einstellungen und Änderungen vorgehen,

wobei man alle beabsichtigten Veränderungen vorher schriftlich festlegen sollte.
Da die Taster alle mehrfach belegt sind, muß man aus der Bedienebene erst in die Parametrierebene (zum Einstellen der Reglerkennwerte) gelangen und von dort weiter in die Strukturierebene (zur Auswahl der Regler und Regelverfahren). Dies wird bei diesem Gerät dadurch erreicht, daß der Taster (9) mehrere Sekunden gedrückt wird. Durch weiteres Betätigen der Taster (6) und (7) können die Einstellmöglichkeiten ausgewählt werden. Im allgemeinen werden die Namen der Parameter usw. im Feld (5) (Anzeige der Stellgröße), die Werte im Feld (3) (Anzeige des Sollwertes) angezeigt. Die Werte können dann mit den Tastern (7) verändert und mit der Taste (8) übernommen werden. In die Prozeßbedienebene gelangt man wieder durch Betätigen der Taste (10). Eine Reihe von mehr als 10 Leuchtdioden (11) gibt über die unterschiedlichsten Zustände des Reglers Auskunft.
Diese Einstellverfahren erscheinen recht kompliziert. Man spart dadurch allerdings eine Vielzahl von Bedienelementen ein. Zudem ist zu bedenken, daß diese Bedienfunktionen nur bei der Inbetriebnahme und bei recht seltenen Änderungen vorzunehmen sind.
Ist der Regler über eine serielle Schnittstelle mit einem übergeordneten Rechner verbunden, so können alle diese Einstellungen auch sehr bequem von dort erfolgen.
Auf eine wesentliche Hilfe bei der Inbetriebnahme dieser Regler sei noch hingewiesen. Die meisten Regler verfügen über Verfahren, selbständig optimale Regler-Einstellwerte zu ermitteln. Hierbei wird in einem besonderen Zyklus ein Sprung auf die Regelstrecke gegeben und die erhaltene Übergangsfunktion ausgewertet. Dabei wird automatisch z.B. der Übertragungsbeiwert der Strecke K_S, die Ausgleichszeit T_g und Verzugszeit T_u ermittelt, mit deren Hilfe dann brauchbare Reglereinstellungen (K_{PR}, T_n, T_v) dem Benutzer vorgeschlagen werden. Auch andere Verfahren sind üblich. Meist ist der Anwendungsbereich dieser Verfahren allerdings auf PT_n-Strecken beschränkt.

18. Zusammenfassung

Die meisten Regelungen werden heute mit digitalen Reglern aufgebaut. Hierzu ist es notwendig, die Meßgröße durch Analog-Digital-Umsetzer (meist mit 12 Bit Auflösung) in einen digitalen Zahlenwert umzusetzen. Da dies nur zu diskreten Zeiten geschieht, sind aus dem Meßsignal alle hochfrequenten Signalanteile herauszufiltern, die der Umsetzer bei der gewählten Abtastfrequenz nicht mehr richtig verarbeiten kann. Ein Rechner, meist ein Mikroprozessor, bildet aus diesem Meßwert und dem Sollwert die Regeldifferenz und berechnet hieraus, vorzugsweise mit einem PID-Regelalgorithmus, den Wert der Stellgröße. Die Einstellwerte können in ähnlicher Weise wie bei den analogen Reglern bestimmt werden. Der Sollwert wird entweder am Gerät als Zahlenwert eingestellt oder von einem übergeordneten Leitrechner über eine Schnittstelle, meist seriell, vorgegeben. Die Stellgröße wird von einem Digital-Analog-Umsetzer in ein analoges Signal gewandelt, mit dem die üblichen Stellglieder angesteuert werden können.
Neben diesem ‚Normal-Fall' kommen in verstärktem Maße auch Meßeinrichtungen zum Einsatz, die bereits digitale Signale liefern. Statt der Mikroprozessoren können auch größere Rechner eingesetzt werden, und statt des PID-Regelalgorithmus werden zunehmend auch kompliziertere Regelverfahren verwandt. Zur Zeit gibt es noch relativ wenige Stellverfahren, die digital arbeiten, doch wird sich auch dies in naher Zukunft ändern.
Durch die ständig wachsende Leistungsfähigkeit und größer werdende Geschwindigkeit der Mikroprozessoren werden auch die schnellen Regelkreise, z.B. der Antriebsregelung, in naher Zukunft nur noch digital aufgebaut werden.

Schlußbemerkung

Das vorliegende Buch sollte demjenigen, der sich erstmalig mit der praktischen Regelungstechnik beschäftigt, eine kurze und übersichtliche Darstellung der damit verbundenen Probleme vermitteln.

Aus dem genannten Grunde war es natürlich nicht möglich und auch gar nicht sinnvoll, alle auf diesem Gebiete auftauchenden Fragen zu behandeln oder auch nur anzudeuten. So mußte z. B. darauf verzichtet werden, das praktisch wichtige Problem der richtigen Stellgliedauslegung zu erörtern. Auch die Verbesserung der Regelgüte durch Störgrößenaufschaltung, Verwendung von Hilfsregelgrößen, Kaskadenregelung usw. konnte nur gestreift werden. Unberücksichtigt gelassen wurde zudem der oft sehr starke Einfluß von Reibung und Lose im Regelkreis sowie der Einfluß sonstiger nichtlinearer Glieder.

Die Angabe von umständlichen Formeln – z. B. für die Berechnung von Überschwingweite und Regelzeit nach einer gegebenen Störung – wurde unterlassen, um die Darstellung nicht unnötig zu komplizieren. Aus dem letztgenannten Grunde ergab sich schließlich die Notwendigkeit, Vereinfachungen und Vernachlässigungen zu treffen, wo immer es zulässig erschien. So wurde grundsätzlich angenommen, daß die Störungen immer am Anfang der Regelstrecke angreifen, wodurch natürlich nicht alle praktisch vorkommenden Fälle berücksichtigt werden. Bei den Störungen wurde immer eine sprungweise Änderung vorausgesetzt, die oft viel unangenehmere Wirkung periodischer Störungen blieb unerörtert. Weiterhin wurde mit Verzugszeiten und Ausgleichszeiten gerechnet, die den wirklichen Zusammenhang nur angenähert wiedergeben. Nur bei einer durch Laufzeit hervorgerufenen Totzeit ist tatsächlich ein Knick in der Sprungantwort vorhanden. In allen anderen Fällen erfolgt der Übergang mehr oder weniger verrundet, wodurch das dynamische Verhalten des Regelkreises wesentlich günstiger wird.

Nach dem gründlichen Durcharbeiten der in diesem Buche aufgezeigten Probleme und Beispiele dürfte es dem Leser nicht schwerfallen, sich in die Regelungstechnik weiter zu vertiefen. In diesem Zusammenhang sei auf die im nächsten Abschnitt angeführten Normblätter und Richtlinien hingewiesen.

Normen, Richtlinien

Von großer Bedeutung für jede Technik – auch der Regelungstechnik – sind Normen und Richtlinien. In diesen werden sowohl Begriffe und Benennungen festgelegt, wie auch Bauteilwerte und Bauteilabmessungen und wichtige Zahlenwerte und Zahlenbereiche. Als Beispiel sei das „Gleichstromsignal für elektrische Meß- und Regelanlagen" von 0 . . . 20mA oder 4 . . . 20mA genannt. Es dient sowohl zur Übertragung gemessener Werte wie auch von Stellbefehlen im Regelkreis.
Die Normen und Richtlinien werden in einem Kreis von Fachleuten aus Industrie, Behörden und Lehre erarbeitet. Der Autor hat an fast allen der genannten Normen und Richtlinien mitgewirkt. Ihre Erarbeitung erstreckt sich meist über mehrere Jahre.
Herausgeber der Normen ist das:

„Deutsches Institut für Normung (DIN)" in Berlin.

Herausgeber der Richtlinien ist die:

„VDI/VDE-Gesellschaft für Meß- und Regelungstechnik (GMR)" in Düsseldorf.

Aus der sehr großen Zahl erschienener, einschlägiger Normen und Richtlinien sind im Folgenden nur die angeführt, die für ein einführendes Buch als sinnvoll erschienen.
Da nur das geregelt werden kann, was meßbar ist, kommt der Meßtechnik in der Regelungstechnik eine besondere Bedeutung zu. Es werden daher tieferstehend die beiden wichtigsten Normen und Richtlinien genannt.

Meßtechnik

Norm DIN 1319	Grundbegriffe der Meßtechnik Blatt 1: Messen, Zählen, Prüfen Blatt 2: Begriffe für die Anwendung von Meßgeräten Blatt 3: Begriffe für die Fehler beim Messen
Richtlinie VDI/VDE 2600	Metrologie (Meßtechnik) Die sechs Blätter enthalten: Gesamtstichwortverzeichnis, Grundbegriffe, Gerätetechnische Begriffe, Begriffe zur Beschreibung von Eigenschaften von Meßeinrichtungen, Begriffe zur Darstellung der Wirkungsweise von Meßeinrichtungen, Benennung von Meßeinrichtungen.

Regelungstechnik und Steuerungstechnik

Norm DIN 19226	Leittechnik; Regelungstechnik und Steuerungstechnik Die im Februar 1994 erschienene umfangreiche Neubearbeitung löst das 27 Seiten umfassende Normblatt DIN 19226 aus dem Jahr 1968 sowie die Normblätter DIN 19229 und 19237 ab. Teil 1: Allgemeine Grundbegriffe Teil 2: Begriffe zum Verhalten dynamischer Systeme Teil 3: Begriffe zum Verhalten von Schaltsystemen Teil 4: Begriffe für Regelungs- und Steuerungssysteme Teil 5: Funktionelle Begriffe Teil 6: Begriffe zu Funktions- und Baueinheiten (z.Z. im Entwurf)

Norm DIN 19 221	Formelzeichen der Regelungs- und Steuerungstechnik.
Norm DIN 19 225	Benennung und Einteilung von Reglern
Norm DIN 19 227	Bildzeichen und Kennbuchstaben für Messen, Steuern, Regeln in der Verfahrenstechnik Teil 1: Zeichen für die funktionelle Darstellung Teil 2: Zeichen für die gerätetechnische Darstellung Teil 3: Zeichen für die funktionelle Darstellung (Zusätzliche Zeichen zu Teil 1, insbes. für Rechenfunktionen) Teil 4: Zeichen für die funktionelle Darstellung beim Einsatz von Prozeßrechnern
Internationale Norm ISO 3511	Process measurement control functions and instrumentation – Symbolic representation – Part 1: Basic requirements Part 2: Extension of basic requirements Part 3: Detailed symbols for instrument interconnection diagrams Part 4: Basic symbols for process computer, interface, and shared display/control functions
Norm DIN 19 228	Bildzeichen für Messen, Steuern, Regeln
Norm DIN 19 230	Gleichstromsignal für elektrische Meß- und Regelanlagen
Norm DIN 19 231	Druckbereich für pneumatische Signalübertragung

Stellglieder für strömende Stoffe

In den Anlagen der Verfahrungsindustrie, der Chemie, der Erdölraffinerie, wie auch in Kraftwerken stellen Ventile und Klappen die wichtigsten Stellglieder dar. Daher haben die angeführten Richtlinien dort eine große Bedeutung.

Richtlinie VDI/VDE 2173	Strömungstechnische Kenngrößen von Stellventilen und deren Bestimmung
Richtlinie VDI/VDE 2174	Mechanische Kenngrößen von Stellgeräten für strömende Stoffe und deren Bestimmung
Richtlinie VDI/VDE 2176	Bl. 1 Strömungstechnische Kenngrößen von Stellklappen und deren Bestimmung
Richtlinie VDI/VDE 2177	Beschreibung und Untersuchung von Stellungsreglern mit pneumatischem Ausgang

Prozeßautomatisierung

Für die zunehmende Automatisierung, die Messen, Steuern, Regeln, Sichern, Schützen, usw. umfaßt, sind folgende beide Normen wichtig.

Norm DIN 19 235	**Automat, Automatisierung, Begriffe**
Norm DIN 19 222 E	**Leittechnik, Begriffe**
Norm DIN 40 700 Teil 14, Juli 1976 und DIN 40 719 Teil 3, April 1979	Schaltzeichen, Digitale Informationsverarbeitung
Norm DIN 40 300	**Informationsverarbeitung, Begriffe**
Norm DIN 66 201 E Teil 1	**Prozeßrechnersysteme, Begriffe**

Stichwortverzeichnis

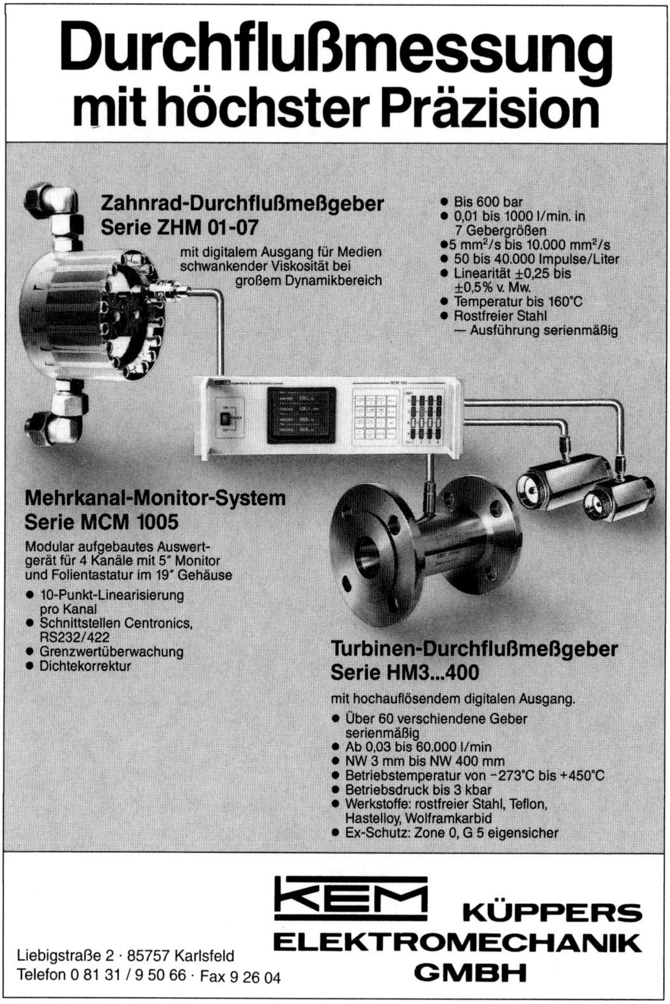
Durchflußmessung
mit höchster Präzision
Zahnrad-Durchflußmeßgeber
Serie ZHM 01-07
mit digitalem Ausgang für Medien schwankender Viskosität bei großem Dynamikbereich
• Bis 600 bar
• 0,01 bis 1000 l/min. in 7 Gebergrößen
• 5 mm²/s bis 10.000 mm²/s
• 50 bis 40.000 Impulse/Liter
• Linearität ±0,25 bis ±0,5% v. Mw.
• Temperatur bis 160°C
• Rostfreier Stahl — Ausführung serienmäßig
Mehrkanal-Monitor-System
Serie MCM 1005
Modular aufgebautes Auswertgerät für 4 Kanäle mit 5" Monitor und Folientastatur im 19" Gehäuse
• 10-Punkt-Linearisierung pro Kanal
• Schnittstellen Centronics, RS232/422
• Grenzwertüberwachung
• Dichtekorrektur
Turbinen-Durchflußmeßgeber
Serie HM3...400
mit hochauflösendem digitalen Ausgang.
• Über 60 verschiendene Geber serienmäßig
• Ab 0,03 bis 60.000 l/min
• NW 3 mm bis NW 400 mm
• Betriebstemperatur von −273°C bis +450°C
• Betriebsdruck bis 3 kbar
• Werkstoffe: rostfreier Stahl, Teflon, Hastelloy, Wolframkarbid
• Ex-Schutz: Zone 0, G 5 eigensicher
KEM
KÜPPERS
ELEKTROMECHANIK
GMBH
Liebigstraße 2 · 85757 Karlsfeld
Telefon 0 81 31 / 9 50 66 · Fax 9 26 04